全国重点大学强基计划

数学教程

（答案本）

主　编　张天德　贾广素

副主编　沈建华　于　学　黄恩勋　杨　琪

孔祥昊　王家河　杨瑞磊　吕成杰

李　宁　李修国

山东人民出版社·济南

国家一级出版社　全国百佳图书出版单位

目　录

参考答案

第一章　集合与简易逻辑

§1.1　代数式与方程

例 1　64　【解析】令 $a=(\sqrt{5}+\sqrt{3})^2=8+2\sqrt{15}$，$b=(\sqrt{5}-\sqrt{3})^2=8-2\sqrt{15}$，

从而 $a+b=16$，$ab=4$.

所以 $(\sqrt{5}+\sqrt{3})^6+(\sqrt{5}-\sqrt{3})^6=a^3+b^3=(a+b)[(a+b)^2-3ab]=3904$，

又因为 $\sqrt{5}-\sqrt{3}<1$，所以 $1-t=(\sqrt{5}-\sqrt{3})^6$，

故 $(\sqrt{5}+\sqrt{3})^6(1-t)=(\sqrt{5}+\sqrt{3})^6(\sqrt{5}-\sqrt{3})^6=2^6=64$.

例 2　A　【解析】根据题意，知 x^2-3x-1 为 x^4+ax^2+bx+c 的一个因式，

所以 $x^4+ax^2+bx+c=(x^2-3x-1)(x^2+px-c)$

$=x^4+(p-3)x^3-(c+3p+1)x^2+(3c-p)x+c$

比对两侧的系数，不难得 $\begin{cases}p-3=0,\\-(c+3p+1)=a,\\3c-p=b,\end{cases}$ 解得 $\begin{cases}p=3,\\a=-(c+10),\\b=3c-3,\end{cases}$

从而 $a+b-2c=-(c+10)+(3c-3)-2c=-13$.

故选 A.

例 3　A　【解析】由于 $a^2(b+c)=b^2(a+c)$，从而 $a^2b+a^2c-b^2a-b^2c=0$

即 $ab(a-b)+c(a^2-b^2)=0$，所以 $ab(a-b)+c(a-b)(a+b)=0$，

因此得 $(a-b)(ab+bc+ca)=0$. 由 $a\neq b$，得 $ab+bc+ca=0$.

又 $b^2(a+c)=1\Rightarrow b(ab+bc)=1\Rightarrow -abc=1$，从而 $abc=-1$.

于是 $c^2(a+b)-abc=c(ac+bc)-abc=c(-ab)-abc=-2abc=2$.

故选 A.

例 4　235　【解析】由题意可设 $a=x^2$，$b=x^3$，$c=y^4$，$d=y^5$，从而 $y^4-x^2=77$，

因式分解得 $(y^2-x)(y^2+x)=77$，从而 $y^2-x=7$，$y^2+x=11$，解得 $x=2$，$y=3$，

因此 $d-b=y^5-x^3=235$.

例 5　CD　【解析】由 $f(x,y)=x^2+6y^2-2xy-14x-6y+72$

$=x^2+6y^2+[(x-y)^2-(x^2+y^2)]-14x-6y+72$

$=(x-y)^2-14(x-y)+5y^2-20y+72$

$=(x-y-7)^2+5(y-2)^2+3$

$\geqslant 3$

知函数 $f(x,y)$ 的值域为 $[3,+\infty)$. 故选 CD.

例 6　A　【解析】$(a^2-b^2)^2-8(a^2+b^2)=[(a-b)(a+b)]^2-8(a^2+b^2)=[2(a-b)]^2-8(4-2ab)=4(a+b)^2-32=-16$. 故选 A.

例 7　C　【解析】由 $(a^2+4)(b^2+1)=5(2ab-1)$ 展开，得 $a^2b^2+a^2+4b^2-10ab+9=0$，配方，得 $(ab-3)^2+(a-2b)^2=0$，从而 $ab=3$，$\frac{b}{a}=\frac{1}{2}$，所以 $b\left(a+\frac{1}{a}\right)=ab+\frac{b}{a}=3+\frac{1}{2}=\frac{7}{2}$. 故选 C.

> 本题还可以采用主元法解决：
>
> 将 b 视为主元，则有 $(a^2+4)\cdot b^2-(10a)\cdot b+(a^2+9)=0$，关于 b 的一元二次方程有根，得 $\Delta=100a^2-4(a^2+4)(a^2+9)\geqslant 0$，整理得 $a^4-12a^2+36\leqslant 0$，即 $(a^2-6)^2\leqslant 0$，从而 $a^2=6$，易知 $a=\sqrt{6}$，代入原式，得 $2b^2-2\sqrt{6}b+3=0$，即 $(\sqrt{2}b-\sqrt{3})^2=0$，从而 $b=\frac{\sqrt{6}}{2}$，所以 $b\left(a+\frac{1}{a}\right)=\frac{\sqrt{6}}{2}\left(\sqrt{6}+\frac{1}{\sqrt{6}}\right)=3+\frac{1}{2}=\frac{7}{2}$. 选 C.

例 8　A　【解析】令 $t=\frac{x+(x+1)+(x+2)+(x+3)}{4}=x+\frac{3}{2}$，从而 $x=t-\frac{3}{2}$，从而原函数转换为求 $y=\left(t-\frac{3}{2}\right)\left(t-\frac{1}{2}\right)\left(t+\frac{1}{2}\right)\left(t+\frac{3}{2}\right)$ 的最小值.

由于 $y=\left(t-\frac{3}{2}\right)\left(t-\frac{1}{2}\right)\left(t+\frac{1}{2}\right)\left(t+\frac{3}{2}\right)=\left(t^2-\frac{1}{4}\right)\left(t^2-\frac{9}{4}\right)=t^4-\frac{5}{2}t^2+\frac{9}{16}=\left(t^2-\frac{5}{4}\right)^2-1\geqslant -1$.

因此，所求函数的最小值为 -1. 故选 A.

例 9　49　【解析】因为 $\frac{1}{\sqrt{n^2+3n+1}-(n+1)}-2=\frac{\sqrt{n^2+3n+1}+(n+1)}{n}-2=\sqrt{\frac{1}{n^2}+\frac{3}{n}+1}-1+\frac{1}{n}>0$，又 $n>100$ 时，$\sqrt{\frac{1}{n^2}+\frac{3}{n}+1}-1+\frac{1}{n}<1+\frac{2}{n}-1+\frac{1}{n}=\frac{3}{n}<\frac{3}{101}<\frac{2}{49}$，

因此 $0.49<\sqrt{n^2+3n+1}-n-1<0.5$，

故其小数部分的前两位数为 49.

例 10　【解析】由题意知 $a+c=2b$，从而 $b-a=c-b=\frac{1}{2}(c-a)$，

所以 $\frac{1}{\sqrt{b}+\sqrt{c}}+\frac{1}{\sqrt{a}+\sqrt{b}}=\frac{\sqrt{c}-\sqrt{b}}{c-b}+\frac{\sqrt{b}-\sqrt{a}}{b-a}=\frac{\sqrt{c}-\sqrt{a}}{b-a}=\frac{\sqrt{c}-\sqrt{a}}{\frac{1}{2}(c-a)}=\frac{2}{\sqrt{c}+\sqrt{a}}$

从而知 $\frac{1}{\sqrt{c}+\sqrt{a}}$ 是 $\frac{1}{\sqrt{b}+\sqrt{c}}$ 与 $\frac{1}{\sqrt{a}+\sqrt{b}}$ 的等差中项，

故 $\frac{1}{\sqrt{b}+\sqrt{c}}$，$\frac{1}{\sqrt{c}+\sqrt{a}}$，$\frac{1}{\sqrt{a}+\sqrt{b}}$ 成等差数列.

例 11　$\{0\}\cup[4,20]$　【解析】根据题意，有 $x\geqslant y\geqslant 0$，令 $t=\sqrt{y}$，则 $t\geqslant 0$，代入原式，

得 $x-4t=2\sqrt{x-t^2}\ (x\geqslant 4t, x\geqslant t^2)$，两边平方，得 $x^2-8xt+16t^2=4(x-t^2)$，整理得 $20t^2-8xt+x^2-4x=$

$0(t\geqslant 0,x\geqslant 0)$，而这个 $t(t\geqslant 0)$ 的一元二次方程无负数解，且由韦达定理得，$t_1+t_2=\frac{2x}{5}\geqslant 0$，$t_1\cdot t_2=\frac{x^2-4x}{20}\geqslant 0$，且 $\Delta=64x^2-80(x^2-4x)\geqslant 0$，解得 $x=0$ 或 $4\leqslant x\leqslant 20$. 故实数 x 的取值范围是 $\{0\}\cup[4,20]$.

例 12 D 【解析】设 $x^3-3x^2=y^3-3y^2=z^3-3z^2=k$，则 x,y,z 是关于 t 的一元三次方程 $t^3-3t^2-k=0$ 的三个根(其中 k 为常数)，由一元三次方程的韦达定理，得 $x+y+z=3$. 故选 D.

例 13 86 【解析】设四次多项式 $x^4-18x^3+kx^2+200x-1984$ 的四个零点为 x_1,x_2,x_3,x_4，由一元四次方程的韦达定理，得 $\begin{cases}x_1+x_2+x_3+x_4=18,\\ x_1x_2+x_1x_3+x_1x_4+x_2x_3+x_2x_4+x_3x_4=k,\\ x_1x_2x_3+x_1x_2x_4+x_1x_3x_4+x_2x_3x_4=-200,\\ x_1x_2x_3x_4=-1984.\end{cases}$

设 $x_1x_2=-32$，则 $x_3x_4=62$，故 $62(x_1+x_2)-32(x_3+x_4)=-200$

又 $x_1+x_2+x_3+x_4=18$，所以 $\begin{cases}x_1+x_2=4,\\ x_3+x_4=14\end{cases}$，

故 $k=x_1x_2+x_3x_4+(x_1+x_2)(x_3+x_4)=86$.

例 14 C 【解析】由于复根成对出现，可设四个复数为 $z,\bar{z},\omega,\bar{\omega}$，

不妨设 $\begin{cases}z+\omega=2+\mathrm{i},\\ \bar{z}\cdot\bar{\omega}=5+6\mathrm{i},\end{cases}$ 从而 $\begin{cases}\bar{z}+\bar{\omega}=2-\mathrm{i},\\ z\cdot\omega=5-6\mathrm{i},\end{cases}$

从而由一元四次方程的韦达定理，得

$b=z\cdot\bar{z}+z\cdot\omega+z\cdot\bar{\omega}+\bar{z}\cdot\omega+\bar{z}\cdot\bar{\omega}+\omega\cdot\bar{\omega}=(z+\omega)(\bar{z}+\bar{\omega})+z\cdot\omega+\bar{z}\cdot\bar{\omega}=(2+\mathrm{i})(2-\mathrm{i})+(5+6\mathrm{i})+(5-6\mathrm{i})=15$. 故选 C.

本题在得出 $\begin{cases}z+\omega=2+\mathrm{i},\\ \bar{z}\cdot\bar{\omega}=5+6\mathrm{i}\end{cases}$ 与 $\begin{cases}\bar{z}+\bar{\omega}=2-\mathrm{i},\\ z\cdot\omega=5-6\mathrm{i}\end{cases}$ 后，逆用韦达定理，z,ω 为方程 $x^2-(2+\mathrm{i})x+(5-6\mathrm{i})=0$ 的两根，$\bar{z},\bar{\omega}$ 为方程 $x^2-(2-\mathrm{i})x+(5+6\mathrm{i})=0$ 的两根，由此可得到题中的方程即为 $[x^2-(2+\mathrm{i})x+(5-6\mathrm{i})]\cdot[x^2-(2-\mathrm{i})x+(5+6\mathrm{i})]=0$，即 $x^4-4x^3+15x^2+12x+61=0$，对比系数不难得到 $b=15$. 故选 C.

例 15 BC 【解析】由 $(3x+y)^5+x^5+4x+y=0$，得 $(3x+y)^5+(3x+y)=(-x)^5+(-x)$，

构造 $f(x)=x^5+x$，易知 $f(x)$ 关于 x 单调递增，

从而知 $3x+y=-x$，

即 $4x+y=0$. 故选 BC.

例 16 1 【解析】把已知条件变形为 $\begin{cases}x^3+\sin x-3a=0,\\ (3y)^3+\sin 3y+3a=0,\end{cases}$ 从而得 $x^3+\sin x=(-3y)^3+\sin(-3y)$，构造函数 $f(t)=t^3+\sin t$，易知 $f(t)$ 在 $\left[-\frac{\pi}{2},\frac{\pi}{2}\right]$ 上为关于 t 的增函数，且是奇函数，所以 $x=-3y$，即 $x+3y=0$. 故 $\cos(x+3y)=1$.

§1.2 集合的概念与运算

例 1 C 【解析】由题意，函数 $f(x)$ 的定义域为 $\left\{x \middle| x<\frac{a}{3}\right\}$，由 $4\in A$ 知，$a>12$；又由 $5\notin A$，知 $5\geqslant\frac{a}{3}$，从而 $a\leqslant 15$. 综上，知实数 a 的取值范围是 $(12,15]$，从而选 C.

例 2 B 【解析】$\begin{cases}f(x)+f(y)\leqslant 2\\ f(x)\geqslant f(y)\end{cases}\Leftrightarrow\begin{cases}x^2+2x+y^2+2y\leqslant 2\\ x^2+2x-(y^2+2y)\geqslant 0\end{cases}$

$\Leftrightarrow\begin{cases}(x+1)^2+(y+1)^2\leqslant 4,\\ (x-y)(x+y+2)\geqslant 0\end{cases}$

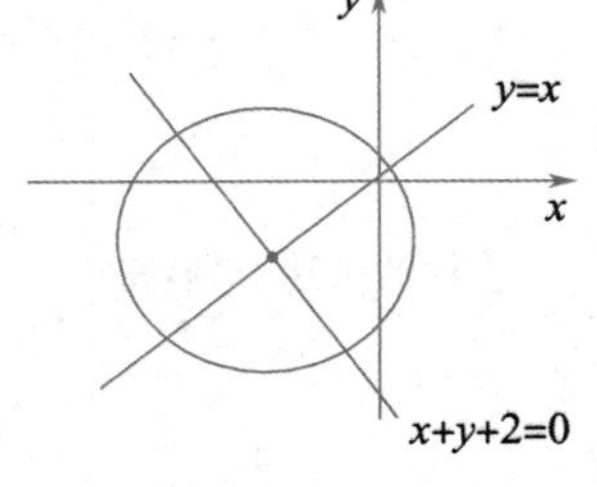

从而点集 M 所对应的图形为以 $(-1,-1)$ 为圆心，2 为半径的圆面与过圆心且相互垂直的两直线 $y=x$，$x+y+2=0$ 所夹的区域，如右图所示：

从图可以看出点集 M 所构成的区域的面积恰好为圆面积的一半，即 $\frac{1}{2}\pi\times 4=2\pi$. 故选 B.

例 3 ABC 【解析】若 $x\in A$，则存在 $a,b\in\mathbf{Z}$，使得 $x=3a+2b=2b-(-3a)\in B$，从而 $A\subseteq B$；

同样，若 $x\in B$，则存在 $a,b\in\mathbf{Z}$，使得 $x=2a-3b=3(-b)+2a\in A$，从而 $B\subseteq A$；

由于 $A\subseteq B$，且 $B\subseteq A$，所以 $A=B$. 故选 ABC.

例 4 2 【解析】由集合 B 中有三个元素，知 $x\neq 0$，且 $y\neq 0$. 故集合 A 中 $x+y=0$，即 $x=-y$.

又 $\{x,xy\}=\{|x|,y\}$：

(1)若 $\begin{cases}|x|=x,\\ xy=y,\end{cases}$ 则 $\begin{cases}x=1,\\ y=-1,\end{cases}$ 此时 $A=\{-1,0,1\}$，$B=\{0,1,-1\}$；

(2)若 $\begin{cases}x=y,\\ |x|=xy,\end{cases}$ 则 $\begin{cases}x=0,\\ y=0,\end{cases}$ 或 $\begin{cases}x=-1,\\ y=-1,\end{cases}$ 或 $\begin{cases}x=1,\\ y=1,\end{cases}$ 均不满足互异性，舍去.

故 $x=1$，$y=-1$，所以 $x^{2018}+y^{2018}=2$.

例 5 $(-\infty,3]$ 【解析】由 $A\cap B=B$ 知，$B\subseteq A$，而集合 $A=\{x|x^2-3x-10\leqslant 0\}=\{x|-2\leqslant x\leqslant 5\}$.

当 $B=\varnothing$ 时，$m+1>2m-1$，即 $m<2$，此时 $B\subseteq A$ 成立；

当 $B\neq\varnothing$ 时，$m+1\leqslant 2m-1$，即 $m\geqslant 2$，由 $B\subseteq A$，得 $\begin{cases}-2\leqslant m+1,\\ 2m-1\leqslant 5\end{cases}$，解得 $-3\leqslant m\leqslant 3$，又 $m\geqslant 2$，故得 $2\leqslant m\leqslant 3$.

综上，实数 m 的取值范围是 $(-\infty,3]$.

例 6 (1)$\{4,5\}$ 或 $\{-4,-5\}$ (2)$(12,15)$ 【解析】(1)$A\cap B$ 一共 4 个子集，说明 $A\cap B$ 中只有两个元素，结合 $A=\{x\in\mathbf{Z}|x^2-9>0\}$，不难推出 $A\cap B=\{4,5\}$ 或 $\{-4,-5\}$.

(2)若 $A\cap B=\{4,5\}$，则在 $x^2-8x+a<0$ 中，令 $f(x)=x^2-8x+a$，有 $f(-4)=48+a>0$，$f(4)=-16+a<0$，$f(5)=-15+a<0$，$f(6)=-12+a>0$，解得 $12<a<15$；

若 $A\cap B=\{-4.-5\}$，类似地，有 $f(-4)=48+a<0$，$f(-5)=65+a<0$，$f(-6)=84+a>0$，$f(4)=-16+a>0$，矛盾.

综上，满足要求的实数 a 的取值范围是 $(12,15)$.

例 7 D 【解析】集合 $A=\{x|x>1\}=(1,+\infty)$，集合 $B=\{y|y=\sqrt{(x+2)^2+4}\}=\{y|y\geqslant 2\}=[2,+\infty)$，从

而$\complement_U B=(-\infty,2)$，从而$A\cap(\complement_U B)=(1,2)$. 故选 D.

例 8　26 【解析】由集合A,B都是$A\cup B$的子集，$A\neq B$，且$A\cup B=\{a_1,a_2,a_3\}$.

当$A=\varnothing$时，B有 1 种取法；

当A为一元集时，B有 2 种取法；

当A为二元集时，B有 4 种取法；

当A为三元集时，B有 7 种取法；

故不同的(A,B)对有$1+3\times2+3\times4+7=26$个.

本题也借助韦氏图解决：如图所示，集合A与集合B分成了 3 块区域，从而每个数字$a_i(i=1,2,3)$都有 3 种选择，从而共有$3^3=27$种不同的选择. 而$A=B$有一种情况，所以(A,B)对共有$27-1=26$个.

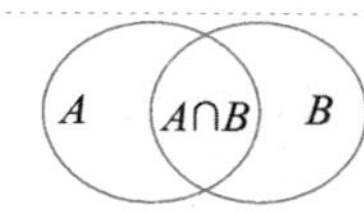

例 9　D 【解析】如图，我们按照例 8 的注释的方法组成子集A,B,C，我们先从集合$N=\{1,2,3,4,5,6\}$选 3 个元素分别放入$A\cap B$、$A\cap C$、$B\cap C$中，有A_6^3种放法，再将剩余的 3 个元素依次放入除$A\cap B$、$A\cap C$、$B\cap C$外的四个区域内，共有4^3种放法，从而总的放法，即"有序子集列"的个数为$A_6^3\cdot4^3=7680$个. 故选 D.

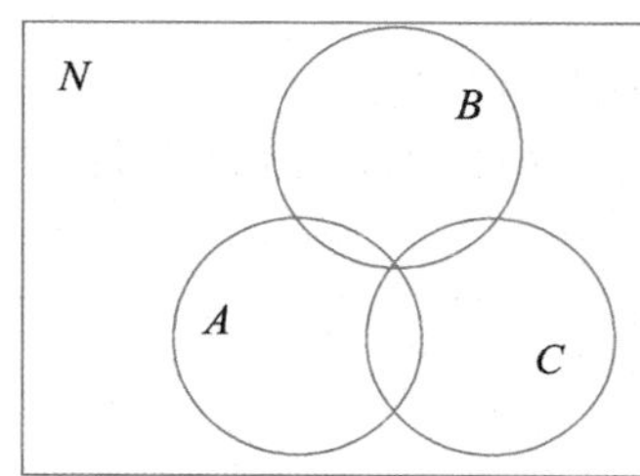

例 10　D 【解析】因为$f_{B\cup A}^S=\begin{cases}1,S\in B\cup A,\\0,S\notin B\cup A,\end{cases}$ $f_A^S=\begin{cases}1,S\in A,\\0,S\notin A,\end{cases}$

$f_B^S=\begin{cases}1,S\in B,\\0,S\notin B.\end{cases}$

故当$B\cap A\neq\varnothing$，且$S\in B\cap A$时，$f_{B\cup A}^S=1$，$f_A^S=1$，$f_B^S=1$，此时不满足$f_{B\cup A}^S=f_B^S+f_A^S$，故应选 D.

例 11　ACD 【解析】集合M中所有的元素之和为$S_M=\dfrac{n(n+1)}{2}$，若n是"萌数"由(3)知，S_M能被 3 整除.

设$n=6k$或$6k+2$，其中$k\in\mathbf{N}^*$.

(1)若$n=6k$时，集合M中所有 3 的倍数之和大于$\dfrac{1}{3}S_M$，于是集合C中所有元素之和大于$\dfrac{1}{3}S_M$，故选项 B 不符合题意.

(2)当$n=6k+2$时，$S_M=18k^2+15k+3$. 现将集合M中 3 的倍数挑选出来作为集合C_0，然后将剩下的奇数构成集合A_0，剩下的偶数构成集合B_0.

由于集合M中的奇数之和x_1和偶数之和y_1满足$\begin{cases}x_1+y_1=18k^2+15k+3,\\y_1-x_1=3k+1,\end{cases}$

于是$x_1=9k^2+6k+1$，$y_1=9k^2+9k+2$.

类似可求得集合C_0中奇数之和$x_2=3k^2$，偶数之和为$y_2=3k^2+3k$.

这样就有集合A_0,B_0,C_0的元素之和分别为

$S_{A_0}=x_1-x_2=6k^2+6k+1$，$S_{B_0}=y_1-y_2=6k^2+6k+2$，接下来只要从集合$A_0$中选出若干个和为$k$的元素，从集合$B_0$中选出若干个和为$k+1$的元素，把这些元素放入集合$C_0$中就得到了符合题意的集合$A,B,C$. 从而可知$k$是奇数.

综上所述，$n=12m-4$（其中 $m\in\mathbf{N}^*$）为"萌数"的必要条件.

不难验证选项 A，C，D 均符合题意.

需要注意的是，本题仅得出 $n=12m-4$（其中 $m\in\mathbf{N}^*$）为"萌数"的必要条件，而并不是充分的，比如当 $m=2$ 时，20 并不是"萌数".

例 12　①②③④　【解析】在①中，我们知道不等式 $\ln\left(1+\frac{1}{n}\right)<\frac{1}{n}$，于是对任意正实数 a，我们取 n 使得 $\frac{1}{n}<a$，则 $\left|\ln\left(1+\frac{1}{n}\right)-0\right|=\ln\left(1+\frac{1}{n}\right)<\frac{1}{n}<a$ 满足聚点的定义；

在②中，当 $0<\frac{1}{n}<\frac{\pi}{2}$ 时，同样有不等式 $\sin\frac{1}{n}<\frac{1}{n}$ 成立，仿照①的证明即可知 0 也是聚点；

③与①的本质相同，即对任意正实数 a，我们可取 n，使得 $\left|\frac{3}{n}\right|<a$，从而 $\left|\frac{3}{n}-0\right|=\left|\frac{3}{n}\right|<a$ 也满足聚点定义；

④的关键是 $0\in\mathbf{Z}$，从而对于任意正实数 a，我们取 0 即满足 $|0-0|<a$，满足聚点的定义.

§1.3　容斥原理与抽屉原理

例 1　BC　【解析】选 A 课程的学生组成集合 A，选 B 课程的学生组成集合 B，由题意知 $\mathrm{Card}(A)$ 约占全校人数的 70%～75%，$\mathrm{Card}(B)$ 约占到全校人数的为 40%～45%，由容斥原理，得

$$\mathrm{Card}(A\cap B)=\mathrm{Card}(A)+\mathrm{Card}(B)-\mathrm{Card}(A\cup B)$$

从而知 $\mathrm{Card}(A\cap B)$ 约占 10%～20%，换算成人数约 202～403 人之间. 故选 BC.

例 2　6050 个　【解析】仿上第 1.2 节例 8 注释的方法，我们将 1，2，3，4，5，6，7，8 这 8 个元素分配到如图所示的区域中去，首先每个数字都有 3 种选法，故共有 3^8 选法；

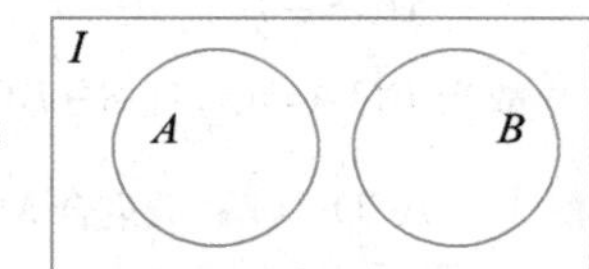

当 $A=\varnothing$ 时，每个数字都有 2 种选法，故此时有 2^8 种选法；

同理，当 $B=\varnothing$ 时，有 2^8 种选法.

而当 $A=B=\varnothing$ 时，所有数字都只有一种选法.

从而由容斥原理知，符合要求的选法有 $3^8-2^8-2^8+1=6050$ 种，

即共有 6050 个"隔离集合对".

例 3　A　【解析】由题意，得 $d(A,B)=\mathrm{Card}(A\cup B)-\mathrm{Card}(A\cap B)$

$=\mathrm{Card}(A)+\mathrm{Card}(B)-2\mathrm{Card}(A\cap B)$

$=\mathrm{Card}(A-B)+\mathrm{Card}(B-A)$

即 $d(A,B)$ 表示集合 A、B 中不属于 $A\cap B$ 中元素个数.

①充分性：对任意有限集合 A，B，若 $A\neq B$，则至少存在一个元素，不妨设 a 满足 $a\in A$，但 $a\notin B$，即集合 A、B 中至少有一个元素不属于集合 $A\cap B$，因此 $d(A,B)>0$ 成立；

必要性：若 $d(A,B)>0$，则集合 A、B 中至少有一个元素不属于集合 $A\cap B$，因此 $A\neq B$，故命题①成立.

②设 $A_1=A-(B+C)$，$B_1=B-(A+C)$，$C_1=C-(A+B)$，$M=A\cap B\cap C$，$D=(A\cap B)-M$，$E=(B\cap C)-M$，$F=(A\cap C)-M$，

则 $A_1\cap B_1\cap C_1\cap D\cap E\cap F\cap M=\varnothing$，

因此 $d(A,B)+d(B,C)-d(A,C)=\text{Card}(A_1)+\text{Card}(F)+\text{Card}(B_1)+\text{Card}(E)+\text{Card}(B_1)+\text{Card}(D)+\text{Card}(C_1)+\text{Card}(F)-\text{Card}(A_1)-\text{Card}(D)-\text{Card}(C_1)-\text{Card}(E)=2[\text{Card}(B_1)+\text{Card}(F)]\geqslant 0$

即有 $d(A,C)\leqslant d(A,B)+d(B,C)$，故命题②成立.

综上，命题①②都成立. 故本题答案为 A.

例 4　2018，2019，…，4031　【解析】显然 $n\geqslant 2018$. 当 $n\leqslant 4031$ 时，任取彼此是朋友的三人 x,y,z，

设 S_x,S_y,S_z 分别是 x,y,z 的朋友集合，

记 $S_{xy}=S_x\cap S_y,S_{yz}=S_y\cap S_z,S_{zx}=S_z\cap S_x,S_{xyz}=S_x\cap S_y\cap S_z$.

由于 $\text{Card}(S_{xy}),\text{Card}(S_{yz})\geqslant 2016$，故 $S_{xyz}=S_{xy}\cap S_{yz}$ 是非空集合.

设 $w\in S_{xyz}$，同上定义 $S_{xw},S_{yw},S_{zw},S_{xyw},S_{xzw},S_{yzw},S_{xyzw}$.

若 S_{xyzw} 为空集，则 $S_{xyz},S_{xyw},S_{xzw},S_{yzw}$ 两两的交集为空集，

从而有 $n\geqslant \text{Card}(\bigcup\limits_{i,j}S_{ij})=\sum\limits_{i,j}\text{Card}(S_{i,j})-2\sum\limits_{i,j,k}\text{Card}(S_{ijk})\geqslant\dfrac{1}{3}\sum\limits_{i,j}\text{Card}(S_{ij})=4032$，矛盾！

因此，存在 $u\in S_{xywz}$，x,y,z,w,u 彼此是朋友.

当 $n\geqslant 4032$ 时，设 $V_1=\{1,2,\cdots,1008\},V_2=\{1009,1010,\cdots,2016\}$，

$V_3=\{2017,2018,\cdots,3024\},V_4=\{3025,3026,\cdots,4032\}$，

规定 i 与 j 是朋友，当且仅当 i,j 不在同一个 V_k 中.

在这种情况下，任意两人都有至少 2016 位共同的朋友，并且任意 5 人中必存在两人不是朋友.

综上，所求 $n=2018,2019,\cdots,4031$.

例 5　B　【解析】如图所示，设 y 轴上任一点 $P(0,y)$，则 $\sin\angle APB=\sin 2\angle APO=2\sin\angle APO\cos\angle APO=\dfrac{2|y|}{1+y^2}$. 令 $f(y)=\dfrac{2|y|}{1+y^2}$，易知 $f(y)=\dfrac{2|y|}{1+y^2}$ 的值域为 $[0,1]$. 对于长度为 1 的线段，至少需要 4 个点（包括端点）可以将其分为三条或三条以上的线段，使得至少有一部分的线段的长度不超过 $\dfrac{1}{3}$. 故答案为 B.

例 6　【解析】在直角坐标平面中，设点 $A(1,1),B(-1,1),C(-1,-1),D(1,-1),O(0,0),P_i(x_i,x_{i+1})$，

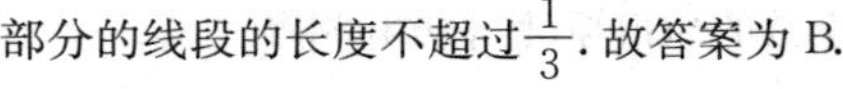

射线 $\overrightarrow{OP_i}$ 交正方形 $ABCD$ 于点 $Q_i(1\leqslant i\leqslant 99)$.

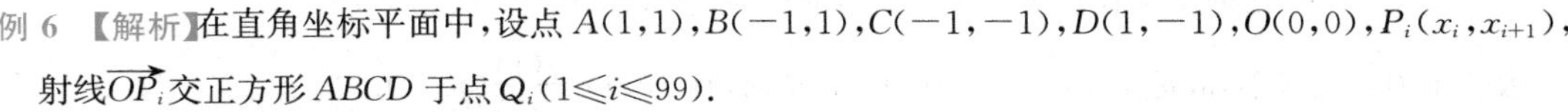

考虑前开后闭的线段 AB,BC,CD,DA. 不妨设 AB 包含至少 25 个 Q_i，故存在 $i\neq j$，使得 $|x_ix_{j+1}-x_jx_{i+1}|=2S_{\triangle OP_iP_j}\leqslant 2S_{\triangle OQ_iQ_j}<\dfrac{1}{12}S_{\triangle OAB}=\dfrac{1}{12}$.

例 7　【证明】由于 $\{x\}+\{-x\}=\begin{cases}1,x\notin\mathbf{Z},\\0,x\in\mathbf{Z},\end{cases}$ 知 $\{x\}+\{-x\}\leqslant 1$.

设 $f_i(x)=\{x_i-x_1\}+\{x_i-x_2\}+\cdots+\{x_i-x_n\}$，

则 $\sum\limits_{i=1}^{n}f_i(x)=\sum\limits_{1\leqslant i<j\leqslant n}(\{x_i-x_j\}+\{x_j-x_i\})\leqslant\sum\limits_{1\leqslant i<j\leqslant n}1=C_n^2=\dfrac{n(n-1)}{2}$

由抽屉原理知，必存在 $k(1\leqslant k\leqslant n)$，使 $f_k(x)\leqslant\dfrac{1}{n}C_n^2=\dfrac{n-1}{2}$.

取 $x=x_k$，由上式得，$\{x-x_1\}+\{x-x_2\}+\cdots+\{x-x_n\}\leqslant\frac{n-1}{2}$.

例 8 【证明】**(方法一)**注意到 $1+4+6+7=2+3+5+8=18$，且 $1^2+4^2+6^2+7^2=2^2+3^2+5^2+8^2=102$，

则 $(8k+1)+(8k+4)+(8k+6)+(8k+7)=(8k+2)+(8k+3)+(8k+5)+(8k+8)$，

且 $(8k+1)^2+(8k+4)^2+(8k+6)^2+(8k+7)^2=(8k+2)^2+(8k+3)^2+(8k+5)^2+(8k+8)^2$

把 A 中的 $8k+1,8k+4,8k+6,8k+7$ 型数染成红色，$8k+2,8k+3,8k+5,8k+8$ 型数染成蓝色，

因为 $2050=8\times256+2$，所以 $k=0,1,2,\cdots,256$.

构造 257 个抽屉，第 $k+1$ 个抽屉放置形如"$8k+1,8k+2,8k+3,8k+4,8k+5,8k+6,8k+7,8k+8$"的数，$k=0,1,2,\cdots,255$，第 257 个抽屉放置 A 中大于 2048 的数(最多 2 个数).

2050 个数中任取 2018 个数按要求放入 A 中，至少填满 224 个抽屉(放入了 8 个数)，224 个填满数的抽屉中每个抽屉都是 4 个红数和 4 个蓝数，其和相等且平方和相等.

取 224 个抽屉中的 150 个，$4\times150=600$，共 600 个红数和 600 个蓝数，也有和相等，且平方和相等.

即存在 600 个红数与 600 个蓝数，这 600 个红数与 600 个蓝数的和相等，且平方和相等.

(方法二)注意到 $4+5=1+2+6=9$，且 $4^2+5^2=1^2+2^2+6^2=41$，则

$7k+(7k+4)+(7k+5)=(7k+1)+(7k+2)+(7k+6)$，且

$(7k)^2+(7k+4)^2+(7k+5)^2=(7k+1)^2+(7k+2)^2+(7k+6)^2$

把 A 中的 $7k,7k+3,7k+4,7k+5$ 型数染成红色，$7k+1,7k+2,7k+6$ 型数染成蓝色.

因为 $2050=7\times292+6$，所以 $k=0,1,2,\cdots,292$.

构造 293 个抽屉，$k=0$ 时，抽屉放置集合 A 中不超过 6 的数，其余的第 $k+1$ 个抽屉放置形如 $7k,7k+1,7k+2,7k+3,7k+4,7k+5,7k+6$ 型数，$k=1,2,\cdots,292$.

2050 个数中任取 2018 个数按要求放入抽屉，至少填满 260 个抽屉(放入了 7 个数)，260 个填满数的抽屉中每个抽屉都是 4 个红数和 3 个蓝数，取 $7k,7k+4,7k+5$ 型 3 个红数和 3 个蓝数，其和相等且平方和相等.

取 260 个抽屉中的 200 个，$3\times200=600$，共 600 个红数与 600 个蓝数，也有和相等，且平方和相等.

即存在 600 个红数与 600 个蓝数，这 600 个红数与 600 个蓝数的和相等，且平方和相等.

例 9 1 【解析】由题设知，对任意 $x\in(0,+\infty)$，都有 $f[xf(x)-1]=2=f[f(1)-1]$.

由已知 $f(x)$ 是单射，故得 $xf(x)-1=f(1)-1$. 从而，有 $f(x)=\frac{f(1)}{x}(x>0)$.

在 $f[xf(x)-1]=2$ 中，令 $x=1$，得 $f[f(1)-1]=2$. 结合上式，得

$\frac{f(1)}{f(1)-1}=2$，解得 $f(1)=2$，从而 $f(2)=\frac{f(1)}{2}=1$.

本题也可直接令 $xf(x)-1=t$，从而解得 $f(x)=\frac{t+1}{x}$，而由 $f(t)=2$ 可得 $f[tf(t)-1]=f(2t-1)=2$，结合 $f(x)$ 是单射，所以 $t=2t-1$，从而 $t=1$.

所以 $f(x)=\frac{2}{x}$，从而 $f(2)=1$.

例 10 26 【解析】令 $f(x)=y$，则由 $f[f(x)]=x$，得 $f(y)=x$，即若 $f(x)=y$，则 $f(y)=x$. 显然 y 不一定

等于 x，则按 y 与 x 的相等情况[即按 $f(x)$ 与 x 的相等情况]进行分类：

(1)若只有一个 x 满足 $f(x)=x$，则先从 5 个元素中选出一个，有 C_5^1 种，不妨设 $f(1)=1$，然后 $f(2)\neq 2$，又 $f(2)\neq 1$[否则若 $f(2)=1$，则 $f(1)=2$，与 $f(1)=1$ 矛盾]，从而 $f(2)$ 有 C_3^1 种选法，不妨设 $f(2)=3$，则 $f(3)=2$，显然 $f(4)\neq 1,2,3$，且 $f(4)\neq 4$，从而只有 $f(4)=5$，$f(5)=4$，故此时映射个数为 $C_5^1C_3^1=15$ 个；

(2)若只有 2 个 x 满足 $f(x)=x$，不妨设 $f(1)=1$，$f(2)=2$，则根据(1)的分析 $f(3)\neq 3$，所以 $f(3)=4$ 或 5. 不妨设 $f(3)=4$，则 $f(4)=3$，此时 $f(5)=5$，与只有 2 个 x 满足 $f(x)=x$ 矛盾，从而此时满足条件的映射不存在；

(3)若只有 3 个 x 满足 x，则有 C_5^3 种，不妨设 $f(1)=1$，$f(2)=2$，$f(3)=3$，则只能是 $f(4)=5$，$f(5)=4$，此时满足条件的映射 f 个数有 C_5^3 种；

(4)若有 4 个 x 满足 $f(x)=x$，则必会出现第五个也满足 $f(x)=x$，从而此时满足条件的映射不存在；

(5)若有 5 个 x 满足 $f(x)=x$，显然这样的映射 f 只有一个.

综上所述，满足条件的映射个数共有 $C_5^1C_3^1+C_5^3+1=26$ 个.

§1.4 命题的形式

例 1 ABCD 【解析】对于选项 A，直线 a 有可能在平面 α 内，故选 A 错误；

选项 B，直线 a 与直线 b 有可能相交，也有可能异面，故选项 B 错误；

选项 C，直线 a 有可能在平面 α 内，故选项 C 错误；

选项 D，直线 a 与直线 b 有可能异面.

从而本题答案为 ABCD.

例 2 B 【解析】不妨设 $0<a\leqslant b\leqslant c$，则要判断三角形是否存在，主要是判断三条边长是否满足三边关系定律，即较短的两边之和大于第三边.

对于命题(1)，由于 $\sqrt{a}+\sqrt{b}-\sqrt{c}\geqslant\sqrt{a+b}-\sqrt{c}>0$，从而(1)正确；对于命题(2)，当 a,b,c 为一组勾股数时，则不存在(比如 $a=2,b=3,c=4$；或 $a=5,b=12,c=13$ 等即为反例)，从而命题(2)错误；对于命题(3)，由于 $\frac{a+b}{2}+\frac{c+a}{2}-\frac{b+c}{2}=a>0$，从而命题(3)正确；对于命题(4)，由于 $(|a-b|+1)+(|b-c|+1)-(|c-a|+1)>|(a-b)+(b-c)+(c-a)|=0$，从而命题(4)正确. 所以有三个命题正确，故选 B.

由本例的(2)可以看出，要确定一个命题是假命题，只需举出一个满足命题条件而不能满足其结论的反例即可，这种方法在数学中称为“举反例”. 要确定一个命题是真命题，就必须作出证明. 证明若满足命题的条件就一定能推出命题的结论.

例 3 AC 【解析】对选项 A：由于集合 $\{x|x>1\}\subsetneqq\{x|x^2>1\}$，从而知 A 正确；

对选项 B：其逆否命题应为“若 $a+b$ 不是偶数，则 a,b 不都是奇数”，从而 B 错误；

对选项 C：正确；

对选项 D：$\neg p$ 是假命题，得 p 是真命题，但不知命题 q 的真假，故无法判断 $p\wedge q$ 的真假，从而 D 错误.

由上分析知，本题答案为 AC.

例 4 D 【解析】选项 A 中，命题 p：$\frac{1}{x-1}>0$ 隐藏了条件"$\forall x\in\mathbf{R}$"，应将其补完整后再写出命题的否定，其否定是 $\neg p$：$\exists x_0\in\mathbf{R}$，$\frac{1}{x_0-1}\leqslant 0$；选项 B 中"$x>1$"是"$\frac{1}{x}<1$"的充分不必要条件；选项 C 中，命题 p：$\exists n\in\mathbf{N}$，$n^2>2017$ 的否定 $\neg p$：$\forall n\in\mathbf{N}$，$n^2\leqslant 2017$. 故本题的答案为 D.

例 5 C 【解析】若 $k<8$，则 $35-k>0$，$k-8<0$，知命题 p 正确；在 $\triangle ABC$ 中，由 $\sin A<\sin B$，结合正弦定理知，$a<b$，从而 $A<B$，于是命题 q 正确. 故答案为 C.

例 6 ABC 【解析】首先可以证明：最多有 k 个 $x_i(i=1,2,\cdots,2016)$ 小于 k.

否则 $1=\frac{1}{1+x_1}+\frac{1}{1+x_2}+\cdots+\frac{1}{1+x_k}>\frac{1}{1+k}(1+k)=1$，矛盾. 从而选项 A、B 正确；

若最大的数小于 2016，则 $1=\frac{1}{1+x_1}+\frac{1}{1+x_2}+\cdots+\frac{1}{1+x_{2017}}>\frac{1}{1+2016}\times 2017=1$，矛盾. 从而选项 C 正确；而对于选项 D，只需取 $x_i=2016(i=1,2,\cdots,2017)$ 即可.

故本题答案选 ABC.

> 本例证明问题的方法称为反证法. 运用反证法时对命题进行否定要正确，注意区别命题的否定与否命题. 用反证法证明的步骤一般有：
>
> 1. 假设命题的结论不正确，即假设结论的反面成立；
> 2. 从这个假设出发，通过推理论证，得出矛盾；
> 3. 由矛盾判定假设不正确，从而肯定命题的结论正确.
>
> 反证法的证明思路是：1. 反设（即假设）：对于"若 p 则 q"（原命题）进行反设，即"若 p，则 $\neg q$"；2. 最后的矛盾可能出现三种情况：(1) 导出 $\neg p$ 为真——与题设条件矛盾；(2) 导出 q 为真——与反设中的 $\neg q$ 矛盾；(3) 导出一个恒假命题——与某公理或定理矛盾.

例 7 【解析】假设 $a_n\leqslant a_{n+1}(n=1,2,\cdots)$，则 $a_n^k\leqslant a_{n+1}^k(k=1,2,\cdots n)$ 成立，

由此有 $a_n+a_n^2+\cdots+a_n^n\leqslant a_{n+1}+a_{n+1}^2+\cdots+a_{n+1}^n<a_{n+1}+a_{n+1}^2+\cdots+a_{n+1}^n+a_{n+1}^{n+1}=\frac{1}{2}$ 矛盾. 从而 $a_n>a_{n+1}$，$(n=1,2,\cdots)$.

例 8 C 【解析】考虑赵同学的话，若甲是 2 号，则根据孙同学的话，知丙是 3 号，根据钱同学的话，知乙是 4 号，再根据李同学的话，知丁是 1 号，符合要求；若甲不是 2 号，乙是 3 号，根据孙同学的话，丁是 2 号，根据钱同学的话，乙又是 4 号，矛盾. 所以丙是 3 号，选 C.

例 9 BD 【解析】乙和丁两人要么都猜对，要么都猜错. 若乙丁都对，则甲丙猜错，那么根据乙的话，乙获奖，丙没有，又甲猜错，所以甲获奖，但此时丙也猜对，故矛盾；若乙丁猜错，甲丙猜对，则根据丙的话，乙丙中有一人获奖，又乙猜错，所以乙获奖，丙没有，又甲获对，所以丁获奖，符合要求，故选 BD.

例 10 牛得亨先生的女儿 【解析】由题意知，最佳选手和最佳选手的孪生同胞年龄相同；由②，最佳选手和最差选手的年龄相同；由①，最佳选手的孪生同胞和最差选手不是同一个人. 因此，四人中有三人年龄相同. 由于牛得亨先生的年龄肯定大于他的儿子和女儿，从而年龄相同的三个人必定是牛得亨的儿子、女儿和妹妹. 由此，牛得亨的儿子和女儿必定是①中所指的孪生同胞，因此，牛得亨先生的儿子或女儿是最佳选手，而牛得亨先生的妹妹是最差选手. 由①，最佳先生的孪生同胞一定是牛得亨先生的儿

子，而最佳选手无疑是牛得亨先生的女儿.

例 11　D 【解析】由题意，得 $0.18<\frac{p}{q}<0.19$，从而 $\frac{100p}{19}<q<\frac{100p}{18}$，由此可见，随着 p 的增大，q 的下界不断增大.

当 $p=1$ 时，不存在满足条件的整数 q；

当 $p=2$ 时，$q=11$ 满足条件，故 q 的最小值为 11，此时 $p=2$. 故选 D.

例 12　A 【解析】设只参加数学、物理和化学考试的学生数分别为 x,y,z；参加两门学科考试的同学中，参加了数学和物理、物理和化学、数学和化学的人数分别计为 c,a,b；同时参加三门测试的学生人数计为 m，则由题意，知

$$\begin{cases}x+b+c+m=100,\\ y+c+a+m=50,\\ z+a+b+m=48,\\ x+y+z+a+b+c+m=2(x+y+z)=3m,\end{cases}$$ 前三个等式相加，得

$x+y+z+2(a+b+c)+3m=198$. 由第四个等式，得 $x+y+z=\frac{3}{2}m$，$a+b+c=\frac{m}{2}$，代入即得 $\frac{3}{2}m+m+3m=198$，解得 $m=36$.

因此，学生的总数为 $3m=108$. 选 A.

例 13　B 【解析】依题意，令 $x=\sqrt{5\sqrt{5\sqrt{5\cdots}}}$，从而得 $x=\sqrt{5x}$，解得 $x=5$. 故选 B.

例 14　D 【解析】根据列表，猜想关于 t 的方程左侧包含因式 t^2+t-1，尝试可得到方程为

$$(t^2+t-1)(t^4+2t^3+4t^2+t+1)=0,$$

而 $t^4+2t^3+4t^2+t+1=t^2(t+1)^2+3t^2+t+1>0$，于是该方程的零点为 $t=\frac{-1\pm\sqrt{5}}{2}$.

因此关于 x 的方程的解为 $\sqrt{\frac{-1+\sqrt{5}}{2}}$. 故选 D.

§1.5　充分条件与必要条件

例 1　C 【解析】由于在三角形中 $\tan A+\tan B+\tan C=\tan(A+B)[1-\tan A\tan B]+\tan C$
$=-\tan C[1-\tan A\tan B]+\tan C=\tan A\tan B\tan C$.

从而 $\tan A\tan B\tan C>0$，故 $\tan A$、$\tan B$、$\tan C$ 均为正数.

因此 A,B,C 均为锐角. 故选 C.

例 2　A 【解析】角 α 是钝角肯定能推出 $\alpha>\frac{\pi}{2}$，但 $\alpha>\frac{\pi}{2}$ 推不出 α 是钝角，从而 p 是 q 的充分不必要条件. 故选 A.

例 3　C 【解析】在 $\triangle ADB$ 中，由余弦定理知 $\cos\angle ADB=\frac{x^2+h^2-c^2}{2xh}$，在 $\triangle ADC$ 中由余弦定理得，

$\cos\angle ADC=\frac{y^2+h^2-b^2}{2yh}$，由于 $\angle ADB+\angle ADC=180°$，

所以 $\cos\angle ADB+\cos\angle ADC=0$，即$\dfrac{x^2+h^2-c^2}{2xh}+\dfrac{y^2+h^2-b^2}{2yh}=0$，

从而$\dfrac{x^2+h^2-c^2}{x}=\dfrac{b^2-y^2-h^2}{y}$，

又因为 $x^2+y^2+2h^2=b^2+c^2$，

所以 $x^2+h^2-c^2=b^2-y^2-h^2$，即 $x=y$.

同理可知，当 AD 为中线时，$x^2+y^2+2h^2=b^2+c^2$.

从而 $x^2+y^2+2h^2=b^2+c^2$ 是 AD 是中线的充要条件，选 C.

例 4　D　【解析】取$(a,b,c)=(1,0,1)$，$(A,B,C)=(1,1,2)$，则两个不等式的解集均为 $\mathbf{R}$，但$\dfrac{a}{A}$，$\dfrac{b}{B}$，$\dfrac{c}{C}$不全相等. 取$(a,b,c)=(1,2,-3)$，$(A,B,C)=(-1,-2,3)$则$\dfrac{a}{A}=\dfrac{b}{B}=\dfrac{c}{C}$，但$x^2+2x-3\geqslant0$ 的解集为$(-\infty,-3]\cup[1,+\infty)$，$-x^2-2x+3\geqslant0$ 的解集为$[-3,1]$，从而"$ax^2+bx+c\geqslant0$ 与 $Ax^2+Bx+C\geqslant0$ 的解集相同"是"$\dfrac{a}{A}=\dfrac{b}{B}=\dfrac{c}{C}$"的既不充分也不必要条件. 故选 D.

例 5　$(9,+\infty)$　【解析】记集合 $M=\{x\mid-2\leqslant x+1\leqslant4\}=\{x\mid-3\leqslant x\leqslant3\}$，集合 $N=\{x\mid x^2\leqslant a\}=\{x\mid-\sqrt{a}\leqslant x\leqslant\sqrt{a}\}$，由于命题 P 是命题 Q 的充分不必要条件，知 $M\subsetneqq N$，从而有 $3<\sqrt{a}$，解得 $a>9$. 从而实数 a 的取值范围是$(9,+\infty)$.

例 6　【证明】由平均值不等式，得

$$3\left(\frac{ab}{(a+b+c)(a+c+d)}\right)^{\frac{1}{3}}=3\left(\frac{a}{a+c}\cdot\frac{b}{a+b+c}\cdot\frac{a+c}{a+c+d}\right)^{\frac{1}{3}}\leqslant\frac{a}{a+c}+\frac{b}{a+b+c}+\frac{a+c}{a+c+d}$$

$$3\left(\frac{cd}{(a+b+c)(a+c+d)}\right)^{\frac{1}{3}}=3\left(\frac{c}{a+c}\cdot\frac{a+c}{a+b+c}\cdot\frac{d}{a+c+d}\right)^{\frac{1}{3}}\leqslant\frac{c}{a+c}+\frac{a+c}{a+b+c}+\frac{d}{a+c+d}$$

以上两式相加，并整理，得 $a^{\frac{1}{3}}b^{\frac{1}{3}}+c^{\frac{1}{3}}d^{\frac{1}{3}}\leqslant(a+b+c)^{\frac{1}{3}}(a+c+d)^{\frac{1}{3}}$.

上式等号成立的充分必要条件是

$$\begin{cases}\dfrac{a}{a+c}=\dfrac{b}{a+b+c}=\dfrac{a+c}{a+c+d},\\ \dfrac{c}{a+c}=\dfrac{a+c}{a+b+c}=\dfrac{d}{a+c+d}\end{cases}\Leftrightarrow\frac{a}{a+c}=\frac{b}{a+b+c}=\frac{a+c}{a+c+d}=\lambda\in(0,1)$$

$$\Leftrightarrow c=\frac{1-\lambda}{\lambda}a,b=\frac{1}{1-\lambda}a,d=\frac{1-\lambda}{\lambda^2}a(\lambda\in(0,1)).$$

例 7　$c=\sqrt{3}+1$　【解析】由 $2\cos^2\dfrac{A+C}{2}=(\sqrt{2}-1)\cos B\Leftrightarrow1+\cos(A+C)=\sqrt{2}\cos B-\cos B$

即 $\cos B=\dfrac{\sqrt{2}}{2}\Leftrightarrow B=45^\circ$，又 $A=60^\circ$，所以 $C=75^\circ$.

由正弦定理，$\dfrac{\sqrt{6}}{\sin60^\circ}=\dfrac{b}{\sin45^\circ}=\dfrac{c}{\sin75^\circ}$，所以 $b=2$，$c=\sqrt{3}+1$.

但 $b=2$ 时，则原题设为 $a=\sqrt{6}$，$b=2$，$B=45^\circ$，可求得 A 有两个值60°和120°，不合题意，舍去；

$c=\sqrt{3}+1$ 时，经检验符合题意. 故应补充条件：$c=\sqrt{3}+1$.

例 8　【解析】(1)证明：如下图所示，在直角坐标平面中，矩形 $ABCD$ 的顶点坐标为 $A(-a,-b)$，$B(a,$

$-b)$,$C(a,b)$,$D(-a,b)$,点 $P(x,y)$ 是直角坐标平面上的任意一点,则

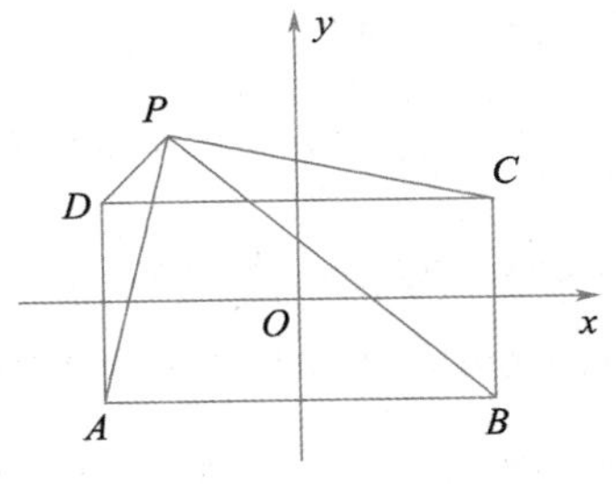

$PA^2+PC^2=(x+a)^2+(y+b)^2+(x-a)^2+(y-b)^2$

$=2(x^2+y^2+a^2+b^2)$;

$PB^2+PD^2=(x-a)^2+(y+b)^2+(x+a)^2+(y-b)^2$

$=2(x^2+y^2+a^2+b^2)$.

故 $PA^2+PC^2=PB^2+PD^2$.

(2)推广命题:若棱锥 $P\text{-}ABCD$ 的底面 $ABCD$ 是矩形,

则 $PA^2+PC^2=PB^2+PD^2$.

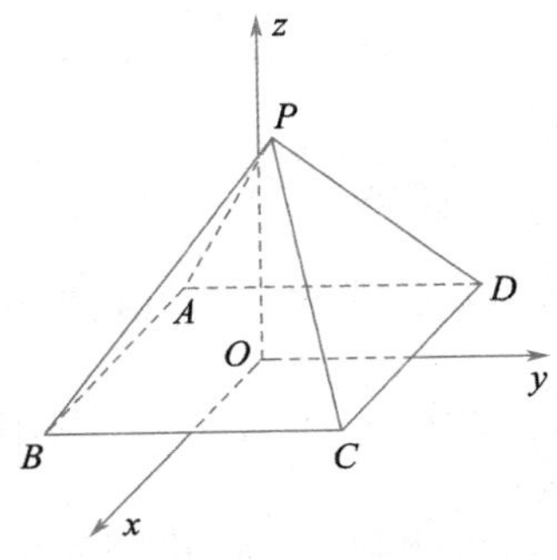

证明:如右图所示,设棱锥 $P\text{-}ABCD$ 的底面 $ABCD$ 在空间直角坐标系的 xOy 平面上,矩形 $ABCD$ 的顶点坐标为 $A(-a,-b,0)$,$B(a,-b,0)$,$C(a,b,0)$,$D(-a,b,0)$,

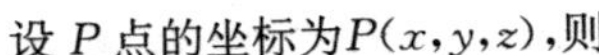

设 P 点的坐标为 $P(x,y,z)$,则

$PA^2+PC^2=(x+a)^2+(y+b)^2+(z-0)^2+(x-a)^2+(y-b)^2+(z-0)^2$

$=2(x^2+y^2+a^2+b^2+z^2)$.

$PB^2+PD^2=(x-a)^2+(y+b)^2+(z-0)^2+(x+a)^2+(y-b)^2+(z-0)^2$

$=2(x^2+y^2+a^2+b^2+z^2)$.

所以 $PA^2+PC^2=PB^2+PD^2$.

(3)再推广命题:设 $ABCD\text{-}A_1B_1C_1D_1$ 是长方体,P 是空间上任意一点,则

$PA^2+PC^2+PB_1^2+PD_1^2=PB^2+PD^2+PA_1^2+PC_1^2$.

证明:如图,由(2)中定理可得 $PA^2+PC^2=PB^2+PD^2$

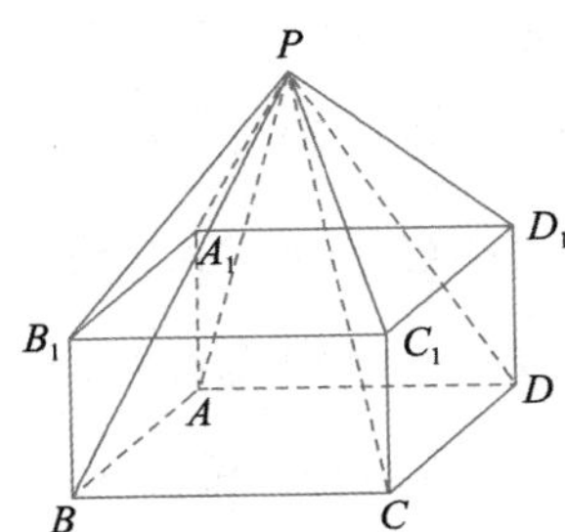

和 $PA_1^2+PC_1^2=PB_1^2+PD_1^2$,

所以 $PA^2+PC^2+PB_1^2+PD_1^2=PB^2+PD^2+PA_1^2+PC_1^2$.

§1.6 方程问题

例 1 $\left(0,\frac{32}{27}\right]$ 【解析】构造函数 $f(x)=x^3-2ax+a^2$,$x\in(0,1)$.求导,得 $f'(x)=3x^2-2a$.

若 $a\leqslant0$,$f'(x)>0$,$f(x)$ 在 $(0,1)$ 上单调递增,又因为 $f(0)=a^2\geqslant0$,从而此时方程 $x^3-2ax+a^2=0$ 在

$(0,1)$上无解；

若$a>0$，令$f'(x)=0$，解得$x_0=\sqrt{\frac{2}{3}a}$.

(1)若$\sqrt{\frac{2}{3}a}\geqslant 1$，即$a\geqslant\frac{3}{2}$，$f'(x)<0$，$f(x)$在$(0,1)$上单调递减，

又由$f(1)=(1-a)^2\geqslant 0$，从而此时方程$x^3-2ax+a^2=0$在$(0,1)$上无解；

(2)若$\sqrt{\frac{2}{3}a}<1$，即$0<a<\frac{3}{2}$，

①当$x\in\left(0,\sqrt{\frac{2}{3}a}\right)$时，$f'(x)<0$，$f(x)$单调递减；

②当$\left(\sqrt{\frac{2}{3}a},+\infty\right)$时，$f'(x)>0$，$f(x)$单调递增.

从而$f(x)$在$(0,1)$上的极小值亦即最小值为$f\left(\sqrt{\frac{2}{3}a}\right)$.

由于$f(0)>0$，$f(1)\geqslant 0$，若使方程$x^3-2ax+a^2=0$在$(0,1)$上有解，只需使$f\left(\sqrt{\frac{2}{3}a}\right)\leqslant 0$，解得$0<a\leqslant\frac{32}{27}$，从而实数$a$的取值范围是$\left(0,\frac{32}{27}\right]$.

例2　63　【解析】我们将原方程转换为方程组$\begin{cases}y=\frac{x}{100},\\ y=\sin x,\end{cases}$于是本题的几何意义即求直线$y=\frac{x}{100}$与正弦曲线$y=\sin x$交点的个数.

首先，这两个函数的图象都经过坐标原点，故$x=0$是方程$\frac{x}{100}=\sin x$一个实数解，即此方程有实数解. 下面我们先在$[0,+\infty)$上研究$y=\frac{x}{100}$与$y=\sin x$图象的交点情况，如图所示.

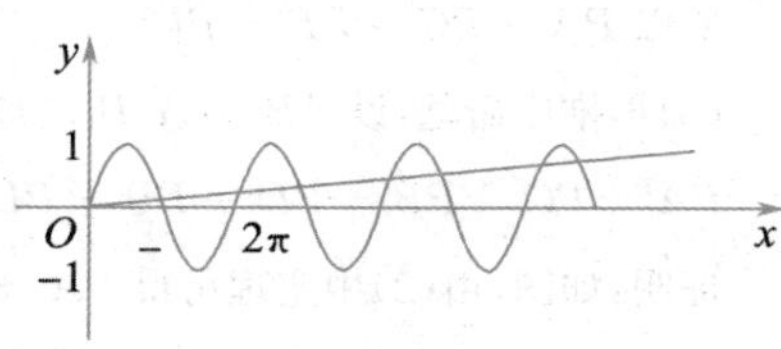

函数$y=\frac{x}{100}$的图象过点$(100,1)$，且当$x>100$时，$\frac{x}{100}>1$，$\sin x\leqslant 1$，故当$x>100$时，两函数图象没有交点. 当$x<100$时，由于$31\pi<100<32\pi$，从图象中可知，函数$y=\frac{x}{100}$与$y=\sin x$的图象在$[0,2\pi)$，$[2\pi,4\pi)$，…，$[28\pi,30\pi)$，$[30\pi,100]$中的每一个区间上都有两个交点，所以当$x\geqslant 0$时，两函数的图象共有32个交点，即当$x>0$时，有31个交点. 又函数$y=\frac{x}{100}$和$y=\sin x$都是奇函数，故它们的图象都关于原点对称，于是当$x<0$时，也有31个交点.

所以两函数图象共有63个交点，故方程$\frac{x}{100}=\sin x$有63个解.

例3　148　【解析】由题意知方程有二重根，则该方程可分解为$(x+m)^2(x+n)^2=0$.

即$(x+m)^2(x+n)^2$

$=(x^2+2mx+m^2)(x^2+2nx+n^2)$

$=x^4+(2m+2n)x^3+(m+n^2+4mn)x^2+(2mn^2+2nm^2)x+m^2n^2$

$=x^4-ax^3-bx^2+12x+36$

得$\begin{cases}2mn^2+2nm^2=12\\m^2n^2=36\end{cases}$

解得$\begin{cases}mn=6,\\m+n=1,\end{cases}$或$\begin{cases}mn=-6,\\m+n=-1.\end{cases}$

则 $a=-2(m+n)=\pm 2, b+1=\pm 12$.

所以 $a^2+(b+1)^2=2^2+12^2=148$.

例 4 【解析】在区间$(-2019,1)$中无根，因为此时方程左端非负，右端却是负的.

当 $x\in[1,+\infty)$时，左端所有绝对值取“+”打开，于是方程具有 $g(x)=0$ 的形式，其中 $g(x)=x^2-x-2019-(1+2+\cdots+2018)$，由于 $g(1)<0$，所以该二次方程在区间$[1,+\infty)$上有唯一根.

注意到方程两端的函数都关于直线 $x=-1009$ 对称（意即 $f(x)=f(-2018-x)$），故知它在区间$(-\infty,-2019]$上根的个数与区间$[1,+\infty)$上根的个数相等，亦即也有一个根，从而方程一共有两个根.

例 5 【解析】**(方法一)**假设存在有理数(a,b,c)，使得 $x_1=ax_2^2+bx_2+c$.

利用 $x_2^2=3x_2-1$ 和 $x_1=3-x_2$ 得，

$x_1=a(3x_2-1)+bx_2+c=3-x_2\Rightarrow(3a+b+1)x_2=3+a-c$ (＊)

因为 $x_2=\frac{3\pm\sqrt{5}}{2}$是无理数，$3a+b-1$ 和 $3+a-c$ 均为无理数，所以只有在 $3a+b+1=3+a-c=0$ 时(＊)式才能成立，故 $b=-3a-1, c=a+3(a\in\mathbf{R})$

检验，当 $b=-3a-1, c=a+3(a\in\mathbf{R})$时，有

$ax_2^2+bx_2+c=ax_2^2-(3a+1)x_2+(a+3)=a(x_2^2-3x_2+1)+(3-x_2)=3-x_2=x_1$ 符合题意.

综上所述，存在 a,b,c，且 $b=-3a-1, c=a+3(a\in\mathbf{R})$时符合题意.

(方法二)假设存在有理数 a,b,c，使得 $x_1=ax_2^2+bx_2+c$,

则 $x_1=ax_2^2+bx_2+c=3-x_2$，则 $ax_2^2+(b+1)x_2+c-3=0$,

又因为 $ax_2^2-3ax_2+a=0$，两式相减，得$(3a+b+1)x_2+c-3-a=0$，由 $x_2=\frac{3\pm\sqrt{5}}{2}$是无理数，同方法一，得 $3a+b+1=c-3-a=0$，解得 $b=-3a-1, c=a+3(a\in\mathbf{R})$

经检验，知 $b=-3a-1, c=a+3(a\in\mathbf{R})$符合题意.

综上所述，存在 a,b,c，且 $b=-3a-1, c=a+3(a\in\mathbf{R})$时符合题意.

(方法三)易知 $1=3x_2-x_2^2$,

故 $x_1=ax_2^2+bx_2+c(3x_2-x_2^2)=(a-c)x_2^2+(b+3c)x_2$,

上式两端乘以 x_1，并利用 $x_1x_2=1$，得 $x_1^2=(a-c)x_2+(b+3c)$,

再利用 $x_1^2=3x_1-1$，得 $3x_1-1=(a-c)x_2+(b+3c)$,

从而 $3x_1+(c-a)x_2=b+3c+1$，联立 $x_2=3-x_1$ 得

$(3+a-c)x_1=3a+b+1$ (＊＊)

因为 $x_1=\frac{3\pm\sqrt{5}}{2}$为无理数，而 $3+a-c, 3a+b+1$ 均为有理数，故只有当 $3+a-c=3a+b+1=8-b-3c=0$ 时(＊＊)才能成立.

解得 $b=-3a-1, c=a+3(a\in\mathbf{R})$

经检验,知 $b=-3a-1,c=a+3(a\in\mathbf{R})$ 符合题意.

综上所述,存在 a,b,c,且 $b=-3a-1,c=a+3(a\in\mathbf{R})$ 时符合题意.

例 6 【解析】$x\oplus y=\log_x y+2$,令 $\log_x y+2=t$,则 $t\oplus 4=\log_t 4+2=0$,解得 $t=\frac{1}{2}$,从而 $x=2^{-\frac{4}{3}}$.

例 7 (2,1),(4,1) 【解析】方程等价于 $x^2-(2y+4)x+3y^2+5=0$,判别式 $\Delta=(2y+4)^2-4(3y^2+5)=4(-2y^2+4y-1)=4(1-2(y-1)^2)\leqslant 4$,判别式是一个平方数,从而只能为 $\Delta=4$,此时 $y=1$.

则方程转化为 $x^2-6x+8=0$,解得 $x=2$,或 $x=4$.

因此,整数组 (x,y) 只有两组 (2,1),(4,1).

例 8 【解析】方程组可以简化为 $\begin{cases}xy+yz+zx=x+y+z,\\ xy+yz+zx=2(x+y+z)-3\end{cases}$

解得 $\begin{cases}x+y+z=3,\\ xy+yz+zx=3.\end{cases}$ 故 $(x+y+z)^2=3(xy+yz+zx)$,配方,得 $(x-y)^2+(y-z)^2+(z-x)^2=0$,所以 $x=y=z$,从而 $x=y=z=1$,代入原方程,满足条件.

所以方程的解为 $x=1,y=1,z=1$.

这是一个简单的方程问题,在得到 $x+y+z=3$ 与 $xy+yz+zx=3$ 后结合两者之间的不等关系可以立即得结论.像这种变元个数多于方程个数的问题,一般都可以考虑使用不等式,然后利用不等式取等号的条件获得方程的解.

例 9 $[\sqrt{2},+\infty)$ 【解析】令 $\alpha=a+bi,a,b\in\mathbf{R}$. 已知存在实数 x 使得 $x^2+\alpha x+i=0$,

于是 $(x^2+ax)+(bx+1)i=0$,从而 $\begin{cases}x^2+ax=0,\\ bx+1=0,\end{cases}$.

由 $bx\neq 0$,从而得 $x=-\frac{1}{b}=-a$,所以 $a^2+b^2=\frac{1}{b^2}+b^2\geqslant 2$,即 $|\alpha|\geqslant\sqrt{2}$.

所以 $|\alpha|$ 的取值范围是 $[\sqrt{2},+\infty)$.

习题一

1. B 【解析】由题知 $A=(0,4),B=[-1,3]$,从而 $A\cap B=(0,3]$. 故选 B.

2. D 【解析】由于 $x^4-y^4-4x^2+4y^2=(x+y)(x-y)(x^2+y^2-4)=0$ 知选 D.

3. B 【解析】设方程的两个根为 x_1,x_2,则 $x_1+x_2=-a,x_1x_2=1-b$,故 $a^2+b^2=(1+x_1^2)(1+x_2^2)$ 是合数,A 选项不正确. 取 $x_1=1,x_2=-1$,知 $a^2+b^2=4$,从而选项 B 正确. 又 x^2 除以 3 的余数是 1,所以 C 选项不正确.

4. B 【解析】设两个零点 $x_1,x_2\in(-1,1)$,由韦达定理,知 $x_1+x_2=-a,x_1x_2=b$.

从而 $a^2-2b=(x_1+x_2)^2-2x_1x_2=x_1^2+x_2^2\in(0,2)$. 故选 B.

5. B 【解析】由 $\sin\alpha=\cos\alpha\Leftrightarrow\alpha=k\pi+\frac{\pi}{4}$,从而选 B.

6. B 【解析】$\log_a b=\log_b a\Leftrightarrow\frac{\ln b}{\ln a}=\frac{\ln a}{\ln b}$,从而 $\ln a=\ln b$ 或 $\ln a=-\ln b$,所以 $a=b$ 或 $a=\frac{1}{b}$. 故 $\log_a b=\log_b a$ 是 $a=b$ 的必要不充分条件.

7. CD 【解析】因为 $\lg x=\lg a^{\lg b}=\lg b\lg a,\lg y=\lg a\lg b$,所以 $\lg x=\lg y$,从而对任意符合条件的实数 a,b 都有 $x=y$,所以选项 A 不正确,选项 C 正确. 又若 $x=z$,即 $a^{\lg b}=a^{\lg a}$,从而 $\lg b=\lg a$,所以 $b=a$,所以选项 B 不

正确；

当 a,b 都属于区间 $(1,+\infty)$ 或者都属于区间 $(0,1)$ 时，x,y,z,w 都大于 1，当 a,b 分别属于区间 $(1,+\infty)$ 和 $(0,1)$ 时，不妨设 $a\in(1,+\infty)$，$b\in(0,1)$，则 $x,y\in(0,1)$，$z,w\in(1,+\infty)$，所以选项 D 正确.

8. C 【解析】设 $x^2+px+q=0$ 的两个根 x_1,x_2，则 $x_1+x_2=-p$，$x_1x_2=q$.

根据题意，$x_1,x_2\in\mathbf{Z}$，因此 $x_1x_2-(x_1+x_2)=p+q=218$，

从而 $(x_1-1)(x_2-1)=219$，而 $219=3\times73=1\times219$，对应的解为

$\begin{cases}x_1=4,\\x_2=74,\end{cases}\begin{cases}x_1=74,\\x_2=4,\end{cases}\begin{cases}x_1=-2,\\x_2=-72,\end{cases}\begin{cases}x_1=-72,\\x_2=-2,\end{cases}$

$\begin{cases}x_1=2,\\x_2=220,\end{cases}\begin{cases}x_1=220,\\x_2=2\end{cases}\begin{cases}x_1=0,\\x_2=-218\end{cases},\begin{cases}x_1=-218,\\x_2=0\end{cases}$

满足条件的整数对 (p,q) 为 $(-78,296)$，$(74,144)$，$(-222,440)$，$(218,0)$ 共有 4 对，故选 C.

9. A 【解析】若 $y=0$，则 $5x^2=5$，$2x^2+y^2=2$；若 $y\neq0$，则考虑 $5+\lambda(2x^2+y^2)=(5+2\lambda)x^2-4xy+(\lambda-1)y^2=y^2\left[(5+2\lambda)\dfrac{x^2}{y^2}-4\dfrac{x}{y}+(\lambda-1)\right]$，

将括号内看作是关于 $\dfrac{x}{y}$ 的函数，

令 $\Delta=16-4(5+2\lambda)(\lambda-1)=0$，得 $\lambda=-3$ 或 $\dfrac{3}{2}$，

则有 $5-3(2x^2+y^2)=-x^2-4xy-4y^2=-(x+2y)^2\leqslant0$，

所以 $2x^2+y^2\geqslant\dfrac{5}{3}$，

当且仅当 $x=-2y$ 时取等号，此时 $\begin{cases}x=-\dfrac{2}{9}\sqrt{15},\\y=\dfrac{1}{9}\sqrt{15},\end{cases}$ 或 $\begin{cases}x=\dfrac{2}{9}\sqrt{15},\\y=-\dfrac{1}{9}\sqrt{15}.\end{cases}$ 故选 A.

10. CD 【解析】由于赵与钱两位同学不可能同时说假话，从而赵和钱两位同学中至少有一人说的是真话.

首先，钱说的是真话. 如果钱说的是假话，则钱只能选 A，从而赵说的也是假话，这样就出现了两人说假话的情况；

其次，赵说的也是真话. 如果赵说的是假话，则孙和李两位同学中必有人选 A，从而也会出现两人同时说假话的情况；

最后，赵、钱、孙、李四人的选择可能的情况是 A、C、B、D 与 A、D、C、B 两种情况.

所以本题应选 CD.

11. A 【解析】因为 $(x-a)(y-a)(z-a)=xyz-a(xy+yz+zx)+a^2(x+y+z)-a^3=axyz\left[\dfrac{1}{a}-\left(\dfrac{1}{x}+\dfrac{1}{y}+\dfrac{1}{z}\right)\right]+a^2[(x+y+z)-a]$.

将 $a=2016$ 代入上式，不难得 $(x-2016)(y-2016)(z-2016)=0$. 故选 A.

12. C 【解析】设 $xy=t$，则 $1=x^4+y^4=(x+y)^4-4xy(x^2+y^2)-6x^2y^2=1-4t[(x+y)^2-2xy]-6t^2=1-4t(1-2t)-6t^2=2t^2-4t+1$，则 $t=0,2$. 故选 C.

13. -1 【解析】当 $x=0$ 时，$2-x^2=2\in A$；当 $x=-1$ 时，$2-x^2=1\in A$；

当 $x=-2$ 时，$2-x^2=-2\notin A$；当 $x=-3$ 时，$2-x^2=-6\notin A$.

从而集合 $B=\{0,-1\}$. 故集合 B 中所有元素的和为 -1.

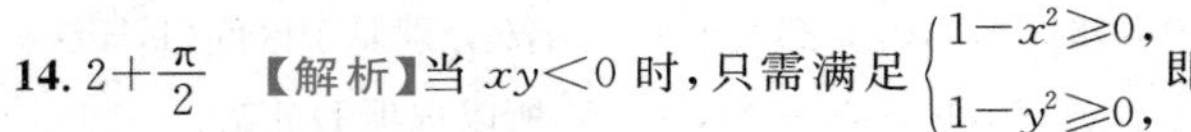

14. $2+\frac{\pi}{2}$ 【解析】当 $xy<0$ 时,只需满足 $\begin{cases}1-x^2\geqslant 0,\\1-y^2\geqslant 0,\end{cases}$ 即 $\begin{cases}-1\leqslant x\leqslant 1,\\-1\leqslant y\leqslant 1,\end{cases}$ 此时点 $P(x,y)$ 落在第二、四象限内的正方形区域内;

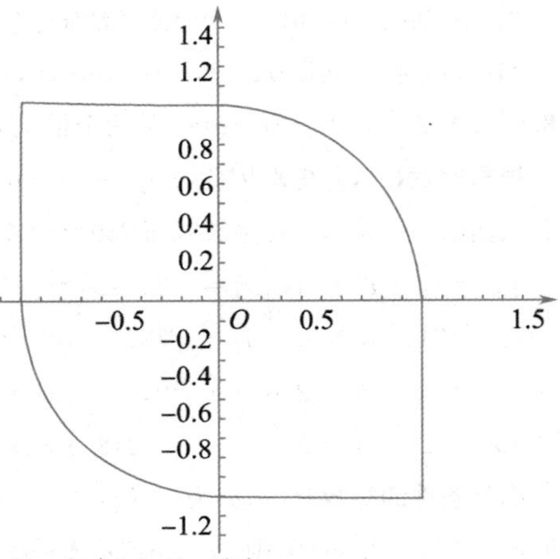

当 $xy\geqslant 0$ 时,两边平方,得 $(1-x^2)(1-y^2)\geqslant x^2y^2$,化简,得 $x^2+y^2\leqslant 1$,此时点 $P(x,y)$ 落在以原点为圆心的单位圆在第一、三限内的区域内;从而 M 如右图所示:所以区域 M 的面积为两个半圆的面积与两个小正方形的面积之和,为 $2+\frac{\pi}{2}$.

15. -9 【解析】由题意知 $A=\{x\mid x<-1,或\ x>3\}$,于是集合 $B=\{x\mid -1\leqslant x\leqslant 5\}$,

从而 $\begin{cases}-1+5=-a,\\-1\times 5=b\end{cases}$,解得 $\begin{cases}a=-4,\\b=-5,\end{cases}$ 所以 $a+b=-9$.

16. (1)(2) 【解析】显然(1)(2)正确,(3)(4)不正确.

17.【证明】整理欲证不等式,得 $2x^2-2(a+b)x+(a^2+b^2-c)\geqslant 0$,

此不等式恒成立的充要条件为 $\Delta=4(a+b)^2-8(a^2+b^2-c)=4[2c-(a-b)^2]\leqslant 0$

即 $2c\leqslant(a-b)^2$. 而由题设条件知 $2c\leqslant(a-b)^2$ 成立,从而命题得证.

18.【解析】在题设所给的不等式中,可令 $y=x+1(x\in\mathbf{N}^*)$,得 $0<|f(x+1)-f(x)|<2$. 即 $|f(x+1)-f(x)|=1$.

由对任意正整数 $x\neq y$,$0<|f(x)-f(y)|$.

即 $f(x)\neq f(y)$,得 f 是单射,

所以 $f(x+1)-f(x)\equiv 1$ 或 $f(x+1)-f(x)\equiv -1$(否则必然会出现不同的自变量被映射到同一个正整数的情形).

因为象的集合为 $\mathbf{N}^*$,所以 $f(x+1)-f(x)\equiv 1$.

进而可得 $f(n)=n+f(1)-1$,其中 $f(1)\in\mathbf{N}^*$.

19.【解析】由 $f(x)=x^2+ax+b$,得

$f(x^2)=x^4+ax^2+b=x^2(x^2+ax+b)-ax^3-bx^2+ax^2+b$

$=x^2(x^2+ax+b)-ax(x^2+ax+b)+(a^2+a-b)x^2+abx+b$

$=x^2f(x)-axf(x)+(a^2+a-b)f(x)+a(2b-a^2-a)x+b(1+b-a^2-a)$.

若 $f(x)\mid f(x^2)$,则由上式,得 $a(2b-a^2-a)=0=b(1+b-a^2-a)$.

若 $ab\neq 0$,则 $2b-a^2-a=0=1+b-a^2-a\Rightarrow b=1$ 且 $a\in\{-2,1\}$;

若 $ab=0$,则由 $a(2b-a^2-a)=0=b(1+b-a^2-a)\Rightarrow(a,b)=(0,0)$ 或 $(0,-1)$ 或 $(-1,0)$.

因此所求多项式的系数 $(a,b)=(-2,1),(1,1),(0,0),(0,-1),(-1,0)$.

20.【解析】因为 $A\cap B\cap C=\varnothing$,所以 $(A\cap B)\cap(A\cap C)=\varnothing$,所以集合 A 可以拆成三个部分:$A\cap B$,$A\cap C$,$A-(A\cap B)-(A\cap C)=A'$,则 $|A|=|A'|+|A\cap B|+|A\cap C|$,

B,C 集合同理.

因为$|A\cup B\cup C|=|A|+|B|+|C|-|A\cap B|-|A\cap C|-|B\cap C|+|A\cap B\cap C|$，

所以$|A\cup B\cup C|\geqslant\frac{1}{2}(|A|+|B|+|C|)\Leftrightarrow\frac{1}{2}(|A|+|B|+|C|)\geqslant|A\cap B|+|B\cap C|+|C\cap A|$

而$|A|+|B|+|C|=|A'|+|B'|+|C'|+2|A\cap B|+2|A\cap C|+2|B\cap C|$

所以$\frac{1}{2}(|A|+|B|+|C|)-|A\cap B|-|B\cap C|-|C\cap A|=\frac{1}{2}(|A'|+|B'|+|C'|)\geqslant 0$.

(2)当$A'=B'=C'=\varnothing$时取等号，如$A=\{1,2\}$，$B=\{2,3\}$，$C=\{3,1\}$.

21.【解析】(1)设$M=a_1+a_2+\cdots+a_n$. 由题设，知集合$A_i(i=1,2,\cdots,n)$中元素之和为$M-a_i$，且$M-a_i$均为偶数. 从而a_i与M的奇偶性相同.

①若M为奇数，则$a_i(i=1,2,\cdots,n)$也为奇数，n为奇数；

②若M为偶数，则$a_i(i=1,2,\cdots,n)$也为偶数.

记$a_i=2b_i(i=1,2,\cdots,n)$，$M'=b_1+b_2+\cdots+b_n$，于是$\{b_1,b_2,\cdots,b_n\}$也是“好数集”，$b_i(i=1,2,\cdots,n)$与M'的奇偶性相同.

重复上述操作有限次，便可使得各项均为奇数的“好数集”.

据①的讨论，此时各项之和也为奇数，因此，n为奇数.

综上，n必为奇数.

(2)由(1)，知n为奇数. 若求n的最小值，可从$n=3,5,7$起开始试验.

当$n=3$时，显然不成立；

当$n=5$时，不妨设$a_1<a_2<a_3<a_4<a_5$. 将a_1,a_3,a_4,a_5分成两组，且两组数之和相等，则$a_1+a_5=a_3+a_4$，或$a_5=a_1+a_3+a_4$；

将a_2,a_3,a_4,a_5分成两组，且两组之和相等，则$a_2+a_5=a_3+a_4$，或$a_5=a_2+a_3+a_4$

显然，这两种情况矛盾.

因此，当$n=5$时，不存在“好数集”.

当$n=7$时，设$A=\{1,3,5,7,9,11,13\}$. 注意到

$3+5+7+9=11+13$，$1+9+13=5+7+11$，$9+13=1+3+7+11$，

$1+9+11=3+5+13$，$1+3+5+11=7+13$，$3+7+9=1+5+13$，

$1+3+5+9=7+11$.

因此，n的最小值为7.

22.【解析】(1)根据定义，$f_A(2016)=f_B(2016)=-1$.

(2)设集合X中有x_0个元素既不在集合A中也不在集合B中，x_1个元素只在集合A中，x_2个元素只在集合B中，x_3个元素同时在集合A,B中，如图所示：

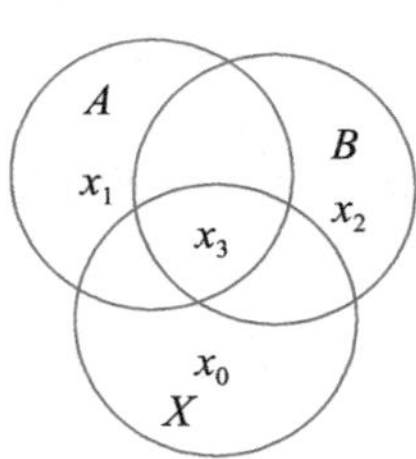

则$m=\mathrm{Card}(X\Delta A)+\mathrm{Card}(X\Delta B)$

$=x_0+x_2+[\mathrm{Card}(A)-x_1-x_3]+x_0+x_1+[\mathrm{Card}(B)-x_2-x_3]$

$=\mathrm{Card}(A)+\mathrm{Card}(B)+2x_0-2x_3$

$\geqslant\mathrm{Card}(A)+\mathrm{Card}(B)-2\mathrm{Card}(A\cap B)$

$=2016+2016-2\times1008$

$=2016$，

当$x_0=0$，$x_3=\mathrm{Card}(A\cap B)$时等号成立，即$A\cap B\subseteq X$，且$X\subseteq(A\cup B)$时可取到最小值，也可以直接取$X=A\cap B$. 因此所求的最小值为2016.

第二章 不等式

§2.1 不等式的性质

例 1 【解析】(方法一)由$\frac{a^ab^b}{a^bb^a}=a^{a-b}\cdot b^{b-a}=\left(\frac{a}{b}\right)^{a-b}$,从而

(1)当$a>b$时,$\frac{a}{b}>1,a-b>0$,知$\left(\frac{a}{b}\right)^{a-b}>1$;

(2)当$a<b$时,$0<\frac{a}{b}<1,a-b<0$,知$\left(\frac{a}{b}\right)^{a-b}>1$.

综上,$\left(\frac{a}{b}\right)^{a-b}>1$.故$a^ab^b>a^bb^a$.

(方法二)对两数取对数,得$\ln a^ab^b=a\ln a+b\ln b,\ln a^bb^a=b\ln a+a\ln b$.

$\ln a^ab^b-\ln a^bb^a=(a\ln a+b\ln b)-(b\ln a+a\ln b)=(a-b)\ln a+(b-a)\ln b=(a-b)[\ln a-\ln b]=(a-b)\ln\frac{a}{b}$.

(1)当$a>b$时,$\frac{a}{b}>1,a-b>0,(a-b)\ln\frac{a}{b}>0$知$\left(\frac{a}{b}\right)^{a-b}>1$;

(2)当$a<b$时,$0<\frac{a}{b}<1,a-b<0,(a-b)\ln\frac{a}{b}>0$知$\left(\frac{a}{b}\right)^{a-b}>1$.

综上,$\left(\frac{a}{b}\right)^{a-b}>1$.故$a^ab^b>a^bb^a$.

例 2 ABD 【解析】设$f(x)=x^2+ax+b$,则有$\begin{cases}f(1)=1+a+b,\\f(-1)=1-a+b,\end{cases}$

从而有$\begin{cases}a=\frac{f(1)-f(-1)}{2},\\b=\frac{f(1)+f(-1)}{2}-1,\end{cases}$由$|f(1)|\leqslant 2$,且$|f(-1)|\leqslant 2$,得$\begin{cases}-2\leqslant a\leqslant 2,\\-3\leqslant b\leqslant 1,\end{cases}$

又$a=0,b=-2$时也符合题意,从而C错误.故本题答案为ABD.

事实上,本题a的取值范围是$[-2,2]$,而$b=f(0)$,因此实数b的取值范围为$[-2,1]$.

例 3 【解析】根据题意,有$\begin{cases}1\leqslant a-b\leqslant 2,\\2\leqslant a+b\leqslant 4,\end{cases}$即求$f(-2)=4a-2b$的取值范围.

设$4a-2b=m(a-b)+n(a+b)=(m+n)a+(n-m)b$,从而得$\begin{cases}m+n=4,\\n-m=-2,\end{cases}$解得$\begin{cases}m=3,\\n=1,\end{cases}$即$f(-2)=3f(-1)+f(1)$,由于$3\leqslant 3f(-1)\leqslant 6,2\leqslant f(1)\leqslant 4$,

所以$5\leqslant 3f(-1)+f(1)\leqslant 10$.即$f(-2)$的取值范围是$[5,10]$.

对于此类问题,建议大家使用线性规划来解决,将题目中的a,b分别视为变量x,y即可.上述解法建立在不等式的一个重要性质之上:同向不等式可相加,不能相减.通过待定系数的方法,构造出不等式相加所需要的条件,而不能随意地相加减.

例 4　42　【解析】注意到 $xy\leqslant\frac{1}{4}x^2+y^2$，$8x\leqslant x^2+16$，$y\leqslant\frac{1}{4}y^2+1$，将这三者相加，即得

$xy+8x+y\leqslant\frac{5}{4}(x^2+y^2)+17=42$.

并且当 $x=4$，$y=2$ 时等号成立，

从而 $xy+8x+y$ 的最大值为 42.

本题也可以直接使用 Cauchy 不等式解决：

$(xy+8x+y)^2\leqslant(x^2+8^2+y^2)(y^2+x^2+1)=84\times21=42^2$ 得 $xy+8x+y$ 的最大值为 42.

例 5　C　【解析】对于①，取 $a=4$，$b=1$，可得①错误.

对于②式，由于 $a^2-b^2=1$，知 $(a-b)(a+b)=1$，

由于 $a>0$，$b>0$，则 $a+b>a-b>0$，所以 $a-b<1$，故命题②正确.

对于命题③，由于 $a^2+ab+b^2>a^2-2ab+b^2=(a-b)^2>0$，

所以 $a^3-b^3=(a-b)(a^2+ab+b^2)>(a-b)(a-b)^2=(a-b)^3>0$，

即 $(a-b)^3<1$，从而得 $a-b<1$，故命题③正确.

对于命题④，由于 $1=a^4-b^4=(a-b)(a+b)(a^2+b^2)$，

若 a，b 中有一个大于 1 的，则 $a+b$ 与 a^2+b^2 均大于 1，

从而 $(a+b)(a^2+b^2)>1$，从而 $a-b<1$；

而 a，b 不可能同时都小于 1(否则 $|a^4-b^4|<1$，矛盾)，从而命题正确.

综上知，答案为 C.

例 6　$\sqrt{2}$　【解析】记 $M=\min\left\{\frac{1}{a},\frac{2}{b},\frac{4}{c},\sqrt[3]{abc}\right\}$，则 $M\leqslant\frac{1}{a}$，$M\leqslant\frac{2}{b}$，$M\leqslant\frac{4}{c}$，

于是 $M^3\leqslant\frac{8}{abc}$，得 $\sqrt[3]{abc}\leqslant\frac{2}{M}$　①

又因为 $M\leqslant\sqrt[3]{abc}$　②

由①②，得 $M\leqslant\frac{2}{M}$，所以 $M\leqslant\sqrt{2}$，即 M 的最大值为 $\sqrt{2}$，当且仅当 $c=2b=4a=2\sqrt{2}$ 时取得.

例 7　【证明】$\sqrt{a}+\sqrt{a}+a^2\geqslant3\sqrt[3]{a^3}=3a$，

同理，$\sqrt{b}+\sqrt{b}+b^2\geqslant3\sqrt[3]{b^3}=3b$，$\sqrt{c}+\sqrt{c}+c^2\geqslant3\sqrt[3]{c^3}=3c$.

三式相加：$2(\sqrt{a}+\sqrt{b}+\sqrt{c})+a^2+b^2+c^2\geqslant3(a+b+c)=9=(a+b+c)^2$

所以，$ab+bc+ca\leqslant\sqrt{a}+\sqrt{b}+\sqrt{c}$.

又 $(\sqrt{a}+\sqrt{b}+\sqrt{c})^2\leqslant(a+b+c)(1+1+1)=9$，所以 $\sqrt{a}+\sqrt{b}+\sqrt{c}\leqslant3$.

综上可得 $ab+bc+ca\leqslant\sqrt{a}+\sqrt{b}+\sqrt{c}\leqslant3$.

例 8　B　【解析】由于 a，b，c 组成等比数列，知 $b^2=ac\geqslant0$，又 $c>0$，结合题目知 $a>0$.

由上式，得 $\left(\frac{b}{a}\right)^2=\frac{c}{a}$. 又由 $a\leqslant2b+3c$，得 $2\frac{b}{a}+3\frac{c}{a}\geqslant1$，即 $2\frac{b}{a}+3\left(\frac{b}{a}\right)^2\geqslant1$.

令 $t=\frac{b}{a}$，可得 $3t^2+2t-1\geqslant0$，即 $(3t-1)(t+1)\geqslant0$，解得 $t\geqslant\frac{1}{3}$，或 $t\leqslant-1$.

而$\frac{b-2c}{a}=\frac{b}{a}-2\frac{c}{a}=t-2t^2$，令 $f(t)=-2t^2+t(t\geqslant\frac{1}{3}$，或 $t\leqslant-1)$，

结合二次函数的图象可知 $f(t)\leqslant f\left(\frac{1}{3}\right)=\frac{1}{9}$. 故选 B.

§2.2 不等式的求解

例 1 $\{x|x>1\}$ 【解析】不等式 $1+2^x<3^x$ 可变形为$\left(\frac{1}{3}\right)^x+\left(\frac{2}{3}\right)^x<1$，构造函数 $f(x)=\left(\frac{1}{3}\right)^x+\left(\frac{2}{3}\right)^x$，显然这个函数是递减的，且 $f(1)=1$，从而可得 $x>1$.

所以 $1+2^x<3^x$ 的解集为$\{x|x>1\}$.

例 2 D 【解析】由已知 $y=\frac{x}{x-1}$，所以 $z=\frac{x+y}{xy-1}=\frac{x+\frac{x}{x-1}}{\frac{x^2}{x-1}-1}=\frac{x^2}{x^2-x+1}=\frac{1}{1-\frac{1}{x}+\frac{1}{x^2}}$.

因为 $x>1$，即 $0<\frac{1}{x}<1$，所以$\frac{3}{4}\leqslant1-\frac{1}{x}+\frac{1}{x^2}<1$，故 $1<z\leqslant\frac{4}{3}$，故选 D.

例 3 【解析】(1)由 $f(x)=|x+1|-|x-2|=\begin{cases}3, & x\geqslant2,\\ 2x-1, & -1<x<2,\\ -3, & x\leqslant-1,\end{cases}$

当 $x\geqslant2$ 时，显然解集为$\varnothing$；

当$-1<x<2$ 时，令 $2x-1<1$，解得$-1<x<1$；

当 $x\leqslant-1$ 时，显然满足题意.

从而，所求不等式的解集为$\{x|x<1\}$.

(2)设 $g(x)=f(x)+2|x-2|=|x+1|+|x-2|$

由绝对值的几何意义，知当$-1\leqslant x\leqslant2$ 时，$g(x)$取得最小值 3.

故实数 m 的取值范围是$(-\infty,3]$.

例 4 【解析】(1)当 $a=1$ 时，由 $f(x)\geqslant0$，即得$|x+2|\geqslant|2x-1|$，两边平方，得：

$x^2+4x+4\geqslant4x^2-4x+1$，即 $3x^2-8x-3\leqslant0$，解得：$-\frac{1}{3}\leqslant x\leqslant3$.

所以不等式 $f(x)\geqslant0$ 的解集为$\{x|-\frac{1}{3}\leqslant x\leqslant3\}$.

(2)若存在 $x\in\mathbf{R}$，使得不等式 $f(x)>a$ 成立，即$|x+2|-a|2x-1|>a$ 成立，

所以存在 $x\in\mathbf{R}$，使得 $a<\frac{|x+2|}{|2x-1|+1}$成立.

令 $g(x)=\frac{|x+2|}{|2x-1|+1}$，只需 $a<g(x)_{\max}$即可.

又函数 $g(x)=\frac{|x+2|}{|2x-1|+1}=\begin{cases}\frac{1}{2}+\frac{3}{2(x-1)}, x<-2,\\ -\frac{1}{2}-\frac{3}{2(x-1)}, -2\leqslant x\leqslant\frac{1}{2},\\ \frac{1}{2}+\frac{1}{x}, x>\frac{1}{2}.\end{cases}$

当 $x<-2$ 时，$g(x)$ 单调递减，$0<g(x)<\frac{1}{2}$；

当 $-2\leqslant x\leqslant\frac{1}{2}$ 时，$g(x)$ 单调递增，$0\leqslant g(x)\leqslant\frac{5}{2}$；

当 $x>\frac{1}{2}$ 时，$g(x)$ 单调递减，$\frac{1}{2}<g(x)<\frac{5}{2}$；

可知函数 $g(x)_{\max}=g\left(\frac{1}{2}\right)=\frac{5}{2}$，所以 $a<\frac{5}{2}$.

例 5　C　【解析】一方面，令 $f(0)=-f(2)=f(4)$，解得 $a=-4,b=2$，此时 $f(x)=x^2-4x+2$，其在 $[0,4]$ 上的最大值为 2，因此 $m\leqslant 2$.

另一方面，当 $m\leqslant 2$ 时，考虑 $f(0)=b,f(2)=2a+b+4,f(4)=4a+b+16$，

因此 $8=|f(0)-2f(2)+f(4)|\leqslant|f(0)|+2|f(2)|+|f(4)|$，

于是 $|f(0)|,|f(2)|,|f(4)|$ 中至少有一个不小于 2，符号题意.

综上所述，实数 m 的取值范围是 $(-\infty,2]$. 故选 C.

例 6　$\left[-\frac{1}{3},\frac{1}{3}\right]$　【解析】本题等价于 $|2x-a|+|3x-2a|$ 的最小值不小于 a^2.

由于 $f(x)=|2x-a|+|3x-2a|=\left|x-\frac{a}{2}\right|+\left|x-\frac{a}{2}\right|+\left|x-\frac{2a}{3}\right|+\left|x-\frac{2a}{3}\right|+\left|x-\frac{2a}{3}\right|$

在 $x=\frac{2a}{3}$ 时取得最小值 $\left|\frac{4a}{3}-a\right|=\left|\frac{1}{3}a\right|$，

从而有 $\left|\frac{1}{3}a\right|\geqslant a^2$，解得 $-\frac{1}{3}\leqslant a\leqslant\frac{1}{3}$.

故实数 a 的取值范围是 $\left[-\frac{1}{3},\frac{1}{3}\right]$.

> 本例结合绝对值的几何意义，用到了下结论：
>
> 如果 $a_1\leqslant a_2\leqslant\cdots\leqslant a_n$，则 $f(x)=\sum\limits_{i=1}^{n}|x-a_i|$ 最小值的最值情况分为以下两类：
>
> (1) 如果 n 是奇数，则当 $x=a_{\frac{n+1}{2}}$ 时取得；
>
> (2) 如果 n 是偶数，则当 x 为 $[a_{\frac{n}{2}},a_{\frac{n}{2}+1}]$ 任何值时取得.

例 7　A　【解析】令 $f(x)=x|x-a|+\frac{3}{2}$.

(1) 当 $1\leqslant a\leqslant 2$ 时，则 $f(x)_{\min}=f(a)=\frac{3}{2}$，故此时 $1\leqslant a\leqslant\frac{3}{2}$.

(2) 当 $a>2$ 时，则 $f(x)=x(a-x)+\frac{3}{2}$，此时原问题等价于 $\begin{cases}f(1)\geqslant a,\\f(2)\geqslant a,\end{cases}$ 解得 $a\geqslant\frac{5}{2}$.

综上所述，实数 a 的取值范围是 $\left[1,\frac{3}{2}\right]\cup\left[\frac{5}{2},+\infty\right)$. 故选 A.

例 8　A　【解析】根据题意，$f(x)=(x^2+1)(x-1)^2+m(x-2)^2$，于是原不等式等价于

$m\geqslant-\frac{(x^2+1)(x-1)^2}{(x-2)^2}$ 对任意 $x\in(-\infty,-2)\cup(2,+\infty)$ 恒成立.

因此，所求实数 m 的取值范围是 $[0,+\infty)$. 故选 A.

本题也可以采用“先猜后证”的方法解得：由 $f(1)\geqslant0$，得到 $m\geqslant0$，又因为 $m\geqslant0$ 时，$f(x)\geqslant0$ 恒成立，得到 m 的取值范围是 $[0,+\infty)$.

§2.3 不等式的证明

例 1 【证明】(**方法一**)(差值比较法) $\left(\frac{a^2}{b}\right)^{\frac{1}{2}}+\left(\frac{b^2}{a}\right)^{\frac{1}{2}}-(a^{\frac{1}{2}}+b^{\frac{1}{2}})=\frac{a}{\sqrt{b}}+\frac{b}{\sqrt{a}}-\sqrt{a}-\sqrt{b}=$

$\frac{(\sqrt{a}-\sqrt{b})^2(\sqrt{a}+\sqrt{b})}{\sqrt{ab}}\geqslant0$. 故 $\left(\frac{a^2}{b}\right)^{\frac{1}{2}}+\left(\frac{b^2}{a}\right)^{\frac{1}{2}}\geqslant a^{\frac{1}{2}}+b^{\frac{1}{2}}$.

(**方法二**)(商值比较法) $\frac{\left(\frac{a^2}{b}\right)^{\frac{1}{2}}+\left(\frac{b^2}{a}\right)^{\frac{1}{2}}}{a^{\frac{1}{2}}+b^{\frac{1}{2}}}=\frac{\frac{a}{\sqrt{b}}+\frac{b}{\sqrt{a}}}{\sqrt{a}+\sqrt{b}}=\frac{(\sqrt{a}+\sqrt{b})(a-\sqrt{ab}+b)}{\sqrt{ab}(\sqrt{a}+\sqrt{b})}=\frac{a+b-\sqrt{ab}}{\sqrt{ab}}=$

$\frac{(\sqrt{a}-\sqrt{b})^2+\sqrt{ab}}{\sqrt{ab}}=\frac{(\sqrt{a}-\sqrt{b})^2}{\sqrt{ab}}+1\geqslant1$.

又因为 $a^{\frac{1}{2}}+b^{\frac{1}{2}}>0$，$\left(\frac{a^2}{b}\right)^{\frac{1}{2}}+\left(\frac{b^2}{a}\right)^{\frac{1}{2}}\geqslant a^{\frac{1}{2}}+b^{\frac{1}{2}}$.

比较法的步骤：作差(商)——变形——判断符号(与“1”比较)；常见的变形手段是通分、因式分解或配方等；常见的变形结果是常数、若干个因式的积或完全平方式等. 应注意是，商值比较法只适用于两个正数比较大小.

方法二的最后一步中，也可用基本不等式来完成：$\frac{a+b-\sqrt{ab}}{\sqrt{ab}}\geqslant\frac{2\sqrt{ab}-\sqrt{ab}}{\sqrt{ab}}=1$.

例 2 【证明】为使所证不等式有意义，x,y,z 中至多有一个为 0，不妨设 $x\geqslant y\geqslant z\geqslant0$.

则 $x>0,y>0,z\geqslant0$，且 $xy\leqslant1$.

(1)当 $x=y$ 时，条件变为 $x^2+2xz=1$，从而 $z=\frac{1-x^2}{2x}$，则 $x^2\leqslant1$.

而 $\frac{1}{x+y}+\frac{1}{y+z}+\frac{1}{z+x}=\frac{1}{2x}+\frac{2}{z+x}=\frac{1}{2x}+\frac{2}{\frac{1-x^2}{2x}+x}=\frac{1}{2x}+\frac{4x}{1+x^2}$.

因此，只需证 $\frac{1}{2x}+\frac{4x}{1+x^2}\geqslant\frac{5}{2}$，即证 $1+9x^2-5x-5x^3\geqslant0$.

即证 $(1-x)(5x^2-4x+1)\geqslant0$，而此式显然成立.

当且仅当 $x=y=1,z=0$ 时等号成立.

(2)再证对所有满足 $xy+yz+zx=1$ 的非负实数 x,y,z 满足 $\frac{1}{x+y}+\frac{1}{y+z}+\frac{1}{z+x}\geqslant\frac{5}{2}$.

令 $x=\cot A$，$y=\cot B$，则 A,B 均为锐角. 以 A,B 为内角构造 $\triangle ABC$，

则 $\cot C=-\cot(A+B)=\frac{1-\cot A\cot B}{\cot A+\cot B}=\frac{1-xy}{x+y}=z\geqslant0$，于是 $C\leqslant90^\circ$，且由 $x\geqslant y\geqslant z\geqslant0$ 知 $\cot A\geqslant\cot B\geqslant\cot C\geqslant0$，所以 $A\leqslant B\leqslant C\leqslant90^\circ$，即 $\triangle ABC$ 为非钝角三角形.

下用调整法，对任一以 C 为最大内角的非钝角三角形 ABC 固定最大内角 C，将 $\triangle ABC$ 调整为以 C 为顶角的等腰三角形 $A'B'C'$，其中 $A'=B'=\frac{A+B}{2}$，且设 $t=\cot\frac{A+B}{2}=\tan\frac{C}{2}$.

记 $f(x,y,z)=\frac{1}{x+y}+\frac{1}{y+z}+\frac{1}{z+x}$，由(1)知 $f(t,t,z)\geqslant\frac{5}{2}$. 下面只需证 $f(x,y,z)\geqslant f(t,t,z)$，即证

$\frac{1}{x+y}+\frac{1}{y+z}+\frac{1}{z+x}\geqslant\frac{1}{2t}+\frac{2}{t+z}$ ①

即证$\left(\frac{1}{x+y}-\frac{1}{2t}\right)+\left(\frac{1}{y+z}+\frac{1}{z+x}-\frac{2}{t+z}\right)\geqslant 0$ ②

先证 $x+y\geqslant 2t$ ③

即证 $\cot A+\cot B\geqslant 2\cot\frac{A+B}{2}$.

即证$\frac{\sin(A+B)}{\sin A\sin B}\geqslant\frac{2\cos\frac{A+B}{2}}{\sin\frac{A+B}{2}}$，

即证$\sin^2\frac{A+B}{2}\geqslant\sin A\sin B$，即 $\cos(A-B)\leqslant 1$.

而此时显然成立.

由于在$\triangle A'B'C'$中，$t^2+2tz=1$，则$\frac{2}{t+z}=\frac{2(t+z)}{(t+z)^2}=\frac{2(t+z)}{1+z^2}$，

而在$\triangle ABC$中，$\frac{1}{y+z}+\frac{1}{z+x}=\frac{x+y+2z}{(y+z)(z+x)}=\frac{x+y+2z}{1+z^2}$，

因此②式变为$(x+y-2t)\left(\frac{1}{1+z^2}-\frac{1}{2t(x+y)}\right)\geqslant 0$ ④

只需证明$\frac{1}{1+z^2}-\frac{1}{2t(x+y)}\geqslant 0$ ⑤

即证 $2t(x+y)\geqslant 1+z^2$，注意到③式以及 $z=\frac{1-t^2}{2t}$，

所以只需证 $4t^2\geqslant 1+\left(\frac{1-t^2}{2t}\right)^2$，即证 $15t^4\geqslant 1+2t^2$，即证 $t^2(15t^2-2)\geqslant 1$ ⑥

由于$60^\circ\leqslant C\leqslant 90^\circ$，而 $t=\cot\frac{A+B}{2}=\tan\frac{C}{2}$，则$\frac{\sqrt{3}}{3}\leqslant t\leqslant 1$，

所以 $t^2(15t^2-2)\geqslant\frac{1}{3}(15\times\frac{1}{3}-2)=1$，故⑥式成立.

因此⑤式成立.

由③及⑤得④式成立，从而①式成立，即 $f(x,y,z)\geqslant f(t,t,z)$.

从而命题得证.

例 3 【证明】**(方法一)**由余弦定理，即证明$\frac{b^2+c^2-a^2}{2bc}+\frac{c^2+a^2-b^2}{2ca}+\frac{a^2+b^2-c^2}{2ab}>1$，

即证$(ab^2+ac^2-a^3)+(bc^2+ba^2-b^3)+(ca^2+cb^2-c^3)-2abc>0$.

注意到上式如果取等号，则 A,B,C 三点共线，因此上述不等式左边必包含因式 $a+b-c$，$b+c-a$，$c+a-b$，从而有$(ab^2+ac^2-a^3)+(bc^2+ba^2-b^3)+(ca^2+cb^2-c^3)-2abc=(a+b-c)(b+c-a)(c+a-b)>0$

而这是显然成立的，从而原命题得证.

(方法二)考虑到 $\cos A+\cos B+\cos C-1=\cos A+\cos B+\cos C+\cos\pi$

$$=2\cos\frac{A+B}{2}\cos\frac{A-B}{2}+2\cos\frac{C+\pi}{2}\cos\frac{C-\pi}{2}$$

$$=2\sin\frac{C}{2}\left(\cos\frac{A-B}{2}-\cos\frac{A+B}{2}\right)=4\sin\frac{A}{2}\sin\frac{B}{2}\sin\frac{C}{2}>0.$$

从而 $\cos A+\cos B+\cos C>1$.

本解法利用了差值比较法.事实上,我们有 $4\sin\frac{A}{2}\sin\frac{B}{2}\sin\frac{C}{2}=\frac{r}{R}$,其中 r,R 分别为$\triangle ABC$内切圆与外接圆的半径.

(方法三)由射影定理,得 $a=b\cos C+c\cos B$, $b=a\cos C+c\cos A$,于是

$a+b=(a+b)\cos C+c(\cos A+\cos B)$,

整理得$\frac{\cos A+\cos B}{1-\cos C}=\frac{a+b}{c}>1$,

从而 $\cos A+\cos B+\cos C>1$.

本题方法一利用了分析法加以证明.在实际应用中,我们通常用分析法寻找思路,用综合法进行表述,即所谓的综合分析法,这样使得叙述不会过于冗长.

例 4 【证明】由条件知 x_n 与 x_{n+2} 同号,假设 $x_{1009}\cdot x_{1010}>1$.

(1)若 x_{1009} 与 x_{1010} 同为正数,由 x_n 与 x_{n+2} 同号可知 $x_1,x_2,\cdots,x_{2018}$ 同为正数.

由 $x_{n+1}^2\leqslant x_n\cdot x_{n+2}$,得$\frac{x_{n+1}}{x_n}\leqslant\frac{x_{n+2}}{x_{n+1}}$,从而得$\frac{x_{1009}}{x_{1008}}\leqslant\frac{x_{1010}}{x_{1009}}\leqslant\frac{x_{1011}}{x_{1010}}$,

于是得 $x_{1009}\cdot x_{1010}\leqslant x_{1008}\cdot x_{1011}$,于是得 $x_{1008}\cdot x_{1011}>1$.

类似可证明 $x_{1006}\cdot x_{1013}>1$, $x_{1005}\cdot x_{1014}>1$,……, $x_1\cdot x_{2018}>1$.

因此 $\prod\limits_{i=1}^{2018}x_n>1$,与 $\prod\limits_{i=1}^{2018}x_n=1$ 矛盾.

(2)若 x_{1009} 与 x_{1010} 同为负数,由 x_n 与 x_{n+2} 同号可知 $x_1,x_2,\cdots,x_{2018}$ 同为负数,仍然有

$x_{n+1}^2\leqslant x_n\cdot x_{n+2}$,得$\frac{x_{n+1}}{x_n}\leqslant\frac{x_{n+2}}{x_{n+1}}$,类似(1)得出矛盾.

从而由(1)(2)知原不等式成立.

例 5 【证明】(1)用数学归纳法证.

当 $n=1$ 时,左边$=a_1=1$,右边$=1^3\cdot(1+0)=1$,左边=右边;

假设当 $n=j$ 时,命题成立,即 $a_j=j^3\left(1+\sum\limits_{k=1}^{j-1}\frac{1}{k^2}\right)$,那么,当 $n=j+1$ 时,有

$$a_{j+1}=\left(1+\frac{1}{j}\right)^3(j+a_j)=\left(1+\frac{1}{j}\right)^3\left[j+j^3\left(1+\sum_{k=1}^{j-1}\frac{1}{k^2}\right)\right]$$

$$=(j+1)^3\left(\frac{1}{j^2}+1+\sum_{k=1}^{j-1}\frac{1}{k^2}\right)=(j+1)^3\left(1+\sum_{k=1}^{j}\frac{1}{k^2}\right),$$

所以,当 $n=j+1$ 时,命题成立.综上可知, $a_n=n^3\left(1+\sum\limits_{k=1}^{n-1}\frac{1}{k^2}\right)$恒成立.

(2)**(方法一)**因为 $\prod\limits_{k=1}^{n}\left(1+\frac{k}{a_k}\right)=\prod\limits_{k=1}^{n}\frac{a_k+k}{a_k}=\prod\limits_{k=1}^{n}\frac{k^3\left(1+\sum\limits_{j=1}^{k-1}\frac{1}{j^2}\right)+k}{k^3\left(1+\sum\limits_{j=1}^{k-1}\frac{1}{j^2}\right)}$

$$=\prod_{k=1}^{n}\frac{1+\sum\limits_{j=1}^{k-1}\frac{1}{j^2}+\frac{1}{k^2}}{1+\sum\limits_{j=1}^{k-1}\frac{1}{j^2}}=\prod_{k=1}^{n}\frac{1+\sum\limits_{j=1}^{k}\frac{1}{j^2}}{1+\sum\limits_{j=1}^{k-1}\frac{1}{j^2}}=\frac{1+\sum\limits_{j=1}^{n}\frac{1}{j^2}}{1}=1+1+\sum_{j=2}^{n}\frac{1}{j^2}$$

$$\leqslant 2+\sum_{j=2}^{n}\frac{1}{j(j-1)}=3-\frac{1}{n}<3.$$

所以 $\prod\limits_{k=1}^{n}\left(1+\frac{k}{a_k}\right)<3.$

(方法二)当 $n\geqslant 2$ 时，

$$a_n=n^3\left(1+\sum_{k=1}^{n-1}\frac{1}{k^2}\right)\geqslant n^3\left[2+\sum_{k=2}^{n-1}\frac{1}{k(k-1)}\right]=n^3\left(3-\frac{1}{n-1}\right)\geqslant 2n^3,$$

$$所以\prod_{k=1}^{n}\left(1+\frac{k}{a_k}\right)<2\prod_{k=2}^{n}\left(1+\frac{1}{2k^2}\right)=2\prod_{k=2}^{n}\frac{k^2+\frac{1}{2}}{k^2}<2\prod_{k=2}^{n}\frac{k^2+\frac{1}{2}-\left(\frac{k}{2}+\frac{1}{2}\right)}{k^2-\left(\frac{k}{2}+\frac{1}{2}\right)}$$

$$=2\prod_{k=2}^{n}\frac{k\left(k-\frac{1}{2}\right)}{(k-1)\left(k+\frac{1}{2}\right)}=2\prod_{k=2}^{n}\frac{k}{k-1}\cdot\prod_{k=2}^{n}\frac{k-\frac{1}{2}}{k+\frac{1}{2}}=2n\cdot\frac{\frac{3}{2}}{n+\frac{1}{2}}=\frac{6n}{2n+1}<3.$$

本题的第(1)问考查了数学归纳法，第(2)问在第(1)问的基础上，通过抽象的字母运算和适当的放缩使问题得以解决.特别要注意的是字母的意义，例如将下标字母 k 换成 j，意义不变.这里运用了不等式 $\frac{m}{n}<\frac{m-a}{n-a}(0<a<n<m)$ 进行放缩.

例 6 【解析】(1)由已知，对 $n\geqslant 2$，有 $\frac{1}{a_{n+1}}=\frac{n-a_n}{(n-1)a_n}=\frac{n}{(n-1)a_n}-\frac{1}{n-1}$，两边同时除以 n，得 $\frac{1}{na_{n+1}}=\frac{1}{(n-1)a_n}-\frac{1}{n(n-1)}$，即 $\frac{1}{na_{n+1}}-\frac{1}{(n-1)a_n}=-\left(\frac{1}{n-1}-\frac{1}{n}\right)$，于是

$$\sum_{k=2}^{n-1}\left[\frac{1}{ka_{k+1}}-\frac{1}{(k-1)a_k}\right]=-\sum_{k=2}^{n-1}\left(\frac{1}{k-1}-\frac{1}{k}\right)=-\left(1-\frac{1}{n-1}\right),$$

即 $\frac{1}{(n-1)a_n}-\frac{1}{a_2}=-\left(1-\frac{1}{n-1}\right),n\geqslant 2.$

所以 $\frac{1}{(n-1)a_n}=\frac{1}{a_2}-\left(1-\frac{1}{n-1}\right)=\frac{3n-2}{n-1}$，

从而 $a_n=\frac{1}{3n-2}(n\geqslant 2)$.

又 $n=1$ 时，也成立，故 $a_n=\frac{1}{3n-2}(n\in\mathbf{N}^*)$.

(2)当 $k\geqslant 2$ 时，有 $a_k^2=\frac{1}{(3k-2)^2}<\frac{1}{(3k-4)(3k-1)}=\frac{1}{3}\left(\frac{1}{3k-4}-\frac{1}{3k-1}\right)$，

所以 $n\geqslant 2$ 时，有

$$\sum_{k=1}^{n}a_k^2=1+\sum_{k=2}^{n}a_k^2<1+\frac{1}{3}\left[\left(\frac{1}{2}-\frac{1}{5}\right)+\left(\frac{1}{5}-\frac{1}{8}\right)+\cdots+\left(\frac{1}{3n-4}-\frac{1}{3n-1}\right)\right]$$

$$=1+\frac{1}{3}\left(\frac{1}{2}-\frac{1}{3n-1}\right)<1+\frac{1}{6}=\frac{7}{6}.$$

又 $n=1$ 时，$a_1^2<\frac{7}{6}$. 故对一切 $n\in\mathbf{N}^*$，有 $\sum\limits_{k=1}^{n}a_k^2<\frac{7}{6}$.

例 7　A 【解析】设题设中代数式为 M，令 $\begin{cases}x=b+3c,\\y=8c+4a,\\z=3a+2b,\end{cases}$ 解得 $\begin{cases}a=-\frac{1}{3}x+\frac{1}{8}y+\frac{1}{6}z,\\b=\frac{1}{2}x-\frac{3}{16}y+\frac{1}{4}z,\\c=\frac{1}{6}x+\frac{1}{16}y-\frac{1}{12}z,\end{cases}$

从而 $M=-\frac{61}{48}+\left(\frac{y}{8x}+\frac{x}{2y}\right)+\left(\frac{9y}{16z}+\frac{z}{4y}\right)+\left(\frac{3x}{2z}+\frac{z}{6x}\right)\geqslant-\frac{61}{48}+2\times\frac{1}{4}+2\times\frac{3}{8}+2\times\frac{1}{2}=\frac{47}{48}$.

当且仅当 $x:y:z=1:2:3$，即 $a:b:c=10:21:1$ 时取等号，从而所求最小值为 $\frac{47}{48}$.

例 8　AC 【解析】令 $k=x+\sqrt{x^2+y^2}$，显然 $k>0$. 从而 $(k-x)^2=x^2+y^2$，又 $2x+y=1$，从而 $y=1-2x$，代入整理，得 $4x^2-(4-2k)x+(1-k^2)=0$，由于 x,y 均为非负，从而方程对应的两个根均非负，从而

$\begin{cases}x_1+x_2=\frac{1}{4}(4-2k)\geqslant0,\\x_1x_2=\frac{1}{4}(1-k^2)\geqslant0\end{cases}$ 从而解得 $0<k\leqslant1$.

又方程有非负实数根，从而 $\Delta=(4-2k)^2-16(1-k^2)\geqslant0$，整理，得 $(5k-4)k\geqslant0$，解得 $k\geqslant\frac{4}{5}$.

综上，知 $\frac{4}{5}\leqslant k\leqslant1$. 故选 AC.

例 9　【证明】先看 $\frac{ab^2}{a^3+1}=\frac{ab^2}{a^3+2abc}=\frac{b^2}{a^2+2bc}\geqslant\frac{b^2}{a^2+b^2+c^2}$

同理，$\frac{bc^2}{b^3+1}\geqslant\frac{c^2}{a^2+b^2+c^2}$，$\frac{ca^2}{c^3+1}\geqslant\frac{a^2}{a^2+b^2+c^2}$.

将上述三式相加，即得 $\frac{ab^2}{a^3+1}+\frac{bc^2}{b^3+1}+\frac{ca^2}{c^3+1}\geqslant\frac{a^2+b^2+c^2}{a^2+b^2+c^2}=1$.

当且仅当 $a=b=c$ 时等号成立.

§2.4　经典不等式

例 1　【解析】不妨设 $AB=c$，$BC=a$，$CA=b$，由正弦定理，可得

$\frac{1}{4}=S_{\triangle ABC}=\frac{1}{2}ab\sin C=\frac{1}{2}ab\cdot\frac{c}{2R}=\frac{abc}{4R}=\frac{abc}{4}$，从而 $abc=1$.

再由平均值不等式，可得 $\frac{1}{a}+\frac{1}{b}\geqslant2\sqrt{\frac{1}{ab}}=2\sqrt{c}$，

同理，可得 $\frac{1}{b}+\frac{1}{c}\geqslant2\sqrt{a}$，$\frac{1}{c}+\frac{1}{a}\geqslant2\sqrt{b}$.

所以，$2\left(\frac{1}{a}+\frac{1}{b}+\frac{1}{c}\right)\geqslant2(\sqrt{a}+\sqrt{b}+\sqrt{c})$，

所以 $\sqrt{a}+\sqrt{b}+\sqrt{c}\leqslant\frac{1}{a}+\frac{1}{b}+\frac{1}{c}$（当且仅当 $a=b=c=1$ 时取等号）.

但当 $a=b=c=1$，$S_{\triangle ABC}=\frac{\sqrt{3}}{4}\neq\frac{1}{4}$，说明$\sqrt{a}+\sqrt{b}+\sqrt{c}=\frac{1}{a}+\frac{1}{b}+\frac{1}{c}$不成立.

因此，$\sqrt{a}+\sqrt{b}+\sqrt{c}<\frac{1}{a}+\frac{1}{b}+\frac{1}{c}$.

例 2　$\frac{11}{4}$　【解析】因为 $f(x)=x^2+x+\frac{4}{2x+1}=\left(x+\frac{1}{2}\right)^2-\frac{1}{4}+\frac{4}{2\left(x+\frac{1}{2}\right)}$，

令 $x+\frac{1}{2}=u$，则 $f(u)=u^2-\frac{1}{4}+\frac{2}{u}$（其中 $u>0$），

所以 $f(u)=u^2+\frac{1}{u}+\frac{1}{u}-\frac{1}{4}\geqslant 3\cdot\sqrt[3]{u^2\cdot\frac{1}{u}\cdot\frac{1}{u}}-\frac{1}{4}=\frac{11}{4}$.

当且仅当 $x=\frac{1}{2}$时取等号，

所以 $f(x)=x^2+x+\frac{4}{2x+1}$的最小值为$\frac{11}{4}$.

本题将表达式进行适当的变形，利用三元平均值不等式可以得到答案，特别要注意“=”是否能够取到. 本题也可以将表达式进行求导，利用导函数的正负来判断原函数的单调性，这也是一种通法：

由题设可知 $f'(x)=2x+1-\frac{8}{(2x+1)^2}=\frac{(2x+1)^3-8}{(2x+1)^2}$

$=\frac{(2x-1)[(2x+1)^2+2(2x+1)+4]}{(2x+1)^2}=\frac{(2x-1)[4(x+1)^2+3]}{(2x+1)^2}$.

当$-\frac{1}{2}<x<\frac{1}{2}$时，$f'(x)<0$；当 $x>\frac{1}{2}$时，$f'(x)>0$.

故 $f(x)$的最小值为 $f\left(\frac{1}{2}\right)=\left(\frac{1}{2}\right)^2+\frac{1}{2}+\frac{4}{1+1}=\frac{11}{4}$.

例 3　B　【解析】由条件可知 $a\leqslant 3$. 由平均值不等式，得

$a+ab+abc=a+ab(1+c)\leqslant a+a\left(\frac{b+(1+c)}{2}\right)^2=a+\frac{1}{4}a(4-a)^2$

$=4+\frac{1}{4}(a^3-8a^2+20a-16)=4+\frac{1}{4}(a-2)^2(a-4)\leqslant 4$.

当且仅当 $a=2,b=1,c=0$ 时等号成立，故 $a+ab+abc$ 的最大值为 4. 故选 B.

例 4　【解析】(1)由 $f(x)=|x+2|+|x+2|+|x-1|$，结合几何意义知 $x=-2$ 时取得最小值$f(-2)=3$，所以 $f(x)$值域为$[3,+\infty)$，由于不等式$|2x+4|+|x-1|\geqslant m$ 的解集为 $\mathbf{R}$ 可知 $m\leqslant 3$. 从而实数 m 的取值范围是$(-\infty,3]$.

(2)由题意，知 $n=3$.

从而得$\frac{2}{2a+b}+\frac{1}{a+3b}=3$.

当 $a,b>0$ 时，$17a+11b=\frac{1}{3}\left(\frac{2}{2a+b}+\frac{1}{a+3b}\right)[8(2a+b)+(a+3b)]$

$=\frac{1}{3}\left[16+\frac{2(a+3b)}{2a+b}+\frac{8(2a+b)}{a+3b}+1\right]\geqslant\frac{1}{3}(17+2\sqrt{2\times 8})=\frac{25}{3}$.

当且仅当$\begin{cases}\dfrac{2}{2a+b}+\dfrac{1}{a+3b}=3,\\ a+3b=2(2a+b),\end{cases}$时，

即 $a=\dfrac{1}{6}$，$b=\dfrac{1}{2}$时，$17a+11b$ 取得最小值$\dfrac{25}{3}$.

例 5　D　【解析】由于 $a_1-2a_2-a_3+2a_5=(a_1-a_2)-(a_2-a_3)-2(a_3-a_4)-2(a_4-a_5)$，

令 $x=a_1-a_2$，$y=a_2-a_3$，$z=a_3-a_4$，$w=a_4-a_5$，则条件变为 $x^2+y^2+w^2+z^2=1$.

由柯西不等式，$a_1-2a_2-a_3+2a_5=x-y-2z-2w\leqslant\sqrt{1^2+(-1)^2+(-2)^2+(-2)^2}\cdot\sqrt{x^2+y^2+z^2+w^2}$ $=\sqrt{10}$.

当且仅当$\dfrac{x}{1}=\dfrac{y}{-1}=\dfrac{z}{-2}=\dfrac{w}{-2}$，且 $x>0$ 时取等号. 从而所求最大值为 $\sqrt{10}$. 故选 D.

例 6　【解析】(1)依题题意，有 $\exists x\in\mathbf{R}$，使得 $f(x)\leqslant-2a^2+4a$，即$\min\limits_{x\in\mathbf{R}}\{f(x)\}\leqslant-2a^2+4a$，也即 $2a^2-4a-\dfrac{5}{2}\leqslant0$，解得实数 a 的取值是$\left[-\dfrac{1}{2},\dfrac{5}{2}\right]$.

(2)根据柯西不等式，有$\dfrac{5}{2}=\dfrac{1}{a^2}+\dfrac{4}{b^2}+\dfrac{9}{c^2}\geqslant\dfrac{(1+4+9)^2}{a^2+4b^2+9c^2}$，因此 $a^2+4b^2+9c^2\geqslant\dfrac{392}{5}$，当且仅当 $a^2=b^2=c^2=\dfrac{28}{5}$时取等号，进而可得到所求代数式的最小值为$\dfrac{392}{5}$.

例 7　【解析】因为 $4x^2+4y^2+z^2+2z=3$，整理可得$(2x)^2+(2y)^2+(z+1)^2=4$，令$\begin{cases}a=2x,\\ b=2y,\\ c=z+1,\end{cases}$则 $a^2+b^2+c^2=4$. 此时有$\begin{cases}0\leqslant a\leqslant2,\\ 0\leqslant b\leqslant2,\\ 1\leqslant c\leqslant2,\end{cases}$则$\begin{cases}a^2\leqslant2a,\\ b^2\leqslant2b,\\ c^2\leqslant3c-2,\end{cases}$从而，得

$4=a^2+b^2+c^2\leqslant2a+2b+3c-2$，整理得 $3c\geqslant6-2a-2b$.

所以，$5x+4y+3z=\dfrac{5}{2}a+2b+3c-3\geqslant3+\dfrac{a}{2}\geqslant3$.

当且仅当 $a=b=0$，$c=2$ 时等号成立.

所以，所求代数式的最小值为 3.

又由柯西不等式，知 $4=\dfrac{\left(\dfrac{5a}{2}\right)^2}{\dfrac{25}{4}}+\dfrac{(2b)^2}{4}+\dfrac{(3c)^2}{9}\geqslant\dfrac{\left(\dfrac{5a}{2}+2b+3c\right)^2}{\dfrac{25}{4}+4+9}$，整理得

$\dfrac{5}{2}a+2b+3c\leqslant\sqrt{77}$，所以 $5x+4y+3z=\dfrac{5}{2}a+2b+3c-3\leqslant\sqrt{77}-3$.

当且仅当$\dfrac{2a}{5}=\dfrac{b}{2}=\dfrac{c}{3}$时等号成立.

所以，所求最大值为 $\sqrt{77}-3$.

例 8　【证明】由三元柯西不等式，可得

$\left(\dfrac{2a^2}{2a+b+c}+\dfrac{2b^2}{a+2b+c}+\dfrac{2c^2}{a+b+2c}\right)\cdot4(a+b+c)$

$$=\left[\frac{(\sqrt{2}a)^2}{2a+b+c}+\frac{(\sqrt{2}b)^2}{a+2b+c}+\frac{(\sqrt{2}c)^2}{a+b+2c}\right]\cdot[(2a+b+c)+(a+2b+c)+(a+b+2c)]$$

$$\geqslant(\sqrt{2}a+\sqrt{2}b+\sqrt{2}c)^2=2(a+b+c)^2.$$

所以，$\frac{2a^2}{2a+b+c}+\frac{2b^2}{a+2b+c}+\frac{2c^2}{a+b+2c}\geqslant\frac{a+b+c}{2}=\frac{3}{2}$.

再由二元平均值不等式，可得

$$\frac{a^2}{a+\sqrt{bc}}+\frac{b^2}{b+\sqrt{ca}}+\frac{c^2}{c+\sqrt{ab}}\geqslant\frac{2a^2}{2a+b+c}+\frac{2b^2}{a+2b+c}+\frac{2c^2}{a+b+2c}\geqslant\frac{3}{2}.$$

例 9 【证明】由对称性，不妨设 $a\geqslant b\geqslant c>0$，则$\frac{a+b+c}{b+c}\geqslant\frac{a+b+c}{c+a}\geqslant\frac{a+b+c}{a+b}$，

即$\frac{a}{b+c}\geqslant\frac{b}{c+a}\geqslant\frac{c}{a+b}$.

又 $a^2\geqslant b^2\geqslant c^2$，由排序不等式，得

$$\frac{a}{b+c}a^2+\frac{b}{c+a}b^2+\frac{c}{a+b}c^2\geqslant\frac{a}{b+c}b^2+\frac{b}{c+a}c^2+\frac{c}{a+b}a^2,$$

即$\frac{a^3}{b+c}+\frac{b^3}{c+a}+\frac{c^3}{a+b}\geqslant\frac{ab^2}{b+c}+\frac{bc^2}{c+a}+\frac{ca^2}{a+b}$.

从而$\frac{a(a^2+bc)}{b+c}+\frac{b(b^2+ac)}{c+a}+\frac{c(c^2+ab)}{a+b}=\frac{a^3}{b+c}+\frac{b^3}{c+a}+\frac{c^3}{a+b}+\left(\frac{abc}{b+c}+\frac{abc}{c+a}+\frac{abc}{a+b}\right)$

$$\geqslant\frac{ab^2}{b+c}+\frac{bc^2}{c+a}+\frac{ca^2}{a+b}+\frac{abc}{b+c}+\frac{abc}{c+a}+\frac{abc}{a+b}=ab+bc+ca.$$

当且仅当 $a=b=c$ 时等号成立，即原不等式成立.

例 10 A 【解析】由于$\left(a-\frac{1}{b}\right)\left(b-\frac{1}{c}\right)\left(c-\frac{1}{a}\right)=abc-a-b-c+\frac{1}{a}+\frac{1}{b}+\frac{1}{c}-\frac{1}{abc}$是正整数，因此

$m=\frac{1}{a}+\frac{1}{b}+\frac{1}{c}-\frac{1}{abc}$是正整数. 接下来探究所有可能的解，不妨设 $a\leqslant b\leqslant c$.

显然 $a\leqslant2$，否则 $m<1$，不符合题意，因此 $a=1$，或 $a=2$.

(1)当 $a=1$ 时，则 $b\geqslant2$（否则 $a-\frac{1}{b}=0$ 不符合题意），

此时 $0<\frac{1}{b}+\frac{1}{c}-\frac{1}{bc}<1$，因此 m 不可能是正整数；

(2)当 $a=2$ 时，此时 $0<\frac{1}{a}+\frac{1}{b}+\frac{1}{c}-\frac{1}{abc}<2$，于是 $m=1$.

因此，$\frac{1}{b}+\frac{1}{c}-\frac{1}{2bc}=\frac{1}{2}$，即$(b-2)(c-2)=3$，解得$(b,c)=(3,5)$.

综上所述，符合题意的解为$\{a,b,c\}=\{2,3,5\}$.

由排序不等式，可知 $2a+3b+5c$ 的最大值与最小值分别为 38 与 29，所求的差为 9. 故选 A.

例 11 $\frac{3\sqrt{3}}{2}$ 【解析】已知函数 $f(x)$为奇函数，周期为 2π，根据函数 $y=\sin x$ 与函数 $y=\sin2x$ 的图象，只需考虑 $f(x)$在$\left[0,\frac{\pi}{2}\right]$上的最大值即可.

由于 $y=\sin x$ 在区间$\left[0,\frac{\pi}{2}\right]$上为上凸函数，由琴生不等式，可得

$f(x)=2\sin x+\sin 2x=\sin x+\sin x+\sin(\pi-2x)\leqslant 3\sin\frac{x+x+(\pi-2x)}{3}=3\sin\frac{\pi}{3}=\frac{3\sqrt{3}}{2}$. 当且仅当 $x=\pi-2x$，即 $x=\frac{\pi}{3}$ 时取等号. 故 $f(x)$ 的最小值为 $\frac{3\sqrt{3}}{2}$.

例 12 【解析】由题设可令 $a=\cot A, b=\cot B, c=\cot C$，其中 A,B,C 是锐角 $\triangle ABC$ 的内角.

则 $\frac{a}{\sqrt{1+a^2}}+\frac{b}{\sqrt{1+b^2}}+\frac{c}{\sqrt{1+c^2}}=\cos A+\cos B+\cos C$ （*）

由于 $\cos x$ 在区间 $\left(0,\frac{\pi}{2}\right)$ 上凸的，由琴生不等式，得

$\cos A+\cos B+\cos C\leqslant 3\cos\frac{A+B+C}{3}=3\cos\frac{\pi}{3}=\frac{3}{2}$.

当且仅当 $A=B=C=\frac{\pi}{3}$ 时取等号. 又因为 $A\to 0^+$ 时，$4\sin\frac{A}{2}\sin\frac{B}{2}\sin\frac{C}{2}\to 0^+$，

则 $\cos A+\cos B+\cos C=1+4\sin\frac{A}{2}\sin\frac{B}{2}\sin\frac{C}{2}>1$.

从而 $1<\frac{a}{\sqrt{1+a^2}}+\frac{b}{\sqrt{1+b^2}}+\frac{c}{\sqrt{1+c^2}}\leqslant\frac{3}{2}$.

故 $\frac{a}{\sqrt{1+a^2}}+\frac{b}{\sqrt{1+b^2}}+\frac{c}{\sqrt{1+c^2}}$ 的取值范围是 $\left(1,\frac{3}{2}\right]$.

§2.5 不等式的应用

例 1 A 【解析】由 $\frac{1}{a}+\frac{27}{b^3}+\lambda(a+b)=\left(\frac{1}{a}+\lambda a\right)+\left(\frac{27}{b^3}+\frac{\lambda b}{3}+\frac{\lambda b}{3}+\frac{\lambda b}{3}\right)\geqslant 2\sqrt{\lambda}+4\sqrt[4]{\lambda^3}$.

从而 $\frac{1}{a}+\frac{27}{b^3}\geqslant 2\sqrt{\lambda}+4\sqrt[4]{\lambda^3}-\lambda$. 当且仅当 $\begin{cases}\frac{1}{a}=\lambda a,\\ \frac{27}{b^3}=\frac{\lambda b}{3},\\ a+b=1,\end{cases}$ 时等号成立.

解得 $\lambda=\frac{1}{2}(119+33\sqrt{3})$，代入即得最小值为 $\frac{47+13\sqrt{13}}{2}$. 故选 A.

> 本题采用了待定系数法，这是解决此类问题的一种通法. 直接配凑无法看出系数的取值，可采用待定系数法，再利用平均值不等式等号成立的条件求出参数，从而使问题得以解决.

例 2 $\frac{3}{2}$ 【解析】根据柯西不等式 $(ab+bc+ca)^2\leqslant(a^2+b^2+c^2)(b^2+c^2+a^2)=1$，所以 $M=1$. 又由 $(a+b+c)^2=a^2+b^2+c^2+2ab+2bc+2ca\geqslant 0$，可得 $ab+bc+ca\geqslant -\frac{1}{2}$，

即 $m=-\frac{1}{2}$. 故 $M-m=\frac{3}{2}$.

> 本题在求 M 时，也可采用配方的方法加以解决：
> 根据 $2(a^2+b^2+c^2)-2(ab+bc+ca)=(a-b)^2+(b-c)^2+(c-a)^2\geqslant 0$，得 $M=1$.

例 3　42　【解析】注意到 $xy\leqslant\frac{1}{4}x^2+y^2$，$8x\leqslant x^2+16$，$y\leqslant\frac{1}{4}y^2+1$，这三者相加，即得

$xy+8x+y\leqslant\frac{5}{4}(x^2+y^2)+17=42$.

并且当 $x=4$，$y=2$ 时等号成立.

所以 $xy+8x+y$ 的最大值为 42.

> 本题也可直接利用柯西不等式：
> $(xy+8x+y)^2\leqslant(x^2+8^2+y^2)(y^2+x^2+1^2)=84\cdot21=42^2$ 得到最大值 42.

例 4　【解析】令 $g(x)=x^3+ax^2+bx+c$，当 $0\leqslant x\leqslant1$ 时，考虑到

$g(1)-2g\left(\frac{3}{4}\right)+2g\left(\frac{1}{4}\right)-g(0)=(1+a+b+c)-2\left(\frac{27}{64}+\frac{9}{16}a+\frac{3}{4}b+c\right)+2\left(\frac{1}{64}+\frac{1}{16}a+\frac{1}{4}b+c\right)$

$-c=\left(1-\frac{27}{32}+\frac{1}{32}\right)+\left(1-\frac{9}{8}+\frac{1}{8}\right)a+\left(1-\frac{3}{2}+\frac{1}{2}\right)b+(1-2+2-1)c=\frac{3}{16}$.

则 $\max\limits_{0\leqslant x\leqslant1}|x^3+ax^2+bx+c|\geqslant\frac{1}{6}\left(|g(1)|+2\left|g\left(\frac{3}{4}\right)\right|+2\left|g\left(\frac{1}{4}\right)\right|+|g(0)|\right)\geqslant\frac{1}{6}\left|g(1)-2g\left(\frac{3}{4}\right)+\right.$

$\left.2g\left(\frac{1}{4}\right)-g(0)\right|=\frac{1}{32}$.

即 $\max\limits_{0\leqslant x\leqslant1}|x^3+ax^2+bx+c|$ 的最小值不小于 $\frac{1}{32}$，而要使上述不等式取等号，需使得 $g(1)=-g\left(\frac{3}{4}\right)=$

$g\left(\frac{1}{4}\right)=-g(0)=\frac{1}{32}$，解得 $a=-\frac{3}{2}$，$b=\frac{9}{16}$，$c=-\frac{1}{32}$.

且此时 $|x^3+ax^2+bx+c|=\left|x^3-\frac{3}{2}x^2+\frac{9}{16}x-\frac{1}{32}\right|=\frac{1}{32}|2x-1||4(2x-1)^2-3|$

$\leqslant\frac{1}{32}\times1\times1=\frac{1}{32}$. 即最大值为 $\frac{1}{32}$.

综上所述，$f(a,b,c)=\max\limits_{0\leqslant x\leqslant1}|x^3+ax^2+bx+c|$ 的最小值为 $\frac{1}{32}$.

例 5　【解析】由题设知点 A，B 在直线 $ax+by-1=0$ 的异侧，由线性规划的知识“同侧同号、异侧异号”可知，$(a\cdot0+b\cdot1-1)[a\cdot1+b\cdot(-1)-1]\leqslant0$，即 $(b-1)(a-b-1)\leqslant0$.

如图所示，在平面直角坐标坐标系 aOb 中表示区域是 $\angle BAH$，$\angle CAD$ 的外部及其边界（记作区域 Ω）.

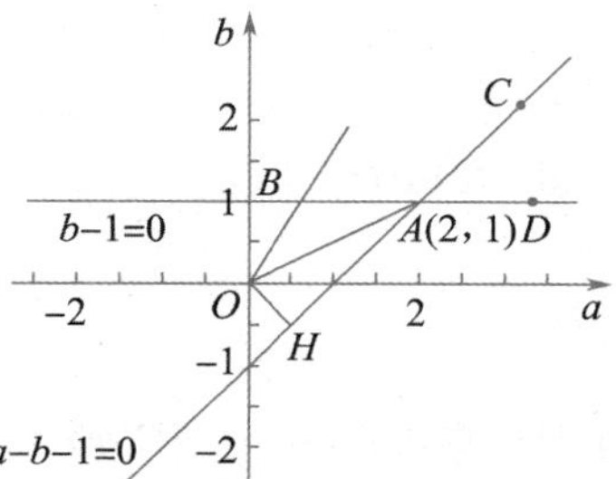

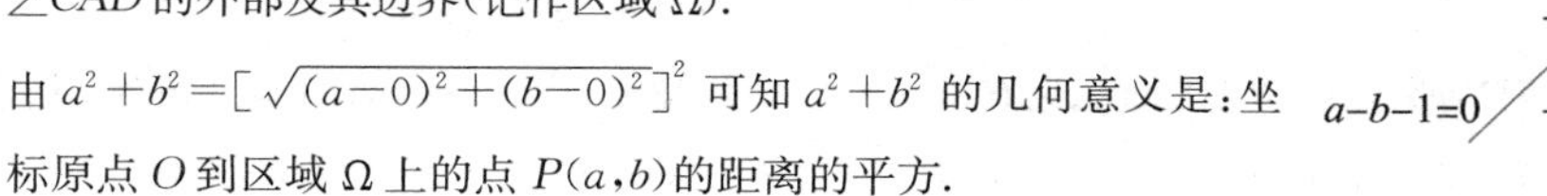
由 $a^2+b^2=\left[\sqrt{(a-0)^2+(b-0)^2}\right]^2$ 可知 a^2+b^2 的几何意义是：坐标原点 O 到区域 Ω 上的点 $P(a,b)$ 的距离的平方.

由点 O 到直线 $a-b-1=0$ 的距离是 $|OH|=\frac{|0-0-1|}{\sqrt{1^2+1^2}}=\frac{1}{\sqrt{2}}$，点 O 到直线 $b-1=0$ 的距离是 $|OB|=1$

及 $|OA|=\sqrt{2^2+1^2}=\sqrt{5}$，进而可得 a^2+b^2 的最小值是 $\left(\frac{1}{\sqrt{2}}\right)^2$，即 a^2+b^2 的最小值为 $\frac{1}{2}$.

例 6 $\left[-3,-\frac{4}{3}\right]$ 【解析】设 $2y+x=t, y-2x=s$，则 $\begin{cases}x=\frac{t-2s}{5},\\ y=\frac{2t+s}{5},\end{cases}$ 于是原问题转化为

已知实数 x, y 满足 $\begin{cases}s-3t+10\leqslant 0,\\ s+2\geqslant 0,\\ s+2t-5\leqslant 0,\end{cases}$ 求 $m=\frac{t}{s}$ 的取值范围.

如图所示，可行域为 $\triangle ABC$ 及其内部，

易求得 $A\left(-2,\frac{8}{3}\right)$，$B(-1,3)$，$C\left(-2,\frac{7}{2}\right)$.

因此，所求实数 m 的取值范围是 $\left[-3,-\frac{4}{3}\right]$.

例 7 $-\frac{4}{3}$ 【解析】如图所示，

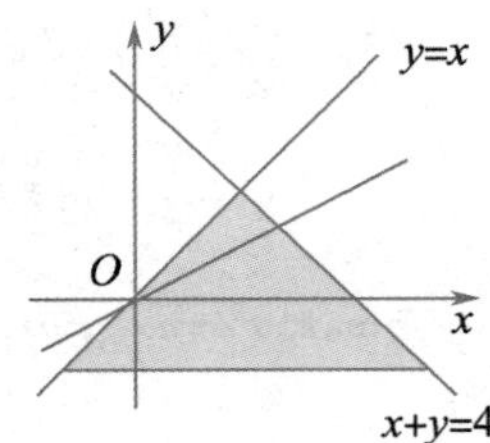

当 $(x,y)=(k,k)(k\leqslant 2)$ 时 z 取得最小值.

因此，$2\times k+k=-4$，解得 $k=-\frac{4}{3}$.

例 8 $\left[7,\frac{25}{3}\right]$ 【解析】如图，可得 $t=\frac{x}{y}$ 的取值范围是 $\left[\frac{1}{3},3\right]$.

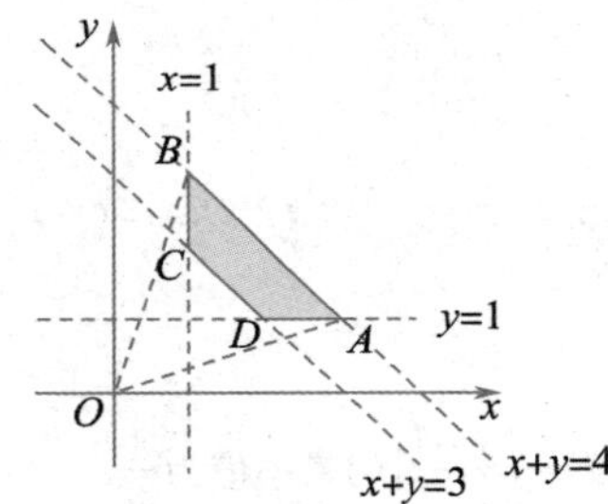

于是 $\frac{x^2+5xy+y^2}{xy}=\frac{x}{y}+\frac{y}{x}+5=t+\frac{1}{t}+5$

其取值范围是 $\left[7,\frac{25}{3}\right]$.

习题二

1. D 【解析】只需一一列举即可，由题意不难验证有 $(3,3)$、$(3,4)$、$(3,5)$、$(4,3)$、$(5,3)$ 满足题意，从而正整数解 (x,y) 的个数为 5 个. 故选 D.

2. C 【解析】分别对 x, y 取对数，则 $\log_a x=\log_a(\sin\alpha)^{\log_a\cos\alpha}=\log_a\cos\alpha\cdot\log_a\sin\alpha$，

$\log_a y=\log_a(\cos\alpha)^{\log_a\sin\alpha}=\log_a\sin\alpha\cdot\log_a\cos\alpha$，从而 $\log_a x=\log_a y$，从而 $x=y$. 故选 C.

3. B 【解析】令 $x=a-b, y=b-c, z=c-a$，则 $x+y+z=0$.

$$N=\frac{1}{x^2}+\frac{1}{y^2}+\frac{1}{z^2}=\left(\frac{1}{x}+\frac{1}{y}+\frac{1}{z}\right)^2-2\,\frac{x+y+z}{xyz}=\left(\frac{1}{x}+\frac{1}{y}+\frac{1}{z}\right)^2,$$

所以 $\sqrt{N}$ 为有理数. 故选 B.

4. A 【解析】由题设可得$\left(x-\frac{2}{5}y\right)^2-\left(\frac{3}{5}y\right)^2=1$，因而可设$\begin{cases}x-\frac{2}{5}y=\frac{1}{\cos\theta},\\ \frac{3}{5}y=\frac{\sin\theta}{\cos\theta},\end{cases}(\cos\theta\neq0)$，

即$\begin{cases}x=\frac{3+2\sin\theta}{3\cos\theta},\\ y=\frac{5\sin\theta}{3\cos\theta}\end{cases}(-1<\sin\theta<1)$，

所以$2x^2+y^2=\frac{17+8\sin\theta-11\cos^2\theta}{3\cos^2\theta}=\frac{8}{3}\cdot\frac{\sin\theta+\frac{17}{8}}{1-\sin^2\theta}-\frac{11}{3}$.

设$\sin\theta+\frac{17}{8}=t\left(\frac{9}{8}<t<\frac{25}{8}\right)$，得$2x^2+y^2=\frac{\frac{8}{3}}{\frac{17}{4}-\left(t+\frac{225}{64t}\right)}-\frac{11}{3}$.

由于$t+\frac{225}{64t}\in\left[\frac{15}{4},\frac{17}{4}\right)$，所以$2x^2+y^2$的取值范围是$\left[\frac{5}{3},+\infty\right)$.

当且仅当$t=\frac{15}{8}$，即$(x,y)=\left(\pm\frac{2\sqrt{15}}{9},\mp\frac{\sqrt{15}}{9}\right)$时等号成立. 故选 A.

5. B 【解析】**(方法一)**由题，得

$$f(x)=\begin{cases}(2-x^2)+\frac{1}{2}x+(1-x),-1\leqslant x\leqslant0,\\ (2-x^2)-\frac{1}{2}x+(1-x),\quad 0<x\leqslant1,\\ (2-x^2)-\frac{1}{2}x+(x-1),\quad 1<x\leqslant\sqrt{2},\\ (x^2-2)-\frac{1}{2}x+(x-1),\quad \sqrt{2}<x\leqslant2\end{cases}=\begin{cases}-x^2-\frac{1}{2}x+3,-1\leqslant x\leqslant0,\\ -x^2-\frac{3}{2}x+3,\quad 0<x\leqslant1,\\ -x^2+\frac{1}{2}x+1,\quad 1<x\leqslant\sqrt{2},\\ x^2+\frac{1}{2}x-3,\quad \sqrt{2}<x\leqslant2.\end{cases}$$

$$=\begin{cases}-\left(x+\frac{1}{4}\right)^2+\frac{49}{16},-1\leqslant x\leqslant0,\\ -\left(x+\frac{3}{4}\right)^2+\frac{57}{16},\quad 0<x\leqslant1,\\ -\left(x-\frac{1}{4}\right)^2+\frac{17}{16},\quad 1<x\leqslant\sqrt{2},\\ \left(x+\frac{1}{4}\right)^2-\frac{49}{16},\quad \sqrt{2}<x\leqslant2.\end{cases}$$

当$-1\leqslant x\leqslant0$，$0<x\leqslant1$，$1<x\leqslant\sqrt{2}$，$\sqrt{2}<x\leqslant2$时，$f(x)$的取值范围分别是$\left[\frac{5}{2},\frac{49}{36}\right]$，$\left[\frac{1}{2},3\right)$，$\left[\frac{\sqrt{2}}{2}-1,\frac{1}{2}\right)$，$\left(\frac{\sqrt{2}}{2}-1,2\right]$. 可得$f(x)$在$[-1,2]$上的值域是$\left[\frac{\sqrt{2}}{2}-1,\frac{49}{16}\right]$，

所以$f(x)$在$[-1,2]$上的最大值与最小值的差是$\frac{49}{16}-\left(\frac{\sqrt{2}}{2}-1\right)=4-\left(\frac{\sqrt{2}}{2}-\frac{1}{16}\right)$，

由于$\frac{\sqrt{2}}{2}-\frac{1}{16}\in(0,1)$，可知选 B.

（方法二）同方法一，得 $f(x)=\begin{cases}-\left(x+\frac{1}{4}\right)^2+\frac{49}{16}, -1\leqslant x\leqslant 0,\\ -\left(x+\frac{3}{4}\right)^2+\frac{57}{16}, \quad 0<x\leqslant 1,\\ -\left(x-\frac{1}{4}\right)^2+\frac{17}{16}, \quad 1<x\leqslant\sqrt{2},\\ \left(x+\frac{1}{4}\right)^2-\frac{49}{16}, \quad \sqrt{2}<x\leqslant 2.\end{cases}$

可知函数 $f(x)$ 在每一段的图象都是抛物线段，最值只可能在端点处或对称轴处取到. 而抛物线段的端点是 $-1,0,1,\sqrt{2}$，对称轴分别是 $x=-\frac{1}{4}$，$x=-\frac{3}{4}$，$x=\frac{1}{4}$，可得 $f(-1)=\frac{5}{2}$，$f\left(-\frac{3}{4}\right)=\frac{45}{16}$，$f\left(-\frac{1}{4}\right)=\frac{49}{16}$，$f(0)=3$，$f\left(\frac{1}{4}\right)=\frac{34}{16}$，$f(1)=\frac{1}{2}$，$f(2)=2$，$f(\sqrt{2})=\frac{\sqrt{2}}{2}-1$. 其中最大值为 $\frac{49}{16}$，最小值为 $\frac{\sqrt{2}}{2}-1$，即分别为函数在 $[-1,2]$ 上的最大值与最小值. 以下同方法一.

6. C 【解析】$a=\log_2\sqrt[3]{5}$，$b=\log_2\sqrt{3}$，$c=\frac{2}{3}$. 因为 $5^2<3^3$，所以 $\sqrt[3]{5}<\sqrt{3}$，从而 $c<a<b$.

7. D 【解析】由柯西不等式知，$(9+4)\left(\frac{\sin^4 x}{9}+\frac{\cos^4 x}{4}\right)\geqslant(\sin^2 x+\cos^2 x)^2$，由等号成立知 $\frac{\sin^4 x}{81}=\frac{\cos^4 x}{16}$，进而解得 $\tan x=\frac{3}{2}$.

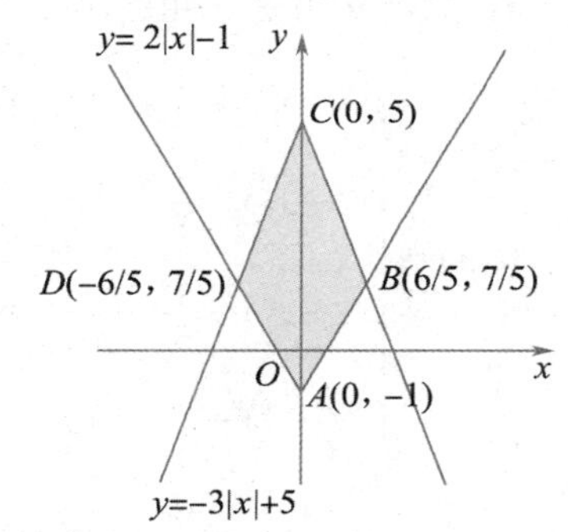

8. C 【解析】由不等式组可得题设中的平面区域如图所示：

其中 $A(0,-1)$，$B\left(\frac{6}{5},\frac{7}{5}\right)$，$C(0,5)$，$D\left(-\frac{6}{5},\frac{7}{5}\right)$，

进而可求得四边形 $ABCD$ 的面积为

$\frac{1}{2}|AC|\cdot|BD|=\frac{1}{2}(5+1)\cdot\left(\frac{6}{5}+\frac{6}{5}\right)=\frac{36}{5}$.

故选 C.

9. D 【解析】考虑消元，由于 $x+2w=2y+z$，$xw=2yz$，由平均值不等式，$2y+z=x+2w\geqslant 2\sqrt{2xw}=4\sqrt{yz}$. 从而 $2+\frac{z}{y}\geqslant 4\sqrt{\frac{z}{y}}$，解得 $\frac{z}{y}\geqslant 6+4\sqrt{2}$. 当且仅当 $x=2w$ 时等号成立. 因此 $\frac{z}{y}$ 的最小值为 $6+4\sqrt{2}$. 故选 D.

10. C 【解析】设该三角形的 3 边长分别为 a,b,c，这三边上的高分别为 $10,20,h(h>0)$，进而可得该三角形的三边分别为 $2b,b,\frac{20b}{h}$，这样的三角形存在充要条件是 $\begin{cases}2b+b>\frac{20b}{h},\\ b+\frac{20b}{h}>2b,\\ 2b+\frac{20b}{h}>b,\end{cases}$ 即 $h\in\left(\frac{20}{3},20\right)$. 故选 C.

11. C 【解析】因为 $x^2+\frac{1}{2}y^2\geqslant\sqrt{2}xy$，$z^2+\frac{1}{2}y^2\geqslant\sqrt{2}yz$，所以 $x^2+y^2+z^2\geqslant\sqrt{2}(xy+yz)$，

所以$\frac{xy+yz}{x^2+y^2+z^2}\leqslant\frac{\sqrt{2}}{2}$，当且仅当$x=z=\frac{\sqrt{2}}{2}y$时等号成立. 故$\frac{xy+yz}{x^2+y^2+z^2}$的最大值为$\frac{\sqrt{2}}{2}$. 故选 C.

12. AC 【解析】由柯西不等式，当且仅当$(x,y,z)=\left(1,\frac{1}{2},0\right)$时，$x+y+z$取得最大值$\frac{3}{2}$. 又由题意，知$x^2+y^2+z^2+x+2y+3z=\frac{13}{4}$，从而$\frac{13}{4}\leqslant(x+y+z)^2+3(x+y+z)$，解得$x+y+z\geqslant\frac{\sqrt{22}-3}{2}$，当$(x,y,z)=\left(0,0,\frac{\sqrt{22}-3}{2}\right)$时等号成立. 故选 AC.

13. $-\frac{16}{9}$ 【解析】由柯西不等式，得$(x^2+y^2)(1^2+2^2)\geqslant(x+2y)^2$，由已知，得$x^2+y^2=3-z^2$，$(x+2y)^2=(4+2z)^2$，所以，得$5(3-z^2)\geqslant(4+2z)^2$，化简，得$9z^2+16z+1\leqslant0$，从而$z$的最大值与最小值为方程$9z^2+16z+1=0$的两根，由韦达定理，知$z$的最大值与最小值之和为$-\frac{16}{9}$.

14. 361 【解析】由题设知$(x+1)^2+1\leqslant g(x)\leqslant2(x+1)^2+1$，故$g(x)=a(x+1)^2+1(1\leqslant a\leqslant2)$. 由$g(9)=161$，得$100a+1=161$，所以$a=\frac{8}{5}$.

得$g(x)=\frac{8}{5}(x+1)^2+1$，从而$g(14)=\frac{8}{5}\times(14+1)^2+1=361$.

15. $\frac{444}{5}$ 【解析】任取$n\in\mathbf{N}^*$，存在$k\in\mathbf{N}^*$与$i\in\{0,1,2,\cdots,2k\}$，使$n=k^2+i$，则$k\leqslant\sqrt{n}<k+1$，$[\sqrt{n}]=k$. 由题设，得$a_n=k$的充要条件是$\sqrt{k^2+i}-k\leqslant\frac{1}{2}$，即$i\leqslant\frac{1}{4}+k$，亦即$i\in\{0,1,2,\cdots,k\}$，所以$a_{k+1}^2=\begin{cases}k, & 0\leqslant i\leqslant k,\\ k+1, & k+1\leqslant i\leqslant 2k\end{cases}(k,i\in\mathbf{N})$. 记$s_k=\sum\limits_{i=0}^{2k}\frac{1}{a_{k^2+k}}$，

则$s_k=\sum\limits_{i=0}^{k}\frac{1}{k}+\sum\limits_{i=k+1}^{2k}\frac{1}{k+1}=\frac{k+1}{k}+\frac{k}{k+1}=2+\frac{1}{k}-\frac{1}{k+1}$. 因为$44^2<2016<45^2$，

所以$\sum\limits_{n=1}^{2016}\frac{1}{a_n}=\sum\limits_{k=1}^{43}s_k+\sum\limits_{i=0}^{80}\frac{1}{a_{44^2+i}}=\sum\limits_{k=1}^{43}\left(2+\frac{1}{k}-\frac{1}{k+1}\right)+\frac{45}{44}+\frac{81-45}{45}=86+1-\frac{1}{44}+\frac{45}{44}+\frac{36}{45}=\frac{444}{5}$.

16. $\frac{\sqrt{5}-1}{2}$ 【解析】由已知得$x\neq0$，$y=\frac{1}{2}\left(\frac{1}{x}-x\right)$，

所以$x^2+y^2=x^2+\frac{1}{4}\left(\frac{1}{x}-x\right)^2=\frac{5}{4}x^2+\frac{1}{4x^2}-\frac{1}{2}\geqslant\frac{\sqrt{5}-1}{2}$，

当且仅当$\frac{5}{4}x^2=\frac{1}{4x^2}$，即$x=\pm\frac{1}{\sqrt[4]{5}}$时取等号.

17. 【解析】当$a=b=\frac{\sqrt{2}}{2}c$，即$\triangle ABC$为等腰直角三角形时，有$M\leqslant2+3\sqrt{2}$.

下面证明$\frac{1}{a}+\frac{1}{b}+\frac{1}{c}\geqslant\frac{2+3\sqrt{2}}{a+b+c}$.

即证$a^2(b+c)+b^2(c+a)+c^2(a+b)\geqslant(2+3\sqrt{2})abc$恒成立.

由于$a^2(b+c)+b^2(c+a)+c^2(a+b)$

$=c(a^2+b^2)+\left(a^2b+b\cdot\frac{c^2}{2}\right)+\left(ab^2+a\cdot\frac{c^2}{2}\right)+\frac{1}{2}c^2(a+b)$

$\geqslant 2abc+\sqrt{2}abc+\sqrt{2}abc+\frac{1}{2}c\cdot\sqrt{a^2+b^2}(a+b)$

$\geqslant 2abc+2\sqrt{2}abc+\frac{1}{2}c\cdot\sqrt{2ab}\cdot 2\sqrt{ab}=(2+3\sqrt{2})abc.$

故 M 的最大值为 $2+3\sqrt{2}$.

18.【解析】(1)当 $a=3$ 时,$f(x)=|2x+1|-|3x-3|=\begin{cases}-x+4, & x\geqslant 1,\\ 5x-2, & -\frac{1}{2}<x<1,\\ x-4, & x\leqslant -\frac{1}{2},\end{cases}$

当 $x\geqslant 1$ 时,$4-x>2$,所以 $1\leqslant x<2$;当 $-\frac{1}{2}<x<1$ 时,$5x-2>2$,所以 $\frac{4}{5}<x<1$;

当 $x\leqslant -\frac{1}{2}$ 时,$x-4>2$,解得 $x>6$(舍去).

综上可知,不等式 $f(x)>2$ 的解集为 $\left\{x\,\middle|\,\frac{4}{5}<x<2\right\}$.

(2)因为 $a>0$,则 $f(x)=|2x+1|-|3x-a|=\begin{cases}-x+1+a, & x\geqslant\frac{a}{3},\\ 5x+1-a, & -\frac{1}{2}<x<\frac{a}{3},\\ x-a-1, & x\leqslant -\frac{1}{2}\end{cases}$

令 $5x_1+1-a=0$,得 $x_1=\frac{a-1}{5}$;令 $-x_2+1+a=0$,得 $x_2=1+a$.

从而 $x_2-x_1=\frac{4a+6}{5}$,$f\left(\frac{a}{3}\right)=\frac{2}{3}a+1$,$S_{\triangle}=\frac{1}{2}\times\frac{4a+6}{5}\times\left(\frac{2}{3}a+1\right)>\frac{5}{3}$,所以 $a>1$.

19.【解析】记 $T=\left(x+\frac{1}{y}+\sqrt{2}\right)\left(y+\frac{1}{z}+\sqrt{2}\right)\left(z+\frac{1}{x}+\sqrt{2}\right)$.

当 $x=y=z=1$ 时,T 有最小值 $(2+\sqrt{2})^3=20+14\sqrt{2}$. 下证:$T\geqslant 20+14\sqrt{2}$.

$T=\left(xyz+\frac{1}{xyz}\right)+\sqrt{2}\left(xy+yz+zx+\frac{1}{xy}+\frac{1}{yz}+\frac{1}{zx}\right)+3\left(x+y+z+\frac{1}{x}+\frac{1}{y}+\frac{1}{z}\right)+\sqrt{2}\left(\frac{y}{x}+\frac{z}{y}+\frac{x}{z}\right)$

$+5\sqrt{2}\geqslant 2+\sqrt{2}\times 6\sqrt[6]{xy\cdot yz\cdot zx\cdot\frac{1}{xy}\cdot\frac{1}{yz}\cdot\frac{1}{zx}}+3\times 6\sqrt[6]{x\cdot y\cdot z\cdot\frac{1}{x}\cdot\frac{1}{y}\cdot\frac{1}{z}}+\sqrt{2}\times$

$3\sqrt[3]{\frac{y}{x}\cdot\frac{z}{y}\cdot\frac{x}{z}}+5\sqrt{2}=2+6\sqrt{2}+3\times 6+\sqrt{2}\times 3+5\sqrt{2}=20+14\sqrt{2}.$

当 $x=y=z=1$ 时,可取到等号,所以 T 的最小值为 $20+14\sqrt{2}$.

20.【解析】由 $a_1^2+a_{n+1}^2\leqslant a$ 知,可设 $a_1=\sqrt{r}\cos\theta$,$a_{n+1}=\sqrt{r}\sin\theta$($0\leqslant\theta<\pi$,$0\leqslant r\leqslant a$).

再设等差数列 $\{a_n\}$ 的公差为 d,可得 $nd=a_{n+1}-a_1=\sqrt{r}(\sin\theta-\cos\theta)$,

$a_{n+1}+a_{2n+1}=2a_1+3nd=\sqrt{r}(3\sin\theta-\cos\theta)$,

所以 $S=a_{n+1}+a_{n+2}+\cdots+a_{2n+1}=\frac{n+1}{2}(a_{n+1}+a_{2n+1})=\frac{n+1}{2}\sqrt{r}(3\sin\theta-\cos\theta)$,

$S\leqslant\frac{\sqrt{10a}}{2}(n+1)$，当且仅当 $r=a,3\sin\theta-\cos\theta=\sqrt{10}\left(\text{即 }\sin\theta=\frac{3}{\sqrt{10}},\cos\theta=-\frac{1}{\sqrt{10}}\right)$，

即当且仅当 $a_1=-\sqrt{\frac{a}{10}},a_{n+1}=3\sqrt{\frac{a}{10}}$ 时，$S=\frac{\sqrt{10a}}{2}(n+1)$.

所以所求 S 的最大值是 $\frac{\sqrt{10a}}{2}(n+1)$.

21.【证明】由于 $\frac{1}{i^2}<\frac{1}{i^2-\frac{1}{4}}=\frac{1}{\left(i+\frac{1}{2}\right)\left(i-\frac{1}{2}\right)}=\frac{1}{i-\frac{1}{2}}-\frac{1}{i+\frac{1}{2}}$

所以 $\frac{1}{1^2}+\frac{1}{2^2}+\frac{1}{3^2}+\cdots+\frac{1}{n^2}<1+\frac{1}{2-\frac{1}{2}}-\frac{1}{2+\frac{1}{2}}+\frac{1}{3-\frac{1}{2}}-\frac{1}{3+\frac{1}{2}}+\cdots+\frac{1}{n-\frac{1}{2}}-\frac{1}{n+\frac{1}{2}}$

$=\frac{5}{3}-\frac{1}{n+\frac{1}{2}}<\frac{5}{3}$.

22.【解析】可设 $x=\sin\theta\left(\theta\in\left[0,\frac{\pi}{2}\right]\right)$，则原题转化为 $\frac{1-\sqrt{2}}{2}-b\leqslant a\sin\theta-\cos\theta\leqslant\frac{\sqrt{2}-1}{2}-b\left(\theta\in\left[0,\frac{\pi}{2}\right]\right)$ 恒成立. 设 $f(\theta)=a\sin\theta-\cos\theta\left(0\in\left[0,\frac{\pi}{2}\right]\right)$.

若 $a\geqslant0$，由 $y=\sin\theta\left(0\in\left[0,\frac{\pi}{2}\right]\right)$ 是常函数或增函数及 $y=-\cos\theta\left(0\in\left[0,\frac{\pi}{2}\right]\right)$ 是增函数可得 $f(\theta)$ 是增函数. 从而原题转化为 $\begin{cases}\frac{1-\sqrt{2}}{2}-b\leqslant f(0)=-1,\\ 0\leqslant f\left(\frac{\pi}{2}\right)=a\leqslant\frac{\sqrt{2}-1}{2}-b\end{cases}$，所以 $\begin{cases}b\geqslant\frac{3-\sqrt{2}}{2},\\ b\leqslant\frac{\sqrt{2}-1}{2}.\end{cases}$

从而 $\frac{\sqrt{2}-1}{2}\geqslant\frac{3-\sqrt{2}}{2}$，即 $\sqrt{2}\geqslant2$，这是不可能的. 所以 $a<0$.

可设 $a=-a'(a'>0)$，则题设转化为 $\frac{1-\sqrt{2}}{2}-b\leqslant-a'\sin\theta-\cos\theta\leqslant\frac{\sqrt{2}-1}{2}-b\left(\theta\in\left[0,\frac{\pi}{2}\right]\right)$，$b-\frac{\sqrt{2}-1}{2}\leqslant a'\sin\theta+\cos\theta\leqslant b+\frac{\sqrt{2}-1}{2}\left(\theta\in\left[0,\frac{\pi}{2}\right]\right)$，

从而 $b-\frac{\sqrt{2}-1}{2}\leqslant\sqrt{1+a'^2}\sin\left(\theta+\arctan\frac{1}{a'}\right)\leqslant b+\frac{\sqrt{2}-1}{2}\left(\theta\in\left[0,\frac{\pi}{2}\right]\right)$ 恒成立.

设 $g(\theta)=\sqrt{1+a'^2}\sin\left(\theta+\arctan\frac{1}{a'}\right)\left(\theta\in\left[0,\frac{\pi}{2}\right]\right)$，可得函数 $g(\theta)$ 先增后减，所以题设变为 $\begin{cases}b-\frac{\sqrt{2}-1}{2}\leqslant g(0)_{\min}=\left\{g(0),g\left(\frac{\pi}{2}\right)\right\}=\min\{1,a'\},\\ g(\theta)_{\max}=\sqrt{a'^2+1}\leqslant b+\frac{\sqrt{2}-1}{2}\end{cases}$

即 $\begin{cases}b-\frac{\sqrt{2}-1}{2}\leqslant1,\\ b-\frac{\sqrt{2}-1}{2}\leqslant a',\\ \sqrt{a'^2+1}\leqslant b+\frac{\sqrt{2}-1}{2}.\end{cases}$

下面由线性规划知识来解决此不等式组.如图所示,在平面直角坐标系中,

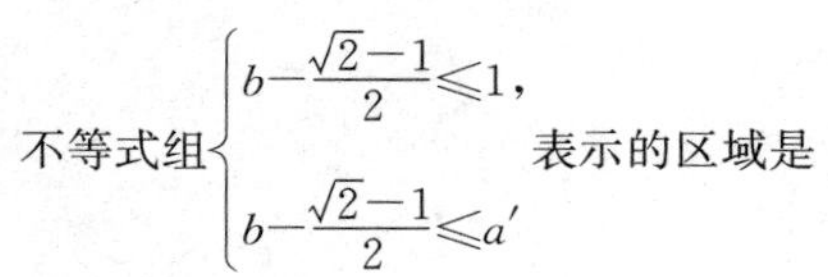

不等式组$\begin{cases} b-\dfrac{\sqrt{2}-1}{2}\leqslant 1, \\ b-\dfrac{\sqrt{2}-1}{2}\leqslant a' \end{cases}$表示的区域是$\angle BAC$及其内部,其中点$A\left(1,\dfrac{\sqrt{2}+1}{2}\right)$;

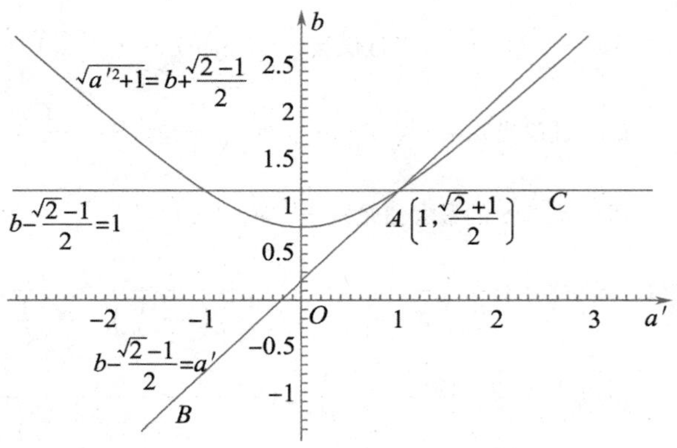

不等式$\sqrt{a'^2+1}\leqslant b+\dfrac{\sqrt{2}-1}{2}$表示的区域是双曲线上支$\sqrt{a'^2+1}=b+\dfrac{\sqrt{2}-1}{2}$及其上方,且该双曲线上支过点$A$,进而可得题设即$(a',b)=\left(1,\dfrac{\sqrt{2}+1}{2}\right)$,即$(a,b)=\left(-1,\dfrac{\sqrt{2}+1}{2}\right)$.

第三章　函　数

§3.1　函数的概念与性质

例1　【解析】依题意,$f(x)\neq f(y)(x,y\in\mathbf{N}^*,x\neq y)$,即$f:\mathbf{N}^*\to\mathbf{N}^*$是单射.

任取$n\in\mathbf{N}^*$,都有$0<|f(n+1)-f(n)|<2$,但$f(n),f(n+1)\in\mathbf{N}^*$,

所以$f(n+1)-f(n)=\pm1$.

(1)若$f(n+1)-f(n)=1(n\in\mathbf{N}^*)$,则任取$n\in\mathbf{N}^*$,都有

$$f(n)=\sum_{k=2}^{n}[f(k)-f(k-1)]+f(1)=n+f(1)-1.$$

记$c=f(1)-1$,则$f(n)=n+c(c\in\mathbf{N}^*)$,其中$c$为常数.

经检验知,这是满足条件的函数.

(2)若$f(n+1)-f(n)=-1(n\in\mathbf{N}^*)$,则任取$n\in\mathbf{N}^*$,都有

$$f(n)=\sum_{k=2}^{n}[f(k)-f(k-1)]+f(1)=-n+f(1)-1.$$

但无论如何定义正整数$f(1)$,都不能使所有$f(n)\in\mathbf{N}^*$,故此情形不存在满足题设的函数$f(x)$.

(3)$f(n+1)-f(n)=\pm1(n\in\mathbf{N}^*)$,且$\{n\in\mathbf{N}^*\mid f(n+1)-f(n)=1\}\neq\varnothing$,$\{n\in\mathbf{N}^*\mid f(n+1)-f(n)=-1\}\neq\varnothing$,则必存在$k\in\mathbf{N}^*(k>1)$使得$f(k)=f(k-1)-1$,而$f(k+1)=f(k)+1$,所以$f(k+1)=f(k-1)$,这与$f:\mathbf{N}^*\to\mathbf{N}^*$是单射矛盾.故此种情形不存在满足设题的函数$f(x)$.

综上所述,满足题设的函数$f:\mathbf{N}^*\to\mathbf{N}^*$所有解是$f(n)=n+c(c\in\mathbf{N}^*)$,其中$c$为常数.

本题主要检测对单射的理解与应用，考查分类讨论能力与极端性的思维能力．本题也可采用下面的方法进行讨论：

在题设所给的不等式中，令 $y=x+1(x\in\mathbf{N}^*)$，得 $0<f(x+1)-f(x)<2$．即 $|f(x+1)-f(x)|=1$．

由于对任意正数 $x\neq y$，有 $0<|f(x)-f(y)|$，即 $f(x)\neq f(y)$，从而知 $f:\mathbf{N}^*\to\mathbf{N}^*$ 是单射，所以 $f(x+1)=1$，或 $f(x+1)-f(x)=-1$（否则必然会出现不同的自变量被映射到同一个正整数的情形）．因为象的取值集合为 $\mathbf{N}^*$，从而只有 $f(x+1)-f(x)=1$．进而可得 $f(n)=n+f(1)-1$，其中 $f(1)\in\mathbf{N}^*$．

例 2　$(c,1-c)$　【解析】由题意得 $\begin{cases}0<x+c<1\\0<x-c<1\end{cases}$，即 $\begin{cases}-c<x<1-c\\c<x<1+c\end{cases}$ 解得 $c<x<1-c$，故填 $(c,1-c)$．

例 3　D　【解析】若 $f(x)$ 是实数常数，则可设 $f(x)=k(k\in\mathbf{R})$，

由题设知 $k=0$ 或 1，从而可得 $f(x)=0$ 或 $f(x)=1$．若 $f(x)$ 不是实数常数，

则可设 $f(x)=a_nx^n+a_{n-1}x^{n-1}+\cdots+a_2x^2+a_1x+a_0(a_i\in\mathbf{R},i=1,2,\cdots,n;a_n\neq0,n\in\mathbf{N}^*)$．

再由题设，可得 $a_n(a_nx^n+\cdots+a_2x^2+a_1x+a_0)^n+\cdots+a_1(a_nx^n+\cdots+a_2x^2+a_1x+a_0)+a_0=(a_nx^n+\cdots+a_2x^2+a_1x+a_0)^4$．

比较该等式两侧的首项，得 $\begin{cases}a_n^{n+1}=a_n^4,\\n^2=4n\end{cases}$，从而可得 $\begin{cases}a_n=1,\\n=4.\end{cases}$

因而可设 $f(x)=x^4+bx^3+cx^2+dx+e(a,b,c,d,e\in\mathbf{R})$，再由题设，可得

$(x^4+bx^3+cx^2+dx+e)^4+b(x^4+bx^3+cx^2+dx+e)^3+c(x^4+bx^3+cx^2+dx+e)^2+d(x^4+bx^3+cx^2+dx+e)+e=(x^4+bx^3+cx^2+dx+e)^4$．

即 $b(x^4+bx^3+cx^2+dx+e)^3+c(x^4+bx^3+cx^2+dx+e)+d(x^4+bx^3+cx^2+dx+e)+e=0$．

比较该等式两边的 x^{12} 的系数，可得 $b=0$，

所以 $c(x^4+bx^3+cx^2+dx+e)+d(x^4+bx^3+cx^2+dx+e)+e=0$

再比较两边 x^8 的系数，又可得 $c=0$，所以 $d(x^4+bx^3+cx^2+dx+e)+e=0$，

又比较两边 x^4 的系数，得 $d=0$，进而得 $e=0$，

所以 $f(x)=x^4$．检验知，$f(x)=x^4$ 符合题意．

从而满足题设条件的 $f(x)$ 有且仅有 3 个：$f(x)=0$，或 $f(x)=1$，或 $f(x)=x^4$．

故选 D．

例 4　$[2,+\infty)$　【解析】设函数 $y=f(x)$ 满足 $f\left(t+\dfrac{1}{t}\right)=t^2+\dfrac{1}{t^2}$，

则有 $\begin{cases}x=t+\dfrac{1}{t},(|x|\geqslant2)\\y=t^2+\dfrac{1}{t^2},(y\geqslant2)\end{cases}$，

即 $y=t^2+\dfrac{1}{t^2}=\left(t+\dfrac{1}{t}\right)^2-2=x^2-2$．

所以所求函数是 $f(x)=x^2-2(|x|\geqslant2)$，其图象如图所示：

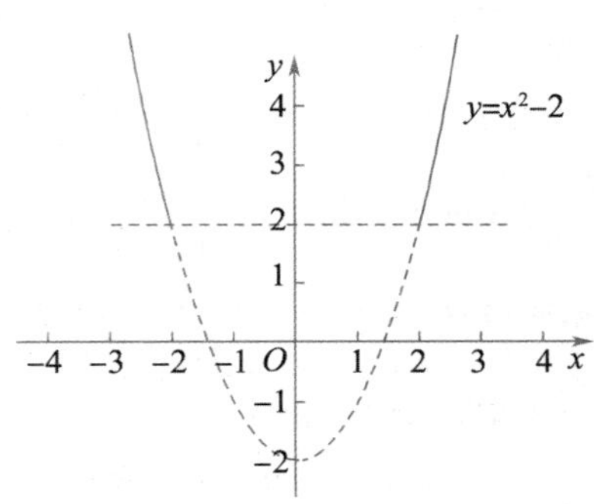

易知 $f(x)=x^2-2(|x|\geqslant 2)$ 的值域为 $[2,+\infty)$.

例 5　0　【解析】因为 $f(x)=-\frac{1}{2}x^2+x=-\frac{1}{2}(x-1)^2+\frac{1}{2}\leqslant\frac{1}{2}$，所以 $kn\leqslant\frac{1}{2}$，得 $n\leqslant\frac{1}{2k}<1$，

所以 $f(x)$ 在 $[m,n]$ 上为增函数，则 $\begin{cases}f(m)=-\frac{1}{2}m^2+m=km,\\ f(n)=-\frac{1}{2}n^2+n=kn,\end{cases}$

解得 $\begin{cases}m=0,\\ n=2(1-k)<0\end{cases}$（舍），或 $\begin{cases}n=0,\\ m=2(1-k)<0.\end{cases}$

例 6　(1)2　(2)9　【解析】(1)由 $f(8)=\log_2 8=3$，且 $f(8)=3f(a)$，知 $f(a)=1$.

若 $a>0$，则 $f(a)=\log_2 a=1$，解得 $a=2$，符合题意；

若 $a<0$，则 $f(a)=a^3=1$，解得 $a=1$，不满足题意.

从而 $a=2$.

(2)令 $\log_2 x=3$，解得 $x=8$，从而 $x+1=9$. 即 $f(3)=9$.

例 7　A　【解析】由 $f\left(\frac{1}{2}\right)=4\ln\frac{3}{2}>0$ 排除选项 C、D；又由 $f(2)=\ln 3$，$f(3)=\frac{\ln 4}{4}=\frac{\ln 2}{2}$，$f(2)>f(3)$ 排除 B 选项，从而选 A.

一般来说，有关函数图象的选择题采用排除法是较为实用的方法.

例 8　A　【解析】如图，当 $x\leqslant 0$ 时，$a<f(x)\leqslant 1+a$，若 $a\geqslant 0$，当 $x>0$ 时，$f(x)=\ln(x+a)\geqslant\ln a$，若方程 $f(x)=\frac{1}{2}$ 有两个不相等的实数根，则

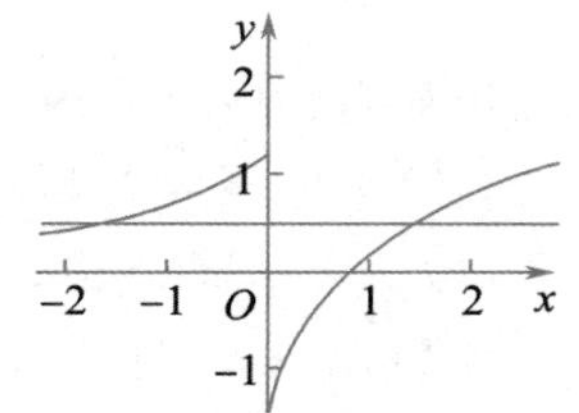

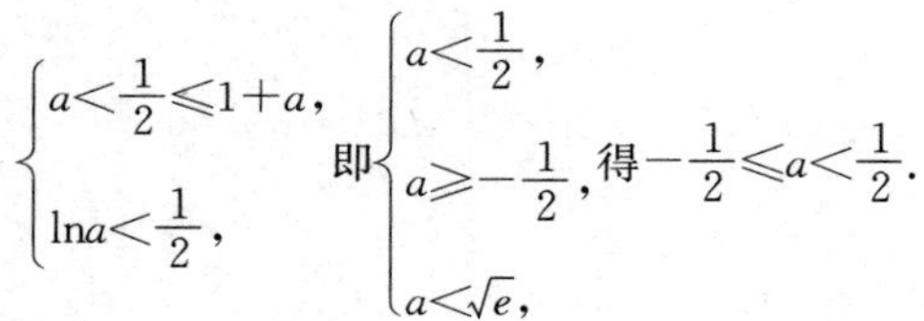

$\begin{cases}a<\frac{1}{2}\leqslant 1+a,\\ \ln a<\frac{1}{2},\end{cases}$ 即 $\begin{cases}a<\frac{1}{2},\\ a\geqslant-\frac{1}{2},\\ a<\sqrt{e},\end{cases}$ 得 $-\frac{1}{2}\leqslant a<\frac{1}{2}$.

因为 $a\geqslant 0$，所以 $0\leqslant a<\frac{1}{2}$.

若 $a<0$，当 $x>0$ 时，$f(x)=\ln(x+a)\in\mathbf{R}$，

即此时函数 $f(x)=\frac{1}{2}$ 有一个解，

则当 $x\leqslant 0$ 时，$f(x)=\frac{1}{2}$ 有一个解即可.

此时满足 $1+a\geqslant\frac{1}{2}>a$ 即可，则 $-\frac{1}{2}\leqslant a<0$.

综上可知 $-\frac{1}{2}\leqslant a<\frac{1}{2}$. 故 A 选项正确.

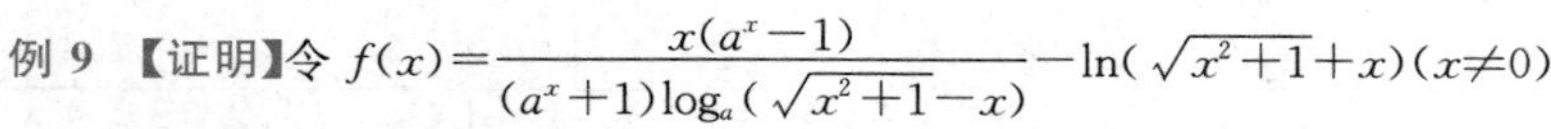

例 9　【证明】令 $f(x)=\frac{x(a^x-1)}{(a^x+1)\log_a(\sqrt{x^2+1}-x)}-\ln(\sqrt{x^2+1}+x)(x\neq 0)$.

易知 $f(x)$ 为奇函数.

当 $x>0$ 时，因为 $0<a<1$，所以 $a^x<1$，即 $a^x-1<0$.

又因为 $0<\sqrt{x^2+1}-x<1$，且 $x+\sqrt{x^2+1}>1$，

所以 $\log_a(\sqrt{x^2+1}-x)>0$，$\ln(\sqrt{x^2+1}+x)>0$，从而 $f(x)<0$.

于是，当 $x<0$ 时，$f(x)=-f(-x)>0$.

即 $x<0$ 时，$\dfrac{x(a^x-1)}{(a^x+1)\log_a(\sqrt{x^2+1}-x)}>\ln(\sqrt{x^2+1}+x)$.

本题若采用综合法或分析法证明，则比较困难. 观察不等式左右两边都是以 x 为自变量的奇函数，利用奇函数的特征，则能切中要害，出奇制胜. 本题实质上是证明不等式恒成立问题，解决此类问题的有效思路是“构造奇函数或偶函数，强化恒成立”.

例 10 【解析】化简可得 $f(x)=2017-\dfrac{2}{2017^x+1}+\sin x=2016-\left(\dfrac{2}{2017^x+1}-1-\sin x\right)$，

令 $g(x)=\dfrac{2}{2017^x+1}-1-\sin x$，

则 $g(-x)=\dfrac{2}{2017^{-x}+1}-1+\sin x=\dfrac{2\cdot 2017^x}{1+2017^x}-1+\sin x$

$=\dfrac{2017^x-1}{2017^x+1}+\sin x=1-\dfrac{2}{2017^x+1}+\sin x=-g(x)$

从而 $g(x)$ 是奇函数，其最大值与最小值之和为 0.

从而 $f(x)$ 的最大值 M 与最小值 N 之和 $M+N=4032$.

本例若改为：已知函数 $f(x)=\dfrac{x^2+\cos x-\sin x+1}{x^2+\cos x+1}$（$x\in\mathbf{R}$）最大值为 M，最小值为 N，求 $M+N$ 的值.

有学生可能会用导数方法求得 $g(x)=\dfrac{\sin x}{x^2+\cos x+1}$ 的最值，过程就会变得复杂. 事实上，$g(x)$ 是奇函数，其最大值与最小值之和为 0，所以 $M+N=[1-g(x)_{\max}]+[1-g(x)_{\min}]=2$.

例 11 【解析】(1)因为 x,y 均为正数，故总存在实数 m,n 使得 $x=a^m$，$y=a^n$（$a>1$），

所以 $f\left(\dfrac{x}{y}\right)=f\left(\dfrac{a^m}{a^n}\right)=f(a^{m-n})=(m-n)f(a)=m-n$，

又 $f(x)-f(y)=f(a^m)-f(a^n)=mf(a)-nf(a)=m-n$，

所以 $f\left(\dfrac{x}{y}\right)=f(x)-f(y)$.

(2)设 $x_1,x_2\in(0,+\infty)$，且 $x_1>x_2$，则 $\dfrac{x_1}{x_2}>1$，可令 $\dfrac{x_1}{x_2}=a^\alpha$（$a>1$，$\alpha>0$），

则由(1)知 $f(x_1)-f(x_2)=f\left(\dfrac{x_1}{x_2}\right)=f(a^\alpha)=\alpha f(a)=\alpha>0$，即 $f(x_1)>f(x_2)$，

所以 $f(x)$ 在 $(0,+\infty)$ 上单调递增.

(3)因为 $f(a)=1$，故原不等式转化为 $f\left(\dfrac{t^2+4}{t}\right)\geqslant f(a)$.

又 $f(x)$ 在 $(0,+\infty)$ 上单调递增，所以 $\dfrac{t^2+4}{t}\geqslant a$ 对于 $t>0$ 恒成立.

因为$\frac{t^2+4}{t}=t+\frac{4}{t}\geqslant 2\sqrt{t\cdot\frac{4}{t}}=4$(当且仅当$t=2$时“=”成立).

所以$a\leqslant 4$,又因为$a\in(1,+\infty)$,所以实数a的取值范围$(1,4]$.

例 12　A　【解析】函数$f(x)=2^{|x-1|}+a\cos(x-1)$的图象关于$x=1$对称,因此,若函数$f(x)$只有一个零点,则该零点必然为$x=1$,从而解得$a=-1$. 而当$a=-1$时,$2^{|x-1|}\geqslant 1\geqslant -a\cos(x-1)$,当且仅当$x=1$时取等号,因题中方程有唯一零点. 故$a=-1$.

例 13　$a=-\frac{1}{2}$　【解析】由于$f(x)$图象的对称轴为$x=2$,则$f(x)=f(4-x)$,从而$f(0)=f(4)$,即$0=\log_3|4a+1|$,得$|4a+1|=1$,从而$a=-\frac{1}{2}$或$a=0$(舍).

例 14　【解析】首先,我们可以得到$f(x)$在区间$[0,4]$的解析式为

$$y=f(x)=\begin{cases}\sqrt{1+2x-x^2}, x\in[0,2]\\ \sqrt{4x-x^2-3}, x\in(2,3]\\ \sqrt{8x-x^2-15}, x\in(3,4]\end{cases}\qquad(1)$$

由于$f(x)$是以4为周期的周期函数,

所以当$x\in[2017,2018]$时,$x-504\times 4=x-2016\in[1,2]$,此时由周期性及(1)式的结果,得$f(x)=f(x-504\times 4)=\sqrt{1+2(x-2016)-(x-2016)^2}$.

例 15　sin10　【解析】由于$f(x+1)$与$f(x-1)$都是奇函数,所以$f(x)$的图象关于点$(1,0)$与$(-1,0)$对称,即$f(x)+f(2-x)=0$与$f(x)+f(-2-x)=0$成立. 又$f(x)$为偶函数,所以$f(x)$的图象关于$x=0$对称,从而$T=4(1-0)=4$为函数$f(x)$的一个周期.

则$f(3\pi)=f(3\pi-8)=-f(2-(3\pi-8))=-\sin(10-3\pi)=\sin 10$.

例 16　2　【解析】由于$f(x)$为奇函数,且其图象关于直线$x=2$对称,从而知$f(x)$是以8为周期的周期函数. 又$f(3)=f(1)=2$,$f(4)=f(0)=0$,

所以$f(-100)+f(-101)=f(4)+f(3)=0+2=2$.

例 17　$\frac{2+\sqrt{2}}{4}$　【解析】因为$f(x+1)=\frac{1}{2}+\sqrt{f(x)-f^2(x)}$,则$f(x+1)\geqslant\frac{1}{2}$,从而$f(x)\geqslant\frac{1}{2}$.

$$\begin{aligned}f(x+2)&=f[(x+1)+1]=\frac{1}{2}+\sqrt{f(x+1)-f^2(x+1)}\\&=\frac{1}{2}+\sqrt{\left[\frac{1}{2}+\sqrt{f(x)-f^2(x)}\right]-\left[\frac{1}{2}+\sqrt{f(x)-f^2(x)}\right]^2}\\&=\frac{1}{2}+\sqrt{f^2(x)-f(x)+\frac{1}{4}}\\&=\frac{1}{2}+\left|f(x)-\frac{1}{2}\right|\\&=f(x)\end{aligned}$$

所以$f(x)$以2为周期.

令$x=-\frac{1}{2}$,得$f\left(\frac{1}{2}\right)=\frac{1}{2}+\sqrt{f\left(-\frac{1}{2}\right)-f^2\left(-\frac{1}{2}\right)}=\frac{1}{2}+\sqrt{f\left(\frac{1}{2}\right)-f^2\left(\frac{1}{2}\right)}$

移项平方，得$\left[f\left(\frac{1}{2}\right)-\frac{1}{2}\right]^2=f\left(\frac{1}{2}\right)-f^2\left(\frac{1}{2}\right)$，即$2f^2\left(\frac{1}{2}\right)-2f\left(\frac{1}{2}\right)+\frac{1}{4}=0$，

解得$f\left(\frac{1}{2}\right)=\frac{2+\sqrt{2}}{4}$. 从而$f\left(\frac{121}{2}\right)=f\left(60+\frac{1}{2}\right)=f\left(\frac{1}{2}\right)=\frac{2+\sqrt{2}}{4}$.

§3.2　基本初等函数

例1　C　【解析】令$t=a^x$，原式为$y=t^2-4t-1=(t-2)^2-5$.

当$a>1$时，有$\frac{1}{a}<t<a^2$，若使函数值能取到最小值，需使$a^2\geqslant 2$，解得$a\geqslant\sqrt{2}$；

当$0<a<1$时，有$a^2<t<\frac{1}{a}$，若使函数值能取到最小值，需使$\frac{1}{a}\geqslant 2$，解得$0<a\leqslant\frac{1}{2}$.

从而选C.

例2　A　【解析】方程$f(x)=x$无实根，则可得$f_2(x)=x$没有实根. 证明如下：

(方法一) 由$f_1(x)-x=ax^2+(b-1)x+c=0$没有实根，则$\Delta=(b-1)^2-4ac<0$；从而$f_2(x)-x=f(f_1(x))-x=0$，

即$a(ax^2+bx+c)^2+b(ax^2+bx+c)+c-x=0$，整理，得$a(ax^2+bx+c)^2-ax^2+ax^2+b(ax^2+bx+c)+c-x=0$.

即$a(ax^2+bx+c-x)(ax^2+bx+c+x)+(b+1)ax^2+(b^2-1)x+c(b+1)=0$.

即$a[ax^2+(b-1)x+c][ax^2+(b+1)x+c]+(b+1)[ax^2+(b-1)x+c]=0$.

即$[ax^2+(b-1)x+c][a^2x^2+a(b+1)x+ac+b+1]=0$.

所以$ax^2+(b-1)x+c=0$，或者$a^2x^2+a(b+1)x+ac+b+1=0$.

由$\Delta_1=(b-1)^2-4ac<0$，

且$\Delta_2=a^2(b+1)^2-4a^2(ac+b+1)=a^2[(b-1)^2-4ac-4]<-4a^2<0$.

从而知，上述两个等式不成立. 从而$f_2(x)=x$没有实根.

(方法二) 使用反证法.

若存在x_0满足$f_2(x_0)=x_0$，即$f(f(x_0))=x_0$，令$t=f(x_0)$，

则$f(t)=x_0$，即$P(t,x_0)$是函数$y=f(x)$的图象上的点；

又$f(x_0)=t$，这说明$Q(x_0,t)$也是函数$y=f(x)$图象上的点.

由方程$f(x)=x$无实根，知P与Q不重合，且这两点关于直线$y=x$对称.

而$f(x)=ax^2+bx+c(a\neq 0)$的图象是一条连续不断的曲线，

由上述分析知必与$y=x$有交点，从而导致$f(x)=x$有实根. 矛盾.

所以$f_2(x)=x$没有实根. 以此类推，可得方程$f_{2018}(x)=x$没有实根. 故选A.

本题在证明$f_2(x)=x$没有实根时采用了两种方法，第一种方法是直接代入证明，运算过程相当繁琐. 第二种方法采用了反证法，这也是本题的亮点之一. 对于本题我们也可以简单地采用下面的方法加以说明：

若$a>0$，由于$f(x)=x$没有实根，则对任意实数x，均有$f(x)>x$，从而$f(f(x))>f(x)>x$，故$f_2(x)=f(f(x))=x$没有实根(如图1)；

若 $a<0$，由于 $f(x)=x$ 没有实根，则对任意实数 x，均有 $f(x)<x$，从而 $f(f(x))<f(x)<x$，故 $f_2(x)=f(f(x))=x$ 没有实根（如图 2）.

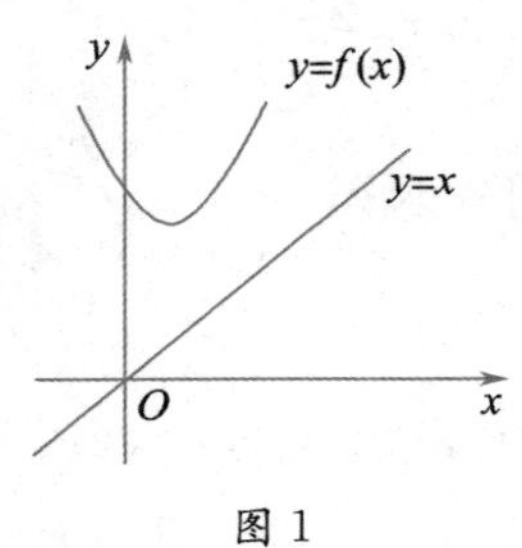

图 1

图 2

这样充分考虑了函数图象（抛物线）的特殊性，对 a 进行合理分类，巧妙地实现了"等"与"不等"之间的转化. 其中，最绝妙的是排除"当 $a>0$ 时，$f(x)<x$"的情形，使得 $f(x)$ 与 x 之间的关系趋于理想化. 本题的试题背景是早些年上海交通大学冬令营的试题.

例 3　1　【解析】对 $5^a=4,4^b=3,3^c=2,2^d=5$ 取对数，有 $a=\log_5 4=\dfrac{\ln4}{\ln5}$，$b=\log_4 3=\dfrac{\ln3}{\ln4}$，$c=\log_3 2=\dfrac{\ln2}{\ln3}$，

$d=\log_2 5=\dfrac{\ln5}{\ln2}$，所以 $(abcd)^{2018}=\left(\dfrac{\ln4}{\ln5}\times\dfrac{\ln3}{\ln4}\times\dfrac{\ln2}{\ln3}\times\dfrac{\ln5}{\ln2}\right)^{2018}=1^{2018}=1$.

例 4　$\dfrac{10}{81}$　【解析】题设中的方程，即为 $\log_{3x}3+\dfrac{1}{3}\log_3 3x=-\dfrac{4}{3}$.

设 $\log_3 3x=t$，可得 $\dfrac{1}{t}+\dfrac{1}{3}t=-\dfrac{4}{3}$，解得 $t=-1$，或 $t=-3$.

即 $\log_3 3x=-1$，或 $\log_3 3x=-3$，解得 $x=\dfrac{1}{9}$，或 $x=\dfrac{1}{81}$. 所以 $a+b=\dfrac{1}{9}+\dfrac{1}{81}=\dfrac{10}{81}$.

例 5　【证明】(1) 记 $Z_{f\circ g}$ 为函数 $f\circ g$ 的值域，任取 $x\in Z_{f\circ g}$，$y=(f\circ g)^{-1}(x)$ 等价于 $(f\circ g)(y)=f(g(y))$，

所以 $g(y)=f^{-1}(x)$，从而 $y=g^{-1}[f^{-1}(x)]=(g^{-1}\circ f^{-1})(x)$.

故 $(f\circ g)^{-1}(x)=(g^{-1}\circ f^{-1})(x)$.

(2) 设 $h(x)=-x$，则 $h^{-1}(x)=-x$，且 $G(x)=f^{-1}[h(x)]$.

因为 $G^{-1}(f^{-1}\circ h)^{-1}=h^{-1}\circ(f^{-1})^{-1}=h^{-1}\circ f$.

因为 $G^{-1}(x)=(h^{-1}\circ f)(x)=h^{-1}(f(x))=-f(x)$.

由题设可知 $-f(x)=f(-x)$，故 $f(x)$ 为奇函数.

例 6　C　【解析】如图，考虑到 x_1 与 x_2 分别是函数 $y=e^x$ 与 $y=\ln x$ 与函数 $y=\dfrac{e^2}{x}$ 的图象的公共点 A,B 的横坐标，而 A,B 两点关于直线 $y=x$ 对称，而点 (x_1,x_2) 在反比例函数 $y=\dfrac{e^2}{x}$ 的图象上，从而 $x_1x_2=e^2$.

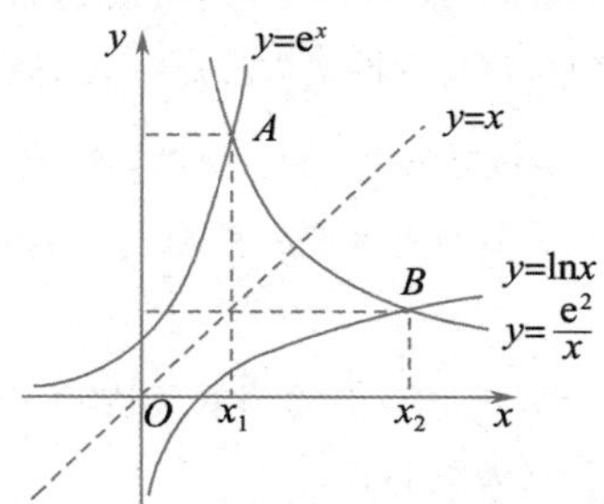

本题也可根据指数函数与对数函数的关系，令 $\ln x_2=t$，从而 $x_2=e^t$，代入方程 $x\ln x=e^2$，得 $t\cdot e^t=e^2$，结合函数 $y=xe^x$ 的单调性，可知 $t=x_1$，所以 $x_1x_2=te^t=e^2$.

例 7 B 【解析】可设 $\log_4(2^x+3^x)=\log_3(4^x-2^x)=t$，得 $\begin{cases}2^x+3^x=4^t,(1)\\4^x-2^x=3^t,(2)\end{cases}$

两式相加，得 $3^t+4^t=3^x+4^x$.

因为函数 $y=3^u+4^u$ 在 $u\in\mathbf{R}$ 时是增函数，所以 $t=x$.

代入(1)式，即得 $2^x+3^x=4^x$，即 $\left(\frac{1}{2}\right)^x+\left(\frac{3}{4}\right)^x=1$. 令 $g(x)=\left(\frac{1}{2}\right)^x+\left(\frac{3}{4}\right)^x-1$，易知它是减函数，

且 $g(2)=-\frac{3}{16}<0, g(1)=\frac{1}{4}>0$，所以函数 $g(x)$ 有唯一的零点，从而选 B.

例 8 【解析】不妨设 $a<b<c$，由于 $f(x)$ 在 $(0,3]$ 上严格单调递减，在 $[9,+\infty)$ 上严格单调递减，且 $f(3)=0, f(9)=1$，故结合图象，可知 $a\in(0,3), b\in(3,9), c\in(9,+\infty)$，并且 $f(a)=f(b)=f(c)\in(0,1)$.

由 $f(a)=f(b)$，得 $1-\log_3 a=\log_3 b-1$，

即 $\log_3 a+\log_3 b=2$，因此 $ab=3^2=9$，从而 $abc=9c$.

又 $0<f(x)=4-\sqrt{c}<1$，故 $c\in(9,16)$，进而 $abc=9c\in(81,144)$.

所以，abc 的取值范围是 $(81,144)$.

对任意的 $r\in(81,144)$，取 $c_0=\frac{r}{9}$，则 $c_0\in(9,16)$，从而 $f(c_0)\in(0,1)$，过点 $(c_0,f(c_0))$ 作平行于 x 轴的直线 l，则 l 与 $f(x)$ 的图象另有两个交点 $(a,f(a)),(b,f(b))$（其中 $a\in(0,3), b\in(3,9)$），满足 $f(a)=f(b)=f(c)$，并且 $ab=9$，从而 $abc=r$. 本题的试题背景是上海交通大学冬令营试题.

例 9 【解析】令 $f(x)=2^{-x}+2^x$，则 $f(x)$ 为偶函数，$f(x-4)=2^{4-x}+2^{x-4}$，

所以 $y=2^{4-x}+2^{x-4}$ 关于直线 $x=4$ 对称.

又函数 $y=-x^2+8x$ 关于 $x=4$ 对称，所以方程 $m(4^{4-x}+2^{x-4})=-x^2+8x$ 唯一的解为 $x=4$. 代入得 $m=8$. 从而不等式转化为 $(\log_8 a)^2-3\log_{\sqrt[3]{8}}a-8<0$，

即 $(\log_8 a)^2-6\log_8 a-8<0$.

解得 $3-\sqrt{17}<\log_8 a<3+\sqrt{17}$，从而 $8^{3-\sqrt{17}}<a<8^{3+\sqrt{17}}$.

所以不等式的解集为 $\{a\mid 8^{3-\sqrt{17}}<a<8^{3+\sqrt{17}}\}$.

例 10 $b<d<c<a$ 【解析】由 $1>\sin1>\cos1>0$，

易知 $\sin1+\cos1>1>(\sin1)^{\cos1}>(\sin1)^{\sin1}>(\cos1)^{\sin1}>\cos1>\sin1\cdot\cos1$

所以 $b<d<c<a$.

§3.3 函数的最值

例 1 A 【解析】令 $t=\cos x$，由于 $x\in(0,\pi)$，从而 $t\in(-1,1)$，则函数 $f(x)$ 转换成关于 t 的函数 $g(t)=\sqrt{1+t}-\sqrt{1-t}(t\in(-1,1))$，易证该函数在 $(-1,1)$ 上关于 t 单调递增，从而 $-\sqrt{2}<g(t)<\sqrt{2}$，所以 $f(x)=|g(t)|$ 的取值范围是 $[0,\sqrt{2})$. 故选 A.

例 2　$\frac{10}{3}$　【解析】$f(x)=\frac{(2^x)^4+\left(\frac{2}{2^x}\right)^2+4\cdot 2^x+1}{(2^x)^2+\frac{2}{2^x}}=\frac{\left[(2^x)^2+\frac{2}{2^x}\right]^2+1}{(2^x)^2+\frac{2}{2^x}}=\left[(2^x)+\frac{2}{2^x}\right]+\frac{1}{(2^x)^2+\frac{2}{2^x}}(x\in\mathbf{R})$

设 $t=(2^x)^2+\frac{2}{2^x}(x\in\mathbf{R})$，可得 $t=(2^x)^2+\frac{1}{2^x}+\frac{1}{2^x}\geqslant 3\sqrt[3]{(2^x)^2\cdot\frac{1}{2^x}\cdot\frac{1}{2^x}}=3(x\in\mathbf{R})$

当且仅当 $x=0$ 时，$t=3$.

从而 $f(x)$ 转化为 $g(t)=t+\frac{1}{t}(t\geqslant 3)$，

由于 $g(t)$ 在 $[3,+\infty)$ 上为增函数，

从而 $g(t)_{\min}=g(3)=\frac{10}{3}$，从而 $f(x)_{\min}=\frac{10}{3}$.

例 3　【解析】$x(x^2+x+1)m+2(x^4+3x^2+1)>0$，当 $x\geqslant 0$ 时显然成立，当 $x<0$ 时，分离变量可得 $m<\frac{2(x^4+3x^2+1)}{-x(x^2+x+1)}$，令 $t=-x>0$，

则 $m<\frac{2(t^4+3t^2+1)}{t(t^2-t+1)}=2\frac{t^2+\frac{1}{t^2}+3}{t+\frac{1}{t}-1}$，

令 $u=t+\frac{1}{t}\geqslant 2$，从而 $m<2\frac{u^2+1}{u-1}=2\left(u-1+\frac{2}{u-1}+2\right)$，

所以 $m<4(\sqrt{2}+1)$，所以正整数 m 的最大值为 9.

例 4　B　【解析】设 $y=\frac{x^2-x-1}{x^2+x+1}$，则有 $(y-1)x^2+(y+1)x+y+1=0$.

(1)当 $y=1$ 时，得 $x=-1$；

(2)当 $y\neq 1$ 时，由 $\Delta=(y+1)^2-4(y-1)(y+1)=(y+1)(-3y+5)\geqslant 0$，

得 $-1\leqslant y\leqslant\frac{5}{3}$，且 $y\neq 1$，从而 y 的最大值为 $\frac{5}{3}$，最小值为 -1，从而最大值与最小值之和为 $\frac{2}{3}$. 故选 B.

本题也可以利用不等式法进行求解：当 $x=-1$ 时，$y=1$. 当 $x\neq 1$ 时，分离常数，得 $y=1-\frac{2}{x+1+\frac{1}{x+1}-1}$，即得 y 的最大值为 $\frac{5}{3}$，最小值为 -1.

例 5　B　【解析】取 $x=\frac{2}{3}\pi$，得 $a+b\leqslant 2$.

若 $a+b=2$，则 $a=2-b$，令 $t=\cos x$，则 $-1\leqslant t\leqslant 1$.

记 $f(t)=2bt^2+(2-b)t+(1-b)$，条件转化为：

当 $-1\leqslant t\leqslant 1$ 时，$f(t)\geqslant 0$ 恒成立. 特别地，$f(-1)\geqslant 0$，故 $b\geqslant\frac{1}{2}$.

$f(t)$ 是开口向上的二次函数，且容易验证对称轴 $t=-\frac{2-b}{4a}\in(-1,1)$，因此 $f(t)$ 在 $[-1,1]$ 上的最小值也就是 $f(t)$ 在实数集上的最小值，从而等价于

$\Delta=(2-b)^2-4\times 2b\times(1-b)=9b^2-12b+4=(3b-2)^2\leqslant 0$.

于是 $b=\frac{2}{3}$，进而得 $a=\frac{4}{3}$，所以 $a+b$ 的最大值为 2，且取得最大值时 $(a,b)=\left(\frac{4}{3},\frac{2}{3}\right)$.

本题还可以采用类似的方法求 $a+b$ 的最小值以及取最小值时所有的数对 (a,b)：

取 $x=0$，得 $a+b\geqslant -1$.

若 $a+b=-1$，则 $a=-b-1$. 令 $t=\cos x$，则 $-1\leqslant t\leqslant 1$.

记 $g(t)=2bt^2-(b+1)t+(1-b)$，条件转化为：

当 $-1\leqslant t\leqslant 1$ 时，$g(t)\geqslant 0$ 恒成立，特别地，$g(-1)=2+2b\geqslant 0$，故 $b\geqslant -1$.

若 $-1\leqslant b\leqslant 0$，则 $g(t)$ 是开口向下的二次函数，最小值必在某端点处取得，而 $g(1)=0$，$g(-1)\geqslant 0$，这样的 b 必满足要求.

当 $b=0$ 时，$g(t)=-t+1$ 为减函数，而 $g(1)=0$，则 $b=0$ 也满足要求.

当 $b>0$ 时，$g(t)$ 是开口向上的二次函数，对称轴为 $t=\frac{b+1}{4b}>0$.

(1)若 $\frac{b+1}{4b}\geqslant 1$，即 $0<b\leqslant\frac{1}{3}$ 时，$g(t)$ 在 $[-1,1]$ 上为减函数，而 $g(1)=0$，这样的 b 满足题意；

(2)若 $\frac{b+1}{4b}<1$，即 $b>\frac{1}{3}$ 时，$g(t)$ 在 $[-1,1]$ 的最小值也就是 $g(t)$ 在实数集上的最小值，从而等价于 $\Delta=(b+1)^2-4\times 2b\times(1-b)=9b^2-6b+1=(3b-1)^2>0$，故当 $b>\frac{1}{3}$ 时不满足要求. 因此，$a+b$ 的最小值为 -1，取得最小值的数对为 $(a,b)=(-b-1,b)$，有无穷多对 $\left(\text{其中} -1\leqslant b\leqslant\frac{1}{3}\right)$. 本题的试题背景是早年北京大学的自主招生试题.

例 6　AC　【解析】依题意，$f(2,1)=1$，$f(2,n)=f(1,n-1)+f(2,n-1)+n-1=2(n-1)+f(2,n-1)$，从而 $f(2,n)=1+2+4+\cdots+2(n-1)=n^2-n+1$，使得 $f(2,n)\geqslant 100$ 的 n 的最小值为 11.

$f(3,1)=1$，$f(3,n)=f(2,n-1)+f(3,n-1)+(n-1)=n^2-2n+2+f(3,n-1)$，

从而 $f(3,n)=1+2^2+3^2+\cdots+n^2-2(1+2+3+\cdots+n)=\frac{1}{6}n(n+1)(2n+1)-n(n+1)+2n=\frac{1}{6}n(2n-1)(n-1)+n$.

使得 $f(3,n)\geqslant 2016$ 的 n 最小值为 19. 故本题选 AC.

例 7　$(-\infty,-2]\cup[2,+\infty)$　【解析】$f(x)=\sqrt{2x^2-2x+1}-\sqrt{2x^2+2x+5}=\sqrt{2}\left(\sqrt{x^2-x+\frac{1}{2}}-\sqrt{x^2+x+\frac{5}{2}}\right)$

而 $\sqrt{x^2-x+\frac{1}{2}}-\sqrt{x^2+x+\frac{5}{2}}=\sqrt{\left(x-\frac{1}{2}\right)^2+\frac{1}{4}}-\sqrt{\left(x+\frac{1}{2}\right)^2+\frac{9}{4}}$ 表示数轴上一动点 $P(x,0)$ 到两定点 $A\left(\frac{1}{2},\frac{1}{2}\right)$ 与 $B\left(-\frac{1}{2},\frac{3}{2}\right)$ 的距离之差.

$||PA|-|PB||\geqslant|AB|=\sqrt{2}$，(当 A、B、P 三点共线时等号成立)所以 $|f(x)|\geqslant 2$.

从而所求函数的值域为 $(-\infty,-2]\cup[2,+\infty)$.

例 8　$\sqrt{17}$　【解析】如图，在函数 $y=x^2$ 的图象上求点 $N(x,x^2)$，使得 $f(x)=\sqrt{x^4-5x^2-8x+25}-$

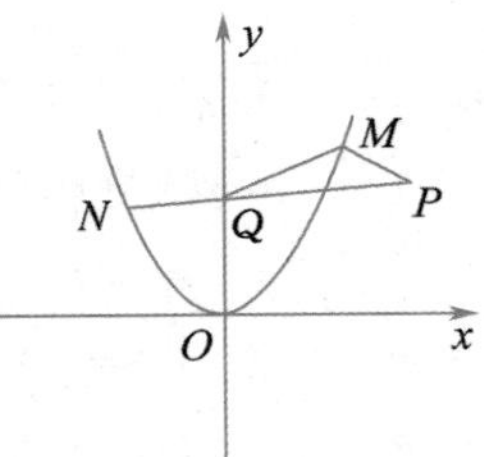

$\sqrt{x^4-3x^2+4}$有最大值，

$f(x)=\sqrt{(x^2-3)^2+(x-4)^2}-\sqrt{(x^2-2)^2+x^2}$

表示点 $N(x,x^2)$ 分别到点 $P(4,3)$，$Q(0,2)$ 的距离之差，则 PQ 的延长线与 $y=x^2$ 的交点 N 为所求，$|PQ|=|PN-QN|$. 下面证明：$y_{\max}=|PQ|$，在 $y=x^2$ 上找一点不同于 N 的点 M. 在$\triangle MPQ$ 中，$PQ\geqslant|QM-PM|$.

$y_{\max}=|PQ|=\sqrt{(4-0)^2+(3-2)^2}=\sqrt{17}$，因此最大值为 $\sqrt{17}$.

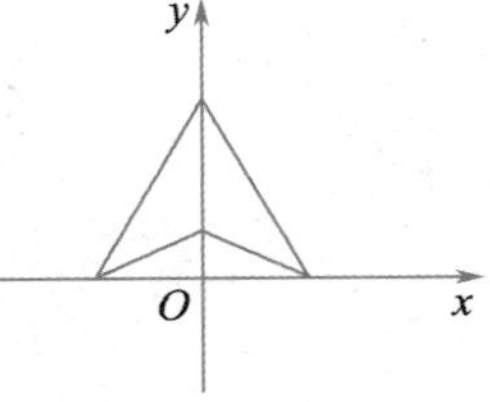

例 9　$2+\sqrt{3}$　【解析】如图，由两点间的距离公式得 $\sqrt{(x-1)^2+y^2}+\sqrt{(x+1)^2+y^2}+\sqrt{x^2+(y-2)^2}$ 为点 (x,y) 到点 $(1,0)$、$(-1,0)$、$(0,2)$ 的距离之和，即求点 (x,y) 到点 $(1,0)$、$(-1,0)$、$(0,2)$ 的距离之和的最小值，取最小值时的这个点即为这三个点构成的三角形的费马点，容易求得最小值为 $\frac{2}{3}\sqrt{3}+\frac{2}{3}\sqrt{3}+2-\frac{\sqrt{3}}{3}=2+\sqrt{3}$.

例 10　B　【解析】令 $\begin{cases}x=2\cos\theta,\\ y=\sin\theta,\end{cases}$（其中 $\theta\in[0,2\pi)$.）

从而 $|3x+4y-12|=|6\cos\theta+4\sin\theta-12|=|2\sqrt{13}\sin(\theta+\varphi)-12|$

其中 $\sin\varphi=\frac{3}{\sqrt{13}}$，$\cos\varphi=\frac{2}{\sqrt{13}}$.

从而 $12-2\sqrt{13}\leqslant|3x+4y-12|\leqslant12+2\sqrt{13}$. 故选 B.

在求解最值问题时，特别是涉及圆和圆锥曲线的问题，我们经常考虑运用参数方程来达到降维的目的.

例 11　【解析】由题设条件，得 $b=\frac{a+c}{1-ac}$，令 $a=\tan\alpha$，$c=\tan\beta$，$c=\tan\gamma$，则 $\tan\beta=\tan(\alpha+\gamma)$.

从而 $P=\frac{2}{1+a^2}-\frac{2}{1+b^2}+\frac{3}{1+c^2}=2\sin\gamma\sin(2\alpha+\gamma)+3\cos^2\gamma\leqslant\frac{10}{3}-3\left(\sin\gamma-\frac{1}{3}\right)^2\leqslant\frac{10}{3}$.

当且仅当 $\alpha+\beta=\frac{\pi}{2}$，$\sin\gamma=\frac{1}{3}$，

即 $a=\frac{\sqrt{2}}{2}$，$b=\sqrt{2}$，$c=\frac{\sqrt{2}}{4}$ 时，P 取得最大值 $\frac{10}{3}$.

在所求问题中含有形如“$m+n=k^2$，$m^2+n^2=r$，$\sqrt{1+m^2}$，$\sqrt{1-m^2}$”等式子时，或可通过恒等变化为这类结构的问题，可考虑引进三角函数，通过三角换元转化为三角函数的问题.

例 12　B　【解析】根据题意，不妨设 $c=1$，则 $b^2-4a\geqslant0$，

且 $r\leqslant\frac{(a-b)^2+(b-c)^2+(c-a)^2}{c^2}=(a-b)^2+(b-c)^2+(c-a)^2=2\left(a-\frac{b+1}{2}\right)^2+\frac{3}{2}(b-1)^2$.

记 $M=2\left(a-\frac{b+1}{2}\right)^2+\frac{3}{2}(b-1)^2$.

(1) 当 $\frac{b+1}{2}\leqslant\frac{b^2}{4}$ 时，$M\geqslant\frac{3}{2}(b-1)^2\geqslant\frac{9}{2}$.

(2)当$\frac{b+1}{2}>\frac{b^2}{4}$时,$M\geqslant 2\left(\frac{b^2}{2}-\frac{b+1}{2}\right)^2+\frac{3}{2}(b-1)^2=\frac{1}{8}[(b-1)^2+3]^2\geqslant\frac{9}{8}$.

当$b=1$时,等号成立.

综上所述,r的最大值为$\frac{9}{8}$.故选B.

例13　C　【解析】令$\begin{cases}4a+1=x,\\4b+1=y,\\4c+1=z,\end{cases}$则$x$、$y$、$z\geqslant 0$,目标是探索$f=\sqrt{x}+\sqrt{y}+\sqrt{z}$的最大值与最小值.

一方面,$f=\sqrt{\frac{3}{7}}\left(\sqrt{\frac{7}{3}x}+\sqrt{\frac{7}{3}y}+\sqrt{\frac{7}{3}z}\right)\leqslant\sqrt{\frac{3}{7}}\cdot\left(\frac{\frac{7}{3}+x}{2}+\frac{\frac{7}{3}+y}{2}+\frac{\frac{7}{3}+z}{2}\right)=\sqrt{21}$.

其中"="成立的条件是$x=y=z=\frac{7}{3}$,即$a=b=c=\frac{1}{3}$时,f取得最大值$\sqrt{21}$.

另一方面,$f=\sqrt{7+2(\sqrt{xy}+\sqrt{yz}+\sqrt{zx})}\geqslant\sqrt{7}$,其中"="成立的条件是$x$、$y$、$z$之中2个是0,另外一个是7,即$a$、$b$、$c$之中有两个是$-\frac{1}{4}$,另外一个是$\frac{3}{2}$,故$f$的最小值为$\sqrt{7}$.

综上,知最大值与最小值的乘积为$\sqrt{21}\cdot\sqrt{7}=\sqrt{147}\in[12,13)$.故选C.

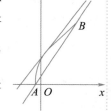

上述解法经历换元化为非负条件下多元函数的最值问题,常用重要不等式求解.本题也可基于函数$f(x)=\sqrt{4x+1}$的图象,建立代数不等式推证目标.事实上,由题意a、b、$c\geqslant-\frac{1}{4}$,再由$a+b+c=1$,可得a、b、$c\in\left[-\frac{1}{4},\frac{3}{2}\right]$,故所出函数$f(x)=\sqrt{4x+1}$在闭区间$\left[-\frac{1}{4},\frac{3}{2}\right]$的图象,以及在点$M\left[\frac{1}{3},f\left(\frac{1}{3}\right)\right]$处的切线,$y-f\left(\frac{1}{3}\right)=f'\left(\frac{1}{3}\right)\left(x-\frac{1}{3}\right)$,即$y=\frac{2\sqrt{21}}{7}\left(x-\frac{1}{3}\right)+\frac{\sqrt{21}}{3}$.连接两端点$A\left[-\frac{1}{4},f\left(-\frac{1}{4}\right)\right]$和$B\left[\frac{3}{2},f\left(\frac{3}{2}\right)\right]$的直线$AB$:$y=\frac{4\sqrt{7}}{7}\left(x+\frac{1}{4}\right)$,

所以$\frac{4\sqrt{7}}{7}\left(x+\frac{1}{4}\right)\leqslant f(x)\leqslant\frac{2\sqrt{21}}{7}\left(x-\frac{1}{3}\right)+\frac{\sqrt{21}}{3}\left(\forall x\in\left[-\frac{1}{4},\frac{3}{2}\right]\right)$.

取$x=a,b,c$,累加,得$\frac{4\sqrt{7}}{7}\left(a+b+c+\frac{3}{4}\right)\leqslant f(a)+f(b)+f(c)\leqslant\frac{2\sqrt{21}}{7}(a+b+c-1)+\sqrt{21}$,

由$a+b+c=1$,从而得$\sqrt{7}\leqslant f(a)+f(b)+f(c)\leqslant\sqrt{21}$,其中左端"="成立的条件是$a,b,c$中两个取0,另一个取1;右端"="成立的条件是$a=b=c=\frac{1}{3}$.从而最大值与最小值的乘积为$\sqrt{21}\cdot\sqrt{7}=\sqrt{147}\in[12,13)$.故选C.

例14　【解析】由$a+b+c=1$,得$(1-a)(1-b)(1-c)=(b+c)(c+a)(a+b)$,

从而$(1-a)(1-b)(1-c)\geqslant 2\sqrt{bc}\cdot 2\sqrt{ca}\cdot 2\sqrt{ab}=8abc$,

从而$\frac{abc}{(1-a)(1-b)(1-c)}\leqslant\frac{abc}{8abc}=\frac{1}{8}$.

当且仅当 $a=b=c=\frac{1}{3}$ 时等号成立. 故所求最大值为 $\frac{1}{8}$.

例 15 【解析】(**方法一**)由题意知 $\sqrt{g(a,b)}$ 的几何意义是 $A(a+5,a)$, $B(3|\cos b|,2|\sin b|)$ 之间的距离 $|AB|$.

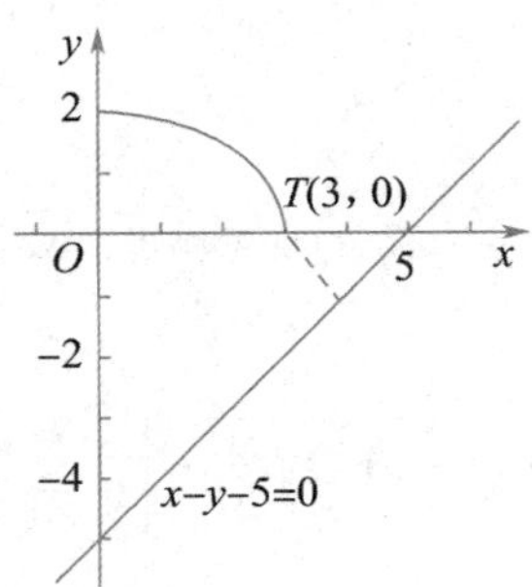

如图所示,还可得动点 A 的轨迹是直线 $x-y-5=0$,动点 B 的轨迹是曲线 $\frac{x^2}{9}+\frac{y^2}{4}=1(x\geqslant 0,y\geqslant 0)$(即该曲线是椭圆 $\frac{x^2}{9}+\frac{y^2}{4}=1$ 在第一象限的部分及其端点). 由数形结合思想,可得 $\sqrt{g(a,b)}$ 的最小值即椭圆 $\frac{x^2}{9}+\frac{y^2}{4}=1$ 的右顶点 $T(3,0)$ 到直线 $x-y-5=0$ 的距离 $\frac{|3-0-5|}{\sqrt{1^2+(-1)^2}}=\sqrt{2}$,所以 $g(a,b)$ 的最小值是 2.

(**方法二**)由题意知 $\sqrt{g(a,b)}$ 的几何意义是 $A(a+5,a)$, $B(3|\cos b|,2|\sin b|)$ 之间的距离 $|AB|$. 还可得动点 A 的轨迹是直线 $x-y-5=0$,动点 B 到该直线的距离是

$$d=\frac{|3|\cos b|-2|\sin b|-5|}{\sqrt{1^2+(-1)^2}}=\frac{5+2|\sin b|-3|\cos b|}{\sqrt{2}}\geqslant\frac{5+2\times 0-3\times 1}{\sqrt{2}}=\sqrt{2}.$$

当且仅当 $b=2k\pi(k\in\mathbf{Z})$ 时取等号.

所以 $\sqrt{g(a,b)}\geqslant\sqrt{2}$(当且仅当 $a=-1$, $b=2k\pi(k\in\mathbf{Z})$ 时等号成立). 进而得 $g(a,b)$ 的最小值是 2.

例 16 【解析】(1)构造拉格朗日函数 $L(a,b,c,\lambda)=a^2+4b^2+9c^2+\lambda(a+2b+3c-6)(\lambda\neq 0)$,分别对每个变量求导,并令每个导函数等于零,得

$$\begin{cases}L_a=2a+\lambda=0,\\ L_b=8b+2\lambda=0,\\ L_c=18c+3\lambda=0,\\ L_\lambda=a+2b+3c-6=0,\end{cases}\text{解得}\begin{cases}a=2,\\ b=1,\\ c=\frac{2}{3},\\ \lambda=-4.\end{cases}$$

代入原式,得 $(a^2+4b^2+9c^2)_{\min}=4+4+4=12$.

(2)构造位格朗日函数 $L(x,y,\lambda)=xy+5x+4y+\lambda(xy+2x+3y-42)(\lambda\neq 0)$,分别对每个变量求导,并令每个导函数等于零,得

$$\begin{cases}L_x=y+5+\lambda y+2\lambda=0,\\ L_y=x+4+\lambda x+3\lambda=0,\\ L_\lambda=xy+2x+3y-42=0,\end{cases}$$

解得 $x=1$, $y=10$.

所以 $(xy+5x+4y)_{\min}=10+5+40=55$.

§3.4 函数的零点

例 1 A 【解析】令 $f(x)=x^2-(3a+2)x+2a-1$，由题意知，$f(3)<0$，即 $a>\frac{2}{7}$. 故选 A.

例 2 A 【解析】由于 $f(a)=(a-b)(a-c)<0$，$f(b)=(b-c)(b-a)>0$，$f(c)=(c-a)(c-b)>0$，从而根据零点存在性定理，知两个零点在(a,b)和(b,c)内，故选 A.

例 3 B 【解析】取 $x_1=x_2=\cdots=x_{1008}=0$，$x_{1009}=x_{1010}=\cdots=x_{2016}=4$，

则 $\sum\limits_{i=1}^{2016}|x-x_i|=\sum\limits_{i=1}^{1008}(x-0)+\sum\limits_{i=1009}^{2016}(4-x)=2016\times 2$，

所以 $a=2$ 是"方程 $\sum\limits_{i=1}^{2016}|x-x_i|=2016a$ 在$[0,4]$上至少有一个根"的必要条件.

下面证明"$a=2$"是"方程 $\sum\limits_{i=1}^{2016}|x-x_i|=2016a$ 在$[0,4]$上至少有一个根"的充分条件.

事实上，令 $f(x)=\sum\limits_{i=1}^{2016}|x-x_i|-2016\times 2$，

由于 $f(0)\cdot f(4)=\left(-2016\times 2+\sum\limits_{i=1}^{2016}x_i\right)\cdot\left(-2016\times 2+\sum\limits_{i=1}^{2016}(4-x_i)\right)$

$=\left(-2016\times 2+\sum\limits_{i=1}^{2016}x_i\right)\cdot\left(2016\times 2-\sum\limits_{i=1}^{2016}x_i\right)=-\left(2016\times 2-\sum\limits_{i=1}^{2016}x_i\right)^2\leqslant 0$

由零点存在性定理，知 $f(x)$在$[0,4]$上至少存在一个零点，

即方程 $\sum\limits_{i=1}^{2016}|x-x_i|=2016a$ 在$[0,4]$上至少有一个根. 充分性得证.

综上知，选 B.

例 4 D 【解析】**(方法一)**令 $u=\sqrt[3]{15x+1-x^2}$，$v=\sqrt[3]{x^2-15x+27}$，从而有 $\begin{cases}u+v=4,\\u^3+v^3=28,\end{cases}$

由于 $u^3+v^3=(u+v)[u^2+v^2-uv]=(u+v)[(u+v)^2-3uv]=4(16-3uv)$，

从而得 $uv=3$. 从而 u,v 为一元二次方程 $t^2-4t+3=0$ 的两根，即$(t-1)(t-3)=0$，

解得$\begin{cases}\sqrt[3]{15x+1-x^2}=1,\\\sqrt[3]{x^2-15x+27}=3,\end{cases}$或$\begin{cases}\sqrt[3]{15x+1-x^2}=3,\\\sqrt[3]{x^2-15x+27}=1,\end{cases}$

解得 $x=0$，或 $x=15$，或 $x=2$，或 $x=13$. 共 4 个实根，从而选 D.

(方法二)令$\begin{cases}\sqrt[3]{15x+1-x^2}=2-d,\\\sqrt[3]{x^2-15x+27}=2+d,\end{cases}$从而$(2-d)^3+(2+d)^3=28$，解得 $d^2=1$，从而 $d=-1$，或 $d=1$.

进而得 $x=0$，或 $x=15$，或 $x=2$，或 $x=13$. 共 4 个实根，从而选 D.

(方法三)令 $y=\sqrt[3]{15x+1-x^2}$，则 $y^3=15x-x^2+1$，所以 $x^2-15x=1-y^3$，

从而原方程变为 $y+\sqrt[3]{28-y^3}=4$，所以 $28-y^3=(4-y)^3$，

展开整理，得 $y^2-4y+3=0$，即$(y-1)(y-3)=0$，解得 $y=1$，或 $y=3$.

进而，得 $x=0$，或 $x=15$，或 $x=2$，或 $x=13$. 共 4 个实根，从而选 D.

我们对方程的两边同时三次方，显然是不可取的. 因此，我们在方法一与方法二中考虑采用了换元法，使得方程转化成两个易于入手处理的问题. 其中，方法二我们使用的换元方法称为对称引参.

例 5　ACD　【解析】考虑函数 $g(x)=e^x$ 在 $(0,1)$ 处的切线. 由于 $g'(x)=e^x$，$g'(0)=1$，从而 $g(x)$ 在 $(0,1)$ 处的切线为 $y-1=x$，即 $y=x+1$，因此 $e^x\geqslant x+1$，从而 $y=e^x$ 与 $y=x+1$ 仅在 $x=0$ 处有一个交点，从而选项 B 只有一个零点. 而选项 A，易知有两个零点.

对于选项 C：由于 $f'(x)=\frac{3}{x}-1=\frac{3-x}{x}$，当 $0<x<3$ 时，$f'(x)>0$，$f(x)$ 单调递增；当 $x>3$ 时，$f'(x)<0$，$f(x)$ 单调递减. 从而知 $f(x)$ 的极大值，亦即最大值为 $f(3)=3(\ln3-1)>0$，又 $f\left(\frac{1}{e}\right)=-3-\frac{1}{e}<0$，$f(e^2)=6-e^2<0$，结合函数的图象，知函数 $f(x)=3\ln x-x$ 有两个零点. 由于 $3\ln x+\frac{1}{x}=-\left(3\ln\frac{1}{x}-\frac{1}{x}\right)=-f\left(\frac{1}{x}\right)$，易知函数 $f(x)=3\ln x+\frac{1}{x}$ 也有两个零点. 故本题答案为 ACD.

例 6　$\left(-1,\frac{1}{2}\right]\cup\{3-2\sqrt{3}\}$　【解析】要使原方程有意义，必须使 $\begin{cases}ax+1>0,\\x-1>0,\\2-x>0,\end{cases}$ 即 $\begin{cases}ax>-1,\\1<x<2.\end{cases}$

由 $\lg(ax+1)=\lg(x-1)+\lg(2-x)$，知 $\lg(ax+1)=\lg[(x-1)(2-x)]$，所以 $ax+1=(x-1)(2-x)$.

分别作出函数 $y=ax+1$ 和 $y=(x-1)(2-x)=-x^2+3x-2$ 在 $(1,2)$ 上的草图.

当直线 $y=ax+1$ 过点 $(1,0)$ 时，$a=-1$；当直线 $y=ax+1$ 过点 $(2,0)$ 时，$a=-\frac{1}{2}$；

当直线 $y=ax+1$ 与 $y=(x-1)(2-x)$ 相切时，

设切点为 $P(x_0,y_0)$，由 $y'=-2x+3$ 知，

此时 $a=-2x_0+3$，此时有 $\begin{cases}y_0=(-2x_0+3)x_0+1,\\y_0=-x_0^2+3x_0-2,\end{cases}$ 解得 $\begin{cases}x_0=\sqrt{3},\\y_0=3\sqrt{3}-5.\end{cases}$

故实数 a 的取值范围是 $\left(-1,\frac{1}{2}\right]\cup\{3-2\sqrt{3}\}$.

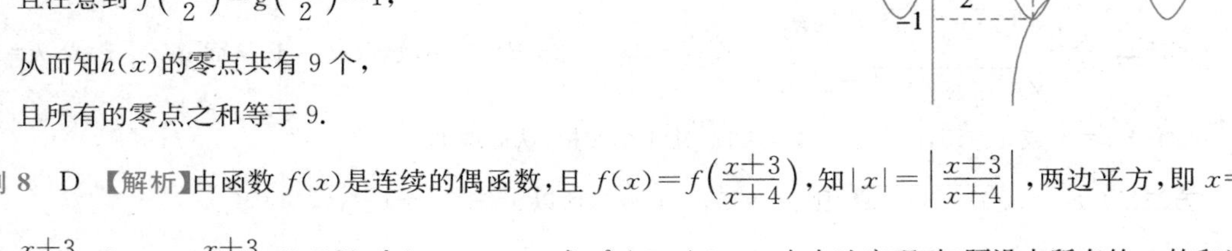

例 7　9　【解析】如图，易知函数 $f(x)$ 与 $g(x)$ 的图象关于点 $(1,0)$ 对称，

且注意到 $f\left(\frac{1}{2}\right)=g\left(\frac{1}{2}\right)=1$，

从而知 $h(x)$ 的零点共有 9 个，

且所有的零点之和等于 9.

例 8　D　【解析】由函数 $f(x)$ 是连续的偶函数，且 $f(x)=f\left(\frac{x+3}{x+4}\right)$，知 $|x|=\left|\frac{x+3}{x+4}\right|$，两边平方，即 $x=\frac{x+3}{x+4}$，或 $x=-\frac{x+3}{x+4}$，整理得 $x^2+3x-3=0$，或 $x^2+5x+3=0$，由韦达定理，知题设中所有的 x 的和为 $-3+(-5)=-8$.

例 9　2019　【解析】由 $f(-x)=(-x)^3+\sin(-x)=-(x^3+\sin x)=-f(x)$ 知 $f(x)$ 为奇函数，其图象关于点(0,0)成中心对称，故 $f(x-1)$ 的图象关于点(1,0)成中心对称.

由 $g(x)+g(2-x)=0$，知 $g(x+1)=-g(1-x)$，故 $g(x)$ 的图象关于点(1,0)成中心对称，从而 $h(x)=f(x-1)-g(x)$ 的图象关于点(1,0)成中心对称.

由 $h(x)$ 有 2019 个零点，知对称中心(1,0)也是零点，故其余 2018 个零点每两个都是关于(1,0)中心对称. 因此，所有这些零点之和为 $2\times1009+1=2019$.

例 10　D　【解析】每个函数都可以通过图象先拆掉第一层，找到内层函数能取得的值，从而统计出 x 的总数. 令 $g(x)=x+\dfrac{1}{x}-1$. 作出 $f(x)$ 与 $g(x)$ 图象如下：

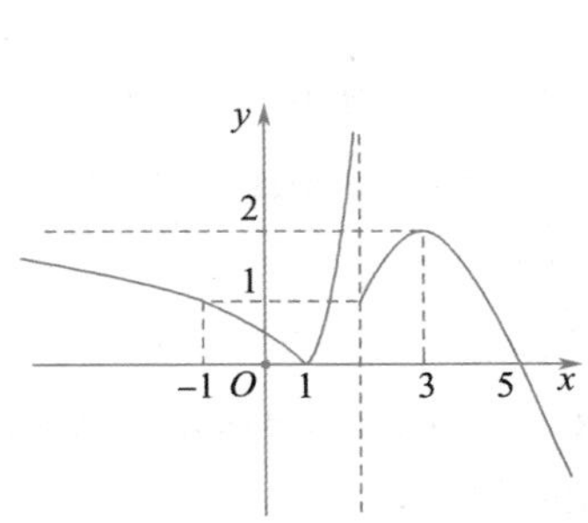

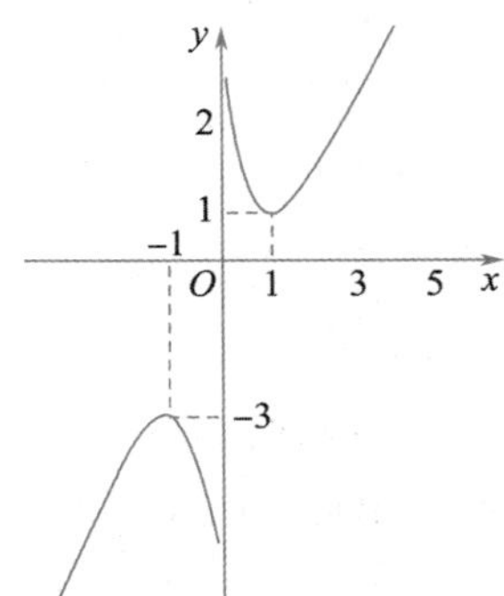

(1)当 $a<0$ 时，得 $g(x)>5$，由图知有 2 个实根；

(2)当 $a=0$ 时，$g(x)=1$ 或 $g(x)=5$，结合 $g(x)$ 图象可知共有 3 个实根；

(3)当 $0<a<1$ 时，得 $-1<g(x)<1$，或 $1<g(x)<\dfrac{5}{3}$，或 $4<g(x)<5$，由 $g(x)$ 的图象可知共有 4 个不同的实根；

(4)当 $a=1$ 时，$g(x)=-1$，或 $g(x)=\dfrac{5}{3}$，或 $g(x)=2$，或 $g(x)=4$，由 $g(x)$ 的图象可知共有 6 个不同的实根；

(5)当 $1<a<2$ 时，$g(x)<-1$[其中 $g(x)<-3$ 时，有两个实根；$g(x)=-3$ 时，有一个实根]，或 $\dfrac{5}{3}<g(x)<\dfrac{17}{9}$，或 $2<g(x)<3$，或 $3<g(x)<4$，由 $g(x)$ 的图象可知共有 8 或 7 个不同的实根；

(6)当 $a>2$ 时，$\dfrac{17}{9}<g(x)<2$，由 $g(x)$ 的图象知，有 2 个不同的实根.

综上所述，选 D.

例 11　$(-1,0)\cup\left(0,\dfrac{1}{2}\right)$　【解析】如图，由 $\dfrac{2x^2}{x-m}=-m$，得 $2x^2+mx-m^2=0$，解得 $x_1=-m$ 或 $x_2=\dfrac{m}{2}$.

下面研究函数 $f(x)$：由 $f'(x)=\dfrac{\mathrm{e}}{2}\cdot\dfrac{1-\ln x}{x^2}=0$，解得 $x=\mathrm{e}$.

当 $x\in(0,\mathrm{e})$ 时，$f'(x)>0$；

当 $x\in(\mathrm{e},+\infty)$ 时，$f'(x)<0$.

所以 $f(x)$ 最大值为 $f(\mathrm{e})=\dfrac{\mathrm{e}}{2}\cdot\dfrac{1}{\mathrm{e}}=\dfrac{1}{2}$.

(1)当 $m>0$ 时，$\dfrac{m}{2}<\dfrac{1}{2}$，从而 $0<m<1$，

此时 $f(x_2)=f(x_3)=\dfrac{m}{2}$，$f(x_1)=-m$，

所以 $2f(x_1)+f(x_2)+f(x_3)=-m$，

从而知 $-1<-m<0$；

(2)当 $m<0$ 时，$-m<\dfrac{1}{2}$，从而 $-\dfrac{1}{2}<m<0$，

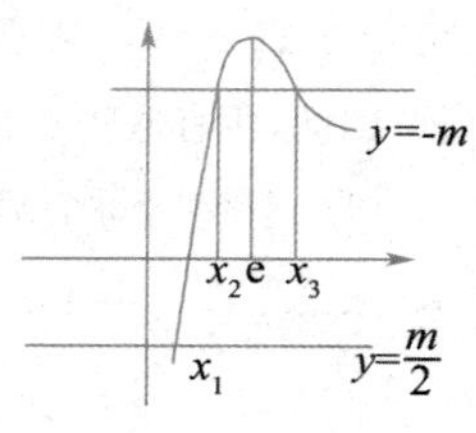

所以 $f(x_2)=f(x_3)=-m$，$f(x_1)=\dfrac{m}{2}$，

所以 $2f(x_1)+f(x_2)+f(x_3)=-m$，

从而知 $0<-m<\dfrac{1}{2}$.

综上所述，$2f(x_1)+f(x_2)+f(x_3)$ 的取值范围是 $(-1,0)\cup\left(0,\dfrac{1}{2}\right)$.

例 12　24　【解析】设 $x_0=\sqrt{3}+\sqrt{2}$，则 $x_0-\sqrt{3}=\sqrt{2}$，得 $(x_0-\sqrt{3})^2=2$，于是 $x_0^2-2\sqrt{3}x_0+3=2$，

即 $2\sqrt{3}x_0=x_0^2+1$，所以 $(2\sqrt{3}x_0)^2=(x_0^2+1)^2$，得 $x_0^4-10x_0^2+1=0$，

所以 $x_0=\sqrt{3}+\sqrt{2}$ 是多项式 $g(x)=x^4-10x^2+1$ 的一个根.

又 $x_0=\sqrt{3}+\sqrt{2}$ 不可能是三次整数系数多项式、二次整数系数多项式的零点，所以 $g(x)$ 能整除 $f(x)$，从而 $f(x)=g(x)(x-r)=(x^4-10x^2+1)(x-r)$，其中 r 为整数.

所以 $f(1)=-8(1-r)=-8+8r$，$f(3)=-8(3-r)=-24+8r$.

由 $f(1)+f(3)=0$，得 $r=2$，所以 $f(x)=(x^4-10x^2+1)(x-2)$，从而 $f(-1)=24$.

§3.5　简单的函数方程

例 1　$\dfrac{9}{2}$　【解析】令 $t=-\dfrac{1}{x}$，则 $x=-\dfrac{1}{t}$，代入 $f\left(\dfrac{1}{x}\right)+\dfrac{1}{x}f(-x)=2x$，得

$f(-t)-t\cdot f\left(\dfrac{1}{t}\right)=-\dfrac{2}{t}$，即 $f(-x)-x\cdot f\left(\dfrac{1}{x}\right)=-\dfrac{2}{x}$，

从而得 $\dfrac{1}{x}f(-x)-f\left(\dfrac{1}{x}\right)=-\dfrac{2}{x^2}$.

联立，得 $\begin{cases}f\left(\dfrac{1}{x}\right)+\dfrac{1}{x}f(-x)=2x\\ \dfrac{1}{x}f(-x)-f\left(\dfrac{1}{x}\right)=-\dfrac{2}{x^2}\end{cases}$，消去 $\dfrac{1}{x}f(-x)$，得 $f\left(\dfrac{1}{x}\right)=x+\dfrac{1}{x^2}$，

从而 $f(x)=\dfrac{1}{x}+x^2$ ($x\neq1$，且 $x\neq0$)，从而 $f(2)=\dfrac{9}{2}$.

本题的关键在于求出函数的解析式，这里我们使用了换元法进行求解. 换元法的关键在于找到代换的方法，同时还需要注意在代换的同时保持函数定义域的一致性. 另外，对于一些抽象函数求具体函数值的问题，采用“赋值法”更为简捷，如本题也可这样求解：

令 $x=\dfrac{1}{2}$，可得 $f(2)+2f\left(-\dfrac{1}{2}\right)=1$，再令 $x=-2$，

可得 $f(-2)-\dfrac{1}{2}f(2)=-4$，$f(2)-2f\left(-\dfrac{1}{2}\right)=8$，进而可求得 $f(2)=\dfrac{9}{2}$.

不论用什么方法解函数方程，最后一定要检验所得到的解是否满足原来的函数方程.

例 2　B　【解析】取 $x=1,y=0$，得 $f(0)=\frac{1}{2}$；

取 $x=1,y=1$，得 $4f^2(1)=f(2)+f(0)$，

故 $f(2)=-\frac{1}{4}$；

取 $x=2,y=1$，得 $4f(1)f(2)=f(3)+f(1)$，

故 $f(3)=-\frac{1}{2}$；

取 $x=n,y=1$，有 $f(n)=f(n+1)+f(n-1)$，

同理，$f(n+1)=f(n+2)+f(n)$，联立，得 $f(n+2)=-f(n-1)$，

所以 $f(n+6)=f(n)$，

所以周期为 6，

故 $f(2019)=f(336\times3+3)=f(3)=-\frac{1}{2}$.

例 3　【解析】(1)令 $x=\frac{\pi}{2}$，$y=0$，从而可得 $f\left(\frac{\pi}{2}\right)=f\left(\frac{\pi}{2}\right)+f^2(0)$，从而 $f(0)=0$.

(2)再令 $y=\frac{\pi}{2}$，$x=0$，从而又可得 $f\left(\frac{\pi}{2}\right)=f^2\left(\frac{\pi}{2}\right)$. 从而 $f\left(\frac{\pi}{2}\right)=0$ 或 1.

①若 $f\left(\frac{\pi}{2}\right)=0$，令 $y=\frac{\pi}{2}$，则可得 $f\left(x+\frac{\pi}{2}\right)=0$，进而可得 $f(x)=0$，检验知符合题目要求；

②若 $f\left(\frac{\pi}{2}\right)=1$，令 $x=\frac{\pi}{2}$，则可得 $f\left(y+\frac{\pi}{2}\right)=\cos y=\sin\left(y+\frac{\pi}{2}\right)$.

从而 $f(x)=\sin x$.

综上所述，可知 $f(x)=0$ 或 $f(x)=\sin x$.

函数方程的问题，赋值法是永恒的主题.

例 4　【解析】因为 $f(x)$ 为多项式函数，而 $f(x+1)$ 与 $f(x-1)$ 并不会改变 $f(x)$ 的次数，故由(1)可知 $f(x)$ 为二次函数，不妨设 $f(x)=ax^2+bx+c$，

得 $f(x+1)=a(x+1)^2+b(x+1)+c=ax^2+(2a+b)x+(a+b+c)$；

得 $f(x-1)=a(x-1)^2+b(x-1)+c=ax^2+(b-2a)x+(a-b+c)$；

得 $f(x+1)+f(x-1)=2ax^2+2bx+2(a+c)=2x^2-4x$.

所以 $\begin{cases}2a=2,\\2b=-4,\\a+c=0,\end{cases}$ 解得 $\begin{cases}a=1,\\b=-2,\\c=-1,\end{cases}$ 所以 $f(x)=x^2-2x-1$.

易检验此 $f(x)$ 确实满足(1)式.

在变量变换法中，我们曾提及在 $f[f(x)]=g(x)$[$g(x)$ 为已知函数]的函数方程中，求解是不容易的，但若知道 $f(x)$ 的某些特性时，我们使用待定系数法求解较为方便.

例 5　【解析】设 $f(x)=ax^2+bx+c$，

得 $f[f(x)]=a(ax^2+bx+c)^2+b(ax^2+bx+c)+c$

$=a^3x^4+2a^2bx^3+(ab^2+2a^2c+ab)x^2+(2abc+b^2)x+(ac^2+bc+c)$

将此代入 $f(f(x))=x^4-2x^2$ 可得

$a^3x^4+2a^2bx^3+(ab^2+2a^2c+ab)x^2+(2abc+b^2)x+(ac^2+bc+c)=x^4-2x$

得 $\begin{cases}a^3=1,\\2a^2b=0,\\ab^2+2a^2c+ab=-2,\\2abc+b^2=0,\\ac^2+bc+c=0,\end{cases}$ 解得 $\begin{cases}a=1,\\b=0,\\c=-1,\end{cases}$ 所以 $f(x)=x^2-1$

易检验此 $f(x)$ 满足题意.

例 6 C 【解析】在已知等式中取 $x=-\sqrt{2}$，得 $2f(-\sqrt{2})+f(1)=1$ ①

再令 $x=1$，得 $2f(1)+f(0)=1$ ②

再令 $x=0$，得 $2f(0)+f(-1)=1$ ③

再令 $x=-1$，得 $2f(-1)+f(0)=1$ ④

由①②③④联立，解得 $f(-\sqrt{2})=\frac{1}{3}$.

故选 C.

本题以一个封闭性结构检测考生构建目标的思维能力，其实 $f(-\sqrt{2})=f(0)=f(-1)=\frac{1}{3}$.

例 7 ABD 【解析】在②中令 $x_1=x_2=0$，得 $g(0-0)=f^2(0)+g^2(0)$，由 $g(0)=1$，从而得 $f(0)=0$，再令 $x_1=x_2=\lambda$，得 $g(\lambda-\lambda)=f^2(\lambda)+g^2(\lambda)$，由 $f(\lambda)=1$，$g(0)=1$，知$g(\lambda)=0$，从而选项 A 正确；

再令 $x_1=x_2=x$，因为当 $x\in(0,\lambda)$ 时，$f(x)>0$，$g(x)>0$，

所以$[f(x)+g(x)]^2=f^2(x)+g^2(x)+2f(x)g(x)>1$，进而有 $f(x)+g(x)>1$，故选项 B 正确；

由 $|f(x)\cdot g(x)|\leqslant\frac{f^2(x)+g^2(x)}{2}=\frac{1}{2}$，从而知选项 C 错误；

令 $x_1=\lambda$，$x_2=\lambda-x$，则 $g(x)=f(\lambda)f(\lambda-x)+g(\lambda)g(\lambda-x)=f(\lambda-x)$，故选项 D 正确.

故本题选 ABD.

例 8 【解析】令 $y=x$，得到 $f(0)=[f(x)-x]^2$.

再令 $x=0$，得 $f(0)=f^2(0)$，解得 $f(0)=0$，或 $f(0)=1$.

当 $f(0)=0$ 时，则 $f(0)=[f(x)-x]^2$，得 $f(x)-x=0$，即 $f(x)=x$；

当 $f(0)=1$ 时，则$[f(x)-x]^2=1$，得 $f(x)-x=1$，或 $f(x)-x=-1$，

所以 $f(x)=x+1$，或 $f(x)=x-1$.

综上，知 $f(x)=x$，或 $f(x)=x+1$，或 $f(x)=x-1$.

例 9 【解析】由条件易知 $f(n)>0$，$\forall n\in\mathbf{N}$ 在 $f(n)=\sqrt{f(n-1)f(n-2)}$ 式两边取对数，得到 $\ln f(n)=\frac{1}{2}[\ln f(n-1)+\ln f(n-2)]$，

得$[\ln f(n)-\ln f(n-1)]=-\frac{1}{2}[\ln f(n-1)-\ln f(n-2)]$，$\forall n\geqslant 3$.

依序以 $3,4,5,\cdots,n$ 代入上式可得

$[\ln f(3)-\ln f(2)]=-\frac{1}{2}[\ln f(2)-\ln f(1)]$

$[\ln f(4)-\ln f(3)]=-\frac{1}{2}[\ln f(3)-\ln f(2)]$

$\vdots$

$[\ln f(n)-\ln f(n-1)]=-\frac{1}{2}[\ln f(n-1)-\ln f(n-2)]$

将这 $n-2$ 个等式迭代,则可得到

$\ln f(n)-\ln f(n-1)=\left(-\frac{1}{2}\right)^{n-2}[\ln f(2)-\ln f(1)]$

$=\left(-\frac{1}{2}\right)^{n-2}[\ln 8-\ln 1]$

$=3\cdot\left(-\frac{1}{2}\right)^{n-2}\ln 2.$

再以 $2,3,4,\cdots,n$ 代入上式,再将这 $n-1$ 个等式相加,可得

$\ln f(n)-\ln f(1)=3\cdot\ln 2\cdot\left[1+\left(-\frac{1}{2}\right)+\left(-\frac{1}{2}\right)^2+\cdots+\left(-\frac{1}{2}\right)^{n-2}\right]$

$=3\cdot\ln 2\cdot\dfrac{1-\left(-\frac{1}{2}\right)^{n-1}}{1+\frac{1}{2}}=2\cdot\ln 2\cdot\left[1-\left(-\frac{1}{2}\right)^{n-1}\right]$

因为 $\ln f(1)=\ln 1=0$,得 $\ln f(n)=\ln 2^{2\left[1-\left(-\frac{1}{2}\right)^{n-1}\right]}$

故 $f(n)=2^{2\left[1-\left(-\frac{1}{2}\right)^{n-1}\right]}$, $\forall n\in\mathbf{N}$.

例 10 【解析】对任意 $x,y\in\mathbf{Z}$, $f(x+y)\leqslant\dfrac{f(x)+f(y)+|f(x)-f(y)|}{2}=\max\{f(x),f(y)\}$.

由 $f(1)=1$,可证明对任意 $k\in\mathbf{Z}(k\neq0)$,均有 $f(k)\leqslant1$.

先证当 $k\in\mathbf{Z}^+$ 时,有 $f(k)\leqslant1$. 用数学归纳法证明:

当 $k=1$ 时,显然成立;

假设当 $n=k$ 时,有 $f(k)\leqslant1$,则 $f(k+1)\leqslant\max\{f(k),f(1)\}\leqslant1$.

又 $f(x)$ 为偶函数,所以当 $k\neq0$ 时,对任意 $k\in\mathbf{Z}$,均有 $f(k)\leqslant1$.

而 $f(1)=f(2018-2017)\leqslant\max\{f(2018),f(-2017)\}$.

因为 $f(2017)\neq1$,所以 $f(-2017)\neq1$,即 $f(-2017)<1$.

所以 $1=f(1)\leqslant f(2018)\leqslant1$,从而 $f(2018)=1$.

所以这样的 $f(x)$ 是存在的,如 $f(x)=\begin{cases}1, 2017\nmid x,\\-1, 2017\mid x.\end{cases}$

例 11 【解析】将(1)式中的 n 以 $n-1$ 代入,则可得

$4[f(1)+f(2)+\cdots+f(n-1)]=[f(n-1)]^2+4(n-1)-1.$ (2)

(1)-(2),得 $4f(n)=[f(n)]^2-[f(n-1)]^2+4$

将其因式分解,则可得 $[f(n)-2+f(n-1)][f(n)-2-f(n-1)]=0$

得 $f(n)-f(n-1)=2$ (3)

或 $f(n)+f(n-1)=2$. (4)

在(1)式中取 $n=1$,则可得 $4f(1)=[f(1)]^2+3\Rightarrow[f(1)-1][f(1)-3]=0$

得 $f(1)=1$ 或 $f(1)=3$.

①当 $f(1)=1$ 时,由(3)式可知,$\{f(n)\}$为一个以 2 为公差的等差数列且首项为 1,

所以 $f(n)=1+2(n-1)=2n-1$.

②当 $f(1)=1$ 时,由(4)式可知:

$f(2)=2-f(1)=2-1=1$,

$f(3)=2-f(2)=1$,

……

用数学归纳法可证明对所有的 $n\in\mathbf{N}$,$f(n)=1$.

③当 $f(1)=3$,由(3)式可知,$\{f(n)\}$为一个以 2 为公差,首项为 3 的等差数列,$f(n)=3+2(n-1)=2n+1$.

④当 $f(1)=3$,由(4)式可知

$f(2)=2-f(1)=-1=2\cdot(-1)^3+1$

$f(3)=2-f(2)=2-(-1)=3=2\cdot(-1)^4+1$

$f(4)=2-f(3)=-1=2\cdot(-1)^5+1$

$\vdots$

$f(n)=2\cdot(-1)^{n+1}+1$

(此可由数学归纳法证明)

例 12 C 【解析】原方程即为$\dfrac{\left(\dfrac{x^3+x}{3}\right)^3+\dfrac{x^3+x}{3}}{3}=x$,记 $f(x)=\dfrac{x^3+x}{3}$,则原方程等价于$f(f(x))=x$.

我们熟知,方程 $f(x)=x$ 的解称为 $f(x)$的不动点,方程 $f(f(x))=x$ 的解称为函数$f(x)$的稳定点,下面证明:增函数 $f(x)$的稳定点等同于其不动点.

任取函数 $f(x)$的不动点 x_0,则 $f(x_0)=x_0$,所以 $f[f(x_0)]=x_0$,即 x_0 是函数 $f(x)$的稳定点;反之,如果假设函数 $f(x)$存在稳定点 x_0,即 $f[f(x_0)]=x_0$,但 x_0 不是函数 $f(x)$的不动点,即 $f(x_0)\neq 0$;

如果 $f(x_0)>x_0$,则 $f[f(x_0)]>f(x_0)>x_0$,矛盾;

如果 $f(x_0)<x_0$,则 $f[f(x_0)]<f(x_0)<x_0$,矛盾.

故增函数 $f(x)$的稳定点等同于其不动点(减函数也有此结论).

所以,方程$\left(\dfrac{x^3+x}{3}\right)^3+\dfrac{x^3+x}{3}=3x$ 与$\dfrac{x^3+x}{3}=x$ 同解,解得 $x=0$,或 $x=-\sqrt{2}$,或$x=\sqrt{2}$,从而 3 个实根的平方和为 4. 故选 C.

本题以单调函数稳定点与不动点关系立意,考查学生数学素养与积淀. 试题背景是早些年上海交通大学等高校冬令营的试题.

例 13 D 【解析】由 $a^x=x$,知 $x>0$. 故 $x\cdot\ln a-\ln x=0$,即 $\ln a=\dfrac{\ln x}{x}$.

令 $g(x)=\dfrac{\ln x}{x}(x>0)$,则 $g'(x)=\dfrac{1-\ln x}{x^2}$.

当 $x\in(0,\mathrm{e})$时，$g'(x)>0$；当 $x\in(\mathrm{e},+\infty)$时，$g'(x)<0$.

所以 $g(x)$在$(0,\mathrm{e})$上递增，在$(\mathrm{e},+\infty)$上递减.

从而 $0<\ln a<f\left(\frac{1}{\mathrm{e}}\right)=\frac{1}{\mathrm{e}}$，即 $1<a<\mathrm{e}^{\frac{1}{\mathrm{e}}}$. 故选 D.

例 14 【解析】设 $g(x)=\sqrt{x+5}$，那么 $g^{(-1)}(x)=x^2-5$（定义域为 $x>-5$），

则 $f(x)=\sqrt{\sqrt{\sqrt{\sqrt{x+5}+5}+5}+5}=g^{(4)}(x)$，$f^{-1}(x)=\left\{\left[(x^2-5)^2-5\right]^2-5\right\}^2-5=g^{(-4)}(x)$.

若 $x>g(x)$，由 $g(x)=\sqrt{x+5}$单调递增，知 $g(x)>g^{(2)}(x)$，依此类推，有 $g(x)>g^{(4)}(x)$.

而又由 $g^{(-1)}(x)=x^2-5$ 单调递增，故 $x>g(x)\Leftrightarrow g^{(-1)}(x)>x$，同理，有

$g^{(-4)}(x)>g^{(-3)}(x)>\cdots>x$，

于是 $g^{(-4)}(x)>g^{(4)}(x)$，矛盾；

若 $x<g(x)$，则 $x<g(x)<g^{(2)}(x)<\cdots<g^{(4)}(x)$；

$g^{(-1)}(x)<x$，$g^{(-4)}(x)<g^{(-3)}(x)<\cdots<x$，于是 $g^{(-4)}(x)<g^{(4)}(x)$，矛盾.

故仅当 $x=g(x)$时有解，即 $x=\sqrt{x+5}$，解得 $x=\frac{1\pm\sqrt{21}}{2}$.

函数迭代与不动点问题，常规的解法是与不动点进行比较.

例 15 【解析】当 $f(x)$为常函数时，可设 $f(x)=r$，则有 $r=r^2$，而由 $r>0$，有 $f(x)=1$.

下面考虑 $f(x)$不为常函数的情况，即 $f(x)$不恒等于 1，那么存在 $u>0$，有 $f(u)\neq 1$.

先证明：$f(x)$是单射.

假设 $f(x)$不是单射，则存在 $a>b>0$，使得 $f(a)=f(b)$，于是有

$f(x+a)=f(a)f\left[xf(a)\right]=f(b)f\left[xf(b)\right]=f(x+b)$

对 $\forall x>0$ 均成立，所以 $f(x)$是以 $a-b$ 为周期的函数.

选取整数 k，使得$\frac{u+k(a-b)}{f(u)-1}>0$，这是可以办到的.

若 $f(u)>1$，可取 $k=0$；若 $f(u)<1$，可取整数 $k<-\frac{u}{a-b}$.

在 $f(x+y)=f(y)f\left[xf(y)\right]$中取 $x=\frac{u+k(a-b)}{f(u)-1}$，$y=u$，那么由

$xf(y)-(x+y)=\frac{\left[u+k(a-b)\right]f(u)}{f(u)-1}-\frac{u+k(a-b)}{f(u)-1}-u=k(a-b)$.

可知 $f\left[xf(y)\right]=f(x+y)$，从而 $f(u)=1$，这与 $f(u)\neq 1$ 矛盾.

故假设不成立，$f(x)$是单射. 记 $f(1)=m>0$.

在 $f(x+y)=f(y)f\left[xf(y)\right]$式中用$\frac{x}{m}$，1 代替 x，y，

可得 $f\left(\frac{x}{m}+1\right)=mf(x)(\forall x>0)$ ①

在 $f(x+y)=f(y)f\left[xf(y)\right]$中用$\frac{1}{f(x)}$，$x$ 代替 x，y，

可得 $f\left(\frac{1}{f(x)}+x\right)=f(x)\cdot f(1)=mf(x)(\forall x>0)$ ②

由①②式可得 $f\left(\frac{x}{m}+1\right)=f\left(\frac{1}{f(x)}+x\right)$，再由 $f(x)$ 是单射，可知：

$\frac{x}{m}+1=\frac{1}{f(x)}+x(\forall x>0)$，即 $f(x)=\frac{1}{1+\left(\frac{1}{m}-1\right)x}$.

令 $C=\frac{1}{m}-1$，当 $C<0$ 时，取 $x>\frac{1}{|C|}$，则 $1+Cx=1-|C|\cdot x<0$，此时，$f(x)<0$，所以 $C\geqslant 0$；而 $C=0$ 时，$f(x)$ 恒等于 1；当 $C>0$ 时，$f(x)=\frac{1}{1+Cx}$，代入 $f(x+y)=f(y)f[xf(y)]$ 检验知符合题意.

故 $f(x)=\frac{1}{1+Cx}$（C 为常数，且 $C\geqslant 0$）.

例 16 【解析】不一定存在符合题设条件的实常数 c.

令 $f(x)=\sin x, g(x)=x(x\in\mathbf{R})$，则

$f^2(x)-f^2(y)=\sin^2 x(1-\sin^2 y)-\sin^2 y(1-\sin^2 x)$

$=\sin^2 x\cos^2 y-\cos^2 x\sin^2 y$

$=(\sin x\cos y+\cos x\sin y)(\sin x\cos y-\cos x\sin y)$

$=\sin(x+y)\sin(x-y)$

$=f(x+y)f(x-y)$

显然 $g^2(x)-g^2(y)=g(x+y)g(x-y)$，但不存在常数 c，使得 $f(x)=cg(x)(x\in\mathbf{R})$.

§3.6　二元函数方程

例 1 【解析】因为 $f(x+y)=f(x)+f(y)$；　　(1)

由数学归纳法易知，对任意的实数 $x_1,x_2,\cdots,x_n$ 有

$f(x_1+x_2+\cdots+x_n)=f(x_1)+f(x_2)+\cdots+f(x_n)$

特别当 $x_1=x_2=\cdots=x_n=x$ 时，$f(nx)=nf(x)$.　　(2)

取 $x=1$，可得 $f(n)=nf(1)$

在(1)式中取 $x=y=0\Rightarrow f(0)=f(0)+f(0)\Rightarrow f(0)=0=0\cdot f(1)$

因此，在(1)式中取 $x=1,y=-1$，

可得 $f(0)=f(1)+f(-1)=0\Rightarrow f(-1)=-f(1)$

在(2)式中取 $x=-1$，则可得 $f(-n)=nf(-1)=-nf(1)$

所以对任意的整数 $m\in\mathbf{Z}$，$f(m)=mf(1)$.

在(2)式中取 $x=\frac{m}{n}$（m,n 为正整数），有 $f\left(n\cdot\frac{m}{n}\right)=nf\left(\frac{m}{n}\right)$.

但 $f(m)=mf(1)\Rightarrow nf\left(\frac{m}{n}\right)=mf(1)\Rightarrow f\left(\frac{m}{n}\right)=\frac{m}{n}f(1)$.

在于(1)式中取 $x=\frac{m}{n},y=-\frac{m}{n}$，

则可得 $0=f(0)=f\left(\frac{m}{n}-\frac{m}{n}\right)=f\left(\frac{m}{n}\right)+f\left(-\frac{m}{n}\right)$，

$\Rightarrow f\left(-\frac{m}{n}\right)=-f\left(\frac{m}{n}\right)=-\frac{m}{n}f(1)$；

所以对任意的有理数 r，$f(r)=rf(1)$.

因为有理数是实数的稠密子集，且 f 为连续函数，

所以 $f(x)=xf(1)\quad \forall x\in\mathbf{R}$ (3)

故 $f(x)=xf(1)\quad \forall x\in\mathbf{R}$ 是(1)在整个实数域上唯一的解.

本题若改为：若函数 $f(x)$ 在某一充分小的区间 (a,b) 内为有界，满足 $f(x+y)=f(x)+f(y)$，求 $f(x)$. 则可得到下述解法：

在例 1 中，我们已证明在给定 $f(1)=c$ 的条件下，$f(r)=cr\quad \forall r\in\mathbf{Q}$.

令 $g(x)=f(x)-cx\quad \forall x\in\mathbf{R}$，则当 $x=r\in\mathbf{Q}$ 时，

$g(r)=f(r)-cr=cr-cr=0$. (A)

且对任意的实数 x,y，

$g(x+y)=f(x+y)-c(x+y)=f(x)+f(y)-cx-cy=g(x)+g(y)$

所以 $g(x)$ 也满足方程式 $f(x+y)=f(x)+f(y)$.

对任意的实数 x，取 $r\in(x-b,x-a)\cap\mathbf{Q}$，则 $x-b<r<x-a$.

令 $x_1=x-r$，则 $a<x_1<b(x_1\in(a,b))$，

$g(x)=g(x_1+r)=g(x_1)+g(r)=g(x_1)$

此即是说，对任意的 $x\in\mathbf{R}$，存在 $x_1\in(a,b)$，使得 $g(x)=g(x_1)$ (*)

由假设条件知，$f(x)=cx$ 在 (a,b) 内有界，$\Rightarrow g(x)=f(x)-cx$ 在 (a,b) 内有界，

所以由(*)知，g 在整个实数上都有界. 又由(A)知 $g(r)=0\quad \forall r\in\mathbf{Q}$

若存在一个无理数 x_0，使得 $g(x_0)=d\neq 0$，

则 $\lim\limits_{n\to\infty}|g(nx_0)|=\lim\limits_{n\to\infty}[n|g(x_0)|]=\lim\limits_{n\to\infty}[n|d|]=\infty$，矛盾.

所以 $g(x)\equiv 0\quad \forall x\in\mathbf{R}$. 因此，$f(x)=cx\quad \forall x\in\mathbf{R}$.

若将本题继续改为：设 $f(x)$ 在某个足够小的区间 (a,b) 内是单调函数，满足 $f(x+y)=f(x)+f(y)$，求 $f(x)$. 则在上述解法基础上，得：

任取 $a_1,b_1\in(a,b)$，使得 $a<a_1<b_1<b$. 因为 $f(x)$ 为单调函数，所以 $|f(x)|\leqslant|f(a_1)|+|f(b_1)|$，$\forall x\in(a_1,b_1)$，所以 $f(x)$ 在 (a_1,b_1) 内有界. 因此由上题的结论可知 $f(x)=cx$.

例 2 【证明】(1)在(b)中令 $x=y=1$，得 $f(1)=f^2(1)$，由于 $f(1)\neq 0$，从而 $f(1)=1$.

再在(a)中令 $x=y=1$，得 $f(2)=2$. 再令 $x=1,y=2$，得 $f(3)=3$，……

由数学归纳法，易得 $f(n)=n$.

对任意有理数 a，则存在 $(p,q)=1$，使得 $a=\dfrac{q}{p}$.

在(b)中令 $x=p,y=\dfrac{1}{p}$，则得 $f(1)=f(p)\cdot f\left(\dfrac{1}{p}\right)$，所以 $f\left(\dfrac{1}{p}\right)=\dfrac{f(1)}{f(p)}=\dfrac{1}{p}$.

再令 $x=q,y=\dfrac{1}{p}$，从而得 $f\left(\dfrac{q}{p}\right)=f(q)\cdot f\left(\dfrac{1}{p}\right)=\dfrac{q}{p}$. 即 $f(a)=a$，即当 x 为有理数时，$f(x)=x$.

(2)设 $x_1>x_2$，由(a)知 $f(x_1)=f(x_1)+f(x_1-x_2)$，因为 $x_1-x_2>0$，令 $t=\sqrt{x_1-x_2}$，在(b)中令 $x=y=t$，则 $f(x_1-x_2)=f^2(t)>0$，故 $f(x)$ 在实数上单调递增.

下面我们来讨论自变量为无理数的情形：

设 $x=\xi$（ξ 为无理数）. 设 ξ 的精确到小数点后第 i 位的不足近似值和过剩近似值分别为 α_i 和 β_i. 根据 $f(x)$ 的单调性，有 $f(\alpha_i)<f(\xi)<f(\beta_i)$.

由于 α_i，β_i 都是有理数，从而有 $\alpha_i<f(\xi)<\beta_i$.

所以 $\lim\limits_{i\to\infty}\alpha_i\leqslant f(\xi)\leqslant\lim\limits_{i\to\infty}\beta_i$，又因为 $\lim\limits_{i\to\infty}\alpha_i=\lim\limits_{i\to\infty}\beta_i=x$，从而得 $x\leqslant f(\xi)\leqslant x$.

即 $f(x)=x$.

综上可知，当 x 为实数时，$f(x)=x$.

例 3 【解析】由数学归纳法易知 $f(x_1+x_2+\cdots+x_n)=f(x_1)\cdot f(x_2)\cdot\cdots\cdot f(x_n)$

特别地，取 $x_1=x_2=\cdots=x_n=x$，则可得 $f(nx)=[f(x)]^n$ (2)

在上式中取 $x=1$，可得 $f(n)=[f(1)]^n$.

在 $f(x+y)=f(x)f(y)$ 中令 $y=0$，可得

$f(x+0)=f(x)=f(x)f(0)\Rightarrow f(x)[f(0)-1]=0$.

因为我们假设 $f(x)$ 不恒为 0，所以 $f(0)=1$.

在(2)式中，取 $x=\dfrac{1}{m}$，则可得（m 为正整数）

$$f\left(\frac{n}{m}\right)=\left[f\left(\frac{1}{m}\right)\right]^n=\left\{\left[f\left(\frac{1}{m}\right)\right]^m\right\}^{\frac{n}{m}}=\left[f\left(\frac{m}{m}\right)\right]^{\frac{n}{m}}=[f(1)]^{\frac{n}{m}}.$$

在(1)式中，取 $x=\dfrac{n}{m}$，$y=-\dfrac{n}{m}$，则可得

$$1=f(0)=f\left(\frac{n}{m}\right)f\left(\frac{-n}{m}\right)\Rightarrow f\left(-\frac{n}{m}\right)=[f(1)]^{-\frac{n}{m}}$$

所以，对任意的有理数 r，$f(r)=[f(1)]^r$.

又因有理数是实数的稠密子集，且 $f(x)$ 在 $\mathbf{R}$ 上连续，

所以 $f(x)=[f(1)]^x$，$\forall x\in\mathbf{R}$.

若 $f(1)=a$，则 $f(x)=a^x$，$\forall x\in\mathbf{R}$.

例 4 【解析】由数学归纳法易知，对所有的正实数 $x_1,\cdots,x_n$；

$f(x_1x_2\cdots x_n)=f(x_1)+f(x_2)+\cdots+f(x_n)$

特别地，取 $x_1=x_2=\cdots=x_n=x$ 时，可知 $f(x^n)=nf(x)$

在上式中，取 $x=1$，$n=2$，可得 $f(1)=2f(1)\Rightarrow f(1)=0$

由上式也可知，$f(x)=\left[f(x^{\frac{1}{m}})^m\right]=mf(x^{\frac{1}{m}})\Rightarrow f(x^{\frac{1}{m}})=\dfrac{1}{m}f(x)$

$$\Rightarrow f(x^{\frac{n}{m}})=f\left[(x^{\frac{1}{m}})^n\right]=nf(x^{\frac{1}{m}})=\frac{n}{m}f(x)$$

所以，由 $f(xy)=f(x)+f(y)$ 式可知 $0=f(1)=f(x^{-\frac{n}{m}}x^{\frac{n}{m}})=f(x^{-\frac{n}{m}})+f(x^{\frac{n}{m}})$

$$\Rightarrow f(x^{-\frac{n}{m}})=-f(x^{\frac{n}{m}})=-\frac{n}{m}f(x).$$

因此我们证明了，对于任意的 $r\in\mathbf{Q}$，$f(x^r)=rf(x)$.

因为 f 在正实数上连续且有理数与 $\mathbf{R}^+$ 的交集为 $\mathbf{R}^+$ 上的稠密子集，

所以对任意给定的 $x\in\mathbf{R}^{+}$，$f(x^{\alpha})=\alpha f(x)\quad\forall\alpha\in\mathbf{R}$. （$*$）

取定 $a>1$，对任意的 $x\in\mathbf{R}^{+}$，存在 $\beta\in\mathbf{R}$，使得 $a^{\beta}=x$；$\Rightarrow\beta=\log_a x$.

将此代入（$*$），则可得 $f(x)=f(a^{\beta})=\beta f(a)=f(a)\cdot\log_a x$.

令 $b=a^{\frac{1}{f(a)}}$，则 $\dfrac{1}{f(a)}=\log_a b\Rightarrow\dfrac{1}{\log_a b}=f(a)$.

所以 $f(x)=f(a)\cdot\log_a x=\dfrac{\log_a x}{\log_a b}=\log_b x$

这是函数方程（$*$）在整个正实数上连续时，唯一的解.

例 5 【解析】任取 $b>1$，对任意的 $x,y\in\mathbf{R}^{+}$，存在 $u,v\in\mathbf{R}$ 使得 $x=b^{u}$，$y=b^{v}$（可取 $u=\log_b x$，$v=\log_b y$）

将此代入 $f(xy)=f(x)f(y)$ 可得 $f(b^{u}b^{v})=f(b^{u})f(b^{v})$.

$g(x)=f(b^{x})\quad\forall x\in\mathbf{R}$，则 $g(u+v)=f(b^{u+v})=f(b^{u}b^{v})=f(b^{u})f(b^{v})=g(u)g(v)$ （$*$）

因为 f 在 $\mathbf{R}^{+}$ 上连续 $\Rightarrow g$ 在 $\mathbf{R}$ 上连续.

故由例 3 可知，（$*$）式有唯一的解 $g(u)=c^{u}$（c 是一个唯一固定的常数），$\forall u\in\mathbf{R}$.

从而，得 $f(x)=f(b^{u})=g(u)=c^{u}=c^{\log_b x}=x^{\log_b c}$.

$\left(\begin{array}{l}\log_b c^{\log_b x}=(\log_b x)(\log_b c)=\log_b x^{\log_b c}\\ \Rightarrow c^{\log_b x}=x^{\log_b c}\text{（因为 }\log_b y\text{ 是一对一函数）}\end{array}\right)$

故 $f(x)=x^{\log_b c}$，令 $a=\log_b c$，则 $f(x)=x^{a}$.

在例 5 中，如果不要求 $f(x)$ 为连续函数，则解未必是唯一的. 例如函 $f(x)=\begin{cases}1, & x>0,\\ 0, & x=0,\\ -1, & x<0\end{cases}$ 不难看出它也是 $f(xy)=f(x)f(y)$ 的解.

例 6 $\dfrac{4}{3}$ 【解析】首先在 $f(x+y)=f(x)+f(y)+6xy$ 中令 $x=y=0$，得 $f(0)=f(0)+f(0)+0$，从而得 $f(0)=0$.

令 $x=-1$，$y=1$，得 $f(0)=f(1)+f(-1)+(-6)$，$f(1)+f(-1)=6$.

又 $f(-1)\cdot f(1)\geqslant 9$，所以 $[6-f(1)]\cdot f(1)\geqslant 9$，即

$f^{2}(1)-6f(1)+9\leqslant 0$，$[f(1)-3]^{2}\leqslant 0$，所以 $f(1)=3$.

由于 $(x+y)^{2}-x^{2}-y^{2}=2xy$，从而 $f(x+y)=f(x)+f(y)+6xy$ 变形为

$f(x+y)-3(x+y)^{2}=[f(x)-3x^{2}]+[f(y)-3y^{2}]$.

令 $g(x)=f(x)-3x^{2}$，

从而上式变形为 $g(x+y)=g(x)+g(y)$，且 $g(1)=f(1)-3=0$.

由例 1（柯西方程），知 $g(x)=g(1)x$，从而 $f(x)=3x^{2}$.

所以 $f\left(\dfrac{2}{3}\right)=3\cdot\left(\dfrac{2}{3}\right)^{2}=\dfrac{4}{3}$.

例 7 【解析】设 $f(0)=a$，在（1）式中取 $y=0$，得

$2f\left(\dfrac{x}{2}\right)=2f\left(\dfrac{x+0}{2}\right)=f(x)+f(0)=f(x)+a\Rightarrow f\left(\dfrac{x}{2}\right)=\dfrac{1}{2}[f(x)+a]$.

因此，$\frac{1}{2}[f(x)+f(y)]=f\left(\frac{x+y}{2}\right)=\frac{1}{2}[f(x+y)+a]$

$\Rightarrow f(x)+f(y)=f(x+y)+a\Rightarrow f(x+y)-a=[f(x)-a]+[f(y)-a]$.

令 $g(x)=f(x)-a$；由上式可知 $g(x+y)=g(x)+g(y)$.

因为 f 在整个实数上都是连续的，所以 $g(x)$ 在整个实数上也是连续的.

因此，由例 1(柯西方程)可知，$g(x)=cx$.

$\Rightarrow f(x)=g(x)+a=cx+a$.[其中 $a=f(0)$，$c=g(1)=f(1)-a$].

例 8 【解析】因为 $f(x+y)=\frac{f(x)f(y)}{f(x)+f(y)}$ 中分母不能为 0，所以对每一个 $x\neq 0$，$f(x)\neq 0$，

对 $f(x+y)=\frac{f(x)f(y)}{f(x)+f(y)}$ 式两端取倒数，则可得 $\frac{1}{f(x+y)}=\frac{1}{f(x)}+\frac{1}{f(y)}$.

令 $g(x)=\frac{1}{f(x)}$，则 $f(x+y)=\frac{f(x)f(y)}{f(x)+f(y)}$ 式变为 $g(x+y)=g(x)+g(y)$ (＊)

因为 $f(x)$ 在除了 0 以外的实数上均连续，所以 $g(x)$ 在除了 $x=0$ 以外的实数上连续.

因此，(＊)有唯一的连续解 $g(x)=cx$

$\Rightarrow f(x)=\frac{1}{g(x)}=\frac{1}{cx}=\frac{a}{x}$，其中 $a=\frac{1}{c}=\frac{1}{g(1)}=f(1)$.

此外，在解二元函数方程式时，有时也需用到微积分法求解，此时通常会有极限或微分的已知条件.

习题三

1. C 【解析】由方程 $x^4+ax^3+bx^2-3x-2=0$ 的两个实根 $x_1=2$，$x_2=-1$，从而可令 $x^4+ax^3+bx^2-3x-2=(x-2)(x+1)(x^2+px+1)$，展开，结合对应的系数相等，得 $p=1$. 由 $x^2+x+1=0$ 的判别式 $\Delta<0$，知方程的另外两个根为共轭复根. 故选 C.

2. D 【解析】因为若 $f(x)$ 是 **R** 上周期为 5 的奇函数，所以 $f(2020)-f(2018)=f(5\times 404+0)+f(5\times 404-2)=f(0)+f(2)=0+f(7)=0+9=9$，从而选 D.

3. BC 【解析】由于 $f(1)=f(2)=0$，所以选项 A 错误；
又 $f(x+1)=x+1-[x+1]=x-[x]=f(x)$，所以选项 B 正确；
根据 $[x]$ 的定义不难得到出选项 C 正确；
又 $f(1.2)=1.2-1=0.2$，$f(-1.2)=-1.2-(-2)=0.8$，
所以 $f(1.2)\neq f(-1.2)$，从而选项 D 不正确.

4. ABD 【解析】如图所示：

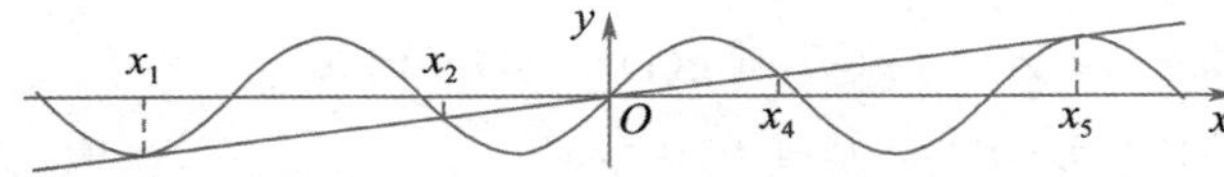

根据对称性，易知选项 D 正确. 由于直线 $y=kx$ 与 $y=\sin x$ 在 x_5 处相切，从而有 $kx_5=\sin x_5$，且 $k=\cos x_5$，从而得 $x_5=\tan x_5$，于是选项 A 正确. 显然 $x_5\in\left(2\pi,\frac{5}{2}\pi\right)$. 考虑函数 $f(x)=x-\tan x$，$x\in\left(2\pi,\frac{5}{2}\pi\right)$，由选项 A 知 $f(x_5)=0$.

因为 $f'(x)=1-\frac{1}{\cos^2 x}<0, x\in\left(2\pi,\frac{5}{2}\pi\right)$，所以 $f(x)$ 在 $\left(2\pi,\frac{5}{2}\pi\right)$ 上单调递减，进而可知函数 $f(x)$ 在 $\left(2\pi,\frac{5}{2}\pi\right)$ 上有唯一的零点 x_5.

由于 $\tan\frac{29}{12}\pi=\tan\frac{5}{12}\pi=2+\sqrt{3}<\frac{29\pi}{12}$，故 $f\left(\frac{29\pi}{12}\right)>0$，同时 $\lim\limits_{x\to\frac{5}{2}\pi}f(x)=-\infty$，

因此 $x_0\in\left(\frac{29\pi}{12},\frac{5\pi}{2}\right)$，选项 B 正确.

而选项 C，若 x_2,x_4,x_5 成等差数列，则 $x_5=3x_4$，由题意，正实数 x_4 满足方程组 $\begin{cases}kx=\sin x,\\ k\cdot 3x=\sin 3x.\end{cases}$ 但事实上，第二个方程，即 $3kx=3\sin x-4\sin^3 x$，将第一个方程代入，可知原方程组无非零实数解，矛盾. 故选项 C 不正确.

5. CD 【解析】因为 $\lg x=\lg a^{\lg b}=\lg b\cdot\lg a$，$\lg y=\lg b^{\lg a}=\lg a\cdot\lg b$，所以 $\lg x=\lg y$，从而对任意符合条件的实数 a,b 都有 $x=y$，所以选项 A 不正确，选项 C 正确. 又若 $x=z$，即 $a^{\lg b}=a^{\lg a}$，从而 $\lg a=\lg b$，所以 $b=a$，所以选项 B 不正确；

当 a,b 都属于区间 $(1,+\infty)$ 或者都属于区间 $(0,1)$ 时，x,y,z,w 都大于 1，当 a,b 分属于区间 $(1,+\infty)$ 和 $(0,1)$ 时，不妨设 $a\in(1,+\infty)$，$b\in(0,1)$. 则 $x,y\in(0,1)$，$z,w\in(1,+\infty)$，所以选项 D 正确.

6. B 【解析】由 $f[f(x)]+1=0$，得 $f[f(x)]=-1$，由 $f\left(-\frac{1}{2}\right)=f\left(\frac{1}{3}\right)=-1$，

得 $f(x)=-\frac{1}{2}$，或 $f(x)=\frac{1}{3}$.

若 $f(x)=-\frac{1}{2}$，得 $x=-\frac{1}{4}$，或 $x=\frac{\sqrt{3}}{3}$.

若 $f(x)=\frac{1}{3}$，得 $x=\frac{1}{6}$（舍），或 $x=\sqrt[3]{3}$.

综上可得函数 $y=f[f(x)]+1$ 的零点个数为 3，从而选 B.

7. B 【解析】由于 $f(a+b)=f(a)+f(b)$ 根据柯西方程，有 $f(x)=f(1)\cdot x$，在 $f(ab)=f(a)\cdot f(b)$ 中令 $a=b=1$，得 $f(1)=f^2(1)$，从而 $f(1)=0$，或 $f(1)=1$. 所以 $f(x)=0$，或 $f(x)=x$. 显然满足上述两条的函数只有 $f(x)=0$ 与 $f(x)=x$，从而选 B.

8. A 【解析】由于函数 $f(x)$ 关于 $x=0$ 与 $x=3$ 对称，从而知 $T=6$ 为函数 $f(x)$ 的一个周期，从而 $f\left(\frac{2019}{2}\right)=f\left(168\times 6+\frac{3}{2}\right)=f\left(\frac{3}{2}\right)=f\left(-\frac{3}{2}\right)=e^{-\left(-\frac{3}{2}\right)}=e^{\frac{3}{2}}$. 故选 A.

9. BC 【解析】当 $\lambda=0$ 时，$M=\frac{1}{2}$，原不等式成立；

当 $\lambda>0$ 时，$x_1^2+x_2^2+\lambda x_1x_2\geqslant 0$，所以 M 取全体负数时均成立.

$$\lambda\geqslant[(M-1)(x_1^2+x_2^2)+2Mx_1x_2]\frac{1}{x_1x_2}\geqslant(M-1)\frac{x_1^2+x_2^2}{x_1x_2}+2M \qquad (*)$$

要使上式对 $\forall x_1,x_2\in[0,+\infty)$ 均成立，则 $\lambda>\left[(M-1)\frac{x_1^2+x_2^2}{x_1x_2}+2M\right]_{\max}$.

因为 $\frac{x_1^2+x_2^2}{x_1x_2}\geqslant 2$，令

若 $M\leqslant 1$,则 $\lambda\geqslant 2(M-1)+2M=4M-2$,所以 $\lambda\geqslant 2$.

若 $\lambda\geqslant 2$,则 $2\geqslant (M-1)t+2M$,即 $(M-1)(t+2)\leqslant 0$,所以 $M\leqslant 1$.

若 $\lambda=-6$,则 $-6\geqslant (M-1)T+2M$,令 $M=-3$,则 $-4t\leqslant 0$,符合条件.

故选 BC.

10. A 【解析】当 x 从 0 的正方向趋近于 0 时,$f(x)<0$,从而排除选项 B;又 $x\to+\infty$时,$f(x)\to 0$,且 $f(x)>0$,从而选 A.

11. B 【解析】具有性质 P 的函数的特点是:存在一条直线与函数图象的三个交点,且其中一个是另外两个交点的中点. 画图可知①、③、④都是具有三个交点,②是不具有性质 P 的函数.

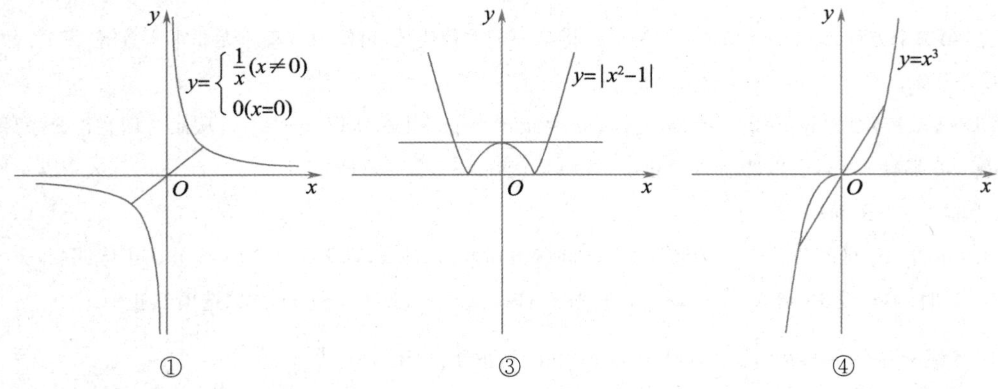

12. ABD 【解析】可证明 $f_n(x+2\pi)=f_n(x)(n\in\mathbf{N}^*)$,所以①正确;可证 $f_n(x)(n\in\mathbf{N}^*)$是偶函数,所以②正确;可以验证:当 n 为偶数时,③正确,当 n 为奇数时,③不正确,从而③不正确. 可用数学归纳法证得 $|\sin nx|\leqslant n|\sin x|$,进而得④正确.

13. $\ln\left(-\dfrac{1}{x}\right)$ 【解析】不妨设 $y=f(x)$图象上的任一点 $A(x_0,y_0)$,则点 A 关于直线 $y=-x$的对称点 $A'(-y_0,-x_0)$,且 A'点在函数 $y=e^x$ 的图象上,从而 $-x_0=e^{-y_0}$,解得 $y_0=-\ln(-x_0)=\ln\left(-\dfrac{1}{x_0}\right)$. 由点 A 的任意性,一定能找出一个与点 A 不同的点 B 也满足上式. 由两点确定一条直线,知 $f(x)=\ln\left(-\dfrac{1}{x}\right)$.

14. 60 【解析】函数 $y=2(5-x)\sin\pi x-1(0\leqslant x\leqslant 10)$的零点即为方程 $2(5-x)\sin\pi x-1=0$ 在$[0,10]$上的解,即函数 $y=2\sin\pi x$ 与函数 $y=\dfrac{1}{5-x}$的图象在$[0,10]$上的交点的横坐标. 因为函数 $y=2\sin\pi x$ 的图象与函数 $y=\dfrac{1}{5-x}$的图象均关于点$(5,0)$对称,且在区间$[0,10]$上共 12 个交点(6 组对称点),每组对称点的坐标之和为 10,即这 12 个点的横坐标之和为 60,所以函数 $y=2(5-x)\sin\pi x-1(0\leqslant x\leqslant 10)$所有零点之和为 60.

15. $\dfrac{7}{10}$ 【解析】令 $x=\dfrac{a}{b}$,则 $x>0$,题目转化为求函数 $f(x)=\dfrac{6x}{x^2+36}+\dfrac{x}{x^2+1}$在区间$(0,+\infty)$上的最大值.

由于 $f(x)=\dfrac{7x^3+42x}{x^4+37x^2+36}=\dfrac{7\left(x+\dfrac{6}{x}\right)}{x^2+\dfrac{36}{x^2}+37}=\dfrac{7t}{t^2+25}=\dfrac{7}{t+\dfrac{25}{t}}\leqslant\dfrac{7}{10}$,其中 $t=x+\dfrac{6}{x}\geqslant 2\sqrt{6}$,注意到 $2\sqrt{6}<5$,

故最大值$\frac{7}{10}$可以取到.

当$x+\frac{6}{x}=5$,解得$x=2$,或$x=3$,即$\frac{a}{b}=2$或$\frac{a}{b}=3$时取到最大值.

16. $\{0,1,\log_3 2\}$ 【解析】由于$x+1\neq x$,故$x+1=y$,由$\log_3(x+2)\neq 1$,知$x\neq 1$;又因为$x+1>0$,所以$3^{x+1}>e^{x+1}>x+2$,即$\log_3(x+2)<x+1$,故只能是$y=x+1=1$.

这样,$A=\{0,1\}$,$B=\{1,\log_3 2\}$,从而$A\cup B=\{0,1,\log_3 2\}$.

17.【解析】由$f(x)+f(-x)=0$,可得$\log_2(ax+\sqrt{2x^2+1})+\log_2(-ax+\sqrt{2x^2+1})=0$,即$(ax+\sqrt{2x^2+1})(-ax+\sqrt{2x^2+1})=1$,亦即$(2-a^2)x^2=0$,所以$a=\sqrt{2}$.

由于$g(x)=\sqrt{2}x+\sqrt{2x^2+1}$在$(0,+\infty)$上是增函数,所以$f(x)$在$(0,+\infty)$上是增函数,结合$f(x)$是奇函数,可知$f(x)$在**R**上是增函数,故为解不等式$f(x)>\frac{3}{2}$,只需找出方程$f(x)=\frac{3}{2}$的根,即$\sqrt{2}x+\sqrt{2x^2+1}=2\sqrt{2}$,移项,得$\sqrt{2x^2+1}=\sqrt{2}(2-x)$,平方解得$x=\frac{7}{8}$.

因此,不等式$f(x)>\frac{3}{2}$的解集是$\left(\frac{7}{8},+\infty\right)$.

18. 1 【解析】如图,令$t=g(x)=\frac{\ln x}{x}$,则$t'=g'(x)=\frac{1-\ln x}{x}$,所以$t$在$(1,e)$上关于$x$单调递增;在$(e,+\infty)$上关于$x$单调递减.

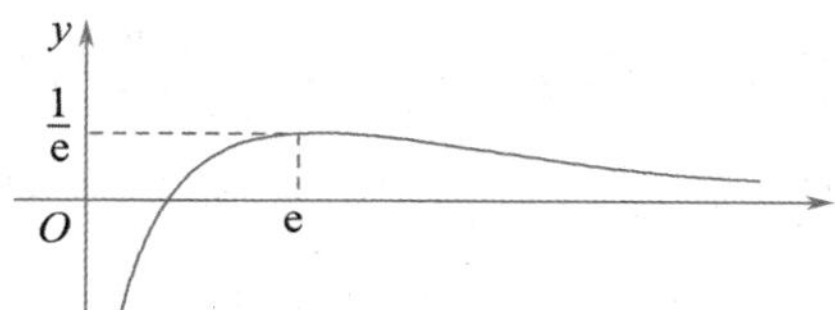

所求方程的解相当于求一元二次方程$t^2+(a-1)t+(1-a)=0$的解t_1,t_2(不妨设$t_1\leqslant t_2$),再求方程$t=t_i(i=1,2)$的解.由于原方程有三个解,所以$t_1<t_2\leqslant\frac{1}{e}$.

先考虑一元二次方程$t^2+(a-1)t+1-a=0$,由判别式$\Delta>0$解得$a>1$,或$a<-3$.由韦达定理,知$t_1+t_2=1-a$,$t_1\cdot t_2=1-a$.

当$a<-3$时,$t_1+t_2=1-a>4$与$t_1<t_2\leqslant\frac{1}{e}$矛盾,所以$a>1$,$t_1<0<t_2<\frac{1}{e}$.

于是$g(x_1)=t_1$,$g(x_2)=g(x_3)=t_2$.

从而$\left(1-\frac{\ln x_1}{x_1}\right)^2\left(1-\frac{\ln x_2}{x_2}\right)\left(1-\frac{\ln x_3}{x_3}\right)=(1-t_1)^2(1-t_2)(1-t_2)=[(1-t_1)(1-t_2)]^2$

$=[1-(t_1+t_2)+t_1t_2]^2=1$.

19.【解析】记$f(x)=\left(\frac{a}{c}\right)^x+\left(\frac{b}{c}\right)^x$.若$c$不为最大边,则由$f(k)=\left(\frac{a}{c}\right)^k+\left(\frac{b}{c}\right)^k=1$,得$\left(\frac{a}{c}\right)^k<1$,且$\left(\frac{b}{c}\right)^k<1$,而$\frac{a}{c}$,$\frac{b}{c}$至少有一个大于1,因此$k<0$,且$c$为最小边.

若c为最大边,则$\frac{a}{c}$,$\frac{b}{c}\in(0,1]$.当$\frac{a}{c}$与$\frac{b}{c}$至少有一个1时,$f(k)=\left(\frac{a}{c}\right)^k+\left(\frac{b}{c}\right)^k>1$,与$f(k)=1$

矛盾，故而$\frac{a}{c},\frac{b}{c}\in(0,1)$，所以 $f(x)$为单调递减函数. 又 $f(1)=\frac{a}{c}+\frac{b}{c}>1=f(k)$，于是 $k>1$.

综上，原命题得证.

20.【解析】易知 $f(1)=1,f\left(\frac{1}{3}\right)=\frac{1}{2}f(1)=\frac{1}{2},f\left(\frac{2}{3}\right)=1-f\left(\frac{1}{3}\right)=\frac{1}{2}=f\left(\frac{1}{3}\right)$.

从而由单调性可知，$f(x)=\frac{1}{2}$，当 $x\in\left[\frac{1}{3},\frac{2}{3}\right]$时，所以

$f\left(\frac{17}{2018}\right)=\frac{1}{2}f\left(\frac{51}{2018}\right)=\frac{1}{8}f\left(\frac{459}{2018}\right)=\frac{1}{16}f\left(\frac{1377}{2018}\right)=\frac{1}{16}\left(1-f\left(\frac{641}{2018}\right)\right)=\frac{1}{16}\left(1-\frac{1}{2}f\left(\frac{1923}{2018}\right)\right)=$

$\frac{1}{16}\left\{1-\frac{1}{2}\left[1-f\left(\frac{95}{2018}\right)\right]\right\}=\frac{1}{16}\left\{1-\frac{1}{2}\left[1-\frac{1}{4}f\left(\frac{855}{2018}\right)\right]\right\}$.

由$\frac{855}{2018}\in\left[\frac{1}{3},\frac{2}{3}\right]$，得 $f\left(\frac{17}{2018}\right)=\frac{1}{16}\left(1-\frac{1}{2}\left(1-\frac{1}{4}\times\frac{1}{2}\right)\right)=\frac{9}{256}$.

21.【解析】假设存在实数 a,b 满足 $f(a+b)\neq f(a)+f(b)$，

又有 $|f(a)|=|f(a+b)-f(b)|$，$|f(b)|=|f(a+b)-f(a)|$.

故只能有 $-f(a)=f(a+b)-f(b)$，$-f(b)=f(a+b)-f(a)$，结合两式，$f(a)=f(b)$，$f(a+b)=0$.

故我们有 $|f(b)-f(-a)|=|f(b+a)|=0\Rightarrow f(-a)=f(b)=f(a)$.

由于 $f(a+b)\neq f(a)+f(b)$，知 $f(a)\neq 0$.

我们有 $\left|f\left(\frac{a}{2}\right)\right|=\left|f(a)-f\left(\frac{a}{2}\right)\right|\Rightarrow f\left(\frac{a}{2}\right)=\frac{1}{2}f(a)$.

类似地，由于 $f(-a)\neq 0$，以及 $\left|f\left(-\frac{a}{2}\right)\right|=\left|f(-a)-f\left(-\frac{a}{2}\right)\right|\Rightarrow f\left(-\frac{a}{2}\right)=\frac{1}{2}f(-a)=\frac{1}{2}f(a)$.

故有 $|f(a)|=\left|f\left(\frac{a}{2}\right)-f\left(-\frac{a}{2}\right)\right|=0$，这与 $f(a)\neq 0$ 相矛盾，故原命题结论成立.

22.【解析】(1) $x^2+y^2=(x+y)^2-2xy=(2z-1)^2-2(4z^2-14z+14)$

$=4z^2-4z+1-8z^2+28z-28=-4z^2+24z-27$

因为 $(x+y)^2\geqslant 4xy$，所以 $(2z-1)^2\geqslant 4(4z^2-14z+14)$，

解得 $\frac{11}{6}\leqslant z\leqslant\frac{5}{2}$，从而 $\frac{32}{9}\leqslant x^2+y^2\leqslant 8$，所以 x^2+y^2 的取值范围是$\left[\frac{32}{9},8\right]$.

(2)因为 $x^2+4y^2\geqslant 4xy$，$y^2+z^2\geqslant 2yz$，

所以 $\frac{xy^2z}{(x^2+2xy+4y^2)(y^2+4yz+z^2)}\leqslant\frac{xy^2z}{6xy\cdot 6yz}=\frac{1}{36}$

当且仅当 $x=2y=2z$ 时等号成立. 从而所求最大值为$\frac{1}{36}$.

第四章　数　列

§4.1　数　列

例 1　D 【解析】因为 $0<a<1$，所以 $y=a^x$ 递减，所以 $a^1<a^a<a^0=1$，即 $0<x_1<a^{x_1}<1$，所以 $a^1<a^{x_2}<a^{x_3}<a^{x_1}<a^0=1$，即 $0<x_1<x_3<x_4<x_2<1$，

所以 $a^1<a^{x_2}<a^{x_4}<a^{x_5}<a^{x_1}<a^0$，即 $0<x_1<x_3<x_5<x_4<x_2<1,\cdots$，

$x_1<x_3<x_5<x_7<\cdots<x_8<x_6<x_4<x_2$. 故选 D.

例 2　ABCD　【解析】根据题意，有 $a_{n+2}a_{n+1}-a_{n+1}a_n=-7$，

从而 $a_{n+1}a_n-a_na_{n-1}=-7, a_na_{n-1}-a_{n-1}a_{n-2}=-7,\cdots,a_3a_2-a_2a_1=-7$.

累加，得 $a_na_{n+1}=a_2a_1-7(n-1)=ab-7(n-1)$.

取 $a=7,b=1,n=3$ 时，解得 $a_3=0$，此时，数列 $\{a_n\}$ 为递减数列；

取 $a=-7,b=-1,n=3$ 时，解得 $a_3=0$，此时，数列 $\{a_n\}$ 为递增数列.

从而选项 ABC 正确.

对于选项 D，取 $a=1,b=-1$，则 $a_na_{n+1}<0(n\in\mathbf{N}^*)$，因此数列 $\{a_n\}$ 中不存在为 0 的项，进而数列 $\{a_n\}$ 为无限数列，从而选项 D 也正确. 故选 ABCD.

事实上，如果数列 $\{a_n\}$ 有无穷多项，那么它一定会在某项之后正负交替，不可能产生单调数列.

例 3　C　【解析】当 $n\geqslant 2$ 时，$S_n=n^2a_n, S_{n-1}=(n-1)^2a_{n-1}$，从而 $a_n=n^2a_n-(n-1)^2a_{n-1}$，

即 $(n^2-1)a_n=(n-1)^2a_{n-1}$，从而可得 $\dfrac{a_n}{a_{n-1}}=\dfrac{n-1}{n+1}$. 于是，可得

$\dfrac{a_{n-1}}{a_{n-2}}=\dfrac{n-2}{n}, \dfrac{a_{n-2}}{a_{n-3}}=\dfrac{n-3}{n-1},\cdots,\dfrac{a_3}{a_2}=\dfrac{2}{4},\dfrac{a_2}{a_1}=\dfrac{1}{3}$.

累乘，得 $\dfrac{a_n}{a_1}==\dfrac{2}{n(n+1)}$，从而 $a_n=\dfrac{2a_1}{n(n+1)}=\dfrac{2\times 2019}{n(n+1)}$，从而 $a_{2018}=\dfrac{1}{1009}$.

故选 C.

例 4　$a_n=2^{n-1}$　【解析】由 $S_{n+1}a_{n+1}-S_{n+1}S_n=4a_n^2-S_n^2$，两边同时除以 S_{n+1}^2，得

$\dfrac{a_{n+1}}{S_{n+1}}-\dfrac{S_n}{S_{n+1}}=4\left(\dfrac{a_n}{S_{n+1}}\right)^2-\left(\dfrac{S_n}{S_{n+1}}\right)^2$，从而 $1-2\dfrac{S_n}{S_{n+1}}=4\left(\dfrac{a_n}{S_{n+1}}\right)^2-\left(\dfrac{S_n}{S_{n+1}}\right)^2$，

即 $\left(\dfrac{S_n}{S_{n+1}}-1\right)^2=\left(2\dfrac{a_n}{S_{n+1}}\right)^2$，从而 $\dfrac{S_n}{S_{n+1}}-1=2\dfrac{a_n}{S_{n+1}}$，或 $\dfrac{S_n}{S_{n+1}}-1=-2\dfrac{a_n}{S_{n+1}}$.

即 $-a_{n+1}=2a_n$，或 $a_{n+1}=2a_n$. 由于数列 $\{a_n\}$ 为正项数列，从而只能有 $a_{n+1}=2a_n$.

$\dfrac{a_{n+1}}{a_n}=2$，从而数列 $\{a_n\}$ 为首项为 $a_1=1$，公比 $q=2$ 的等比数列，从而 $a_n=2^{n-1}$.

例 5　【解析】由题设，可得 $a_{n+1}-a_n=(a_n-1)^2\geqslant 0(n\in\mathbf{N}^*)$　①

从而 $a_{n+1}\geqslant a_n(n\in\mathbf{N}^*)$，再由 $a_1=\dfrac{3}{2}$，可得 $a_n\geqslant\dfrac{3}{2}(n\in\mathbf{N}^*)$. 又由①，可得

$a_{n+1}-a_n=(a_n-1)^2>0(n\in\mathbf{N}^*)$，所以 $a_{n+1}>a_n(n\in\mathbf{N}^*)$，即 $\{a_n\}$ 为递增数列.

由 $a_1=\dfrac{3}{2}$，还可得 $a_2=\dfrac{7}{4}, a_3=\dfrac{37}{16}>2$，所以 $a_n>1, a_{2018}>2$.

由题设，可得 $a_{i+1}-1=a_i(a_i-1)(i\in\mathbf{N}^*)$，

$\dfrac{1}{a_{i+1}-1}=\dfrac{1}{a_i-1}-\dfrac{1}{a_i}(i\in\mathbf{N}^*)$，$\dfrac{1}{a_i}=\dfrac{1}{a_i-1}-\dfrac{1}{a_{i+1}-1}(i\in\mathbf{N}^*)$，

累加，可得 $\dfrac{1}{a_1}+\dfrac{1}{a_2}+\dfrac{1}{a_3}+\cdots+\dfrac{1}{a_{2017}}=\dfrac{1}{a_1-1}-\dfrac{1}{a_{2018}-1}=2-\dfrac{1}{a_{2018}-1}$

再由 $a_{2018}>2$，可得 $1<2-\frac{1}{a_{2018}-1}<2$，

所以 $\frac{1}{a_1}+\frac{1}{a_2}+\frac{1}{a_3}+\cdots+\frac{1}{a_{2017}}$ 的整数部分为 1.

例 6 【解析】当 $n=1$ 时，得 $a_1=S_1=\frac{1}{2}\left(a_1+\frac{1}{a_1}\right)$，解得 $a_1=1$；

当 $n\geqslant 2$ 时，$a_n=S_n-S_{n-1}$，从而 $2S_n=a_n+\frac{1}{a_n}=S_n-S_{n-1}+\frac{1}{S_n-S_{n-1}}$，从而得 $S_n^2-S_{n-1}^2=1$，所以 $S_{n-1}^2-S_{n-2}^2=1, S_{n-2}^2-S_{n-3}^2=1,\cdots,S_2^2-S_1^2=1$. 累加，得 $S_n^2-S_1^2=n-1$，又由 $S_1=1$，进而得 $S_n=\sqrt{n}$.

从而 $\frac{1}{S_1}+\frac{1}{S_2}+\cdots+\frac{1}{S_{2018}}=1+\frac{1}{\sqrt{2}}+\frac{1}{\sqrt{3}}+\cdots+\frac{1}{\sqrt{2018}}$

$=1+\frac{2}{2\sqrt{2}}+\frac{2}{2\sqrt{3}}+\cdots+\frac{2}{2\sqrt{2018}}<1+\frac{2}{\sqrt{1}+\sqrt{2}}+\frac{2}{\sqrt{2}+\sqrt{3}}+\cdots+\frac{2}{\sqrt{2017}+\sqrt{2018}}$

$<1+2[(\sqrt{2}-\sqrt{1})+(\sqrt{3}-\sqrt{2})+\cdots+(\sqrt{2018}-\sqrt{2017})]$

$=1+2(\sqrt{2018}-1)$.

又因为 $45^2=2025>2018$，从而 $\frac{1}{S_1}+\frac{1}{S_2}+\cdots+\frac{1}{S_{2018}}<89$.

而由于当 $n\geqslant 4$ 时，有 $\frac{1}{\sqrt{n}}=\frac{2}{2\sqrt{n}}>2\left(\frac{1}{\sqrt{n}}-\frac{1}{\sqrt{n+1}}\right)$，从而

$\frac{1}{S_4}+\frac{1}{S_5}+\cdots+\frac{1}{S_{2018}}=\frac{1}{\sqrt{4}}+\frac{1}{\sqrt{5}}+\cdots+\frac{1}{\sqrt{2018}}$

$>\frac{2}{\sqrt{4}+\sqrt{5}}+\frac{2}{\sqrt{5}+\sqrt{6}}+\cdots+\frac{2}{\sqrt{2018}+\sqrt{2019}}$

$=2[(\sqrt{5}-\sqrt{4})+(\sqrt{6}-\sqrt{5})+\cdots+(\sqrt{2019}-\sqrt{2018})]$

$=2(\sqrt{2019}-2)$.

所以 $\frac{1}{S_1}+\frac{1}{S_2}+\cdots+\frac{1}{S_{2018}}=1+\frac{1}{\sqrt{2}}+\frac{1}{\sqrt{3}}+\cdots+\frac{1}{\sqrt{2018}}$

$>1+\frac{1}{\sqrt{2}}+\frac{1}{\sqrt{3}}+2(\sqrt{2019}-2)>1+0.7+0.5+2(44.9-4)=88$.

从而 $\frac{1}{S_1}+\frac{1}{S_2}+\cdots+\frac{1}{S_{2018}}$ 的整数部分为 88.

本题首先利用累加法计算出 S_n 的表达式，然后再利用放缩法求得结果. 在利用放缩法要注意"放"的"度"即不能过大，也不能过小.

例 7 4 【解析】考虑一般情形：$\frac{1}{n^3}<\frac{1}{n(n^2-1)}=\frac{1}{2}\left[\frac{1}{(n-1)n}-\frac{1}{n(n+1)}\right]$.

从而当 $n=1,2,\cdots,2017$ 时，

$1<S=\frac{1}{1^3}+\frac{1}{2^3}+\frac{1}{3^3}+\cdots+\frac{1}{2017^3}<1+\frac{1}{2}\left(\frac{1}{2}-\frac{1}{2017\times 2018}\right)<\frac{5}{4}$，

于是 $4<4S<5$，从而得 $4S$ 的整数部分为 4.

例 8 【解析】因为 $a_{n+1}=a_n+a_n^2$，所以 $a_{n+1}=a_n(1+a_n)$，所以 $\frac{1}{1+a_n}=\frac{a_n}{a_{n+1}}$，

从而 $S_n=\frac{a_1}{a_2}\cdot\frac{a_2}{a_3}\cdot\frac{a_3}{a_4}\cdot\cdots\cdot\frac{a_n}{a_{n+1}}=\frac{a_1}{a_{n+1}}=\frac{1}{a_{n+1}}$，

因为 $a_{n+1}=a_n(1+a_n)$，所以$\frac{1}{a_{n+1}}=\frac{1}{a_n(a_n+1)}=\frac{1}{a_n}-\frac{1}{a_n+1}$，所以$\frac{1}{a_n+1}=\frac{1}{a_n}-\frac{1}{a_{n+1}}$，

所以 $T_n=\sum\limits_{i=1}^{n}\frac{1}{1+a_k}=\frac{1}{a_1}-\frac{1}{a_2}+\frac{1}{a_2}-\frac{1}{a_3}+\cdots+\frac{1}{a_n}-\frac{1}{a_{n+1}}=1-\frac{1}{a_{n+1}}$.

所以 $S_n+T_n=1$.

例 9　C　【解析】由于$44^2=1936<2018<45^2=2025$，从而可知在$[1,2018]$中共有 44 个完全平方数，而 $2018+44=2062$，从而小到大排列的数中还包括 $2025=45^2$，从而划去$45^2=2025$，在 2062 后再补一个数，从而得 $a_{2018}=2063$. 故选 C.

例 10　①②③④　【解析】①因为$[(-1)^n]^2-[(-1)^{n-1}]^2=0$，所以$\{(-1)^n\}$符合“等平方差数列”的定义；

②根据定义，显然$\{a_n^2\}$是等差数列；

③$a_{kn}^2-a_{k(n-1)}^2=a_{kn}^2-a_{kn-1}^2+a_{kn-1}^2-a_{kn-2}^2+\cdots+a_{kn-k+1}^2-a_{k(n-1)}^2=kp$ 符合定义；

④若数列$\{a_n\}$满足 $a_n^2-a_{n-1}^2=p$，$a_n-a_{n-1}=d$(d 为常数)；

若 $d=0$，显然$\{a_n\}$为常数列；

若 $d\neq0$，则两式相除，得 $a_n+a_{n-1}=\frac{p}{d}$，所以 $a_n=\frac{d^2+p}{2d}$(常数)，即$\{a_n\}$为常数列.

故本题正确命题的序号为①②③④.

§4.2　等差数列与等比数列

例 1　B　【解析】根据题意，设每天派出的人数组成数列$\{a_n\}$，分析可得数列是首项 $a_1=64$，公差为 8 的等差数列，设 1984 人全部派遣到位需要 n 天，则 $na_1+\frac{n(n-1)}{2}\times8=64n+4n(n-1)=1984$，解得 $n=16$. 故选 B.

例 2　D　【解析】设公差为 d，由 $S_{10}=0$，得 $5(a_5+a_6)=0$，从而 $a_5+a_6=0$，即 $2a_6-d=0$.

又 $S_{15}=15a_8=25$，从而 $a_8=\frac{5}{3}$，即 $a_6+2d=\frac{5}{3}$，解得 $a_6=\frac{1}{3}$. 从而 $d=\frac{a_8-a_6}{2}=\frac{2}{3}$，解得 $a_1=-3$.

所以 $S_n=\frac{1}{3}(n^2-10n)$，从而 $f(n)=nS_n=\frac{1}{3}n^3-\frac{10}{3}n^2$，$f'(n)=n^2-\frac{20}{3}n$，令$f'(n)=0$，得 $n=0$，或 $n=\frac{20}{3}$.

易知函数 $f(n)$在 $n=\frac{20}{3}$时取小值. 由于$n\in\mathbf{N}^*$，从而 $n=7$.

所以 nS_n 的最小值是 $f(7)=-49$. 故选 D.

例 3　-2121　【解析】我们先推导一个常用结论：等差数列$\{a_n\}$的前 n 项和为 S_n，若 $S_n=m$，且 $S_m=n$，$(m>n)$. 则 $S_{m+n}=-(m+n)$. 证明如下：

等差数列$\{a_n\}$的前 n 项和为 S_n，设 $S_n=An^2+Bn$，则$\begin{cases}Am^2+Bm=n\\An^2+Bn=m\end{cases}$，两式相减，得$A(m^2-n^2)+B(m-n)=n-m$，从而 $A(m+n)+B=-1$，即 $A(m+n)=-(B+1)$，

从而 $S_{m+n}=A(m+n)^2+B(m+n)=-(B+1)(m+n)+B(m+n)=-(m+n)$.

由于 $2121=105+2016$，从而 $S_{2121}=-2121$.

例 4 B 【解析】因为 $\{a_n\}$、$\{b_n\}$ 均为等差数列，且前 n 项和之比为 $\frac{A_n}{B_n}=\frac{3n+5}{5n+3}$，故可设

$A_n=kn(3n+5)$，$B_n=kn(5n+3)$，从而

$$\begin{cases}a_{10}=A_{10}-A_9=10k(30+5)-9k(27+5)=62k,\\ b_6=B_6-B_5=6k(30+3)-5k(25+3)=58k\end{cases}$$

所以 $\frac{a_{10}}{b_6}=\frac{62k}{58k}=\frac{31}{29}$. 故选 B.

例 5 【解析】可设 $A_n\left(x_n,\sqrt{\frac{x_n^2}{2}-1}\right)(2\leqslant x_n\leqslant\sqrt{5})$，

得 $|PA_n|^2=(x_n-\sqrt{5})^2+\left(\sqrt{\frac{x_n^2}{2}-1}\right)^2=\frac{3}{2}x_n^2-2\sqrt{5}x_n+4=\frac{3}{2}\left(x_n-\frac{2}{3}\sqrt{5}\right)^2+\frac{2}{3}(2\leqslant x_n\leqslant\sqrt{5})$，

由 $\frac{2}{3}\sqrt{5}<2$，可得 $|PA_n|$ 的值随着 x_n 的增加而加，进而可得 $|PA_n|\in\left[\sqrt{10-4\sqrt{5}},\frac{\sqrt{6}}{2}\right]$.

若题设成立，再由 $n\geqslant 3$，可得 $\frac{2}{5}<2d\leqslant d(n-1)=|PA_n|-|PA_1|\leqslant\frac{\sqrt{6}}{2}-\sqrt{10-4\sqrt{5}}$.

从而 $\sqrt{10-4\sqrt{5}}<\frac{\sqrt{6}}{2}-\frac{2}{5}$，所以 $10-4\sqrt{5}<\frac{83}{50}-\frac{2}{5}\sqrt{6}$，从而 $417+20\sqrt{6}<200\sqrt{5}$.

从而 $400+20\sqrt{6}<200\sqrt{5}$，即 $20+\sqrt{6}<10\sqrt{5}$.

但 $22.4<20+\sqrt{6}<10\sqrt{5}<22.4$，这是不可能的，所以题设不成立.

因此所求 n 的最大值不存在.

例 6 $\frac{5^{2019}}{16}-\frac{8077}{16}$ 【解析】由 $a_{n+1}=5a_n+1$，得 $a_{n+1}+\frac{1}{4}=5\left(a_n+\frac{1}{4}\right)$，从而 $\frac{a_{n+1}+\frac{1}{4}}{a_n+\frac{1}{4}}=5$ 为常数，所以数列 $\left(a_n+\frac{1}{4}\right)$ 构成以 $a_1+\frac{1}{4}=\frac{5}{4}$ 为首项，以 5 为公比的等比数列，从而 $a_n+\frac{1}{4}=\frac{5}{4}\times 5^{n-1}=\frac{5^n}{4}$，故 $a_n=\frac{5^n}{4}-\frac{1}{4}$.

所以 $\sum\limits_{i=1}^{2018}a_n=\frac{1}{4}(5^1+5^2+\cdots+5^{2018})-\frac{2018}{4}=\frac{5}{16}(5^{2018}-1)-\frac{2018}{4}=\frac{5^{2019}}{16}-\frac{8077}{16}$.

例 7 【解析】(1)因为 $a_n-\frac{S_n}{2}=1(n\in\mathbf{N}^*)$，当 $n=1$ 时，解得 $a_1=2$.

当 $n\geqslant 2$ 时，得 $a_{n-1}-\frac{S_{n-1}}{2}=1$，两式作差，得 $(a_n-a_{n-1})-\frac{S_n-S_{n-1}}{2}=0$，即 $a_n=2a_{n-1}$，即 $\frac{a_n}{a_{n-1}}=2$，为常数.

所以数列 $\{a_n\}$ 是以 $a_1=2$ 为首项，以 $q=2$ 为公比的等比数列，从而 $a_n=2^n$.

(2)由(1)知 $b_n=\frac{2^n}{(a_n-1)(a_{n+1}-1)}=\frac{2^n}{(2^n-1)(2^{n+1}-1)}=\frac{1}{2^n-1}-\frac{1}{2^{n+1}-1}$，

从而 $T_n=\left(\frac{1}{2^1-1}-\frac{1}{2^2-1}\right)+\left(\frac{1}{2^2-1}-\frac{1}{2^3-1}\right)+\left(\frac{1}{2^3-1}-\frac{1}{2^4-1}\right)+\cdots+\left(\frac{1}{2^n-1}-\frac{1}{2^{n+1}-1}\right)$

$=1-\frac{1}{2^{n+1}-1}$.

所以$\{T_n\}$是一个单调递增的数列.

当$n=1$时,$(T_n)_{\min}=T_1=1-\frac{1}{2^2-1}=\frac{2}{3}$;当$n\to+\infty$时,$T_n\to1$.

所以$T_n\in\left[\frac{2}{3},1\right)$.

本例用到了裂项相消法求得$\{b_n\}$的前n项和.使用裂项相消法一般来说分为三个步骤:

(1)小分母减大分母:即将$\frac{1}{AB}$写成$\frac{1}{A}-\frac{1}{B}$的形式,其中$A<B$;

(2)大分子减小分子:即口算$B-A$的值C,于是$a_n=\frac{1}{AB}=\frac{1}{B-A}\left(\frac{1}{A}-\frac{1}{B}\right)$;

(3)见谁提取谁的倒数:将在第一步代数式前乘以$\frac{1}{C}$,然后进行求和.

裂项相消法是数列中一类十分重要的方法,不仅考查形式多样,而且与放缩法具有十分密切的联系,需要加以重视.

例8 【解析】(1)由$a_{n+1}=2S_n+1$,知当$n\geqslant2$时,有$a_n=2S_{n-1}+1$,从而

$a_{n+1}-a_n=2(S_n-S_{n-1})=2a_n$,所以$a_{n+1}=3a_n$.

因为数列$\{a_n\}$为等比数列,且$a_2=2a_1+1$,所以$3a_1=2a_1+1$,从而$a_1=1$.

于是$a_n=3^{n-1}$.

(2)由题设,得$a_{n+1}=a_n+(n+1)d_n$,所以$\frac{1}{d_n}=\frac{n+1}{a_{n+1}-a_n}=\frac{n+1}{2\cdot3^{n-1}}$,所以

$2T_n=2+\frac{3}{3}+\frac{4}{3^2}+\cdots+\frac{n+1}{3^{n-1}}$,

$\frac{2}{3}T_n=\frac{2}{3}+\frac{3}{3^2}+\cdots+\frac{n}{3^{n-1}}+\frac{n+1}{3^n}$

两式相减,得$\frac{4}{3}T_n=2+\frac{1}{3}+\frac{1}{3^2}+\cdots+\frac{1}{3^{n-1}}-\frac{n+1}{3^n}=2+\frac{\frac{1}{3}\left(1-\frac{1}{3^{n-1}}\right)}{1-\frac{1}{3}}-\frac{n+1}{3^n}$.

所以,$T_n=\frac{15}{8}-\frac{2n+5}{8\cdot3^{n-1}}<\frac{15}{8}$.

本例使用了“错位相减法”求得数列$\left\{\frac{1}{d_n}\right\}$的前$n$项.其实对于形如$a_n=(an+b)\cdot q^{n-1}(q\neq1)$的数列求和时,我们经常采用“错位相减法”进行处理.最终求得结果的标准式为$S_n=(An+B)\cdot q^n-B$$\left(其中,A=\frac{a}{q-1},B=\frac{b-A}{q-1}\right)$.

§4.3 递推数列

例1 29 【解析】设平面上的$n(n\in\mathbf{N}^*)$条抛物线最多把平面分成a_n个部分,可得$a_1=2$.

因为第$n+1$条抛物线与前n条抛物线中的每一条交点个数最多是4,所以第$n+1$条抛物线与前n条

抛物线的交点个数最多是 $4n$，这样一共得到 $4n+1$ 条“曲线”，每条“曲线”都可将原有的部分“一分为二”，因此，$a_{n+1}-a_n=4n+1$，即 $a_{n+1}=a_n+4n+1(n\in\mathbf{N})$.

所以 $a_1=2,a_2=7,a_3=16,a_4=29$.

下面我们用累加法求出数列 $\{a_n\}$ 的通项公式：

$$\begin{aligned}a_n&=a_1+(a_2-a_1)+(a_3-a_2)+\cdots+(a_n-a_{n-1})\\&=2+[5+9+13+\cdots+(4n-3)]\\&=2+\frac{n-1}{2}[5+(4n-3)]\\&=2n^2-n+1(n\in\mathbf{N}^*).\end{aligned}$$

例 2　$a_n=\dfrac{2\cdot 3^n}{3^n-1}$　【解析】由 $a_{n+1}=\dfrac{3^{n+1}a_n}{a_n+3^{n+1}}$，知 $\dfrac{1}{a_{n+1}}=\dfrac{a_n+3^{n+1}}{3^{n+1}a_n}=\dfrac{1}{a_n}+\dfrac{1}{3^{n+1}}$，即 $\dfrac{1}{a_{n+1}}-\dfrac{1}{a_n}=\dfrac{1}{3^{n+1}}$.

从而 $\dfrac{1}{a_n}=\dfrac{1}{a_1}+\left(\dfrac{1}{a_2}-\dfrac{1}{a_1}\right)+\left(\dfrac{1}{a_3}-\dfrac{1}{a_2}\right)+\cdots+\left(\dfrac{1}{a_n}-\dfrac{1}{a_{n-1}}\right)=\dfrac{1}{3}+\left(\dfrac{1}{3^2}+\dfrac{1}{3^3}+\cdots+\dfrac{1}{3^n}\right)$

$=\dfrac{1}{3}\cdot\dfrac{1-\frac{1}{3^n}}{1-\frac{1}{3}}=\dfrac{3^n-1}{2\cdot 3^n}$. 即 $a_n=\dfrac{2\cdot 3^n}{3^n-1}$.

累加法的实质是求和，这暗示我们：所谓求解某些数列的通项公式，实际上还要加强观察，注意通项公式与求和之间的联系.

例 3　$\dfrac{2019}{2}$　【解析】由 $a_{n+1}=3a_n+2$，得 $a_{n+1}+1=3(a_n+1)$，从而 $\dfrac{a_{n+1}+1}{a_n+1}=3$ 为常数，从而数列 $\{a_n+1\}$ 构成以 $a_1+1=3$ 为首项，以 3 为公比的等差数列，从而 $a_n+1=3^n$.

于是 $b_n=\log_3(a_n+1)=\log_3 3^n=n$.

于是 $\sum\limits_{i=1}^{2018}b_i=\dfrac{2018(1+2018)}{2}$，从而 $\dfrac{b_1+b_2+\cdots+b_{2018}}{2018}=\dfrac{2019}{2}$.

例 4　A　【解析】由已知，得 $\dfrac{a_{n+1}}{n+1}=\dfrac{1}{2}\cdot\dfrac{a_n}{n}$，从而数列 $\left\{\dfrac{a_n}{n}\right\}$ 构成以 $\dfrac{a_1}{1}=\dfrac{1}{2}$ 为首项，以 $\dfrac{1}{2}$ 为公比的等比数列，所以 $\dfrac{a_n}{n}=\dfrac{1}{2^n}$，即 $a_n=\dfrac{n}{2^n}$.

当 $n=2$ 时，$a_2=\dfrac{1}{2}$，所以 $S_2=1$，检验可知只有选项 A 符合题意. 故选 A.

本题由于是选择题，我们采用特殊值代入验证的方法快速找到答案. 当然，我们在求出 $\{a_n\}$ 的通项公式 $a_n=\dfrac{n}{2^n}$ 后，可以利用错位相减法或其他“等差×等比”型数列求和方法进行求和.

例 5　$\left\{x\,\middle|\,x\neq-\dfrac{1}{k},k\in\mathbf{N}^*,x\in\mathbf{R}\right\}$　【解析】(1)若 $a_1=0$ 时，$a_n=0(n\in\mathbf{N}^*)$ 符合题意；

(2)若 $a_1\neq0$ 时，显然 $a_n\neq0(n\in\mathbf{N}^*)$，从而由 $a_{n+1}=\dfrac{a_n}{a_n+1}$，得 $\dfrac{1}{a_{n+1}}=\dfrac{1}{a_n}+1$，从而得 $\dfrac{1}{a_{n+1}}-(n+1)=\dfrac{1}{a_n}-n$，从而 $\dfrac{1}{a_n}-n=\dfrac{1}{a_{n-1}}-(n-1)=\cdots=\dfrac{1}{a_1}-1$，所以 $a_n=\dfrac{1}{\frac{1}{a_1}+n-1}$，所以 $a_1\neq-\dfrac{1}{k}(k\in\mathbf{N}^*)$.

综上所述，a_1 的取值范围是 $\left\{x \middle| x\neq -\frac{1}{k}, k\in \mathbf{N}^*, x\in \mathbf{R}\right\}$.

例 6　ABCD　【解析】由数列 $\{a_n\}$，$\{b_n\}$ 均为等差数列，从而可设 $a_n=an+b$，$b_n=cn+d$，从而 $a_nb_n=(an+b)(cn+d)=acn^2+(ad+bc)n+bd$，由 $a_1b_1=135$，$a_2b_2=304$，$a_3b_3=529$，得 $\begin{cases}ac+(ad+bc)+bd=135,\\4ac+2(ad+bc)+bd=304,\\9ac+3(ad+bc)+bd=529,\end{cases}$ 解得 $\begin{cases}ac=28,\\ad+bc=85,\\bd=22,\end{cases}$ 从而 $a_nb_n=28n^2+85n+22$.

从而有下列表格，计算前十项的值：

n	1	2	3	4	5	6	7	8	9	10
a_nb_n	135	304	529	810	1147	1540	1989	2494	3055	3672

由上表可知，符合题意的选项为 ABCD.

例 7　BD　【解析】对于选项 A，如果 $x_1=y_1=z_1=0$ 时，数列 $\{x_n+y_n+z_n\}$ 不是等比数列；

对于选项 B，根据题意知，当 $n\geqslant 2$ 时，有 $x_{n+1}=\frac{1}{2}(y_n+z_n-x_n)=\frac{1}{2}(x_{n-1}-x_n)$，其特征根方程为 $x^2=\frac{1}{2}(1-x)$，解得 $x_1=-1$，$x_2=\frac{1}{2}$，从而可设 $x_n=A\cdot(-1)^{n-1}+B\cdot\left(\frac{1}{2}\right)^{n-1}$，由 $x_1=-\frac{1}{2}$，$x_2=\frac{5}{4}$，解得 $A=-1$，$B=\frac{1}{2}$，从而所求通项公式为 $x_n=(-1)^n+\frac{1}{2^n}$，选项 B 正确；

对于选项 C，同上可设 $x_n=A\cdot(-1)^{n-1}+B\cdot\left(\frac{1}{2}\right)^{n-1}$，如果数列 $\{x_n\}$ 各项均为正数，则必有 $A=0$，且 $B>0$，进而可以 $y_n+z_n=2x_n$，因此只需取 $x_1=2$，$y_1=1$，$z_1=3$，则此时满足各项均为正数，但不满足 $x_1=y_1=z_1$，从而选项 C 错误；

对于选项 D，由于 $\begin{cases}x_n=y_{n+1}+z_{n+1},\\y_n=z_{n+1}+x_{n+1},\\z_n=x_{n+1}+y_{n+1},\end{cases}$ 从而若存在正整数 m，使得 $x_m=y_m=z_m=a$ 时，则 $x_1=y_1=z_1=2^{m-1}\cdot a$. 所以选项 D 正确.

故选 BD.

例 8　D　【解析】设数列 $\{a_n\}$ 满足 $a_1=\frac{1+2017\sqrt{3}}{\sqrt{3}-2017}$，$a_{n+1}=\frac{1+\sqrt{3}a_n}{\sqrt{3}-a_n}$，则易知 $f_{2017}(2017)=a_{2017}$.

递推式 $a_{n+1}=\frac{1+\sqrt{3}a_n}{\sqrt{3}-a_n}$ 的特征方程为 $x=\frac{1+\sqrt{3}x}{\sqrt{3}-x}$，得 $x_1=-\mathrm{i}$，$x_2=\mathrm{i}$.

从而 $\frac{a_{n+1}+\mathrm{i}}{a_{n+1}-\mathrm{i}}=\frac{\sqrt{3}-\mathrm{i}}{\sqrt{3}+\mathrm{i}}\cdot\frac{a_n+\mathrm{i}}{a_n-\mathrm{i}}$，迭代，得 $\frac{a_n+\mathrm{i}}{a_n-\mathrm{i}}=\left(\frac{\sqrt{3}-\mathrm{i}}{\sqrt{3}+\mathrm{i}}\right)^{n-1}\cdot\frac{a_1+\mathrm{i}}{a_1-\mathrm{i}}$，

解得 $a_{2017}=a_1=\frac{1+2017\sqrt{3}}{\sqrt{3}-2017}$. 故选 D.

本例从形式上来看,不难猜测可能是周期函数的问题,我们可分别计算前几项发现规律:

$f_1(x)=\frac{1+\sqrt{3}x}{\sqrt{3}-x}$,$f_2(x)=\frac{\sqrt{3}+x}{1-\sqrt{3}x}$,$f_3(x)=-\frac{1}{x}$,$f_4(x)=-\frac{\sqrt{3}-x}{1+\sqrt{3}x}$,$f_5(x)=-\frac{1-\sqrt{3}x}{\sqrt{3}+x}$,$f_6(x)=x$,…,从而 $f_{2017}(2017)=f_1(2017)=\frac{1+2017\sqrt{3}}{\sqrt{3}-2017}$.

例 9 【解析】由已知,有 $a_{i+1}=\frac{1}{t-a_i}$,其特征方程为 $x=\frac{1}{t-x}$,即 $x^2-tx+1=0$. 设该方程的两根为 α,β.

(1)当 $\alpha=\beta$ 时,若 $t=2$,则 $a_{i+1}-1=\frac{a_i-1}{2-a_i}$,从而 $\frac{1}{a_{i+1}-1}=\frac{1}{a_i-1}-1$,迭代,得 $\frac{1}{a_{2019}-1}=\frac{1}{a_1-1}-2018$,矛盾;

若 $t=-2$,同理可得 $\frac{1}{a_{2019}+1}=\frac{1}{a_1+1}+2018$,也矛盾.

(2)当 $\alpha\neq\beta$ 时,可得 $\frac{a_{i+1}-\alpha}{a_{i+1}-\beta}=\frac{\alpha}{\beta}\cdot\frac{a_i-\alpha}{a_i-\beta}$,累乘,

得 $\frac{a_i-\alpha}{a_i-\beta}=\left(\frac{\alpha}{\beta}\right)^{i-1}\cdot\frac{a_1-\alpha}{a_1-\beta}=\alpha^{2(i-1)}\frac{a_1-\alpha}{a_1-\beta}$,从而 $\frac{a_{2019}-\alpha}{a_{2019}-\beta}=\alpha^{4036}\cdot\frac{a_1-\alpha}{a_1-\beta}$,$\alpha^{4036}=1$.

由对称性,不妨设 $\alpha=\mathrm{e}^{\frac{k\pi i}{2018}}$,$\beta=\mathrm{e}^{\frac{(k-4036)\pi i}{2018}}$,其中 $1\leqslant k\leqslant 2018$.

另一方面,当 $1\leqslant i<j\leqslant 2018$ 时,由 $a_i\neq a_j$ 知,$\frac{a_j-\alpha}{a_j-\beta}\neq\frac{a_i-\alpha}{a_i-\beta}$,

而 $\frac{a_j-\alpha}{a_j-\beta}=\alpha^{2(j-i)}\cdot\frac{a_i-\alpha}{a_i-\beta}$. 所以 $1\leqslant t<2018$ 时,$\alpha^{2t}\neq1$,即 $\alpha^{2t}=\mathrm{e}^{\frac{2k\pi ti}{2018}}\neq1$,即对任意 $1\leqslant t<2018$,tk 都不是 2018 的倍数,即 $(k,2018)=1$,又因为 $2018=2\times1009$,所以这样的 k 有 $2018\times\left(1-\frac{1}{2}\right)\times\left(1-\frac{1}{1009}\right)=1008$ 个,所以 $t=\alpha+\beta=2\cos\frac{k\pi}{2018}$ 有 1008 个取值.

例 10 $\frac{ab}{a+bn}$ 【解析】如图所示,设 $P_nQ_n=x_n(n\in\mathbf{N})$,其中 $P_0Q_0=x_0=CD=b$.

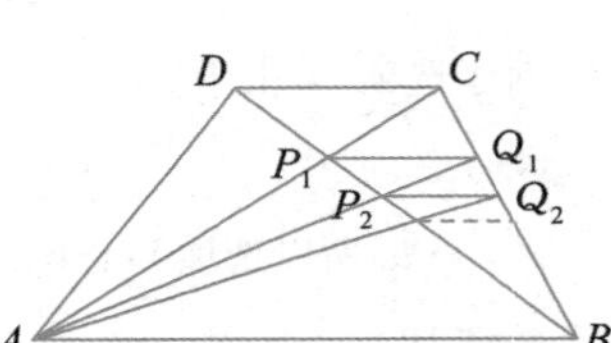

由平行线分线段成比例定理,可证得 $\frac{1}{x_{n+1}}=\frac{1}{x_n}+\frac{1}{a}$.

所以 $\frac{1}{x_n}=\frac{1}{x_0}+\frac{n}{a}$.

从而 $P_nQ_n=x_n=\frac{ab}{a+bn}$.

例 11 C 【解析】设 $a_n=m$,则 $|m-\sqrt{n}|\leqslant\frac{1}{2}$,即 $\left(m-\frac{1}{2}\right)^2\leqslant n\leqslant\left(m+\frac{1}{2}\right)^2$,

即 $m^2-m+1\leqslant n\leqslant m^2+m+1$.

所以,在和式 $\sum\limits_{k=1}^{n}\frac{1}{a_k}$ 中,值为 $\frac{1}{m}(m\in\mathbf{N}^*)$ 的项共有 $2m$ 项,它们的和 $\frac{1}{m}\cdot 2m=2$,而 $\frac{2016}{2}=1008$,故 $n=\sum\limits_{i=1}^{1008}2i=1008\times1009=1017072$,故选 C.

例 12 A 【解析】依据题意,得 $a_{n+1}^2=a_n^2+2+\frac{1}{a_n^2}$,所以 $a_{n+1}^2-a_n^2>2$,利用迭加法,知 $a_n^2\geqslant 2n-1$,所以 a_{2017}

$\geqslant\sqrt{2\times2017-1}=\sqrt{4033}>\sqrt{3936}=63$.

又结合 $a_n^2\geqslant2n-1$ 知,$a_{n+1}^2-a_n^2\leqslant2+\dfrac{1}{2n-1}$,

从而 $a_n^2\leqslant2(n-1)+1+1+\dfrac{1}{2}\ln\dfrac{2n-1}{3}$,

所以 $a_{2017}<\sqrt{4034+\ln40}<\sqrt{4034+\log_2 40}<\sqrt{4040}<\sqrt{4096}=64$.

因此,所求的 k 的值为 63. 故选 A.

例 13 【解析】(1)由已知,知 $a_i(i=1,2,\cdots,n)$ 只能从 0 或 1 中选取,且 1 不能连续出现,0 可以连续出现.

易知 $x_1=2,x_2=3,x_3=5$,

(2)由(1)进行归纳,易知 $x_{n+1}=x_n+x_{n-1}(n\geqslant2)$;

$x_ix_{i+2}-x_{i+1}^2=x_i(x_i+x_{i+1})-(x_i+x_{i-1})^2=x_i(2x_i+x_{i-1})-(x_i^2+2x_ix_{i-1}+x_{i-1}^2)$

$=x_i^2-x_ix_{i-1}-x_{i-1}^2=x_i^2-x_{i-1}(x_i+x_{i-1})=x_i^2-x_{i-1}x_{i+1}$.

令 $b_i=x_ix_{i+2}-x_{i+1}^2$,则 $b_i=-b_{i-1}$. 又因为 $b_1=x_1x_3-x_2^2=2\times5-9=1$,从而 $b_i=(-1)^{i-1}$.

所以 $\sum\limits_{i=1}^{2018}(x_ix_{i+2}-x_{i+1}^2)=\sum\limits_{i=1}^{2018}b_i=(-1)^{2017}=-1$.

在第(1)问的解决过程中,看到 2、3、5 或 1、1、2、3 等就可以猜测可能为斐波那契数列. 斐波那契数列的性质容易与合数结合在一起,从第(2)问的解决中我们不难发现斐波那契数列的一个性质:从第三项开始,奇数项的平方比其前后两项的积大 1,偶数项的平方比其前后两项的积小 1.

在本题中,当 n 为奇数时,$x_n=\mathrm{C}_n^0+\mathrm{C}_n^1+\mathrm{C}_{n-1}^2+\cdots+\mathrm{C}_{\frac{n+1}{2}}^{\frac{n-1}{2}}$;

当 n 为偶数时,$x_n=\mathrm{C}_n^0+\mathrm{C}_n^1+\mathrm{C}_{n-1}^2+\cdots+\mathrm{C}_{\frac{n}{2}+1}^{\frac{n}{2}}$.

§4.4 数列求和与数学归纳法

例 1 $\dfrac{2}{2019}$ 【解析】因为外切,所以 $\left(\dfrac{1}{4}a_{k+1}^2+\dfrac{1}{4}a_k^2\right)^2=(a_k-a_{k+1})^2+\left(\dfrac{1}{4}a_k^2-\dfrac{1}{4}a_{k+1}^2\right)^2$,

所以 $a_ka_{k+1}=2(a_k-a_{k+1})$,所以 $\dfrac{1}{a_{k+1}}-\dfrac{1}{a_k}=\dfrac{1}{2}$,从而数列 $\left\{\dfrac{1}{a_n}\right\}$ 构成以 $\dfrac{1}{2}$ 为公差的等差数列,所以 $\dfrac{1}{a_{2018}}$ $=\dfrac{1}{a_1}+\dfrac{2017}{2}$,所以 $a_1=\dfrac{2}{2019}$.

例 2 【解析】(1)等比数列 $\{a_n\}$ 中,$a_3=8,S_3=14$,可得 $\begin{cases}a_1q^2=8,\\a_1+a_1q=6.\end{cases}$

由于 $\{a_n\}$ 各项都是正数,所以 $q>0$,从而解得 $a_1=2,q=2$.

从而 $a_n=2^n$.

(2)因为 $a_n-b_n=2^n-b_n=1+(n-1)\times3$,从而 $b_n=2^n-3n+2$.

所以 $T_n=b_1+b_2+\cdots+b_n=2^1+2^2+\cdots+2^n-3\times(1+2+\cdots+n)+2n$

$=\dfrac{2(1-2^n)}{1-2}-3\times\dfrac{(1+n)n}{2}+2n=2^{n+1}-\dfrac{3}{2}n^2+\dfrac{n}{2}-2$.

例 3 【解析】(1)显然公比 $q\neq1$，从而由 $S_2=6,S_4=30,S_4=S_2(1+q^2)=30$，解得 $q^2=4$. 又因为 $\{a_n\}$ 为正项等比数列，从而 $q=2$. 于是 $S_2=a_1(1+q)=a_1\times3=6$，解得 $a_1=2$.

于是 $a_n=a_1\times q^{n-1}=2^n$.

(2)由(1)知 $b_n=\log_2 a_n=n$，从而 $\frac{1}{b_nb_{n+1}}=\frac{1}{n(n+1)}=\frac{1}{n}-\frac{1}{n+1}$，

所以 $T_n=\frac{1}{b_1b_2}+\frac{1}{b_2b_3}+\frac{1}{b_3b_4}+\cdots+\frac{1}{b_{n-1}b_n}+\frac{1}{b_nb_{n+1}}$

$=\left(\frac{1}{1}-\frac{1}{2}\right)+\left(\frac{1}{2}-\frac{1}{3}\right)+\left(\frac{1}{3}-\frac{1}{4}\right)+\cdots+\left(\frac{1}{n-1}-\frac{1}{n}\right)+\left(\frac{1}{n}-\frac{1}{n+1}\right)$

$=1-\frac{1}{n+1}<1$.

例 4 【解析】(1)由 $2S_n-na_n=n$，得 $2S_{n+1}-(n+1)a_{n+1}=n+1$，两式相减，得 $2a_{n+1}-(n+1)a_{n+1}+na_n=1$，所以 $na_n-(n-1)a_{n+1}=1$，从而 $(n+1)a_{n+1}-na_{n+2}=1$，两式再相减，得 $na_n-2na_{n+1}+na_{n+2}=0$，即 $a_n+a_{n+2}=2a_{n+1}$，所以数列 $\{a_n\}$ 为等差数列.

又由于 $2S_1-a_1=1$，及 $a_2=3$，得 $a_1=1$，公差 $d=a_2-a_1=2$.

所以 $a_n=a_1+(n-1)d=2n-1$.

(2)由(1)知 $b_n=\frac{1}{(2n-1)\sqrt{2n+1}+(2n+1)\sqrt{2n-1}}$.

从而 $b_n=\frac{1}{\sqrt{2n-1}\cdot\sqrt{2n+1}\cdot(\sqrt{2n-1}+\sqrt{2n+1})}$

$=\frac{1}{2}\times\frac{\sqrt{2n+1}-\sqrt{2n-1}}{\sqrt{2n-1}\cdot\sqrt{2n+1}}=\frac{1}{2}\left(\frac{1}{\sqrt{2n-1}}-\frac{1}{\sqrt{2n+1}}\right)$

所以 $T_n=b_1+b_2+\cdots+b_n$

$=\frac{1}{2}\left[\left(\frac{1}{\sqrt{1}}-\frac{1}{\sqrt{3}}\right)+\left(\frac{1}{\sqrt{3}}-\frac{1}{\sqrt{5}}\right)+\cdots+\left(\frac{1}{\sqrt{2n-1}}-\frac{1}{\sqrt{2n+1}}\right)\right]=\frac{1}{2}\left(1-\frac{1}{\sqrt{2n+1}}\right)$.

由 $T_n>\frac{9}{20}$，得 $\frac{1}{2}\left(1-\frac{1}{\sqrt{2n+1}}\right)>\frac{9}{20}$，所以 $\frac{1}{\sqrt{2n+1}}<\frac{1}{10}$，即 $2n+1>100$，

所以 $n\geqslant\frac{99}{2}$. 由于 $n\in\mathbf{N}^*$，从而 $n\geqslant50$.

所以使 $T_n>\frac{9}{20}$ 成立的最小正整数 n 的值为 50.

裂项相消法是数列求和中的一类重要的方法，不仅考查形式多样，而且与放缩法的联系非常密切，需要引起足够的重视. 对于形如 $\left\{\frac{1}{AB}\right\}$(其中 $\{A\}$、$\{B\}$ 为各项均不为 0 的等差数列，其中 $A<B$)的数列，我们经常将裂项为 $\frac{1}{AB}=\frac{1}{B-A}\cdot\left(\frac{1}{A}-\frac{1}{B}\right)$ 的形式. 常见的公式有：

(1)$a_n=f(n+1)-f(n)$(裂项的原始公式)；

(2)$\frac{\sin1^\circ}{\cos n^\circ\cos(n+1)^\circ}=\tan(n+1)^\circ-\tan n^\circ$；

$\tan n^\circ\tan(n+1)^\circ=\frac{1}{\tan1^\circ}[\tan(n+1)^\circ-\tan n^\circ]-1$；

(3)$a_n=\frac{1}{n(n+k)}=\frac{1}{k}\left[\frac{1}{n}-\frac{1}{n+k}\right]$(其中 $k\in\mathbf{N}^*$)；

$a_n=\frac{1}{n(n+1)(n+2)}=\frac{1}{2}\left[\frac{1}{n(n+1)}-\frac{1}{(n+1)(n+2)}\right]$；

(4) $a_n=\frac{(2n)^2}{(2n-1)(2n+1)}=1+\frac{1}{2}\left(\frac{1}{2n-1}-\frac{1}{2n+1}\right)$；

(5) $a_n=\frac{1}{\sqrt{n+k}+\sqrt{n}}=\frac{1}{k}(\sqrt{n+k}-\sqrt{n})$（其中 $k\in\mathbf{N}^*$）；

(6) $a_n=\frac{n+2}{n(n+1)}\cdot\frac{1}{2^n}=\frac{2(n+1)-n}{n(n+1)}\cdot\frac{1}{2^n}=\frac{1}{n\cdot 2^{n-1}}-\frac{1}{(n+1)\cdot 2^n}$；

(7) $n(n+1)=\frac{1}{3}[n(n+1)(n+2)-(n-1)n(n+1)]$；

$n(n+1)(n+2)=\frac{1}{4}[n(n+1)(n+2)(n+3)-(n-1)n(n+1)(n+2)]$；

(8) $n\cdot n!=(n+1)!-n!$；$\frac{n}{(n+1)!}=\frac{1}{n!}-\frac{1}{(n+1)!}$.

例 5 【解析】(1)由 $2a_1+3a_2=33$，$a_2a_4=27a_3$，得 $a_1=3$，$q=3$，从而 $a_n=3^n$.

所以 $b_n=\log_3 a_{n+1}=\log_3 3^{n+1}=n+1$.

(2)由(1)知 $c_n=a_n\cdot b_n=(n+1)\cdot 3^n=d_{n+1}-d_n$，

其中 $d_n=\left(\frac{1}{2}n-\frac{1}{4}\right)\cdot 3^n$，$d_1=\frac{3}{4}$.

从而 $S_n=(d_{n+1}-d_n)+(d_n-d_{n-1})+\cdots+(d_2-d_1)=d_{n+1}-d_1$

$=\left[\frac{1}{2}(n+1)-\frac{1}{4}\right]\cdot 3^{n+1}-\frac{3}{4}=\left(\frac{1}{2}n+\frac{1}{4}\right)\cdot 3^{n+1}-\frac{3}{4}$.

本例使用了裂项求和求得数列 $\{c_n\}$ 的前 n 项和，对于这种“等差×等比”型的数列求和，最常见的方法是错位相减法求和.

例 6 【解析】(1)当 $n=1$ 时，$a_1=S_1=2$；

当 $n\geqslant 2$ 时，$a_n=S_n-S_{n-1}=(n^2+n)-[(n-1)^2+(n-1)]=2n$

所以 $a_n=2n(n\geqslant 1)$，$b_n=2^{2n}=4^n$.

(2)由(1)知，$a_n\cdot b_n=2n\cdot 4^n$. 设数列 $\{n\cdot 4^n\}$ 的前 n 项和为 H_n. 则

$H_n=1\times 4^1+2\times 4^2+3\times 4^3+\cdots\cdots\cdots+n\cdot 4^n$

$4H_n=1\times 4^2+2\times 4^3+3\times 4^4+\cdots+(n-1)\cdot 4^n+n\cdot 4^{n+1}$

两式作差，得 $-3H_n=-\frac{4}{3}+\left(\frac{1}{3}-n\right)\cdot 4^{n+1}$，所以 $H_n=\frac{4}{9}+\left(\frac{n}{3}-\frac{1}{9}\right)\cdot 4^{n+1}$.

从而 $T_n=\frac{8}{9}+\frac{2(3n-1)}{9}\cdot 4^{n+1}$.

例 7 【解析】(1)由 $a_{n+1}=\frac{1}{2}a_n+\frac{2n+1}{2^{n+1}}(n\in\mathbf{N}^*)$，知 $2^{n+1}a_{n+1}=2^na_n+2n+1(n\in\mathbf{N}^*)$.

令 $b_n=2^na_n$，则 $b_1=1$，且 $b_{n+1}=b_n+2n+1(n\in\mathbf{N}^*)$.

由 $b_n=(b_n-b_{n-1})+(b_{n-1}-b_{n-2})+\cdots+(b_2-b_1)+b_1$

$=(2n-1)+(2n-3)+\cdots+1=n^2$，

从而，得 $a_n=\frac{n^2}{2^n}$.

(2)由题意知,得 $S_n=\frac{1^2}{2^1}+\frac{2^2}{2^2}+\frac{3^2}{2^3}+\frac{4^2}{2^4}+\cdots+\frac{(n-1)^2}{2^{n-1}}+\frac{n^2}{2^n}$

所以,$\frac{1}{2}S_n=\frac{1^2}{2^2}+\frac{2^2}{2^3}+\frac{3^2}{2^4}+\frac{4^2}{2^5}+\cdots+\frac{(n-1)^2}{2^n}+\frac{n^2}{2^{n+1}}$

两式相减,得$\frac{1}{2}S_n=\frac{1}{2}+\frac{3}{2^2}+\frac{5}{2^3}+\frac{7}{2^4}+\frac{9}{2^5}+\cdots+\frac{(2n-1)}{2^n}-\frac{n^2}{2^{n+1}}$

设 $T_n=\frac{1}{2}+\frac{3}{2^2}+\frac{5}{2^3}+\frac{7}{2^4}+\frac{9}{2^5}+\cdots+\frac{(2n-1)}{2^n}$,再利用错位相减法,求得 $T_n=3-\frac{2n+3}{2^n}$.

所以 $S_n=6-\frac{2n+3}{2^{n-1}}-\frac{n^2}{2^n}=6-\frac{n^2+4n+6}{2^n}$.

例 8 【解析】因为 $a_{n+1}-a_n=\frac{1}{8}a_n^2-a_n+m=\frac{1}{8}(a_n-4)^2+m-2\geqslant m-2$,

故 $a_n=a_1+\sum\limits_{k=1}^{n-1}(a_{k+1}-a_k)\geqslant 1+(m-2)(n-1)$.

若 $m>2$,注意到 $n\to+\infty$ 时,$(m-2)(n-1)\to+\infty$,因此,存在充分大的 n,使得 $1+(m-2)(n-1)>4$,即 $a_n>4$,矛盾! 所以 $m\leqslant 2$.

又当 $m=2$ 时,可证:对任意的正整数 n,都有 $0<a_n<4$.

当 $n=1$,$a_1=1<4$,结论成立;

假设 $n=k(k\geqslant 1)$时,结论成立,即 $0<a_k<4$,则

$0<a_{k+1}=2+\frac{1}{8}a_k^2<2+\frac{1}{8}\times 4^2=4$

即结论对 $n=k+1$ 也成立.

由归纳原理,知对任意正整数 n,都有 $0<a_n<4$.

综上可知,所求实数 m 的最大值为 2.

例 9 4 【解析】设报到第 n 个数为 a_n,则 $a_1=a_2=1$,$a_n+a_{n+1}=a_{n+2}(n\in\mathbf{N}^*)$.

写出前几项 1,1,2,3,5,8,13,21,…可找到规律 $a_{4m}(m\in\mathbf{N}^*)$为 3 的倍数. 下面用数学归纳法证明该规律:

(1)当 $m=1$ 时,$a_4=3$,故 $m=1$ 时 $a_{4m}(m\in\mathbf{N}^*)$为 3 的倍数;

(2)假设当 $m=k$ 时,a_{4k} 为 3 的倍数,则当 $m=k+1$ 时,

$a_{4(k+1)}=a_{4k+4}=a_{4k+2}+a_{4k+3}=a_{4k}+a_{4k+1}+(a_{4k+1}+a_{4k+2})$

$=a_{4k}+2a_{4k+1}+(a_{4k}+a_{4k+1})=2a_{4k}+3a_{4k+1}$.

也是 3 的倍数.

由(1)(2)可知,对于 $m\in\mathbf{N}^*$,a_{4m} 为 3 的倍数.

依题意,学生甲报的数为 $a_{5t+1}(0\leqslant t\leqslant 19,t\in\mathbf{N}^*)$,这些数中是 3 的倍数有 a_{16},a_{36},a_{76},a_{96},故学生拍手的总次数为 4.

这是一道以斐波那契数列为背景的实际应用题,有生活气息,考查了学生的数列建模能力、推理分析能力及其应用.

例 10 【证明】这里可把等式(1):$S_{2l-1}=\frac{1}{2}l(4l^2-3l+1)$

看作命题 $A(l)$，把等式(2)：$S_{2l}=\frac{1}{2}l(4l^2+3l+1)$

看作命题 $B(l)$(l 为自然数).

①$l=1$ 时，$S_1=1$，等式(1)成立.

②假设 $l=k$ 时，等式(1)成立. 即 $S_{2k-1}=\frac{1}{2}k(4k^2-3k+1)$

那么 $S_{2k}=S_{2k-1}+a_{2k}=\frac{1}{2}k(4k^2-3k+1)+3k^2=\frac{1}{2}k(4k^2+3k+1)$.

即等式(2)也成立. 这就是说，若 $A(k)$ 成立可导出 $B(k)$ 成立.

又假设 $B(k)$ 成立，即 $S_{2k}=\frac{1}{2}k(4k^2+3k+1)$.

那么 $S_{2k+1}=S_{2k}+a_{2k+1}=\frac{1}{2}k(4k^2+3k+1)+[3(k+1)k+1]$

$=\frac{1}{2}[(24k^3+12k^2+12k+4)-(3k^2+6k+3)+(k+1)]$

$=\frac{1}{2}[4(k+1)^3-3(k+1)^2+(k+1)]=\frac{1}{2}(k+1)[4(k+1)^2-3(k+1)+1]$.

这就是说，若命题 $B(k)$ 成立，可以导出命题 $A(k+1)$ 也成立. 由①、②可知，对于任意的自然数 l 等式(1)、(2)都成立.

显然，这种螺旋式归纳法也适用于多个命题的情形，在原有的基础上再加入$C(n)$也是成立的.

§4.5 数列的极限

例 1 【解析】由假设，知 $x_n=\sqrt{a+x_{n-1}}$　　(1)

用数学归纳法可证 $x_{n+1}>x_n(n\in\mathbf{N})$，即数列$\{x_n\}$单调递增.

又 $0<x_{n+1}<\sqrt{a+x_n}<\sqrt{a+\sqrt{a}+1}<\sqrt{(\sqrt{a}+1)^2}=\sqrt{a}+1$.　　(2)

由(1)(2)知$\{x_n\}$单调递增有上界，从而$\lim\limits_{n\to\infty}x_n$ 存在. 设$\lim\limits_{n\to\infty}x_n=l$，对两侧取极限，有 $l=\sqrt{a+l}$，解得 $l=\frac{1+\sqrt{1+4a}}{2}$，即$\lim\limits_{n\to\infty}x_n=\frac{1+\sqrt{1+4a}}{2}$.

例 2 【解析】(1)令 $a_n=\cfrac{12}{1+\cfrac{12}{1+\cdots+\cfrac{12}{1+12}}}$(其 n 个分式)，从而 $a_n=\frac{12}{1+a_{n-1}}$，易知数列$\{a_n\}$单调递减. 由于 $0<a_n<12$，从而 $0<a_{n-1}<12$，所以 $a_n=\frac{12}{1+a_{n-1}}>\frac{12}{1+12}=\frac{12}{13}$，即 a_n 有下界. 从而极限存在，设$\lim\limits_{n\to\infty}a_n=x$，则$\lim\limits_{n\to\infty}a_n=\lim\limits_{n\to\infty}\frac{12}{1+a_{n-1}}$，即 $x=\frac{12}{1+x}$，即 $x^2+x-12=0$，又 $x>0$，解得 $x=3$. 即$\cfrac{12}{1+\cfrac{12}{1+\cdots}}=3$.

(2)令 $a_n=\sqrt{5\sqrt{5\sqrt{5\cdots\sqrt{5}}}}$($n$ 个根号)，则 $a_n=\sqrt{5a_{n-1}}$，易知$\{a_n\}$单调递增且有上界，从而极限存在. 设$\lim\limits_{n\to\infty}a_n=x$，得 $x=\sqrt{5x}$，解得 $x=5$，即$\sqrt{5\sqrt{5\sqrt{5\cdots}}}=5$.

例 3　A　【解析】内切圆的顶点的对应关系如右图所示，为了方便，我们直接用 A_n, B_n, C_n 表示 $\triangle A_nB_nC_n(n\in\mathbf{N}^*)$ 的内角，且 I_n 为 $\triangle A_nB_nC_n$ 的内心. 通过定义，可知 I_n 为 $\triangle A_{n+1}B_{n+1}C_{n+1}$ 的外心. 于是有，有 $\angle A_{n+1}=\frac{1}{2}B_{n+1}I_nC_{n+1}=\frac{1}{2}(\pi-\angle A_n)$，则 $\angle A_{n+1}-\frac{\pi}{3}=-\frac{1}{2}\left(\angle A_n-\frac{\pi}{3}\right)$. 进而，得 $\angle A_n=\left(\angle A_0-\frac{\pi}{3}\right)\left(-\frac{1}{2}\right)^n+\frac{\pi}{3}(n\in\mathbf{N}^*)$，所以 $\lim\limits_{n\to\infty}\angle A_n=\frac{\pi}{3}$.

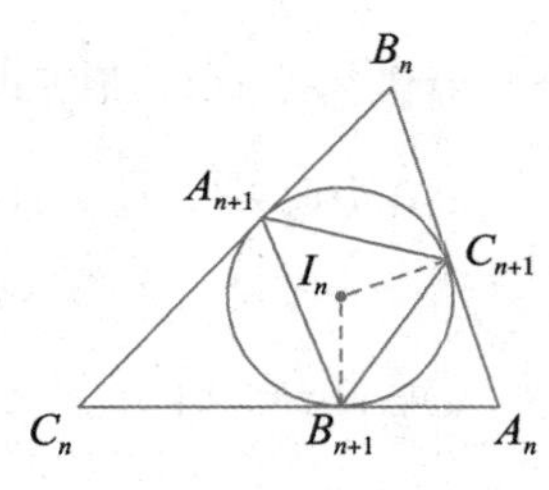

同理，$\lim\limits_{n\to\infty}\angle B_n=\frac{\pi}{3}$，$\lim\limits_{n\to\infty}\angle C_n=\frac{\pi}{3}$.

所以 $\triangle A_nB_nC_n$ 的极限情况是等边三角形. 从而选 A.

例 4　A　【解析】数列 $\left\{\left(1+\frac{1}{n}\right)^n\right\}$ 是单调递增的，理由如下：

由 $G_{n+1}\leqslant A_{n+1}$，有 $\sqrt[n+1]{\left(1+\frac{1}{n}\right)^n}=\sqrt[n+1]{\underbrace{\left(1+\frac{1}{n}\right)\cdot\cdots\cdot\left(1+\frac{1}{n}\right)}_{n个\left(1+\frac{1}{n}\right)}\cdot 1}$

$<\frac{n\cdot\left(1+\frac{1}{n}\right)+1}{n+1}=\frac{n+1+1}{n+1}=1+\frac{1}{n+1}$，所以 $\left(1+\frac{1}{n}\right)^n<\left(1+\frac{1}{n+1}\right)^{n+1}$.

令 $M=\left(1+\frac{1}{n}\right)^n$，对 M 取自然对数，得 $\ln M=n\ln\left(1+\frac{1}{n}\right)$，令 $x=\frac{1}{n}$，得 $\ln m=\frac{\ln(1+x)}{x}$，由洛必达法则，得 $\lim\limits_{x\to 0}\frac{\ln(1+x)}{x}=\lim\limits_{x\to 0}\frac{1}{1+x}=1$，即 $\lim\limits_{x\to 0}\ln m=1$.

所以 $\lim\limits_{n\to\infty}\ln M=1$，则 $\lim\limits_{n\to\infty}M=\mathrm{e}$，即 $\lim\limits_{n\to\infty}\left(1+\frac{1}{n}\right)^n=\mathrm{e}$.

从而对一切 $n\in\mathbf{N}^*$，都有 $\left(1+\frac{1}{n}\right)^n<\left(1+\frac{1}{n+1}\right)^{n+1}<3$，选 A.

例 5　【解析】(1) $\lim\limits_{n\to\infty}\left(1+\frac{1}{4n}\right)^{8n}=\lim\limits_{n\to\infty}\left[\left(1+\frac{1}{4n}\right)^{4n}\right]^2=\mathrm{e}^2$；

(2) $\lim\limits_{n\to\infty}\left(\frac{n}{n+1}\right)^{n-3}=\lim\limits_{n\to\infty}\frac{\left(1+\frac{1}{n}\right)^3}{\left(1+\frac{1}{n}\right)^n}=\frac{\lim\limits_{n\to\infty}\left(1+\frac{1}{n}\right)^3}{\lim\limits_{n\to\infty}\left(1+\frac{1}{n}\right)^n}=\frac{1}{\mathrm{e}}$；

(3) $\lim\limits_{n\to\infty}\frac{(n+1)^{n+1}}{n^n}\sin\frac{1}{n}=\lim\limits_{n\to\infty}\left(1+\frac{1}{n}\right)^{n+1}\cdot\frac{\sin\frac{1}{n}}{\frac{1}{n}}=\lim\limits_{n\to\infty}\left(1+\frac{1}{n}\right)^n\cdot\left(1+\frac{1}{n}\right)\cdot\frac{\sin\frac{1}{n}}{\frac{1}{n}}=\mathrm{e}$.

> 本例主要是利用例 4 的结论，并结合数列极限的四则运算法则进行计算.
>
> $\lim\limits_{n\to\infty}\left(1+\frac{1}{n}\right)^n=\mathrm{e}$ 是最常见的数列极限之一.

例 6　【解析】记 $x_n=\frac{1}{n^2+n+1}+\frac{2}{n^2+n+2}+\cdots+\frac{n}{n^2+n+n}$，则

$\frac{1+2+\cdots+n}{n^2+n+n}\leqslant x_n\leqslant\frac{1+2+\cdots+n}{n^2+n+1}$，即 $\frac{n(n+1)}{2(n^2+2n)}\leqslant x_n\leqslant\frac{n(n+1)}{2(n^2+n+1)}$.

因为$\lim\limits_{n\to\infty}\frac{n(n+1)}{2(n^2+2n)}=\lim\limits_{n\to\infty}\frac{n(n+1)}{2(n^2+n+1)}=\frac{1}{2}$，由夹逼定理，知

$\lim\limits_{n\to\infty}\left(\frac{1}{n^2+n+1}+\frac{2}{n^2+n+2}+\cdots+\frac{n}{n^2+n+n}\right)=\frac{1}{2}$.

夹逼定理在求数列极限中应用广泛，常与其他各种方法综合使用，起着基础性的作用.

例 7 【解析】(1)$\frac{1}{2^k}+\frac{1}{2^k+1}+\frac{1}{2^k+2}+\cdots+\frac{1}{2^{k+1}-1}<\underbrace{\frac{1}{2^k}+\frac{1}{2^k}+\cdots\frac{1}{2^k}}_{2^k个\frac{1}{2^k}}=\frac{2^k}{2^k}=1$.

(2)由(1)知$\frac{1}{2^k}+\frac{1}{2^k+1}+\frac{1}{2^k+2}+\cdots+\frac{1}{2^{k+1}-1}<1$，

故以边长为$\frac{1}{2^k}$，$\frac{1}{2^k+1}$，$\frac{1}{2^k+2}$，…，$\frac{1}{2^{k+1}-1}$的正方形可以并排放入底为 1，高为$\frac{1}{2^k}$的矩形内，而不重叠，取 $k=2,3,4,\cdots$，即底分别为$\frac{1}{2^2}+\frac{1}{2^2+1}+\cdots+\frac{1}{2^3-1}$，$\frac{1}{2^3}+\frac{1}{2^3+1}+\cdots+\frac{1}{2^4-1}$，$\frac{1}{2^4}+\frac{1}{2^4+1}+\cdots+\frac{1}{2^5-1}$，…，高分别为$\frac{1}{2^2}$，$\frac{1}{2^3}$，$\frac{1}{2^4}$，…的一系列的矩形，这些矩形的底小于 1，高的和为$\frac{1}{2^2}+\frac{1}{2^3}+\frac{1}{2^4}+\cdots$

$=\lim\limits_{n\to\infty}\frac{\frac{1}{2^2}\left(1-\frac{1}{2^n}\right)}{1-\frac{1}{2}}=\lim\limits_{n\to\infty}\frac{1}{2}\left(1-\frac{1}{2^n}\right)=\frac{1}{2}$.

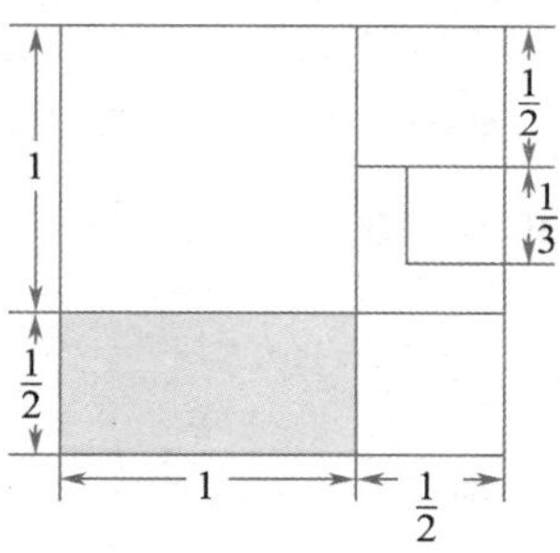

因此，以 $1,\frac{1}{2},\frac{1}{3},\cdots,\frac{1}{n},\cdots$为边长的正方形中，除了边长为 $1,\frac{1}{2},\frac{1}{3}$的正方形外，其余的正方形全部可以放入底为 1，高为$\frac{1}{2}$的矩形中(如图阴影部分)，而边长为 $1,\frac{1}{2},\frac{1}{3}$的三个方形显然可以放入底为$\frac{3}{2}$，高为 1 的矩形内(如图).

习题四

1. B 【解析】设公差为 d，则 $a_2+a_{11}+a_{14}=3a_1+24d=3a_9$，结合条件，知 $a_9=-2$，从而前 17 项的和等于 $17\cdot a_9=-34$. 故选 B.

2. C 【解析】由题，知 $a_n=a_1+2(n-1)$，从而 $b_n=a_{2^n}=a_1+2(2^n-1)$，从而 $b_1=a_1+2$，$b_2=a_1+6$，$b_3=a_1+14$，由于数列$\{b_n\}$为等比数列，从而$(a_1+6)^2=(a_1+2)(a_1+14)$，解得 $a_1=2$，从而 $b_n=2^{n+1}$，所以 $S_n=4(2^n-1)$. 故选 C.

3. B 【解析】令 $\log_2 k=x$，由题意知 $a+x,a+\frac{1}{2}x,a+\frac{1}{3}x$ 成等比数列，从而$\left(a+\frac{1}{2}x\right)^2=(a+x)\left(a+\frac{1}{3}x\right)$，解得 $x=-4a$，从而这三个数分别为$-3a,-a,-\frac{a}{3}$，进而得公比为$\frac{1}{3}$. 故选 B.

4. D 【解析】由 $S_7=7a_4=14$，得 $a_4=2$，从而 $S_5=5a_3=0$，即 $a_3=0$，所以公差 $d=a_4-a_3=2$，从而 $a_{10}=a_4+6d=2+6\times2=14$. 故选 D.

5. D 【解析】$a_p+a_q>a_k+a_l$ 等价于$(p+q-k-l)d>0$，其中 d 是等差数列的公差，于是“$p+q>k+l$”是“$a_p+a_q>a_k+a_l$”的既不充分也不必要条件. 故选 D.

6. C 【解析】对 $a_{n+1}=\dfrac{a_n}{2(2n+1)a_n+1}$ 取倒数,得 $\dfrac{1}{a_{n+1}}=\dfrac{1}{a_n}+4n+2$,从而 $\dfrac{1}{a_{n+1}}-\dfrac{1}{a_n}=4n+2$,累加,得 $\dfrac{1}{a_n}=2n^2-\dfrac{1}{2}$,进而 $a_n=\dfrac{2}{4n^2-1}=\dfrac{1}{2}\left[\dfrac{1}{n-\frac{1}{2}}-\dfrac{1}{n+\frac{1}{2}}\right]$,所以 $S_n=1-\dfrac{1}{2n+1}$,从而 $S_{2017}=\dfrac{4034}{4035}$. 故选 C.

7. A 【解析】因为 $\sum\limits_{k=1}^{n-1}(a_{k+1}-a_k)=\sum\limits_{k=1}^{n-1}(k+1)$,所以 $a_n-a_1=\dfrac{n(n+1)}{2}-1\Rightarrow\dfrac{1}{a_n}=\dfrac{2}{n(n+1)}$,

所以 $\left[\dfrac{1}{a_1}+\dfrac{1}{a_2}+\cdots+\dfrac{1}{a_{2018}}\right]=\left[2\left(1-\dfrac{1}{2019}\right)\right]<2$. 故选 A.

8. D 【解析】由累加法,得 $a_n=2^n-1,n\in\mathbf{N}^*$.

于是 $\dfrac{2^{n-1}}{a_na_{n+1}}=\dfrac{2^{n-1}}{(2^n-1)(2^{n+1}-1)}=\dfrac{1}{2}\left(\dfrac{1}{2^n-1}-\dfrac{1}{2^{n+1}-1}\right)$,于是所求数列的前 n 项和为

$T_n=\dfrac{1}{2}\left(1-\dfrac{1}{2^{n+1}-1}\right)$. 故选 D.

9. AD 【解析】由等差比数列的定义可知,等差比数列的公比不为 0,所以 A 正确;当等差数列的公差为 0,即等差数列是常数列时,等差数列不是等差比数列,所以 B 不正确;当 $\{a_n\}$ 是等比数列,当公比 $q=1$ 时,数列 $\{a_n\}$ 不是等差比数列,所以选项 C 不正确;数列 0,1,0,1,…是公比为 -1 的等差比数列,该数列中有无穷多个 0,所以选项 D 正确. 故选 AD.

10. C 【解析】由 $a_{n+1}=\dfrac{a_n}{(n-2)a_n+2}$ 两侧取倒数,得 $\dfrac{1}{a_{n+1}}=\dfrac{2}{a_n}+n-2$,则 $\dfrac{1}{a_{n+1}}+n=2\left(\dfrac{1}{a_n}+n-1\right)$,从而 $\dfrac{1}{a_n}+n-1=2^{n-1}\dfrac{1}{a_1}=2^{n-1}$,解得 $a_n=\dfrac{1}{2^{n-1}-n+1}$.

所以 $a_9=\dfrac{1}{2^8-8}=\dfrac{1}{248}$,$a_{10}=\dfrac{1}{2^9-9}=\dfrac{1}{503}$.

$\dfrac{1}{a_n}-\dfrac{1}{a_{n+1}}=2^n-n+1-(2^n-n)=1-2^{n-1}\leqslant 0$. 由于 $2^n=(1+1)^n\geqslant n+1>n$,所以 $a_n>0$.

所以 $a_n\geqslant a_{n+1}$. 又因为 $a_1=1$,所以 $0<a_n\leqslant 1$. 故答案为 C.

11. B 【解析】设需要"复制—粘贴"的次数至少为 n,则由题意知,第 1 次可以"复制—粘贴"1 张,第 2 次"复制—粘贴"2 张(包括原来设计好的那一张),第 3 次"复制—粘贴"4 张,…,第 n 次"复制—粘贴" 2^{n-1} 张,所以 $1+1+2+2^2+\cdots+2^{n-1}\geqslant 1000$,从而 $2^n\geqslant 1000$,故 $n\geqslant 10$,因此,需要"复制—粘贴"的次数至少为 10. 故选 B.

12. ABD 【解析】由题意,知 $a_n>0$ 对任意 $n\in\mathbf{N}^*$ 恒成立,故

$a_{n+3}a_{n+1}-a_{n+2}^2=6^{n+1}=6(a_{n+2}a_n-a_{n+1}^2)$,从而 $a_{n+3}a_{n+1}+6a_{n+1}^2=a_{n+2}^2+6a_{n+2}a_n$,

$a_{n+1}(a_{n+3}+6a_{n+1})=a_{n+2}(a_{n+2}+6a_n)$,$\dfrac{a_{n+3}+6a_{n+1}}{a_{n+2}}=\dfrac{a_{n+2}+6a_n}{a_{n+1}}$,

从而 $\dfrac{a_{n+2}+6a_n}{a_{n+1}}=\dfrac{a_3+6a_1}{a_2}=\dfrac{35+6\times 5}{13}=5$,因此 $a_{n+2}=5a_{n+1}-6a_n$ 对任意 $n\in\mathbf{N}^*$ 恒成立,选项 A 正确,进而选项 B 也正确. 由于 $a_2=13<4^2$,选项 C 错误;又由特征根法,可得数列 $\{a_n\}$ 的通项公式为 $a_n=2^n+3^n$. 因为 $a_6=793$,$a_7=2315$,且数列 $\{a_n\}$ 单调递增,选项 D 正确. 故本题选 ABD.

13. 135 【解析】设公共项构成的数列为 $\{c_n\}$,则 $\{c_n\}$ 是首项为 8,公差 $d=15$ 的等差数列,2018 是 $\{c_n\}$ 的最后一项,所以 $c_n=8+15(n-1)=2018$,解得 $n=135$. 故选 D.

14. 6 【解析】由累加法，可求得 $a_n=n^2-n+33(n\in\mathbf{N}^*)$，所以$\frac{a_n}{n}=n+\frac{33}{n}-1$.

构造函数 $f(x)=x+\frac{33}{x}-1(x>1$ 在$(0,\sqrt{33})$，$(\sqrt{33},+\infty)$上分别为减函数、增函数.

$5<\sqrt{33}<6$，$f(5)=10\frac{3}{5}>10\frac{1}{2}=f(6)$，所以当且仅当 $n=6$ 时，$\frac{a_n}{n}$取到最小值.

15. 49 【解析】因为$\frac{1}{\sqrt{n^2+3n+1}-n-1}-2=\frac{\sqrt{n^2+3n+1}+n+1}{n}-2=\sqrt{\frac{1}{n^2}+\frac{3}{n}+1}-1+\frac{1}{n}>0$，

又 $n>100$ 时，$\sqrt{\frac{1}{n^2}+\frac{3}{n}+1}-1+\frac{1}{n}<1+\frac{2}{n}-1+\frac{1}{n}=\frac{3}{n}<\frac{3}{101}<\frac{2}{49}$.

故 $0.49<\sqrt{n^2+3n+1}-n-1<0.5$，则其小数部分的前两位数字为 49.

16.【解析】因为 $3a_5=8a_{12}>0$，所以 $3a_5=8(a_5+7d)$，解得 $a_5=-\frac{56}{5}d>0$，所以 $d<0$，$a_1=-\frac{76}{5}d$. 故

$\{a_n\}$是首项为正数的递减数列. 由$\begin{cases}a_n\geqslant 0,\\ a_{n+1}\leqslant 0,\end{cases}$ 即$\begin{cases}-\frac{76}{5}d+(n-1)d\geqslant 0,\\ -\frac{76}{5}d+nd\leqslant 0,\end{cases}$

解得 $15\frac{1}{5}\leqslant n\leqslant 16\frac{1}{5}$，即 $a_{16}>0$，$a_{17}<0$，所以 $a_1>a_2>a_3>\cdots>a_{16}>0>a_{17}>a_{18}>\cdots$

所以 $b_1>b_2>b_3>\cdots>b_{14}>0>b_{17}>b_{18}>\cdots$

而 $b_{15}=a_{15}a_{16}a_{17}<0$，$b_{16}=a_{16}a_{17}a_{18}>0$.

所以 $S_{14}>S_{13}>\cdots>S_1$，$S_{14}>S_{15}$，$S_{15}<S_{16}$，$S_{16}>S_{17}>S_{18}>\cdots$

又 $S_{16}-S_{14}=b_{15}+b_{16}=a_{16}a_{17}(a_{15}+a_{18})=a_{16}a_{17}(-\frac{6}{5}d+\frac{9}{5}d)=\frac{3}{5}da_{16}a_{17}>0$，

所以 S_n 中，S_{16}最大，即 $n=16$ 时，S_n 取得最大值.

17.【解析】(1)因为数列$\{b_n\}$满足 $b_n-b_{n-1}=a_n(n=2,3,4,\cdots)$，所以 $b_2-b_1=a_2=-1$，

又因为 $b_1=1$，所以 $b_2=0$，所以 $a_3=b_3-b_2=1-0=1$，又因为数列$\{a_n\}$是等差数列，所以 $d=a_3-a_2=1-(-1)=2$，所以 $a_1=a_2-d=-1-2=-3$.

(2)由(1)可知，数列$\{a_n\}$是以-3 为首项，2 为公差的等差数列，所以 $a_n=-3+(n-1)\cdot 2=2n-5$. 由条件知，当 $n\geqslant 2$ 时，$b_n-b_{n-1}=2n-5$，累加可得 $b_n=n^2-4n+4$. 且 $n=1$ 时也符合. 所以 $b_n=n^2-4n+4$.

18.【解析】从三项的等差数列$\frac{1}{6}$，$\frac{1}{3}$，$\frac{1}{2}$出发，可以构造出 $n(n\in\mathbf{N}^*,n\geqslant 3)$项的等差数列$\frac{1}{n!}$，$\frac{2}{n!}$，$\cdots$，$\frac{n}{n!}$，因此存在 2017 项，使这 2017 项构成等差数列.

19.【解析】由递推式，得 $a_{n+1}-1=a_n^2-a_n=a_n(a_n-1)$，所以$\frac{1}{a_n}=\frac{1}{a_{n-1}}-\frac{1}{a_{n+1}-1}$，

从而得 $\sum\limits_{n=1}^{2018}\frac{1}{a_n}=\sum\limits_{n=1}^{2018}\left(\frac{1}{a_n-1}-\frac{1}{a_{n+1}-1}\right)=1-\frac{1}{a_{2019}-1}$，又 $a_{n+1}-a_n=(a_n-1)^2>0$，数列$\{a_n\}$单调递增，所以 $a_n\geqslant a_1=2$，特别地 $\sum\limits_{n=1}^{2018}\frac{1}{a_n}=1-\frac{1}{a_{2019}-1}<1$.

又由递推式，可得 $a_n=\dfrac{a_{n+1}-1}{a_n-1}$，从而 $a_1\cdot a_2\cdot\cdots\cdot a_n=\dfrac{a_{n+1}-1}{a_1-1}=a_{n+1}-1$.

由均值不等式及已证结论，有 $\dfrac{1}{n}>\dfrac{1}{n}\sum\limits_{k=1}^{n}\dfrac{1}{a_k}\geqslant\dfrac{1}{\sqrt[n]{a_1a_2\cdots a_n}}$.

所以 $a_1\cdot a_2\cdot\cdots\cdot a_n>n^n$，特别地，$a_{2019}-1=a_1a_2\cdots a_{2018}>2018^{2018}$.

故 $\sum\limits_{n=1}^{2018}\dfrac{1}{a_n}=1-\dfrac{1}{a_{2019}-1}>1-\dfrac{1}{2018^{2018}}$.

20.【解析】设 X_k 为满足 $a_n=a_{n+k}$，$a_n\leqslant m$ 且 $a_n\neq a_{n+1}$ 的正整数数列 $\{a_n\}(n\in\mathbf{N})$ 的个数，则有 $X_1=0$，$X_2=m(m-1)$，$X_k=(m-2)X_{k-1}+X_{k-2}(k\geqslant3)$. 解得 $X_k=(-1)^k(m-1)+(m-1)^k$. 本题有 $k=m=100$，从而 $X_k=99+99^{100}$.

第五章　微积分初步

§5.1　函数的极限

例 1　【解析】函数 $f(x)$ 在 $x=0$ 邻域 $\mathring{U}(0,1)$ 内有定义，当 x 从 0 的右侧趋近于 0 时，相应的函数值 $f(x)=1+x$ 无限趋近于 1，即 $\lim\limits_{x\to0^+}f(x)=1$；

当 x 从 0 的左侧趋近于 0 时，相应的函数值 $f(x)=1+x$ 无限趋近于 1，即 $\lim\limits_{x\to0^-}f(x)=1$；

此时有 $\lim\limits_{x\to0^+}f(x)=\lim\limits_{x\to0^-}f(x)=1$，所以 $\lim\limits_{x\to0}f(x)=1$.

只有 $f(x)$ 在 x_0 处的左、右极限都存在且相等时，$f(x)$ 在 x_0 处的极限才存在. 比如函数 $f(x)=\begin{cases}x+1,x<0,\\0,x=0,\\-1+x,x>0,\end{cases}$ 由于 $\lim\limits_{x\to0^-}f(x)=1$，$\lim\limits_{x\to0^+}=-1$，由于 $\lim\limits_{x\to0^-}f(x)\neq\lim\limits_{x\to0^+}f(x)$，所以 $f(x)$ 在 x_0 处的极限不存在.

例 2　【解析】(1) $\lim\limits_{x\to3}(4x^2-5x+1)=4\lim\limits_{x\to3}x^2-5\lim\limits_{x\to3}x+1=4\times3^2-5\times3+1=22$.

(2) $\lim\limits_{x\to1}\dfrac{x^2+3x-1}{2x^4-5}=\dfrac{\lim\limits_{x\to1}x^2+3\lim\limits_{x\to1}x-1}{2\lim\limits_{x\to1}x^4-5}=\dfrac{1^2+3\times1-1}{2\times1^4-5}=-1$.

(3) $\lim\limits_{x\to\infty}\dfrac{x^2+2x-3}{x^2-1}=\lim\limits_{x\to\infty}\dfrac{x^2\left(1+\dfrac{2}{x}-\dfrac{3}{x^2}\right)}{x^2\left(1-\dfrac{1}{x^2}\right)}=\lim\limits_{x\to\infty}\dfrac{1+\dfrac{2}{x}-\dfrac{3}{x^2}}{1-\dfrac{1}{x^2}}=1$.

(4) $\lim\limits_{x\to\infty}(\sqrt{x^2+1}-\sqrt{x^2-1})=\lim\limits_{x\to\infty}\dfrac{(\sqrt{x^2+1}-\sqrt{x^2-1})(\sqrt{x^2+1}+\sqrt{x^2-1})}{(\sqrt{x^2+1}+\sqrt{x^2-1})}$

$=\lim\limits_{x\to\infty}\dfrac{2}{(\sqrt{x^2+1}+\sqrt{x^2-1})}=0$.

通过本例，我们总结求极限的一般方法：在求极限的过程中，分母极限不能为“0”. 如果分母的极限为“0”，则要想办法去掉使分母为“0”的因式；有根式时应该想方设法进行有理化. 需要注意的是：$x\to x_0$ 表示的是 x 无限趋近 x_0，但永远不会等于 x_0.

例 3　AC　【解析】对于选项 A：由 $f'(0)=1$ 可知 $f(x)$ 在 $x=0$ 处连续. 又因为 $f(0)=1>0$，由极限的保号性，知选项 A 正确；

对于选项 B：取 $f(x)=\begin{cases}x^2+x+1, x\in\mathbf{Q},\\ -x^2+x+1, x\in\complement_{\mathrm{R}}\mathbf{Q},\end{cases}$ 即为反例，从而选项 B 不正确；

对于选项 C：由于 $f'(0)=\lim\limits_{x\to 0}\dfrac{f(x)-f(0)}{x-0}=1>0$，故由限极的保号性，知存在$\delta\in(0,1)$，当 $x\in(0,\delta)$时，$\dfrac{f(x)-f(0)}{x-0}=\dfrac{f(x)-1}{x}>0$，即 $f(x)>1$，选项 C 正确；

对于选项 D：若存在实数 $\delta\in(0,1)$，当 $x\in(-\delta,0)$时，$f(x)>1$，则由极限的保号性，知当 $x\in(-\delta,0)$时，$\dfrac{f(x)-f(0)}{x-0}<0$，所以 $f'(0)=f'_-(0)=\lim\limits_{x\to 0^-}\dfrac{f(x)-f(0)}{x-0}\leqslant 0$，这与 $f'(0)=1>0$ 矛盾，所以选项 D 错误.

故本题答案为 AC.

例 4　【证明】如右图作单位圆. 当 $0<x<\dfrac{\pi}{2}$时，

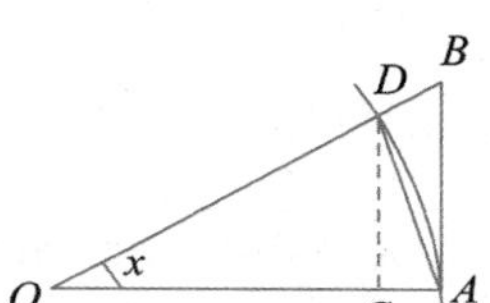

显然有$\triangle OAD$ 面积<扇形 OAD 面积<$\triangle OAB$ 面积.

即$\dfrac{1}{2}\sin x<\dfrac{1}{2}x<\dfrac{1}{2}\tan x$，$\sin x<x<\tan x$.

除以 $\sin x$，得到 $1<\dfrac{x}{\sin x}<\dfrac{1}{\cos x}$或 $1>\dfrac{\sin x}{x}>\cos x$. (1)

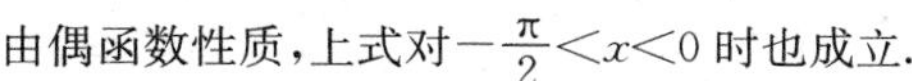
由偶函数性质，上式对$-\dfrac{\pi}{2}<x<0$ 时也成立.

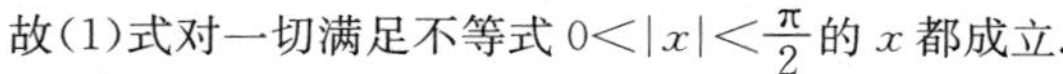
故(1)式对一切满足不等式 $0<|x|<\dfrac{\pi}{2}$的 x 都成立.

由$\lim\limits_{x\to 0}\cos x=1$ 及函数极限的迫敛性定理可得$\lim\limits_{x\to 0}\dfrac{\sin x}{x}=1$.

函数 $f(x)=\dfrac{\sin x}{x}$的图象如下图所示.

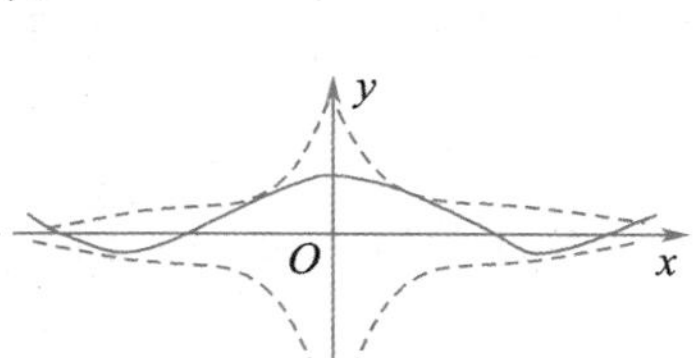

例 5　【证明】先建立一个不等式，设 $b>a>0$，于是对任一自然数 n 有

$\dfrac{b^{n+1}-a^{n+1}}{b-a}<(n+1)b^n$ 或 $b^{n+1}-a^{n+1}<(n+1)b^n(b-a)$，

整理后得不等式 $a^{n+1}>b^n[(n+1)a-nb]$　　　(1)

令 $a=1+\dfrac{1}{n+1}$，$b=1+\dfrac{1}{n}$，将它们代入(1).

由于$(n+1)a-nb=(n+1)\left(1+\dfrac{1}{n+1}\right)-n\left(1+\dfrac{1}{n}\right)=1$，

故有$\left(1+\frac{1}{n+1}\right)^{n+1}>\left(1+\frac{1}{n}\right)^{n}$，这就是说$\left\{\left(1+\frac{1}{n}\right)^{n}\right\}$为递增数列.

再令$a=1,b=1+\frac{1}{2n}$代入(1).

由于$(n+1)a-nb=(n+1)-n\left(1+\frac{1}{2n}\right)=\frac{1}{2}$，

故有$1>\left(1+\frac{1}{2n}\right)^{n}\frac{1}{2},2>\left(1+\frac{1}{2n}\right)^{n}$.

不等式两端平方后有$4>\left(1+\frac{1}{2n}\right)^{2n}$，它对一切自然数$n$成立.联系数列的单调性，由此又推得数列$\left\{\left(1+\frac{1}{n}\right)^{n}\right\}$是有界的.于是由单调有界定理知道极限$\lim\limits_{n\to\infty}\left(1+\frac{1}{n}\right)^{n}$是存在的.

例 6 【证明】所求证的极限等价于同时成立下述两个极限：

$$\lim_{x\to+\infty}\left(1+\frac{1}{x}\right)^{x}=\mathrm{e} \tag{1}$$

$$\lim_{x\to-\infty}\left(1+\frac{1}{x}\right)^{x}=\mathrm{e} \tag{2}$$

先应用例 5 中数列极限$\lim\limits_{n\to\infty}\left(1+\frac{1}{n}\right)^{n}=\mathrm{e}$，证明(1)式成立.

设$n\leqslant x<n+1$，则有$1+\frac{1}{n+1}<1+\frac{1}{x}\leqslant1+\frac{1}{n}$及$\left(1+\frac{1}{n+1}\right)^{n}<\left(1+\frac{1}{x}\right)^{x}<\left(1+\frac{1}{n}\right)^{n+1}$ (3)

作定义在$[1,+\infty)$上的阶梯函数.$f(x)=\left(1+\frac{1}{n+1}\right)^{n},n\leqslant x<n+1,g(x)=\left(1+\frac{1}{n}\right)^{n+1},n\leqslant x<n+1$.

由(3)有$f(x)<\left(1+\frac{1}{x}\right)^{x}<g(x),x\in[1,+\infty)$.

由于$\lim\limits_{x\to+\infty}f(x)=\lim\limits_{n\to\infty}\left(1+\frac{1}{n+1}\right)^{n}=\lim\limits_{n\to\infty}\dfrac{\left(1+\frac{1}{n+1}\right)^{n+1}}{1+\frac{1}{n+1}}=\mathrm{e}$，

$\lim\limits_{x\to+\infty}g(x)=\lim\limits_{n\to\infty}\left(1+\frac{1}{n}\right)^{n+1}=\lim\limits_{n\to\infty}\left(1+\frac{1}{n}\right)^{n}\left(1+\frac{1}{n}\right)=\mathrm{e}$，根据迫敛性定理便得(1)式.

现在证明(2)式.为此作代换$x=-y$，

则$\left(1+\frac{1}{x}\right)^{x}=\left(1-\frac{1}{y}\right)^{-y}=\left(1+\frac{1}{y-1}\right)^{y}=\left(1+\frac{1}{y-1}\right)^{y-1}\left(1+\frac{1}{y-1}\right)$

因为当$x\to-\infty$时，有$y-1\to+\infty$，故上式右端以e为极限，这就证得$\lim\limits_{x\to-\infty}\left(1+\frac{1}{x}\right)^{x}=\mathrm{e}$.

以后还常常用到 e 的另一种极限形式$\lim\limits_{a\to0}(1+a)^{\frac{1}{a}}=\mathrm{e}$ (4)

因为，令$a=\frac{1}{x}$，则$x\to\infty$和$a\to0$是等价的，所以，$\lim\limits_{x\to\infty}\left(1+\frac{1}{x}\right)^{x}=\lim\limits_{a\to0}(1+a)^{\frac{1}{a}}$.

例 7 【证明】设$F(x)=f(x)-f(x+a)$，函数$F(x)$在区间$[0,a]$上面连续，并且

$F(0)=f(0)-f(a)$，

$F(a)=f(a)-f(2a)=f(a)-f(0)$，

如果$f(0)-f(a)=0$，那么$x=0$就是方程$f(x)=f(x+a)$的一个根；

如果 $f(0)-f(a)\neq 0$,那么 $F(0)F(a)<0$. 根据零点存在定理可以得到,在 $(0,a)$ 内至少存在一点 c,使得 $F(c)=f(c)-f(c+a)=0$,

所以方程 $f(x)=f(x+a)$ 在 $[0,a]$ 至少存在一个根.

例 8 【证明】设 $f(x)=x^3+px+q$,则 $\lim\limits_{x\to+\infty}f(x)=+\infty$,所以 $\exists b>0$,使得 $f(b)>0$. $\lim\limits_{x\to-\infty}f(x)=-\infty$,所以 $\exists a<0$,使得 $f(a)<0$.

根据介值定理,$\exists c\in(a,b)$,使得 $f(c)=0$,即 $c^3+pc+q=0$. 再由 $p>0$,对任意 $x_2>x_1$,有 $f(x_2)-f(x_1)=x_2^3-x_1^3+p(x_2-x_1)=(x_2-x_1)(x_2^2+x_1x_2+x_1^2)+p(x_2-x_1)\geqslant(x_2-x_1)\left(\frac{x_1^2+x_2^2}{2}+p\right)>0$, $\left(x_1x_2\geqslant-\frac{x_1^2+x_2^2}{2}\right)$,

又函数 $f(x)$ 是单调递增的,所以只有一个根.

§5.2 导数的概念与几何意义

例 1 AC 【解析】由于 $f'(0)$ 存在,所以曲线 $y=f(x)$ 在 $(0,f(0))$ 处存在切线 $y-f(0)=f'(0)(x-0)$,从而选项 A 正确;对于选项 B,如果曲线 $y=f(x)$ 在 $(0,f(0))$ 处的切线为 y 轴时,$f'(0)$ 不存在,从而选项 B 错误;对于选项 C,令 $g(x)=f(x^2)$,当 $f'(0)$ 存在时,由于 $\lim\limits_{x\to0}\frac{g(x)-g(0)}{x-0}=\lim\limits_{x\to0}\left[\frac{f(x^2)-f(0)}{x^2-0}\cdot x\right]=\lim\limits_{x\to0}f'(x^2)\lim\limits_{x\to0}x=f'(0)\cdot 0=0$,从而选项 C 正确;而对于选项 D,取 $f(x)=\begin{cases}-1,-1<x<0,\\1,0\leqslant x<1,\end{cases}$ 则 $f(x^2)=1(-1<x<1)$,此时 $f(x^2)$ 在 $x=0$ 处的导数为 0,但 $f'(0)$ 处不可导,从而选项 D 错误.

因此,本题选 AC.

例 2 【证明】我们先利用导数的概念证明罗尔中值定理:

①若函数 $f(x)$ 在闭区间 $[a,b]$ 上为常函数,则 $f'(x)=0$,因而在区间 (a,b) 的任一点都可取作 ξ.

②若函数 $f(x)$ 在区间 $[a,b]$ 上不是常函数,由于 $f(x)$ 连续,从而必存在最大值 M 与最小值 m,且 M 与 m 中至少有一个与 $f(a)$ 不相等. 不妨设 $M\neq f(a)$,则在区间 (a,b) 内至少存在一点 ξ,使得 $f(\xi)=M$. 由于 $\xi\in(a,b)$,故 $f'(\xi)$ 存在. 由导数存在定理,知 $f'(\xi)=\lim\limits_{\Delta x\to0^-}\frac{f(\xi+\Delta x)-f(\xi)}{\Delta x}=\lim\limits_{\Delta x\to0^+}\frac{f(\xi+\Delta x)-f(\xi)}{\Delta x}$.

而 $f(\xi)=M$,且 M 为函数 $f(x)$ 的最大值,所以对任意 Δx,有 $f(\xi+\Delta x)-f(\xi)\leqslant0$.

从而由极限的保号性,得

$f'(\xi)=\lim\limits_{\Delta x\to0^+}\frac{f(\xi+\Delta x)-f(\xi)}{\Delta x}\leqslant0$,且 $f'(\xi)=\lim\limits_{\Delta x\to0^-}\frac{f(\xi+\Delta x)-f(\xi)}{\Delta x}\geqslant0$.

所以 $f'(\xi)=0$.

从罗尔中值定理的几何意义:一段连续曲线 $y=f(x)$ 除端点外,处处有不垂直于 x 轴的切线(即可导),且在两个端点处的纵坐标相等(即 $f(a)=f(b)$),则在该段曲线上至少有一点 $(\xi,f(\xi))$ 的切线与 x 轴平行.

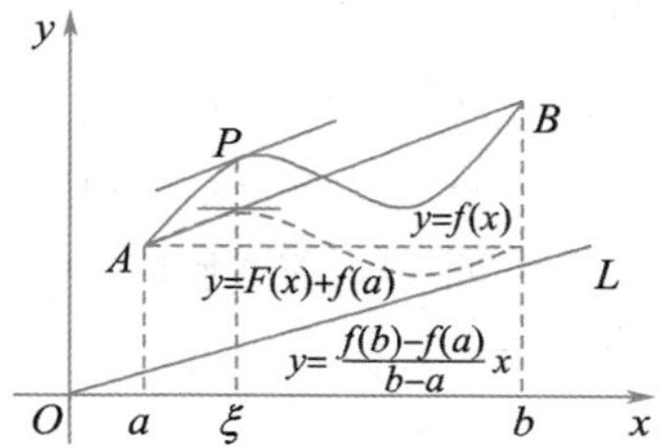

拉格朗日中值定理的条件与罗尔中值定理的条件相比较，不难发现它们相差的是函 $y=f(x)$ 在$[a,b]$上两端点的函数值$f(a)=f(b)$. 为此，可以构建一个新的函数 $F(x)$[$F(x)$要满足的条件：$F(x)$与 $f(x)$有关]，即把问题转化为满足罗尔定理的条件，然后利用罗尔定理所得到的结论来证明拉格朗日定理. 根据罗尔中值定理的几何意义，$\frac{f(b)-f(a)}{b-a}$是曲线 $y=f(x)$ 在$[a,b]$上两端点 $A(a,f(a))$，$B(b,f(b))$连线 AB 的斜率，则弦 AB 方程为：$y-f(a)=\frac{f(b)-f(a)}{b-a}(x-a)$. 用曲线 $y=f(x)$ 的纵坐标之差作辅助函数：$F(x)=f(x)-y_{AB}=f(x)-f(a)-\frac{f(b)-f(a)}{b-a}(x-a)$ 即符合罗尔中值定理$F(a)=F(b)$的条件.

(1)证明：作辅助函数 $F(x)=f(x)-f(a)-\frac{f(b)-f(a)}{b-a}(x-a)$

显然 $F(a)=F(b)=0$，且 $F(x)$满足罗尔中值定理的另两个条件. 故

至少存在一点 $\xi\in(a,b)$，使得 $F'(\xi)=f'(\xi)-\frac{f(b)-f(a)}{b-a}=0$，

移项后及得 $f'(\xi)=\frac{f(b)-f(a)}{b-a}$

另外，也可以用原点与曲线 $y=f(x)$ 在$[a,b]$上两端点的连线 AB 平行的直线 OL 代替弦 AB，而直线 OL 的方程为 $y=\frac{f(b)-f(a)}{b-a}x$. 因此，用曲线 $y=f(x)$ 的纵坐标与直线 OL 的纵坐标之差，得到另一辅助函数：$F(x)=f(x)-y_{OL}=f(x)-\frac{f(b)-f(a)}{b-a}x$.

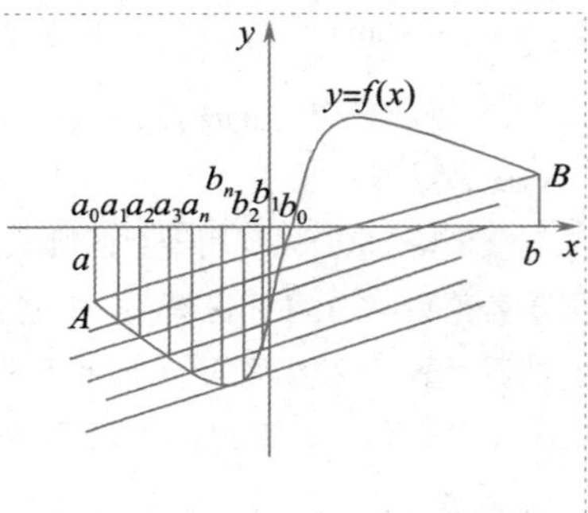

可以验证 $F(x)$在$[a,b]$上满足罗尔中值定理条件，具体证明同上.

(2)把区间$[0,1]$划分为 n 个区间：$\left[0,\frac{1}{n}\right]$，$\left(\frac{1}{n},\frac{2}{n}\right]$，$\left(\frac{2}{n},\frac{3}{n}\right]$，…，$\left(\frac{n-1}{n},1\right]$，对$f(x)$在每个区间应用拉格朗日中值定理，可得存在 $x_i\in\left(\frac{i-1}{n},\frac{i}{n}\right]$，使得

$$f\left(\frac{i-1}{n}\right)-f\left(\frac{i}{n}\right)=-\frac{1}{n}f'(x_i)(i=1,2,\cdots,n)$$

将上述 n 个等式相加即得结论.

例 3 D 【解析】对 $f(x)$求导，得 $f'(x)=e^x(x-2)$.

设切点为(x_0,y_0)，从而切线方程为 $y=e^{x_0}(x_0-2)(x-x_0)+e^{x_0}(x_0-3)$.

所以 $a=e^{x_0}(x_0-2)(-x_0)+e^{x_0}(x_0-3)=e^{x_0}(-x_0^2+3x_0-3)$

设 $g(x)=e^x(-x^2+3x-3)$，所以 $g'(x)=e^x(-x^2+x)=e^x x(1-x)$，

所以 $g(x)$在$(0,1)$上单调递增，在$(-\infty,0)$，$(1,+\infty)$上单调递减.

又 $g(0)=e^0(-3)=-3$，$g(1)=e(-1)=-e$.

所以实数 a 的取值范围是$(-3,-e)$. 故选 D.

例 4　A　【解析】设直线 $y=-x+2$ 与曲线 $y=-e^{x+a}$ 相切于点 $P(x_0,y_0)$.

因为 $y'=-e^{x+a}$，由导数的几何意义，知 $-e^{x_0+a}=-1$，

从而 $x_0=-a$，所以 $y_0=-x_0+2=2+a$.

从而切线坐标为 $P(-a,2+a)$，又点 P 在曲线 $y=-e^{x+a}$ 上，所以 $-e^{-a+a}=2+a$，解得 $a=-3$，从而选 A.

导数的几何意义是解决切线问题的最重要的工具，一般而言，若题目中没有给出切点坐标，则需要自主设点，并通过导数的几何意义，结合切点是直线与曲线的公共点，求出切点坐标即可解决.

§5.3　导数在研究函数中的应用

例 1　【解析】(1)当 $a=0$ 时，$f(x)=e^x-x^2e^x-1$，求导，得

$f'(x)=e^x-(2xe^x+x^2e^x)=-e^x(x^2+2x-1)$，令 $f'(x)=0$，

得 $x_1=-1-\sqrt{2}$，$x_2=-1+\sqrt{2}$.

当 $x\in(-1-\sqrt{2},-1+\sqrt{2})$ 时，$f'(x)>0$，$f(x)$ 单调递增；

当 $x\in(-\infty,-1-\sqrt{2})$ 和 $(-1+\sqrt{2},+\infty)$ 时，$f'(x)<0$，$f(x)$ 单调递减.

(2) $f'(x)=e^x-(2xe^x+x^2e^x)-a=-e^x(x^2+2x-1)-a$，

令 $h(x)=f'(x)=-e^x(x^2+2x-1)-a$，则 $h'(x)=-(x^2+4x+1)e^x$

因为 $x>0$，所以 $h'(x)<0$，所以 $h(x)$ 在 $(0,+\infty)$ 上单调递减.

①当 $a\geqslant1$ 时，$h(x)<h(0)=1-a\leqslant0$，即 $f'(x)<0$，所以 $f(x)$ 在 $(0,+\infty)$ 上单调递减，从而 $f(x)<f(0)=0$，不符合题意；

②当 $0<a<1$ 时，$h(0)=1-a>0$，$h(1)=-2e-a<0$，所以存在 $x_0\in(0,1)$，使得 $h(x_0)=0$，故 $x\in(0,x_0)$，$h(x)>0$，即 $f'(x)>0$.

所以 $f(x)$ 在 $(0,x_0)$ 内单调递增，从而 $f(x_0)>f(0)=0$，符合题意；

②当 $a\leqslant0$ 时，$f\left(\frac{1}{2}\right)=\frac{3}{4}\sqrt{e}-\frac{a}{2}-1>0$，符合题意.

综上所述，实数 a 的取值范围是 $(-\infty,1)$.

例 2　【解析】(1) $f'(x)=\frac{a}{ax+1}-\frac{4a}{(x+2)^2}=\frac{ax(x-4a+4)}{(ax+1)(x+2)^2}$

当 $0<a\leqslant1$ 时，$4a-4\leqslant0$，所以 $x\in(0,+\infty)$ 时，$f'(x)>0$，$f(x)$ 单调递增；

当 $a>1$ 时，$4a-4>0$，所以 $x\in(0,4a-4)$ 时，$f'(x)<0$，$f(x)$ 单调递减，$x\in(4a-4,+\infty)$ 时，$f'(x)>0$，$f(x)$ 单调递增.

(2)由(1)的讨论知，当 $0<a\leqslant1$ 时，$x\in(0,+\infty)$ 时，$f(x)$ 单调递增，$f(x)>f(0)=-2\ln2+\frac{3}{2}>0$.

当 $1<a\leqslant\frac{3}{2}$ 时，$f(x)\geqslant f(4a-4)=2\ln(2a-1)-\frac{4a(a-1)}{2a-1}-2\ln2+\frac{3}{2}$.

令 $t=2a-1$，$t\in(1,2]$，$g(t)=2\ln t-\left(t-\frac{1}{t}\right)$，

则 $g'(t)=\frac{2}{t}-\left(1+\frac{1}{t^2}\right)=-\left(\frac{1}{t}-1\right)^2<0$,则 $g(t)$单调递减,

从而 $g(t)\geqslant g(2)=2\ln2-\frac{3}{2}$,所以 $f(x)\geqslant 0$.

综上所述,$f(x)\geqslant 0$.

一般地,如果一个函数在某一范围内导数的绝对值较大,那么这个函数在这个区间内变化得快,这时,函数的图象就会越"陡峭"(向上或向下);反之,函数的图象就"平缓"一些.

例 3　BC 【解析】对 $f(x)$求导,得 $f'(x)=e^x(x-1)(x^2-3)$,

令 $f'(x)=0$,得 $x_1=1,x_2=-\sqrt{3},x_3=\sqrt{3}$.

当 $x\in(-\infty,-\sqrt{3})$时,$f'(x)<0$,$f(x)$单调递减;

当 $x\in(-\sqrt{3},1)$时,$f'(x)>0$,$f(x)$单调递增;

当 $x\in(1,\sqrt{3})$时,$f'(x)<0$,$f(x)$单调递减;

当 $x\in(\sqrt{3},+\infty)$时,$f'(x)>0$,$f(x)$单调递增.

从而可知函数 $f(x)$有两个极小值点,且 $x=1$ 为其极大值点.

故选 BC.

例 4 【解析】(1)由 $f(x)=(a-x)e^x-1$,得 $f'(x)=(a-1-x)e^x$,

令 $f'(x)=0$,则$(a-1-x)e^x=0$,所以 $x=a-1$.

当 $x\in(-\infty,a-1)$时,$f'(x)>0$;当 $x\in(a-1,+\infty)$时,$f'(x)<0$.

从而 $f(x)$单调递增区间是$(-\infty,a-1)$,单调递减区间是$(a-1,+\infty)$.

所以,当 $x=a-1$ 时,函数 $f(x)$有极大值,且极大值为 $f(a-1)=e^{a-1}-1$,没有极小值.

(2)当 $a=1$ 时,由(1)知,函数 $f(x)$在 $x=a-1=0$ 处有最大值 $f(0)=e^0-1=0$

又因为 $g(x)=(x-t)^2+\left(\ln x-\frac{m}{t}\right)^2\geqslant 0$,所以方程 $f(x_1)=g(x_2)$有解.必然存在 $x_2\in(0,+\infty)$,使

$g(x_2)=0$,所以 $x=t,\ln x=\frac{m}{t}$.

等价于方程 $\ln x=\frac{m}{x}$有解,即 $m=x\ln x$ 在$(0,+\infty)$上有解.

记 $h(x)=x\ln x,x\in(0,+\infty)$. $h'(x)=\ln x+1$,令 $h'(x)=0$,得 $x=\frac{1}{e}$.

当 $x\in\left(0,\frac{1}{e}\right)$时,$h'(x)<0$;当 $x\in\left(\frac{1}{e},+\infty\right)$时,$h'(x)>0$.

所以当 $x=\frac{1}{e}$时,$h(x)_{\min}=-\frac{1}{e}$.

所以实数 m 的最小值为$-\frac{1}{e}$.

解决双变量"存在性或任意性"关键是将含有全称量词和存在量词的条件"等价转化"为两个函数值域间的关系(或两个函数最值之间的关系),问题主要有以下三种类型:

1. 对任意 $x_1\in A$,都存在 $x_2\in B$,使得 $g(x_2)=f(x_1)$成立.

此类问题转化为"函数 $f(x)$的值域为 $g(x)$值域的子集",从而利用包含关系构建关于参数的不等式组,从而求得参数的取值范围.

2. 存在 $x_1\in A$,及 $x_2\in B$,使得 $f(x_1)=g(x_2)$成立.

此类问题的实质:函数 $f(x)$与 $g(x)$的值域的交集不是空集.若将此种类型中的两个"存在"均改为"任意",则可等价转化为"$f(x)$的值域与 $g(x)$的值域相等",从而求得参数的取值范围.

3. 对任意 $x_1\in A$,都存在 $x_2\in B$,使得 $f(x_1)<g(x_2)$成立.

此类问题转化为 $f(x)_{\max}\leqslant g(x)_{\max}$,进而求得参数的取值范围;如果将"存在 $x_2\in B$"改为"任意 $x_2\in B$",则转化为 $f(x)_{\max}\leqslant g(x)_{\min}$;如果将"任意 $x_1\in A$"改为"存在 $x_1\in A$",则转化为"$f(x)_{\min}\leqslant g(x)_{\max}$."

例 5 【解析】(1)因为 $f(x)=\ln x-\left(1-\frac{1}{x}\right)$,所以 $f'(x)=\frac{1}{x}-\frac{1}{x^2}=\frac{x-1}{x^2}$.

当 $x>1$ 时,$f'(x)>0$,所以 $f(x)$在$(1,+\infty)$内单调递增,所以 $f(x)>f(1)=0$,得证.

(2)设 $h(x)=\frac{\ln x}{x}-a(x-1)$,$x\in(1,+\infty)$.则 $h'(x)=\frac{1-\ln x}{x^2}-a=\frac{1-\ln x-ax^2}{x^2}$.

当 $a\geqslant1$ 时,$1-ax^2<0$,$\ln x>0$,所以 $h'(x)<0$,从而 $h(x)$在$(1,+\infty)$上为减函数.

所以 $h(x)<h(1)=0$ 恒成立,即不等式$\frac{\ln x}{x}<a(x-1)$对任意 $x\in(1,+\infty)$恒成立;

当 $a\leqslant0$ 时,在 $x\in(1,+\infty)$上有 $h(\mathrm{e})=\frac{1}{\mathrm{e}}-a(\mathrm{e}-1)>0$,故不合题意;

当 $0<a<1$ 时,因为 $\ln x>1-\frac{1}{x}$对任意 $x\in(1,+\infty)$恒成立;

所以 $h(x)=\frac{\ln x}{x}-a(x-1)>\frac{1-\frac{1}{x}}{x}-a(x-1)=\frac{x-1}{x^2}-a(x-1)=\frac{x-1}{x^2}(1-ax^2)$,

当 $x\in\left(1,\frac{1}{\sqrt{a}}\right)$时,$h(x)\geqslant0$,故不合题意.

综上所述,实数 a 的取值范围是$[1,+\infty)$.

例 6 【解析】(1)易知函数 $f(x)$的定义域为$(0,+\infty)$,其导函数为 $f'(x)=\frac{1-\ln x}{x^2}$.

令 $f'(x)>0$,得 $0<x<\mathrm{e}$,从而知$(0,\mathrm{e})$为 $f(x)$的增区间;

令 $f'(x)<0$,得 $x>\mathrm{e}$,从而知$(\mathrm{e},+\infty)$为 $f(x)$的减区间;

所以 $f(x)$只有一个极大值点,即为最大值点 e,从而 $f(x)_{\max}=f(\mathrm{e})=\frac{1}{\mathrm{e}}$.

(2)由已知 $x^y=y^x\Leftrightarrow\frac{\ln x}{x}=\frac{\ln y}{y}$.

由(1)知 $f(x)=\frac{\ln x}{x}$ 在 $(0,e)$ 递增，在 $(e,+\infty)$ 递减，且 $0<x<y$，

所以 $0<x<e<y$.

令 $g(x)=(2e-x)\ln x-x\ln(2e-x)(0<x<e)$，

则 $g'(x)=-\ln x+\frac{2e-x}{x}-\ln(2e-x)+\frac{x}{2e-x}=-\ln[-(x-e)^2+e^2]+\frac{2e-x}{x}+\frac{x}{2e-x}>-\ln e^2+2\sqrt{\frac{2e-x}{x}\cdot\frac{x}{2e-x}}=0$，故 $g(x)$ 在 $(0,e)$ 上递增，所以 $g(x)<g(e)=0$，

即 $\frac{\ln x}{x}<\frac{\ln(2e-x)}{2e-x}(0<x<e)$.

又 $0<x<e<y$，由 $\frac{\ln x}{x}=\frac{\ln y}{y}\Rightarrow\frac{\ln y}{y}<\frac{\ln(2e-x)}{2e-x}$，所以 $y>e,2e-x>e$.

结合 $f(x)=\frac{\ln x}{x}$ 在 $(e,+\infty)$ 递减，得 $y>2e-x$，所以 $x+y>2e$.

例 7　BD　【解析】对 $f(x)$ 求导，得 $f'(x)=(x^2+2x-3)e^x=(x+3)(x-1)e^x$.

当 $x\in(-\infty,-3)$，$f'(x)>0$；当 $x\in(-3,1)$，$f'(x)<0$；当 $x\in(1,+\infty)$ 时，$f'(x)>0$.

从而得极大值为 $f(-3)=\frac{6}{e^3}$，极小值为 $f(1)=-2e$，且 $x<-3$ 时，$f(x)>0$，从而可得 $f(x)$ 的图象如图所示：

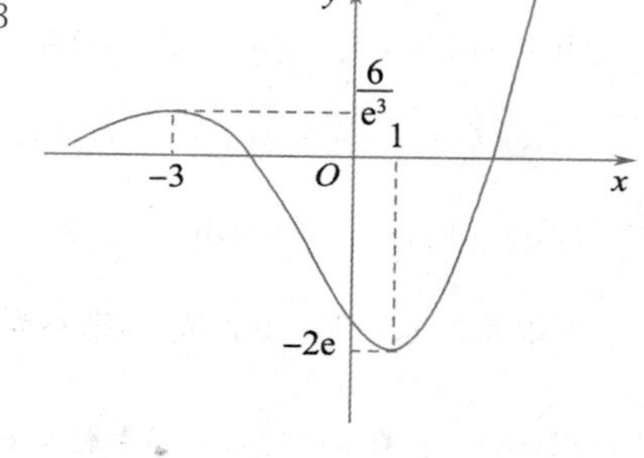

由图象可知，函数 $f(x)$ 有极大值，但没有最大值；

当 $f(x)=b$ 恰有一个实根时，$b>\frac{6}{e^3}$ 或 $b=-2e$.

当 $f(x)=b$ 恰好有三个实根时，$0<b<\frac{6}{e^3}$.

从而本题答案为 BD.

例 8　【解析】(1)当 $a=1$ 时，$g(x)=\frac{xf(x)-x}{e^x}=\frac{x^3}{e^x}$，

$g'(x)=\frac{3x^2-x^3}{e^x}=\frac{x^2(3-x)}{e^x}$.

因为 $x\geqslant 5$，所以 $g'(x)<0$，所以 $g(x)$ 在 $[5,+\infty)$ 上单调递减，

所以 $g(x)\leqslant g(5)=\frac{5^3}{e^5}<\frac{5^3}{2.7^5}<1$，即 $g(x)<1$.

(2)(**方法一**)$h(x)=1-\frac{ax^2}{e^x}$.

当 $a\leqslant 0$ 时，$h(x)>0$，从而 $h(x)$ 没有零点；

当 $a>0$ 时，$h'(x)=\frac{ax(x-2)}{e^x}$.

当 $x\in(0,2)$ 时，$h'(x)<0$；当 $x\in(2,+\infty)$ 时，$h'(x)>0$.

所以 $h(x)$ 在 $(0,2)$ 上单调递减，在 $(2,+\infty)$ 上单调递增.

故 $h(2)=1-\frac{4a}{e^2}$ 是 $h(x)$ 在 $[0,+\infty)$ 上的最小值.

①若 $h(2)>0$，即 $a<\frac{e^2}{4}$ 时，$h(x)$ 在 $(0,+\infty)$ 上没有零点；

②若 $h(2)=0$，即 $a=\frac{e^2}{4}$ 时，$h(x)$ 在 $(2,+\infty)$ 只有 1 个零点；

③若 $h(2)<0$，即 $a>\frac{e^2}{4}$ 时，由于 $h(0)=1$，所以 $h(x)$ 在 $(0,2)$ 上只有一个零点.

由(1)知，当 $x\geqslant5$ 时，$e^x>x^3$，因为 $4a>e^2>5>2$，

所以 $h(4a)=1-\frac{16a^3}{e^{4a}}>1-\frac{16a^3}{(4a)^3}>1-\frac{1}{4}=\frac{3}{4}>0$.

故 $h(x)$ 在 $(2,4a)$ 上有 1 个零点，因此 $h(x)$ 在 $(0,+\infty)$ 上有 2 个不同的零点.

综上所述，$h(x)$ 在 $(0,+\infty)$ 上有 2 个不同的零点时，实数 a 的取值范围是 $\left(\frac{e^2}{4},+\infty\right)$.

(方法二) 由于 $h(x)=1-\frac{ax^2}{e^x}$，所以 $h(x)$ 在 $(0,+\infty)$ 上零点的个数即为方程 $\frac{1}{a}=\frac{x^2}{e^x}$ 在 $(0,+\infty)$ 上实数解的个数. 令 $k(x)=\frac{x^2}{e^x}$，则 $k'(x)=\frac{2x-x^2}{e^x}=\frac{x(2-x)}{e^x}$，令 $k'(x)=0$，得 $x=2$.

当 $x\in(0,2)$ 时，$k'(x)>0$；当 $x\in(2,+\infty)$，$k'(x)<0$.

所以所以 $k(x)$ 在 $(0,2)$ 上单调递增，在 $(2,+\infty)$ 上单调递减.

所以 $k(x)$ 在 $(0,+\infty)$ 上的最大值为 $k(2)=\frac{4}{e^2}$.

由(1)知，当 $x\geqslant5$ 时，$e^x>x^3$，即当 $x\geqslant5$ 时，$0<\frac{x^2}{e^x}<\frac{1}{x}$.

因为 $\lim\limits_{x\to\infty}\frac{1}{x}=0$，所以 $\lim\limits_{x\to\infty}\frac{x^2}{e^x}=0$.

又因为 $k(0)=0$，所以当且仅当 $0<\frac{1}{a}<\frac{4}{e^2}$ 时，函数 $k(x)$ 的图象与直线 $y=\frac{1}{a}$ 在 $(0,+\infty)$ 上有 2 个不同的交点，即当 $a>\frac{e^2}{4}$ 时，函数 $h(x)$ 在 $(0,+\infty)$ 上有 2 个不同的零点.

故函数 $h(x)$ 在 $(0,+\infty)$ 上有 2 个不同的零点时，实数 a 的取值范围是 $\left(\frac{e^2}{4},+\infty\right)$.

§5.4 导数典型问题及处理策略

例 1 A 【解析】设 $P(x_1,y_1)$，$Q(x_2,y_2)$，由 $y_1=y_2=m$，得 $x_1^2-\ln x_1=x_2-1$，从而得 $|PQ|=|x_1-x_2|=|x_1^2-\ln x_1+1-x_1|$，设 $\varphi(x)=x^2-\ln x+1-x$，

则 $\varphi'(x)=2x-\frac{1}{x}-1=\frac{(2x+1)(x-1)}{x}$，令 $\varphi'(x)=0$，得 $x=1$.

当 $x\in(0,1)$ 时，$\varphi'(x)<0$；当 $x\in(1,+\infty)$ 时，$\varphi'(x)>0$.

从而 $x=1$ 为 $\varphi(x)$ 极小值点，即为最小值点，此时 $\varphi(1)=1$.

因此所求 $|PQ|$ 的最小值为 1. 故选 A.

例 2 ACD 【解析】注意到 $y=x-1$ 为函数 $g(x)$ 在点 $(1,0)$ 处的切线，如下图：

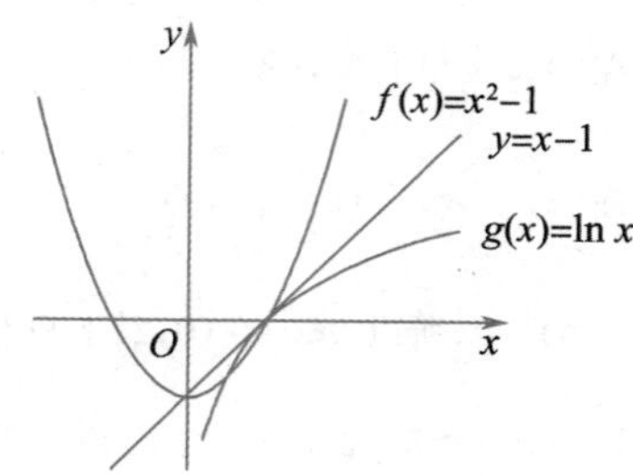

由于 $f'(1)=2\neq1$，于是 $f(x)$ 与 $g(x)$ 在点 $(1,0)$ 处相交.

又考虑到函数 $f(x)$ 下凸，函数 $g(x)$ 上凸，因此在区间 $(0,+\infty)$ 上函数 $f(x)$ 与 $g(x)$ 有两个交点 x_1,x_2 且满足 $0<x_1<x_2<1$.

由拉格朗日中值定理，知存在 $\xi_1,\xi_2\in(0,1)$，使得 $f'(\xi_1)=g'(\xi_2)=k_{AB}$（其中 A,B 是两条曲线的交点），于是曲线 $f(x)=x^2-1$ 与 $g(x)=\ln x$ 存在互相平行的切线.

从而选 ACD.

我们也可以直接考虑函数 $h(x)=x^2-1-\ln x$，求导，得 $h'(x)=\dfrac{2x^2-1}{x}$.

当 $x\in\left(0,\dfrac{\sqrt{2}}{2}\right)$ 时，$h'(x)<0$；$x\in\left(\dfrac{\sqrt{2}}{2},+\infty\right)$ 时，$h'(x)>0$.

从而 $h(x)$ 在 $\left(0,\dfrac{\sqrt{2}}{2}\right)$ 单调递减，在 $\left(\dfrac{\sqrt{2}}{2},+\infty\right)$ 上单调递增. 于是 $h(x)$ 在 $x=\dfrac{\sqrt{2}}{2}$ 处取得极小值，亦为最小值 $h\left(\dfrac{\sqrt{2}}{2}\right)=\dfrac{\ln2-1}{2}<0$.

对于选项 A、B，由于 $h(1)=0$，且 $h'(1)=1\neq0$，于是两曲线在 $(1,0)$ 处相交；

对于选项 C，当 $x=\dfrac{\sqrt{2}}{2}$ 时，有 $f'(x)=g'(x)$，对应的两条切线相互平行（事实上，只需要考虑 $f'(x)$ 与 $g'(x)$ 的取值范围有公共元素即可）；

对于选项 D，注意到 $\lim\limits_{x\to0^+}h(x)=\lim\limits_{x\to+\infty}h(x)=+\infty$，于是 $h(x)$ 有两个零点，对应的函数 $f(x)$ 与 $g(x)$ 的图象有两个交点. 从而选 ACD.

例 3 【解析】(1) $\varphi'(x)=\dfrac{1}{x}+a-\dfrac{a-1}{x^2}=\dfrac{ax^2+x-(a-1)}{x^2}=\dfrac{[ax-(a-1)](x+1)}{x^2}\ (x>0)$

①当 $a=0$ 时，$\varphi'(x)>0$ 恒成立，单调递增区间为 $(0,+\infty)$；

②当 $a>1$ 时，由 $\varphi'(x)>0$，解得 $x>\dfrac{a-1}{a}$；

③当 $a=1$ 时，由 $\varphi'(x)>0$，解得 $x>0$；

④当 $0<a<1$ 时，由 $\varphi'(x)>0$，解得 $x>0$；

⑤当 $a<0$ 时，由 $\varphi'(x)>0$，解得 $x<\dfrac{a-1}{a}$，又因为 $x>0$，从而得 $0<x<\dfrac{a-1}{a}$.

综上所述，当 $0\leqslant a\leqslant1$ 时，$\varphi(x)$ 的单调递增区间为 $(0,+\infty)$；当 $a>1$ 时，$\varphi(x)$ 的单调递增区间为 $\left(\dfrac{a-1}{a},+\infty\right)$；当 $a<0$ 时，$\varphi(x)$ 的单调递增区间为 $\left(0,\dfrac{a-1}{a}\right)$.

(2)当 $a=1$ 时,$f(x)=\ln x$,$g(x)=x-3$,从而 $h(x)=(x-3)\ln x$.

求导,得 $h'(x)=\ln x+1-\frac{3}{x}$ 单调递增;

由 $h'\left(\frac{3}{2}\right)=\ln\frac{3}{2}+1-2<0$,$h'(2)=\ln 2+1-\frac{3}{2}>0$,所以存在唯一的 $x_0\in\left(\frac{3}{2},2\right)$,使得 $h'(x_0)=0$,

即 $\ln x_0+1-\frac{3}{x_0}=0$,从而 $\ln x_0=\frac{3}{x_0}-1$.

当 $x\in(0,x_0)$ 时,$h'(x)<0$;当 $x\in(x_0,+\infty)$ 时,$h'(x_0)>0$.

所以 $h(x)$ 的最小值为 $h(x_0)=(x_0-3)\ln x_0=(x_0-3)\left(\frac{3}{x_0}-1\right)=-\frac{(x_0-3)^2}{x_0}=6-\left(x_0+\frac{9}{x_0}\right)$.

记 $r(x)=6-\left(x+\frac{9}{x}\right)\left[x\in\left(\frac{3}{2},2\right)\right]$,显然 $r(x)$ 在 $\left(\frac{3}{2},2\right)$ 上关于 x 单调递增,所以 $r\left(\frac{3}{2}\right)<h(x_0)<r(2)$,即 $h(x_0)\in\left(-\frac{3}{2},-\frac{1}{2}\right)$,由 $2\lambda\geqslant h(x)_{\min}=h(x_0)$,得 $2\lambda\geqslant h(x_0)_{\max}$,即 $2\lambda\geqslant-\frac{1}{2}$,且 λ 为整数,得 $\lambda\geqslant 0$.

所以存在整数 λ 满足题意,且 λ 的最小值为 0.

> 导数在研究函数的单调性、极值和最值方面有着重要的应用,而这些问题都离不开一个基本点,即导函数的零点. 因为导函数的零点既可能是原函数单调区间的分界点,也可能是原函数的极值点或最值点. 可以说,抓住了导函数的零点,就抓住了原函数的要点. 在高考导数压轴题中,经常会遇到导函数具有零点,但求解相对比较复杂甚至无法求解的问题. 此时,可以将这个零点只设出来而不必求解出来,然后谋求一种整体的转换和过渡,再结合其他条件,从而使问题得以最终解决,我们称这种解题方法为“虚设零点”法.

例 4 【解析】(1) $f(x)$ 的定义域为 $(0,+\infty)$,当 $a=1$ 时,$f'(x)=(x+1)\left(e^{x-1}-\frac{1}{x}\right)$.

令 $g(x)=e^{x-1}-\frac{1}{x}(x>0)$,$g'(x)=e^{x-1}+\frac{1}{x^2}$,故 $g(x)$ 在 $(0,+\infty)$ 上单调递增,

又 $g(1)=0$,从而当 $x\in(0,1)$ 时,$g(x)<g(1)=0$,此时 $f'(x)<0$,$f(x)$ 单调递减;

当 $x\in(1,+\infty)$ 时,$g(x)>g(1)=0$,此时 $f'(x)>0$,$f(x)$ 单调递增.

故 $f(x)$ 在 $(0,1)$ 内单调递减,在 $(1,+\infty)$ 内单调递增.

(2) $f'(x)=(x+1)\left(e^{x-1}-\frac{a}{x}\right)$,令 $h(x)=e^{x-1}-\frac{a}{x}$,$x\in(0,+\infty)$.

①当 $a\leqslant 0$ 时,$h(x)>0$,此时 $f'(x)>0$,$f(x)$ 单调递增,没有最小值,故 $a\leqslant 0$ 不合题意;

②当 $a>0$ 时,$h'(x)=e^{x-1}+\frac{a}{x^2}$,$h'(x)>0$,$h(x)$ 在 $(0,+\infty)$ 内单调递增,取实数 b 满足 $0<b<\min\left\{\frac{a}{2},\frac{3}{2}\right\}$,则 $e^{b-1}<e^{\frac{3}{2}-1}=\sqrt{e}$,$-\frac{a}{b}<-2$,故 $h(b)=e^{b-1}-\frac{a}{b}<\sqrt{e}-2<0$,又 $h(a+1)=e^{a}-\frac{a}{a+1}>1-\frac{a}{a+1}=\frac{1}{a+1}>0$,所以存在唯一的 $x_0\in(b,a+1)$,使得 $h(x_0)=0$,即 $a=x_0e^{x_0-1}$.

当 $x\in(0,x_0)$ 时,$h(x)<h(x_0)=0$,此时 $f'(x)<0$,$f(x)$ 递减;

当 $x\in(x_0,+\infty)$ 时,$h(x)>h(x_0)=0$,此时 $f'(x)>0$,$f(x)$ 递增.

故 $x=x_0$ 时，$f(x)$取最小值，由题设 $x_0=m$，故 $a=me^{m-1}$，$\ln a=\ln m+m-1$.

从而 $f(m)=me^{m-1}(1-m-\ln m)$，由 $f(m)\geqslant 0$，得 $1-m-\ln m\geqslant 0$.

令 $\omega(m)=1-m-\ln m$，显然 $\omega(m)$在$(0,+\infty)$上单调递减.

因为 $\omega(1)=0$，且 $1-m-\ln m\geqslant 0$，故 $0<m\leqslant 1$.

下面证明：$e^{m-1}\geqslant \ln m$，令 $n(m)=e^{m-1}-m$，则 $n'(m)=e^{m-1}-1$.

当 $m\in(0,1)$时，$n'(m)<0$，$n(m)$在$(0,1)$上单调递减，故 $m\in(0,1)$时，$n(m)\geqslant n(1)=0$，即 $e^{m-1}\geqslant m$，两边取对数，得 $\ln e^{m-1}\geqslant \ln m$，即 $m-1\geqslant \ln m$，所以 $-\ln m\geqslant 1-m$，故 $1-m-\ln m\geqslant 2(1-m)\geqslant 0$.

因为 $e^{m-1}\geqslant m>0$，所以 $f(m)=me^{m-1}(1-m-\ln m)\geqslant m^2\cdot 2(1-m)=2m^2(1-m)$.

综上所述，$f(m)\geqslant 2m^2(1-m)$.

与例 3 一样，在处理导数的零点时，由于导函数是一个超越函数，直接求其零点较为困难，这时我们只需设一个虚设一个零点 x_0，但是我们设而不求，只需进行整体的替换即可，然后在处理超越型原函数的过程中把指数函数（或对数函数）替换掉，化繁为简，把原函数转化为一个简单的二次函数，从而可以简单地处理后面的最值比较大小的问题. 这种处理方式在高考的压轴题中经常遇到.

例 5　B 【解析】因为 $f(x)=ax(a\in\mathbf{R})$有两个不同的实根 x_1,x_2，所以设 $g(x)=ax-f(x)=ax-\ln x$，则 $g'(x)=a-\frac{1}{x}=\frac{ax-1}{x}(x\in(0,+\infty))$

(1)当 $a\leqslant 0$ 时，$g'(x)<0$，$g(x)$在$(0,+\infty)$上为减函数；

(2)当 $a>0$ 时，令 $g'(x)=0$，得 $x=\frac{1}{a}$.

当 $x\in\left(0,\frac{1}{a}\right)$，$g'(x)<0$，$g(x)$为减函数；

当 $x\in\left(\frac{1}{a},+\infty\right)$时，$g'(x)>0$，$g(x)$为增函数.

由题意知 $g(x)$有两个不同的零点 x_1,x_2，所以 $a>0$，且 $g(x)_{\min}=g\left(\frac{1}{a}\right)<0$，得 $0<a<\frac{1}{e}$. 由题意，得 $\begin{cases}ax_1-\ln x_1=0,\\ax_2-\ln x_2=0,\end{cases}$两式相减，得 $a(x_1-x_2)+\ln\frac{x_2}{x_1}=0$，解得 $a=\frac{\ln\frac{x_2}{x_1}}{x_2-x_1}$. 不妨设 $x_1<x_2$，则 $x_2-x_1>0$，由于要确定 $x_1\cdot x_2$ 与$\frac{1}{a^2}$的关系，因此考虑对 $a=\frac{\ln\frac{x_2}{x_1}}{x_2-x_1}$进行平方，而$\left(\frac{\ln\frac{x_2}{x_1}}{x_2-x_1}\right)^2=\frac{\ln^2\frac{x_2}{x_1}}{x_2^2-2x_1\cdot x_2+x_1^2}$.

所以$\frac{1}{a^2}=\left(\frac{x_2-x_1}{\ln\frac{x_2}{x_1}}\right)^2$，接下来需要构造与$\frac{x_2}{x_1}$有关的函数，而$\frac{(x_2-x_1)^2}{x_1\cdot x_2}=\frac{x_2}{x_1}-2+\frac{x_1}{x_2}$，所以令$\frac{x_2}{x_1}=t>1$，

则$\frac{(x_2-x_1)^2}{x_1\cdot x_2}=\frac{x_2}{x_1}-2+\frac{x_1}{x_2}=t+\frac{1}{t}-2$，接下来需要考虑$\frac{\frac{(x_2-x_1)^2}{x_1\cdot x_2}}{\left(\ln\frac{x_2}{x_1}\right)^2}$的分子和分母的大小关系，可以构造函数 $\varphi(t)=\ln^2 t-t-\frac{1}{t}+2$.

所以 $\varphi'(t)=\frac{2}{t}\ln t-1+\frac{1}{t^2}=\frac{1}{t}\left(2\ln t-t+\frac{1}{t}\right)$.

令 $h(t)=2\ln t-t+\frac{1}{t}$，所以 $h'(t)=\frac{2}{t}-1-\frac{1}{t^2}=-\left(\frac{1}{t}-1\right)^2<0$.

所以 $h(t)$ 在 $(1,+\infty)$ 上单调递减，因为 $t\to1$ 时，$h(t)\to0$，所以 $h(t)<0$，所以 $\varphi'(t)<0$，所以 $\varphi(t)$ 在 $(1,+\infty)$ 上为减函数，又当 $t\to1$ 时，$\varphi(t)\to0$，所以 $\varphi(t)<0$，即 $\ln^2 t<t-2+\frac{1}{t}$ 在 $(1,+\infty)$ 上恒成立. 所以 $\left(\ln\frac{x_2}{x_1}\right)^2<\frac{(x_2-x_1)^2}{x_1x_2}=\frac{x_2}{x_1}-2+\frac{x_1}{x_2}$，即 $x_1x_2<\frac{(x_2-x_1)^2}{\left(\ln\frac{x_2}{x_1}\right)^2}$，所以 $x_1x_2<\frac{1}{a^2}$，从而选 B.

例 6 【解析】(1) $f(x)$ 的定义域为 $(0,+\infty)$，且 $f'(x)=2\ln x+4$. 由 $f'(x)=0$，得 $x=e^{-2}$.

当 $x\in(0,e^{-2})$ 时，$f'(x)<0$，此时 $f(x)$ 单调递减；

当 $x\in(e^{-2},+\infty)$ 时，$f'(x)>0$，此时 $f(x)$ 单调递增.

综上，$f(x)$ 的减区间是 $(0,e^{-2})$，$f(x)$ 的增区间为 $(e^{-2},+\infty)$.

(2) $k=\frac{f'(x_2)-f'(x_1)}{x_2-x_1}=\frac{2\ln x_2-2\ln x_1}{x_2-x_1}$，要证明 $x_1<\frac{2}{k}<x_2$，即证 $x_1<\frac{x_2-x_1}{\ln x_2-\ln x_1}<x_2$，等价于 $1<\frac{\frac{x_2}{x_1}-1}{\ln\frac{x_2}{x_1}}<\frac{x_2}{x_1}$. （*）

令 $t=\frac{x_2}{x_1}$（由 $x_1<x_2$，知 $t>1$），则只需证 $1<\frac{t-1}{\ln t}<t$，由 $t>1$，知 $\ln t>0$，故等价于 $\ln t<t-1<t\ln t\ (t>1)$.

①设 $g(t)=t-1-\ln t$，则当 $t>1$ 时，$g'(t)=1-\frac{1}{t}>0$，所以 $g(t)$ 在 $(1,+\infty)$ 内是增函数，当 $t>1$，$g(t)=t-1-\ln t>g(1)=0$，所以 $t-1>\ln t$；

②设 $h(t)=t\ln t-(t-1)$，则当 $t>1$ 时，$h'(t)=\ln t>0$，所以 $h(t)$ 在 $(1,+\infty)$ 内是增函数，所以当 $t>1$ 时，$h(t)=t\ln t-(t-1)>h(1)=0$，$t\ln t>t-1\ (t>1)$.

由①②知（*）式成立，所以 $x_1<\frac{2}{k}<x_2$.

上述两例均通过等价转化，将关于 x_1,x_2 的双变量问题等价转化为以 x_1,x_2 所表示的运算式为整体的单变量问题，通过整体代换转化为只有一个变量的函数式，从而使问题得到巧妙的解决，我们把这一解题思想称之为“变量统一”思想.

例 7 AD 【解析】函数 $f(x)=x\ln x$，定义域为 $(0,+\infty)$. 求导，得 $f'(x)=\ln x+1$.

当 $x\in\left(0,\frac{1}{e}\right)$ 时，$f'(x)<0$，函数 $f(x)$ 单调递减；当 $x\in\left(\frac{1}{e},+\infty\right)$ 时，$f'(x)>0$，函数 $f(x)$ 单调递增. 所以要使 $f(x_1)=f(x_2)$（不妨设 $0<x_1<x_2$）成立，必然有 $0<x_1<\frac{1}{e}<x_2$. 而在 $\left(0,\frac{1}{e}\right)$ 上，函数 $f(x)<0$，所以 $f(x_1)=f(x_2)\Rightarrow x_2\ln x_2<0$，进而得 $x_2<1$. 所以 $0<x_1<\frac{1}{e}<x_2<1$.

设 $k=f(x_1)=f(x_2)$，即 $k=x_1\ln x_1=x_2\ln x_2$，从而 $\frac{k}{x_1}+\frac{k}{x_2}=\ln x_1+\ln x_2=\ln x_1x_2$.

所以 $k(x_1+x_2)=x_1x_2\ln x_1x_2=f(x_1x_2)$. 由 $0<x_1<\frac{1}{e}<x_2<1$,知 $0<x_1x_2<x_1<\frac{1}{e}$.

而在 $\left(0,\frac{1}{e}\right)$ 上,$f'(x)<0$,函数 $f(x)$ 单调递减,所以 $k(x_1+x_2)=f(x_1x_2)>f(x_1)=k$,所以 $x_1+x_2<1$.

另外,设 $g(x)=f\left(\frac{1}{e}-x\right)-f\left(\frac{1}{e}+x\right)=\left(\frac{1}{e}-x\right)\ln\left(\frac{1}{e}-x\right)-\left(\frac{1}{e}+x\right)\ln\left(\frac{1}{e}+x\right)\left(0\leqslant x<\frac{1}{e}\right)$,

则 $g'(x)=-2-\ln\left(\frac{1}{e^2}-x^2\right)\geqslant-2-\ln\frac{1}{e^2}=0$,所以 $g(x)$ 是单调增函数,从而 $g(x)\geqslant g(0)=0$(仅在 $x=0$ 处取等号).

由于 $0<x_1<\frac{1}{e}<x_2<1$,可设 $x_1=\frac{1}{e}-\delta\left(0<\delta<\frac{1}{e}\right)$,则由 $g(\delta)>0$,得

$f(x_2)=f(x_1)=f\left(\frac{1}{e}-\delta\right)>f\left(\frac{1}{e}+\delta\right)$,即 $f(x_2)>f\left(\frac{1}{e}+\delta\right)$.

而 $\frac{1}{e}<\frac{1}{e}+\delta$,$\frac{1}{e}<x_2$,在 $\left(\frac{1}{e},+\infty\right)$ 上,函数 $f(x)$ 单调递增,所以 $x_2>\frac{1}{e}+\delta$.

所以 $x_1+x_2>\frac{1}{e}-\delta+\frac{1}{e}+\delta=\frac{2}{e}$. 从而 $\frac{2}{e}<x_1+x_2<1$,从而选项 A 正确.

考虑函数 $h(x)=x\cdot e^x$,$h'(x)=e^x(x+1)$. 类似上述论述过程 $\ln x_1+\ln x_2<-2$,即 $\sqrt{x_1x_2}<\frac{1}{e}$. 从而 D 正确.

故选 AD.

在证明 $\frac{2}{e}<x_1+x_2<1$ 时,左边是典型的 x_1+x_2 与 2 倍极值点大小关系的证明问题,即所谓的"极值点偏移"问题. 右边是一种新的题型. 通过作图可以发现:极值点 $x_0=\frac{1}{e}$ 左侧函数变化率大于 x_0 右侧. 可知,当 m 增大时,有 x_1+x_2 增大,即从 $\frac{2}{e}$ 直至趋近于 1.

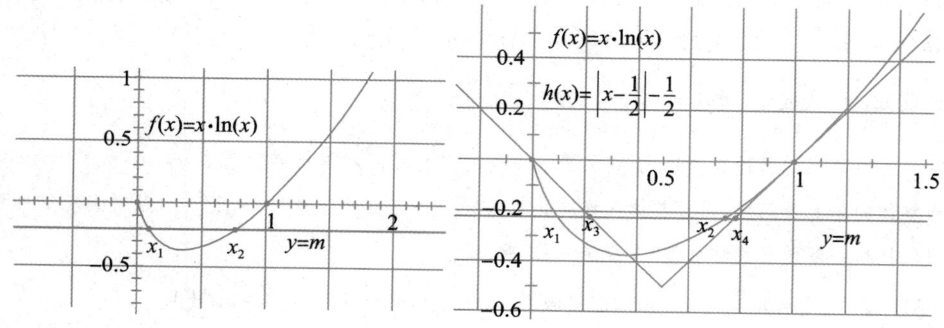

图形是直观的,但缺少严谨性. 江苏无锡王老师构造了函数 $y=\left|x-\frac{1}{2}\right|-\frac{1}{2}$. 作出草图,可得 $\left.\begin{array}{l}x_1<x_3\\x_2<x_4\\x_3+x_4=1\end{array}\right\}\Rightarrow x_1+x_2<1$,这是一种很精巧的构造.

例 8　A　【解析】设 $g(x)=f(x)-\frac{1}{6}x^3$,则 $f(x)-f(-x)=\frac{1}{3}x^3$ 转化为 $g(x)-g(-x)=0$,从而 $g(x)$

为偶函数，由于 $g'(x)=f'(x)-\frac{1}{2}x^2<0$，知 $g(x)$ 在 $(-\infty,0)$ 上单调递减，从而 $g(x)$ 在 $(0,+\infty)$ 上单调递增. 由 $f(6-a)-f(a)\geqslant -\frac{1}{3}a^3+3a^2-18a+36 \Leftrightarrow g(6-a)-g(a)\geqslant 0$，从而 $(6-a)^2\geqslant a^2$，解得 $a\leqslant 3$，从而实数 a 的取值范围是 $(-\infty,3]$. 故选 A.

对于条件中出现 $xf'(x)+f(x)$，很明显它是 $xf(x)$ 的导数，于是可以构造 $F(x)=xf(x)$，对其求导即可完成解题. 如果出现 $xf'(x)-f(x)$，则需要构造商的导数时行转化. 这些形式不仅局限于这些，还有一些其他形式的导函数的构造需要强化：

(1) $f'(x)+f(x)$ 型，一般构造 $F(x)=e^xf(x)$，此时 $F'(x)=e^x[f'(x)+f(x)]$；

(2) $xf'(x)+nf(x)$ 型，一般构造 $F(x)=x^nf(x)$，

此时 $F'(x)=x^nf'(x)+nx^{n-1}f(x)=x^{n-1}[xf'+nf(x)]$；

(3) $f'(x)-f(x)$ 型，一般构造 $F(x)=\frac{f(x)}{e^x}$，此时 $F'(x)=\frac{f'(x)-f(x)}{e^x}$；

(4) $xf'(x)-f(x)$ 型，一般构造 $F(x)=\frac{f(x)}{x^n}$，此时 $F'(x)=\frac{xf'(x)-nf(x)}{x^{n+1}}$.

例 9　B　【解析】设函数 $\varphi(x)=\frac{\sin x}{x}$，则在区间 $(0,1)$ 上 $\varphi'(x)=\frac{(x-\tan x)\cos x}{x^2}<0$.

因此函数 $\varphi(x)$ 在 $(0,1)$ 上单调递减，于是由 $0<x^2<x<1$，可得 $\lim\limits_{x\to 0}\varphi(x)>\varphi(x^2)>\varphi(x)$，即 $\frac{\sin x}{x}<\frac{\sin x^2}{x^2}<1$，进而选项 B 正确.

例 10　A　【解析】对 $f(x)$ 求导，得 $f'(x)=2e^{2x}+e^x-a$，由 $x>0$，从而 $f'(0)=3-a$.

当 $a\leqslant 3$ 时，$f'(x)\geqslant 0$，从而 $f(x)$ 在 $(0,+\infty)$ 上递增，从而 $f(x)>f(0)=2$，满足题意；

当 $a>3$ 时，$f'(0)<0$，则由函数极限的保号性知，存在 $\delta>0$，在 $(0,\delta)$ 内 $f'(x)<0$，$f(x)$ 在区间 $(0,\delta)$ 上单调递减，而 $f(0)=2$，从而不满足题意.

综上知实数 a 的取值范围是 $(-\infty,3]$，选 A.

例 11　【分析】本例的常规思路是转化为证明函数 $f(x)$ 的最小值大于 0，但在求导函数 $f'(x)=e^x-\frac{1}{x+m}$ 的零点时遇到了困难. 转而观察函数 $y=e^x$ 与 $y=\ln(x+m)$ 的图象之间的关系（当 $m=2$ 时如图 1 所示，当 $m<2$ 时如图 2 所示），从中获取解题思路.

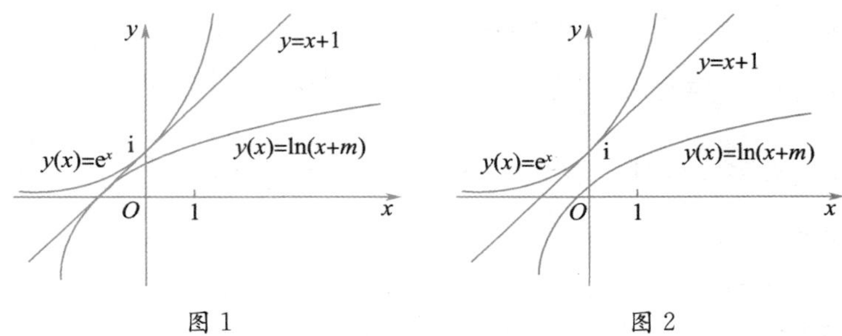

图 1　　图 2

【证明】因为 $y=e^x$ 在 $(0,1)$ 处的切线方程为 $y=x+1$，$y=\ln(x+2)$ 在 $(-1,0)$ 处的切线方程为 $y=x+1$，即 $y=x+1$ 是函数 $y=e^x$ 与函数 $y=\ln(x+2)$ 的公切线.

设 $g(x)=e^x-x-1$，则 $g'(x)=e^x-1$.

当 $x>0$ 时，$g'(x)>0$，$g(x)$ 单调递增；

当 $x<0$ 时，$g'(x)<0$，$g(x)$ 单调递减.

因为 $g(0)=0$，所以 $e^x\geqslant x+1$，当且仅当 $x=0$ 时取等号.

所以，除切点 $(0,1)$ 之外，曲线 $y=e^x$ 在直线 $y=x+1$ 的上方.

同理可证：除切点 $(-1,0)$ 之外，曲线 $y=\ln(x+2)$ 在直线 $y=x+1$ 的下方.

故 $e^x>\ln(x+2)$.

而当 $m\leqslant 2$，$x\in(-m,+\infty)$ 时，$\ln(x+m)\leqslant\ln(x+2)$ 恒成立，

故当 $m\leqslant 2$ 时，$e^x>\ln(x+m)$，即 $f(x)>0$.

本例实际上是不断放缩，利用不等式 $e^x\geqslant x+1\geqslant\ln(x+2)\geqslant\ln(x+m)$ 证明 $f(x)>0$. 要熟悉不等式 $e^x\geqslant x+1$ 及其变形 $e^{x-1}\geqslant x$，$e^x\geqslant ex$，$\ln x\leqslant x-1$，$\ln x\geqslant 1-\dfrac{1}{x}$，$\ln(x+1)\leqslant x$，$\ln(x+1)\geqslant\dfrac{x}{x+1}$，$\ln x\leqslant\dfrac{x}{e}$，$\ln x\geqslant-\dfrac{1}{ex}$ 的适用范围及等号成立的条件，这些不等式都是指、对数函数放缩时常用的不等式. 下面我们给出一些常用的放缩公式（考试时需给出证明过程）：

(1)对数放缩

（放缩成一次函数）$\ln x\leqslant x-1$，$\ln x<x$，$\ln(1+x)\leqslant x$

（放缩成双撇函数）$\ln x<\dfrac{1}{2}\left(x-\dfrac{1}{x}\right)(x>1)$，$\ln x>\dfrac{1}{2}\left(x-\dfrac{1}{x}\right)(0<x<1)$，

$\ln x<\sqrt{x}-\dfrac{1}{\sqrt{x}}(x>1)$，$\ln x>\sqrt{x}-\dfrac{1}{\sqrt{x}}(0<x<1)$，

（放缩成二次函数）$\ln x\leqslant x^2-x$，$\ln(1+x)\leqslant x-\dfrac{1}{2}x^2(-1<x<0)$，

$\ln(1+x)\geqslant x-\dfrac{1}{2}x^2(x>0)$

（放缩成类反比例函数）$\ln x\geqslant 1-\dfrac{1}{x}$，$\ln x>\dfrac{2(x-1)}{x+1}(x>1)$，$\ln x<\dfrac{2(x-1)}{x+1}(0<x<1)$，

$\ln(1+x)\geqslant\dfrac{x}{1+x}$，$\ln(1+x)>\dfrac{2x}{1+x}(x>0)$，$\ln(1+x)<\dfrac{2x}{1+x}(-1<x<0)$

(2)指数放缩

（放缩成一次函数）$e^x\geqslant x+1$，$e^x>x$，$e^x\geqslant ex$，

（放缩成类反比例函数）$e^x\leqslant\dfrac{1}{1-x}(x\leqslant 0)$，$e^x<-\dfrac{1}{x}(-1<x<0)$，

（放缩成二次函数）$e^x\geqslant 1+x+\dfrac{1}{2}x^2(x>0)$，$e^x\geqslant 1+x+\dfrac{1}{2}x^2+\dfrac{1}{6}x^3$，

(3)指对放缩

$e^x-\ln x\geqslant(x+1)-(x-1)=2$

(4)三角函数放缩

$\sin x<x<\tan x(x>0)$，$\sin x\geqslant x-\dfrac{1}{2}x^2$，$1-\dfrac{1}{2}x^2\leqslant\cos x\leqslant 1-\dfrac{1}{2}\sin^2 x$.

(5)以直线 $y=x-1$ 为切线的函数

$y=\ln x, y=e^{x-1}-1, y=x^2-x, y=1-\frac{1}{x}, y=x\ln x.$

众所周知,重要不等式(如基本不等式)在解题中有着极为重要的作用,而课本中的重要不等式 $e^x\geqslant x+1$ 及其变式 $\ln(x+1)\leqslant x(x>-1)$ 在解题中也有重要的地位. 近几年来,随着高考与强基计划招生的深入展开,以对数平均不等式 $\sqrt{ab}<\frac{a-b}{\ln a-\ln b}<\frac{a+b}{2}(a\neq b)$ 为背景及应用的试题屡见不鲜.

例 12 【证明】我们只证明当 $a\neq b$ 时, $\sqrt{ab}<L(a,b)<\frac{a+b}{2}$. 不失一般性,可设 $a>b$.

(1)先证: $\sqrt{ab}<L(a,b)$ ①

不等式①$\Leftrightarrow \ln a-\ln b<\frac{a-b}{\sqrt{ab}}\Leftrightarrow \ln\frac{a}{b}<\sqrt{\frac{a}{b}}-\sqrt{\frac{b}{a}}\Leftrightarrow 2\ln x<x-\frac{1}{x}$(其中 $x=\sqrt{\frac{a}{b}}>1$)

构造函数 $f(x)=2\ln x-\left(x-\frac{1}{x}\right),(x>1)$,则 $f'(x)=\frac{2}{x}-1-\frac{1}{x^2}=-\left(1-\frac{1}{x}\right)^2$.

因为 $x>1$ 时, $f'(x)<0$,所以函数 $f(x)$ 在 $(1,+\infty)$ 上单调递减,

故 $f(x)<f(1)=0$,从而不等式①成立;

(2)再证: $L(a,b)<\frac{a+b}{2}$ ②

不等式②$\Leftrightarrow \ln a-\ln b>\frac{2(a-b)}{a+b}\Leftrightarrow \ln\frac{a}{b}>\frac{2\left(\frac{a}{b}-1\right)}{\left(\frac{a}{b}+1\right)}\Leftrightarrow \ln x>\frac{2(x-1)}{(x+1)}$(其中 $x=\sqrt{\frac{a}{b}}>1$)

构造函数 $g(x)=\ln x-\frac{2(x-1)}{(x+1)},(x>1)$,则 $g'(x)=\frac{1}{x}-\frac{4}{(x+1)^2}=\frac{(x-1)^2}{x(x+1)^2}$.

因为 $x>1$ 时, $g'(x)>0$,所以函数 $g(x)$ 在 $(1,+\infty)$ 上单调递增,

故 $g(x)>g(1)=0$,从而不等式②成立;

综合(1)(2)知,对 $\forall a,b\in\mathbf{R}^+$,都有对数平均不等式 $\sqrt{ab}\leqslant L(a,b)\leqslant\frac{a+b}{2}$ 成立,

当且仅当 $a=b$ 时,等号成立.

§5.5 定积分

例 1 【解析】这类和式极限的计算,常化为定积分计算.

(1)由 $S_n=\frac{1}{n^2}\left(\sqrt{n^2-1}+\sqrt{n^2-2^2}+\cdots+\sqrt{n^2-(n-1)^2}\right)$

$=\frac{1}{n}\left(\sqrt{1-\left(\frac{0}{n}\right)^2}+\sqrt{1-\left(\frac{1}{n}\right)^2}+\cdots+\sqrt{1-\left(\frac{n-1}{n}\right)^2}\right)-\frac{1}{n}$

$=\frac{1}{n}\sum_{i=0}^{n-1}\sqrt{1-\left(\frac{i}{n}\right)^2}-\frac{1}{n}.$

从而 $\lim_{n\to\infty}\frac{1}{n^2}\left(\sqrt{n^2-1}+\sqrt{n^2-2}+\cdots+\sqrt{n^2-(n-1)^2}\right)$

$=\lim\limits_{n\to\infty}S_n=\lim\limits_{n\to\infty}\left[\sum\limits_{i=0}^{n-1}\frac{1}{n}\sqrt{1-\left(\frac{i}{n}\right)^2}-\frac{1}{n}\right]$

$=\lim\limits_{n\to\infty}\sum\limits_{i=1}^{n}\frac{1}{n}\sqrt{1-\left(\frac{i}{n}\right)^2}=\int_0^1\sqrt{1-x^2}\,\mathrm{d}x=\frac{\pi}{4}.$

(2) $\lim\limits_{n\to\infty}\frac{1^p+2^p+\cdots+n^p}{n^{p+1}}=\lim\limits_{n\to\infty}\frac{\left(\frac{1}{n}\right)^p+\left(\frac{2}{n}\right)^p+\cdots+\left(\frac{n}{n}\right)^p}{n}$

$=\lim\limits_{n\to\infty}\frac{1}{n}\sum\limits_{i=1}^{n}\left(\frac{i}{n}\right)^p=\int_0^1 x^p\mathrm{d}x$

$=\frac{1}{p+1}x^{p+1}\Big|_0^1=\frac{1}{p+1}[1^{p+1}-0^{p+1}]=\frac{1}{p+1}.$

例 2 【解析】令 $f(x)=x^3$.

(1)分割

在区间$[0,1]$上等间隔地插入 $n-1$ 个分点，把区间$[0,1]$等分成 n 个小区间$\left[\frac{i-1}{n},\frac{i}{n}\right](i=1,2,\cdots,n)$，

每个小区间的长度为 $\Delta x=\frac{i}{n}-\frac{i-1}{n}=\frac{1}{n}$.

(2)近似替代、求和

取 $\xi_i=\frac{i}{n}(i=1,2,\cdots,n)$，则

$\int_0^1 x^3\mathrm{d}x\approx S_n=\sum\limits_{i=1}^{n}f\left(\frac{i}{n}\right)\Delta x=\sum\limits_{i=1}^{n}\left(\frac{i}{n}\right)^3\cdot\frac{1}{n}=\frac{1}{n^4}\sum\limits_{i=1}^{n}i^3=\frac{1}{n^4}\cdot\frac{1}{4}n^2(n+1)^2=\frac{1}{4}\left(1+\frac{1}{n}\right)^2.$

(3)取极限

$\int_0^1 x^3\mathrm{d}x=\lim\limits_{n\to\infty}S_n=\lim\limits_{n\to\infty}\frac{1}{4}\left(1+\frac{1}{n}\right)^2=\frac{1}{4}.$

用定积分的概念求定积分时，我们往往将其转化为求曲线梯形面积，分为以下四个步骤：

(1)分割

把区间$[a,b]$分成 n 个小区间，进而把曲边梯形折分成一些小曲边梯形(如图②)；

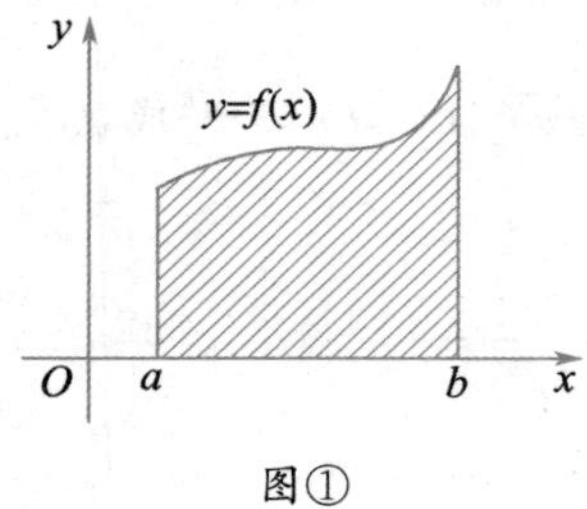

图①

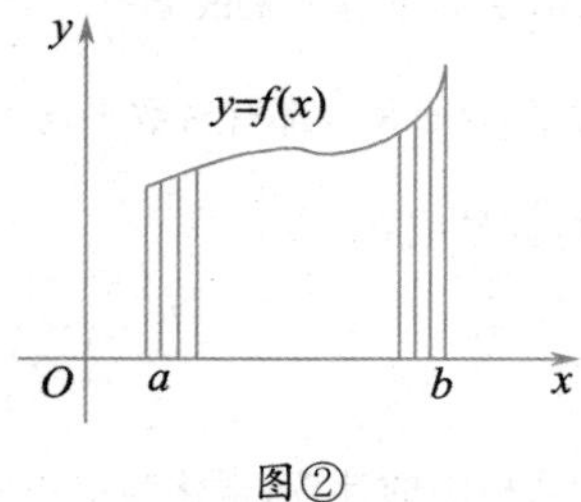

图②

(2)近似代替

对每个小曲边梯形"以直代曲"，即用小矩形的面积近似代替小曲边梯形的面积，得到每个小曲边梯形面积的近似值；

(3)求和

把以近似代替的每个小曲边梯形面积的近似值求和；

(4)取极限

当小曲边梯形的个数趋向无穷时，各小曲边梯形的面积之和趋向一个定值，即为曲边梯形的面积.

例 3 【解析】(1)因为$(\ln x)'=\frac{1}{x}$,所以$\int_1^2 \frac{1}{x}\mathrm{d}x=\ln x\Big|_1^2=\ln 2-\ln 1=\ln 2$.

(2)因为$(2^x)'=2^x\cdot\ln 2$,从而可知$\left(\frac{2^x}{\ln 2}\right)'=2^x$,

所以$\int_0^2 2^x\mathrm{d}x=\frac{2^x}{\ln 2}\Big|_0^2=\frac{1}{\ln 2}(2^2-2^0)=\frac{3}{\ln 2}$.

常见的原函数与被积函数的关系有

(1) $\int_a^b C\mathrm{d}x=Cx\Big|_a^b$($C$为常数);

(2) $\int_a^b x^n\mathrm{d}x=\frac{1}{n+1}x^{n+1}\Big|_a^b(n\neq-1)$;

(3) $\int_a^b \sin x\mathrm{d}x=(-\cos x)\Big|_a^b$;

(4) $\int_a^b \cos x\mathrm{d}x=\sin x\Big|_a^b$;

(5) $\int_a^b \frac{1}{x}\mathrm{d}x=\ln x\Big|_a^b$;

(6) $\int_a^b \mathrm{e}^x\mathrm{d}x=\mathrm{e}^x\Big|_a^b$;

(7) $\int_a^b m^x\mathrm{d}x=\frac{m^x}{\ln m}\Big|_a^b$($m>0$,且$m\neq1$);

(8) $\int_a^b \sqrt{x}\mathrm{d}x=\frac{2}{3}x^{\frac{3}{2}}\Big|_a^b$.

例 4 【解析】(1) $\int_0^2 f(x)\mathrm{d}x=\int_0^1 f(x)\mathrm{d}x+\int_1^2 f(x)\mathrm{d}x=\frac{1}{3}x^3\Big|_0^1+\left(2x-\frac{1}{2}x^2\right)\Big|_1^2=\frac{1}{3}+\frac{1}{2}=\frac{5}{6}$;

(2)由于$\cos 2x=\cos^2x-\sin^2x=(\sin x\cos x)'$,

从而$\int_0^{\frac{\pi}{2}}\cos 2x\mathrm{d}x=\sin x\cos x\Big|_0^{\frac{\pi}{2}}=\sin\frac{\pi}{2}\cos\frac{\pi}{2}-\sin 0\cos 0=0$.

利用牛顿—莱布尼茨公式结合定积分的性质求定积分的步骤为:

(1)把被积函数变形为幂函数、正弦函数、余弦函数、指数函数与常数的积的和或差;

(2)把定积分用定积分的性质变形被积函数为上述函数的定积分;

(3)分别用求导公式找到一个相应的原函数;

(4)利用牛顿—莱布尼茨公式求出各个定积分的值;

(5)计算原始定积分的值.

例 5 A 【解析】设函数$f(x)=(x-\pi)^{2n-1}(1+\sin^{2n}x)$,$f(x)$向左平移$\pi$个单位,可得函数$g(x)$,则$g(x)=f(x+\pi)=(x+\pi-\pi)^{2n-1}[1+\sin^{2n}(x+\pi)]=x^{2n-1}(1+\sin^{2n}x)$.

因为$g(-x)=(-x)^{2n-1}[1+\sin^{2n}(-x)]=-x^{2n-1}[1+\sin^{2n}x]=-g(x)$,所以$g(x)$为奇函数.由定积分的几何意义,知$\int_0^{2\pi}(x-\pi)^{2n-1}(1+\sin^{2n}x)\mathrm{d}x=\int_0^{2\pi}f(x)\mathrm{d}x=\int_{-\pi}^{\pi}g(x)\mathrm{d}x=0$.

故选 A.

本题考查了定积分的几何意义，利用函数左右平移后与 x 轴所围成的面积相等，再利用奇函数的对称性并结合定积分的几何意义实现问题的求解.

例 6　B 【解析】根据题意，阴影部分面积为 $S_1=2\int_0^{\frac{\pi}{4}}(\cos x-\sin x)\mathrm{d}x=2(\sqrt{2}-1)$，从而所求的概率为 $P=\dfrac{2(\sqrt{2}-1)}{\frac{\pi}{2}}=\dfrac{4(\sqrt{2}-1)}{\pi}$. 故选 B.

例 7　B 【解析】根据题意，细杆的质量为 $\int_0^4\sqrt{4x-x^2}\,\mathrm{d}x$，由于 $\sqrt{4x-x^2}=\sqrt{4-(x-2)^2}$，考虑其几何意义，知定积分 $\int_0^4\sqrt{4x-x^2}\,\mathrm{d}x$ 为以 $(2,0)$ 为圆心，以 2 为半径的圆与 $y\geqslant 0$ 所夹的半圆的面积，由半圆的面积为 2π，从而 $\int_0^4\sqrt{4x-x^2}\,\mathrm{d}x=2\pi$. 故选 B.

利用定积分求平面图象面积问题的常见题型及解题策略：

(1)利用定积分求平面图形面积的步骤：

①根据题意画出图形；

②借助图形确定出被积函数，求出交点坐标，确定积分上限与积分下限；

③把曲边梯形表示成若干个定积分的和；

④计算定积分，写出答案.

(2)由图形面积求参数

求解此类问题的突破口：画图，一般是先画出草图；确定积分上限与积分下限，确定被积函数，由定积分求出其面积，再由已知条件可找到关于参数的方程，从而求出参数的值.

(3)与概率相交汇的问题

解决此类问题应先利用定积分求出相应的平面图形的面积，再用相应的概率公式进行计算.

微积分基本定理揭示了导数和定积分之间的内在联系，同时它提供了计算定积分的一种有效方法. 微积分基本定理是微积分学中最重要的定理，它使微积分学蓬勃发展起来，成为一门影响深远的学科，可以毫不夸张地说，微积分基本定理是微积分学中最重要、最辉煌的成果.

习题五

1. C 【解析】由于 $f'(x)=(x^2+2x+a)\mathrm{e}^x$，由于 $f(x)$ 在 $\mathbf{R}$ 上有最小值，结合函数的图象，知 $g(x)=x^2+2x+a$ 在 $\mathbf{R}$ 上应有两个零点. 故选 C.

2. D 【解析】对函数 $y=\dfrac{4\sqrt{3}}{\mathrm{e}^x+1}$ 求导，得 $y'=\dfrac{-4\sqrt{3}\mathrm{e}^x}{(\mathrm{e}^x+1)^2}=\dfrac{4\sqrt{3}}{(\mathrm{e}^x+1)^2}-\dfrac{4\sqrt{3}}{\mathrm{e}^x+1}$. 因为 $\mathrm{e}^x\in(0,+\infty)$，那么 $1+\mathrm{e}^x\in(1,+\infty)$，令 $m=\dfrac{1}{1+\mathrm{e}^x}\in(0,1)$，所以 $y'=4\sqrt{3}(m^2-m)\in[-\sqrt{3},0)$. 根据导数的几何意义，$\tan\alpha\in[-\sqrt{3},0)$，且 $\alpha\in[0,\pi)$，那么 α 的取值范围是 $\left[\dfrac{2\pi}{3},\pi\right)$，故选 D.

3. D 【解析】$x^2-2a|x-a|-2ax+1=0$ 即 $x^2-2ax+a^2-2a|x-a|+1-a^2=0$，令 $t=|x-a|(t\geqslant 0)$，从

而上式变形为 $t^2-2a\cdot t+1-a^2=0$. 由题意知,该一元二次方程有一个正根,另一个根为 0,从而由韦达定理,得 $x_1x_2=1-a^2=0$,所以 $a=1$ 或 $a=-1$.

当 $a=-1$ 时,原方程转化为 $t^2+2t=0$,解得 $t=0$ 或 $t=-2$ 不合题意;

当 $a=1$ 时,原方程转化为 $t^2-2t=0$,解得 $t=0$ 或 $t=2$,符合题意,些时三个根分别为 $1,-1,3$. 因此实数 $a=1$. 故选 D.

4. D 【解析】当 $x>0$ 时,$-x<0$,从而 $f(-x)=(-x)\ln x+x-1$,由于 $f(x)$为奇函数,从而 $f(x)=x\ln x-x+1$,于是切点坐标为$(\mathrm{e},1)$. 由 $f'(x)=\ln x$,从而 $f'(\mathrm{e})=1$,从而切线方程为 $y=x-\mathrm{e}+1$. 故选 D.

5. C 【解析】因为 $f(x+2)=f(x)$,所以函数 $f(x)$是周期为 2 的周期函数. 又由 $f(x-2)$为奇函数,所以 $f(-x+2)=-f(x-2)$,从而 $f(-x)=-f(x)$,所以函数 $f(x)$为奇函数. 又由当$-1<x<1$ 时,$f(x)$的图象连续,且 $f'(x)>0$ 恒成立,得函数 $f(x)$在区间$(-1,1)$上单调增,而 $f\left(\frac{11}{2}\right)=f\left(6-\frac{1}{2}\right)=f\left(-\frac{1}{2}\right)$,$f\left(-\frac{15}{2}\right)=f\left(\frac{1}{2}-8\right)=f\left(\frac{1}{2}\right)$,$f(4)=f(0)$,所以 $f\left(-\frac{15}{2}\right)>f(4)>f\left(\frac{11}{2}\right)$. 故选 C.

6. B 【解析】由题意知 $S=\int_0^2\left|v(t)\right|\mathrm{d}t=\int_0^2\left|\pi\sin\pi t\right|\mathrm{d}t=\int_0^1\pi\sin\pi t\mathrm{d}t+\left|\int_1^2\pi\sin\pi t\mathrm{d}t\right|=2(-\cos\pi t)\Big|_0^1=2$. 故选 B.

7. A 【解析】$f(x)=\frac{\ln x^2}{\sqrt{x}}=\frac{2\ln x}{\sqrt{x}}$,求导,得 $f'(x)=\frac{2-\ln x}{(\sqrt{x})^3}$,令 $f'(x)=0$,得 $x=\mathrm{e}^2$.

当 $x\in(0,\mathrm{e}^2)$时,$f'(x)>0$;当 $x\in(\mathrm{e}^2,+\infty)$时,$f'(x)<0$;

从而知在区间$(0,\mathrm{e}^2)$内,$f(x)$单调递增;在$(\mathrm{e}^2,+\infty)$内,$f(x)$单调递减.

又因为 $\lim\limits_{x\to+\infty}f(x)=0$,故选 A.

8. ACD 【解析】因为$(x+y)^2=(1-z)^2\leqslant2(x^2+y^2)=2(1-z^2)$,所以$-\frac{1}{3}\leqslant z\leqslant1$,等号显然可以取到,故选项 A 对,选项 B 错误;由 $x+y+z=1$,$x^2+y^2+z^2=1$,可知 $xy+yz+zx=0$. 设 $xyz=c$,则 x,y,z 是关于 t 的方程 $t^3-t^2-c=0$ 的三个实根.

$f(t)=t^3-t^2-c$,求导可得 $f(0)$与 $f\left(\frac{2}{3}\right)$为极大值与极小值,于是

$\begin{cases}f(0)=-c\geqslant0\\ f\left(\frac{2}{3}\right)=-\frac{4}{27}-c\leqslant0\end{cases}$,所以$-\frac{4}{27}\leqslant c=xyz\leqslant0$,等号显然可以取到,故选项 C 与 D 正确.

故选 ACD.

9. C 【解析】构造函数 $g(x)=\frac{f(x)}{\sin x}$,则 $g'(x)=\frac{\sin x\cdot f'(x)-\cos x\cdot f(x)}{\sin^2x}>0$,从而$g(x)$单调递增,进而有 $2f\left(\frac{\pi}{6}\right)<\sqrt{2}f\left(\frac{\pi}{4}\right)<\frac{f(1)}{\sin1}<\frac{2}{\sqrt{3}}f\left(\frac{\pi}{3}\right)$,从而有$\sqrt{3}f\left(\frac{\pi}{6}\right)<f\left(\frac{\pi}{3}\right)$. 故选 C.

10. B 【解析】$f'(x)=\left(\int_0^{x^2}\ln(2+t)\mathrm{d}t\right)'=2x\ln(2+x^2)=0$,只有 $x=0$ 一个根. 故选 B.

11. D 【解析】由 $f(x)=2$ 有且只有三个不同的零点,得方程$|x-a|+a=\frac{3}{x}+2$ 有且只有三个不同的实根,即函数 $y=|x-a|+a$ 与 $y=\frac{3}{x}+2$ 有且只有三个不同的交点.

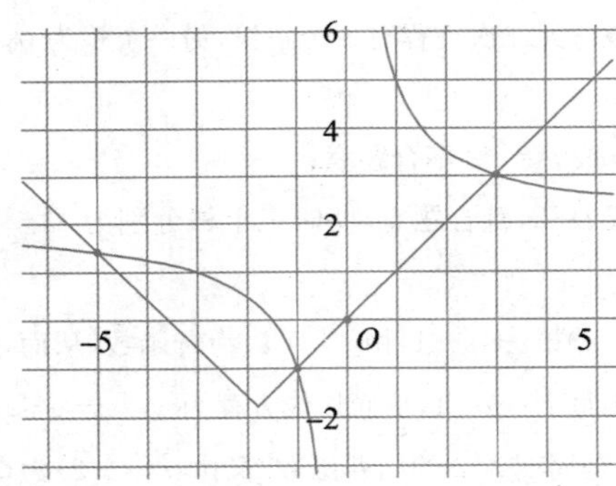
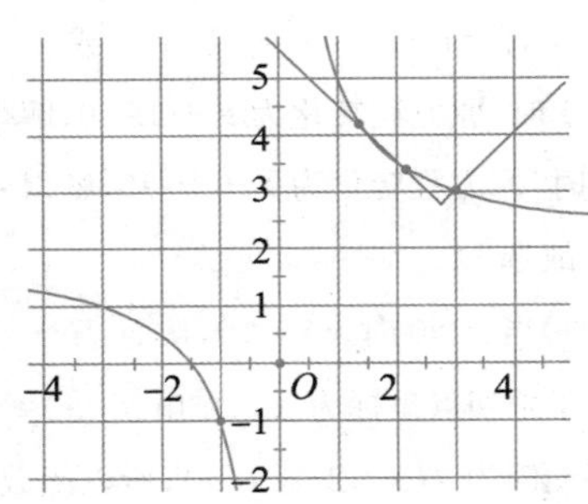

如图，作出函数 $y=\frac{3}{x}+2$ 的图象，易知直线 $y=x$ 与函数 $y=\frac{3}{x}+2$ 的图象的两交点坐标为$(-1,-1)$与$(3,3)$，又函数 $y=|x-a|+a$ 的图象是由函数 $y=|x|$ 的图象的顶点在直线 $y=x$ 上移动得到的，且当函数 $y=\frac{3}{x}+2$ 的图象和 $y=|x-a|+a$ 的图象相切时，切点$(\sqrt{3},2+\sqrt{3})$，$(-\sqrt{3},2-\sqrt{3})$，切线方程为 $y=-x+2\sqrt{3}+2$ 或 $y=-x-2\sqrt{3}+2$，又两切线与 $y=x$ 的交点分别为$(1+\sqrt{3},1+\sqrt{3})$，$(1-\sqrt{3},1-\sqrt{3})$，故 $a=1\pm\sqrt{3}$，结合图象可知实数 a 的取值范围是$(-\infty,1-\sqrt{3})\cup(1+\sqrt{3},3)$. 故选 D.

12. C 【解析】由 $0<\cos x<\frac{\pi}{2}-\sin x<\frac{\pi}{2}$，于是 $\cos(\cos x)>\cos\left(\frac{\pi}{2}-\sin x\right)=\sin(\sin x)$，且 $\sin(\cos x)<\sin\left(\frac{\pi}{2}-\sin x\right)=\cos(\sin x)$，从而选项 A 与选项 B 错误；

令 $x_1=\arctan\pi$，$x_2=\arctan\frac{4}{3}\pi$，则 $\tan(\tan x_1)-\sin(\sin x_1)<0$，

$\tan(\tan x_2)-\sin(\sin x_2)>\sqrt{3}-1>0$，根据零点存在定理，选项 C 正确；

而对于选项 D，有 $\tan(\sin x)>\sin(\tan x)$，证明如下：

设函数 $f(x)=\tan(\sin x)-\sin(\tan x)$，

则 $f'(x)=\frac{\cos x}{\cos^2(\sin x)}-\frac{\cos(\tan x)}{\cos^2 x}=\frac{\cos^3 x-\cos(\tan x)\cos^2(\sin x)}{\cos^2(\sin x)\cos^2 x}$.

(1)当 $x\in\left(0,\arctan\frac{\pi}{2}\right)$时，有 $\sin x,\tan x\in\left(0,\frac{\pi}{2}\right)$. 根据均值不等式及余弦函数在$\left(0,\frac{\pi}{2}\right)$内上凸，于是

$\sqrt[3]{\cos(\tan x)\cos^2(\sin x)}\leqslant\frac{\cos(\tan x)+2\cos(\sin x)}{3}\leqslant\cos\left(\frac{\tan x+2\sin x}{3}\right)$.

设函数 $\varphi(x)=\tan x+2\sin x-3x$，则 $\varphi'(x)=\frac{1}{\cos^2 x}+2\cos x-3>0$，结合 $\varphi(0)=0$，因此在$\left(0,\frac{\pi}{2}\right)$上，有 $\varphi(x)>\varphi(0)=0$，因此在$\left(0,\arctan\frac{\pi}{2}\right)$上，有 $x<\frac{\tan x+2\sin x}{3}$，因此在$\left(0,\arctan\frac{\pi}{2}\right)$上，有 $f'(x)>0$，结合 $f(0)=0$，可得命题成立；

(2)当 $x\in\left[\arctan\frac{\pi}{2},\frac{\pi}{2}\right)$时，$\frac{\pi}{4}<\sqrt{\frac{\pi^2}{\pi^2+4}}=\sin\left(\arctan\frac{\pi}{2}\right)\leqslant\sin x<1$，于是 $\sin(\tan x)\leqslant1<\tan(\sin x)<\tan 1$，进而 $f(x)>0$，命题成立.

综上所述，命题成立. 故选 C.

13. $\left(-\frac{1}{2e},-\frac{2}{e^4}\right)$ 【解析】记 $f(x)=xe^{-2x}+k$，求导得 $f'(x)=(1-2x)e^{-2x}$，令 $f'(x)=0$，得 $x=\frac{1}{2}$.

当 $x<\frac{1}{2}$ 时，$f'(x)>0$；当 $x>\frac{1}{2}$ 时，$f'(x)<0$；

所以 $f(x)$ 在 $\left(-\infty,\frac{1}{2}\right)$ 上为增函数，在 $\left(\frac{1}{2},+\infty\right)$ 上为减函数，所以 $f(x)$ 在点 $x=\frac{1}{2}$ 取得最大值 $f\left(\frac{1}{2}\right)=\frac{1}{2e}+k$，当且仅当 $f\left(\frac{1}{2}\right)=\frac{1}{2e}+k>0$，$f(-2)=-2e^4+k<0$，$f(2)=2e^{-4}+k<0$ 时，$xe^{-2x}+k=0$ 在区间 $(-2,2)$ 内恰有两个实根，故 k 的取值范围是 $\left(-\frac{1}{2e},-\frac{2}{e^4}\right)$.

14. 4 【解析】令 $t=\frac{x}{y}\in\left(0,\frac{1}{2}\right)$，由 $\frac{y^2-2xy+x^2}{xy-2x^2}=\frac{1-2t+t^2}{t-2t^2}=-\frac{1}{2}+\frac{3t-2}{2(2t^2-t)}$.

令 $f(t)=-\frac{1}{2}+\frac{3t-2}{2(2t^2-t)}\left[t\in\left(0,\frac{1}{2}\right)\right]$，则 $f'(t)=-\frac{3t^2-4t+1}{(2t^2-t)^2}=-\frac{(3t-1)(t-1)}{(2t^2-t)^2}$.

令 $f'(t)=0$，解得 $t=\frac{1}{3}$ 或 $t=1$(舍).

当 $0<t<\frac{1}{3}$ 时，$f'(t)<0$；当 $\frac{1}{3}<t<\frac{1}{2}$ 时，$f'(t)>0$.

所以当 $t=\frac{1}{3}$ 时，$f(t)$ 取得最小值 $f\left(\frac{1}{3}\right)=4$.

15. $\left[\frac{\pi}{4},+\infty\right)$ 【解析】由 $f(-x)+f(x)=\cos x$，令 $f_1(x)=f(x)-\frac{1}{2}\cos x$，则

$f_1(-x)+f_1(x)=f(-x)-\frac{1}{2}\cos(-x)+f(x)-\frac{1}{2}\cos x=f(-x)+f(x)-\cos x=0$，

所以 $f_1(x)$ 为奇函数. 因为 $x\leqslant 0$ 时，$f'(x)\geqslant\frac{1}{2}$ 成立，所以当 $x\leqslant 0$ 时，$f'_1(x)=f'(x)+\frac{1}{2}\sin x\geqslant 0$ 成立，所以 $f_1(x)$ 在 $(-\infty,0]$ 上单调递增，所以 $f_1(x)$ 在 **R** 上单调递增. 因为 $f(t)\geqslant f\left(\frac{\pi}{2}-t\right)+\frac{\sqrt{2}}{2}\cos\left(t+\frac{\pi}{4}\right)$，即为 $f(t)-\frac{1}{2}\cos t\geqslant f\left(\frac{\pi}{2}-t\right)-\frac{1}{2}\cos\left(\frac{\pi}{2}-t\right)$，所以 $f_1(t)\geqslant f_1\left(\frac{\pi}{2}-t\right)$，所以 $t\geqslant\frac{\pi}{2}-t$，所以 $t\geqslant\frac{\pi}{4}$.

16. $(0,+\infty)$ 【解析】设 $g(x)=\frac{f(x)}{e^x}$，$g'(x)=\frac{f'(x)-f(x)}{e^x}<0$，所以 $g(x)$ 是 **R** 上的减函数，由于 $f(x)+\pi^{2018}$ 为奇函数，所以 $f(0)=-\pi^{2018}$，从而 $g(0)=-\pi^{2018}$，因为 $f(x)+\pi^{2018}e^x<0\Leftrightarrow\frac{f(x)}{e^x}<-\pi^{2018}$，即 $g(x)<g(0)$，结合单调性知，不等式的解集为 $(0,+\infty)$.

17.【解析】(1)易知函数 $f(x)$ 定义域为 $(-1,+\infty)$，$f'(x)=mx-2+\frac{1}{x+1}$，$f'(0)=-1$. 从而 $f(x)$ 在 $(0,1)$ 处的切线方程为 $y=-x+1$. 由切线与 $y=f(x)$ 图象只有一个公共点，所以 $\frac{1}{2}mx^2-x+\ln(x+1)=0$ 有且只有一个实数解，显然 $x=0$ 时成立.

令 $g(x)=\frac{1}{2}mx^2-x+\ln(x+1)$，则 $g'(x)=mx-1+\frac{1}{x+1}=\frac{mx\left[x-\left(\frac{1}{m}-1\right)\right]}{x+1}$.

①当 $m=1$ 时，$g'(x)\geqslant 0$，函数在 $(-1,+\infty)$ 上单调递增，$x=0$ 是唯一的实数解；

②当 $m>1$ 时，由 $g'(x)=0$ 得 $x_1=0, x_2=\frac{1}{m}-1\in(-1,0)$，从而有 $x=x_2$ 是极大值点，且 $g(x_2)>g(0)=0$，又当 $x\to -1$ 时，$g(x)\to -\infty$，因此 $g(x)=0$ 在 $(-1,x_2)$ 内也有一解，矛盾.

综上所述，$m=1$.

(2)因为 $f'(x)=\frac{mx^2+(m-2)x-1}{x+1}(x>-1)$，

所以 $f'(x)<0\Leftrightarrow mx^2+(m-2)x-1<0(x>-1)$.

令 $h(x)=mx^2+(m-2)x-1<0(x>-1)$，因为 $m\geqslant 1$ 且 $h(-1)=1$，所以 $h(x)=0$ 在 $(-1,+\infty)$ 上有两个不同的实数解 a,b，即 $h(x)=mx^2+(m-2)x-1<0(x>-1)$ 的解集为 (a,b)，故存在单调减区间 $[a,b]$，则 $t=b-a=\sqrt{1+\frac{4}{m^2}}$，因为 $m\geqslant 1$，所以 $1<\sqrt{1+\frac{4}{m^2}}\leqslant\sqrt{5}$.

所以 $t=b-a$ 的取值范围为 $(1,\sqrt{5}]$.

18.【解析】(1) $f(x)$ 与 $g(x)$ 的交点为 (x_0,y_0)，由 $\begin{cases}3x_0^2-9=6x_0,\\ x_0^3-9x_0=3x_0^2+a\end{cases}$，解得 $x_0=-1$ 或 $x_0=3$，解得 a 的值为 5 或 -27.

(2)令 $h(x)=x^3-3x^2-9x$，则 $y=h(x)$ 的图象在直线 $y=a$ 下方的部分对应点的横坐标 $x\in(-\infty,b)$，

$h'(x)=3x^2-6x-9$，令 $h'(x)=0$，解得 $x_1=-1, x_2=3$.

当 $x\in(-\infty,-1)$ 时，$h'(x)>0$；当 $x\in(-1,3)$ 时，$h'(x)<0$；当 $x\in(3,+\infty)$ 时，$h'(x)>0$.

从而 $h(x)$ 的极大值为 $h(-1)=5$，极小值为 $h(3)=-27$.

因为 $h(a^2+5)=(a^2+5)(a^4+7a^2+1)>a^2+5\geqslant 2\sqrt{5}|a|$，即 $h(a^2+5)>a$；

$h(-a^2-2)=-(a^2+2)(a^4+7a^2+1)<-(a^2+2)\leqslant -2\sqrt{2}|a|$，即 $h(-a^2-2)<a$.

(或者：因为当 $x\to +\infty$ 时，$h(x)\to +\infty$；当 $x\to -\infty$ 时，$h(x)\to -\infty$)

所以 $a>5$，或 $a\leqslant -27$ 满足条件.

(3)由(2) $h(x)=x^3-3x^2-9x$，$h'(x)=3x^2-6x-9$，$h''(x)=6x-6$，令 $h''(x)=0$，解得 $x=1$，此时 $h(x)=-11$，函数的对称中心为 $(1,-11)$，方程 $f(x)=g(x)$ 有三个不同的解 x_1,x_2,x_3，且它们可以构成等差数列，实数 a 的值为 -11.

19.【解析】令 $h(x)=f(x)+1$. 则当 $a<0$ 时，对任意实数 $x_1,x_2\in[0,2]$，$f(x_1)+1\geqslant g(x_2)$ 恒成立，即当 $a<0$ 时，对任意实数 $x_1,x_2\in[0,2]$，$h(x_1)\geqslant g(x_2)$ 恒成立，等价于当 $a<0$ 时，对任意实数 $x_1,x_2\in[0,2]$，$h(x)_{\min}\geqslant g(x)_{\max}$ 恒成立.

当 $a<0$ 时，由 $h(x)=\frac{x}{1+x}-a\ln(1+x)+1$，得

$$h'(x)=\frac{1}{(1+x)^2}-\frac{a}{1+x}=\frac{1-a-ax}{(1+x)^2}=-\frac{ax-(1-a)}{(1+x)^2}(x>-1)$$

当 $a<0$ 时，对任意的 $x\in[0,2]$，都有 $h'(x)>0$，

所以 $h(x)$ 在 $[0,2]$ 上单调递增，从而 $h(x)$ 的最小值为 $h(0)=1$.

$g(x)$ 的导数 $g'(x)=2xe^{mx}+x^2e^{mx}\cdot m=(mx^2+2x)e^{mx}$,

当 $m=0$ 时，$g(x)=x^2$，$x\in[0,2]$ 时，$g(x)_{\max}=g(2)=4$，显然不满足 $g(x)_{\max}\leqslant 1$；

当 $m\neq 0$ 时，令 $g'(x)=0$，得 $x_1=0$，$x_2=-\dfrac{2}{m}$.

①当 $-\dfrac{2}{m}\geqslant 2$，即 $-1\leqslant m\leqslant 0$ 时，在 $[0,2]$ 上 $g'(x)\geqslant 0$，所以 $g(x)$ 在 $[0,2]$ 单调递增；

所以 $g(x)_{\max}=g(2)=4e^{2m}$，只需要 $4e^{2m}\leqslant 1$，得 $m\leqslant -\ln 2$，则 $-1\leqslant m\leqslant -\ln 2$；

②当 $0<-\dfrac{2}{m}<2$，即 $m<-1$ 时，在 $\left[0,-\dfrac{2}{m}\right]$，$g'(x)\geqslant 0$，$g(x)$ 单调递增，在 $\left[-\dfrac{2}{m},2\right]$，$g'(x)\leqslant 0$，$g(x)$ 单调递减，所以 $g(x)_{\max}=g\left(-\dfrac{2}{m}\right)=\dfrac{4}{m^2e^2}$,

只需 $\dfrac{4}{m^2e^2}\leqslant 1$，解得 $m\leqslant -\dfrac{2}{e}$，则 $m<-1$；

③当 $-\dfrac{2}{m}<0$，即 $m>0$ 时，显然在 $[0,2]$ 上 $g'(x)\geqslant 0$，$g(x)$ 单调递增，

$g(x)_{\max}=g(2)=4e^{2m}$，但 $4e^{2m}\leqslant 1$ 不成立.

综上所述，实数 m 的取值范围是 $(-\infty,-\ln 2]$.

20.【解析】(1)当 $m=1$ 时，$f(x)=e^{x-1}-x\ln x$，$f'(x)=e^{x-1}-\ln x-1$.

令 $g(x)=e^{x-1}-x$，则 $g'(x)=e^{x-1}-1$,

当 $x>1$ 时，$g'(x)>0$；当 $0<x<1$ 时，$g'(x)<0$.

故 $g(x)$ 在 $(0,1)$ 上单调递减，在 $(1,+\infty)$ 上单调递增，

所以 $g(x)\geqslant g(1)=0$，即 $e^{x-1}\geqslant x$（当且仅当 $x=1$ 时等号成立）.

令 $h(x)=x-1-\ln x(x>0)$，则 $h'(x)=\dfrac{x-1}{x}$

当 $0<x<1$ 时，$h'(x)<0$；当 $x>1$ 时，$h'(x)>0$.

故 $h(x)$ 在 $(0,1)$ 上单调递减，在 $(1,+\infty)$ 上单调递增.

所以 $h(x)\geqslant h(1)=0$，即 $x\geqslant \ln x+1$（当且仅当 $x=1$ 时等号成立）

从而 $f'(x)=e^{x-1}-\ln x-1\geqslant x-(\ln x+1)\geqslant 0$（当且仅当 $x=1$ 时等号成立）

所以当 $x\in(0,+\infty)$ 时，$f'(x)\geqslant 0$.

(2)因为 $f(x)$ 有两个极值点，即 $f'(x)=e^{x-m}-\ln x-m$ 有两个变号零点.

①当 $m\leqslant 1$ 时，$f'(x)=e^{x-m}-\ln x-m\geqslant e^{x-1}-\ln x-1$，由(1)知 $f'(x)\geqslant 0$，则 $f(x)$ 在 $(0,+\infty)$ 内单调递增，没有极值点；

②当 $m>1$ 时，令 $F(x)=f'(x)$，则 $F'(x)=e^{x-m}-\dfrac{1}{x}$.

因为 $F'(1)=e^{1-m}-1<0$，$F'(m)=1-\dfrac{1}{m}>0$，且 $F'(x)$ 在 $(0,+\infty)$ 内单调递增，所以存在 $x_0\in(1,m)$，使得 $F'(x_0)=0$.

当 $x\in(0,x_0)$ 时，$F'(x)<0$；当 $x\in(x_0,+\infty)$ 时，$F'(x)>0$.

所以 $F(x)$ 在 $(0,x_0)$ 上单调递减，在 $(x_0,+\infty)$ 上单调递增.

从而 $F(x)$ 在 $x=x_0$ 处取得极小值，即最小值 $F(x_0)=e^{x_0-m}-\ln x_0-m$.

由 $F'(x_0)=0$，得 $m=x_0+\ln x_0$，则 $F(x_0)=\dfrac{1}{x_0}-x_0-2\ln x_0$

令 $G(x)=\dfrac{1}{x}-x-2\ln x(1<x<m)$，则 $G'(x)=-\dfrac{1}{x^2}-\dfrac{2}{x}-1<0$，所以 $G(x)$ 在 $(1,m)$ 上单调递减.

所以 $G(x)<G(1)=0$，即 $F(x_0)<0$

又 $x\to0$ 时，$F(x)\to+\infty$；当 $x\to+\infty$ 时，$F(x)\to+\infty$.

故 $F(x)$ 在 $(0,+\infty)$ 上有两个变号的零点，从而 $f(x)$ 有两个极值点.

所以 $m>1$ 满足题意.

综上所述，$f(x)$ 有两个极值点时，m 的取值范围是 $(1,+\infty)$.

21.【证明】(1)当 $a>0$ 时，$f'(x)=ae^x+(ax+1)e^x=(ax+a+1)e^x$，由 $f'(x)>0$，得 $x>-\dfrac{a+1}{a}$，所以 $f(x)$ 在 $\left(-\infty,-\dfrac{a+1}{a}\right)$ 上单调递减，在 $\left(-\dfrac{a+1}{a},+\infty\right)$ 上单调递增.

所以 $x=-\dfrac{a+1}{a}$ 时，$f(x)$ 取最小值，即最小值为 $-ae^{-\frac{a+1}{a}}$.

当 $a>0$ 时，$\dfrac{a+1}{a}=1+\dfrac{1}{a}>1$，所以 $-\dfrac{a+1}{a}<-1$，因为 $0<e^{-\frac{a+1}{a}}<\dfrac{1}{e}$，所以 $-ae^{-\frac{a+1}{a}}>-\dfrac{a}{e}$，即 $f(x)+\dfrac{a}{e}>0$.

(2)当 $a=-\dfrac{1}{2}$ 时，$f(x)=(-\dfrac{1}{2}x+1)e^x$，则 $f'(x)=\dfrac{1}{2}(1-x)e^x$，所以 $x\in(1,+\infty)$ 时，$f'(x)<0$；$x\in(-\infty,1)$ 时，$f'(x)>0$，

令 $F(x)=f(x)-f(2-x)$，$F(x)=\left(-\dfrac{1}{2}x+1\right)e^x-\dfrac{1}{2}xe^{2-x}$，

$F'(x)=\dfrac{1}{2}(1-x)(e^x-e^{2-x})$，

当 $x\in(1,+\infty)$ 时，$1-x<0$，$x>2-x$，$e^x-e^{2-x}>0$，所以 $F'(x)<0$，$F(x)$ 单调递减；

所以 $F(x)<F(1)=f(1)-f(1)=0$，即 $f(x)-f(2-x)<0$，所以当 $x\in(1,+\infty)$，$f(x)<f(2-x)$.

又 $f(x)$ 在 $(-\infty,1)$ 内是增函数，在 $(1,+\infty)$ 内是减函数，$x_1\neq x_2$，且 $f(x_1)=f(x_2)$，所以 x_1,x_2 不在同一单调区间内，不妨设 $x_1<1<x_2$，由上可知：$f(x_2)<f(2-x_2)$.

因为 $f(x_1)=f(x_2)$，所以 $f(x_1)<f(2-x_2)$.

因为 $x_1<1$，$2-x_2<1$，又 $f(x)$ 在 $(-\infty,1)$ 内是增函数，所以 $x_1<2-x_2$，即 $x_1+x_2<2$.

22.【证明】(1)我们证明当 $n>0$ 时，有 $f(x)>x+x^2$.

令 $g(x)=f(x)-x-x^2$，则有 $g'(x)=e^x+\sin x-1-2x$，$g''(x)=e^x+\cos x-2$，$g'''(x)=e^x-\sin x>1-\sin x\geqslant0$，从而知 $g''(x)$ 单调递增，从而 $g''(x)>g''(0)=0$，这样 $g'(x)$ 单调递增，所以 $g'(x)>g'(0)=0$.

从而又可知 $g(x)$ 单调递增，从而 $g(x)>g(0)=0$，即 $f(x)>x+x^2$.

利用这一点，立即得到 $a_{n-1}=f(a_n)>a_n+a_n^2$.

(2)我们先对 n 用数学归纳法证明 $a_n\leqslant\frac{1}{\sqrt{n}}$.

当 $n=1$ 时，$a_1=1$，结论成立；

假设当 $n=m-1$ 时，有 $a_{m-1}\leqslant\frac{1}{\sqrt{m-1}}$(其中 $m\geqslant2$). 如果 $a_m>\frac{1}{\sqrt{m}}$，则

$a_{m-1}>a_m+a_m^2>\frac{1}{\sqrt{m}}+\frac{1}{m}$.

注意到 $\frac{1}{\sqrt{m-1}}-\frac{1}{\sqrt{m}}=\frac{\sqrt{m}-\sqrt{m-1}}{\sqrt{m(m-1)}}=\frac{1}{(\sqrt{m}+\sqrt{m-1})\sqrt{m(m-1)}}<\frac{1}{m\sqrt{m-1}}<\frac{1}{m}$,

可知 $a_{m-1}>\frac{1}{\sqrt{m-1}}$，与归纳假设矛盾. 因此 $a_m\leqslant\frac{1}{\sqrt{m}}$.

这样，当 $k\geqslant1$ 时，有 $a_k\leqslant\frac{1}{\sqrt{k}}<\frac{2}{\sqrt{k}+\sqrt{k-1}}=2(\sqrt{k}-\sqrt{k-1})$.

令 k 从 1 到 n 求和，就得到 $\sum\limits_{k=1}^{n}a_k<2\sqrt{n}$

(3)当 $x>0$ 时，由 $f'(x)=\mathrm{e}^x+\sin x\geqslant\mathrm{e}^x-1\geqslant0$，所以 $f(x)$ 在 $(0,+\infty)$ 上递增.

下证当 $x\leqslant0$ 时，$f(x)\leqslant\frac{x}{1-x}$.

设 $h(x)=\mathrm{e}^x-\cos x-\frac{x}{1-x}$，则 $h'(x)=\mathrm{e}^x+\sin x-\frac{1}{(1-x)^2}$,

$h''(x)=\mathrm{e}^x+\cos x+\frac{2}{(1-x)^3}$，$h'''(x)=\mathrm{e}^x-\sin x-\frac{6}{(1-x)^4}<1+1-6<0$，从而 $h''(x)\leqslant h''(0)=0$,

所以 $h'(x)<h'(0)=0$，所以 $h(x)\leqslant h(0)=0$，所以 $f(x)\leqslant\frac{x}{1-x}$. 再用数学归纳法证明 $a_k\geqslant\frac{1}{k}$.

由 $a_1=1$，结论对 $k=1$ 时成立；

假设 $a_{k-1}\geqslant\frac{1}{k-1}$，则 $f\left(\frac{1}{k}\right)\leqslant\frac{\frac{1}{k}}{1-\frac{1}{k}}=\frac{1}{k-1}\leqslant a_{k-1}=f(a_k)$，所以 $a_k\geqslant\frac{1}{k}$.

$$\sum_{k=1}^{n}a_k>1+\frac{1}{2}+\frac{1}{3}+\frac{1}{4}+\frac{1}{5}+\frac{1}{6}+\frac{1}{7}+\frac{1}{8}+\cdots+\frac{1}{n}$$

$$\geqslant1+\frac{1}{2}+\frac{1}{4}+\frac{1}{4}+\frac{1}{8}+\frac{1}{8}+\frac{1}{8}+\frac{1}{8}+\cdots+\frac{1}{2^m}+\cdots+\frac{1}{2^m}$$

$$=\frac{m+2}{2}.$$

因此取 $m=4030$，$n=2^{4030}$ 时，$\sum\limits_{k=1}^{n}a_k>2016$.

第六章 三角函数

§6.1 三角比

例 1 【解析】(1)因为半径为 r,圆心角为 $n°$的扇形的弧长公式与面积公式分别为 $l=\frac{n\pi r}{180}$和 $S=\frac{n\pi r^2}{360}$,将 $n°$转化为弧度,得 $\alpha=\frac{n\pi}{180}\Rightarrow l=\alpha r, S=\frac{1}{2}\alpha r^2\Rightarrow S=\frac{1}{2}l\cdot r$.

(2)设扇形的半径为 $r$cm,则弧长为 $l=(20-2r)$cm,扇形的面积 $S=\frac{1}{2}(20-2r)r=-(r-5)^2+25(0<r<10)$.

当 $r=5$cm 时,$l=10$cm,$\alpha=\frac{l}{r}=2$rad.

所以当 $\alpha=2$rad 时,S 取得最大值,且最大值为 25cm^2.

例 2 A 【解析】**(方法一)**记$\sin^2x=m$,$\sin^2y=n$,则$\tan^2x=\frac{m}{1-m}$,$\tan^2y=\frac{n}{1-n}$.

从而$\frac{\tan^2x+\tan^2y}{1+\tan^2x+\tan^2y}=\sin^2x+\sin^2y$ 可化为$\frac{\frac{m}{1-m}+\frac{n}{1-n}}{1+\frac{m}{1-m}+\frac{n}{1-n}}=m+n$,

即$\frac{m+n-2mn}{1-mn}=m+n$,整理得 $mn(m+n-2)=0$,从而 $mn=0$ 或 $m+n=2$(舍),

从而 $m=0$ 或 $n=0$,从而 $\sin x\cdot\sin y=m\cdot n=0$. 选 A.

(方法二)令 $a=\tan^2x\geqslant0$,$b=\tan^2y\geqslant0$,从而

$\frac{\tan^2x+\tan^2y}{1+\tan^2x+\tan^2y}=\sin^2x+\sin^2y=\frac{\sin^2x}{\sin^2x+\cos^2x}+\frac{\sin^2y}{\sin^2y+\cos^2y}=\frac{\tan^2x}{1+\tan^2x}+\frac{\tan^2y}{1+\tan^2y}$,

从而$\frac{a+b}{1+a+b}=\frac{a}{1+a}+\frac{b}{1+b}\geqslant\frac{a}{1+a+b}+\frac{b}{1+a+b}=\frac{a+b}{1+a+b}$,于是“=”成立.

故 $a=0$ 或 $b=0$,进而有 $\sin x\cdot\sin y=0$. 选 A.

例 3 D 【解析】由平方关系,得$\frac{\cos x}{\sqrt{1-\sin^2x}}-\frac{\sin x}{\sqrt{1-\cos^2x}}=\frac{\cos x}{|\cos x|}-\frac{\sin x}{|\sin x|}=2$,从而 $\cos x>0$,$\sin x<0$,

从而 x 为第四象限角. 结合题干,得 $x\in\left(\frac{3}{2}\pi,2\pi\right)$,从而选 D.

例 4 $\frac{11}{16}$ 【解析】由 $\sin x+\cos x=\frac{1}{2}$及平方关系,知 $1+2\sin x\cos x=\frac{1}{4}$,解得 $\sin x\cos x=-\frac{3}{8}$,从而$\sin^3x+\cos^3x=(\sin x+\cos x)(\sin^2x-\sin x\cos x+\cos^2x)=\frac{1}{2}\left(1+\frac{3}{8}\right)=\frac{11}{16}$.

例 5 A 【解析】先看充分性:

(方法一)若$\triangle ABC$ 是锐角三角形,则有 $0<\frac{\pi}{2}-\angle B<\angle A<\frac{\pi}{2}$,所以 $\sin A>\sin\left(\frac{\pi}{2}-B\right)=\cos B$,同理可得 $\sin B>\cos C$,$\sin C>\cos A$,故

$\sin A+\sin B+\sin C>\cos A+\cos B+\cos C$.

(方法二)若$\triangle ABC$是锐角三角形,有

$\sin B+\sin C>\sin B+\sin\left(\frac{\pi}{2}-B\right)=\sin B+\cos B>1$,

同理,$\sin C+\sin A>1$,$\sin A+\sin B>1$,于是,得

$\sin A+\sin B+\sin C=\sin(B+C)+\sin(C+A)+\sin(A+B)$

$=(\sin B+\sin C)\cos A+(\sin C+\sin A)\cos B+(\sin A+\sin B)\cos C$

$>\cos A+\cos B+\cos C$.

从而充分性成立.

再看必要性:

由于当$A=\frac{\pi}{2}$,$B=C=\frac{\pi}{4}$时,不等式成立,而此时$\triangle ABC$不是锐角三角形. 从而必要性不成立. 从而选 A.

事实上,$\triangle ABC$为钝角三角形时,$\sin A+\sin B+\sin C>\cos A+\cos B+\cos C$不一定成立.

例 6　C　【解析】$f(x)=\dfrac{2\cos\left(\frac{\pi}{2}-x\right)}{1+\frac{1}{x^2}}=\dfrac{2x^2\sin x}{1+x^2}\left(x\in\left[-\frac{3\pi}{4},0\right)\cup\left(0,\frac{3\pi}{4}\right]\right)$,首先知该函数为奇函数,从而排除选项 A. 由于$f\left(\frac{\pi}{4}\right)>0$,排除选项 D.

又由于$f'(x)=\frac{2x}{(1+x^2)^2}[(x+x^3)\cos x+2\sin x]$,从而$f'\left(\frac{\pi}{2}\right)>0$,于是知函数$f(x)$在$x=\frac{\pi}{2}$附近单调递增. 从而选 C.

例 7　A　【解析】由$\sin(\pi+\theta)=2\sin\left(\frac{\pi}{2}-\theta\right)$,得$\sin\theta=-2\cos\theta$,

从而$\dfrac{3\sin\theta+4\cos\theta}{\sin\theta-2\cos\theta}=\dfrac{-6\cos\theta+4\cos\theta}{-2\cos\theta-2\cos\theta}=\dfrac{-2}{-4}=\dfrac{1}{2}$,选 A.

例 8　【证明】左边$=\cos\alpha\left(\dfrac{2}{\cos\alpha}+\dfrac{\sin\alpha}{\cos\alpha}\right)\left(\dfrac{1}{\cos\alpha}-\dfrac{2\sin\alpha}{\cos\alpha}\right)$

$=\dfrac{1}{\cos\alpha}(2+\sin\alpha)(1-2\sin\alpha)=\dfrac{1}{\cos\alpha}(2-3\sin\alpha-2\sin^2\alpha)$

$=\dfrac{1}{\cos\alpha}(2\cos^2\alpha-3\sin\alpha)=2\cos\alpha-3\tan\alpha=$右边.

一般来说,三角恒等式的证明都是从最复杂处开始,从复杂向简单进行证明. 在证明的过程中,"切割化弦"即把非正弦和非余弦的三角比都转化为正弦与余弦的方法,在三角变换中有着十分广泛的应用.

§6.2　三角公式(一)

例 1　$-\frac{59}{72}$　【解析】$(\sin\alpha+\sin\beta)^2=\sin^2\alpha+\sin^2\beta+2\sin\alpha\sin\beta=\frac{1}{4}$,

$(\cos\alpha+\cos\beta)^2=\cos^2\alpha+\cos^2\beta+2\cos\alpha\cos\beta=\frac{1}{9}$，

将上述两式相加，得 $2+2\cos(\alpha-\beta)=\frac{1}{4}+\frac{1}{9}=\frac{13}{36}$，从而 $\cos(\alpha-\beta)=-\frac{59}{72}$.

例 2　C 【解析】由 $0<\alpha<\frac{\pi}{2}$，$\cos\alpha=\frac{1}{7}$ 及 $\sin^2\alpha+\cos^2\alpha=1$，得 $\sin\alpha=\frac{4\sqrt{3}}{7}$.

又 $0<\beta<\alpha<\frac{\pi}{2}$，知 $0<\alpha-\beta<\frac{\pi}{2}$. 因为 $\cos(\alpha-\beta)=\frac{13}{14}$，所以 $\sin(\alpha-\beta)=\frac{3\sqrt{3}}{14}$，

所以 $\cos\beta=\cos[\alpha-(\alpha-\beta)]=\cos\alpha\cos(\alpha-\beta)+\sin\alpha\sin(\alpha-\beta)$

$=\frac{1}{7}\times\frac{13}{14}+\frac{4\sqrt{3}}{7}\times\frac{3\sqrt{3}}{14}=\frac{49}{7\times14}=\frac{1}{2}$.

从而选 C.

例 3　B 【解析】原式 $=\frac{\sin(4x-3x)}{\cos4x\cos3x}+\frac{\sin(3x-2x)}{\cos3x\cos2x}+\frac{\sin(2x-x)}{\cos2x\cos x}+\frac{\sin x}{\cos x}$

$=\frac{\sin4x\cos3x-\cos4x\sin3x}{\cos4x\cos3x}+\frac{\sin3x\cos2x-\cos3x\sin2x}{\cos3x\cos2x}+\frac{\sin2x\cos x-\cos2x\sin x}{\cos2x\cos x}+\frac{\sin x}{\cos x}$

$=(\tan4x-\tan3x)+(\tan3x-\tan2x)+(\tan2x-\tan x)+\tan x$

$=\tan4x$.

由 $x=\frac{\pi}{24}$，从而 $\tan4x=\tan\frac{\pi}{6}=\frac{\sqrt{3}}{3}$. 选 B.

例 4　$\left[-\frac{5}{2},10\right)$ 【解析】易知 $\sin x\neq0,\cos x\neq0$，则 $x\neq\frac{k}{2}\pi(k\in\mathbf{Z})$，从而 $\cos4x\in[-1,1)$，故

$y=\frac{\sin9x}{\sin x}+\frac{\cos9x}{\cos x}=\frac{\sin(8x+x)}{\sin x}+\frac{\cos(8x+x)}{\cos x}$

$=\frac{\sin8x\cos x+\cos8x\sin x}{\sin x}+\frac{\cos8x\cos x-\sin8x\sin x}{\cos x}$

$=2\cos8x+\sin8x\left(\frac{\cos x}{\sin x}-\frac{\sin x}{\cos x}\right)$

$=2\cos8x+\sin8x\,\frac{\cos^2x-\sin^2x}{\sin x\cos x}$

$=2\cos8x+2\sin8x\,\frac{\cos2x}{\sin2x}$

$=2(2\cos^2 4x-1)+4\sin4x\cos4x\,\frac{\cos2x}{\sin2x}$

$=4\cos^2 4x+8\cos^2 2x\cos4x-2$

$=4\cos^2 4x+4(2\cos^2 2x-1)\cos4x+4\cos4x-2$

$=2(4\cos^2 4x+2\cos4x-1)$

$=8\left(\cos4x+\frac{1}{4}\right)^2-\frac{5}{2}\in\left[-\frac{5}{2},10\right)$.

从而，所求值域为 $\left[-\frac{5}{2},10\right)$.

例 5　A 【解析】$\left[2\cos40^\circ+(1+\sqrt{3}\tan10^\circ)\sin10^\circ\right]\sqrt{1+\cos20^\circ}$

$=\sqrt{2}\cos10^\circ\left[2\cos40^\circ+\left(1+\sqrt{3}\frac{\sin10^\circ}{\cos10^\circ}\right)\sin10^\circ\right]$

$=\sqrt{2}[2\cos10^\circ\cos40^\circ+\sin10^\circ(\cos10^\circ+\sqrt{3}\sin10^\circ)]$

$=\sqrt{2}\left[2\cos10^\circ\cos40^\circ+2\sin10^\circ\left(\frac{1}{2}\cos10^\circ+\frac{\sqrt{3}}{2}\sin10^\circ\right)\right]$

$=\sqrt{2}[2\cos10^\circ\cos40^\circ+2\sin10^\circ(\sin30^\circ\cos10^\circ+\cos30^\circ\sin10^\circ)]$

$=2\sqrt{2}(\cos10^\circ\cos40^\circ+\sin10^\circ\sin40^\circ)$

$=2\sqrt{2}\cos30^\circ$

$=\sqrt{6}$.

从而选 A.

例 6　A　【解析】因为 $\sin(2\alpha+\beta)=\frac{3}{2}\sin\beta$，即 $\sin[(\alpha+\beta)+\alpha]=\frac{3}{2}\sin[(\alpha+\beta)-\alpha]$，

则有 $\sin(\alpha+\beta)\cos\alpha+\cos(\alpha+\beta)\sin\alpha=\frac{3}{2}[\sin(\alpha+\beta)\cos\alpha-\cos(\alpha+\beta)\sin\alpha]$，

从而，有 $\sin(\alpha+\beta)\cos\alpha=5\cos(\alpha+\beta)\sin\alpha$，从而有 $\tan(\alpha+\beta)=5\tan\alpha$.

$\tan\beta=\tan[(\alpha+\beta)-\alpha]=\frac{\tan(\alpha+\beta)-\tan\alpha}{1+\tan(\alpha+\beta)\cdot\tan\alpha}=\frac{4\tan\alpha}{1+5\tan^2\alpha}=\frac{4}{5\tan\alpha+\frac{1}{\tan\alpha}}\leqslant\frac{4}{2\sqrt{5}}=\frac{2}{\sqrt{5}}$.

当 $5\tan\alpha=\frac{1}{\tan\alpha}$，即 $\tan\alpha=\frac{\sqrt{5}}{5}$ 时，等号成立.

因此，$\tan^2\beta=\frac{\sin^2\beta}{\cos^2\beta}=\frac{1-\cos^2\beta}{\cos^2\beta}\leqslant\frac{4}{5}$，即 $\cos^2\beta\geqslant\frac{5}{9}$.

又 $\beta\in\left(0,\frac{\pi}{2}\right)$，$\cos\beta>0$，所以 $\cos\beta\geqslant\frac{\sqrt{5}}{3}$. 故选 A.

例 7　AB　【解析】由 $\tan(\alpha-\beta)=\frac{\tan\alpha-\tan\beta}{1+\tan\alpha\tan\beta}$，得 $\tan\alpha-\tan\beta=\tan(\alpha-\beta)(1+\tan\alpha\tan\beta)$.

$\tan1^\circ-\tan61^\circ=\tan(1^\circ-61^\circ)(1+\tan1^\circ\tan61^\circ)=-\sqrt{3}(1+\tan1^\circ\tan61^\circ)$；

$\tan61^\circ-\tan121^\circ=\tan(61^\circ-121^\circ)(1+\tan61^\circ\tan121^\circ)$

$=-\sqrt{3}(1+\tan61^\circ\tan121^\circ)$；

$\tan121^\circ-\tan1^\circ=\tan(121^\circ-1^\circ)(1+\tan121^\circ\tan1^\circ)=-\sqrt{3}(1+\tan121^\circ\tan1^\circ)$.

将上述三式相加，即得 $\tan1^\circ\tan61^\circ+\tan61^\circ\tan121^\circ+\tan121^\circ\tan1^\circ=-3$，

即 $\tan\alpha\tan\beta+\tan\beta\tan\gamma+\tan\gamma\tan\alpha=-3$，从而选项 B 正确；

又由 $\tan(\alpha-\beta)=\frac{\tan\alpha-\tan\beta}{1+\tan\alpha\tan\beta}$，得 $\tan(\alpha-\beta)=\frac{\frac{1}{\tan\beta}-\frac{1}{\tan\alpha}}{1+\frac{1}{\tan\alpha}\cdot\frac{1}{\tan\beta}}=\frac{\cot\beta-\cot\alpha}{1+\cot\alpha\cdot\cot\beta}$，

从而 $\cot\beta-\cot\alpha=\tan(\alpha-\beta)(1+\cot\alpha\cot\beta)$，于是可得

$\cot1^\circ-\cot61^\circ=\tan(61^\circ-1^\circ)(1+\cot1^\circ\cot61^\circ)=\sqrt{3}(1+\cot1^\circ\cot61^\circ)$；

$\cot61^\circ-\cot121^\circ=\tan(121^\circ-61^\circ)(1+\cot61^\circ\cot121^\circ)=\sqrt{3}(1+\cot61^\circ\cot121^\circ)$；

$\cot 121°-\cot 1°=\tan(1°-121°)(1+\cot 121°\cot 1°)=\sqrt{3}(1+\cot 121°\cot 1°)$.

三式相加，得 $\cot 1°\cot 61°+\cot 61°\cot 121°+\cot 121°\cot 1°=-3$，即

$\dfrac{\tan 1°+\tan 61°+\tan 121°}{\tan 1°\tan 61°\tan 121°}=-3$，即 $\dfrac{\tan\alpha+\tan\beta+\tan\gamma}{\tan\alpha\tan\beta\tan\gamma}=-3$，从而选项 A 正确.

所以选 AB.

例 8　$\dfrac{\sqrt{3}}{3}$　【解析】由 $\sin A+2\sin B\cos C=0$ 及 $\sin A>0$，$\sin B>0$，知 $\cos C<0$，从而 $\tan B>0$.

又 $\sin A=\sin(B+C)=\sin B\cos C+\sin C\cos B$，

所以 $3\sin B\cos C+\cos B\sin C=0$，即 $3\tan B+\tan C=0$，

于是 $\tan A=-\tan(B+C)=-\dfrac{\tan B+\tan C}{1-\tan B\tan C}=\dfrac{2\tan B}{1+3\tan^2 B}=\dfrac{2}{\dfrac{1}{\tan B}+3\tan B}\leqslant\dfrac{\sqrt{3}}{3}$，

当且仅当 $\tan B=\dfrac{\sqrt{3}}{3}$ 时，“=”成立.

例 9　B　【解析】$\left(1+\cos\dfrac{\pi}{5}\right)\left(1+\cos\dfrac{3\pi}{5}\right)=1+\cos\dfrac{\pi}{5}+\cos\dfrac{3\pi}{5}+\cos\dfrac{\pi}{5}\cos\dfrac{3\pi}{5}$

$=1+2\cos\dfrac{2\pi}{5}\cos\dfrac{\pi}{5}+\cos\dfrac{\pi}{5}\cos\dfrac{3\pi}{5}$

$=1+\cos\dfrac{\pi}{5}\cos\dfrac{2\pi}{5}$

$=1+\dfrac{4\sin\dfrac{\pi}{5}\cos\dfrac{\pi}{5}\cos\dfrac{2\pi}{5}}{4\sin\dfrac{\pi}{5}}$

$=1+\dfrac{2\sin\dfrac{2\pi}{5}\cos\dfrac{2\pi}{5}}{4\sin\dfrac{\pi}{5}}$

$=1+\dfrac{\sin\dfrac{4\pi}{5}}{4\sin\dfrac{\pi}{5}}=\dfrac{5}{4}$. 从而 B.

例 10　$\dfrac{4\sqrt{3}}{9}$　【解析】由二倍角公式，得 $f(x)=\sin x\cdot\sin 2x=2\sin^2 x\cos x=2(1-\cos^2 x)\cos x=-2\cos^3 x+2\cos x$. 令 $t=\cos x$，则 $-1\leqslant t\leqslant 1$.

构造函数 $g(t)=-t^3+t(-1\leqslant t\leqslant 1)$，求导，得 $g'(t)=-3t^2+1$，得 $t=\pm\dfrac{\sqrt{3}}{3}$.

当 $t\in\left(-1,-\dfrac{\sqrt{3}}{3}\right)$ 时，$g'(t)<0$，$g(t)$ 关于 t 单调递减；

当 $t\in\left(-\dfrac{\sqrt{3}}{3},\dfrac{\sqrt{3}}{3}\right)$ 时，$g'(t)>0$，$g(t)$ 关于 t 单调递增；

当 $t\in\left(\dfrac{\sqrt{3}}{3},1\right)$ 时，$g'(t)<0$，$g(t)$ 关于 t 单调递减.

从而，$g(-1)=0, g\left(\frac{\sqrt{3}}{3}\right)=\frac{2\sqrt{3}}{9}$. 由 $g(-1)<g\left(\frac{\sqrt{3}}{3}\right)$，从而知 $g(t)_{\max}=\frac{2\sqrt{3}}{9}$.

所以 $f(x)$ 的最大值为$\frac{4\sqrt{3}}{9}$.

例 11　D 【解析】$\cos\frac{\pi}{11}\cos\frac{2\pi}{11}\cos\frac{3\pi}{11}\cdots\cos\frac{10\pi}{11}$

$=\left(\cos\frac{\pi}{11}\cos\frac{2\pi}{11}\cos\frac{4\pi}{11}\cos\frac{5\pi}{11}\cos\frac{8\pi}{11}\right)\cdot\left(\cos\frac{3\pi}{11}\cos\frac{6\pi}{11}\cos\frac{7\pi}{11}\cos\frac{9\pi}{11}\cos\frac{10\pi}{11}\right)$

$=-(\cos\frac{\pi}{11}\cos\frac{2\pi}{11}\cos\frac{4\pi}{11}\cos\frac{8\pi}{11}\cos\frac{16\pi}{11})^2$

而 $\cos\frac{\pi}{11}\cos\frac{2\pi}{11}\cos\frac{4\pi}{11}\cos\frac{8\pi}{11}\cos\frac{16\pi}{11}$

$=\frac{2^5}{2^5\sin\frac{\pi}{11}}\sin\frac{\pi}{11}\cos\frac{\pi}{11}\cos\frac{2\pi}{11}\cos\frac{4\pi}{11}\cos\frac{8\pi}{11}\cos\frac{16\pi}{11}$

$=\frac{\sin\frac{32\pi}{11}}{2^5\sin\frac{\pi}{11}}=\frac{1}{2^5}$,

从而，$\cos\frac{\pi}{11}\cos\frac{2\pi}{11}\cos\frac{3\pi}{11}\cdots\cos\frac{10\pi}{11}=-\frac{1}{2^{10}}=-\frac{1}{1024}$. 从而选 D.

本例也可以采用构造对偶式来加以解决：

设 $x=\cos\frac{\pi}{11}\cos\frac{2\pi}{11}\cos\frac{3\pi}{11}\cos\frac{4\pi}{11}\cos\frac{5\pi}{11}$,

$y=\sin\frac{\pi}{11}\sin\frac{2\pi}{11}\sin\frac{3\pi}{11}\sin\frac{4\pi}{11}\sin\frac{5\pi}{11}$,

可得 $32xy=\sin\frac{2\pi}{11}\sin\frac{4\pi}{11}\sin\frac{6\pi}{11}\sin\frac{8\pi}{11}\sin\frac{10\pi}{11}$

$=\sin\frac{2\pi}{11}\sin\frac{4\pi}{11}\sin\frac{5\pi}{11}\sin\frac{3\pi}{11}\sin\frac{\pi}{11}=y$,

从而 $x=\cos\frac{\pi}{11}\cos\frac{2\pi}{11}\cos\frac{3\pi}{11}\cos\frac{4\pi}{11}\cos\frac{5\pi}{11}=\frac{1}{32}$,

所以 $\cos\frac{\pi}{11}\cos\frac{2\pi}{11}\cos\frac{3\pi}{11}\cdots\cos\frac{10\pi}{11}=-\left(\cos\frac{\pi}{11}\cos\frac{2\pi}{11}\cos\frac{3\pi}{11}\cos\frac{4\pi}{11}\cos\frac{5\pi}{11}\right)^2=-\frac{1}{1024}$.

例 12　【证明】$\sin A+\tan A=\frac{2\tan\frac{A}{2}}{1+\tan^2\frac{A}{2}}+\frac{2\tan\frac{A}{2}}{1-\tan^2\frac{A}{2}}=2\tan\frac{A}{2}\left[\frac{1}{1+\tan^2\frac{A}{2}}+\frac{1}{1-\tan^2\frac{A}{2}}\right]$

$=\frac{4\tan\frac{A}{2}}{1-\tan^4\frac{A}{2}}$.

因为 $0°<A<90°$，从而 $0°<\frac{A}{2}<45°$，所以 $0<\tan\frac{A}{2}<1$，从而$\frac{4\tan\frac{A}{2}}{1-\tan^4\frac{A}{2}}>4\tan\frac{A}{2}$.

又因为$\frac{A}{2}$为锐角，$\tan\frac{A}{2}>\frac{A}{2}$，于是 $\sin A+\tan A>4\cdot\frac{A}{2}=2A$.

同理，$\sin B+\tan B>2B$，$\sin C+\tan C>2C$.

将上述三式相加，即得原不等式成立.

§6.3 三角公式(二)

例1 11 【解析】因为$\dfrac{\tan(\alpha+15^\circ)}{\tan(\alpha-15^\circ)}=\dfrac{\sin(\alpha+15^\circ)}{\cos(\alpha+15^\circ)}\cdot\dfrac{\cos(\alpha-15^\circ)}{\sin(\alpha-15^\circ)}=\dfrac{\sin2\alpha+\sin30^\circ}{\sin2\alpha-\sin30^\circ}$，

又因为 $\sin2\alpha=\dfrac{3}{5}$，所以$\dfrac{\tan(\alpha+15^\circ)}{\tan(\alpha-15^\circ)}=\dfrac{\dfrac{3}{5}+\dfrac{1}{2}}{\dfrac{3}{5}-\dfrac{1}{2}}=11$.

本题解决的关键是将“切”向“弦”进行转化，利用三角恒等变换进行“积”化“和差”，即可快速解决.

例2 A 【解析】首先降幂，得$\sin^2\alpha+\sin^22\alpha+\sin^23\alpha=\dfrac{3-(\cos2\alpha+\cos4\alpha+\cos6\alpha)}{2}$，

而 $\cos2\alpha+\cos4\alpha+\cos6\alpha=\dfrac{2\sin\alpha(\cos2\alpha+\cos4\alpha+\cos6\alpha)}{2\sin\alpha}$

$=\dfrac{(\sin3\alpha-\sin\alpha)+(\sin5\alpha-\sin3\alpha)+(\sin7\alpha-\sin5\alpha)}{2\sin\alpha}=\dfrac{\sin7\alpha-\sin\alpha}{2\sin\alpha}$

$=-\dfrac{1}{2}$，所以原式$=\dfrac{3-\left(-\dfrac{1}{2}\right)}{2}=\dfrac{7}{4}$.

从而选 A.

本题也可用复数或向量知识解决.

例3 【证明】(1)$\cos\dfrac{2\pi}{11}+\cos\dfrac{4\pi}{11}+\cos\dfrac{6\pi}{11}+\cos\dfrac{8\pi}{11}+\cos\dfrac{10\pi}{11}$

$=\dfrac{2\sin\dfrac{\pi}{11}\left(\cos\dfrac{2\pi}{11}+\cos\dfrac{4\pi}{11}+\cos\dfrac{6\pi}{11}+\cos\dfrac{8\pi}{11}+\cos\dfrac{10\pi}{11}\right)}{2\sin\dfrac{\pi}{11}}$

$=\dfrac{\left(\sin\dfrac{3\pi}{11}-\sin\dfrac{\pi}{11}\right)+\left(\sin\dfrac{5\pi}{11}-\sin\dfrac{3\pi}{11}\right)+\left(\sin\dfrac{7\pi}{11}-\sin\dfrac{5\pi}{11}\right)+\left(\sin\dfrac{9\pi}{11}-\sin\dfrac{7\pi}{11}\right)+\left(\sin\dfrac{11\pi}{11}-\sin\dfrac{9\pi}{11}\right)}{2\sin\dfrac{\pi}{11}}$

$=\dfrac{\sin\pi-\sin\dfrac{\pi}{11}}{2\sin\dfrac{\pi}{11}}=-\dfrac{1}{2}$.

(2)因为原式经变形可化为$\left(\sin\dfrac{3\pi}{11}+4\sin\dfrac{2\pi}{11}\cos\dfrac{3\pi}{11}\right)^2-11\cos^2\dfrac{3\pi}{11}$

$=\left(\sin\dfrac{3\pi}{11}+2\sin\dfrac{5\pi}{11}-2\sin\dfrac{\pi}{11}\right)^2-11\cos^2\dfrac{3\pi}{11}$

$=12\sin^2\dfrac{3\pi}{11}+4\sin^2\dfrac{5\pi}{11}+4\sin^2\dfrac{\pi}{11}+4\sin\dfrac{3\pi}{11}\sin\dfrac{5\pi}{11}-4\sin\dfrac{3\pi}{11}\sin\dfrac{\pi}{11}$

$-8\sin\dfrac{5\pi}{11}\sin\dfrac{\pi}{11}-11$

$=6\left(1-\cos\frac{6\pi}{11}\right)+2\left(1-\cos\frac{10\pi}{11}\right)+2\left(1-\cos\frac{2\pi}{11}\right)+2\left(\cos\frac{2\pi}{11}-\cos\frac{8\pi}{11}\right)$

$-2\left(\cos\frac{2\pi}{11}-\cos\frac{4\pi}{11}\right)-4\left(\cos\frac{4\pi}{11}-\cos\frac{6\pi}{11}\right)-11$

$=-1-2\left(\cos\frac{2\pi}{11}+\cos\frac{4\pi}{11}+\cos\frac{6\pi}{11}+\cos\frac{8\pi}{11}+\cos\frac{10\pi}{11}\right)$

$=0$,

所以$\left(\tan\frac{3\pi}{11}+4\sin\frac{2\pi}{11}\right)^2=11$.

易知 $\tan\frac{3\pi}{11}+4\sin\frac{2\pi}{11}>0$,从而,得 $\tan\frac{3\pi}{11}+4\sin\frac{2\pi}{11}=\sqrt{11}$.

例 4 【证明】$\cos\alpha+\cos\beta+\sqrt{2}\sin\alpha\sin\beta$

$=2\cos\frac{\alpha+\beta}{2}\cos\frac{\alpha-\beta}{2}+\frac{\sqrt{2}}{2}(\cos(\alpha-\beta)-\cos(\alpha+\beta))$

$\leqslant 2\cos\frac{\alpha+\beta}{2}+\frac{\sqrt{2}}{2}(1-\cos(\alpha+\beta))$

$=2\cos\frac{\alpha+\beta}{2}+\frac{\sqrt{2}}{2}\left(2-2\cos^2\frac{\alpha+\beta}{2}\right)$

$=\sqrt{2}-\sqrt{2}\cos^2\frac{\alpha+\beta}{2}+2\cos\frac{\alpha+\beta}{2}$

$=\frac{3\sqrt{2}}{2}-\sqrt{2}\left(\cos\frac{\alpha+\beta}{2}-\frac{\sqrt{2}}{2}\right)^2$

$\leqslant\frac{3\sqrt{2}}{2}$.

当且仅当$\begin{cases}\cos\frac{\alpha-\beta}{2}=1,\\ \cos\frac{\alpha+\beta}{2}-\frac{\sqrt{2}}{2}=0,\\ \cos(\alpha-\beta)=1,\end{cases}$即 $\alpha=\beta=\frac{\pi}{4}$时“=”成立.

例 5 $\left[0,\frac{\pi}{6}\right]\cup\left[\frac{5\pi}{6},\pi\right]$ 【解析】由 $4\cos^2 y+4\cos x\sin y-4\cos^2 x-1$

$=2(\cos 2y-\cos 2x)+4\cos x\sin y-1$

$=4\sin(x+y)\sin(x-y)+2\sin(x+y)-2\sin(x-y)-1$

$=(2\sin(x+y)-1)(2\sin(x-y)+1)\leqslant 0$.

又 $x\geqslant y$,$x-y\in\left[0,\frac{\pi}{2}\right]$,所以 $2\sin(x-y)+1>0$,$2\sin(x+y)-1\leqslant 0$,

所以 $x+y\in\left[0,\frac{\pi}{6}\right]\cup\left[\frac{5\pi}{6},\pi\right]$.

例 6 BC 【解析】由于 $\sin 3x\cdot\sin^3 x+\cos 3x\cdot\cos^3 x$

$=(\sin 3x\sin x)\sin^2 x+(\cos 3x\cos x)\cos^2 x$

$=\frac{1}{2}[(\cos 2x-\cos 4x)\sin^2 x+(\cos 2x+\cos 4x)\cos^2 x]$

$=\frac{1}{2}[(\sin^2x+\cos^2x)\cos2x+(\cos^2x-\sin^2x)\cos4x]$

$=\frac{1}{2}(\cos2x+\cos2x\cdot\cos4x)$

$=\frac{1}{2}\cos2x(1+\cos4x)$

$=\cos^3 2x$，

从而 $f(x)=\frac{\cos^3 2x}{\cos^2 2x}+\sin2x=\cos2x+\sin2x=\sqrt{2}\sin\left(2x+\frac{\pi}{4}\right)$.

当 $\sin\left(2x+\frac{\pi}{4}\right)=1$ 时，$f(x)$取最大值$\sqrt{2}$；

当 $\sin\left(2x+\frac{\pi}{4}\right)=-1$ 时，$f(x)$取最小值$-\sqrt{2}$.

从而选 BC.

例 7 【解析】因为 $\cos2x=2\cos^2x-1\in\mathbf{Q}$，所以$\cos^2x\in\mathbf{Q}$.

记$\cos^2x=t$，则 $\cos x=\sqrt{t}$（或$-\sqrt{t}$），

从而 $\cos3x=4\cos^3x-3\cos x=4t\sqrt{t}-3\sqrt{t}=(4t-3)\sqrt{t}\in\mathbf{Q}$，

所以 $t=\frac{3}{4}$，即 $\cos x=\frac{\sqrt{3}}{2}\left(\text{或}-\frac{\sqrt{3}}{2}\right)$，从而 $x=\pm\frac{\pi}{6}+2k\pi$，所以 $5x=\pm\frac{5\pi}{6}+2k\pi$，

所以 $\cos5x\notin\mathbf{Q}$. 而 $\cos4x=2\cos^2 2x-1\in\mathbf{Q}$，所以 n 的最大值为 4.

例 8 C 【解析】根据题意，$\sin A+\sin B\sin C=\sin A-\frac{1}{2}[\cos(B+C)-\cos(B-C)]$

$=\sin A+\frac{1}{2}\cos A+\frac{1}{2}\cos(B-C)=\sqrt{1^2+\left(\frac{1}{2}\right)^2}\sin(A+\varphi)+\frac{1}{2}\cos(B-C)$

$\leqslant\frac{\sqrt{5}}{2}+\frac{1}{2}$.

当且仅当 $\tan A=2$，$B=C$ 时“=”成立. 因此，所求的最大值为$\frac{\sqrt{5}+1}{2}$. 选 C.

例 9 【解析】因为 $\sin\frac{\beta}{2}\sin\alpha=\frac{1}{2}\left[\cos\left(\frac{\beta}{2}-\alpha\right)-\cos\left(\frac{\beta}{2}+\alpha\right)\right]$，

$\sin\frac{\beta}{2}\sin(\alpha+\beta)=\frac{1}{2}\left[\cos\left(\frac{\beta}{2}+\alpha\right)-\cos\left(\frac{3\beta}{2}+\alpha\right)\right]$，

$\sin\frac{\beta}{2}\sin(\alpha+2\beta)=\frac{1}{2}\left[\cos\left(\frac{3\beta}{2}+\alpha\right)-\cos\left(\frac{5\beta}{2}+\alpha\right)\right]$，

……

$\sin\frac{\beta}{2}\sin(\alpha+(n-1)\beta)=\frac{1}{2}\left[\cos\left(\frac{2n-3}{2}\beta+\alpha\right)-\cos\left(\frac{2n-1}{2}\beta+\alpha\right)\right]$.

将上述各式相加，得

$\sin\frac{\beta}{2}\{\sin\alpha+\sin(\alpha+\beta)+\sin(\alpha+2\beta)+\cdots+\sin(\alpha+(n-1)\beta)\}$

$=\frac{1}{2}\left[\cos\left(\frac{\beta}{2}-\alpha\right)-\cos\left(\frac{2n-1}{2}\beta+\alpha\right)\right]$

$=\sin\frac{n\beta}{2}\sin\left(\alpha+\frac{n-1}{2}\beta\right)$.

所以 $\sin\alpha+\sin(\alpha+\beta)+\sin(\alpha+2\beta)+\cdots+\sin(\alpha+(n-1)\beta)$

$=\dfrac{\sin\frac{n}{2}\beta\sin(\alpha+\frac{n-1}{2}\beta)}{\sin\frac{\beta}{2}}$.

采用类似的方法，我们不难得到 $\cos\alpha+\cos(\alpha+\beta)+\cos(\alpha+2\beta)+\cdots+\cos(\alpha+(n-1)\beta)=\dfrac{\cos\left(\alpha+\frac{n-1}{2}\beta\right)\sin\frac{n}{2}\beta}{\sin\frac{\beta}{2}}$.

例 10　A　【解析】在例 9 中，令 $\alpha=\beta=\sqrt{2}$，得

$\sin\sqrt{2}+\sin2\sqrt{2}+\cdots+\sin n\sqrt{2}=\dfrac{\sin\frac{n+1}{2}\sqrt{2}\sin\frac{n}{2}\sqrt{2}}{\sin\frac{\sqrt{2}}{2}}$.

由于 $\frac{\pi}{6}<\frac{\sqrt{2}}{2}<\frac{\pi}{4}$，

从而 $\dfrac{\sin\left(\frac{n+1}{2}\sqrt{2}\right)\sin\left(\frac{n}{2}\sqrt{2}\right)}{\sin\frac{\sqrt{2}}{2}}<\dfrac{\sin\left(\frac{n+1}{2}\sqrt{2}\right)\sin\left(\frac{n}{2}\sqrt{2}\right)}{\sin\frac{\pi}{6}}=$

$2\sin\left(\frac{n+1}{2}\sqrt{2}\right)\sin\left(\frac{n}{2}\sqrt{2}\right)\leqslant2$.

所以满足条件的正整数 n 不存在，故应选 A.

§6.4　正弦定理与余弦定理

例 1　A　【解析】由题设，可知 B 是锐角，所以 $\sin B=\frac{3}{13}\sqrt{17}>\frac{4}{5}=\sin A$.

再由正弦定理，可得 $B>A$，进而可得 A 是锐角，所以 $\cos A=\frac{3}{5}$，所以

$\cos C=-\cos(A+B)=\sin A\sin B-\cos A\cos B$

$=\frac{4}{5}\cdot\frac{3}{13}\sqrt{17}-\frac{3}{5}\cdot\frac{4}{13}=\frac{12}{65}(\sqrt{17}-1)>0$.

从而，得 C 为锐角，因而 $\triangle ABC$ 是锐角三角形. 故选 A.

例 2　$\frac{24}{25}$　【解析】因为 $\angle ACB=90^\circ$，$a=4$，$b=3$，所以 $c=5$.

又因为 D 为边 AB 的中点，所以 $CD=\frac{5}{2}$.

在 $\triangle ADC$ 中，由正弦定理，得 $\dfrac{CD}{\sin A}=\dfrac{AC}{\sin\angle ADC}$，

即 $\dfrac{\frac{5}{2}}{\frac{4}{5}}=\dfrac{3}{\sin\angle ADC}\Rightarrow\sin\angle ADC=\dfrac{24}{25}$.

例 3 【解析】(1)由 $5\sin(B+C)=3\sin(A+C)$，得 $5\sin A=3\sin B$.

由正弦定理，得 $5a=3b$. 因为 $a=3$，所以 $b=5$.

由余弦定理，得 $c^2=a^2+b^2-2ab\cos C=36$，所以 $c=6$.

(2)由余弦定理，得 $\cos B=\dfrac{a^2+c^2-b^2}{2ac}=\dfrac{5}{9}$，从而 $\sin B=\dfrac{2\sqrt{14}}{9}$，

(或者由正弦定理先求出 $\sin B$，再求 $\cos B$)

所以 $\sin\left(B-\dfrac{\pi}{3}\right)=\sin B\cos\dfrac{\pi}{3}-\cos B\sin\dfrac{\pi}{3}=\dfrac{2\sqrt{14}-5\sqrt{3}}{18}$.

例 4 【解析】先考虑其必要性，如图所示，若 AD 为 $\triangle ABC$ 的一条中线，可得 $x=y$.

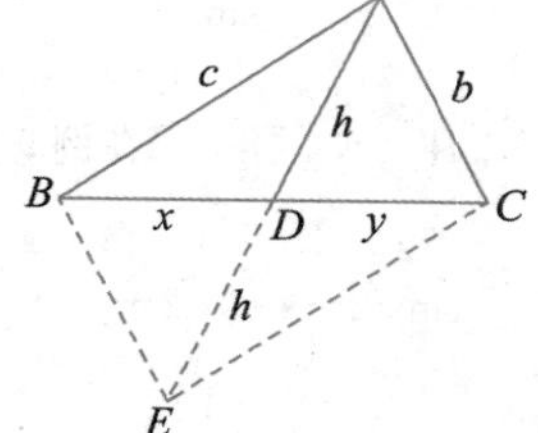

延长 AD 至 E，使得 $AD=DE$，可得平行四边形 $ABEC$.

由结论“平行四边形各边的平方和等于其两条对角线的平方和”(由余弦定理，可证)，可得

$2(b^2+c^2)=(2x)^2+(2h)^2$，即

$b^2+c^2=2x^2+2h^2=x^2+y^2+2h^2$.

再考虑其充分性，由图及余弦定理，可得

$\cos\angle ADB=\dfrac{x^2+h^2-c^2}{2xh}$，$\cos\angle ADC=\dfrac{y^2+h^2-b^2}{2yh}$ 及 $\angle ADB+\angle ADC=\pi$，得

$\cos\angle ADB+\cos\angle ADC=\dfrac{x^2+h^2-c^2}{2xh}+\dfrac{y^2+h^2-b^2}{2yh}=0$，从而

$\dfrac{x^2+h^2-c^2}{x}=\dfrac{b^2-y^2-h^2}{y}$.

再由 $x^2+y^2+2h^2=b^2+c^2$，可得 $x^2+h^2-c^2=b^2-y^2-h^2$.

(1)当 $x^2+h^2-c^2=b^2-y^2-h^2=0$ 时，可得 $x=y\Leftrightarrow b=c$；

(2)当 $x^2+h^2-c^2=b^2-y^2-h^2\neq 0$ 时，可得 $x=y$.

综上所述，可得：

当 $x^2+h^2\neq c^2$，即 AD 与 BC 不垂直时，$x^2+y^2+2h^2=b^2+c^2$ 是 AD 为 $\triangle ABC$ 的一条中线的充要条件；当 $x^2+h^2=c^2$，即 AD 与 BC 垂直时，(1)若 $b=c$，则 $x^2+y^2+2h^2=b^2+c^2$ 是 AD 为 $\triangle ABC$ 的一条中线的充要条件；(2)若 $b\neq c$，则 $x^2+y^2+2h^2=b^2+c^2$ 是 AD 为 $\triangle ABC$ 的一条中线的必要不充分条件.

例 5 【解析】(1)由 $a\cos C+\dfrac{1}{2}c=b$ 及正弦定理，得 $\sin A\cos C+\dfrac{1}{2}\sin C=\sin B$.

又 $\sin B=\sin(A+C)=\sin A\cos C+\cos A\sin C$，所以 $\dfrac{1}{2}\sin C=\cos A\sin C$，故 $\cos A=\dfrac{1}{2}$. 由于 A 为三角形的内角，所以 $A=\dfrac{\pi}{3}$.

(2)因为 $a=1$，$S_{\triangle ABC}=\dfrac{1}{2}(a+b+c)r$，且 $S_{\triangle ABC}=\dfrac{1}{2}bc\sin A=\dfrac{\sqrt{3}}{4}bc$，即

$\dfrac{1}{2}(a+b+c)r=\dfrac{\sqrt{3}}{4}bc$，所以 $r=\dfrac{\sqrt{3}}{2}\cdot\dfrac{bc}{1+b+c}$.

而由余弦定理，得 $1=b^2+c^2-bc$，所以 $bc=\dfrac{1}{3}[(b+c)^2-1]$，从而 $r=\dfrac{\sqrt{3}}{6}(b+c-1)$.

又因为$\frac{1}{3}[(b+c)^2-1]=bc\leqslant\left(\frac{b+c}{2}\right)^2$，所以$0<b+c\leqslant 2$，因此$r\leqslant\frac{\sqrt{3}}{6}$.

从而r的最大值为$\frac{\sqrt{3}}{6}$，当且仅当$b=c=1$，即$\triangle ABC$为正三角形时等号成立.

例 6 【解析】(1)因为$\triangle ABC$是等边三角形，所以$AC=BC$.

又$BC=2CD$，所以$AC=2CD$，

所以在$\triangle ACD$中，由正弦定理，可得$\frac{CD}{\sin\angle CAD}=\frac{AC}{\sin\angle D}$，

从而$\frac{\sin\angle CAD}{\sin\angle D}=\frac{CD}{AC}=\frac{1}{2}$.

(2)设$CD=x$，则$BC=2x$，所以$BD=3x$. 因为在$\triangle ABD$中，$AD=\sqrt{7}$，$AB=2x$及$\angle B=\frac{\pi}{3}$，从而由余弦定理，可得$AD^2=AB^2+BD^2-2AB\cdot BD\cos\angle B$，即$7=4x^2+9x^2-2x\cdot 3x$，解得$x=1$，

即$CD=1$.

例 7 【解析】(1)由$\triangle ABC$的外接圆半径为1，及$b=\frac{a}{2}+c\cos A$，由正弦定理，可得

$2\sin B=\sin A+2\sin C\cos A$，即$2\sin(A+C)=\sin A+2\sin C\cos A$，进而得$\cos C=\frac{1}{2}$，所以$\angle C=\frac{\pi}{3}$.

(2)由$\triangle ABC$的外接圆半径为1，及扩充了的正弦定理，得$\frac{c}{\sin C}=2R$，从而$c=2R\sin C=\sqrt{3}$. 再由余弦定理，知$a^2+b^2-c^2=ab\leqslant\frac{a^2+b^2}{2}$，从而得$a^2+b^2\leqslant 6$. 又$a^2+b^2-c^2=ab>0$，从而所求$a^2+b^2$的取值范围为$(3,6]$.

例 8 【解析】由题意及余弦定理，得$\cos\angle ABP=\frac{\left(\frac{a}{2}\right)^2+BP^2-AP^2}{2\cdot\frac{a}{2}\cdot BP}$，

$\cos\angle CBP=\frac{\left(\frac{a}{2}\right)^2+BP^2-CP^2}{2\cdot\frac{a}{2}\cdot BP}$. 由$\cos\angle ABP+\cos\angle CBP=0$，

得$\frac{a^2}{2}+2BP^2=(AP^2+CP^2)$.

将$AP=\frac{h}{\sin\theta_1}$，$BP=\frac{h}{\sin\theta_2}$，$CP=\frac{h}{\sin\theta_3}$代入上式，得

$\frac{a^2}{2}=\left(\frac{1}{\sin^2\theta_1}+\frac{1}{\sin^2\theta_3}-\frac{2}{\sin^2\theta_2}\right)h^2$，从而$h=\frac{a}{\sqrt{2\left(\frac{1}{\sin^2\theta_1}+\frac{1}{\sin^2\theta_3}-\frac{2}{\sin^2\theta_2}\right)}}$.

正弦定理和余弦定理在实际测量中有许多应用，无论是在测量高度、距离、角度等问题中都有着不可替代的作用. 在这些问题中，测量者借助经纬仪与钢卷尺等测量角和距离的工具进行测量. 应该注意到，例题及习题中的一组已知条件，常隐含着对这类测量问题在某一特定的情境和条件限制下的一个测量方案. 正如本题，许多同学认为题目出错了，其实并不然. 认为题目出错的同学是因为没有读懂题目，把题目当作平面几何去理解，造成多余的条件用不上，导致错误. 本题属于三维空间的题，应看作是立体几何的问题. 本题的特别之处在于命题者的思路独特.

§6.5 三角恒等式与三角不等式

例 1 ABC 【解析】在非直角三角形 ABC 中，有恒等式 $\tan A+\tan B+\tan C=\tan A\tan B\tan C$ 成立. 由于 $\tan A,\tan B,\tan C$ 都是整数，本题转化为：求三个整数，使得三个整数的和等于这三个整数的积.

记 $x=\tan A, y=\tan B, z=\tan C$，则有 $x+y+z=x\cdot y\cdot z$.

(方法一) 若 $\triangle ABC$ 为钝角三角形，不妨设 $\angle A>90°$，则 $\angle B,\angle C$ 均为锐角，从而 y,z 均为正整数(不妨设 $y\leqslant z$)，于是 $x<0<1\leqslant y\leqslant z$，此时有 $1\leqslant yz=\frac{x+y+z}{x}=1+\frac{y+z}{x}<1$，矛盾. 于是 $\triangle ABC$ 为锐角三角形.

不妨设 $1\leqslant x\leqslant y\leqslant z$. 又 $xy=\frac{x+y+z}{z}\leqslant\frac{3z}{z}=3$.

若 $xy=1$，则 $x=y=1$，从而 $x+y+z=xyz$ 不成立；

若 $xy=2$，则 $x=1,y=2$，由 $x+y+z=xyz$，得 $z=3$；

若 $xy=3$，则 $x=1,y=3$，由 $x+y+z=xyz$，得 $z=2$，与 $y\leqslant z$ 矛盾.

从而，只有 $x=1,y=2,z=3$.

由于 x,y,z 可以交换，从而 $\tan A$ 所有可能的值为 1，2，3. 从而选 ABC.

(方法二) 不妨设 $x\leqslant y\leqslant z$.

若 $x>0$，由于三角形中的最小内角 $\leqslant 60°$，则 $x=1$，进而得 $y+z+1=yz$，从而 $y=2,z=3$；

若 $x<0$，则 $y>0,z>0$，从而 $y\geqslant1,z\geqslant1$，所以 $xyz\leqslant x$，而 $x+y+z=xyz$，矛盾.

综上所述，$\tan A$ 所有可能的值为 1，2，3. 从而选 ABC.

例 2 【证明】**(方法一)** 由恒等式(2)，知 $\cos A+\cos B+\cos C-1=4\sin\frac{A}{2}\sin\frac{B}{2}\sin\frac{C}{2}>0$，从而 $\cos A+\cos B+\cos C>1$.

(方法二) 由射影定理，得 $a=b\cos C+c\cos B, b=a\cos C+c\cos A$，从而

$a+b=(a+b)\cos C+c(\cos A+\cos B)$，整理得 $\frac{\cos A+\cos B}{1-\cos C}=\frac{a+b}{c}>1$，从而 $\cos A+\cos B+\cos C>1$.

> 事实上，我们可以得到 $4\sin\frac{A}{2}\sin\frac{B}{2}\sin\frac{C}{2}=\frac{r}{R}$，其中 r,R 分别为 $\triangle ABC$ 的内切圆与外接圆的半径.

例 3 【解析】由 $a_1=\sin x, a_2=\frac{1}{2}\sin 2x, a_3=\sin 3x$ 形成公差不为零的等差数列，知

$\sin x+\sin 3x=\sin 2x$. 由和差化积公式，得 $2\sin 2x\cos(-x)=\sin 2x$. 当 $\sin 2x\neq0$ 时，$\cos x=\frac{1}{2}$，解得 $x=\pm\frac{\pi}{3}+2k\pi(k\in\mathbf{Z})$. 当 $\sin 2x=0$ 时，$x=\frac{k\pi}{2}(k\in\mathbf{Z})$，又由公差不为零得，$x\neq k\pi(k\in\mathbf{Z})$，从而 $x=\frac{\pi}{2}+k\pi(k\in\mathbf{Z})$.

综上，$x=\pm\frac{\pi}{3}+2k\pi$ 或 $\frac{\pi}{2}+k\pi(k\in\mathbf{Z})$.

例 4 【解析】由 $\sin^2\alpha+\sin^2\beta=\sin(\alpha+\beta)=\sin\alpha\cos\beta+\cos\alpha\sin\beta$，所以

$\sin\alpha(\sin\alpha-\cos\beta)+\sin\beta(\sin\beta-\cos\alpha)=0$.

由于 α,β 均为锐角，则 $\sin\alpha>0,\sin\beta>0$.

若 $\sin\alpha-\cos\beta>0$，则要求 $\sin\beta-\cos\alpha<0$，即 $\alpha>\frac{\pi}{2}-\beta$，且 $\beta<\frac{\pi}{2}-\alpha$，两者矛盾. 故 $\sin\alpha-\cos\beta\leqslant 0$，从而 $\sin\beta-\cos\alpha\geqslant 0$.

所以，$\sin\beta-\cos\alpha=0$，即 α,β 互余，从而 $\alpha+\beta=\frac{\pi}{2}$.

例 5　C　【解析】设该三角形的三边长为 a,b,c，这些边上的高分别为 $10,20,h(h>0)$，可得 $2S_{\triangle ABC}=10a=20b=ch$，则 $a=2b,c=\frac{20b}{h}$，进而得该三角形的三边分别为 $2b,b,\frac{20b}{h}$，这样的三角形存在充分条件是

$$\begin{cases}2b+b>\frac{20b}{h},\\ b+\frac{20b}{h}>2b,\\ 2b+\frac{20b}{h}>b,\end{cases}$$
解得 $\frac{20}{3}<h<20$. 从而选 C.

例 6　$\{x\mid x<\sqrt{2}-1$ 或 $x>\sqrt{2}+1\}$　【解析】$\arcsin x$ 的定义域为 $[-1,1]$，值域为 $\left[-\frac{\pi}{2},\frac{\pi}{2}\right]$；$\arccos x$ 的定义域为 $[-1,1]$，值域为 $[0,\pi]$. 当 $\arcsin x=\arccos x=t$ 时，必有 $\sin t=\cos t=x$，显然 $t=\frac{\pi}{4},x=\frac{\sqrt{2}}{2}$.

所以，$\arcsin x<\arccos x$ 的解集为 $\left[-1,\frac{\sqrt{2}}{2}\right)$，从而原不等式 $\arcsin\frac{2x}{1+x^2}<\arccos\frac{2x}{1+x^2}$ 等价于 $-1\leqslant\frac{2x}{1+x^2}<\frac{\sqrt{2}}{2}$，解得 $x<\sqrt{2}-1$，或 $x>\sqrt{2}+1$.

从而，所求不等式的解集为 $\{x\mid x<\sqrt{2}-1$ 或 $x>\sqrt{2}+1\}$.

例 7　【证明】因为 $y=\sin x$ 在 $\left(0,\frac{\pi}{2}\right)$ 上为上凸函数，所以

$$\sin\angle 1+\sin\angle 2+\sin\angle 3+\cdots+\sin\angle n\geqslant n\sin\frac{\angle 1+\angle 2+\angle 3+\cdots+\angle n}{n}=n\sin\frac{2\pi}{n}.$$

要证 $n\sin\frac{2\pi}{n}>4$，只需证 $\sin 2\pi x>4x\left(0<x\leqslant\frac{1}{5}\right)$.

因为函数 $f(x)=\sin 2\pi x$ 为 $\left(0,\frac{1}{4}\right)$ 上的周期为 1 的上凸函数，所以 $\sin 2\pi x>\frac{1}{\frac{1}{4}}x=4x$，

所以 $\sin 2\pi x>4x\left(0<x<\frac{1}{4}\right)$，从而原命题得证.

例 8　【解析】由题意，得 $\cos\alpha\cos\beta-\sin\alpha\sin\beta=\cos\alpha+\cos\beta$，则

$(\cos\alpha-1)\cos\beta-\sin\alpha\sin\beta-\cos\alpha=0$.

记 $P(\cos\beta,\sin\beta)$，直线 $l:(\cos\alpha-1)x-\sin\alpha y-\cos\alpha=0$，则点 P 的轨迹为单位圆，其方程为 $x^2+y^2=1$.

由于 P 也在直线 l 上，从而圆心 $(0,0)$ 到直线 l 的距离 $d=\frac{|-\cos\alpha|}{\sqrt{(\cos\alpha-1)^2+(-\sin\alpha)^2}}\leqslant 1$，整理，得 $\cos^2\alpha+2\cos\alpha-2\leqslant 0$，

解得 $-1\leqslant\cos\alpha\leqslant\sqrt{3}-1$.

故 $\cos\alpha$ 的最大值为 $\sqrt{3}-1$.

例 9　ABCD　【解析】连接 AB，OC. 由于 $OA=OB=OC$，$OD\perp BC$，$OE\perp AC$ 知 D，E 分别为 BC 与 AC 的中点，从而 DE 为 $\triangle ABC$ 的中位线，从而 $DE=\frac{1}{2}AB=\frac{\sqrt{2}}{2}$ 为定值，从而选项 A 正确；

由 E 为 AC 的中点，知 OE 平分 $\angle AOC$；同理，OD 平分 $\angle BOC$.

从而 $\angle DOE=\angle AOC+\angle BOC=\frac{1}{2}\angle AOB=\frac{\pi}{4}$，为定值，故选项 B 正确；

设 $OD=x$，$OE=y$，由 $\angle DOE=\frac{\pi}{4}$，$DE=\frac{\sqrt{2}}{2}$，由余弦定理，得

$DE^2=OD^2+OE^2-2OD\cdot OE\cos\angle DOE$，

即 $\frac{1}{2}=x^2+y^2-2xy\cos\frac{\pi}{4}\geqslant(2-\sqrt{2})xy$，从而 $xy\leqslant\frac{1}{4}(2+\sqrt{2})$.

$S_{\triangle DOE}=\frac{1}{2}xy\sin\frac{\pi}{4}=\frac{\sqrt{2}}{4}xy\leqslant\frac{\sqrt{2}}{16}(2+\sqrt{2})$.

由于 $\tan\frac{3}{8}\pi=\sqrt{\dfrac{1-\cos\frac{3\pi}{4}}{1+\cos\frac{3\pi}{4}}}=\sqrt{3+2\sqrt{2}}=1+\sqrt{2}$.

从而，$S_{\triangle DOE}$ 的最大值为 $\frac{1}{8}\tan\frac{3\pi}{8}$，当且仅当 $x=y$，即 $OD=OE$ 时等号成立. 从而选项 C 正确；

类似上面的分析，可知当 C 为 $\overset{\frown}{AB}$ 的中点，即 $OD=OE$ 时，四边形的面积最大，此时有 $OC\perp DE$，从而四边形 $ODCE$ 面积的最大值为 $\frac{1}{2}OC\cdot DE=\frac{\sqrt{2}}{4}$. 由此可知选项 D 正确.

从而本题选 ABCD.

例 10　C　【解析】设 $AB=a$，则 $BC=a\tan\theta$. 因为 $AB=AD$，所以 $\angle DBE=\frac{\pi}{2}-\angle ABD$

$=\frac{\pi}{2}-\frac{1}{2}(\pi-\theta)=\frac{\theta}{2}$，

从而 $BD=2a\sin\frac{\theta}{2}$.

因为 $\frac{BE}{\sin\theta}=\frac{BD}{\sin\angle BED}=\frac{BD}{\sin\frac{3\theta}{2}}$，所以 $BE=\dfrac{2a\sin\frac{\theta}{2}\sin\theta}{\sin\frac{3\theta}{2}}$，

从而 $\frac{BE}{BC}=\dfrac{2\sin\frac{\theta}{2}\cos\theta}{\sin\frac{3\theta}{2}}=\dfrac{2\sin\frac{\theta}{2}\cos\theta}{\sin\theta\cos\frac{\theta}{2}+\cos\theta\sin\frac{\theta}{2}}=\dfrac{2\tan\frac{\theta}{2}}{\tan\theta+\tan\frac{\theta}{2}}=\dfrac{2\left(1-\tan^2\frac{\theta}{2}\right)}{3-\tan^2\frac{\theta}{2}}$.

从而 $\lim\limits_{\theta\to 0}\frac{BE}{BC}=\frac{2}{3}$. 故选 C.

§6.6　三角函数

例 1　(1)(2)(4)　【解析】由于 $f(x+2\pi)=\frac{\sin n(x+2\pi)}{\sin(x+2\pi)}=\frac{\sin(nx+2n\pi)}{\sin(x+2\pi)}=\frac{\sin nx}{\sin x}=f(x)$，所以 $f(x)$ 是周期函数，从而(1)正确；因为 $f(-x)=\frac{\sin n(-x)}{\sin(-x)}=\frac{-\sin nx}{-\sin x}=\frac{\sin nx}{\sin x}=f(x)$，从而 $f(x)$ 为偶函数，其图象

关于 $x=0$ 在轴对称图形，从而(2)正确；由于 $f(x)+f(\pi-x)=\frac{\sin nx}{\sin x}+\frac{\sin n(\pi-x)}{\sin(\pi-x)}=\begin{cases}0,(n\text{为偶数}),\\ \frac{2\sin nx}{\sin x},(n\text{为奇数}),\end{cases}$ 从而可知当 n 为偶数时函数 $f(x)$ 关于 $\left(\frac{\pi}{2},0\right)$ 对称；但 n 为奇数时，函数 $f(x)$ 并不一定关于 $\left(\frac{\pi}{2},0\right)$ 对称，从而(3)错误；可用数学归纳法证得 $|\sin nx|\leqslant n|\sin x|$，进而可得(4)正确. 从而本题应填(1)(2)(4).

例 2 【解析】设 $x=\sin\theta\left(0\leqslant\theta\leqslant\frac{\pi}{2}\right)$，可得题设即为

$$\frac{1-\sqrt{2}}{2}-b\leqslant a\sin\theta-\cos\theta\leqslant\frac{\sqrt{2}-1}{2}-b\left(0\leqslant\theta\leqslant\frac{\pi}{2}\right)$$

恒成立.

设 $f(\theta)=a\sin\theta-\cos\theta\left(0\leqslant\theta\leqslant\frac{\pi}{2}\right)$.

若 $a\geqslant0$，由 $y=a\sin\theta\left(0\leqslant\theta\leqslant\frac{\pi}{2}\right)$ 是常函数或增函数，及 $y=-\cos\theta\left(0\leqslant\theta\leqslant\frac{\pi}{2}\right)$ 是增函数，可得 $f(\theta)$ 是增函数.

因而，题设即为 $\begin{cases}\frac{1-\sqrt{2}}{2}-b\leqslant f(0)=-1,\\ 0\leqslant f\left(\frac{\pi}{2}\right)=a\leqslant\frac{\sqrt{2}-1}{2}-b,\end{cases}$

所以 $\begin{cases}b\geqslant\frac{3-\sqrt{2}}{2},\\ b\leqslant\frac{\sqrt{2}-1}{2},\end{cases}$ 与 $\frac{\sqrt{2}-1}{2}\geqslant\frac{3-\sqrt{2}}{2}$ 矛盾. 所以 $a<0$.

可设 $a=-a'(a'>0)$，得题设即为 $\frac{1-\sqrt{2}}{2}-b\leqslant-a'\sin\theta-\cos\theta\leqslant\frac{\sqrt{2}-1}{2}-b\left(0\leqslant\theta\leqslant\frac{\pi}{2}\right)$，即 $b-\frac{\sqrt{2}-1}{2}\leqslant a'\sin\theta+\cos\theta\leqslant b+\frac{\sqrt{2}-1}{2}\left(0\leqslant\theta\leqslant\frac{\pi}{2}\right)$，进而得

$b-\frac{\sqrt{2}-1}{2}\leqslant\sqrt{a'^2+1}\sin\left(\theta+\arctan\frac{1}{a'}\right)\leqslant b+\frac{\sqrt{2}-1}{2}\left(0\leqslant\theta\leqslant\frac{\pi}{2}\right)$ 恒成立.

设 $g(\theta)=\sqrt{a'^2+1}\sin\left(\theta+\arctan\frac{1}{a'}\right)\left(0\leqslant\theta\leqslant\frac{\pi}{2}\right)$，可得函数 $g(\theta)$ 先增后减，所以题设即为 $\begin{cases}b-\frac{\sqrt{2}-1}{2}\leqslant g(\theta)_{\min}=\min\left\{g(0),g\left(\frac{\pi}{2}\right)\right\}=\min\{1,a'\},\\ g(\theta)_{\max}=\sqrt{a'^2+1}\leqslant b+\frac{\sqrt{2}-1}{2},\end{cases}$

即 $\begin{cases}b-\frac{\sqrt{2}-1}{2}\leqslant1,\\ b-\frac{\sqrt{2}-1}{2}\leqslant a',\\ \sqrt{a'^2+1}\leqslant b+\frac{\sqrt{2}-1}{2}.\end{cases}$

下面由线性规划知识来解此不等式组：

如图所示，在平面直角坐标系 $a'Ob$ 中，不等式组 $\begin{cases} b-\frac{\sqrt{2}-1}{2}\leqslant 1, \\ b-\frac{\sqrt{2}-1}{2}\leqslant a' \end{cases}$ 表示区域是 $\angle BAC$ 及其内部，其中点 $A\left(1,\frac{\sqrt{2}+1}{2}\right)$；

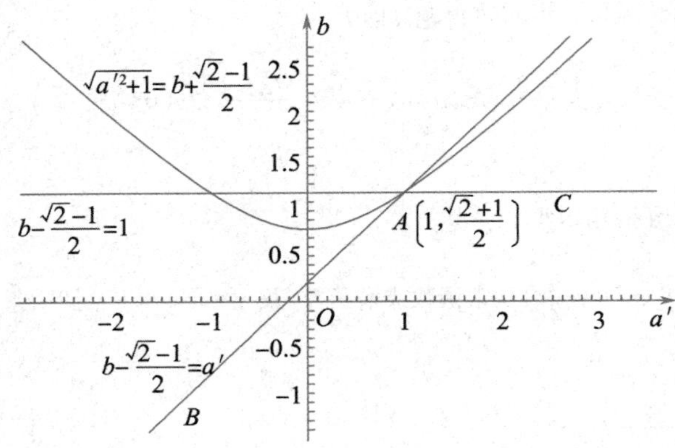

不等式 $\sqrt{a'^2+1}\leqslant b+\frac{\sqrt{2}-1}{2}$ 表示的区域是双曲线上支 $\sqrt{a'^2+1}=b+\frac{\sqrt{2}-1}{2}$ 及其上方，且在该双曲线上支过点 A，进而可得题设，即 $(a',b)=\left(1,\frac{\sqrt{2}+1}{2}\right)$，也即 $(a,b)=\left(-1,\frac{\sqrt{2}+1}{2}\right)$.

下面给出该题结论的几何意义. 如图所示，函数 $f(x)=\sqrt{1-x^2}(0\leqslant x\leqslant 1)$ 的图象表示单位圆在第一象限的部分(含端点)，函数 $g(x)=ax+b(0\leqslant x\leqslant 1)$ 的图象表示一条线段，该题结论的几何意义：使得 $|f(x)-g(x)|\leqslant\frac{\sqrt{2}-1}{2}(0\leqslant x\leqslant 1)$ 恒成立的线段所在的直线是线段 PN 的中垂线，其中点 P,N 分别是直线 $l:x+y=1$、曲线 $y=f(x)$ 与直线 $y=x$ 的交点.

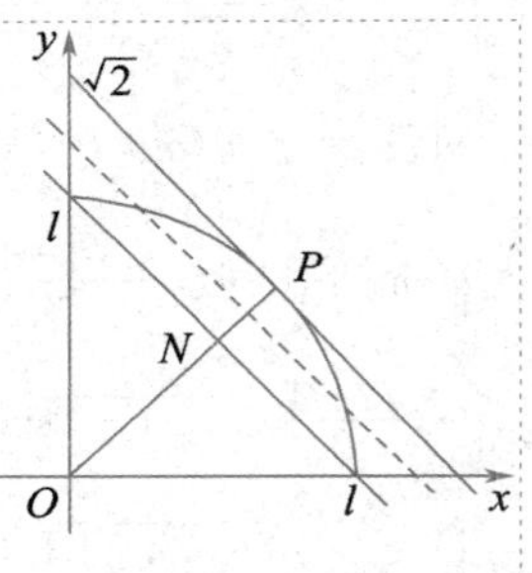

例 3　C　【解析】$\cos A+\sqrt{2}\cos B+\sqrt{2}\cos C=\cos A+2\sqrt{2}\cos\frac{B+C}{2}\cos\frac{B-C}{2}\leqslant 1-2\sin^2\frac{A}{2}+2\sqrt{2}\sin\frac{A}{2}\leqslant 2$.

等号当 $\angle B=\angle C$ 且 $\sin\frac{A}{2}=\frac{\sqrt{2}}{2}$，即 $\begin{cases} A=\frac{\pi}{2}, \\ B=\frac{\pi}{4}, \\ C=\frac{\pi}{4} \end{cases}$ 时取得. 因此所求代数式的最大值为 2. 故选 C.

例 4　【解析】根据余弦定理，得 $S=\frac{\sqrt{3}}{12}(a^2+b^2-c^2)=\frac{\sqrt{3}}{6}ab\frac{a^2+b^2-c^2}{2ab}=\frac{\sqrt{3}}{6}ab\cos C$，又 $S=\frac{1}{2}ab\sin C$，从而

$\frac{\sqrt{3}}{6}\cos C=\frac{1}{2}\sin C,\tan C=\frac{\sqrt{3}}{3}$，所以$\angle C=\frac{\pi}{6}$.

又根据正弦定理，得$\frac{c}{\sin C}=2R=2$，从而$R=1$.

$\sqrt{3}b-a=\sqrt{3}\cdot 2R\sin B-2R\sin A$

$=2\sqrt{3}\sin B-2\sin\left(\frac{5\pi}{6}-B\right)$

$=2\sqrt{3}\sin B-2\left[\frac{1}{2}\cos B+\frac{\sqrt{3}}{2}\sin B\right]$

$=\sqrt{3}\sin B-\cos B$

$=2\sin\left(B-\frac{\pi}{6}\right)$

$\leqslant 2$.

当$\angle B=\frac{2\pi}{3},\angle A=\frac{\pi}{6}$时等号成立. 因此，所求最大值为 2.

例 5　6　【解析】因为$\frac{\sin C}{\sin A-\sin B}=\frac{a+b}{a-b}$，由正弦定理，得$\frac{c}{a-b}=\frac{a+b}{a-c}$，整理得$a^2+c^2-b^2=ac$，从而$\cos B=\frac{a^2+c^2-b^2}{2ac}=\frac{1}{2}$，进而得$B=\frac{\pi}{3}$.

在$\triangle ABD$中，由余弦定理，得$AD^2=AB^2+BD^2-2AB\cdot BD\cos\angle B$，

即$9=AB^2+BD^2-AB\cdot BD=(AB+BD)^2-3AB\cdot BD$

$\geqslant(AB+BD)^2-3\left(\frac{AB+BD}{2}\right)^2=\frac{1}{4}(AB+BD)^2=\frac{1}{4}(c+2a)^2$.

从而$2a+c$的最大值为 6，当且仅当$AB=BD$，即$2a=c$时取得.

例 6　$\frac{41}{25}$　【解析】由恒等式$(a^2+d^2)(b^2+c^2)=(ab+cd)^2+(ac-bd)^2$及$a,b,c,d$均为正数，得

$$\frac{(ab+cd)^2}{(a^2+d^2)(b^2+c^2)}=\frac{(ab+cd)^2}{(ab+cd)^2+(ac-bd)^2}=\frac{1}{1+\left(\frac{ac-bd}{ab+cd}\right)^2}=\frac{1}{1+\left(\frac{\frac{a}{d}-\frac{b}{c}}{\frac{a}{d}\cdot\frac{b}{c}+1}\right)^2}.$$

下面我们来求$\left(\frac{\frac{a}{d}-\frac{b}{c}}{\frac{a}{d}\cdot\frac{b}{c}+1}\right)^2$的取值范围：

设$\frac{a}{d}=\tan\alpha,\frac{b}{c}=\tan\beta$其中$\alpha,\beta\in\left[\arctan\frac{1}{2},\arctan 2\right]$

$\left(\text{这样}|\alpha-\beta|\in\left[0,\arctan 2-\arctan\frac{1}{2}\right]\right)$，

因而$\left(\frac{\frac{a}{d}-\frac{b}{c}}{\frac{a}{d}\cdot\frac{b}{c}+1}\right)^2=\left(\frac{\tan\alpha-\tan\beta}{\tan\alpha\tan\beta+1}\right)^2=\tan^2(\alpha-\beta)=(\tan|\alpha-\beta|)^2$.

从而当$\alpha=\beta$,即$ac=bd$(比如$a=b=c=d=2$)时,$\left(\dfrac{\dfrac{a}{d}-\dfrac{b}{c}}{\dfrac{a}{d}\cdot\dfrac{b}{c}+1}\right)^2$取得最小值0;

当且仅当$|\alpha-\beta|=\arctan 2-\arctan\dfrac{1}{2}$时,即$\dfrac{a}{d}=\dfrac{c}{b}=2$,或$\dfrac{a}{d}=\dfrac{c}{d}=\dfrac{1}{2}$时,$\left(\dfrac{\dfrac{a}{d}-\dfrac{b}{c}}{\dfrac{a}{d}\cdot\dfrac{b}{c}+1}\right)^2=$

$\left(\dfrac{2-\dfrac{1}{2}}{2\cdot\dfrac{1}{2}+1}\right)^2=\dfrac{9}{16}$.

进而求得$\left[\dfrac{(ab+cd)^2}{(a^2+d^2)(b^2+c^2)}\right]_{\max}=\dfrac{1}{1+0^2}=1$,$\left[\dfrac{(ab+cd)^2}{(a^2+d^2)(b^2+c^2)}\right]_{\min}=\dfrac{1}{1+\left(\dfrac{3}{2}\right)^2}=\dfrac{16}{25}$.

从而所求最大值与最小值的和为$1+\dfrac{16}{25}=\dfrac{41}{25}$.

例7　C　【解析】因为函数$f(x)$的最小正周期为π,所以$\omega=2$,从而$f(x)=2\sin(2x+\varphi)$. 将函数$f(x)$的图象向右平移$\dfrac{\pi}{6}$个单位得到函数

$g(x)=2\sin\left[2\left(x-\dfrac{\pi}{6}\right)+\varphi\right]=2\sin\left(2x+\varphi-\dfrac{\pi}{3}\right)$.

又因为$g\left(x+\dfrac{\pi}{3}\right)=g\left(\dfrac{\pi}{3}-x\right)$,所以$x=\dfrac{\pi}{3}$为函数$g(x)$的一条对称轴,从而$\sin\left(2\times\dfrac{\pi}{3}+\varphi-\dfrac{\pi}{3}\right)=\sin\left(\dfrac{\pi}{3}+\varphi\right)=\pm1$,所以$\dfrac{\pi}{3}+\varphi=\dfrac{\pi}{2}+k\pi(k\in\mathbf{Z})$,即$\varphi=\dfrac{\pi}{6}+k\pi(k\in\mathbf{Z})$. 又因为$|\varphi|<\dfrac{\pi}{2}$,所以$\varphi=\dfrac{\pi}{6}$,故选C.

例8　BC　【解析】由题意知$\varphi=\dfrac{\pi}{2}$,且$\dfrac{\pi}{4}\omega+\varphi=k\pi(k\in\mathbf{Z})$,从而$\omega=4k-2(k\in\mathbf{Z})$.

由于$f(x)$在区间$\left[0,\dfrac{\pi}{12}\right]$上是单调函数,于是该区间小于或等于$\dfrac{1}{4}$个最小正周期,即$\dfrac{\pi}{12}\leqslant\dfrac{1}{4}\cdot\dfrac{2\pi}{\omega}$,解得$\omega\leqslant6$,从而$\omega$可能的取值有2和6.

从而选BC.

例9　【解析】(1)由题意,得$\begin{cases}A\sin0+B=1,\\ A\sin\dfrac{\pi}{2}+B=3,\end{cases}$从而得$A=2,B=1$.

$\begin{cases}\omega\cdot\dfrac{\pi}{3}+\varphi=\dfrac{\pi}{3},\\ \dfrac{7\pi}{12}\cdot\omega+\varphi=\dfrac{\pi}{6},\end{cases}$从而得$\omega=-\dfrac{2}{3}$,$\varphi=\dfrac{5\pi}{9}$.

所以$f(x)=2\sin\left(-\dfrac{2}{3}x+\dfrac{5\pi}{9}\right)+1$,即$f(x)=2\sin\left(\dfrac{2}{3}x+\dfrac{4\pi}{9}\right)+1$.

(2)令$2k\pi-\dfrac{\pi}{2}\leqslant\dfrac{2}{3}x+\dfrac{4\pi}{9}\leqslant2k\pi+\dfrac{\pi}{2}(k\in\mathbf{Z})$,解得$3k\pi-\dfrac{17\pi}{12}\leqslant x\leqslant3k\pi+\dfrac{\pi}{12}$,

所以函数$f(x)$的单调区间是$\left(3k\pi-\dfrac{17\pi}{12},3k\pi+\dfrac{\pi}{12}\right)(k\in\mathbf{Z})$.

(3)令 $f(x)=0$,得$\frac{2}{3}x+\frac{4\pi}{9}=2k\pi+\frac{7\pi}{6}$或$\frac{2}{3}x+\frac{4\pi}{9}=2k\pi+\frac{11\pi}{6}$,

解得 $f(x)$在$[0,2\pi)$内的所有零点为 $x=\frac{13\pi}{12}$.

例 10 【解析】$f(x)=4\sin x\cos^3 x-2\sin x\cos x-\frac{1}{2}\cos 4x$

$=2\sin x\cos x(2\cos^2 x-1)-\frac{1}{2}\cos 4x=\sin 2x\cos 2x-\frac{1}{2}\cos 4x$

$=\frac{1}{2}\sin 4x-\frac{1}{2}\cos 4x=\frac{\sqrt{2}}{2}\sin\left(4x-\frac{\pi}{4}\right)$.

(1)函数 $f(x)$的最小正周期为$\frac{2\pi}{4}=\frac{\pi}{2}$,最大值为$\frac{\sqrt{2}}{2}$.

(2)由复合函数的单调性,可知 $2k\pi-\frac{\pi}{2}\leqslant 4x-\frac{\pi}{4}\leqslant 2k\pi+\frac{\pi}{2}$,从而 $2k\pi-\frac{\pi}{4}\leqslant 4x\leqslant 2k\pi+\frac{3\pi}{4}$,解得$\frac{k\pi}{2}-\frac{\pi}{16}\leqslant x\leqslant\frac{k\pi}{2}+\frac{3\pi}{16}$.

从而,可知函数 $f(x)$的单调增区间为$\left[\frac{k\pi}{2}-\frac{\pi}{16},\frac{k\pi}{2}+\frac{3\pi}{16}\right](k\in\mathbf{Z})$;

$f(x)$的单调减区间为$\left[\frac{k\pi}{2}+\frac{3\pi}{16},\frac{k\pi}{2}+\frac{7\pi}{16}\right](k\in\mathbf{Z})$.

§6.7 三角比在代数中的应用

例 1 A 【解析】由题设可得$\left(x-\frac{2}{5}y\right)^2-\left(\frac{3}{5}y\right)^2=1$,设$\begin{cases}x-\frac{2}{5}y=\frac{1}{\cos\theta},\\ \frac{3}{5}y=\frac{\sin\theta}{\cos\theta},\end{cases}(\cos\theta\neq 0)$,

即$\begin{cases}x=\frac{3+2\sin\theta}{3\cos\theta},\\ y=\frac{5\sin\theta}{3\cos\theta},\end{cases}(-1<\sin\theta<1)$,所以

$2x^2+y^2=2\left(\frac{3+2\sin\theta}{3\cos\theta}\right)^2+\left(\frac{5\sin\theta}{3\cos\theta}\right)^2$

$=\frac{2(9+12\sin\theta+4\sin^2\theta)+25\sin^2\theta}{9\cos^2\theta}$

$=\frac{18+24\sin\theta+33\sin^2\theta}{9\cos^2\theta}$

$=\frac{6+8\sin\theta+11\sin^2\theta}{3\cos^2\theta}$

$=\frac{17+8\sin\theta-11\cos^2\theta}{3\cos^2\theta}$

$=\frac{8}{3}\cdot\frac{\sin\theta+\frac{17}{8}}{1-\sin^2\theta}-\frac{11}{3}$.

设 $\sin\theta+\frac{17}{8}=t$，从而 $\sin\theta=t-\frac{17}{8}$. 由 $\sin\theta\in(-1,1)$，可得 $t\in\left(\frac{9}{8},\frac{25}{8}\right)$，所以

$$2x^2+y^2=\frac{8}{3}\cdot\frac{\sin\theta+\frac{17}{8}}{1-\sin^2\theta}-\frac{11}{3}=\frac{8}{3}\cdot\frac{t}{1-\left(t-\frac{17}{8}\right)^2}-\frac{11}{3}=\frac{8}{3}\cdot\frac{1}{\frac{17}{4}-\left(t+\frac{225}{64t}\right)}-\frac{11}{3}.$$

由对勾函数可得 $t+\frac{225}{64t}\in\left[\frac{15}{4},\frac{17}{4}\right)$，所以 $2x^2+y^2$ 的取值范围是 $\left[\frac{5}{3},+\infty\right)$.

当且仅当 $t=\frac{15}{8}$，即 $\begin{cases}x=\frac{2}{9}\sqrt{15},\\y=-\frac{\sqrt{15}}{9}\end{cases}$ 或 $\begin{cases}x=-\frac{2}{9}\sqrt{15},\\y=\frac{\sqrt{15}}{9}\end{cases}$ 时，$2x^2+y^2$ 取得最小值 $\frac{5}{3}$. 从而选 A.

例 2 C 【解析】由题设条件，可得 $4x^2+4y^2+(z+1)^2=4$，因而 $1\leqslant z+1\leqslant 2$. 设 $z+1=2\sin\alpha$，则 $z=2\sin\alpha-1\left(\alpha\in\left[\frac{\pi}{6},\frac{\pi}{2}\right]\right)$，再令 $4x^2+4y^2=4\cos^2\alpha$（$x,y\in[0,\cos\alpha]$），从而还可以设 $\begin{cases}x=\cos\alpha\cos\beta,\\y=\cos\alpha\sin\beta,\end{cases}\left(\beta\in\left[0,\frac{\pi}{2}\right]\right)$，所以

$5x+4y+3z=\cos\alpha(4\sin\beta+5\cos\beta)+6\sin\alpha-3\left(\alpha\in\left[\frac{\pi}{6},\frac{\pi}{2}\right],\beta\in\left[0,\frac{\pi}{2}\right]\right)$.

设 $f(\beta)=4\sin\beta+5\cos\beta\left(\beta\in\left[0,\frac{\pi}{2}\right]\right)$，由辅助角公式，得

$f(\beta)=\sqrt{41}\sin\left(\beta+\arctan\frac{5}{4}\right)\left(\beta+\arctan\frac{5}{4}\in\left[\arctan\frac{5}{4},\frac{\pi}{2}+\arctan\frac{5}{4}\right]\right)$.

再由 $0<\arctan\frac{5}{4}<\frac{\pi}{2}<\frac{\pi}{2}+\arctan\frac{5}{4}<\pi$，可知函数 $f(\beta)$ 关于 β 在 $\left[0,\frac{\pi}{2}\right]$ 内先增后减，所以 $f(\beta)$ 最小值为 $\min\left\{f(0),f\left(\frac{\pi}{2}\right)\right\}=\min\{5,4\}=4$.

从而 $5x+4y+3z\geqslant 2(3\sin\alpha+2\cos\alpha)-3\left(\alpha\in\left[\frac{\pi}{6},\frac{\pi}{2}\right]\right)$ 当且仅当 $\beta=\frac{\pi}{2}$ 时取等号.

设 $g(\alpha)=3\sin\alpha+2\cos\alpha\left(\alpha\in\left[\frac{\pi}{6},\frac{\pi}{2}\right]\right)$，由辅助角公式，可得

$g(\alpha)=\sqrt{13}\sin\left(\alpha+\arctan\frac{2}{3}\right)\left(\alpha+\arctan\frac{2}{3}\in\left[\frac{\pi}{6}+\arctan\frac{2}{3},\frac{\pi}{2}+\arctan\frac{2}{3}\right]\right)$.

再由 $0<\frac{\pi}{6}+\arctan\frac{2}{3}<\frac{\pi}{6}+\frac{\pi}{4}<\frac{\pi}{2}<\frac{\pi}{2}+\arctan\frac{2}{3}<\pi$，可知函数 $g(\alpha)$ 关于 α 在 $\left[\frac{\pi}{6},\frac{\pi}{2}\right]$ 上先增后减，所以 $g(\alpha)$ 的最小值为 $\min\left\{g\left(\frac{\pi}{6}\right),g\left(\frac{\pi}{2}\right)\right\}=\min\left\{\frac{3}{2}+\sqrt{3},3\right\}=3$. 当且仅当 $\alpha=\frac{\pi}{2}$ 时取等号.

从而 $5x+4y+3z\geqslant 3$，当且仅当 $\alpha=\beta=\frac{\pi}{2}$ 时，即 $x=y=0,z=1$ 时取等号.

即 $5x+4y+3z$ 的最小值为 3.

本题也可直接利用代数方法求解：

由题设，知 $x^2+y^2+\left(\frac{z+1}{2}\right)^2=1(x\geqslant 0,y\geqslant 0,z\geqslant 0)$，当然可知 $x,y,z\in[0,1]$，因而 $5x\geqslant 4x^2$（当且仅当 $x=0$ 时取等号）；$4y\geqslant 4y^2$（当且仅当）$y=0$ 或 $y=1$ 时取等号）；$3z\geqslant z^2+2z$（当且仅当 $z=0$ 或 1 取等号），

所以 $5x+4y+3z\geqslant 4x^2+4y^2+z^2+2z=3$，当且仅当 $x=y=0,z=1$ 时取等号. 即 $5x+4y+3z$ 的最小值为 3.

还有一种想法就是利用柯西不等式：

由题设，知 $x^2+y^2+\left(\frac{z+1}{2}\right)^2=1(x,y,z\in\mathbf{R})$，由柯西不等式，有

$\left(5x+4y+6\cdot\frac{z+1}{2}\right)^2\leqslant(5^2+4^2+6^2)\left[x^2+y^2+\left(\frac{z+1}{2}\right)^2\right]=77$，

从而 $-\sqrt{77}\leqslant 5x+4y+6\cdot\frac{z+1}{2}\leqslant\sqrt{77}$，所以 $-\sqrt{77}-3\leqslant 5x+4y+3z\leqslant\sqrt{77}-3$. 进而可得当且仅当 $(x,y,z)=(-\frac{5}{\sqrt{77}},-\frac{4}{\sqrt{77}},-\frac{12}{\sqrt{77}}-1)$ 时，$5x+4y+3z$ 取得最小值 $-\sqrt{77}-3$；当且仅当 $(x,y,z)=\left(\frac{5}{\sqrt{77}},\frac{4}{\sqrt{77}},\frac{12}{\sqrt{77}}-1\right)$ 时，$5x+4y+3z$ 取得最大值 $\sqrt{77}-3$.

但此法不能解决例 2.

例 3 【证明】设 $x=\tan A,y=\tan B,z=\tan C$，则题设条件变为

$\tan A+\tan B+\tan C=\tan A\tan B\tan C$，

从而 $\tan A[1-\tan B\tan C]=-(\tan B+\tan C)$，

从而 $\tan A=-\frac{\tan B+\tan C}{1-\tan B\tan C}=-\tan(B+C)$，

于是可得 $A=k\pi-(B+C)(k\in\mathbf{Z})$，

从而 $\tan(2A)=\tan[2k\pi-2(B+C)]=-\tan(2B+2C)=-\frac{\tan 2B+\tan 2C}{1-\tan 2B\tan 2C}$，

从而 $\tan 2A+\tan 2B+\tan 2C=\tan 2A\tan 2B\tan 2C$.

注意到 $\tan 2A=\frac{2x}{1-x^2}$，$\tan 2B=\frac{2y}{1-y^2}$，$\tan 2C=\frac{2z}{1-z^2}$，

从而 $\frac{x}{1-x^2}+\frac{y}{1-y^2}+\frac{z}{1-z^2}=\frac{4xyz}{(1-x^2)(1-y^2)(1-z^2)}$.

例 4 【证明】设 $a=\sin\alpha,b=\cos\alpha,c=\sin\beta,d=\cos\beta$，且令 $\alpha,\beta\in\left(0,\frac{\pi}{2}\right)$.

由 $ab+cd=0$，得 $\sin\alpha\sin\beta+\cos\alpha\cos\beta=0$，

即 $\cos(\alpha-\beta)=0$，所以 $\alpha-\beta=\frac{\pi}{2}$，即 $\alpha=\beta+\frac{\pi}{2}$.

从而 $a^2+c^2=\sin^2\alpha+\sin^2\beta=\sin^2\left(\beta+\frac{\pi}{2}\right)+\sin^2\beta=\cos^2\beta+\sin^2\beta=1$，

$b^2+d^2=\cos^2\alpha+\cos^2\beta=\cos^2\left(\beta+\frac{\pi}{2}\right)+\cos^2\beta=\sin^2\beta+\cos^2\beta=1$，

$ab+cd=\sin\alpha\cos\alpha+\sin\beta\cos\beta=\sin\left(\beta+\frac{\pi}{2}\right)\cos\left(\beta+\frac{\pi}{2}\right)+\sin\beta\cos\beta$

$=\cos\beta\cdot(-\sin\beta)+\sin\beta\cdot\cos\beta=0.$

以上两例告诉我们，如果已知条件中有形如三角函数关系的等式，则可以利用三角代换使问题转化为三角恒等式的证明问题.

例 5 【证明】显然 $x\geqslant1$，可令 $x=\sec\theta$，$\sqrt{x^2-1}=\tan\theta$，代入原方程，得

$35\tan\theta-12\sec\theta=12\sec\theta\cdot\tan\theta$，即 $35\sin\theta\cos\theta=12\sin\theta+12\cos\theta$，两边平方，化简，得 $1225\sin^2 2\theta-576\sin2\theta-576=0$，

解得 $\sin2\theta=\frac{24}{25}$ 或 $\sin2\theta=-\frac{24}{49}$（不合题意，舍去），

所以 $\cos2\theta=\pm\sqrt{1-\sin^2 2\theta}=\pm\frac{7}{25}$.

由 $\cos2\theta=2\cos^2\theta-1$，解得 $\cos\theta=\frac{4}{5}$ 或 $\cos\theta=\frac{3}{5}$，

从而 $\sec\theta=\frac{5}{4}$ 或 $\sec\theta=\frac{5}{3}$.

即原方程的解为 $x=\frac{5}{4}$ 或 $x=\frac{5}{3}$.

例 6 【解析】显然，$x_1=x_2=x_3=0$ 是方程组的一组解. 下面，我们来求解该方程组的非零解. 从方程组的结构来看，x_1,x_2,x_3 均不小于零.

设 $x_1=\tan\alpha_1,x_2=\tan\alpha_2,x_3=\tan\alpha_3\left(\alpha_1,\alpha_2,\alpha_3\in\left[0,\frac{\pi}{2}\right)\right)$，代入原方程，得

$$\begin{cases}\dfrac{2\tan^2\alpha_1}{1+\tan^2\alpha_1}=\tan\alpha_2,\\ \dfrac{2\tan^2\alpha_2}{1+\tan^2\alpha_2}=\tan\alpha_3,\\ \dfrac{2\tan^2\alpha_3}{1+\tan^2\alpha_3}=\tan\alpha_1,\end{cases}\text{即}\begin{cases}\sin2\alpha_1\tan\alpha_1=\tan\alpha_2,\\ \sin2\alpha_2\tan\alpha_2=\tan\alpha_3,\\ \sin2\alpha_3\tan\alpha_3=\tan\alpha_1.\end{cases}$$

将上述三式相乘，得 $\sin2\alpha_1\sin2\alpha_2\sin2\alpha_3=1$.

由 $\alpha_1,\alpha_2,\alpha_3\in\left[0,\frac{\pi}{2}\right)$，知 $2\alpha_1,2\alpha_2,2\alpha_3\in[0,\pi)$，

所以，$\sin\alpha_1,\sin\alpha_2,\sin\alpha_3\in[0,1]$.

因此，只可能是 $\sin2\alpha_1=\sin2\alpha_2=\sin2\alpha_3=1$，从而 $\alpha_1=\alpha_2=\alpha_3=\frac{\pi}{4}$，

所以 $x_1=x_2=x_3=\tan\frac{\pi}{4}=1$. 检验知，是原方程组的非零解.

所以原方程组有两组解：$x_1=x_2=x_3=0$；$x_1=x_2=x_3=1$.

例 7 【证明】令 $x=\tan\frac{A}{2}$，$y=\tan\frac{B}{2}$，$z=\tan\frac{C}{2}$，其中 A,B,C 为锐角三角形的三个内角.

原式即证 $\sin\frac{A}{2}\sin\frac{B}{2}\sin\frac{C}{2}\geqslant\cos A\cos B\cos C$.

由于 $\sin\frac{A}{2}=\cos\frac{B+C}{2}\geqslant\frac{1}{2}(\cos B+\cos C)\geqslant\sqrt{\cos B\cos C}$,

同理,得 $\sin\frac{B}{2}\geqslant\sqrt{\cos A\cos C}$, $\sin\frac{C}{2}\geqslant\sqrt{\cos A\cos B}$.

将上述三式相乘,即得 $\sin\frac{A}{2}\sin\frac{B}{2}\sin\frac{C}{2}\geqslant\cos A\cos B\cos C$.

因此,原不等式得证.

例 8 【证明】令 $x=\cos A$, $y=\cos B$, $z=\cos C$,其中 A,B,C 为锐角三角形的三个内角.

则原不等式即证 $\cos A+\cos B+\cos C\leqslant\frac{3}{2}$.

由琴生不等式,得 $\frac{\cos A+\cos B+\cos C}{3}\leqslant\cos\frac{A+B+C}{3}=\frac{1}{2}$,

从而 $\cos A+\cos B+\cos C\leqslant\frac{3}{2}$.

所以原不等式得证.

上述条件均可通过一些特殊的变换,将条件进行转化,比如我们可以联想至 $\triangle ABC$ 的一些恒等式:在 $\triangle ABC$ 内,有

(1) $\tan A+\tan B+\tan C=\tan A\cdot\tan B\cdot\tan C$.

(2) $\cos^2A+\cos^2B+\cos^2C+2\cos A\cos B\cos C=1$.

(3) $\tan\frac{A}{2}\tan\frac{B}{2}+\tan\frac{B}{2}\tan\frac{C}{2}+\tan\frac{C}{2}\tan\frac{A}{2}=1$.

上述条件对应的变换为:

(1) $x+y+z=xyz$.

(2) $x^2+y^2+z^2+2xyz=1$.

(3) $xy+yz+zx=1$.

除此之外,还有一个常用的变换,即 $xyz=1$,常可变换为 $x=\frac{m}{n}$, $y=\frac{n}{p}$, $z=\frac{p}{m}$.

例 9 【解析】(1)设 $a_n=2\sin\alpha_n\left(其中\ \alpha_n\in[0,2\pi], n=1,2,\cdots,且\ \alpha_1=\frac{\pi}{4}\right)$.

由递推式,得 $a_n=\sqrt{2-\sqrt{4-4\sin^2\alpha_{n-1}}}=\sqrt{2-2\cos\alpha_{n-1}}=\sqrt{2-2\left(1-2\sin^2\frac{\alpha_{n-1}}{2}\right)}$

$=\sqrt{4\sin^2\frac{\alpha_{n-1}}{2}}=2\sin\frac{\alpha_{n-1}}{2}$,

故 $a_n=2\sin\alpha_n=2\sin\frac{\alpha_{n-1}}{2}$,即 $\alpha_n=\frac{\alpha_{n-1}}{2}(n=1,2,\cdots)$,从而 $\alpha_n=\frac{\alpha_1}{2^{n-1}}=\frac{\pi}{2^{n+1}}$.

所以 $a_n=2\sin\frac{\pi}{2^{n+1}}$.

(2)由(1)知, $b_n=2^na_n=2^{n+1}\sin\frac{\pi}{2^{n+1}}<2^{n+1}\cdot\frac{\pi}{2^{n+1}}=\pi<4$.

例 10 【证明】由题设,知 $a_n>0$. 令 $a_n=\tan\alpha_n\left(其中\ \alpha_n\in\left(0,\frac{\pi}{2}\right)\right)$,则

$a_n=\frac{\sqrt{1+a_{n-1}^2}-1}{a_{n-1}}=\frac{\sec\alpha_{n-1}-1}{\tan\alpha_{n-1}}=\frac{1-\cos\alpha_{n-1}}{\sin\alpha_{n-1}}=\tan\frac{\alpha_{n-1}}{2}$，从而 $\tan\frac{\alpha_{n-1}}{2}=\tan\alpha_n$.

因为$\frac{\alpha_n}{2}$，$\alpha_n\in\left(0,\frac{\pi}{2}\right)$，所以 $\alpha_n=\frac{\alpha_{n-1}}{2}$，从而 $\alpha_n=\left(\frac{1}{2}\right)^n\alpha_0$.

又因为 $a_0=\tan\alpha_0=1$，且 $\alpha_0\in\left(0,\frac{\pi}{2}\right)$，所以 $\alpha_0=\frac{\pi}{4}$，从而 $\alpha_n=\left(\frac{1}{2}\right)^n\cdot\frac{\pi}{4}=\frac{\pi}{2^{n+2}}$.

又因为 $0<x<\frac{\pi}{2}$ 时，有 $\tan x>x$，所以 $\tan\frac{\pi}{2^{n+2}}>\frac{\pi}{2^{n+2}}$.

从上面的分析可以看出，用三角函数处理代数题的关键在于仔细观察试题的结构，合理地选择三角函数进行代换，然后借助三角函数的公式加以处理.

§6.8 三角比在几何中的应用

例 1 A 【解析】由△ABC 的边长为三个连续整数，设三角形的三条边长分别为 $k-1,k,k+1(k\in\mathbf{N}^*)$，且这三条边所对的角分别为 A,B,C，则 $C=2A$，从而

$\sin C=\sin 2A=2\sin A\cos A$，由正弦定理，知 $c=2a\cos A$，

所以 $k+1=2(k-1)\cdot\frac{k^2+(k+1)^2-(k-1)^2}{2k\cdot(k+1)}$，解得 $k=5$，所以所求的三边形为 4，5，6. 故选 A.

例 2 C 【解析】(**方法一**)考虑单位圆接正五边形，如图所示.

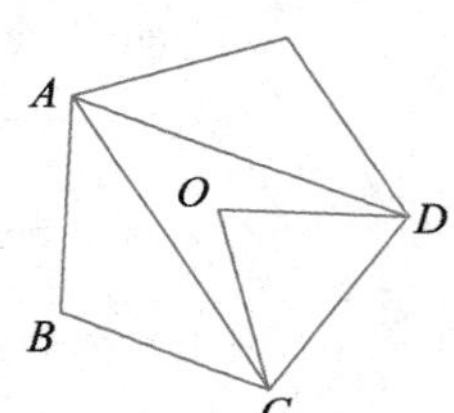

设正五边形的中心为 O，边长为 x，一条对角线长为 y.

在△ABC 中，由余弦定理，得

$\cos\angle BAC=\cos 36^\circ=\frac{x^2+y^2-x^2}{2xy}=\frac{y}{2x}$.

在△ACD 中，由余弦定理，得

$\cos\angle DAC=\cos 36^\circ=\frac{y^2+y^2-x^2}{2y^2}$.

联立上述两式，解得 $y=\frac{\sqrt{5}+1}{2}x$，所以 $\cos 36^\circ=\frac{y}{2x}=\frac{\sqrt{5}+1}{4}$.

在△OCD 中，$\cos\angle OCD=\cos 54^\circ=\frac{1+x^2-1}{2x}=\frac{x}{2}$，所以 $x^2=4\cos^2 54^\circ=4\sin^2 36^\circ=4(1-\cos^2 36^\circ)$

$=\frac{5-\sqrt{5}}{2}$，

则 $y^2=\left(\frac{\sqrt{5}+1}{2}x\right)^2=\frac{5+\sqrt{5}}{2}$. 故所求平方和的最大值应为 $5(x^2+y^2)=25$.

(**方法二**)设单位加圆的圆心为 O，其内接五边形 $A_1A_2A_3A_4A_5$，所求平方和为

$$\sum_{1\leqslant i<j\leqslant 5}\overrightarrow{A_iA_j}^2=\sum_{1\leqslant i<j\leqslant 5}\left(\overrightarrow{OA_i}-\overrightarrow{OA_j}\right)^2=\sum_{1\leqslant i<j\leqslant 5}\left(2-2\overrightarrow{OA_i}\cdot\overrightarrow{OA_j}\right)$$

$$=20-2\sum_{1\leqslant i<j\leqslant 5}\left(\overrightarrow{OA_i}\cdot\overrightarrow{OA_j}\right)=20-\left[(\sum_{i=1}^{5}\overrightarrow{OA_i})^2-\sum_{i=1}^{5}\overrightarrow{OA_i}^2\right]$$

$$=25-\left(\sum_{i=1}^{5}\overrightarrow{OA_i}\right)^2\leqslant 25.$$

本题可以继续拓展为：求单位圆内接凸 n 边形所有边及所有对角线的平方和的最大值，此时凸 n 边形有什么特点？

取圆心为坐标原点，建立复平面. 设单位圆内接 n 边形各顶点对应的复数为 $a_1, a_2, \cdots, a_n$.

所求和可表示为：$S=\frac{1}{2}\sum\limits_{1\leqslant i,j\leqslant n}|a_i-a_j|^2=\frac{1}{2}\sum\limits_{1\leqslant i,j\leqslant n}(a_i-a_j)(\overline{a_i}-\overline{a_j})$

$=\frac{1}{2}\sum\limits_{1\leqslant i,j\leqslant n}(2-a_i\cdot\overline{a_j}-\overline{a_i}\cdot a_j)=n^2-|a_1+a_2+\cdots+a_n|^2$，

当 $|a_1+a_2+\cdots+a_n|=0$ 时，S 最得最大值 n^2，即单位圆的内接 n 边形的所有边及所有对角线的长度的平方和的最大值在 n 边形的重心为圆心时达到，最大为 n.

这里有两点需要说明：(1) $\sum\limits_{1\leqslant i,j\leqslant n}1=n^2$；(2) 因为凸 n 边形 $a_1a_2\cdots a_n$ 的重心的坐标是 $g=\frac{a_1+a_2+\cdots+a_n}{n}$，故当 $g=0$ 时，说明重心与坐标原点重合，即与圆心重合.

例 3　C　【解析】由 $S_{\triangle ABC}=\frac{1}{2}bc\sin A=\frac{\sqrt{3}}{6}a^2$，则 $\sin A=\frac{\sqrt{3}a^2}{3bc}$.

由余弦定理，得 $\cos A=\frac{b^2+c^2-a^2}{2bc}=\frac{1}{2}\left(\frac{b}{c}+\frac{c}{b}\right)-\frac{1}{2}\cdot\frac{a^2}{bc}$，

从而 $\frac{b}{c}+\frac{c}{b}=2\cos A+\sqrt{3}\sin A=\sqrt{7}\sin(A+\varphi)$，

其中 $\tan\varphi=\frac{2\sqrt{3}}{3}$. 当 $\sin(A+\varphi)=1$ 时，$\frac{b}{c}+\frac{c}{b}$ 取得最大值 $\sqrt{7}$，从而选 C.

例 4　D　【解析】如图所示，由 $\angle ABD=\angle DBC$，得 $AD=CD$. 根据托勒密定理，有 $AB\cdot CD+AD\cdot BC=AC\cdot BD$，代入 AB, BC, BD 的值，整理，得 $AC=AD$，故 $\triangle ACD$ 为正三角形，于是 $\angle ABD=\angle ACD=60°$. 在 $\triangle ABD$ 中，根据余弦定理，有

$$AD^2=AB^2+BD^2-2AB\cdot BD\cos\angle ABD,$$

求得 $AD=\sqrt{7}$. 所以圆的直径为 $\frac{AD}{\cos 30°}=\frac{2\sqrt{21}}{3}$. 从而选 D.

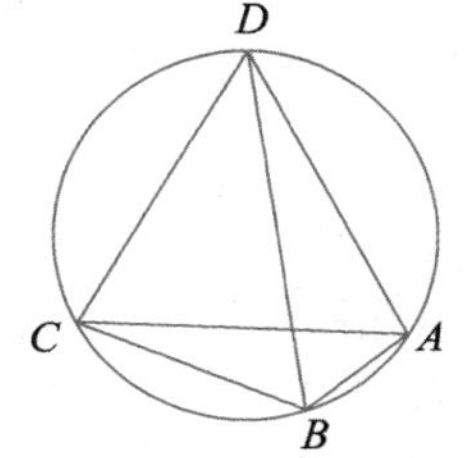

正 $\triangle ABC$ 外接圆上一点到其所在圆弧两端点的距离之和等于该点到其所在圆弧所对顶点的距离. 例如本题中，就有 $BD=AB+BC$.

例 5　D　【解析】如图所示，作 $AD\perp BC$ 于点 D，O_1，O_2 分别为 $\triangle ABD$ 与 $\triangle ACD$ 的内切圆圆心，作 $O_1E\perp BC$ 于点 E，$O_2F\perp BC$ 于点 F.

设 $BD=x$，$AD=y$. 则 $CD=14-x$.

在直角 $\triangle ABD$ 中，$BD^2+AD^2=AB^2$，

所以 $x^2+y^2=13^2$.　①

在直角 $\triangle ACD$ 中，$CD^2+AD^2=AC^2$，

所以 $(14-x)^2+y^2=15^2$.　②

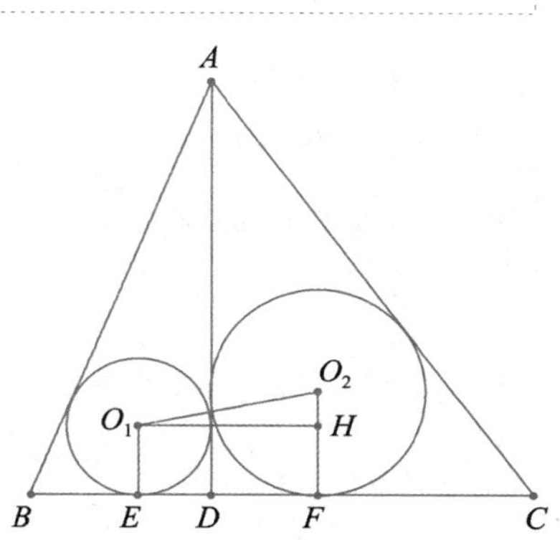

由②－①，得 $-28x+14^2=15^2-13^2$，解得 $x=5$，将 $x=5$ 代入①式，得 $25+y^2=13^2$，解得 $y=12$.

所以在 $Rt\triangle ABD$ 中，有 $\sin B=\dfrac{AD}{AB}=\dfrac{12}{13}$；在 $Rt\triangle ACD$，有 $\sin C=\dfrac{AD}{AC}=\dfrac{12}{15}$.

设 $\triangle ABD$ 与 $\triangle ACD$ 的内圆的半径分别为 r_1, r_2.

从而由 $S_{\triangle ABD}=\dfrac{1}{2}AB\cdot BD\sin\angle B=\dfrac{1}{2}(AB+BD+AD)\cdot r_1$，

从而 $r_1=\dfrac{AB\cdot BD\sin\angle B}{AB+BD+AD}=\dfrac{13\times 5\times\dfrac{12}{13}}{13+5+12}=2$；

由 $S_{\triangle ACD}=\dfrac{1}{2}AC\cdot CD\sin\angle C=\dfrac{1}{2}(AC+CD+AD)\cdot r_2$，

从而 $r_2=\dfrac{AC\cdot CD\sin\angle C}{AC+CD+AD}=\dfrac{15\times 9\times\dfrac{12}{15}}{15+12+9}=3$.

如图，过点 O_1 作 $O_1H\perp O_2F$ 于 H，则 $O_1H=r_1+r_2=5$，$O_2H=r_2-r_1=1$.

在直角 $\triangle O_1HO_2$ 中，由勾股定理，得 $O_1O_2=\sqrt{1^2+5^2}=\sqrt{26}$，从而选 D.

例 6　A　【解析】如图，显然四边形 $P_1P_2P_3P_4$ 为正方形，由于 $AB=1$ 且 $\triangle ABP_1$ 为正三角形，从而 P_1 到 AB 的距离为 $\dfrac{\sqrt{3}}{2}$，同理 P_3 到 CD 的距离为 $\dfrac{\sqrt{3}}{2}$，从而 $P_1P_3=\sqrt{3}-1$；

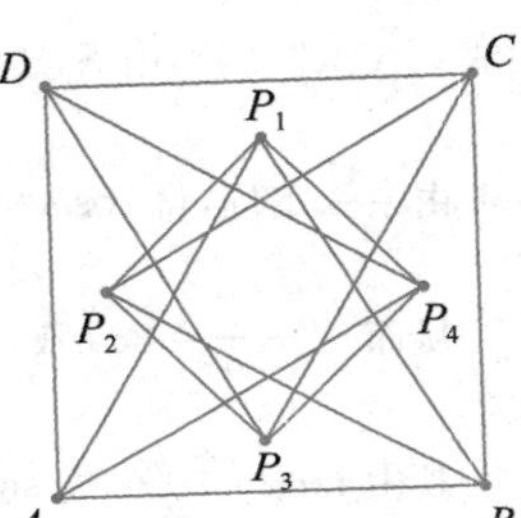

由于四边形 $P_1P_2P_3P_4$ 为正方形，所以 $P_2P_4=\sqrt{3}-1$.

于是，所求四边形 $P_1P_2P_3P_4$ 的面积为 $\dfrac{1}{2}P_1P_3\cdot P_1P_4=\dfrac{1}{2}(\sqrt{3}-1)^2=2-\sqrt{3}$. 选 A.

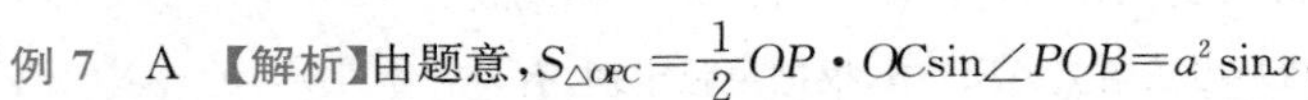

例 7　A　【解析】由题意，$S_{\triangle OPC}=\dfrac{1}{2}OP\cdot OC\sin\angle POB=a^2\sin x$，

因为 $S_{\triangle PCD}=\dfrac{\sqrt{3}}{4}PC^2=\dfrac{\sqrt{3}}{4}(OP^2+OC^2-2OP\cdot OC\cos\angle POC)$

$=\dfrac{\sqrt{3}}{4}(5-4\cos x)a^2$，

于是 $f(x)=\dfrac{5\sqrt{3}}{4}a^2+2\sin\left(x-\dfrac{\pi}{3}\right)a^2$，于是当 $f(x)$ 取得最大值时，$x=\dfrac{5\pi}{6}$. 选 A.

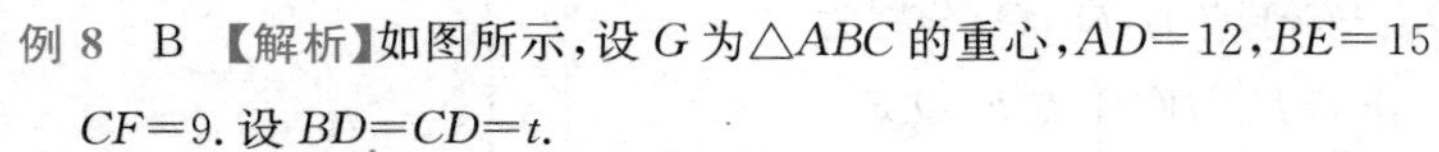

例 8　B　【解析】如图所示，设 G 为 $\triangle ABC$ 的重心，$AD=12$，$BE=15$，$CF=9$. 设 $BD=CD=t$.

根据重心的性质，得 $BG=\dfrac{2}{3}BE=10$，$DG=\dfrac{1}{3}AD=4$，$CG=\dfrac{2}{3}CF=6$.

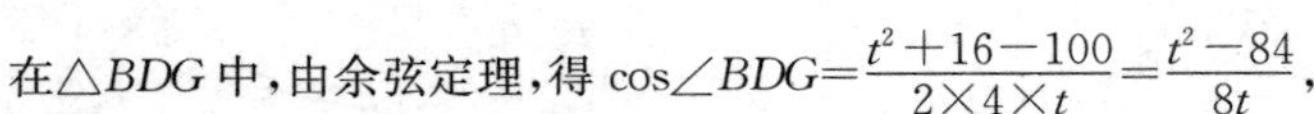

在 $\triangle BDG$ 中，由余弦定理，得 $\cos\angle BDG=\dfrac{t^2+16-100}{2\times 4\times t}=\dfrac{t^2-84}{8t}$，

在 $\triangle CDG$ 中，$\cos\angle CDG=\dfrac{t^2+16-36}{2\times 4\times t}=\dfrac{t^2-20}{8t}$，$\cos\angle BDG=-\cos\angle CDG$，

所以 $t^2-84=-t^2+20$，所以 $t^2=52$.

从而，$DG^2+CG^2=DC^2$，$\triangle CGD$ 是直角三角形.

$S_{CGD}=\frac{1}{2}DG\times CG=12$，$S_{\triangle ABC}=6S_{\triangle CGD}=72$.

从而本题选 B.

本题涉及的知识点较多，涉及$\triangle ABC$的重心、余弦定理，体现了方程思想，利用三角形的面积关系求面积等，当然本题也可以利用中线定理求三角形的边长.

三角形的中线长定理：一般地，如果$\triangle ABC$的三边长分别为x,y,z，则$\triangle ABC$的面积是以x，y,z为边长的三角形面积的$\frac{4}{3}$倍.

例 9 【解析】以 O 为坐标原点建立如图所示的直角坐标系，设小球的抛出速率为 v，方向与 x 的平角为 θ，则小球运动的坐标与时间的关系为$\begin{cases}x=vt\cos\theta,\\ y=vt\sin\theta-\frac{1}{2}gt^2,\end{cases}$因此小球的轨迹为 $y=x\tan\theta-\frac{gx^2(1+\tan^2\theta)}{2v^2}$.

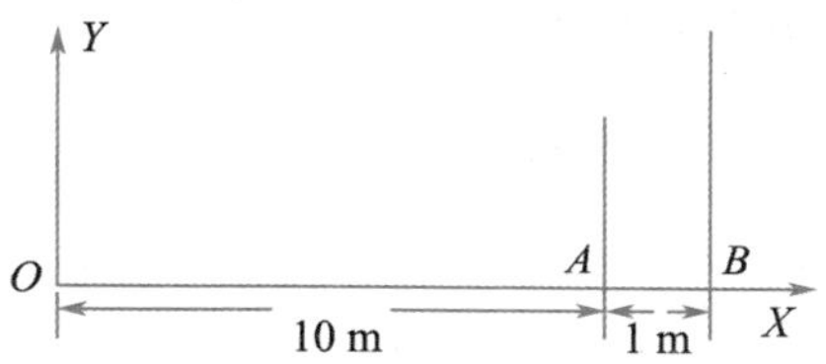

由于小球正好落在两墙之间，当小球运动到 $x=10\text{m}$ 处，即至墙 A 处时，应有 $y\geqslant 2\text{m}$；当小球运动到 $x=11\text{m}$，即至墙 B 处时，应有 $y\leqslant 3\text{m}$.

此外，小球可能会与墙 B 碰撞后再落入两墙之间，小球与墙 B 碰撞，垂直于墙 B 的速度反向，平行于墙 B 的速度不变，因而碰撞后的轨迹与将与碰撞未发生的轨迹关于墙 B 对称.

因此，小球运动到 $x=12\text{m}$ 处，即碰撞后运动到墙 A 时，应有 $y\leqslant 2\text{m}$，从而有

$$\begin{cases}10\tan\theta-\frac{g\times 10^2(1+\tan^2\theta)}{2v^2}\geqslant 2,\\ 11\tan\theta-\frac{g\times 11^2(1+\tan^2\theta)}{2v^2}\leqslant 3,\\ 12\tan\theta-\frac{g\times 12^2(1+\tan^2\theta)}{2v^2}\leqslant 2,\end{cases}\text{整理，得}\begin{cases}v^2\geqslant\frac{g\times 10^2(1+\tan^2\theta)}{2(10\tan\theta-2)},\\ v^2\leqslant\frac{g\times 11^2(1+\tan^2\theta)}{2(11\tan\theta-3)},\\ v^2\leqslant\frac{g^2\times 12^2(1+\tan^2\theta)}{2(12\tan\theta-2)},\end{cases}$$

其中，$\theta\in\left(0,\frac{\pi}{2}\right)$，即 $\tan\theta\in(0,+\infty)$.

令 $f(x)=\frac{1+x^2}{5x-1}(x>0)$，则 $f'(x)=\frac{5x^2-2x-5}{(5x-1)^2}$. 令 $f'(x)=0$，得 $x=\frac{1+\sqrt{26}}{5}$.

当 $x\in\left(0,\frac{1+\sqrt{26}}{5}\right)$时，$f'(x)<0$，$f(x)$单调递减；

当 $x\in\left(\frac{1+\sqrt{26}}{5},+\infty\right)$时，$f'(x)>0$，$f(x)$单调递增.

由此可知，$x=\frac{1+\sqrt{26}}{5}$为 $f(x)$的极小值点，也为最小值点.

从而$\dfrac{g\times 10^2(1+\tan^2\theta)}{2(10\tan\theta-2)}\geqslant\dfrac{g\times 10^2\left[1+\left(\dfrac{1+\sqrt{26}}{5}\right)^2\right]}{2\left(10\times\dfrac{1+\sqrt{26}}{5}-2\right)}\approx 119.54\text{m}^2/\text{s}^2$.

所以 $v^2\geqslant 119.54\ \text{m/s}^2$，即 $v\geqslant 10.93\text{m/s}$.

又因为 $\theta\to\dfrac{\pi}{2}$ 时，$\tan\theta\to+\infty$，$\dfrac{g\times 11^2(1+\tan^2\theta)}{2(11\tan\theta-3)}\to+\infty$，$\dfrac{g\times 12^2(1+\tan^2\theta)}{2(12\tan\theta-2)}\to+\infty$，

因此，v^2 没有上限，从而 v 没有上限.

所以斜抛速度的可能值为 $v\geqslant 10.93\text{m/s}^2$.

例 10 【解析】设铁路每吨千米运费为 $3k$，公路每吨千米为 $5k$，设$\angle ADC=\alpha$，总运费为 y.

则 $y=5k\cdot\dfrac{20}{\sin\alpha}+3k(100-20\cdot\cot\alpha)=20k\cdot\dfrac{5-3\cos\alpha}{\sin\alpha}+300k$.

令 $y_1=\dfrac{5-3\cos\alpha}{\sin\alpha}>0$，则 $y_1\sin\alpha+3\cos\alpha=5$，

从而 $\sqrt{{y_1}^2+9}\sin(\alpha+\varphi)=5\left(其中，\varphi=\arctan\dfrac{3}{y_1}\right)$.

由于 $\sin(\alpha+\varphi)\leqslant 1$，于是 $\sqrt{{y_1}^2+9}\geqslant 5$，解得 $y_1\geqslant 4$，

且当 $\cot\alpha=\dfrac{3}{4}$时，y_1 取得最小值 4.

故当 $AD=15$ 时，y 有最小值.

所以，为了使运费最省，D 应选在距离 A 点 15 千米处.

本例若用 $AD=x$ 为参数，虽然也能解决问题，但要比解析中给出的方法复杂得多，有兴趣的读者可自行去尝试.

习题六

1. A 【解析】由于 $\tan\theta-\dfrac{1}{\tan\theta}=-\dfrac{2}{\tan2\theta}$，于是 $\tan 10°-\tan 80°=-2\cot 20°$，

$2(\tan 20°-\cot 20°)=-4\cot 40°$，$4(\tan 40°-\cot 40°)=-8\cot 80°$，三式相加，得

$9\tan 10°+2\tan 20°+4\tan 40°-\tan 80°=0$. 选 A.

2. B 【解析】$y=\sin\left(2x+\dfrac{\pi}{3}\right)$的最小正周期为 π，不满足题设条件；$y=\cos\left(\dfrac{3}{2}\pi-4x\right)=-\sin4x$符合要求；$y=\sin\left(4x-\dfrac{\pi}{2}\right)=-\cos4x$ 为偶函数，不符合题设要求；$y=\tan x$ 的最小正周期为 π，不符合题设要求，从而选 B.

3. C 【提示】利用倍角公式降幂，然后开方并判断符号即可.

4. D 【解析】因为 $\sin\beta=\sin(\alpha+\beta-\alpha)=\sin(\alpha+\beta)\cos\alpha-\cos(\alpha+\beta)\sin\alpha$，

由题设条件 $\sin\beta=2\cos(\alpha+\beta)\sin\alpha$，得 $\tan(\alpha+\beta)=3\tan\alpha$，从而解得

$\tan\beta=\dfrac{2\tan\alpha}{3\tan^2\alpha+1}=\dfrac{2}{3\tan\alpha+\dfrac{1}{\tan\alpha}}\leqslant\dfrac{\sqrt{3}}{3}$，

即 $\tan\beta$ 有最大值$\frac{\sqrt{3}}{3}$，当且仅当 $\alpha=\beta=\frac{\pi}{6}$ 时取到. 而由于 $\alpha\to\frac{\pi}{2}$ 时，$\tan\beta\to 0$，而取不到最小值. 从而选 D.

5. A 【解析】由余弦定理，得 $a\cdot\frac{a^2+c^2-b^2}{2ac}-b\cdot\frac{b^2+c^2-a^2}{2bc}=\frac{c}{3}$，得 $a^2-b^2=\frac{c^2}{3}$.

又$\frac{\tan A}{\tan B}=\frac{\sin A\cos B}{\cos A\sin B}=\frac{a\cdot\frac{a^2+c^2-b^2}{2ac}}{b\cdot\frac{b^2+c^2-a^2}{2bc}}=\frac{a^2+c^2-b^2}{b^2+c^2-a^2}=2$. 所以选 A.

6. D　**7.** D

8. A 【解析】根据四点共圆的四边形的对角互补，由余弦定理，得

$\frac{AB^2+BC^2-AC^2}{2AB\cdot BC}=\cos B=-\frac{CD^2+DA^2-AC^2}{2CD\cdot DA}$，

即$\frac{136^2+80^2-AC^2}{2\times136\times80}=-\frac{150^2+102^2-AC^2}{2\times150\times102}$，解得 $AC=168$，于是 $\cos B=-\frac{13}{85}$，$\sin B=\frac{84}{85}$. 再由正弦定理，可得 $2R=\frac{AC}{\sin B}=170$. 从而选 A.

9. B 【解析】在$\triangle ABC$ 中，可得 $\sin A>0$. 再由 $\sin A=\cos B=\tan C$，可得 $\cos B=\tan C>0$，所以 B，C 为锐角.

若 A 为锐角，由 $\sin A=\cos B=\sin\left(\frac{\pi}{2}-B\right)$，得 $A=\frac{\pi}{2}-B$，$A+B=\frac{\pi}{2}$，从而 $C=\frac{\pi}{2}$，与 C 为锐角矛盾；

又由 $\sin A=\cos B$ 知 A 不可能为直角，所以 A 为钝角. 由于 $\cos B=\sin A=\cos\left(A-\frac{\pi}{2}\right)$，可得 $B=A-\frac{\pi}{2}$，即 $A=B+\frac{\pi}{2}$，$C=\frac{\pi}{2}-2B\left(0<B<\frac{\pi}{4}\right)$.

再由 $\cos B=\tan C$，可得 $\cos B=\tan\left(\frac{\pi}{2}-2B\right)=\frac{\sin\left(\frac{\pi}{2}-2B\right)}{\cos\left(\frac{\pi}{2}-2B\right)}=\frac{\cos 2B}{\sin 2B}=\frac{1-2\sin^2 B}{2\sin B\cos B}$，

$2\sin B(1-\sin^2 B)=1-2\sin^2 B$，$\sin^3 B-\sin^2 B-\sin B+\frac{1}{2}=0\left(0<B<\frac{\pi}{4}\right)$.

设 $\sin B=x$，得 $0<x<\frac{\sqrt{2}}{2}$，则问题转化为：关于 x 的方程 $x^3-x-x+\frac{1}{2}=0\left(0<x<\frac{\sqrt{2}}{2}\right)$的实根个数. 设

$f(x)=x^3-x^2-x+\frac{1}{2}\left(0<x<\frac{\sqrt{2}}{2}\right)$，

可得 $f'(x)=3x^2-2x-1=(x-1)(3x+1)<0\left(0<x<\frac{\sqrt{2}}{2}\right)$，所以 $f(x)$是减函数.

又因为 $f(0)=\frac{1}{2}>0$，$f\left(\frac{\sqrt{2}}{2}\right)=-\frac{1}{2\sqrt{2}}<0$，

所以关于 x 的方程 $x^3-x^2-x+\frac{1}{2}=0\left(0<x<\frac{\sqrt{2}}{2}\right)$的实根个数为 1，因而选 B.

10. ABC 【解析】如图所示，设$\triangle ABC$ 的$\angle A$ 的角平分线是 AD.

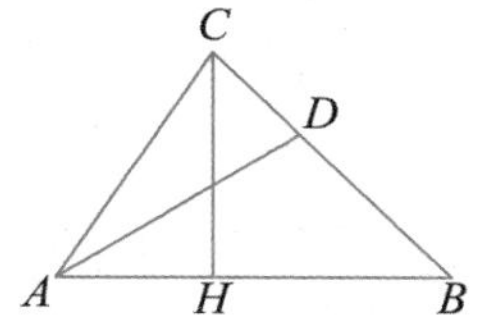

在$\triangle ABD$ 中，由正弦定理，$\frac{AB}{\sin\angle ADB}=\frac{AD}{\sin\angle B}$，可得$\frac{AB}{\sin(30^\circ+45^\circ)}=\frac{2}{\sin 45^\circ}=2\sqrt{2}$，①

$AB=\sqrt{3}+1$. 在$\triangle ABC$中，由正弦定理及等式①，可得

$\frac{AC}{\sin 45^\circ}=\frac{BC}{\sin 60^\circ}=\frac{AB}{\sin(60^\circ+45^\circ)}=\frac{AB}{\sin(30^\circ+45^\circ)}=2\sqrt{2}$，故$AC=2$，$BC=\sqrt{6}$.

所以$CH=AC\sin\angle BAC=2\sin 60^\circ=\sqrt{3}$，

$S_{\triangle ABC}=\frac{1}{2}AB\cdot CH=\frac{1}{2}(\sqrt{3}+1)\cdot\sqrt{3}=\frac{3+\sqrt{3}}{2}\neq 3$.

进而选答案为ABC.

11. AB 【解析】由$2-1<c<2+1$，得$c=2$，再由边边公理可知，$\triangle ABC$的形状唯一确定，从而选项A正确；对于选项B，由$\angle A+\angle C=2\angle B$，知$\angle B=60^\circ$，根据正弦定理$\frac{a}{\sin A}=\frac{b}{\sin B}$，于是$\angle A=30^\circ$，符合题意；对于选项C，根据正弦定理，$a^2+c^2-\sqrt{2}ac=b^2$，于是可得$\cos B=\frac{\sqrt{2}}{2}$，$\angle B=45^\circ$，无解，不符合题意；对于选项D，条件即为$\cos A\sin(B-C)=0$，只需$B=C$或$A=90^\circ$即可，显然满足条件的角不是唯一的. 从而正确选项为AB.

12. ABD 【解析】不妨设$a\geqslant b\geqslant c$，则有$a<b+c$. 从而对于函数$f(x)=\sqrt{x}$，由于$\sqrt{b}+\sqrt{c}>\sqrt{b+c+2\sqrt{bc}}>\sqrt{b+c}>\sqrt{a}$，从而具有性质$P$，故选项A正确；对于函数$f(x)=x^2$，取$a=10$，$b=8$，$c=3$，则满足$b+c>a$，但$a^2>b^2+c^2$，因此函数$f(x)$不具有性质$P$，故选项B正确；若$f(x)$具有性质$P$，则有$\ln b+\ln c>\ln a$，即$bc>a$. 从而$(bc)^2>a^2>(b+c)^2\geqslant 4bc$，即对任意$b,c\in(M,+\infty)$都成立. 所以$M^2\geqslant 4$，即$M\geqslant 2$. 从而$M$的最小值为2，故选项C错误；对于选项D，如果$M>\frac{5\pi}{6}$，取$\frac{\pi}{2},\frac{5\pi}{6},\frac{5\pi}{6}\in(0,M)$，显然这三个数可以作为一个三角形的三边长，但$\sin\frac{\pi}{2}=1$，$\sin\frac{5\pi}{6}=\frac{1}{2}$，$\sin\frac{5\pi}{6}=\frac{1}{2}$不能作为任何一个三角形的三边长，故$M\leqslant\frac{5\pi}{6}$. 下证当$M=\frac{5\pi}{6}$时，函数$f(x)=\sin x$具有性质$P$：

对任意三角形的三边，若$a,b,c\in\left(0,\frac{5\pi}{6}\right)$，则分类讨论如下：

(1) $a+b+c>2\pi$，此时$a>2\pi-b-c>2\pi-\frac{5\pi}{6}-\frac{5\pi}{6}=\frac{\pi}{3}$，同理，$b,c>\frac{\pi}{3}$.

所以$a,b,c\in\left(\frac{\pi}{3},\frac{5\pi}{6}\right)$，故$\sin a,\sin b,\sin c\in\left(\frac{1}{2},1\right]$，所以$\sin b+\sin c>\frac{1}{2}+\frac{1}{2}=1>\sin a$. 同理可证其余两式.

所以$\sin a,\sin b,\sin c$可作为某个三角形的三边长.

(2) $a+b+c<2\pi$，此时$\frac{b+c}{2}+\frac{a}{2}<\pi$，可得如下两种情况：

当$\frac{b+c}{2}\leqslant\frac{\pi}{2}$时，由于$b+c>a$，所以$0<\frac{a}{2}<\frac{b+c}{2}\leqslant\frac{\pi}{2}$.

由$\sin x$在$(0,\frac{\pi}{2}]$上的单调性，可得$0<\sin\frac{a}{2}<\sin\frac{b+c}{2}\leqslant 1$；

当$\frac{b+c}{2}>\frac{\pi}{2}$时，$0<\frac{a}{2}<\pi-\frac{b+c}{2}<\frac{\pi}{2}$，同样由$\sin x$在$\left(0,\frac{\pi}{2}\right)$上的单调性，可得$0<\sin\frac{a}{2}<\sin\frac{b+c}{2}\leqslant 1$.

总之，有 $0<\sin\frac{a}{2}<\sin\frac{b+c}{2}\leqslant 1$.

又由 $|a-b|<c<\frac{5\pi}{6}$ 及余弦函数在 $(0,\pi)$ 上单调递减，得

$\cos\frac{b-c}{2}=\cos\left|\frac{b-c}{2}\right|>\cos\frac{a}{2}>\cos\frac{5\pi}{12}>0$，

所以 $\sin b+\sin c=2\sin\frac{b+c}{2}\cos\frac{b-c}{2}>2\sin\frac{a}{2}\cos\frac{a}{2}=\sin a$.

同理可证其余两式，所以 $\sin a,\sin b,\sin c$ 也是某个三角形的三边长.

故 $M=\frac{5\pi}{6}$ 时，函数 $y=\sin x$ 具有性质 P.

综上知，M 的最大值为 $\frac{5\pi}{6}$.

综上，知答案应为 ABD.

13. $\pm 1,\pm\frac{1}{2}$　【解析】$\begin{cases}\sin(-\omega+\varphi)=\pm 1,\\ \sin(2\omega+\varphi)=\pm 1\end{cases}\Rightarrow\begin{cases}-\omega+\varphi=m\pi+\frac{\pi}{2},\\ 2\omega+\varphi=n\pi+\frac{\pi}{2}\end{cases}$ $(m,n\in\mathbf{Z})$ 消去 ω，得 $\varphi=\frac{k\pi}{3}+\frac{\pi}{2}$ $(k\in\mathbf{Z})$，则 $f(0)=\sin\varphi=\sin\left(\frac{k\pi}{3}+\frac{\pi}{2}\right)=\pm 1,\pm\frac{1}{2}$.

14. 5　【解析】因为 $\sin(2\alpha+\beta)=\frac{3}{2}\sin\beta$，即 $\sin[(\alpha+\beta)+\alpha]=\frac{3}{2}\sin[(\alpha+\beta)-\alpha]$，

则 $\sin(\alpha+\beta)\cos\alpha+\cos(\alpha+\beta)\sin\alpha=\frac{3}{2}[\sin(\alpha+\beta)\cos\alpha-\cos(\alpha+\beta)\sin\alpha]$，

有 $\sin(\alpha+\beta)\cos\alpha=5\cos(\alpha+\beta)\sin\alpha$，

得到 $\tan(\alpha+\beta)=5\tan\alpha$，所以 $\frac{\tan(\alpha+\beta)}{\tan\alpha}=5$.

15. $\left[\frac{1}{26}(-5-2\sqrt{3});0\right]$

16. $\frac{5\pi}{12}$　【解析】因为 $C=\frac{\pi}{3}$，$b=\sqrt{2}$，$c=\sqrt{3}$，所以 $\frac{c}{\sin C}=\frac{b}{\sin B}$，即 $\frac{\sqrt{3}}{\sin\frac{\pi}{3}}=\frac{\sqrt{2}}{\sin B}$，所以 $\sin B=\frac{\sqrt{2}}{2}$. 又 $b<c$，所以 $B<C$，所以 $B=\frac{\pi}{4}$，从而 $A=\pi-\frac{\pi}{3}-\frac{\pi}{4}=\frac{5\pi}{12}$.

17.【解析】(1)由 $5\sin(B+C)=3\sin(A+C)$，得 $5\sin A=3\sin B$. 由正弦定理，得 $5a=3b$，因为 $a=3$，所以 $b=5$.

由余弦定理，得 $c^2=a^2+b^2-2ab\cos C=36$，$c=6$.

(2)由正弦定理，求出 $\cos B=\frac{5}{9}$，再求出 $\sin B=\frac{2\sqrt{14}}{9}$（或者由正弦定理先求出 $\sin B$，再求 $\cos B$），所以 $\sin\left(B-\frac{\pi}{3}\right)=\sin B\cos\frac{\pi}{3}-\cos B\sin\frac{\pi}{3}=\frac{2\sqrt{14}-5\sqrt{3}}{18}$.

18.【解析】(1) $f(x)=\frac{1-\cos x}{2}+\frac{1}{2}\sin x-\frac{1}{2}=\frac{\sqrt{2}}{2}\sin\left(x-\frac{\pi}{4}\right)$.

由题意，$0<A<\pi$，则 $A-\frac{\pi}{4}\in\left(-\frac{\pi}{4},\frac{3\pi}{4}\right)$，

从而 $\sin\left(A-\frac{\pi}{4}\right)\in\left(-\frac{\sqrt{2}}{2},1\right]$.

从而 $f(A)$ 的取值范围是 $\left(-\frac{1}{2},\frac{\sqrt{2}}{2}\right]$.

(2)由题意，知 $\frac{\sqrt{2}}{2}\sin\left(A-\frac{\pi}{4}\right)=0$，所以 $A-\frac{\pi}{4}=k\pi(k\in\mathbf{Z})$，所以 $A=\frac{\pi}{4}+k\pi(k\in\mathbf{Z})$.

又因为 A 为锐角，所以 $A=\frac{\pi}{4}$. 由余弦定理及三角形的面积公式，得

$$\begin{cases}2a=b+\frac{\sqrt{2}}{2}c,\\ \frac{1}{2}bc\sin\frac{\pi}{4}=2,\\ \cos\frac{\pi}{4}=\frac{b^2+c^2-a^2}{2bc},\end{cases}\quad 解得\ b=2.$$

19.【解析】(1)将 $g(x)=\cos x$ 图象上的所有点的纵坐标伸长为原来的 2 倍(横坐标不变)，得到 $y=2\cos x$ 的图象，再将 $y=2\cos x$ 的图象向右平移 $\frac{\pi}{2}$ 个单位长度得到 $y=2\cos\left(x-\frac{\pi}{2}\right)$ 的图象，故 $f(x)=2\sin x$，

$f(x)+g(x)=2\sin x+\cos x=\sqrt{5}\sin(x+\varphi)$ $\left(其中\ \tan\varphi=\frac{1}{2}\right)$. 依题意 $\sin(x+\varphi)=\frac{m}{\sqrt{5}}$ 在区间 $[0,2\pi)$ 内有两个不同的解 α,β，当且仅当 $\left|\frac{m}{\sqrt{5}}\right|<1$，故 m 的取值范围是 $(-\sqrt{5},\sqrt{5})$.

(2)因为 α,β 是方程 $\sqrt{5}\sin(x+\varphi)=m$ 在 $[0,2\pi)$ 内有两个不同的解，所以 $\sin(\alpha+\varphi)=\frac{m}{\sqrt{5}}$，$\sin(\beta+\varphi)=\frac{m}{\sqrt{5}}$.

当 $1\leqslant m<\sqrt{5}$ 时，$\alpha+\beta=2\left(\frac{\pi}{2}-\varphi\right)$，即 $\alpha-\beta=\pi-2(\beta+\varphi)$；

当 $-\sqrt{5}<m<1$ 时，$\alpha+\beta=2\left(\frac{3\pi}{2}-\varphi\right)$，即 $\alpha-\beta=3\pi-2(\beta+\varphi)$.

所以 $\cos(\alpha-\beta)=-\cos2(\beta+\varphi)=2\sin^2(\beta+\varphi)-1=2\left(\frac{m}{\sqrt{5}}\right)^2-1=\frac{2m^2}{5}-1$.

20.【解析】(1)因为 $\sin^2A=\sin^2\frac{B+C}{2}$，所以 $\cos2A-\cos(B+C)=0$，即 $2\cos^2A+\cos A-1=0$，解得 $\cos A=\frac{1}{2}$ 或 $\cos A=-1$.

又因为 $A\in(0,\pi)$，所以 $A=\frac{\pi}{3}$，由余弦定理，得

$BC=\sqrt{AB^2+AC^2-2AB\cdot AC\cos A}=\sqrt{3}$.

(2)设点 P 到 AB 边的距离为 z，则有 $S_{\triangle ABC}=S_{\triangle PBC}+S_{\triangle PAC}+S_{\triangle PAB}=\frac{1}{2}(\sqrt{3}x+y+2z)$.

注意到 $AB^2=AC^2+BC^2$，所以 $\triangle ABC$ 是直角三角形，从而 $S_{\triangle ABC}=\frac{1}{2}BC\cdot CA=\frac{\sqrt{3}}{2}$，

所以 $\frac{1}{2}(\sqrt{3}x+y+2z)=\frac{\sqrt{3}}{2}$，即 $z=\frac{1}{2}(\sqrt{3}-\sqrt{3}x-y)$，

所以 $d=x+y+z=\frac{1}{2}[(2-\sqrt{3})x+y+\sqrt{3}]$.

又由于 x,y 满足条件 $\begin{cases}x\geqslant 0,\\ y\geqslant 0,\\ \frac{1}{2}(\sqrt{3}-\sqrt{3}x-y)\geqslant 0,\end{cases}$ 故 d 在 P 与 C 重合时最小，最小值为 $\frac{\sqrt{3}}{2}$；d 在 P 与 B 点重合时最大，最大值为 $\sqrt{3}$.

21.【解析】(1)在 $2R(\sin^2 A-\sin^2 C)=(\sqrt{3}a-b)\sin B$，两边同时乘以 $2R$，得到

$(2R\sin A)^2-(2R\sin C)^2=(\sqrt{3}a-b)\cdot 2R\sin B$. 由正弦定理，得

$a^2-c^2=(\sqrt{3}a-b)b$，即 $a^2+b^2-c^2=\sqrt{3}ab$，所以由余弦定理，得

$\cos C=\frac{a^2+b^2-c^2}{2ab}=\frac{\sqrt{3}ab}{2ab}=\frac{\sqrt{3}}{2}$. 因为 $0<C<\pi$，所以 $C=\frac{\pi}{6}$.

(2)因为 $\left(\frac{\sqrt{S}}{2R}\right)^2=\sin^2 A-(\sin B-\sin C)^2$，

所以 $S=4R^2\sin^2 A-(2R\sin B-2R\sin C)^2$. 由正弦定理及三角形的面积公式，得

$\frac{1}{2}ab\sin\frac{\pi}{6}=a^2-(b-c)^2$. 因为 $a=4$，所以 $b=16-(b-c)^2$. ①

又由(1)知，$b^2-c^2=4\sqrt{3}b-16$， ②

联立①②，解得 $\begin{cases}b=\frac{15+8\sqrt{3}}{4},\\ c=\frac{17}{4},\end{cases}$ 所以 $S=\frac{1}{2}ab\sin\frac{\pi}{6}=b=\frac{15+8\sqrt{3}}{4}$.

22.【解析】(1)在 $\triangle ABC$ 中，由正弦定理，得 $\frac{a}{\sin A}=\frac{c}{\sin C}$.

将 $a=\frac{3\sqrt{6}}{2}$，$A=60°$，$C=45°$ 代入上式，得 $\frac{\frac{3\sqrt{6}}{2}}{\sin 60°}=\frac{c}{\sin 45°}\Rightarrow c=3$.

(2)在 $\triangle ABP$ 中，由余弦定理，得 $|AB|^2=|PA|^2+|PB|^2-2|PA|\cdot|PB|\cos 30°$，

所以 $9=|PA|^2+|PB|^2-\sqrt{3}|PA|\cdot|PB|$. 由不等式的性质，可知

$9=|PA|^2+|PB|^2-\sqrt{3}|PA|\cdot|PB|\geqslant(2-\sqrt{3})|PA|\cdot|PB|$，

所以 $|PA|\cdot|PB|\leqslant\frac{9}{2-\sqrt{3}}=9(2+\sqrt{3})$，当且仅当 $|PA|=|PB|$ 时取等号.

此时，$S_{\triangle PAB}=\frac{1}{2}|PA|\cdot|PB|\sin 30°=\frac{1}{4}|PA|\cdot|PB|\leqslant\frac{9}{4}(2+\sqrt{3})$，

所以 $\triangle ABP$ 面积的最大值为 $\frac{9}{4}(2+\sqrt{3})$.

第七章　平面向量与复数

§7.1　平面向量的概念与运算

例 1　【解析】模等于半径的向量只有两类，一类是$\overrightarrow{OA_i}$($i=1,2,\cdots,8$)共 8 个；另一类是$\overrightarrow{A_iO}$($i=1,2,\cdots,8$)共 8 个. 两类合计共 16 个.

以 $A_1,A_2,\cdots,A_8$ 为顶点的$\odot O$的内接正方形共两个，一个是正方形 $A_1A_3A_5A_7$，另一个是 $A_2A_4A_6A_8$. 在题中所述的向量中，只有这两个正方形的边(看成有向线段，每一边对应两个向量)的长度为半径的$\sqrt{2}$倍. 所以模为半径$\sqrt{2}$倍的向量共有 $4\times2\times2=16$(个).

在模等于半径的向量个数的计算中，要计算$\overrightarrow{OA_i}$与$\overrightarrow{A_iO}$两类. 一般地我们容易想到$\overrightarrow{OA_i}$($i=1,2,\cdots,8$)这 8 个，而容易遗漏$\overrightarrow{A_iO}$($i=1,2,\cdots,8$)这 8 个. 圆内接正方形的一边对应了长为$\sqrt{2}$倍半径的两个向量，例如 A_1A_3 对应向量$\overrightarrow{A_1A_3}$与$\overrightarrow{A_3A_1}$. 因此，在解题过程中需要注意防止遗漏.

例 2　A　【解析】如图所示，过点 O 作 AB，AC 的平行线分别交 AB，AC 于点 G，H. 根据平行四边形法则，有$\overrightarrow{AO}=\overrightarrow{AG}+\overrightarrow{AH}$，所以$\overrightarrow{AG}=\lambda\overrightarrow{AB}$，$\overrightarrow{AH}=\mu\overrightarrow{AC}$，所以点 O 落在 AB 的平行线 OH 上. 过点 O 作 $OE\perp AB$ 于点 E，过点 C 作 $CD\perp AB$ 于点 D，从而$\frac{OE}{CD}=\frac{AH}{AC}=\mu$. 由此可知$\frac{S_{\triangle AOB}}{S_{\triangle ABC}}=\frac{\frac{1}{2}AB\cdot OE}{\frac{1}{2}AB\cdot CD}=\frac{OE}{CD}=\mu$，同理$\frac{S_{\triangle AOC}}{S_{\triangle ABC}}=\lambda$，于是$\frac{S_{\triangle BOC}}{S_{\triangle ABC}}=1-\lambda-\mu$.

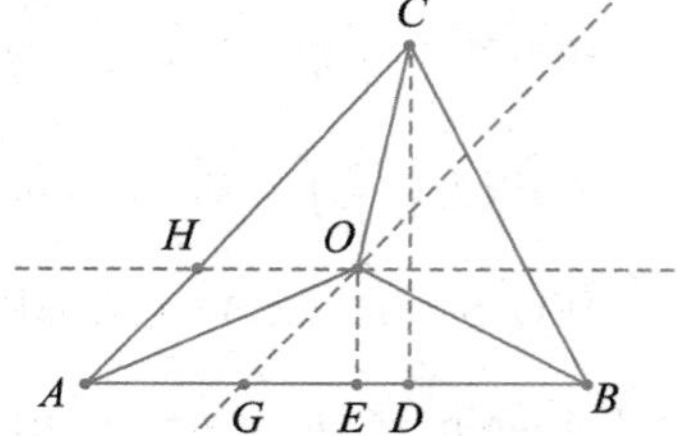

又因为 $S_{\triangle AOB}:S_{\triangle BOC}:S_{\triangle COA}=4:3:2$，由此可知 $\mu=\frac{4}{9}$，$\lambda=\frac{2}{9}$，从而选 A.

根据本题的推导，我们不难得到下列结论：

已知 O 为$\triangle ABC$ 内一点，则有 $S_{\triangle BOC}\cdot\overrightarrow{OA}+S_{\triangle AOC}\cdot\overrightarrow{OB}+S_{\triangle AOB}\cdot\overrightarrow{OC}=\mathbf{0}$.

网络上称该结论为“奔驰定理”.

例 3　C　【解析】由三角形内心的性质，若 O 为$\triangle ABC$ 的内心，则有 $a\cdot\overrightarrow{OA}+b\cdot\overrightarrow{OB}+c\cdot\overrightarrow{OC}=\mathbf{0}$，从而有 $4\overrightarrow{OA}+3\overrightarrow{OB}+2\overrightarrow{OC}=\mathbf{0}$.

而$\overrightarrow{AO}=\lambda\overrightarrow{AB}+\mu\overrightarrow{BC}$，即$\overrightarrow{AO}=\lambda(\overrightarrow{OB}-\overrightarrow{OA})+\mu(\overrightarrow{OC}-\overrightarrow{OB})$，

从而得$(1-\lambda)\overrightarrow{OA}+(\lambda-u)\overrightarrow{OB}+\mu\overrightarrow{OC}=\mathbf{0}$，

进而得$\frac{1-\lambda}{4}=\frac{\lambda-\mu}{3}=\frac{\mu}{2}$，

解得 $\lambda=\frac{5}{9}$，$\mu=\frac{2}{9}$，从而 $3\lambda+6\mu=3$. 选 C.

例 4　D　【解析】取 AB 的中点 D，则$\overrightarrow{OA}\cdot\overrightarrow{AB}=|\overrightarrow{OA}||\overrightarrow{AB}|\cos(\pi-\angle OAB)=-|\overrightarrow{AB}|(|\overrightarrow{OA}|\cdot\cos\angle OAB)=-\frac{1}{2}|\overrightarrow{AB}|^2$.

同理，$\overrightarrow{OB}\cdot\overrightarrow{BC}=-\frac{1}{2}|\overrightarrow{BC}|^2$，$\overrightarrow{OC}\cdot\overrightarrow{CA}=-\frac{1}{2}|\overrightarrow{CA}|^2$，

从而有$\overrightarrow{OA}\cdot\overrightarrow{AB}+\overrightarrow{OB}\cdot\overrightarrow{BC}+\overrightarrow{OC}\cdot\overrightarrow{CA}=-\frac{29}{2}$，选 D.

例 5 【解析】首先，$\overrightarrow{OG}=\overrightarrow{OA}+\overrightarrow{AG}=\overrightarrow{OA}+\frac{2}{3}\overrightarrow{AM}$（$M$ 为 BC 的中点）

$=\overrightarrow{OA}+\frac{1}{3}(\overrightarrow{AB}+\overrightarrow{AC})=\overrightarrow{OA}+\frac{1}{3}(2\overrightarrow{AO}+\overrightarrow{OB}+\overrightarrow{OC})=\frac{1}{3}(\overrightarrow{OA}+\overrightarrow{OB}+\overrightarrow{OC})$.

其次，设 BO 交外接圆于另一点 E，连接 CE 后，得 $CE\perp BC$.

又 $AH\perp BC$，所以 $AH//CE$.

又 $EA\perp AB$，$CH\perp AB$，所以四边形 $AHCE$ 为平行四边形，所以$\overrightarrow{AH}=\overrightarrow{EC}$，

所以$\overrightarrow{OH}=\overrightarrow{OA}+\overrightarrow{AH}=\overrightarrow{OA}+\overrightarrow{EC}=\overrightarrow{OA}+\overrightarrow{EO}+\overrightarrow{OC}=\overrightarrow{OA}+\overrightarrow{OB}+\overrightarrow{OC}$，即$\overrightarrow{OH}=3\overrightarrow{OG}$，所以$\overrightarrow{OG}$与$\overrightarrow{OH}$共线，所以 O,G,H 三点共线，且 $OG:GH=1:2$.

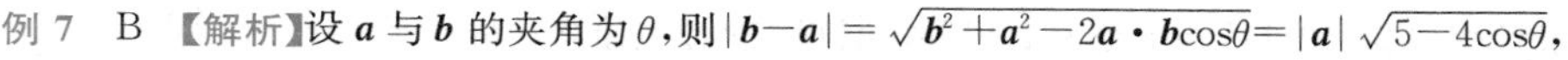

O,G,H 所在的直线称为欧拉线.

例 6 D 【解析】如图所示，连接 OA，OB. 过点 O 作 $OC\perp AB$，垂足为 C，则 $BC=\frac{1}{2}AB=2$，所以 $\cos\angle OBA=\frac{2}{3}$，

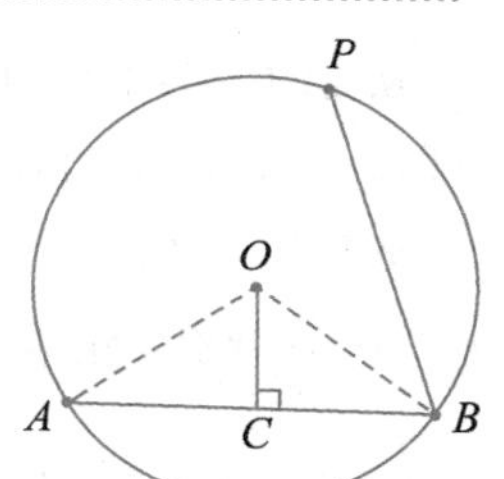

所以$\overrightarrow{AB}\cdot\overrightarrow{BP}=\overrightarrow{AB}\cdot(\overrightarrow{OP}-\overrightarrow{OB})=\overrightarrow{AB}\cdot\overrightarrow{OP}-\overrightarrow{AB}\cdot\overrightarrow{OB}$

$=|\overrightarrow{AB}||\overrightarrow{OP}|\cos\langle\overrightarrow{AB},\overrightarrow{OP}\rangle-|\overrightarrow{AB}||\overrightarrow{OB}|\cos\angle OBA$

$=4\times3\cos\langle\overrightarrow{AB},\overrightarrow{OP}\rangle-4\times3\times\frac{2}{3}=12\cos\langle\overrightarrow{AB},\overrightarrow{OP}\rangle-8$.

因为 $\cos\langle\overrightarrow{AB},\overrightarrow{OP}\rangle\in[-1,1]$，所以 $12\cos\langle\overrightarrow{AB},\overrightarrow{OP}\rangle-8\in[-20,4]$，故选 D.

例 7 B 【解析】设 $\boldsymbol{a}$ 与 $\boldsymbol{b}$ 的夹角为 θ，则 $|\boldsymbol{b}-\boldsymbol{a}|=\sqrt{\boldsymbol{b}^2+\boldsymbol{a}^2-2\boldsymbol{a}\cdot\boldsymbol{b}\cos\theta}=|\boldsymbol{a}|\sqrt{5-4\cos\theta}$，

$\boldsymbol{b}\cdot(\boldsymbol{b}-\boldsymbol{a})=\boldsymbol{b}^2-|\boldsymbol{b}|\cdot|\boldsymbol{a}|\cos\theta=4|\boldsymbol{a}|^2-2|\boldsymbol{a}|^2\cos\theta$.

从而 $\boldsymbol{b}$ 与 $\boldsymbol{b}-\boldsymbol{a}$ 的夹角 α 的余弦值为 $\cos\alpha=\frac{\boldsymbol{b}\cdot(\boldsymbol{b}-\boldsymbol{a})}{|\boldsymbol{b}|\cdot|\boldsymbol{b}-\boldsymbol{a}|}=\frac{2-\cos\theta}{\sqrt{5-4\cos\theta}}=\frac{1}{4}\cdot\frac{3+(5-4\cos\theta)}{\sqrt{5-4\cos\theta}}=$

$\frac{1}{4}\left(\frac{3}{\sqrt{5-4\cos\theta}}+\sqrt{5-4\cos\theta}\right)\geqslant\frac{\sqrt{3}}{2}$，

当且仅当$\frac{3}{\sqrt{5-4\cos\theta}}=\sqrt{5-4\cos\theta}$，即 $\cos\theta=-1$，

即 $\boldsymbol{a}$ 与 $\boldsymbol{b}$ 共线且反向时，等号成立.

此时，$\boldsymbol{b}$ 与 $\boldsymbol{b}-\boldsymbol{a}$ 的夹角的最大值为$\frac{\pi}{6}$，选 B.

例 8 D 【解析】由题意，知$\overrightarrow{OM}=(x,y)$，$\overrightarrow{OA}=(1,-2)$，从而$\overrightarrow{OM}\cdot\overrightarrow{OA}=x-2y$，且$|\overrightarrow{OA}|=\sqrt{5}$，

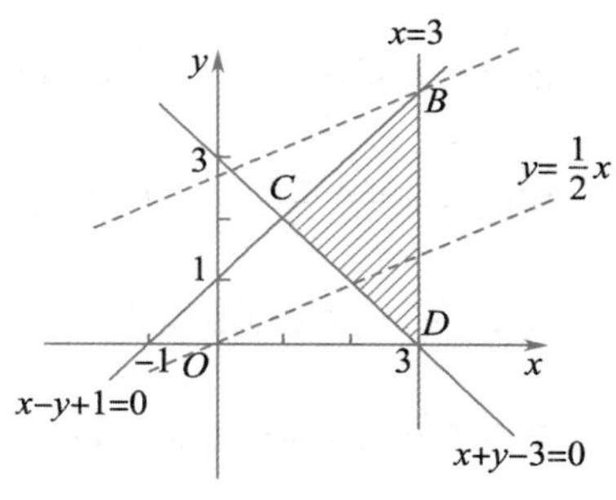

所以$\overrightarrow{OM}$在$\overrightarrow{OA}$方向上的投影为$\frac{\overrightarrow{OM}\cdot\overrightarrow{OA}}{|\overrightarrow{OA}|}=\frac{1}{\sqrt{5}}(x-2y)$.

令 $z=x-2y$，根据不等式组$\begin{cases}x-y+1\geqslant0,\\x+y-3\geqslant0,\\x-3\leqslant0,\end{cases}$

作出可行域如上图所示. 当直线 $x-2y-z=0$ 经过点 $B(3,4)$ 时, z 取得最小值, $z_{\min}=3-2\times4=-5$.

从而 $\overrightarrow{OM}$ 在 $\overrightarrow{OA}$ 方向上的投影的最小值为 $\frac{-5}{\sqrt{5}}=-\sqrt{5}$.

例 9　BD　【解析】由 $|x\boldsymbol{e}_1+y\boldsymbol{e}_2|=1$, 及 $\boldsymbol{e}_1$ 与 $\boldsymbol{e}_2$ 的夹角是 $\frac{\pi}{3}$, 得 $x^2+y^2+xy=1$, 配方, 得

$\left(y+\frac{x}{2}\right)^2+\left(\frac{\sqrt{3}}{2}x\right)^2=1$, 从而可得 $\left(\frac{\sqrt{3}}{2}x\right)^2\leqslant1$,

从而 x 的最大值为 $\frac{2\sqrt{3}}{3}$, 知 B 选项正确;

又 $(x+y)^2=x^2+y^2+2xy=1+xy=1+\frac{1}{3}\cdot3xy=1+\frac{1}{3}(2xy+xy)\leqslant1+\frac{1}{3}(x^2+y^2+xy)=\frac{4}{3}$, 当且仅当 $x=y=\frac{\sqrt{3}}{3}$ 时, 等号成立.

从而 $x+y$ 的最大值为 $\frac{2\sqrt{3}}{3}$, 选项 D 正确.

从而, 本题答案为 BD.

例 10　-2　【解析】向量 $\lambda\boldsymbol{a}+\boldsymbol{b}$ 与 $\boldsymbol{a}+2\boldsymbol{b}$ 垂直, 知 $(\lambda\boldsymbol{a}+\boldsymbol{b})\cdot(\boldsymbol{a}+2\boldsymbol{b})=\lambda\boldsymbol{a}^2+(2\lambda+1)\boldsymbol{a}\cdot\boldsymbol{b}+2\boldsymbol{b}^2=\lambda+2=0$, 从而 $\lambda=-2$.

例 11　6　【解析】由题意知, $\boldsymbol{a}=\frac{1}{3}[(-\boldsymbol{a}+2\boldsymbol{b})+2(2\boldsymbol{a}-\boldsymbol{b})]=\frac{1}{3}[(1,-3)+2(1,9)]=(1,5)$,

$\boldsymbol{b}=\frac{1}{3}[2(-\boldsymbol{a}+2\boldsymbol{b})+(2\boldsymbol{a}-\boldsymbol{b})]=\frac{1}{3}[2(1,-3)+(1,9)]=(1,1)$,

从而 $\boldsymbol{a}\cdot\boldsymbol{b}=1\times1+5\times1=6$.

例 12　D　【解析】设 $\triangle ABC$ 的外接圆半径为 1, 以外接圆圆心为原点建立直角坐标系, 如图所示. 因为 $\angle ABC=60°$, 所以 $\angle AOC=120°$.

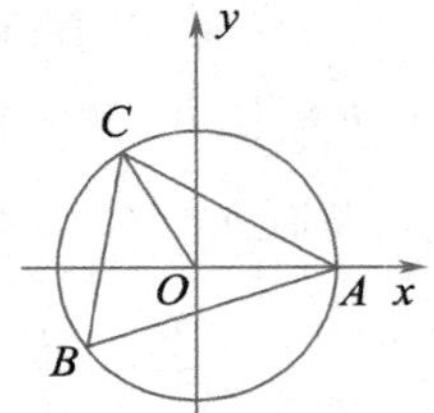

设 $A(1,0)$, $C\left(-\frac{1}{2},\frac{\sqrt{3}}{2}\right)$, $B(x,y)$,

则 $\overrightarrow{BA}=(1-x,-y)$, $\overrightarrow{BC}=\left(-\frac{1}{2}-x,\frac{\sqrt{3}}{2}-y\right)$, $\overrightarrow{BO}=(-x,-y)$.

因为 $\overrightarrow{BO}=\lambda\overrightarrow{BA}+\mu\overrightarrow{BC}$, 则有 $\begin{cases}\lambda(1-x)-\mu\left(\frac{1}{2}+x\right)=-x,\\ -\lambda y+\mu\left(\frac{\sqrt{3}}{2}-y\right)=-y,\end{cases}$ 解得 $\begin{cases}x=\dfrac{\lambda-\frac{1}{2}\mu}{\lambda+\mu-1},\\ y=\dfrac{\frac{\sqrt{3}}{2}\mu}{\lambda+\mu-1}.\end{cases}$

由于点 B 在圆 $x^2+y^2=1$ 上, 所以 $\left(\lambda-\frac{1}{2}\mu\right)^2+\left(\frac{\sqrt{3}}{2}\mu\right)^2=(\lambda+\mu-1)^2$,

所以 $\lambda\mu=\frac{2(\lambda+\mu)-1}{3}\leqslant\left(\frac{\lambda+\mu}{2}\right)^2$, 所以 $\frac{1}{4}(\lambda+\mu)^2-\frac{2}{3}(\lambda+\mu)+\frac{1}{3}\geqslant0$,

解得 $\lambda+\mu\leqslant\frac{2}{3}$ 或 $\lambda+\mu\geqslant2$.

又由于 B 只能在优弧 $\overset{\frown}{AC}$ 上, 所以 $\lambda+\mu\leqslant\frac{2}{3}$, 即 $\lambda+\mu$ 的最大值为 $\frac{2}{3}$, 等号当且仅当 $\lambda=\mu=\frac{1}{3}$ 时成立, 此

时$\triangle ABC$为等边三角形. 故选项D正确.

当$\triangle ABC$为直角三角形时，若$\angle C=90°$，则O为AB边的中点，此时$\overrightarrow{BO}=\frac{1}{2}\overrightarrow{BA}$，

此时有$\lambda=\frac{1}{2}$，$\mu=0$，所以$\lambda+\mu=\frac{1}{2}$.

从而本题答案为D.

§7.2　平面向量的应用

例1　$1-\frac{\sqrt{2}}{2}\leqslant\lambda\leqslant 1$　【解析】$\overrightarrow{AP}=\lambda\overrightarrow{AB}\Rightarrow\overrightarrow{OP}=(1-\lambda)\overrightarrow{OA}+\lambda\overrightarrow{OB}$，则$\overrightarrow{PB}=(\lambda-1,1-\lambda)$，$\overrightarrow{PA}=(\lambda,-\lambda)$，则$\overrightarrow{OP}\cdot\overrightarrow{AB}\geqslant\overrightarrow{PA}\cdot\overrightarrow{PB}\Leftrightarrow(1-\lambda,\lambda)\cdot(-1,1)\geqslant(\lambda,-\lambda)\cdot(\lambda-1,1-\lambda)\Rightarrow 2\lambda^2-4\lambda+1\leqslant 0$，解得$1-\frac{\sqrt{2}}{2}\leqslant\lambda\leqslant 1+\frac{\sqrt{2}}{2}$. 因为点$P$是线段$AB$上的一个动点，所以$0\leqslant\lambda\leqslant 1$.

综上所述，满足条件的λ的取值范围是$1-\frac{\sqrt{2}}{2}\leqslant\lambda\leqslant 1$.

例2　$\angle BAC$的角平分线　【解析】由$\overrightarrow{OP}=\overrightarrow{OA}+\lambda\left(\frac{\overrightarrow{AB}}{|\overrightarrow{AB}|}+\frac{\overrightarrow{AC}}{|\overrightarrow{AC}|}\right)\Rightarrow\overrightarrow{AP}=\lambda\left(\frac{\overrightarrow{AB}}{|\overrightarrow{AB}|}+\frac{\overrightarrow{AC}}{|\overrightarrow{AC}|}\right)$，且$\lambda\in[0,+\infty)$，所以$\lambda\left(\frac{\overrightarrow{AB}}{|\overrightarrow{AB}|}+\frac{\overrightarrow{AC}}{|\overrightarrow{AC}|}\right)$表示$\angle BAC$的角平分线上的一个向量.

因此，点P的轨迹为$\angle BAC$的角平分线.

例3　D　【解析】依题意$\overrightarrow{AE}\cdot\overrightarrow{EP}=|\overrightarrow{AE}||\overrightarrow{EP}|\cos\langle\overrightarrow{AE},\overrightarrow{EP}\rangle$，由图易知向量$\overrightarrow{AE}$与$\overrightarrow{EP}$所成的角为钝角，所以$\cos\langle\overrightarrow{AE},\overrightarrow{EP}\rangle<0$，所以$\overrightarrow{AE}\cdot\overrightarrow{EP}$最小时，即为向量$\overrightarrow{EP}$在向量$\overrightarrow{AE}$方向的投影最小，数形结合易知点$P$在点$D$时，$\overrightarrow{AE}\cdot\overrightarrow{EP}$最小(如右图所示).

在三角形ADE中，由等面积法可知

$\frac{1}{2}|\overrightarrow{AE}|\times|\overrightarrow{PF}|=\frac{1}{2}|\overrightarrow{AD}|\times|\overrightarrow{AB}|\Rightarrow\sqrt{5}|\overrightarrow{PF}|=4$，从而$|\overrightarrow{PF}|=\frac{4\sqrt{5}}{5}$，

所以$|\overrightarrow{AF}|=\sqrt{4-\left(\frac{4\sqrt{5}}{5}\right)^2}=\frac{2\sqrt{5}}{5}$，从而$|\overrightarrow{FE}|=\frac{3\sqrt{5}}{5}$，

所以$\overrightarrow{FC}=\overrightarrow{FE}+\overrightarrow{EC}=\frac{3}{5}\overrightarrow{AE}+\frac{1}{2}\overrightarrow{BC}=\frac{3}{5}(\overrightarrow{AB}+\overrightarrow{BE})+\frac{1}{2}\overrightarrow{BC}=\frac{3}{5}\overrightarrow{AB}+\frac{3}{10}\overrightarrow{BC}+\frac{1}{2}\overrightarrow{BC}=\frac{3}{5}\overrightarrow{AB}+\frac{4}{5}\overrightarrow{AD}$，

故选D.

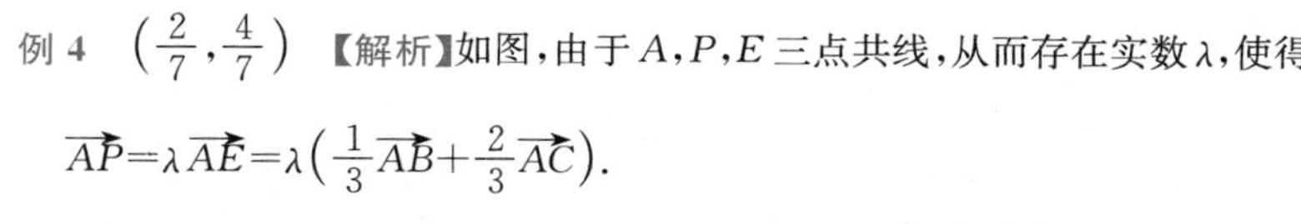

例4　$\left(\frac{2}{7},\frac{4}{7}\right)$　【解析】如图，由于A,P,E三点共线，从而存在实数λ，使得

$\overrightarrow{AP}=\lambda\overrightarrow{AE}=\lambda\left(\frac{1}{3}\overrightarrow{AB}+\frac{2}{3}\overrightarrow{AC}\right)$.

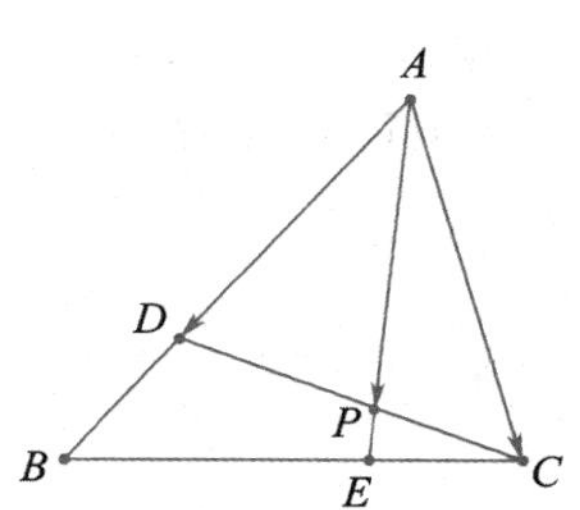

又因为C,P,D三点共线，从而存在实数μ，使得$\overrightarrow{CP}=\mu\overrightarrow{CD}$.

从而$\overrightarrow{AP}-\overrightarrow{AC}=\mu(\overrightarrow{AD}-\overrightarrow{AC})$，

从而$\overrightarrow{AP}=\mu\overrightarrow{AD}+(1-\mu)\overrightarrow{AC}=\frac{2}{3}\mu\overrightarrow{AB}+(1-\mu)\overrightarrow{AC}$.

从而由平面向量基本定理，有$\begin{cases}\dfrac{\lambda}{3}=\dfrac{2\mu}{3},\\ \dfrac{2\lambda}{3}=1-\mu,\end{cases}$

解得 $\lambda=\dfrac{6}{7}$，$\mu=\dfrac{3}{7}$，从而$\begin{cases}m=\dfrac{2}{3}\mu=\dfrac{2}{7},\\ n=1-\mu=\dfrac{4}{7}.\end{cases}$

从而$(m,n)=\left(\dfrac{2}{7},\dfrac{4}{7}\right)$.

例 5 【解析】设$\triangle ABC$的外接圆半径 $r=1$，由已知得 $3\overrightarrow{OA}=-4\overrightarrow{OB}-5\overrightarrow{OC}$，两边平方，得

$\overrightarrow{OB}\cdot\overrightarrow{OC}=-\dfrac{4}{5}$，同理，可得$\overrightarrow{OA}\cdot\overrightarrow{OC}=-\dfrac{3}{5}$，$\overrightarrow{OA}\cdot\overrightarrow{OB}=0$.

所以$\overrightarrow{AB}\cdot\overrightarrow{AC}=(\overrightarrow{OB}-\overrightarrow{OA})\cdot(\overrightarrow{OC}-\overrightarrow{OA})=\overrightarrow{OB}\cdot\overrightarrow{OC}-\overrightarrow{OA}\cdot\overrightarrow{OC}-\overrightarrow{OA}\cdot\overrightarrow{OB}+\overrightarrow{OA}^2=\dfrac{4}{5}$，

所以$|\overrightarrow{AB}|^2=(\overrightarrow{OB}-\overrightarrow{OA})^2=2$，$|\overrightarrow{AC}|^2=(\overrightarrow{OC}-\overrightarrow{OA})^2=2-2\cdot\left(-\dfrac{3}{5}\right)=\dfrac{16}{5}$，

所以 $\cos\angle BAC=\dfrac{\overrightarrow{AB}\cdot\overrightarrow{AC}}{|\overrightarrow{AB}||\overrightarrow{AC}|}=\dfrac{\frac{4}{5}}{\sqrt{2}\cdot\sqrt{\frac{16}{5}}}=\dfrac{\sqrt{10}}{10}$.

例 6 4 【解析】(**方法一**)如图，因为$\overrightarrow{CP}=\overrightarrow{CA}+\overrightarrow{AP}=\overrightarrow{CA}+\dfrac{1}{3}\overrightarrow{AB}=\overrightarrow{CA}+\dfrac{1}{3}(\overrightarrow{AC}+\overrightarrow{CB})=\dfrac{2}{3}\overrightarrow{CA}+\dfrac{1}{3}\overrightarrow{CB}$，

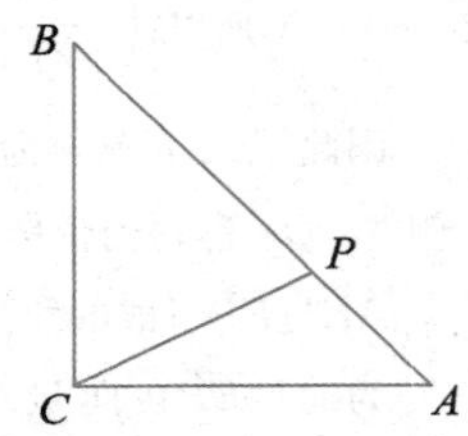

所以$\overrightarrow{CP}\cdot\overrightarrow{CA}+\overrightarrow{CP}\cdot\overrightarrow{CB}=\dfrac{2}{3}\overrightarrow{CA}^2+\dfrac{1}{3}\overrightarrow{CB}^2=\dfrac{8}{3}+\dfrac{4}{3}=4$.

(**方法二**)以 C 为坐标原点，CA，CB 分别为 x 轴，y 轴建立平面直角坐标系，则

$A(2,0)$，$B(0,2)$，$P\left(\dfrac{4}{3},\dfrac{2}{3}\right)$.

有$\overrightarrow{CA}=(2,0)$，$\overrightarrow{CB}=(0,2)$，$\overrightarrow{CP}=\left(\dfrac{4}{3},\dfrac{2}{3}\right)$，

所以$\overrightarrow{CP}\cdot\overrightarrow{CA}+\overrightarrow{CP}\cdot\overrightarrow{CB}=\dfrac{8}{3}+\dfrac{4}{3}=4$.

例 7 $-\dfrac{65}{8}$ 【解析】如图，由 $AB=5$，$AC=4$，且$\overrightarrow{AB}\cdot\overrightarrow{AC}=12$，得 $\cos A=\dfrac{3}{5}$.

如图，以 A 为坐标原点，AC 为 x 轴建立直角坐标系，

则 $C(4,0)$，$B(3,4)$. 设 $P(x,y)$，

则$\overrightarrow{PA}\cdot(\overrightarrow{PB}+\overrightarrow{PC})=(-x,-y)\cdot(7-2x,4-2y)$

$=2x^2-7x+2y^2-4y=2\left(x-\dfrac{7}{4}\right)^2+2(y-1)^2-\dfrac{65}{8}$，

即$\overrightarrow{PA}\cdot(\overrightarrow{PB}+\overrightarrow{PC})$的最小值为$-\dfrac{65}{8}$.

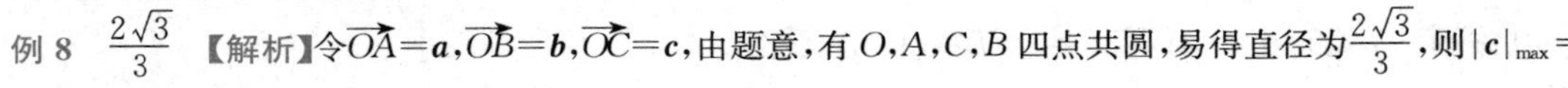

例 8 $\dfrac{2\sqrt{3}}{3}$ 【解析】令$\overrightarrow{OA}=\boldsymbol{a}$，$\overrightarrow{OB}=\boldsymbol{b}$，$\overrightarrow{OC}=\boldsymbol{c}$，由题意，有 O，A，C，B 四点共圆，易得直径为$\dfrac{2\sqrt{3}}{3}$，则$|\boldsymbol{c}|_{\max}=$

$|\overrightarrow{OC}|_{\max}=\frac{2\sqrt{3}}{3}$.

例 9 (1)$x<0$ (2)$\frac{1}{2}<y<\frac{3}{2}$. 【解析】(1)依题意,很显然 $x<0$.

(2)由平面向量的等和线定理,可知 $0<x+y<1$,结合 $x=-\frac{1}{2}$,可得$\frac{1}{2}<y<\frac{3}{2}$.

例 10 C 【解析】如下图所示,设$\overrightarrow{AP_1}=m\overrightarrow{AB}+n\overrightarrow{AF}$,由等和线定理,得 $m+n=\frac{AG}{AB}=\frac{2AB}{AB}=2$. 此即为 $m+n$ 的最小值.

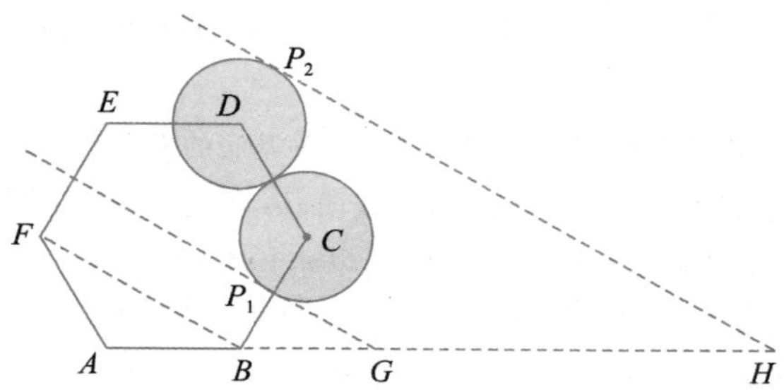

同理,设$\overrightarrow{AP_2}=m\overrightarrow{AB}+n\overrightarrow{AF}$.

由等和线定理,得 $m+n=\frac{AH}{AB}=5$,

此即为 $m+n$ 的最大值.

综上所述,$m+n$ 的取值范围是$[2,5]$. 选 C.

例 11 $\frac{1}{2}$ 【解析】过点 A 作$\overrightarrow{AF}=\overrightarrow{DE}$,设 AF,BC 的延长线交于点 H,易知 $AF=FH$,即 $AF=FH$,即 DF 为 BC 的中位线,从而 $\lambda_1+\lambda_2=\frac{1}{2}$.

例 12 $\left[\frac{3}{4},1\right]$ 【解析】如下图所示,作$\overrightarrow{PT}=\overrightarrow{AM}$,$\overrightarrow{PS}=\overrightarrow{BN}$,过 I 作直线 MN 的平行线,由等线和定理,可知 $x+y\in\left[\frac{3}{4},1\right]$.

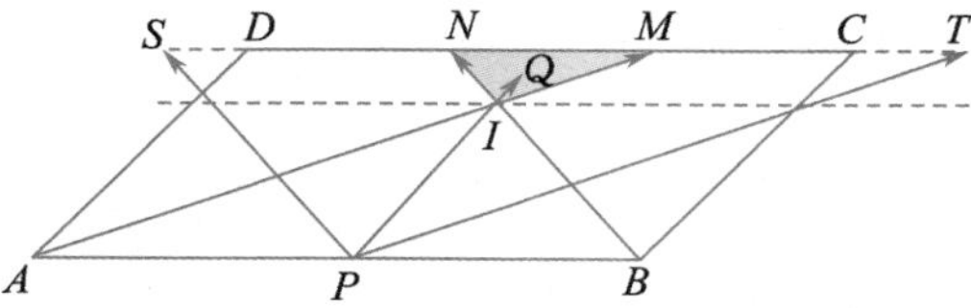

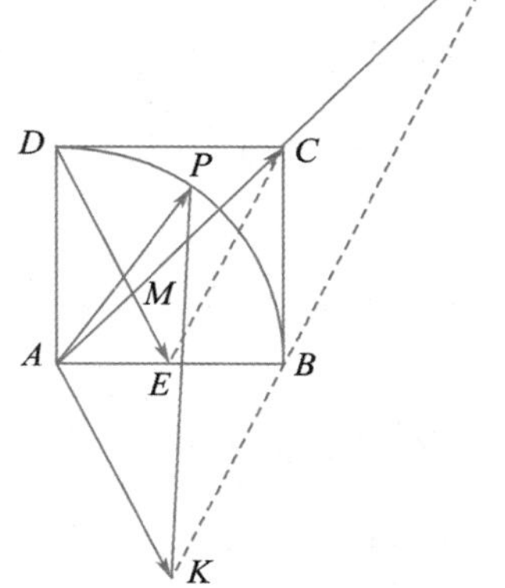

例 13 $\frac{1}{2}$ 【解析】由题意,作$\overrightarrow{AK}=\overrightarrow{DE}$,设$\overrightarrow{AM}=\lambda\overrightarrow{AC}$,直线 AC 与直线 PK 相交于点 M,则有$\overrightarrow{AM}=\lambda x\overrightarrow{AK}+\lambda y\overrightarrow{AP}$. 由等和线定理,得 $\lambda x+\lambda y=1$,从而 $x+y=\frac{1}{\lambda}$,当点 P 与点 B 重合时,$\lambda_{\max}=2$,此时$(x+y)_{\min}=\frac{1}{2}$.

例 14 $\frac{1}{2}$ 【解析】作$\overrightarrow{CE}=\overrightarrow{OA}$,令$\overrightarrow{OD_1}=x\overrightarrow{OD}$,有$\overrightarrow{OD_1}=x\lambda\overrightarrow{OA}+x\mu\overrightarrow{OP}$. 由等和线定理,$x\lambda+x\mu=1$,所以 $\lambda+\mu=\frac{1}{x}$(如下图所示). 再

由等和线定理，得$(\lambda+\mu)_{\min}=\dfrac{1}{2}$.

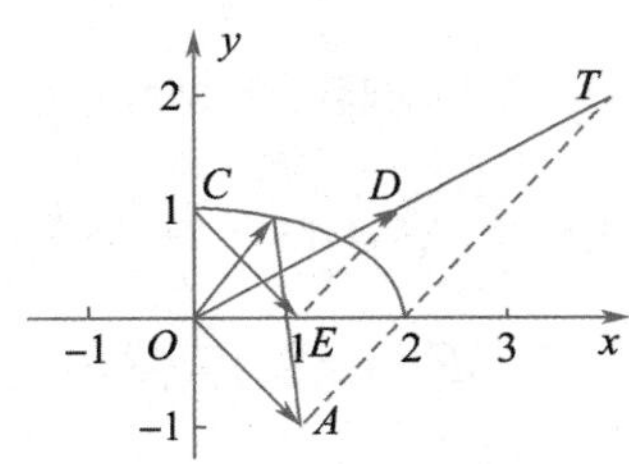

例 15　$(-1,0)$　【解析】作$\overrightarrow{OA}$，$\overrightarrow{OB}$的相反向量$\overrightarrow{OA_1}$，$\overrightarrow{OB_1}$，如右图所示，则$AB//A_1B_1$.

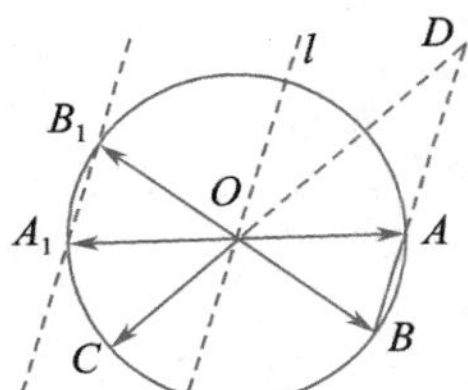

过点O作直线$l//AB$，则直线l，A_1B_1为以$\overrightarrow{OA_1}$，$\overrightarrow{OB_1}$为基底的平面向量等和线，且定值分别为0，-1. 由题意CO的延长线与线段BA的延长线交于圆O外的点D，所以点C在直线l与直线A_1B_1之间，所以$m+n\in(-1,0)$.

例 16　4　【解析】如右图所示，以BC为x轴，中垂线为y轴建立直角坐标系，易知点B的轨迹方程是$(x-5)^2+y^2=16$.

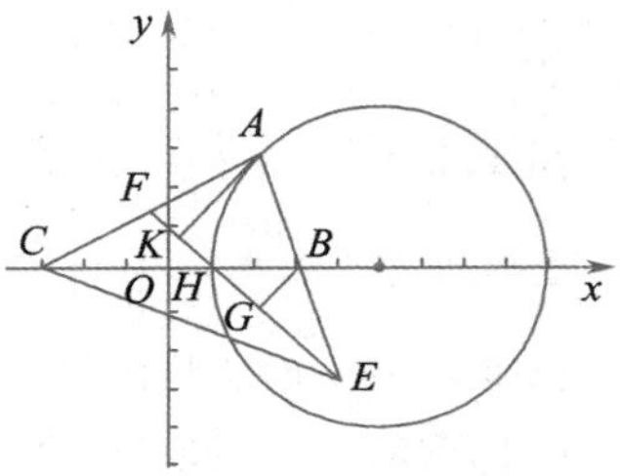

取AC的中点F，延长AB到E，且$AB=BE$. 于是，

由$\overrightarrow{AD}=\dfrac{2x}{x+y}\overrightarrow{AB}+\dfrac{y}{2(x+y)}\overrightarrow{AC}$，得$\overrightarrow{AD}=\dfrac{x}{x+y}(2\overrightarrow{AB})+\dfrac{y}{x+y}\left(\dfrac{1}{2}\overrightarrow{AC}\right)$，

即有$\overrightarrow{AD}=\dfrac{x}{x+y}\overrightarrow{AE}+\dfrac{y}{x+y}\overrightarrow{AF}$，

从而$D\in EF$，进一步得$f(x,y)\geqslant f(x_0,y_0)=|AK|$，且有$|AK|=2|BG|$.

因为EF恒过$\triangle ACE$的重心H，所以$|AK|=2|BG|\leqslant 2|BH|=4$，即$f(x_0,y_0)_{\max}=4$.

本题在基底与阿波罗尼斯圆交汇处命题，事实上，通过分析可知$D\in EF$. 当$AD\perp EF$时，$f(x,y)=|AD|$取得最小值，此时$|f(x_0,y_0)|=|AD|$. 易知，$\triangle ABC\cong\triangle AEF$，则$|AD|=|AH|\leqslant r=4$.

§7.3　复数的概念与运算

例 1　$\dfrac{1}{2}$　【解析】设$z=a+b\mathrm{i}$，从而$z+\dfrac{1}{z}=a+b\mathrm{i}+\dfrac{1}{a+b\mathrm{i}}=a+b\mathrm{i}+\dfrac{a-b\mathrm{i}}{a^2+b^2}=a\left(1+\dfrac{1}{a^2+b^2}\right)+b\left(1-\dfrac{1}{a^2+b^2}\right)\mathrm{i}$. 由$z+\dfrac{1}{z}\in[1,2]$知$z+\dfrac{1}{z}$为实数，

从而必有$b\left(1-\dfrac{1}{a^2+b^2}\right)=0$，从而$b=0$或$\dfrac{1}{a^2+b^2}=1$.

(1)若$b=0$，则$z+\dfrac{1}{z}=a+\dfrac{1}{a}$，从而得$1\leqslant a+\dfrac{1}{a}\leqslant 2$.

从而$a\leqslant a^2+1\leqslant 2a$，所以$\begin{cases}a^2-a+1\geqslant 0,\\ a^2-2a+1\leqslant 0\end{cases}\Rightarrow\begin{cases}\left(a-\dfrac{1}{2}\right)^2+\dfrac{3}{4}\geqslant 0,\\ (a-1)^2\leqslant 0\end{cases}\Rightarrow a=1$.

(2)若$\dfrac{1}{a^2+b^2}=1$时，$z+\dfrac{1}{z}=2a$，从而$1\leqslant 2a\leqslant 2$，解得$\dfrac{1}{2}\leqslant a\leqslant 1$.

从而实部a的最小值为$\dfrac{1}{2}$.

例 2 $[\sqrt{2},+\infty)$ 【解析】(方法一)设 x_0 是方程 $x^2+\alpha x+\mathrm{i}=0$ 的一个实数根，则 $x_0^2+\alpha x_0+\mathrm{i}=0$，从而可得 $\alpha=-x_0-\dfrac{1}{x_0}\mathrm{i}$，所以 $|\alpha|=\sqrt{(-x_0)^2+\left(-\dfrac{1}{x_0}\right)^2}\geqslant\sqrt{2}$，当且仅当 $x_0=\pm1$时等号成立.

从而 $|\alpha|$ 的取值范围是 $[\sqrt{2},+\infty)$.

(方法二)设 $\alpha=a+b\mathrm{i}(a,b\in\mathbf{R})$，代入方程 $x^2+\alpha x+\mathrm{i}=0$，得 $x^2+(a+b\mathrm{i})x+\mathrm{i}=0$，即 $x^2+ax+(bx+1)\mathrm{i}=0$，所以 $a=-x,b=-\dfrac{1}{x}$.

所以 $|\alpha|=\sqrt{a^2+b^2}=\sqrt{(-x)^2+\left(-\dfrac{1}{x}\right)^2}\geqslant\sqrt{2}$. 当且仅当 $x=\pm1$ 时等号成立.

从而 $|\alpha|$ 的取值范围是 $[\sqrt{2},+\infty)$.

> 本题考查了复系数一元二次方程有实数根，求复数模的最值问题. 方法一利用题设条件“方程有实数根”，借助复数相等的条件，推导出复数 α 的代数形式，再利用基本不等式求复数模的取值范围；方法二直接利用复数相等的充要条件得出 $a=-x,b=-\dfrac{1}{x}$，再结合复数的模的概念与基本不等式求解结果.

例 3 C 【解析】$z=\dfrac{1+2\mathrm{i}}{1-\mathrm{i}}=\dfrac{(1+2\mathrm{i})(1+\mathrm{i})}{(1-\mathrm{i})(1+\mathrm{i})}==-\dfrac{1}{2}+\dfrac{3}{2}\mathrm{i}$，从而 $\bar{z}=-\dfrac{1}{2}-\dfrac{3}{2}\mathrm{i}$，从而 $\bar{z}$ 的虚部为 $-\dfrac{3}{2}$. 故选 C.

例 4 【解析】设 $z=x+y\mathrm{i}(x,y\in\mathbf{R},y\neq0)$，则

$$z_1=\frac{x+y\mathrm{i}}{1+(x+y\mathrm{i})^2}=\frac{x+y\mathrm{i}}{x^2-y^2+1+2xy\mathrm{i}}=\frac{x(x^2+y^2+1)+y(1-x^2-y^2)\mathrm{i}}{(x^2-y^2+1)^2+4x^2y^2},$$

$$z_2=\frac{(x+y\mathrm{i})^2}{1+(x+y\mathrm{i})}=\frac{(x^2-y^2)+2xy\mathrm{i}}{(1+x)+y\mathrm{i}}=\frac{(x^3+xy^2+x^2-y^2)+y(x^2+y^2+2x)\mathrm{i}}{(1+x)^2+y^2}.$$

因为 $z_1\in\mathbf{R}$，且 z 虚数，所以 $y(1-x^2-y^2)=0,y\neq0$，即 $x^2+y^2=1$. ①

同理，因为 z_2，且 z 是虚数，得 $x^2+2x+y^2=0$. ②

联合①②，解得 $\begin{cases}x=-\dfrac{1}{2},\\ y=\dfrac{\sqrt{3}}{2},\end{cases}$ 或 $\begin{cases}x=-\dfrac{1}{2},\\ y=-\dfrac{\sqrt{3}}{2},\end{cases}$ 因此，$z=-\dfrac{1}{2}\pm\dfrac{\sqrt{3}}{2}\mathrm{i}$.

例 5 【解析】(1)由 $|z_1+z_2|=4$，得 $(z_1+z_2)(\bar{z}_1+\bar{z}_2)=16$，即 $z_1\cdot\bar{z}_2+\bar{z}_1\cdot z_2=3$，即 $\dfrac{z_1}{z_2}\bar{z}_2\cdot z_2+z_1\cdot\bar{z}_1\dfrac{z_2}{z_1}=3$，$\dfrac{z_1}{z_2}\cdot9+4\cdot\dfrac{z_2}{z_1}=3$，$9\left(\dfrac{z_1}{z_2}\right)^2-3\dfrac{z_1}{z_2}+4=0$.

因为 $\Delta=9-9\times16=-9\times15$，所以有两个共轭虚根，$\dfrac{z_1}{z_2}=\dfrac{3\pm3\sqrt{15}\mathrm{i}}{18}=\dfrac{1}{6}\pm\dfrac{\sqrt{15}}{6}\mathrm{i}$.

> 本题灵活应用共轭复数模的性质给出解答，也可直接用代数形式给出解答.
>
> 由 $z_1\cdot\bar{z}_2+\bar{z}_1\cdot z_2=3$，得 $z_1\cdot\bar{z}_2+\overline{z_1\cdot\bar{z}_2}=3$，所以 $\mathrm{Re}(z_1\cdot\bar{z}_2)=\dfrac{3}{2}$，故可设 $z_1\cdot\bar{z}_2=\dfrac{3}{2}+t\mathrm{i}(t\in\mathbf{R})$. 由 $|z_1\cdot\bar{z}_2|=6$，可得 $\dfrac{9}{4}+t^2=36$，解得 $t=\pm\dfrac{3\sqrt{15}}{2}$，从而 $z_1\cdot\bar{z}_2=\dfrac{3}{2}\pm\dfrac{3\sqrt{15}}{2}\mathrm{i}$，即 $\dfrac{z_1}{z_2}\cdot9=\dfrac{3}{2}\pm\dfrac{3\sqrt{15}}{2}\mathrm{i}$，所以 $\dfrac{z_1}{z_2}=\dfrac{1}{6}\pm\dfrac{\sqrt{15}}{6}\mathrm{i}$.

(2)$\dfrac{|z_1-z_2|}{|z_2|}=\left|\dfrac{z_1}{z_2}-1\right|=\dfrac{7}{5}$，$\left|\dfrac{z_1}{z_2}\right|=\dfrac{|z_1|}{|z_2|}=\dfrac{3}{5}$.

设$\dfrac{z_1}{z_2}=x+y\mathrm{i}(x,y\in\mathbf{R})$，则$\begin{cases}\sqrt{(x-1)^2+y^2}=\dfrac{7}{5},\\ \sqrt{x^2+y^2}=\dfrac{3}{5},\end{cases}$

解得$\dfrac{z_1}{z_2}=-\dfrac{3}{10}\pm\dfrac{3\sqrt{3}}{10}\mathrm{i}$.

例 6 【解析】由题意，知$|z_1|^2=z_1\cdot\overline{z_1}=|z_1+z_2|^2=(z_1+z_2)(\overline{z_1}+\overline{z_2})$，

所以$z_2\cdot\overline{z_2}+z_2\cdot\overline{z_1}+z_1\cdot\overline{z_2}=0$. 因为$\overline{z_1}\cdot z_2=a(1-\mathrm{i})$，从而有$z_1\cdot\overline{z_2}=a(1+\mathrm{i})$，代入上式，得$z_2\cdot\overline{z_2}=-2a$. 于是有$\dfrac{z_2}{z_1}=\dfrac{z_2\cdot\overline{z_2}}{z_1\cdot\overline{z_2}}=\dfrac{-2a}{a(1+\mathrm{i})}=-1+\mathrm{i}$.

例 7 $\dfrac{\sqrt{33}}{3}$ 【解析】设$z=x+y\mathrm{i}(x,y\in\mathbf{R})$，则

$\dfrac{z-1}{z+1}=\dfrac{x-1+y\mathrm{i}}{x+1+y\mathrm{i}}=\dfrac{(x-1+y\mathrm{i})(x+1-y\mathrm{i})}{(x+1+y\mathrm{i})(x+1-y\mathrm{i})}=\dfrac{(x^2+y^2-1)+2y\mathrm{i}}{(x+1)^2+y^2}$.

因为$\dfrac{z-1}{z+1}$是纯虚数，从而$\begin{cases}x^2+y^2-1=0,\\ y\neq0,\end{cases}$ 从而$|z|=1$. 且由$y\neq0$，知$x\in(-1,1)$，

所以$|z^2+z+3|=|z(z+3\overline{z}+1)|=|z||z+3\overline{z}+1|=|(x+y\mathrm{i})+3(x-y\mathrm{i})+1|$

$=|(4x+1)-2y\mathrm{i}|=\sqrt{(4x+1)^2+4y^2}=\sqrt{16x^2+8x+1+4y^2}=\sqrt{5+4(3x^2+2x)}$

$\sqrt{\dfrac{11}{3}+12\left(x+\dfrac{1}{3}\right)^2}\geqslant\dfrac{\sqrt{33}}{3}$，当$x=-\dfrac{1}{3}$时等号成立.

从而$|z^2+z+3|$的最小值为$\dfrac{\sqrt{33}}{3}$.

例 8 【解析】(1)由$\overline{z_2}=z_1+2i$，两边同时取共轭复数，得$z_2=\overline{z_1}-2i$.

代入方程$z_1\cdot z_2+2\mathrm{i}\cdot z_1-2\mathrm{i}\cdot z_2+1=0$，得$z_1(\overline{z_1}-2\mathrm{i})+2\mathrm{i}\cdot z_1-2\mathrm{i}(\overline{z_1}-2\mathrm{i})+1=0$，

即$|z_1|^2-2\mathrm{i}\cdot\overline{z_1}-3=0$. 令$z_1=a+b\mathrm{i}$，即可得$a^2+b^2-2\mathrm{i}\cdot(a-b\mathrm{i})-3=0$，

即$(a^2+b^2-2b-3)-2a\mathrm{i}=0$，从而得$\begin{cases}a=0,\\ b=3\end{cases}$或$\begin{cases}a=0,\\ b=-1.\end{cases}$

则$z_1=3\mathrm{i}$，$z_2=-5\mathrm{i}$或$z_1=-\mathrm{i}$，$z_2=-\mathrm{i}$.

(2)由已知，得$z_1=\dfrac{2\mathrm{i}z_2-1}{z_2+2\mathrm{i}}$. 又由于$|z_1|=\sqrt{3}$，则$\left|\dfrac{2\mathrm{i}z_2-1}{z_2+2\mathrm{i}}\right|=\sqrt{3}$，

则$|2\mathrm{i}z_2-1|^2=3|z_2+2\mathrm{i}|^2$，则$(2\mathrm{i}z_2-1)(-2\mathrm{i}\overline{z_2}-1)=3(z_2+2\mathrm{i})(\overline{z_2}-2\mathrm{i})$，

整理，得$z_2\overline{z_2}+4\mathrm{i}z_2-4\mathrm{i}\overline{z_2}-11=0$. 即$(z_2-4\mathrm{i})(\overline{z_2}+4\mathrm{i})=27$.

则$|z_2-4\mathrm{i}|^2=27$，即$|z_2-4\mathrm{i}|=3\sqrt{3}$.

则存在常数$k=3\sqrt{3}$，使得等式$|z_2-4\mathrm{i}|=k$成立.

例 9 【解析】令$z_1=x-\dfrac{\sqrt{2}}{2}a+\dfrac{\sqrt{2}}{2}a\mathrm{i}$，$z_2=-x+\dfrac{\sqrt{2}}{2}b+\dfrac{\sqrt{2}}{2}b\mathrm{i}$，i是虚数单位，

满足的不等式变为$|z_1|+|z_2|\leqslant\sqrt{a^2+b^2}$. ①

由复数模的三角形不等式有 $|z_1|+|z_2|\geqslant|z_1+z_2|=\sqrt{a^2+b^2}$. ②

由①②，$|z_1|+|z_2|=|z_1+z_2|=\sqrt{a^2+b^2}$ 成立，则复数 z_1，z_2 对应向量 $\overrightarrow{OZ_1}$，$\overrightarrow{OZ_2}$ 方向相同，得 $\frac{\sqrt{2}}{2}a\left(\frac{\sqrt{2}}{2}b-x\right)=\frac{\sqrt{2}}{2}b\left(x-\frac{\sqrt{2}}{2}a\right)$，从而得 $x=\frac{\sqrt{2}ab}{a+b}$.

§7.4 复数的几何意义

例 1 【解析】由复数的几何意义，知复数 z 所对应的点 $P(x,y)$ 所满足的平面约束区域如下图所示：

$|z-1-\mathrm{i}|$ 的几何意义为约束区域内的点 $P(x,y)$ 到定点 $A(1,1)$ 的距离. 从而当 P 取 $(-1,0)$ 或 $(0,-1)$ 时，$|AP|$ 取得最大值 $\sqrt{5}$.

例 2 【解析】设 $z_k=x_k+y_k\mathrm{i}(k=1,2)$，由 $|z_1|=|z_2|=1$，知 $x_k^2+y_k^2=1$.

由 $|z_k+1+\mathrm{i}|+|z_k-1-\mathrm{i}|=2\sqrt{3}$，

得 $\sqrt{(x_k+1)^2+(y_k+1)^2}+\sqrt{(x_k-1)^2+(y_k-1)^2}=2\sqrt{3}$，

即 $\sqrt{3+2(x_k+y_k)}+\sqrt{3-2(x_k+y_k)}=2\sqrt{3}$.

令 $\begin{cases}\sqrt{3+2(x_k+y_k)}=\sqrt{3}+u,\\ \sqrt{3-2(x_k+y_k)}=\sqrt{3}-u,\end{cases}$ 从而得 $(\sqrt{3}+u)^2+(\sqrt{3}-u)^2=6$，即 $6+2u^2=6$，

从而 $u=0$，所以 $x_k+y_k=0$，即复数 z_k 所对应的点在直线 $x+y=0$ 上.

又 $|z_1|=|z_2|=1$，知 z_1，z_2 所对应的点在单位圆 $x^2+y^2=1$ 上.

联立 $\begin{cases}x+y=0,\\ x^2+y^2=1,\end{cases}$ 解得 $\begin{cases}x=\frac{\sqrt{2}}{2},\\ y=-\frac{\sqrt{2}}{2}\end{cases}$ 或 $\begin{cases}x=-\frac{\sqrt{2}}{2},\\ y=\frac{\sqrt{2}}{2},\end{cases}$

从而 $z_1=\frac{\sqrt{2}}{2}(1-\mathrm{i})$，$z_2=\frac{\sqrt{2}}{2}(1+\mathrm{i})$，所以 $z_1\cdot z_2=1$.

例 3 【解析】设 $z_1=x_1+y_1\mathrm{i}$，$z_2=x_2+y_2\mathrm{i}(x_1,y_1,x_2,y_2\in\mathbf{R})$ 从而 $A(x_1,y_1)$，$B(x_2,y_2)$，且 $x_1^2+y_1^2=16$. 由 $4z_1^2-2z_1\cdot z_2+z_2^2=0$，得 $(z_2-z_1)^2=-3z_1^2$.

从而 $z_2=z_1\pm\sqrt{3}z_1\cdot\mathrm{i}=z_1(1\pm\sqrt{3}\mathrm{i})$，

即 $x_2+y_2\mathrm{i}=(x_1+y_1\mathrm{i})(1\pm\sqrt{3}\mathrm{i})$.

(1)若 $x_2+y_2\mathrm{i}=(x_1+y_1\mathrm{i})(1+\sqrt{3}\mathrm{i})=(x_1-\sqrt{3}y_1)+(\sqrt{3}x_1+y_1)\mathrm{i}$，

从而得 $\begin{cases}x_2=x_1-\sqrt{3}y_1,\\ y_2=\sqrt{3}x_1+y_1,\end{cases}$

从而 $S_{\triangle AOB}=\frac{1}{2}|x_1y_2-x_2y_1|=\frac{1}{2}|x_1(\sqrt{3}x_1+y_1)-(x_1-\sqrt{3}y_1)y_1|=\frac{\sqrt{3}}{2}(x_1^2+y_1^2)=8\sqrt{3}$.

(2)当 $x_2+y_2\mathrm{i}=(x_1+y_1\mathrm{i})(1-\sqrt{3}\mathrm{i})$ 时，同上可得 $S_{\triangle AOB}=8\sqrt{3}$.

综上所述，$\triangle AOB$ 的面积为 $8\sqrt{3}$.

例 4　B 【解析】根据复数的几何意义，知复数 z_1 所对应的点 Z_1 在以 $O_1(0,3)$ 为圆心，$r_1=2$ 为半径的圆上，复数 z_2 对应的复数 Z_2 在以 $O_2(8,0)$ 为圆心，$r_2=1$ 为半径的圆上.

设 $z_1=x_1+y_1\mathrm{i}, z_2=x_2+y_2\mathrm{i}(x_1,y_1,x_2,y_2\in\mathbf{R})$，

则 $x_1^2+(y_1-3)^2=4,(x_2-8)^2+y_2^2=1$.

令 $\begin{cases}x_1=2\cos\alpha,\\y_1=3+2\sin\alpha,\end{cases}\begin{cases}x_2=8+\cos\beta,\\y_2=\sin\beta,\end{cases}$

则 z_1-z_2 所对在的点 (x,y) 满足 $\begin{cases}x=x_1-x_2=2\cos\alpha-\cos\beta-8,\\y=y_1-y_2=2\sin\alpha-\sin\beta+3,\end{cases}$

所以 $\begin{cases}x+8=2\cos\alpha-\cos\beta,\\y-3=2\sin\alpha-\sin\beta,\end{cases}$ 两式平方相加，

得 $(x+8)^2+(y-3)^2=5-4\cos(\alpha-\beta)\in[1,9]$.

所以 z_1-z_2 对应的点构成一个外径为 3，内径为 1 的圆环，

其面积为 $S=\pi(3^2-1^2)=8\pi$. 从而选 B.

例 5　$-2^{2017}(1+\sqrt{3}\mathrm{i})$ 【解析】由 $\sqrt{3}\mathrm{i}-1=2\left(-\frac{1}{2}+\frac{\sqrt{3}}{2}\mathrm{i}\right)=2\left(\cos\frac{2\pi}{3}+\mathrm{i}\sin\frac{2\pi}{3}\right)$，从而，得

$(\sqrt{3}\mathrm{i}-1)^{2018}=2^{2018}\left[\cos\left(2018\times\frac{2\pi}{3}\right)+\mathrm{i}\sin\left(2018\times\frac{2\pi}{3}\right)\right]$

$=2^{2018}\left(\cos\frac{4\pi}{3}+\mathrm{i}\sin\frac{4\pi}{3}\right)=-2^{2018}\left(\frac{1}{2}+\frac{\sqrt{3}}{2}\mathrm{i}\right)=-2^{2017}(1+\sqrt{3}\mathrm{i})$.

解决本题的关键是将复数的一般形式向三角形式进行转化，并利用棣莫弗公式进行计算.

例 6　A 【解析】设 $z=2(\cos\theta+\mathrm{i}\sin\theta)$，$z^3=2^3(\cos3\theta+\mathrm{i}\sin3\theta)$，从而 $\begin{cases}a=8\cos3\theta,\\b=8\sin3\theta,\end{cases}$ 从而 $a+b=8(\cos3\theta+\sin3\theta)=8\sqrt{2}\cos\left(3\theta-\frac{\pi}{4}\right)\leqslant8\sqrt{2}$. 从而选 A.

例 7　C 【解析】由棣莫弗公式，得 $z^3=\cos2\pi+\mathrm{i}\cdot\sin2\pi=1$，从而 $z^3-1=0$.

进而，得 $(z-1)(z^2+z+1)=0$，由 $z\neq1$，从而得 $z^2+z+1=0$，于是 $z^2+z+2=1$，从而 $z^3+\frac{z^2}{z^2+z+2}=1+z^2=1+\cos\frac{4\pi}{3}+\mathrm{i}\cdot\sin\frac{4\pi}{3}=\frac{1}{2}-\frac{\sqrt{3}}{2}\mathrm{i}$. 选 C.

例 8　(1)B　(2)B 【解析】(1) $\frac{13-|z_1+\mathrm{i}\cdot z_2|^2}{|z_1-\mathrm{i}\cdot z_2|}=\frac{13-|\sin\alpha-\cos\alpha+3\mathrm{i}|^2}{|\sin\alpha+\cos\alpha+\mathrm{i}|}=\frac{13-(\sin\alpha-\cos\alpha)^2-9}{\sqrt{(\sin\alpha+\cos\alpha)^2+1}}=$

$\frac{3+2\sin\alpha\cos\alpha}{\sqrt{2+2\sin\alpha\cos\alpha}}=\sqrt{2+\sin2\alpha}+\frac{1}{\sqrt{2+\sin2\alpha}}\geqslant2$.

当且仅当 $\sin2\alpha=-1$ 时，等号成立.

从而 $\frac{13-|z_1+\mathrm{i}\cdot z_2|^2}{|z_1-\mathrm{i}\cdot z_2|}$ 的最小为 2，故选 B.

(2) $\frac{14-|z_1+\mathrm{i}\cdot z_2|^2}{|z_1-\mathrm{i}\cdot z_2|}=\frac{14-|\sin\theta-\cos\theta+3\mathrm{i}|^2}{|\sin\theta+\cos\theta+\mathrm{i}|}=\frac{14-(\sin\theta-\cos\theta)^2-9}{\sqrt{(\sin\theta+\cos\theta)^2+1}}$

$=\dfrac{4+2\sin\theta\cos\theta}{\sqrt{2+2\sin\theta\cos\theta}}=\sqrt{2+\sin2\theta}+\dfrac{2}{\sqrt{2+\sin2\theta}}\geqslant2\sqrt{2}$.

当且仅当 $\sin2\theta=0$ 时,等号成立. 故$\dfrac{14-|z_1+\mathrm{i}\cdot z_2|^2}{|z_1-\mathrm{i}\cdot z_2|}$的最小值为 $2\sqrt{2}$,选 B.

例 9　C　【解析】向量(1,1)对应的复数为 $1+\mathrm{i}$,$\left(\dfrac{1-\sqrt{3}}{2},\dfrac{1+\sqrt{3}}{2}\right)$对应的复数为$\dfrac{1-\sqrt{3}}{2}+\dfrac{1+\sqrt{3}}{2}\mathrm{i}$. 设 $1+\mathrm{i}$ 按逆时针方向旋转了 θ 角得到$\dfrac{1-\sqrt{3}}{2}+\dfrac{1+\sqrt{3}}{2}\mathrm{i}$,则

$(1+\mathrm{i})(\cos\theta+\mathrm{i}\sin\theta)=\dfrac{1-\sqrt{3}}{2}+\dfrac{1+\sqrt{3}}{2}\mathrm{i}$,从而可得

$\begin{cases}\cos\theta-\sin\theta=\dfrac{1-\sqrt{3}}{2},\\ \sin\theta+\cos\theta=\dfrac{1+\sqrt{3}}{2},\end{cases}$解得$\begin{cases}\sin\theta=\dfrac{\sqrt{3}}{2},\\ \cos\theta=\dfrac{1}{2}.\end{cases}$结合题干选项,知 $\theta=60°$. 从而选 C.

例 10　$(-\cos\theta,-\sin\theta)$　【解析】设 $P_0(1,0)$对应的复数为 $z_0=1+0\cdot\mathrm{i}$,从而 Q_0 所对应的复数为 $z_0[\cos(-\theta)+\mathrm{i}\sin(-\theta)]=(1,0)\cdot(\cos\theta-\mathrm{i}\sin\theta)$,即 $Q_0(\cos\theta,-\sin\theta)$,所以 $P_1(-\cos\theta,-\sin\theta)$.

从而 Q_1 对应的复数为$(-\cos\theta-\mathrm{i}\sin\theta)\cdot[\cos(-\theta)+\mathrm{i}\sin(-\theta)]=-(\cos\theta+\mathrm{i}\sin\theta)\cdot(\cos\theta-\mathrm{i}\sin\theta)=-[\cos^2\theta+\sin^2\theta]=-1$,

从而 $Q_1(-1,0)$,所以 $P_2=(1,0)$.

由此可见 P_2 与 P_0 是重合的,因此所有操作以 2 为周期,从而 $P_{2019}=P_{1009\times2+1}=P_1(-\cos\theta,-\sin\theta)$.

§7.5　复数方程及单位根

例 1　B　【解析】因为实系数一元二次方程 $ax^2+bx+c=0$ 有两个虚数根,则这两个虚数根必然共轭. 因此可设 $x_1=r(\cos\theta+\mathrm{i}\sin\theta)$,$x_2=r[\cos(-\theta)+\mathrm{i}\sin(-\theta)](r>0)$,从而由棣莫弗公式,得$\dfrac{x_1^2}{x_2}=r(\cos3\theta+\mathrm{i}\sin3\theta)$.

由于$\dfrac{x_1^2}{x_2}$为实数,从而 $\sin3\theta=0$,从而可得 $3\theta=k\pi$,即 $\theta=\dfrac{k\pi}{3}(k\in\mathbf{Z})$.

由此可得$\dfrac{x_1}{x_2}=\cos2\theta+\mathrm{i}\sin2\theta=\cos\dfrac{2k\pi}{3}+\mathrm{i}\sin\dfrac{2k\pi}{3}$.

若$\dfrac{x_1}{x_2}=1$,则 $x_1=x_2$,此时 x_1,x_2 均为实数,矛盾.

由$\left(\dfrac{x_1}{x_2}\right)^{2016}=\cos\left(2016\times\dfrac{2k\pi}{3}\right)+\mathrm{i}\sin\left(2016\times\dfrac{2k\pi}{3}\right)=1$,

从而由等比数列求和公式,得 $\sum\limits_{k=0}^{2015}\left(\dfrac{x_1}{x_2}\right)^k=\dfrac{1-\left(\dfrac{x_1}{x_2}\right)^{2016}}{1-\dfrac{x_1}{x_2}}=0$. 从而选 B.

例 2　【解析】设 $z=x+y\mathrm{i}(x,y\in\mathbf{R})$,则有 $x^2+y^2=1$,

从而有$(x+y\mathrm{i})^2-2a(x+y\mathrm{i})+a^2-a=0$,整理,得

$(x^2-y^2-2ax+a^2-a)+2y(x-a)\mathrm{i}=0$. 由复数相等,得 $2y(x-a)=0$,

从而 $y=0$,或 $x=a$.

(1)若 $y=0$,则 $x^2=1$,从而得 $x=1$ 或 $x=-1$.

①若 $x=1$,则由 $x^2-y^2-2ax+a^2-a=0$,得 $a^2-3a+1=0$,解得 $a=\frac{3\pm\sqrt{5}}{2}$,不合题意,舍去;

②若 $x=-1$,则由 $x^2-y^2-2ax+a^2-a=0$,得 $a^2+a+1=0$,没有实数解,不合题意,舍去;

(2)若 $x=a$,则由 $x^2-y^2-2ax+a^2-a=0$,得 $a^2-a-1=0$,解得 $a=\frac{1\pm\sqrt{5}}{2}$. 又由 $a<0$,从而 $a=\frac{1-\sqrt{5}}{2}$.

综上,知所求负数 a 的值为 $\frac{1-\sqrt{5}}{2}$.

例 3　C 【解析】我们先来研究一个问题:在复数范围内分解因式 $1+x+x^2$.

显然 $x=1$ 不是方程 $1+x+x^2=0$ 的根,故当 $x\neq1$ 时,$1+x+x^2=\frac{1-x^3}{1-x}$.

令 $\frac{1-x^3}{1-x}=0$,得 $x^3=1$,从而解得 $\omega_1=\cos\frac{2\pi}{3}+\mathrm{i}\sin\frac{2\pi}{3}=-\frac{1}{2}+\frac{\sqrt{3}}{2}\mathrm{i}$,$\omega_2=\cos\frac{4\pi}{3}+\mathrm{i}\sin\frac{4\pi}{3}=-\frac{1}{2}-\frac{\sqrt{3}}{2}\mathrm{i}$.

不难发现 $\omega_1^2=\omega_2=\overline{\omega_1}$,$\omega_2^2=\omega_1=\overline{\omega_2}$. 回到原题.

在 $(1+x+x^2)^{10}=a_0+a_1x+a_2x^2+\cdots+a_{20}x^{20}$ 中,

令 $x=1$,得 $3^{10}=a_0+a_1+a_2+\cdots+a_{20}$,

令 $x=\omega_1$,得 $0=a_0+a_1\omega_1+a_2\omega_1^2+\cdots+a_{20}\omega_1^2$,

令 $x=\omega_2$,得 $0=a_0+a_1\omega_2+a_2\omega_2^2+\cdots+a_{20}\omega_2^2$.

将上述三式相加,得 $3^{10}=3(a_0+a_3+a_6+a_9+a_{12}+a_{15}+a_{18})=3\sum_{k=0}^{6}a_{3k}$,

从而 $\sum_{k=0}^{6}a_{3k}=3^9$. 选 C.

例 4　ABCD 【解析】设 $z_i(i=1,2,3,4,5)$ 是 $z^5=1$ 的根,对应点为单位圆内正五边形的顶点,其中 $Z_1(1,0)$,由对称性,知 $a_1=a_2=a_3=a_4=a_5$. ①

由对称性还可以知 $z_1-z_2=\overline{z_1-z_5}$,$z_1-z_3=\overline{z_1-z_4}$,

所以 $a_1=|z_1-z_2|^2\cdot|z_1-z_3|^2$. ②

由余弦定理,$|z_1-z_2|^2=|\overrightarrow{Z_1Z_2}|^2=2-2\cos\frac{2\pi}{5}=2^2\sin^2\frac{\pi}{5}$,

同理,$|z_1-z_3|^2=2^2\cos^2\frac{\pi}{10}$. 结合②式,得

$a_1=2^4\sin^2\frac{\pi}{5}\cos^2\frac{\pi}{10}=2^6\sin^2\frac{\pi}{10}\cos^4\frac{\pi}{10}=2^6\sin^2\frac{\pi}{10}\left(1-\sin^2\frac{\pi}{10}\right)^2$.

而由三倍角公式,得 $\sin\frac{\pi}{5}=\cos\frac{3\pi}{10}=4\cos^3\frac{\pi}{10}-3\cos\frac{\pi}{10}$,

而 $\sin\frac{\pi}{5}=2\sin\frac{\pi}{10}\cos\frac{\pi}{10}$,

从而得 $2\sin\frac{\pi}{10}=4\cos^2\frac{\pi}{10}-3$. 又 $\cos^2\frac{\pi}{10}=1-\sin^2\frac{\pi}{10}$,

从而解得$\sin^2\frac{\pi}{10}=\frac{3-\sqrt{5}}{8}$,代入上式,得 $a_1=5$. 由①知 A,B,C,D 四个选项均正确.

故本题选 ABCD.

例 5　B 【解析】我们先来证明一个常用的结论:

$\sin\frac{\pi}{n}\sin\frac{2\pi}{n}\sin\frac{3\pi}{n}\cdot\cdots\cdot\sin\frac{(n-1)\pi}{n}=\frac{n}{2^{n-1}}(n\in\mathbf{N},n\geqslant 2)$.

证明:设关于 $x^n=1(n\in\mathbf{N},n\geqslant 2)$全部复根为 $1,\varepsilon,\varepsilon^2,\cdots,\varepsilon^{n-1}$,

其中 $\varepsilon=\cos\frac{2\pi}{n}+\mathrm{i}\sin\frac{2\pi}{n}$,

则$(x-1)(x^{n-1}+x^{n-2}+\cdots+x+1)=x^n-1=(x-1)(x-\varepsilon)(x-\varepsilon^2)\cdots(x-\varepsilon^{n-1})$.

记 $x^{n-1}+x^{n-2}+\cdots+x+1=(x-\varepsilon)(x-\varepsilon^2)\cdots(x-\varepsilon^{n-1})$,令 $x=1$,得

$(1-\varepsilon)(1-\varepsilon^2)\cdots(1-\varepsilon^{n-1})=n$,所以$|1-\varepsilon|\cdot|1-\varepsilon^2|\cdot\cdots\cdot|1-\varepsilon^{n-1}|=n$.

又因为$|1-\varepsilon^k|=\left|1-\left(\cos\frac{2k\pi}{n}+\mathrm{i}\sin\frac{2k\pi}{n}\right)\right|=\left|2\sin^2\frac{k\pi}{n}-\mathrm{i}\cdot 2\sin\frac{k\pi}{n}\cos\frac{k\pi}{n}\right|$

$=2\sin\frac{k\pi}{n}\left|\sin\frac{k\pi}{n}-\mathrm{i}\cdot\cos\frac{k\pi}{n}\right|=2\sin\frac{k\pi}{n}(k=1,2,3,\cdots,n-1)$,

所以可得 $n=|1-\varepsilon|\cdot|1-\varepsilon^2|\cdot\cdots\cdot|1-\varepsilon^{n-1}|=2^{n-1}\sin\frac{\pi}{n}\sin\frac{2\pi}{n}\cdots\sin\frac{(n-1)\pi}{n}$,

于是,有 $\sin\frac{\pi}{n}\sin\frac{2\pi}{n}\sin\frac{3\pi}{n}\cdot\cdots\cdot\sin\frac{(n-1)\pi}{n}=\frac{n}{2^{n-1}}(n\in\mathbf{N},n\geqslant 2)$.

回到原题,

$\left(1+\cos\frac{\pi}{7}\right)\left(1+\cos\frac{3\pi}{7}\right)\left(1+\cos\frac{5\pi}{7}\right)=2\cos^2\frac{\pi}{14}\cdot 2\cos^2\frac{3\pi}{14}\cdot 2\cos^2\frac{5\pi}{14}$

$=8\sin^2\frac{3\pi}{7}\sin^2\frac{2\pi}{7}\sin^2\frac{\pi}{7}=8\sin\frac{\pi}{7}\sin\frac{2\pi}{7}\sin\frac{3\pi}{7}\sin\frac{4\pi}{7}\sin\frac{5\pi}{7}\sin\frac{6\pi}{7}$

$=8\times\frac{7}{2^6}=\frac{7}{8}$.

从而选 B.

本题从本质上来讲属于常见的三角级数求和问题:

求和(1)$\cos\alpha+\cos 2\alpha+\cos 3\alpha+\cdots+\cos n\alpha$;

(2)$\sin\alpha+\sin 2\alpha+\sin 3\alpha+\cdots+\sin n\alpha$.

解析:令 $z=\cos\alpha+\mathrm{i}\sin\alpha$,那么对于任意自然数 k,有 $z^k=\cos k\alpha+\mathrm{i}\sin k\alpha$,从而 $z+z^2+z^3+\cdots+z^n=(\cos\alpha+\cos 2\alpha+\cdots+\cos n\alpha)+\mathrm{i}(\sin\alpha+\sin 2\alpha+\cdots+\sin n\alpha)$.

另一方面,$z+z^2+z^3+\cdots+z^n=\frac{z(1-z^n)}{1-z}=\frac{(\cos\alpha+\mathrm{i}\sin\alpha)[1-(\cos n\alpha+\mathrm{i}\sin n\alpha)]}{1-(\cos\alpha+\mathrm{i}\sin\alpha)}$

$$=\frac{(\cos\alpha+\mathrm{i}\sin\alpha)\left(2\sin^2\frac{n\alpha}{2}-2\mathrm{i}\sin\frac{n\alpha}{2}\cos\frac{n\alpha}{2}\right)}{2\sin^2\frac{\alpha}{2}-2\mathrm{i}\sin\frac{\alpha}{2}\cos\frac{\alpha}{2}}$$

$$=\frac{\sin\frac{n\alpha}{2}(\cos\alpha+\mathrm{i}\sin\alpha)\left(\cos\frac{n\alpha-\pi}{2}+\mathrm{i}\sin\frac{n\alpha-\pi}{2}\right)}{\sin\frac{\alpha}{2}\left(\cos\frac{\alpha-\pi}{2}-\mathrm{i}\sin\frac{\alpha-\pi}{2}\right)}$$

$$=\frac{\sin\frac{n\alpha}{2}}{\sin\frac{\alpha}{2}}\left[\cos\left(\alpha+\frac{n\alpha-\pi}{2}-\frac{\alpha-\pi}{2}\right)+\mathrm{i}\sin\left(\alpha+\frac{n\alpha-\pi}{2}-\frac{\alpha-\pi}{2}\right)\right]$$

$$=\frac{\sin\frac{n\alpha}{2}}{\sin\frac{\alpha}{2}}\left(\cos\frac{n+1}{2}+\mathrm{i}\sin\frac{n+1}{2}\alpha\right)=\frac{\sin\frac{n\alpha}{2}\cos\frac{n+1}{2}\alpha}{\sin\frac{\alpha}{2}}+\mathrm{i}\frac{\sin\frac{n\alpha}{2}\sin\frac{n+1}{2}\alpha}{\sin\frac{\alpha}{2}},$$

即 $z+z^2+z^3+\cdots+z^n=\dfrac{\sin\frac{n\alpha}{2}\cos\frac{n+1}{2}\alpha}{\sin\frac{\alpha}{2}}+\mathrm{i}\dfrac{\sin\frac{n\alpha}{2}\sin\frac{n+1}{2}\alpha}{\sin\frac{\alpha}{2}}$.

从而由复数相等的概念，知

$$\cos\alpha+\cos2\alpha+\cos3\alpha+\cdots+\cos n\alpha=\frac{\sin\frac{n\alpha}{2}\cos\frac{n+1}{2}\alpha}{\sin\frac{\alpha}{2}},$$

$$\sin\alpha+\sin2\alpha+\sin3\alpha+\cdots+\sin n\alpha=\frac{\sin\frac{n\alpha}{2}\sin\frac{n+1}{2}\alpha}{\sin\frac{\alpha}{2}}.$$

例 6　ABD 【解析】设 $|x|=\cos\alpha$，$|y|=\sin\alpha$，$|z|=\cos\beta$，$|w|=\sin\beta$. 由 $x\bar{z}+y\bar{w}=0$，得 $x\bar{z}=-y\bar{w}$，从而 $|x\bar{z}|=|-y\bar{w}|$，所以 $\cos\alpha\cos\beta-\sin\alpha\sin\beta=0$，即 $\cos(\alpha+\beta)=0$，从而 $\alpha+\beta=\frac{\pi}{2}$，所以 $|x|=\cos\alpha=\sin\beta=|w|$，$|y|=\sin\alpha=\cos\beta=|z|$，从而选项 A，B 正确；

而令 $x=\frac{\sqrt{3}}{2}\mathrm{i}$，$y=\frac{1}{2}$，$z=-\frac{1}{2}\mathrm{i}$，$w=\frac{\sqrt{3}}{2}$，

则 $\overline{x}w-\overline{y}z=-\frac{3}{4}\mathrm{i}-\left(-\frac{1}{4}\mathrm{i}\right)=-\frac{1}{2}\mathrm{i}\neq0$，从而选项 C 错误；

又因为 $1=|xz|^2+|xw|^2+|yz|^2+|yw|^2=|xw|^2+|yz|^2+|x\bar{z}|^2+|y\bar{w}|^2$

$=|xw|^2+|yz|^2+x\bar{z}\cdot\overline{x}z+y\bar{w}\cdot\overline{y}w=|xw|^2+|yz|^2-yz\,\overline{wx}-xw\,\overline{yz}$

$=xw\,\overline{xw}+yz\,\overline{yz}-yz\,\overline{wx}-xw\,\overline{yz}=(xw-yz)(\overline{xw}-\overline{yz})$

$=|xw-yz|^2$，

所以 $|xw-yz|=1$. 从而选项 D 正确.

因此，本题答案为 ABD.

§7.6　复数的指数形式及其应用

例 1 【解析】由 $(x+\mathrm{i})^n+(x-\mathrm{i})^n=0$，得 $\left(\frac{x+\mathrm{i}}{x-\mathrm{i}}\right)^n=-1=\mathrm{e}^{\mathrm{i}\pi}$.

令 $\theta_k=\frac{\pi+2k\pi}{n}(k=0,1,2,\cdots,n-1)$，则 $\frac{x+\mathrm{i}}{x-\mathrm{i}}=\mathrm{e}^{\mathrm{i}\theta_k}$，

从而，得 $x=\dfrac{\mathrm{i}(1+\mathrm{e}^{\mathrm{i}\theta_k})}{\mathrm{e}^{\mathrm{i}\theta_k}-1}=\dfrac{\mathrm{i}(1+\cos\theta_k)-\sin\theta_k}{(\cos\theta_k-1)+\mathrm{i}\sin\theta_k}=\dfrac{2\sin\theta_k}{2(1-\cos\theta_k)}=\cot\dfrac{\theta_k}{2}$，

即 $x=\cot\frac{\pi+2k\pi}{2n}(k=0,1,2,\cdots,n-1)$.

例 2 【证明】因为$(1+x)^n=\sum\limits_{k=0}^{n}C_n^kx^k$，将 1 的三个立方根 $1,e^{i\frac{2\pi}{3}},e^{i\frac{4\pi}{3}}$代入上式，然后相加，得

$$(1+e^{i\frac{2\pi}{3}})^n+(1+e^{i\frac{4\pi}{3}})^n+2^n=\sum_{k=0}^{n}C_n^k[(e^{i\frac{2\pi}{3}})^k+(e^{i\frac{4\pi}{3}})^k+1],$$

注意到$(e^{i\frac{2\pi}{3}})^k+(e^{i\frac{4\pi}{3}})^k+1=3$（当 $k\equiv0(\mathrm{mod}\ 3)$）或 0（当 $k\not\equiv0(\mathrm{mod}\ 3)$）.

故上式右侧$=3(C_n^0+C_n^3+C_n^6+\cdots)$，而左侧$=(e^{i\frac{n\pi}{3}})+(e^{-i\frac{n\pi}{3}})+2^n=2^n+2\cos\frac{n\pi}{3}$，从而等式成立.

类似地，我们也可以得到 $1+C_n^4+C_n^8+\cdots=\frac{1}{2}\left(2^{n-1}+2^{\frac{n}{2}}\cos\frac{n\pi}{4}\right)$等. 利用本题结论，可快速解得 2018 年清华大学领军计划的一道试题，见 7.5 节例 3.

例 3 【解析】$\cos\alpha-\cos2\alpha+\cos3\alpha=\cos\frac{\pi}{7}-\cos\frac{2\pi}{7}+\cos\frac{3\pi}{7}=\cos\frac{\pi}{7}+\cos\frac{3\pi}{7}+\cos\frac{5\pi}{7}$.

设 $\varepsilon=\cos\frac{\pi}{7}+i\sin\frac{\pi}{7}$，则 $\varepsilon^7=-1$，且 $\cos\frac{\pi}{7}+\cos\frac{3\pi}{7}+\cos\frac{5\pi}{7}$是复数 $\varepsilon+\varepsilon^3+\varepsilon^5$ 的实部.

因为 $\varepsilon+\varepsilon^3+\varepsilon^5=\frac{\varepsilon-\varepsilon^7}{1-\varepsilon^2}=\frac{\varepsilon+1}{1-\varepsilon^2}=\frac{1}{1-\varepsilon}$

$$=\frac{1}{1-\cos\frac{\pi}{7}-i\sin\frac{\pi}{7}}=\frac{1}{2\sin^2\frac{\pi}{14}-2i\cdot\sin\frac{\pi}{14}\cos\frac{\pi}{14}}$$

$$=\frac{1}{2\sin\frac{\pi}{14}(\sin\frac{\pi}{14}-i\cdot\cos\frac{\pi}{14})}=\frac{\sin\frac{\pi}{14}+i\cdot\cos\frac{\pi}{14}}{2\sin\frac{\pi}{14}}=\frac{1}{2}+\frac{i}{2}\cot\frac{\pi}{14},$$

从而 $\cos\frac{\pi}{7}+\cos\frac{3\pi}{7}+\cos\frac{5\pi}{7}=\frac{1}{2}$，

即 $\cos\alpha-\cos2\alpha+\cos3\alpha$ 的值为$\frac{1}{2}$.

本题也可用利用积化和差公式解决：

$$\cos\frac{\pi}{7}+\cos\frac{3\pi}{7}+\cos\frac{5\pi}{7}=\frac{1}{\sin\frac{\pi}{7}}\left(\sin\frac{\pi}{7}\cos\frac{\pi}{7}+\sin\frac{\pi}{7}\cos\frac{3\pi}{7}+\sin\frac{\pi}{7}\cos\frac{5\pi}{7}\right)$$

$$=\frac{1}{2\sin\frac{\pi}{7}}\left[\sin\frac{2\pi}{7}+\left(\sin\frac{4\pi}{7}-\sin\frac{2\pi}{7}\right)+\left(\sin\frac{6\pi}{7}-\sin\frac{4\pi}{7}\right)\right]$$

$$=\frac{1}{2\sin\frac{\pi}{7}}\sin\frac{6\pi}{7}=\frac{1}{2\sin\frac{\pi}{7}}\sin\frac{\pi}{7}=\frac{1}{2}.$$

例 4 A 【解析】由于$\cos^5\theta=\left(\frac{e^{i\theta}+e^{-i\theta}}{2}\right)^5=\frac{1}{32}(e^{5\theta i}+5e^{3\theta i}+10e^{\theta i}+10e^{-\theta i}+5e^{-3\theta i}+e^{-5\theta i})$

$$=\frac{1}{16}(\cos5\theta+5\cos3\theta+10\cos\theta).$$

由积化和差公式可得，$\cos^5\frac{\pi}{9}+\cos^5\frac{3\pi}{9}+\cos^5\frac{5\pi}{9}+\cos^5\frac{7\pi}{9}$

$$=\frac{1}{16}\left[\left(\cos\frac{5\pi}{9}+5\cos\frac{3\pi}{9}+10\cos\frac{\pi}{9}\right)+\left(\cos\frac{15\pi}{9}+5\cos\frac{9\pi}{9}+10\cos\frac{3\pi}{9}\right)\right.$$

$$+\left(\cos\frac{25\pi}{9}+5\cos\frac{15\pi}{9}+10\cos\frac{5\pi}{9}\right)+\left(\cos\frac{35\pi}{9}+5\cos\frac{21\pi}{9}+10\cos\frac{7\pi}{9}\right)\Bigg]$$

$$=\frac{1}{16}\left[\left(\cos\frac{5\pi}{9}+\cos\frac{15\pi}{9}+\cos\frac{25\pi}{9}+\cos\frac{35\pi}{9}\right)+5\left(\cos\frac{3\pi}{9}+\cos\frac{9\pi}{9}+\cos\frac{15\pi}{9}+\cos\frac{21\pi}{9}\right)\right.$$

$$\left.+10\left(\cos\frac{\pi}{9}+\cos\frac{3\pi}{9}+\cos\frac{5\pi}{9}+\cos\frac{7\pi}{9}\right)\right],$$

类似于例 3 的方法，可得 $\cos\frac{5\pi}{9}+\cos\frac{15\pi}{9}+\cos\frac{25\pi}{9}+\cos\frac{35\pi}{9}=\frac{1}{2}$，

$\cos\frac{3\pi}{9}+\cos\frac{9\pi}{9}+\cos\frac{15\pi}{9}+\cos\frac{21\pi}{9}=\frac{1}{2}$，$\cos\frac{\pi}{9}+\cos\frac{3\pi}{9}+\cos\frac{5\pi}{9}+\cos\frac{7\pi}{9}=\frac{1}{2}$，

从而原式$=\frac{1}{16}\left(\frac{1}{2}+\frac{5}{2}+\frac{10}{2}\right)=\frac{1}{2}$.

于是$\cos^5\frac{\pi}{9}+\cos^5\frac{5\pi}{9}+\cos^5\frac{7\pi}{9}=\frac{1}{2}-\cos^5\frac{3\pi}{9}=\frac{15}{32}$，从而选 A.

> 事实上，$\sum\limits_{k=1}^{4}\cos\frac{(2m-1)(2k-1)\pi}{9}=\frac{1}{2}(m\in\mathbf{N}^*)$，更一般地，
>
> $\sum\limits_{k=1}^{n}\cos^{2m+1}\frac{(2k-1)\pi}{2k+1}(m,n\in\mathbf{N}^*)=\frac{1}{2}$.

例 5 【证明】设 $z_1=\cos A+\mathrm{i}\sin A$，$z_2=\cos B+\mathrm{i}\sin B$，$z_3=\cos C+\mathrm{i}\sin C$，则

$z_1+z_2+z_3=(\cos A+\cos B+\cos C)+\mathrm{i}(\sin A+\sin B+\sin C)=0$.

又因为 $z_1^3+z_2^3+z_3^3-3z_1z_2z_3=(z_1+z_2+z_3)(z_1^2+z_2^2+z_3^2-z_1z_2-z_2z_3-z_3z_1)=0$，

所以 $z_1^3+z_2^3+z_3^3=3z_1z_2z_3$，于是有

$(\cos A+\mathrm{i}\sin A)^3+(\cos B+\mathrm{i}\sin B)^3+(\cos C+\mathrm{i}\sin C)^3$

$=3(\cos A+\mathrm{i}\sin A)(\cos B+\mathrm{i}\sin B)(\cos C+\mathrm{i}\sin C)$，

即$(\cos 3A+\cos 3B+\cos 3C)+\mathrm{i}(\sin 3A+\sin 3B+\sin 3C)$

$=3[\cos(A+B+C)+\mathrm{i}\sin(A+B+C)]$.

根据复数相等的条件，有

$\sin 3A+\sin 3B+\sin 3C=3\sin(A+B+C)$；

$\cos 3A+\cos 3B+\cos 3C=3\cos(A+B+C)$.

> 用复数解决三角函数问题或证明三角恒等式，一般有三个步骤：
>
> (1)确定相应的复数运算法则.
>
> (2)建立相应的复数表达式：如果证明三角关系，只须给出有关的复数的表达式；如果涉及三个角，则应给出相应的三个复数表达式.
>
> (3)利用复数相等的条件，比较复数两边的实部与虚部.

例 6 【解析】如下图所示，本题若用一般的解析几何方法寻找点 M 与点 N 之间的关系是比较困难的，我们利用复数乘法的几何意义加以解决：

设 M,N,A 对应的复数分别为 $x_1+y_1\mathrm{i}$，$x+y\mathrm{i}$，2，

那么向量$\overrightarrow{AM}$可以用向量$\overrightarrow{AN}$绕 A 点逆时针旋转$300°$得到.

用复数运算来实现这个变换,就是

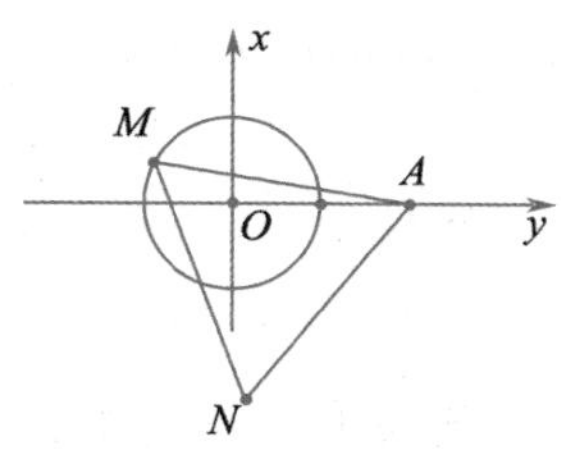

$\overrightarrow{AM}=(\cos 300°+\mathrm{i}\cdot\sin 300°)\cdot\overrightarrow{AN}$,

$\overrightarrow{OM}-\overrightarrow{OA}=(\cos 300°+\mathrm{i}\cdot\sin 300°)\cdot(\overrightarrow{ON}-\overrightarrow{OA})$,

即 $x_1+y_1\mathrm{i}-2=\dfrac{1-\sqrt{3}\mathrm{i}}{2}(x+y\mathrm{i}-2)=\dfrac{x+\sqrt{3}y-2}{2}+\dfrac{y-\sqrt{3}x+2\sqrt{3}}{2}\mathrm{i}$,

所以 $x_1=\dfrac{x+\sqrt{3}y+2}{2}$,$y_1=\dfrac{y-\sqrt{3}x+2\sqrt{3}}{2}$. 又 $x_1^2+y_1^2=1$,从而有

$\left(\dfrac{x+\sqrt{3}y+2}{2}\right)^2+\left(\dfrac{y-\sqrt{3}x+2\sqrt{3}}{2}\right)^2=1$,整理得 $x^2+y^2-2x+2\sqrt{3}y+3=0$,

即 $(x-1)^2+(y+\sqrt{3})^2=1$.

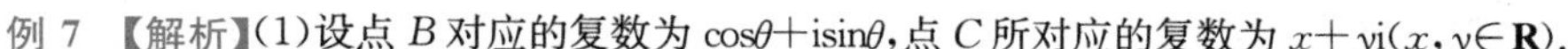

例 7 【解析】(1)设点 B 对应的复数为 $\cos\theta+\mathrm{i}\sin\theta$,点 C 所对应的复数为 $x+y\mathrm{i}(x,y\in\mathbf{R})$.

则 $\overrightarrow{BC}\cdot i=\dfrac{4}{3}\overrightarrow{BA}$,可得 $\begin{cases}x=\cos\theta-\dfrac{4}{3}\sin\theta,\\ y=\sin\theta+\dfrac{4}{3}\cos\theta+\dfrac{8}{3},\end{cases}$ 所以 $x^2+\left(y-\dfrac{8}{3}\right)^2=\left(\dfrac{5}{3}\right)^2$ 即为点 C 的轨迹方程.

(2)因为点 C 的轨迹是以 $D\left(0,\dfrac{8}{3}\right)$ 为圆心,$\dfrac{5}{3}$ 为半径的圆,从而 $|OC|_{\min}=|OD|-R=1$,$|OC|_{\max}=|OD|+R=\dfrac{13}{3}$.

例 8 【解析】构造复数 $z_1=\sqrt{x_1}+\sqrt{x_2}\cdot\mathrm{i}$,$z_2=\sqrt{x_2}+\sqrt{x_3}\cdot\mathrm{i}$,…,$z_{2019}=\sqrt{x_{2019}}+\sqrt{x_{2020}}\cdot\mathrm{i}$,

$z_{2020}=\sqrt{x_{2020}}+\sqrt{x_1}\cdot\mathrm{i}$,利用复数模的性质,得

$y=|z_1|+|z_2|+\cdots+|z_{2020}|\geqslant|z_1+z_2+\cdots+z_{2020}|$

$=\left|(\sqrt{x_1}+\sqrt{x_2}+\cdots+\sqrt{x_{2020}})+(\sqrt{x_2}+\sqrt{x_3}+\cdots+\sqrt{x_{2020}}+\sqrt{x_1})\cdot\mathrm{i}\right|$

$=|2020+2020\mathrm{i}|=2020\sqrt{2}$.

当且仅当 $\dfrac{x_1}{x_2}=\dfrac{x_2}{x_3}=\cdots=\dfrac{x_{2020}}{x_1}$ 时取等号,所以 y 的最小值为 $2020\sqrt{2}$.

例 9 C 【解析】令复数 $z_1=(x-9)-2\cdot\mathrm{i}$,$z_2=-x-y\cdot\mathrm{i}$,$z_3=-3+(y-3)\cdot\mathrm{i}$,

则 $z_1+z_2+z_3=-12-5\cdot\mathrm{i}$,

从而由 $|z_1|+|z_2|+|z_3|\geqslant|z_1+z_2+z_3|=\sqrt{(-12)^2+(-5)^2}=13$,

知最小值为 13,无最大值. 从而选 C.

本题采用了复数换元法求函数的最值,要恰当选取复数,便于消元后求最值.

例 10 【解析】设 $z=\cos\theta+\mathrm{i}\cdot\sin\theta$,则 $z^3-z+2=(\cos3\theta-\cos\theta+2)+\mathrm{i}\cdot(\sin3\theta-\sin\theta)$,

从而 $|z^3-z+2|^2=(\cos3\theta-\cos\theta+2)^2+(\sin3\theta-\sin\theta)^2$

$=(\cos3\theta-\cos\theta)^2+4(\cos3\theta-\cos\theta)+4+(\sin3\theta-\sin\theta)^2$

$=-2(\cos3\theta\cos\theta+\sin3\theta\sin\theta)+4(\cos3\theta-\cos\theta)+6$

$=-2\cos2\theta+4(\cos3\theta-\cos\theta)+6$

$=16\cos^3\theta-2(2\cos^2\theta-1)-16\cos\theta+6$

$=16\cos^3\theta-4\cos^2\theta-16\cos\theta+8$

$=4(4\cos^3\theta-\cos^2\theta-4\cos\theta+2)$.

令 $f(x)=4x^3-x^2-4x+2(x\in[-1,1])$，求导，得

$f'(x)=12x^2-2x-4=2(6x^2-x-2)=2(3x-2)(2x+1)$.

当 $x\in\left(-1,-\frac{1}{2}\right)$时，$f'(x)>0$，$f(x)$单调递增；

当 $x\in\left(-\frac{1}{2},\frac{2}{3}\right)$时，$f'(x)<0$，$f(x)$单调递减；

当 $x\in\left(\frac{2}{3},1\right)$时，$f'(x)>0$，$f(x)$单调递增.

由 $f(-1)=f(1)=1$，$f\left(\frac{2}{3}\right)=\frac{2}{27}$，$f\left(-\frac{1}{2}\right)=\frac{13}{4}$，

从而可知，$|z^3-z+2|^2$ 的最小值为$\frac{8}{27}$，最大值为 13，

从而$|z^2-z+2|$的最小值为$\frac{2\sqrt{6}}{9}$，最大值为$\sqrt{13}$.

复数在代数、三角、几何等方面都有着十分重要的应用. 熟练地应用复数与实数、形与数之间相互转化的数学思想，是合理、灵活地解答复数问题的关键.

习题七

1. D 【解析】由 $z(1+\mathrm{i})=2-\mathrm{i}$，得 $z=\frac{2-\mathrm{i}}{1+\mathrm{i}}=\frac{(2-\mathrm{i})(1-\mathrm{i})}{(1+\mathrm{i})(1-\mathrm{i})}=\frac{1-3\mathrm{i}}{2}=\frac{1}{2}-\frac{3}{2}\mathrm{i}$，所以所对应的点在复平面内位于第四象限. 选 D.

2. C 【解析】如图，作 BC 中点 D，连接 PD，并延长 PD 至 E，使$|\overrightarrow{PD}|=|\overrightarrow{DE}|$. D平分 BC，PE，则可知四边形 $PBEC$ 为平行四边形，有$\overrightarrow{PB}+\overrightarrow{PC}=\overrightarrow{PE}$. 又$\overrightarrow{PB}+\overrightarrow{PC}-\overrightarrow{PE}=\mathbf{0}$，从而可得$\overrightarrow{PA}=-\overrightarrow{PE}=-2\overrightarrow{PD}$，即 A,P,D 三点共线，即点 P 在中线 AD 上. 同理，P 是$\triangle ABC$ 中线的交点，即重心.

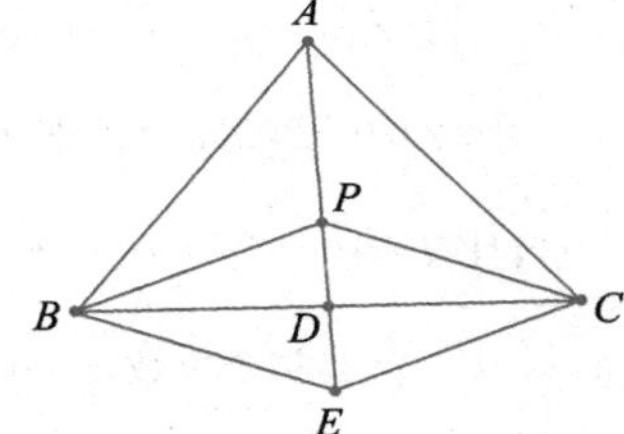

3. D 【解析】因为 $S_{\triangle OBC}=\frac{1}{2}ak=\frac{1}{2}R^2\sin 2A=R^2\sin A\cos A$，

$S_{\triangle OAC}=\frac{1}{2}bm=\frac{1}{2}R^2\sin 2B=R^2\sin B\cos B$，则$\frac{S_{\triangle OBC}}{S_{\triangle OAC}}=\frac{ak}{bm}=\frac{\sin A\cos A}{\sin B\cos B}=\frac{a\cos A}{b\cos B}$，

所以$\frac{k}{m}=\frac{\cos A}{\cos B}$，同理可得$\frac{m}{n}=\frac{\cos B}{\cos C}$，故选 D.

4. D 【解析】设 $z=x+y\mathrm{i}(x,y\in\mathbf{R})$，从而得 $z+\frac{2}{z}=x\left(1+\frac{2}{x^2+y^2}\right)+y\left(1-\frac{2}{x^2+y^2}\right)\mathrm{i}$.

由 $z+\frac{2}{z}$是实数，可得 $y=0(x\neq0)$或 $x^2+y^2=2$. 当 $y=0(x\neq0)$时，可得$|z+\mathrm{i}|$即$|z-(-\mathrm{i})|$表示复平面 xOy 上一点$(0,-1)$与 x 轴上非原点 O 的点 Z 之间的距离. 再由“垂线段最短”，可得$|z+\mathrm{i}|>1$. 当 $x^2+y^2=2$，可得$|z+\mathrm{i}|$，即$|z-(-\mathrm{i})|$表示复平面 xOy 上圆 $x^2+y^2=2$ 上的动点(x,y)到定点$(0,-1)$之间的距离. 进而可得，当且仅当动点(x,y)是$(0,-\sqrt{2})$，$|z+\mathrm{i}|_{\min}=\sqrt{2}-1$.

又因为$\sqrt{2}-1<1$,所以$|z+\mathrm{i}|_{\min}=\sqrt{2}-1$. 从而选 D.

5. D 【解析】由$|\overrightarrow{OA}|=|\overrightarrow{OB}|=\overrightarrow{OA}\cdot\overrightarrow{OB}=2$,

知$\langle\overrightarrow{OA},\overrightarrow{OB}\rangle=\frac{\pi}{3}$. 如图所示,当$\lambda\geqslant0,u\geqslant0$时,若$\lambda+u=1$,则点$P$位于线段$AB$上;当$\lambda\geqslant0,u\leqslant0$时,若$\lambda-u=1$,则点$P$位于线段$A'B$上;当$\lambda\leqslant0$,$u\geqslant0$时,若$-\lambda+u=1$,则点$P$位于线段$AB'$上;当$\lambda\leqslant0,u\leqslant0$时,若$-\lambda-u=1$,则点$P$位于线段$A'B'$上. 又因为$|\lambda|+|u|\leqslant1$,由等和线定理可知,点$P$位于矩形$ABA'B'$内(含边界),其面积$S=4S_{\triangle AOB}=4\sqrt{3}$.

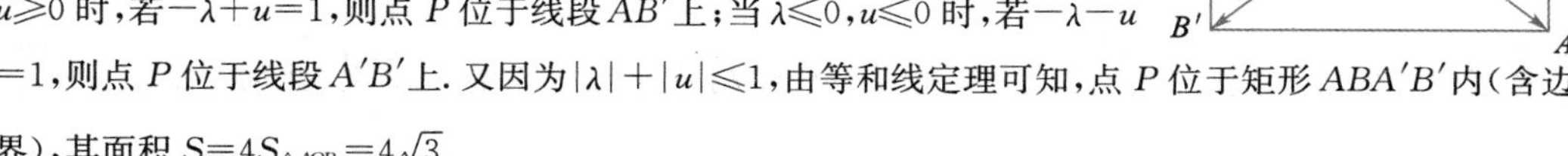

6. A 【解析】设$z=x+y\mathrm{i}(x,y\in\mathbf{R})$. 由$\frac{10}{z}=\frac{10z}{|z|^2}$,从而可得

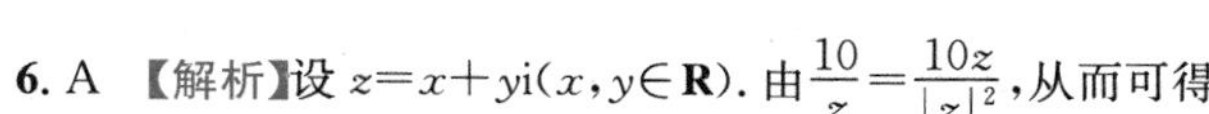

$$\begin{cases}0<\frac{x}{10}\leqslant1,\\0<\frac{y}{10}\leqslant1,\\0<\frac{10x}{x^2+y^2}\leqslant1,\\0<\frac{10y}{x^2+y^2}\leqslant1,\end{cases}\text{即}\begin{cases}0<x,y\leqslant10,\\(x-5)^2+y^2\geqslant25,\\x^2+(y-5)^2\geqslant25,\end{cases}$$

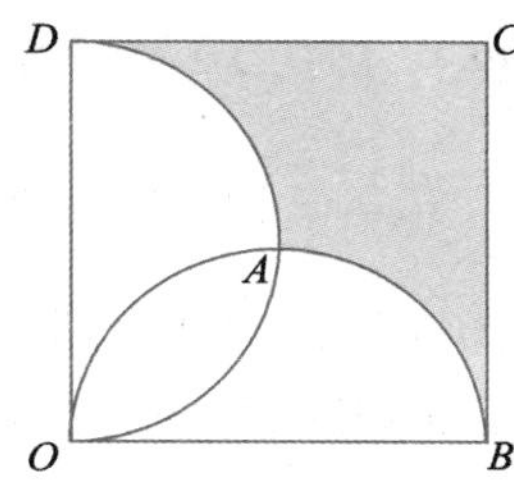

如图中阴影部分. 易得其面积为$75-\frac{25}{2}\pi$.

7. ACD 【解析】令$z=a+b\mathrm{i}(a,b\in\mathbf{R})$,由$z$为虚数,知$b\neq0$.

代入$z^3+z+1=0$,得$(a+b\mathrm{i})^3+a+b\mathrm{i}+1=0$,展开,得

$[a^3+3a^2b\mathrm{i}+3a(b\mathrm{i})^2+(b\mathrm{i})^3]+a+b\mathrm{i}+1=0$,

即$(a^3-3ab^2+a+1)+(3a^2b-b^3+b)\mathrm{i}=0$.

由复数相等的概念,知$\begin{cases}a^3-3ab^2+a+1=0, & (1)\\3a^2b-b^3+b=0, & (2)\end{cases}$

由(2)知,得$3a^2+1=b^2$(3),于是$a^2+b^2=4a^2+1>1$,从而$|z|>1$. A 选项正确.

将(3)式代入(1)式,得$a^3-3a(3a^2+1)+a+1=0$,整理,得$-8a^3-2a+1=0$.

令$f(a)=8a^3+2a-1$,由$f(a)$关于a单调递增,$f\left(\frac{1}{2}\right)=1>0$,$f\left(\frac{1}{4}\right)=-\frac{3}{8}<0$知$f(a)=0$的唯一实根在$\left(\frac{1}{4},\frac{1}{2}\right)$内,从而知$a\in\left(\frac{1}{4},\frac{1}{2}\right)$,所以$|z+\bar{z}|=2a\in\left(\frac{1}{2},1\right)$,

从而选项 C,D 正确.

从而本题选 ACD.

8. B 【解析】注意到$z^3=1$,于是$\frac{1}{1-z}+\frac{1}{1-z^2}=\frac{1}{1-z}+\frac{z}{z-z^3}=\frac{1}{1-z}+\frac{-z}{1-z}=1$.

9. A 【解析】如下图所示.

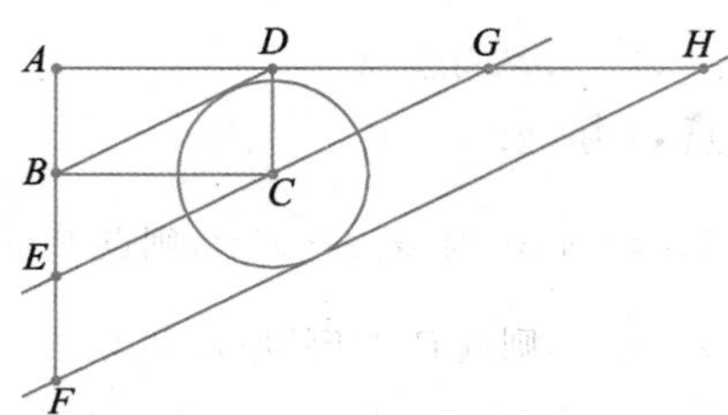

由平面向量等和线定理，可知当等和线 l 与圆相切时，$\lambda+\mu$ 的值最大，此时 $\lambda+\mu=\frac{|\overrightarrow{AF}|}{|\overrightarrow{AB}|}=\frac{|\overrightarrow{AB}|+|\overrightarrow{BE}|+|\overrightarrow{EF}|}{|\overrightarrow{AB}|}=\frac{3|\overrightarrow{AB}|}{|\overrightarrow{AB}|}=3$，故选 A.

10. B 【解析】建立平面直角坐标系，且 $\boldsymbol{a}=(1,0)$，$\boldsymbol{b}=\left(\frac{1}{2},\frac{\sqrt{3}}{2}\right)$，易知 $\boldsymbol{c}$ 的终点的轨迹方程为 $\left(x-\frac{3}{4}\right)^2+\left(y-\frac{\sqrt{3}}{4}\right)^2=\frac{1}{4}$. 又 $|\boldsymbol{d}-\boldsymbol{c}|=1$，所以此时 $|\boldsymbol{d}|_{\max}=\frac{\sqrt{3}}{2}+\frac{1}{2}+1=\frac{3+\sqrt{3}}{2}$. 从而选 B.

11. A 【解析】由已知把 $\overrightarrow{AO}$ 用 $\overrightarrow{AC}$，$\overrightarrow{AB}$ 表示，展开数量积，结合向量在向量方向的投影的概念得出答案.

如图所示，因为 D 为边 BC 的中点，所以 $\overrightarrow{AD}=\frac{1}{2}(\overrightarrow{AB}+\overrightarrow{AC})$. 又点 O 为 $\triangle ABC$ 的外心，且 $AB=4$，$AC=6$，

所以 $\overrightarrow{AO}\cdot\overrightarrow{AD}=\overrightarrow{AO}\cdot\frac{1}{2}(\overrightarrow{AB}+\overrightarrow{AC})=\frac{1}{2}\overrightarrow{AO}\cdot\overrightarrow{AB}+\frac{1}{2}\overrightarrow{AO}\cdot\overrightarrow{AC}=\frac{1}{4}\overrightarrow{AB}^2+\frac{1}{4}\overrightarrow{AC}^2=\frac{1}{4}(16+36)=13$.

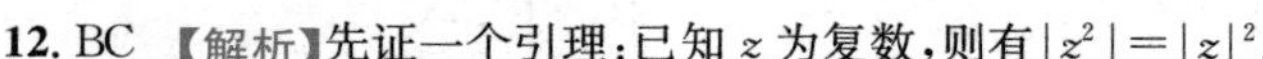

12. BC 【解析】先证一个引理：已知 z 为复数，则有 $|z^2|=|z|^2$.

证明：设复数 $z=a+bi$，则 $|z^2|=|(a+bi)^2|=|(a^2-b^2)+2abi|=\sqrt{(a^2-b^2)^2+(2ab)^2}$
$=a^2+b^2=|a+bi|=|z|^2(a,b\in\mathbf{R})$.

可得 $1=|z+\omega|^2=|(z+\omega)^2|=|z^2+\omega^2+2z\omega|$，

所以 $\begin{cases}|z^2+\omega^2|-2|z\omega|\leqslant 1,\\ 2|zw|-|z^2+\omega^2|\leqslant 1.\end{cases}$

再由 $|z^2+\omega^2|=4$，可得 $\frac{3}{2}\leqslant|z\omega|\leqslant\frac{5}{2}$.

还可得，当 $(z,\omega)=\left(\frac{1+\sqrt{7}}{2},\frac{1-\sqrt{7}}{2}\right)$ 时，$|z\omega|=\frac{3}{2}$；

当 $(z,\omega)=\left(\frac{3}{2}+\frac{1}{2}i,-\frac{3}{2}+\frac{1}{2}i\right)$ 时，$|z\omega|=\frac{5}{2}$.

所以 $|z\omega|_{\min}=\frac{3}{2}$，$|z\omega|_{\max}=\frac{5}{2}$.

13. 1 【解析】推论：若 $A(x_1,y_1)$，$B(x_2,y_2)$，则 $S_{\triangle OAB}=\frac{1}{2}|x_1y_2-x_2y_1|$.

证明：如下图所示，过点 B 作 $BD\perp x$ 轴交 OA 于点 D.

由于直线 OA 的方程为 $y=\frac{y_1}{x_1}x$，从而 $D\left(x_2,\frac{y_1}{x_1}x_2\right)$，

所以 $|BD|=\left|y_2-\frac{y_1}{x_1}x_2\right|$，

于是 $S_{\triangle OAB}=\frac{1}{2}|BD||x_1|=\frac{1}{2}|x_1y_2-x_2y_1|$.

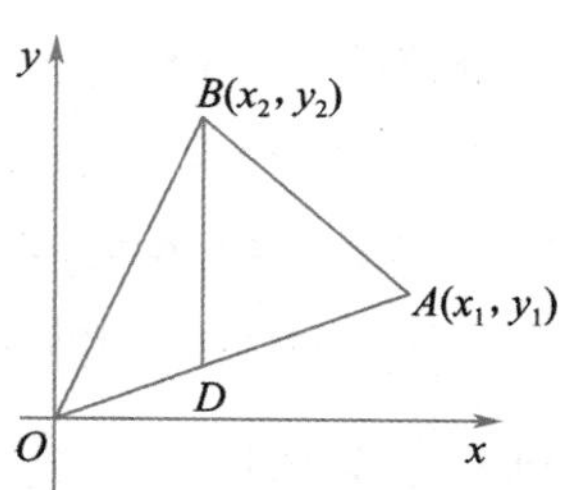

利用上面的结论，将△ABC 的其中一个顶点平移到坐标原点，从而求得本题答案为 1.

14. 2 【解析】不妨设 $|\boldsymbol{a}|=1$，$2\boldsymbol{b}-\boldsymbol{a}$ 与 $\boldsymbol{a}$ 的夹角为 θ，则 $\boldsymbol{a}\cdot\boldsymbol{b}=1\times\sqrt{2}\times\frac{\sqrt{2}}{2}=1$，进而 $\cos\theta=\frac{(2\boldsymbol{b}-\boldsymbol{a})\cdot\boldsymbol{a}}{|2\boldsymbol{b}-\boldsymbol{a}||\boldsymbol{a}|}=\frac{1}{\sqrt{5}}$，进而得 $\sin\theta=\frac{2}{\sqrt{5}}$，从而 $\tan\theta=2$.

15. $k_1:k_2:k_3=-4:2:1$（只要符合这个比例即可）

16. $\frac{\pi}{6}$ 【解析】以 A 为坐标原点，射线 AB 为 x 轴的正半轴，建立平面直角坐标系，并让 C 在第一象限，则有 $A(0,0)$，$B(1,0)$，$C\left(\frac{1}{2},\frac{\sqrt{3}}{2}\right)$，设 $P(x,y)$，则

$\overrightarrow{PA}\cdot\overrightarrow{PB}+\overrightarrow{PB}\cdot\overrightarrow{PC}+\overrightarrow{PC}\cdot\overrightarrow{PA}=0\Rightarrow\left(x-\frac{1}{2}\right)^2+\left(y-\frac{\sqrt{3}}{6}\right)^2=\frac{1}{6}$，则可得答案为 $\frac{\pi}{6}$.

17.【证明】当 AB 与 x 轴垂直时，此时点 Q 与点 O 重合，从而 $\lambda=2$，$\mu=\frac{2}{3}$，$\lambda+\mu=\frac{8}{3}$.

当点 Q 与点 O 不重合，直线 AB 的斜率存在.

设 AB：$y=kx+1$，$A(x_1,y_1)$，$B(x_2,y_2)$，则 $Q\left(-\frac{1}{k},0\right)$.

由题设，得 $x_1+\frac{1}{k}=\lambda x_1$，$x_2+\frac{1}{k}=\mu x_2$，即 $\lambda+\mu=1+\frac{1}{kx_1}+1+\frac{1}{kx_2}=2+\frac{x_1+x_2}{kx_1x_2}$.

将 $y=kx+1$ 代入 $x^2+y^2=4$，得 $(1+k^2)x^2+2kx-3=0$，

则$\begin{cases}\Delta>0,\\ x_1+x_2=\frac{-2k}{1+k^2},\\ x_1x_2=\frac{-3}{1+k^2},\end{cases}$所以 $\lambda+\mu=2+\frac{-2k}{-3k}=\frac{8}{3}$.

综上可知 $\lambda+\mu=\frac{8}{3}$.

18.【解析】如图所示，设 $\overrightarrow{OQ}=x+y\mathrm{i}$，则

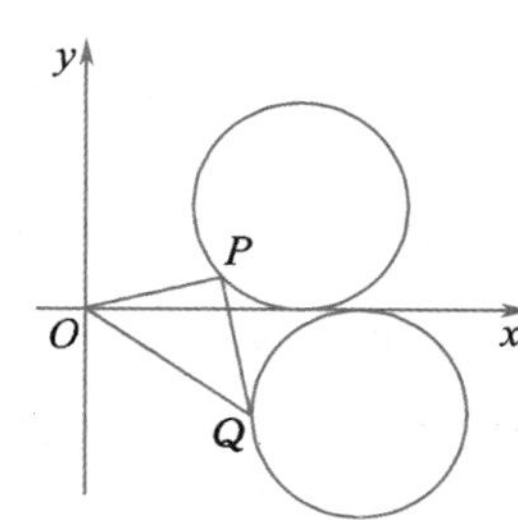

$\overrightarrow{OP}=\frac{1}{\sqrt{2}}(x+y\mathrm{i})\left(\cos\frac{\pi}{4}+\mathrm{i}\sin\frac{\pi}{4}\right)=\frac{1}{2}(x+y\mathrm{i})(1+\mathrm{i})$

$=\frac{1}{2}[(x-y)+(x+y)\mathrm{i}]$.

点 P 在圆 $(x-2)^2+(y-1)^2=1$ 上，

故 $\left(\frac{x-y}{2}-2\right)^2+\left(\frac{x+y}{2}-1\right)^2=1$，

化简，得$(x-3)^2+(y+1)^2=2$.

本题与一般的求轨迹方程的题不同，不是利用解析的方法求得轨迹，而是把动点通过复数给出，通过旋转和放缩，得到新复数在某个特定的轨迹上，从而求得轨迹方程. 除此之外，本题也可以利用向量法求得轨迹方程.

19.【证明】(1)设$z=\cos\frac{\pi}{11}+\mathrm{i}\sin\frac{\pi}{11}$，则$z^3=\cos\frac{3\pi}{11}+\mathrm{i}\sin\frac{3\pi}{11}$，……，$z^9=\cos\frac{9\pi}{11}+\mathrm{i}\sin\frac{9\pi}{11}$.

又$z^{11}=\cos\pi+\mathrm{i}\sin\pi=-1$，所以

$z+z^3+\cdots+z^9=\left(\cos\frac{\pi}{11}+\cos\frac{3\pi}{11}+\cdots+\cos\frac{9\pi}{11}\right)+\mathrm{i}\left(\sin\frac{\pi}{11}+\sin\frac{3\pi}{11}+\cdots+\sin\frac{9\pi}{11}\right)$.

而$z+z^3+\cdots+z^9=\frac{z[1-(z^2)^5]}{1-z^2}=\frac{z-z^{11}}{1-z^2}=\frac{z+1}{1-z^2}=\frac{1}{1-z}=\frac{1}{1-\cos\frac{\pi}{11}-\mathrm{i}\sin\frac{\pi}{11}}$

$$=\frac{1-\cos\frac{\pi}{11}+\mathrm{i}\sin\frac{\pi}{11}}{\left(1-\cos\frac{\pi}{11}\right)^2+\sin\frac{\pi}{11}}=\frac{1-\cos\frac{\pi}{11}+\mathrm{i}\sin\frac{\pi}{11}}{2\left(1-\cos\frac{\pi}{11}\right)}=\frac{1}{2}+\frac{1}{2}\cdot\frac{\mathrm{i}\sin\frac{\pi}{11}}{1-\cos\frac{\pi}{11}}$$

$$=\frac{1}{2}+\frac{1}{2}\cdot\frac{2\sin\frac{\pi}{22}\cos\frac{\pi}{22}\mathrm{i}}{2\sin^2\frac{\pi}{22}}=\frac{1}{2}+\frac{1}{2}\cot\frac{\pi}{22}\mathrm{i},$$

由复数相等的概念，知$\cos\frac{\pi}{11}+\cos\frac{3\pi}{11}+\cdots+\cos\frac{9\pi}{11}=\frac{1}{2}$，且

$\sin\frac{\pi}{11}+\sin\frac{3\pi}{11}+\cdots+\sin\frac{9\pi}{11}=\frac{1}{2}\cot\frac{\pi}{22}$.

20.【解析】设$z_1=\cos\alpha+\mathrm{i}\sin\alpha$，$z_2=\cos\beta+\mathrm{i}\sin\beta$，则

$\sqrt{(\cos\alpha+1)^2+(\sin\alpha+1)^2}+\sqrt{(\cos\alpha-1)^2+(\sin\alpha-1)^2}=2\sqrt{3}$,

整理，可得$\sqrt{3+2(\cos\alpha+\sin\alpha)}+\sqrt{3-2(\cos\alpha+\sin\alpha)}=2\sqrt{3}$，解得$\cos\alpha+\sin\alpha=0$.

同理，得$\cos\beta+\sin\beta=0$，所以$\alpha=\frac{3\pi}{4}+2k_1\pi$，$\beta=\frac{7\pi}{4}+2k_2\pi(k_1,k_2\in\mathbf{Z})$,

所以$z_1z_2=\cos(\alpha+\beta)+\mathrm{i}\sin(\alpha+\beta)=\mathrm{i}$.

21.【解析】由$(\sqrt{3}+\mathrm{i})^m=(1-\mathrm{i})^n$，知$|(\sqrt{3}+\mathrm{i})^m|=|(1-\mathrm{i})^n|$，即$2^m=\sqrt{2}^n$，从而$n=2m$.

于是，得$(\sqrt{3}+\mathrm{i})^m=(1-\mathrm{i})^n=(1-\mathrm{i})^{2m}=(-2\mathrm{i})^m$.

而$(\sqrt{3}+\mathrm{i})^m=2^m\left(\frac{\sqrt{3}}{2}+\frac{1}{2}\mathrm{i}\right)^m=2^m\left(\cos\frac{\pi}{6}+\mathrm{i}\sin\frac{\pi}{6}\right)^m=2^m\left(\cos\frac{m\pi}{6}+\mathrm{i}\sin\frac{m\pi}{6}\right)=(-2\mathrm{i})^m=$

$2^m\left[\cos\left(-\frac{\pi}{2}\right)+\mathrm{i}\sin\left(-\frac{\pi}{2}\right)\right]^m=2^m\left[\cos\left(-\frac{m\pi}{2}\right)+\mathrm{i}\sin\left(\frac{-m\pi}{2}\right)\right]$,

由$(\sqrt{3}+\mathrm{i})^m=(-2\mathrm{i})^m$，知$\frac{m}{6}=-\frac{m}{2}+2k$，即$m=-3m+12k$，解得$m=3k(k\in\mathbf{Z}^*)$,

从而$n-m=2m-m=m=3k$，所以$|n-m|$的最小值为3.

22.【解析】(1)根据题意，$|(x_n,y_n)|=\sqrt{x_n^2+y_n^2}\leqslant|x_n|+|y_n|=3$.

于是$|\overrightarrow{OA_3}|=\left|\sum\limits_{k=1}^{3}(x_k,y_k)\right|\leqslant\sum\limits_{k=1}^{3}|(x_k,y_k)|=9$，等号当且仅当$(x_1,y_1)=(x_2,y_2)=(x_3,y_3)=(3,0)$

时取得，因此所求最大值为 9.

(2) 注意到 $\overrightarrow{OA_{2017}}=\left(\sum_{k=1}^{2017}x_k,\sum_{k=1}^{2017}y_k\right)$，而 $\sum_{k=1}^{2017}x_k+\sum_{k=1}^{2017}y_k\equiv\sum_{k=1}^{2017}|x_k|+\sum_{k=1}^{2017}|y_k|\equiv1\pmod 2$，于是 $\overrightarrow{OA_{2017}}\neq\mathbf{0}$.

又取 $(x_1,y_1)=(1,2)$，$(x_2,y_2)=(-2,-1)$，$(x_3,y_3)=(1,-2)$ 以及 $(x_{2k+2},y_{2k+2})=(3,0)$，$(x_{2k+3},y_{2k+3})=(-3,0)$ $(k=1,2,\cdots,1007)$，则有 $\overrightarrow{OA_{2017}}=(0,-1)$，于是 $|\overrightarrow{OA_{2017}}|$ 的最小值为 1.

第八章　立体几何

§8.1　空间几何体

例 1 【解析】由题设中的"不同"可知，答案不会是小于 2 的某个正整数. 如右图所示，在四面体 $ABCD$ 中，$AB=AC=BC=DA=DB=1$，可得 DC 的取值范围是 $(0,\sqrt{3})$. 所以当 $DC\neq1$ 时，可得在四面体 $ABCD$ 中，不同长度的棱至少是 2 条.

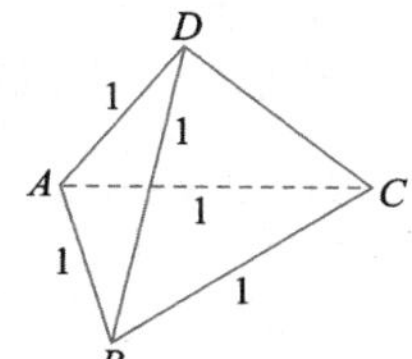

例 2 D 【解析】记题设中的正四面体为 $ABCD$，其四个顶点到平面 α 的距离相等. 显然，$A,B,C,D\notin\alpha$，也不可能同时都在平面 α 的同一侧.

(1) 当平面 α 的一侧一个点，而另一侧三个点时，不妨设点 A 在平面 α 的一侧，而 B,C,D 在平面 α 的同一侧，可得平面 $BCD/\!/\alpha$.

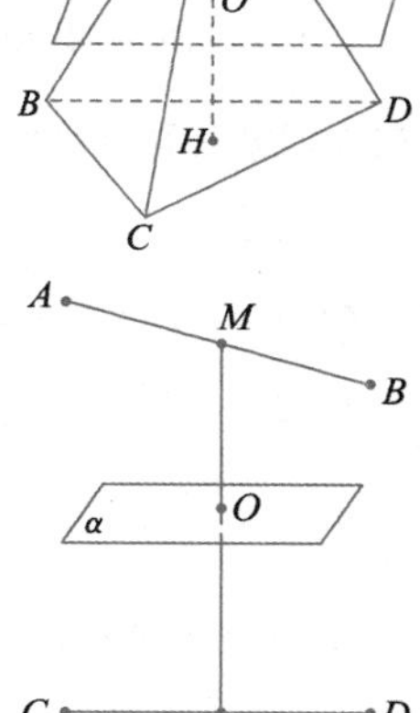

如图所示，作 $AH\perp$ 平面 BCD 于点 H，可得 A,B,C,D,H 到平面 α 的距离都相等，所以平面 α 是线段 AH 的中垂面.

同理，可得此种情形的平面 α 共有四个，即正四面体 $ABCD$ 的四条高的中垂面.

(2) 当平面 α 的两侧各有两个点时，不妨设 A,B 在平面 α 的一侧，C,D 在平面 α 的另一侧，可得 $AB/\!/\alpha$，$CD/\!/\alpha$. 如图所示，可设异面直线 AB,CD 的公垂线段是 MN，得点 A,B,M,C,D,N 到平面 α 的距离都相等，所以平面 α 是线段 MN 的中垂面.

同理，可得此种情形的平面 α 有三个，即正四面体 $ABCD$ 的三组对棱所在直线的公垂线段的中垂面.

从而满足题平面 α 的个数为 $4+3=7$(个).

本题是空间距离中的经典问题，不仅涉及排列组合知识，还涉及了均匀分组和非均匀分组等.

例 3 【解析】设有简单多面体的棱数为 6，由欧拉公式 $V+F-E=2$，得 $V+F=8$.

又 $V\geqslant4$，$F\geqslant4$，所以 $V+F\geqslant8$.

所以 $V=4$，$F=4$，即有 4 个顶点、4 个面.

由于四同体有且只有 4 个顶点，从而有且只有 4 个面.

所以符合条件的多面体只有一种类型，为四面体(三棱锥).

例 4 【解析】(1) 证明：因为此多面体有 F 个面，每个面有 3 条边，所以 F 个面总共有 $3F$ 条边，但由于各棱是两个面的交线且被计算过两次，所以实际棱数为 $E=\frac{3}{2}F$.

由欧拉公式 $V+F-E=2$，得 $V=E-F+2=\frac{3}{2}F-F+2=\frac{F}{2}+2$.

(2)设各顶点处有 m 条棱，则 $mV=2E$. 又 $E=\frac{3}{2}F,V=\frac{F}{2}+2$，

代入上式得 $E=\frac{6m}{6-m}$，故 $6-m>0$，故 $m<6$.

从而 $3\leqslant m\leqslant 5$，所以 $m=3$ 或 4 或 5，从而 $F=4$ 或 8 或 20.

由此可知，所求多面体为四面体或八面体或二十面体.

例 5　D 【解析】根据题意知，$\triangle ABC$ 是一个直角三角形，其面积为 1，其所在球的小圆的圆心在斜边 AC 的中点. 设小圆的圆心为 Q，若四面体 $ABCD$ 的体积最大，由于底面的面积 $S_{\triangle ABC}$ 不变，所以当高最大时，体积最大.

所以，DQ 与面 ABC 垂直时，体积取得最大值，最大值为 $\frac{1}{3}S_{\triangle ABC}\times DQ=\frac{4}{3}$，即

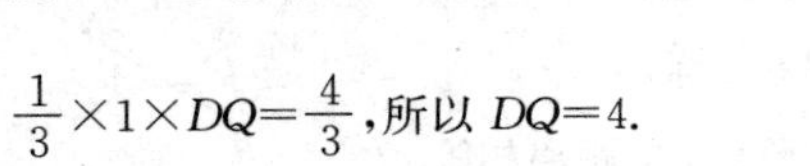

$\frac{1}{3}\times 1\times DQ=\frac{4}{3}$，所以 $DQ=4$.

如图所示，设球心为 O，半径为 R，在 $\mathrm{Rt}\triangle AQO$ 中，

$OA^2=AQ^2+OQ^2$，即 $R^2=1^2+(4-R)^2$，解得 $R=\frac{17}{8}$，

故该球的表面积为 $S=4\pi\left(\frac{17}{8}\right)^2=\frac{289}{16}\pi$. 故选 D.

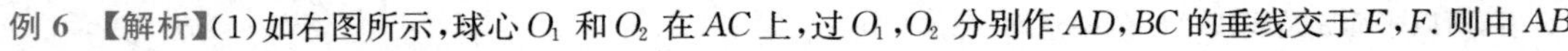

例 6 【解析】(1)如右图所示，球心 O_1 和 O_2 在 AC 上，过 O_1，O_2 分别作 AD，BC 的垂线交于 E，F. 则由 $AB=1$，$AC=\sqrt{3}$，

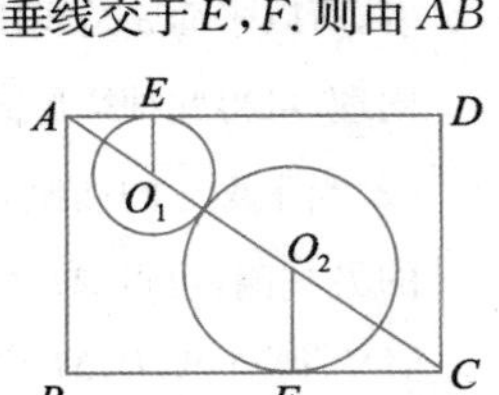

得 $AO_1=\sqrt{3}r$，$CO_2=\sqrt{3}R$，

所以 $r+R+\sqrt{3}(r+R)=\sqrt{3}$，

所以 $R+r=\frac{\sqrt{3}}{\sqrt{3}+1}=\frac{3-\sqrt{3}}{2}$.

(2)设两球的体积之和为 V，则

$$V=\frac{4}{3}\pi(R^3+r^3)=\frac{4}{3}\pi(R+r)(R^2-Rr+r^2)=\frac{4}{3}\pi\cdot\frac{3-\sqrt{3}}{2}[(R+r)^2-3Rr]$$

$$=\frac{4}{3}\pi\cdot\frac{3-\sqrt{3}}{2}\left[\left(\frac{3-\sqrt{3}}{2}\right)^2-3R\left(\frac{3-\sqrt{3}}{2}-R\right)\right]$$

$$=\frac{4}{3}\pi\cdot\frac{3-\sqrt{3}}{2}\left[3R^2-\frac{3(3-\sqrt{3})}{2}R+\left(\frac{3-\sqrt{3}}{2}\right)^2\right].$$

当 $R=\frac{3-\sqrt{3}}{4}$ 时，V 有最小值.

所以，当 $R=r=\frac{3-\sqrt{3}}{4}$ 时，体积之和有最小值.

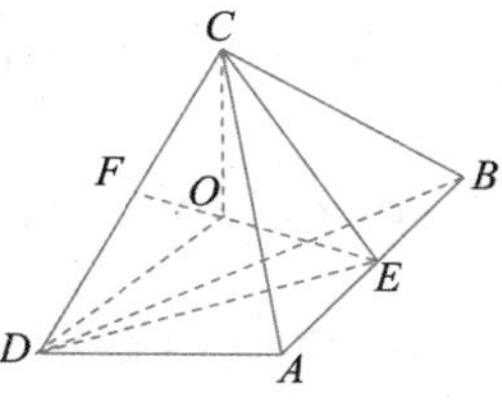

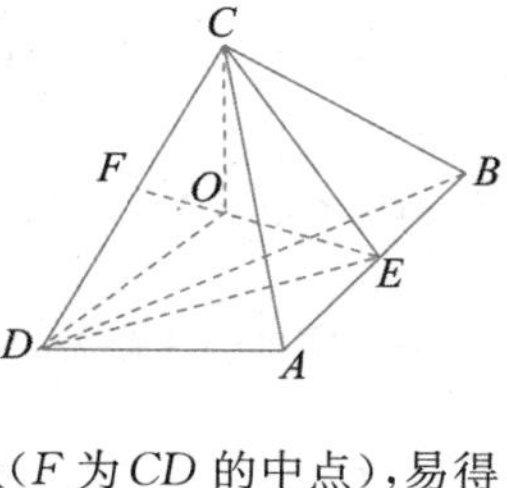

例 7 【解析】设半径为 3 的球心为 A,B,半径为 2 的球心为 C,D,如图.

易知 $AB=6,CD=4,AC=AD=BC=BD=5$.

设小球中心为 O,半径为 r,则 O 在四面体 $ABCD$ 内,且 $AO=BO=3+r,CO=DO=2+r$. 取 AB 的中点 E,连接 CE,DE,则 $CE\perp AB,DE\perp AB$,故平面 CDE 为线段 AB 的垂直平分面 α,所以 O 在平面 CDE 内. 又由 $OC=OD=2+r$ 知 O 在 CD 的垂直平分面 β 内,故 O 在等腰$\triangle CED$ 底边 CD 上的高 EF 上(F 为 CD 的中点),易得 $ED=EC=\sqrt{5^2-3^2}=4$,得$\triangle ECD$ 为等边三角形. 于是,$EF=\frac{\sqrt{3}}{2}ED=2\sqrt{3}$.

而 $OF=\sqrt{OC^2-CF^2}=\sqrt{(2+r)^2-2^2}=\sqrt{r(4+r)}$,

$OE=\sqrt{OA^2-AE^2}=\sqrt{(3+r)^2-3^2}=\sqrt{r(6+r)}$,

代入 $OE+OF=EF=2\sqrt{3}$,得 $\sqrt{r(4+r)}+\sqrt{r(6+r)}=2\sqrt{3}$,解得 $r=\frac{6}{11}$.

即所求小球的半径为$\frac{6}{11}$.

例 8 $\sqrt{21}$ 【解析】设 $AB=AC=AD=BC=BD=6,CD=9$,易知$\triangle BCD$ 的外接圆 O_1 半径为 $r_1=\frac{12}{\sqrt{7}}$,同理可得$\triangle ACD$ 的外接圆 O_2 的半径 $r_2=\frac{12}{\sqrt{7}}$.

设外接球的球心为 O,易知 $OO_2=\sqrt{\frac{3}{7}}$,

则外接球的半径为 $R=\sqrt{r_2^2+OO_2^2}=\sqrt{\frac{3}{7}+\frac{144}{7}}=\sqrt{21}$.

即所求四面体外接球的半径是 $\sqrt{21}$.

例 9 A 【解析】如图,球的体积与圆锥容器内不含水的那部分体积相同,且 $V_{球}=\frac{4}{3}\pi r^3,DO=CO=DP=r$,

所以 $OP=\sqrt{2}r$,所以 $AC=CP=r+\sqrt{2}r$.

所以 $V_{容器}=\frac{1}{3}\pi\cdot(r+\sqrt{2}r)^2\cdot(r+\sqrt{2}r)=\frac{1}{3}\pi(r+\sqrt{2}r)^3$. 设 $HP=h$,则 $EH=h$,

所以 $V_{水}=\frac{1}{3}\pi\cdot h^2\cdot h=\frac{1}{3}\pi h^3$.

因为 $V_{水}+V_{球}=V_{容器}$,所以$\frac{1}{3}\pi h^3+\frac{4}{3}\pi r^3=\frac{1}{3}\pi(r+\sqrt{2}r)^3$,

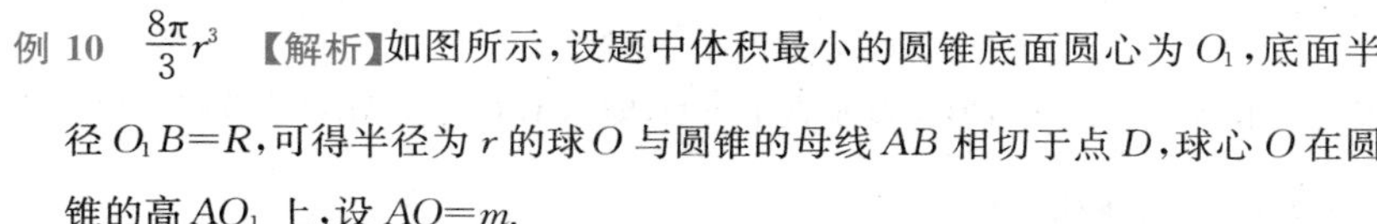

从而,解得 $V_{水}=\frac{1}{3}\pi(3+5\sqrt{2})r^3$,此时水面高度为$\sqrt[3]{3+5\sqrt{2}}\cdot r$. 从而选 A.

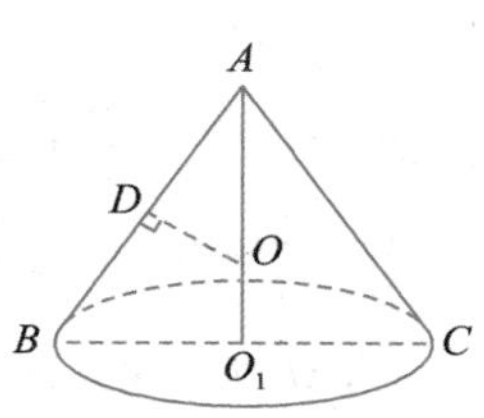

例 10 $\frac{8\pi}{3}r^3$ 【解析】如图所示,设题中体积最小的圆锥底面圆心为 O_1,底面半径 $O_1B=R$,可得半径为 r 的球 O 与圆锥的母线 AB 相切于点 D,球心 O 在圆锥的高 AO_1 上,设 $AO=m$.

由 $\mathrm{Rt}\triangle AOD \backsim \mathrm{Rt}\triangle ABO_1$，可得$\dfrac{AD}{OD}=\dfrac{AO_1}{BO_1}$.

再由 $OD=OO_1=r$，可得$\dfrac{\sqrt{m^2-r^2}}{r}=\dfrac{m+r}{R}$，$R^2=\dfrac{r^2(m+r)}{m-r}$，

所以圆锥的体积为 $V=\dfrac{\pi}{3}R^2(m+r)=\dfrac{\pi}{3}r^2\cdot\dfrac{(m+r)^2}{m-r}=\dfrac{\pi}{3}r^2\cdot\left(m-r+\dfrac{4r^2}{m-r}+4r\right)$

$\geqslant\dfrac{\pi}{3}r^2\cdot(4r+4r)=\dfrac{8\pi}{3}r^3(m>r)$（平均值不等式），

当且仅当 $m-r=\dfrac{4r^2}{m-r}$，$m=3r$ 时，V 取最小值$\dfrac{8\pi}{3}r^3$.

从而所求答案为$\dfrac{8\pi}{3}r^3$.

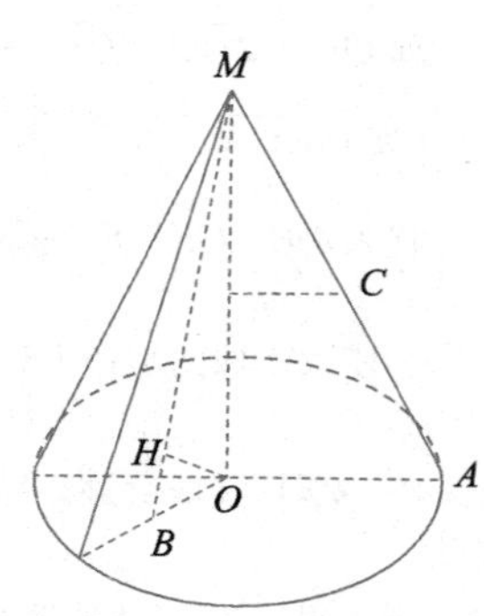

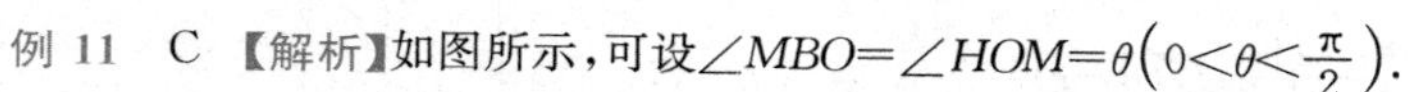

例 11　C　【解析】如图所示，可设$\angle MBO=\angle HOM=\theta\left(0<\theta<\dfrac{\pi}{2}\right)$.

在 $\mathrm{Rt}\triangle OHM$ 中，可得 $S_{\triangle OHM}=\dfrac{1}{2}|OH|\cdot|MH|$

$=\dfrac{1}{2}\cdot 2\sqrt{3}\cos\theta\cdot 2\sqrt{3}\sin\theta$

$=3\sin 2\theta\leqslant 3\left(\text{当且仅当 }\theta=\dfrac{\pi}{4}\text{ 时取等号}\right)$.

还可得 $V_{\text{四面体}OCHM}=V_{\text{三棱锥}C\text{-}OHM}$

$=\dfrac{1}{3}S_{\triangle OHM}\cdot\dfrac{|OA|}{2}\leqslant\dfrac{1}{3}\times 3\times\dfrac{2\sqrt{6}}{2}=\sqrt{6}$.

所以，当四面体的体积最大时，$\theta=\dfrac{\pi}{4}$.

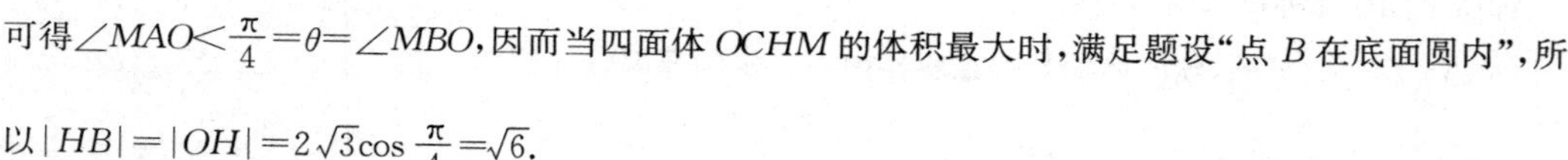

可得$\angle MAO<\dfrac{\pi}{4}=\theta=\angle MBO$，因而当四面体 $OCHM$ 的体积最大时，满足题设“点 B 在底面圆内”，所以$|HB|=|OH|=2\sqrt{3}\cos\dfrac{\pi}{4}=\sqrt{6}$.

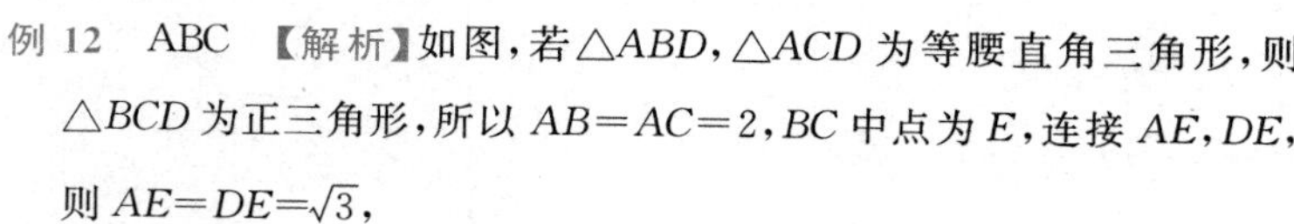

例 12　ABC　【解析】如图，若$\triangle ABD$，$\triangle ACD$ 为等腰直角三角形，则$\triangle BCD$ 为正三角形，所以 $AB=AC=2$，BC 中点为 E，连接 AE，DE，则 $AE=DE=\sqrt{3}$，

从而 $V=\dfrac{2}{3}\times\dfrac{1}{2}\times 2\sqrt{2}=\dfrac{2\sqrt{2}}{3}$.

若正三角形的边为两等腰直角三角形斜边和直角边，则 $BD=BC=CD=AB=2$，

所以 $AD=2\sqrt{2}=AC$，则 $CD=8$，矛盾.

此时 $V=\dfrac{1}{3}\times\dfrac{1}{2}(\sqrt{2})^3=\dfrac{\sqrt{2}}{3}$.

若三棱锥中底面$\triangle BCD$ 为边长为 2 的正三角形，AB 垂直于底面，即$\triangle ABC$ 与$\triangle ABD$ 为等腰直角三角形，AB 为三棱锥的高，此时可得三棱锥体积 $V=\dfrac{2\sqrt{3}}{3}$.

从而选 ABC.

§8.2 空间直线与平面

例 1 【证明】如图,因为 D_1,E,F 三点不共线,所以 D_1,E,F 三点确定一个平面 α. 由题意可知 D_1E 与 DA 共面于平面 A_1D 且不平行,分别延长 D_1E,DA 相交于 G,且 $G\in$ 直线 D_1E,又 $D_1E\subset$ 平面 α,所以 $G\in$ 平面 α.

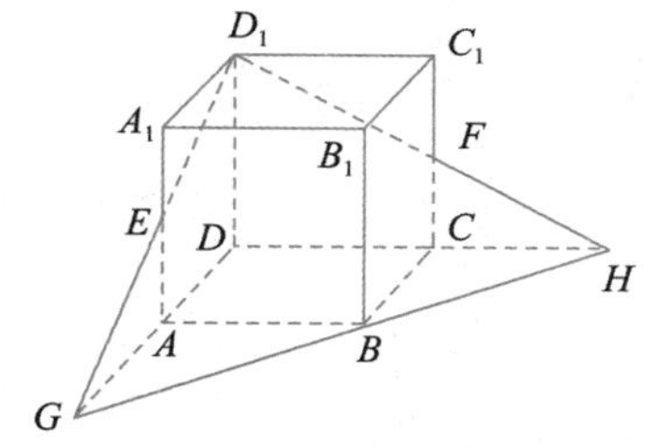

同理,设直线 D_1F 与 DC 的延长线交于点 H,则 $H\in$ 平面 α.

又因为点 G,B,H 均属于平面 AC,且由题设条件知 E 为 AA_1 的中点且 $AE/\!/DD_1$,从而 $AG=AD=AB$,所以 $\triangle AGB$ 为等腰直角三角形,所以 $\angle ABG=45°$,同理 $\angle CBH=45°$. 又因为 $\angle ABC=90°$,从而点 $B\in$ 平面 α,所以 D_1,E,F,B 四点共面.

证明若干条线(或若干个点)共面,一般来说有两种途径:一是首先由题设给出的条件中的部分线(或点)确定一个平面,然后再证明其余的线(或点)均在这个平面内;二是将所有元素分为几个部分,然后分别确定几个平面,再证明这些平面重合.

例 2 【解析】(1)证明:由题设知,$FG=GA,FH=HD$,所以 $GH \mathrel{\underline{\parallel}} \frac{1}{2}AD$.

又 $BC \mathrel{\underline{\parallel}} \frac{1}{2}AD$,故 $GH \mathrel{\underline{\parallel}} BC$.

所以四边形 $BCHG$ 是平行四边形.

(2)C,D,F,E 四点共面. 理由如下:

由 $BE \mathrel{\underline{\parallel}} \frac{1}{2}AF$, G 是 FA 的中点,从而 $BE \mathrel{\underline{\parallel}} GF$,所以 $EF/\!/BG$.

由(1)知 $BG/\!/CH$,所以 $EF/\!/CH$,故 EC,FH 共面.

又点 D 在直线 FH 上,所以 C,D,F,E 四点共面.

例 3 ①②③⑤ 【解析】设截面与 DD_1 相交于 T,则 $AT/\!/PQ$,且 $AT=2PQ\Rightarrow DT=2CQ$.

对于①,当 $0<CQ<\frac{1}{2}$ 时,$0<DT<1$,所以截面 S 为四边形,且 S 为梯形,从而①为真命题.

对于②,当 $CQ=\frac{1}{2}$ 时,$DT=1$,T 与 D_1 重合,截面 S 为四边形 $APQD_1$,所以 $AP=D_1Q$. 截面 S 为等腰梯形,所以②为真命题.

对于③,当 $CQ=\frac{3}{4}$ 时,$DT=\frac{3}{2}\Rightarrow QC_1=\frac{1}{4}$,$D_1T=\frac{1}{2}$. 利用三角形相似解得 $C_1R_1=\frac{1}{3}$(其中 R_1 为截面与 D_1C_1 的交点). 从而③为真命题.

对于④,当 $\frac{3}{4}<CQ<1$ 时,$\frac{3}{2}<DT<2$. 截面 S 与线段 A_1D_1,D_1C_1 相交,所以四边形 S 为五边形. 从而④为假命题.

对于⑤,当 $CQ=1$ 时,Q 与 C_1 重合,截面 S 与线段 A_1D_1 相交于中点 G_1,即为菱形 APC_1G_1. 对角线长

度分别为$\sqrt{2}$和$\sqrt{3}$，S 的面积为$\frac{\sqrt{6}}{2}$，从而⑤为真命题.

综上，选①②③⑤.

例 4 【解析】(1)因为$\frac{AM}{MB}=\frac{AQ}{QD}=k$，所以 $MQ/\!/BD$，且$\frac{AM}{AM+MB}=\frac{k}{k+1}$，

所以 $MQ=\frac{k}{k+1}BD$.

又$\frac{CN}{NB}=\frac{CP}{PD}=k$，所以 $PN/\!/BD$，

且$\frac{CN}{CN+NB}=\frac{k}{k+1}$，

从而 $NP=\frac{k}{k+1}BD$，所以 $MQ \underline{/\!/} NP$，MQ，NP 共面，

从而 M，N，P，Q 四点共面.

(2)因为$\frac{BM}{MA}=\frac{1}{k}$，$\frac{BN}{NC}=\frac{1}{k}$，

所以$\frac{BM}{MA}=\frac{BN}{NC}=\frac{1}{k}$，$\frac{BM}{BM+MA}=\frac{1}{k+1}$，

所以 $MN/\!/AC$. 又 $NP/\!/BD$，

所以 MN 与 NP 所成的角等于 AC 与 BD 所成的角.

因为四边形 $NMPQ$ 是正方形，所以$\angle MNP=90°$，

所以 AC 与 BD 所成的角为$90°$.

又 $AC=a$，$BD=b$，$\frac{MN}{AC}=\frac{BM}{BA}=\frac{1}{k+1}$，所以 $MN=\frac{1}{k+1}a$.

又 $MQ=\frac{1}{k+1}b$，且 $MQ=MN$，$\frac{k}{k+1}b=\frac{1}{k+1}a$，即 $k=\frac{a}{b}$.

公理 4 是证明空间两直线平行的基本出发点.

例 5 【解析】如图，(1)AM 和 CN 不是异面直线. 理由如下：

连接 MN，AC.

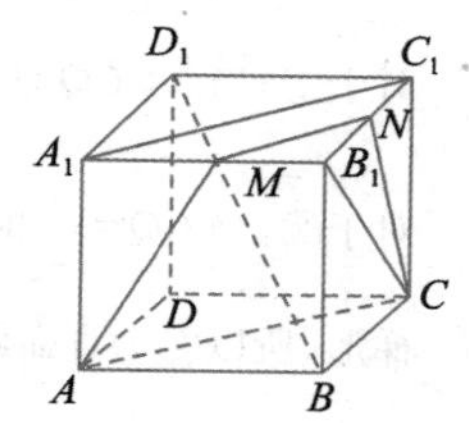

因为 M，N 分别是 A_1B_1，B_1C_1 的中点，所以 $MN/\!/A_1C_1$.

又因为 $A_1A \underline{/\!/} C_1C$，所以四边形 A_1ACC_1 为平行四边形，

所以 $A_1C_1/\!/AC$，得 $MN/\!/AC$，所以 A，M，N，C 在同一平面内，故 AM 与 CN 不是异面直线.

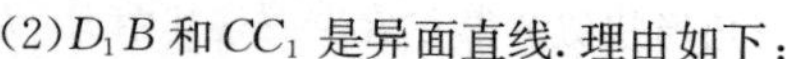

(2)D_1B 和 CC_1 是异面直线. 理由如下：

因为六面体 $ABCD\text{-}A_1B_1C_1D_1$ 是正方体，所以 B，C，C_1，D_1 不共面.

假设 D_1B 与 CC_1 不是异面直线，则存在平面 α，使得 $D_1B\subset$平面 α，$CC_1\subset$平面 α，所以 D_1，B，C，$C_1\in$平面 α，这与六面体 $ABCD\text{-}A_1B_1C_1D_1$ 是正方体矛盾.

所以假设不成立，从而 D_1B 和 CC_1 是异面直线.

判定两条直线是否异面，可依据定义来进行，还可依据定理(过平面外一点与平面内一点的直线，与平面内不经过该点的直线是异面直线)进行. 另外，反证法是证明两直线异面的有效方法.

例 6 C 【解析】如图所示，与 $A'D$ 所成的角为60°的异面直线有四对，即$D'C$，AB'，AC，$D'B'$；与 AD'所成的角为60°的异面直线有四对，即 DC'，$A'B$，BD，$A'C'$；与 $B'C$ 所成的角为60°的异面直线有四对，即 DC'，AB'，BD，$A'C'$；与 BC'所成的角为 60°的异面直线有四对，即 $D'C$，AB'，AC，$D'B'$；与 $A'B$ 所成的角为 60°的异面直线有两对，即 AC，$D'B'$；与 AB'所成的角为60°的异面直线有两对，即 BD，$A'C'$；与 $D'C$ 所成的角为60°的异面直线有两对，即 BD，$A'C'$；与 DC'所成的角为60°的异面直线有两对，即 AC，$D'B'$.

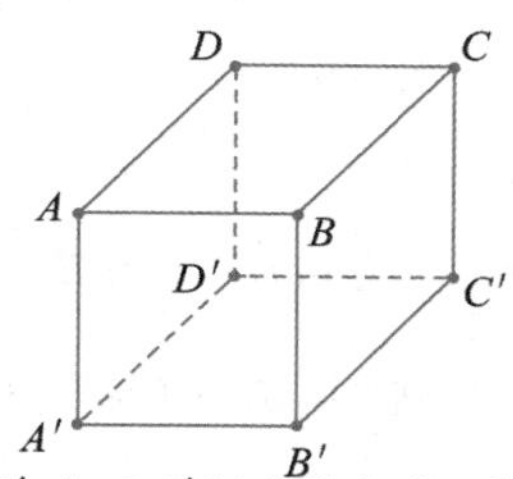

综上所述，“黄金异面直线对”共有 24 对.

例 7 【解析】**(方法一)**如图，连接 B_1D_1 与 A_1C_1 交于点 O_1，取 BB_1 的中点 M，则 $O_1M/\!/D_1B$，于是$\angle A_1O_1M$ 就是异面直线 A_1C_1 与 BD_1 所成的角(或补角). 连接 A_1M，在$\triangle A_1O_1M$ 中，有 $A_1M=\sqrt{2^2+1^2}=\sqrt{5}$，$O_1M=\frac{1}{2}BD_1=\frac{1}{2}\sqrt{2^2+1^2+2^2}=\frac{3}{2}$，$A_1O_1=\frac{1}{2}\sqrt{2^2+1^2}=\frac{\sqrt{5}}{2}$.

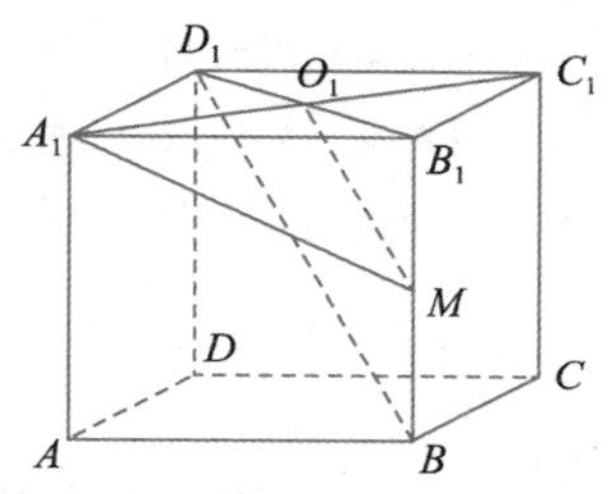

由勾股定理，得 $\cos\angle A_1O_1M=-\frac{\sqrt{5}}{5}$，

所以异面直线 A_1C_1 与 BD_1 所成角的余弦值为$\frac{\sqrt{5}}{5}$.

(方法二)如图，补一个与原长方体全等并与原长方体有公共面 BC_1 的长方体 B_1F.

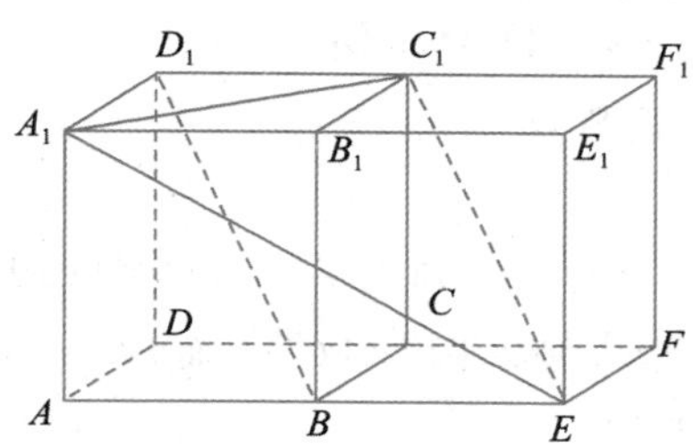

连接 A_1E，C_1E，则$\angle A_1C_1E$ 为异面直线A_1C_1 与 BD_1 所成的角(或补角).

在$\triangle A_1C_1E$ 中，$A_1C_1=\sqrt{5}$，$A_1E=2\sqrt{5}$，$C_1E=3$，从而 $\cos\angle A_1C_1E=-\frac{\sqrt{5}}{5}$.

所以异面直线 A_1C_1 与 BD_1 所成角的余弦值为$\frac{\sqrt{5}}{5}$.

本题方法一是根据定义，以“运动”的观点，用“平移转化”的方法，使之成为相交直线所成的角(或补角)；方法二采用“补形法”，将空间图形补成熟悉或完整的几何体，如正方体、长方体等，其目的在于易于发现两条异面直线的关系. 另外，运用等角定理判定两个角是相等还是互补的途径有两种：一是判定两个角的方向是否相同；二是判断这两个角是否都为锐角或都为钝角，若都为锐角或都为钝角，则这两个角相等，反之则互补.

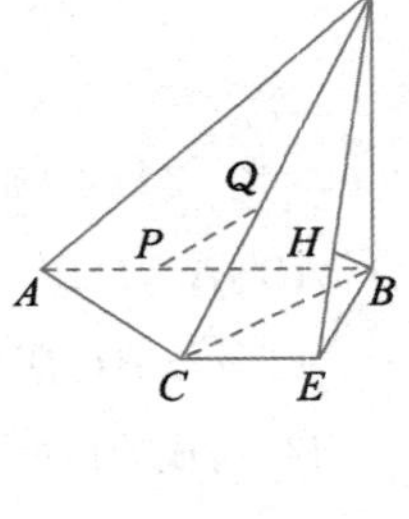

例 8 $\frac{2\sqrt{5}}{5}$ 【解析】如图所示，过点 B 作 AB 的垂线，交过点 C 且与 AB 平行的直线于点 E，则 $AB\perp DB$，$AB\perp BE$，故 $AB\perp$平面 DBE.

由 $AB//$平面 CDE 知，异面直线 AB，CD 的距离即为 AB 到平面 CDE 的距离，也即为点 B 到平面 CDE 的距离.

考虑到 $DB=2$，$BE=1$，$DE=\sqrt{5}$，从而过点 B 作 DE 的垂线，垂足为 H，从而点 B 到平面 CDE 的距离 $BH=\frac{2}{\sqrt{5}}=\frac{2\sqrt{5}}{5}$.

综上所述，P，Q 的最小值为异面直线 AB，CD 的距离，

即 $BH=\frac{2\sqrt{5}}{5}$.

本题通过构造平行平面，使两条异面直线之间的最短距离转化为点与平面的距离问题，从而得以顺利解决. 除以方法以外，我们还可以利用向量方法来解决本题，我们将在第 8.5 节《立体几何中的向量方法》给出.

§8.3 空间中的位置关系

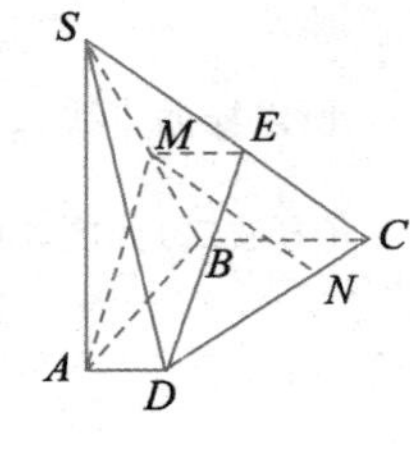

例 1 【证明】如图，取线段 SC 的中点 E，连接 ME，ED.

在△SBC 中，ME 为中位线，所以 $ME \underline{\underline{//}} \frac{1}{2}BC$.

因为 $AD \underline{\underline{//}} \frac{1}{2}BC$，所以 $ME \underline{\underline{//}} AD$，

所以四边形 $AMED$ 为平行四边形. 所以 $AM \underline{\underline{//}} DE$.

因为 $DE\subset$平面 SCD，$AM\not\subset$平面 SCD，

所以 $AM//$平面 SCD.

例 2 【证明】因为 $PE//BC$，$PE\not\subset$平面 ABC，$BC\subset$平面 ABC，所以 $PE//$平面 ABC.

因为 $A\in$平面 ABC，$A\in$平面 PEA，所以平面 $ABC\cap$平面 $PEA=l$，且 $A\in l$.

因为 $PE\subset$平面 PEA，所以 $PE//l$.

因为 $MN//$平面 ABC，同理 $MN//l$.

所以 $MN//PE$. 因为 M 是 AE 的中点，所以由平面几何知识，得 N 是 PA 的中点.

例 3 【证明】连接 BM. 因为 $AB=4$，$AM=BM=2\sqrt{2}$，所以 $BM\perp AM$.

因为平面 $ADM\perp$平面 $ABCM$，平面 $ADM\cap$平面 $ABCM=AM$，$BM\subset$平面 $ABCM$，所以 $BM\perp$平面 ADM. 又因为 $AD\subset$平面 ADM，所以 $AD\perp BM$.

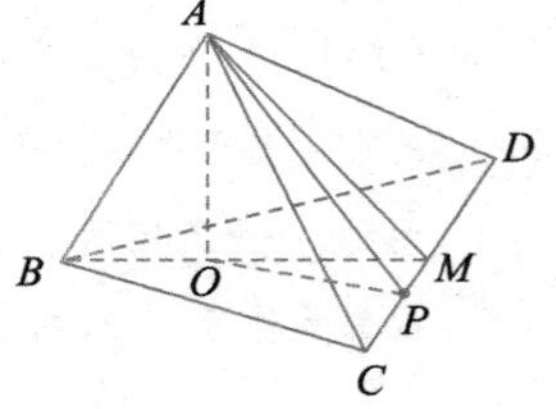

例 4 【解析】(1)证明：如图，在△BCD 中，$BC=BD$，M 是 CD 的中点，所以 $BM\perp CD$. 同理，在△ACD 中，$AM\perp CD$. 又因为 $BM\cap AM$ 于点 M，所以 $CD\perp$平面 ABM.

(2)由(1)知，$CD\perp$平面 ABM，又 $CD\subset$平面 BCD，所以平面 $BCD\perp$平面 ABM. 过点 A 作 $AO\perp BM$ 于点 O，则 $AO\perp$平面 BCD，所以∠APO 就是直

线 AP 与平面 BCD 所成的角.

在 $\triangle AMP$ 中，$AM\perp MP$，所以 $AP\geqslant AM$，

所以 $\sin\theta=\sin\angle APO=\dfrac{AO}{AP}\leqslant\dfrac{AO}{AM}=\sin\angle AMO$.

在 $\triangle AMB$ 中，$AB=2$，$AM=BM=2\sqrt{2}$，所以 $\cos\angle AMO=\dfrac{8+8-4}{2\times 8}=\dfrac{3}{4}$，

所以 $\sin\angle AMO=\dfrac{\sqrt{7}}{4}$，即 $\sin\theta$ 的最大值是 $\dfrac{\sqrt{7}}{4}$.

例 5　B　【解析】如图，动线段 MN 形成面 $ABCD$，则有 D_1P 与 MN 所成角 θ 的最小值 $\theta_{\min}$，即 D_1P 与平面 $ABCD$ 的线面角为 $\theta_{\min}=\dfrac{\pi}{3}$，即 D_1P 与 D_1D 的定角为 $\alpha=\dfrac{\pi}{6}$，即 P 在以 D_1D 为轴的圆锥面上，母线与圆锥轴所成角为 $\alpha=\dfrac{\pi}{6}$. 又 P 在面 A_1C_1D 上，相当于用平面 A_1C_1D 去截圆锥形成的曲线.

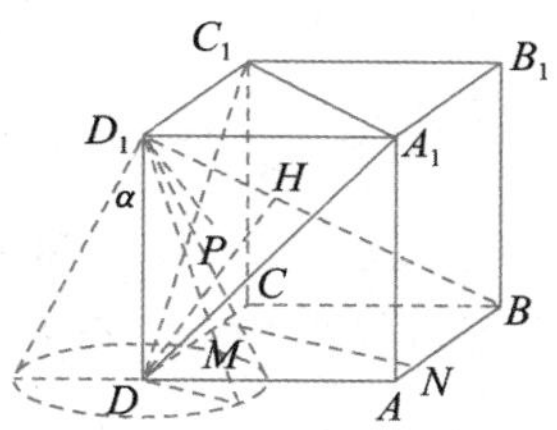

又 D_1D 与面 A_1C_1D 的线面角为 β，连接 BD_1 交平面 A_1C_1D 于点 H，

$\sin\beta=\sin\angle D_1DH=\dfrac{1}{\sqrt{3}}>\sin\alpha$.

因为 $\beta>\alpha$，所以圆锥的截口线为椭圆的一段，从而选 B.

例 6　B　【解析】如图，直线 PQ 在平面 PCD 内运动，则 PQ 与 AC 所成的角大于 AC 与平面 PCD 所成的线面角.

由条件得 $CD\perp$ 平面 ABC，作 $AH\perp PC$，即有 $AH\perp$ 平面 PCD，即 $\angle PAC$ 为 AC 与平面 PCD 所成的线面角，即只需满足 $\angle PAC<30^\circ$.

在 $\triangle ABC$ 中，$AP=AB\cdot\tan\angle PAC=\sqrt{2}\tan\angle PAC\in\left(0,\dfrac{\sqrt{6}}{3}\right)$. 故选 B.

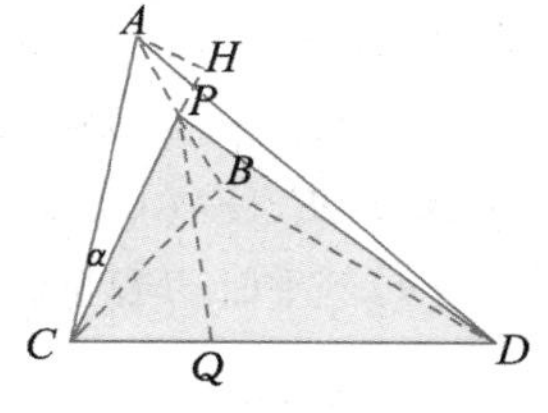

例 7　$\dfrac{5\sqrt{3}}{9}$　【解析】直线 AP 在平面 MAC 内运动，则 AP 与平面 ABC 所成线面角小于或等于二面角 M-AC-B.

在墙角 MBC 内作 $BM\perp BC$，则有 $BM\perp$ 平面 ABC. 过 B 作 $BH\perp AC$ 于 H，由三垂线定理，二面角 M-AC-B 的平面角为 $\angle MHB$.

根据题意，得 $BC=20$，$MB=BC\cdot\tan\angle BCM=20\cdot\dfrac{\sqrt{3}}{3}$，$BH=\dfrac{AB\cdot BC}{AC}=12$，

所以 $\tan\theta$ 的最大值为 $\tan\angle MHB=\dfrac{MB}{BH}=\dfrac{5\sqrt{3}}{9}$.

> 当在题目中遇到线面角的最大值、异面直线所成角的最小值、动点与角等问题时，即可考虑最小角定理.

例 8　【解析】如图，(1)因为 $CD=2$，$DE=BE=1$，$\angle CDE=\angle BED=90^\circ$，所以 $BC=\sqrt{2}$.

因为 $AB=2$，$AC=\sqrt{2}$，所以 $AC\perp BC$.

因为平面 $ABC\perp$ 平面 $BCDE$，平面 $ABC\cap$ 平面 $BCDE=BC$，$AC\subset$ 平面 ABC，且 $AC\perp BC$，所以 $AC\perp$ 平面 $BCDE$.

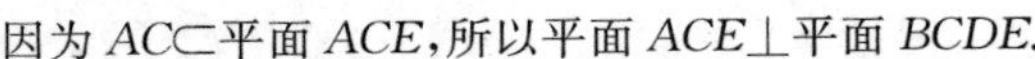

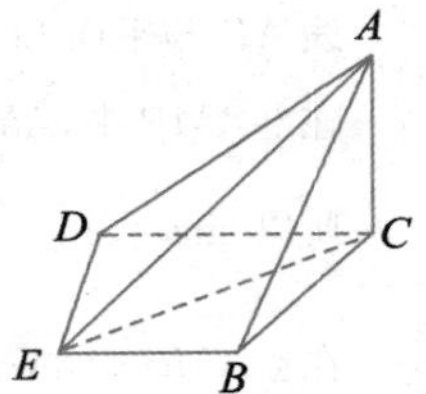

因为 $AC\subset$ 平面 ACE，所以平面 $ACE\perp$ 平面 $BCDE$.

(2)因为 $V_{D\text{-}AEB}=V_{A\text{-}DEB}$，且 $AC\perp$ 平面 $BCDE$.

设 D 到平面 AEB 的距离为 d，则 $S_{\triangle AEB}\cdot d=S_{\triangle DEB}\cdot\sqrt{2}$.

在 $\triangle AEB$ 中，$AE=\sqrt{EC^2+AC^2}=\sqrt{7}$，$AB=2$，$BE=1$，

$\cos\angle ABE=\dfrac{2^2+1^2-\sqrt{7}^2}{2\times2\times1}=-\dfrac{1}{2}$，所以 $\angle ABE=120^\circ$，

则 $S_{\triangle AEB}=\dfrac{1}{2}\times1\times2\times\dfrac{\sqrt{3}}{2}=\dfrac{\sqrt{3}}{2}$，$S_{\triangle DEB}=\dfrac{1}{2}\times1\times1=\dfrac{1}{2}$，所以 $\dfrac{\sqrt{3}}{2}\cdot d=\dfrac{1}{2}\cdot\sqrt{2}$，

所以 $d=\dfrac{\sqrt{6}}{3}$，所以点 D 到面 AEB 的距离为 $\dfrac{\sqrt{6}}{3}$.

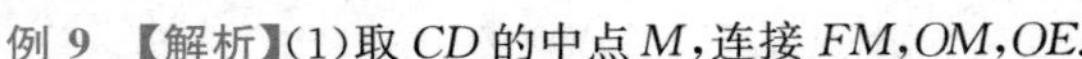

例 9 【解析】(1)取 CD 的中点 M，连接 FM，OM，OE.

因为 $EF/\!/$ 平面 $ABCD$，$EF\subset$ 平面 $BCFE$，平面 $ABCD\cap$ 平面 $EFCB=BC$，

所以 $EF/\!/BC$. 因为 $EF=\dfrac{1}{2}BC$，且 O，M 分别为 BD，CD 的中点，

所以 $OM/\!/BC$，$OM=\dfrac{1}{2}BC$，所以 $OM \mathrel{\underline{\underline{/\!/}}} EF$，从而四边形 $OMFE$ 为平行四边形，

所以 $OE/\!/FM$. 因为 $OE\perp$ 平面 $ABCD$，所以 $FM\perp$ 平面 $ABCD$.

因为 $FM\subset$ 平面 CFD，所以平面 $ABCD\perp$ 平面 CFD.

(2)过点 O 作 $ON\perp CD$ 于点 N. 因为平面 $ABCD\perp$ 平面 CFD，平面 $ABCD\cap$ 平面 $CFD=CD$，$ON\subset$ 平面 $ABCD$，所以 $ON\perp CFD$.

因为 $OE/\!/FM$，$OE\not\subset$ 平面 CFD，$FM\subset$ 平面 CFD，所以 $OE/\!/$ 平面 CFD，所以 E 到平面 CFD 的距离等于 O 到平面 CFD 的距离.

在 $\triangle CON$ 中，$ON=\dfrac{1}{2}a\sin60^\circ=\dfrac{\sqrt{3}}{4}a$，在 $\triangle OAE$ 中，$OE=\dfrac{\sqrt{3}}{2}a$，

所以 $V_{C\text{-}AEFD}=V_{E\text{-}ACD}+V_{E\text{-}CDF}=\dfrac{1}{8}a^3+\dfrac{1}{16}a^3=\dfrac{3}{16}a^3$.

(3)如图所示，建立空间直角坐标系，则

$A\left(0,-\dfrac{1}{2}a,0\right)$，$B\left(\dfrac{\sqrt{3}}{2}a,0,0\right)$，$C\left(0,\dfrac{1}{2}a,0\right)$，$E\left(0,0,\dfrac{\sqrt{3}}{2}a\right)$，所以 $\overrightarrow{CE}=\left(0,-\dfrac{1}{2}a,\dfrac{\sqrt{3}}{2}a\right)$，$\overrightarrow{BC}=\left(-\dfrac{\sqrt{3}}{2}a,\dfrac{1}{2}a,0\right)$，

平面 ACE 的一个法向量为 $\overrightarrow{OB}=\left(\dfrac{\sqrt{3}}{2}a,0,0\right)$.

设平面 BCE 的一个法向量为 $\boldsymbol{n}=(x,y,z)$，则 $\begin{cases}\boldsymbol{n}\cdot\overrightarrow{CE}=0,\\ \boldsymbol{n}\cdot\overrightarrow{BC}=0,\end{cases}$

令 $y=2$，得 $\boldsymbol{n}=\left(\dfrac{2}{\sqrt{3}},2,\dfrac{2}{\sqrt{3}}\right)$，

所以 $\cos\langle\boldsymbol{n},\overrightarrow{OB}\rangle=\dfrac{1}{\dfrac{\sqrt{3}}{2}\times\sqrt{\dfrac{4}{3}+\dfrac{4}{3}+4}}=\dfrac{\sqrt{5}}{5}$，

所以二面角 $A\text{-}CE\text{-}B$ 的余弦值为 $\dfrac{\sqrt{5}}{5}$.

§8.4 空间中的角度(一)

例 1 【解析】如图所示,连接 AC,BD 交于点 O,取 DD_1 中点 M,连接 OM,所以 $\angle MOA$ 为 D_1B 与 AC 所成角. 连接 AM,$DM=\frac{1}{2}DD_1=\frac{1}{2}$,$AD=BC=1$,得

$AM=\sqrt{1^2+\left(\frac{1}{2}\right)^2}=\frac{\sqrt{5}}{2}$

又因为 $OM=\frac{1}{2}BD_1$,$BD_1=\sqrt{1^2+1^2+(\sqrt{3})^2}=\sqrt{5}$,所以 $OM=\frac{\sqrt{5}}{2}$.

$OA=\frac{1}{2}\sqrt{(\sqrt{3})^2+1^2}=1$,所以 $\cos\angle MOA=\frac{OM^2+OA^2-AM^2}{2OM\times OA}=\frac{\left(\frac{\sqrt{5}}{2}\right)^2+1^2-\left(\frac{\sqrt{5}}{2}\right)^2}{2\times\frac{\sqrt{5}}{2}\times1}=\frac{\sqrt{5}}{5}$.

例 2 D 【解析】设 BC 的中点为 D,连接 A_1D,AD,易知 $\theta=\angle A_1AB$ 即为异面直线 AB 与 CC_1 所成的角. 由三线角公式,易知 $\cos\theta=\cos\angle A_1AD\cdot\cos\angle DAB=\frac{AD}{AA_1}\cdot\frac{AD}{AB}=\frac{3}{4}$. 故选 D.

例 3 【解析】过 E 作 AP 的平行线 EF 交 AD 于点 F. 由 $PA\perp$ 底面 $ABCD$ 可知,直线 AE 在平面 $ABCD$ 内的射影为 AF,直线 AE 与平面 $ABCD$ 所成的角为 $\angle DAE$,其大小为 $60°$,射影 AF 与直线 CD 所成的角为 $\angle CDA$,其大小为 $45°$,所以直线与直线所成的角 θ 满足 $\cos\theta=\cos60°\cos45°=\frac{\sqrt{2}}{4}$,异面直线 AE 与 CD 所成角的大小为 $\arccos\frac{\sqrt{2}}{4}$.

例 4 $\arccos\frac{\sqrt{6}}{6}$ 【解析】对平面 ABC 而言,A_1B 是斜线,AB 是其在平面 ABC 内的射影,设 A_1B 与 AC 所成的角为 θ,则由三线角定理,得 $\cos\theta=\cos\angle A_1BA\cdot\cos\angle CAB=\frac{\sqrt{2}}{\sqrt{6}}\cdot\frac{\sqrt{2}}{2}=\frac{\sqrt{6}}{6}$,故异面直线 A_1B 与 AC 所成角的大小为 $\arccos\frac{\sqrt{6}}{6}$.

> 在三线角的余弦公式中,平面内的直线不一定经过斜线与平面的交点,这一点值得注意. 正是基于这个原因,我们才能利用该公式两条异面直线所成角的大小. 具体的操作步骤是:首先,将两条异面直线 a,b 中的一条 a 看作是某个平面 α 的斜线,而直线 b 为该平面的一条直线,然后再寻找直线 a 在平面 α 内的射影,最后只要求出异面直线 a,b 分别与直线 a 在平面 α 内的射影所成角的余弦值,再利用三线角余弦公式即可求异面直线所成的角,有时速度显得快速,它不仅回避了传统方法平移不易的困惑,而且也避开了传统方法利用余弦定理及向量运算的繁琐性.

例 5 C 【解析】如图所示,作 $AO\perp\alpha$ 于点 O,连接 CO. 过点 A 作 $AE\parallel BD$ 交平面 α 于点 E,连接 CE. 设 $BD=x$,$CE=\sqrt{x^2+4}$,又 $OC=\sqrt{3}$,所以由三线角余弦公式,得

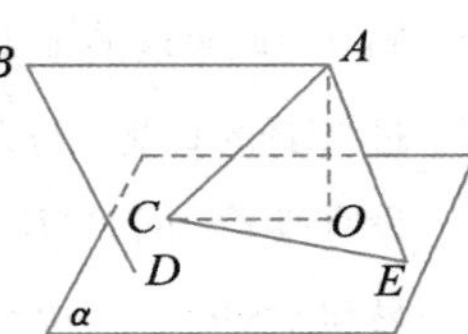

$\cos\angle ACE=\cos30°\cdot\cos\angle OCE\leqslant\cos30°$,即 $\frac{2}{\sqrt{x^2+4}}\leqslant\frac{\sqrt{3}}{2}$,

解得 $x\geqslant\frac{2\sqrt{3}}{3}$,选 C.

例 6 $\{3,4,5\}$ 【解析】如图，过顶点 S 作 $SH\perp$ 底面 $A_1A_2\cdots A_n$ 于点 H，连接 A_1H,A_2H，则由三线角余弦公式，知 $\cos\angle SA_1A=\cos\angle SA_1H\cdot\cos\angle HA_1A_2$，

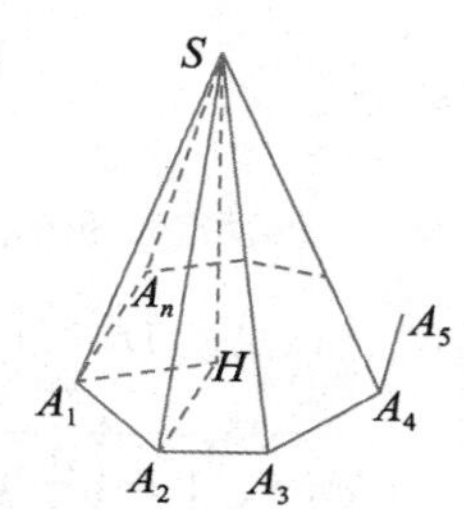

即 $\cos 60°=\cos\angle SA_1H\cdot\cos\left[\frac{1}{2}(180°-\frac{360°}{n})\right]$，

也即 $\frac{1}{2}=\cos\angle SA_1H\cdot\sin\frac{180°}{n}<\sin\frac{180°}{n}$.

又 $n\in\mathbf{N}^+$，且 $n\geqslant 3$，故知满足不等式的 n 只能为 3，4，5，所以 n 的取值集合为 $\{3,4,5\}$.

在立体几何中，求几何量的取值范围问题是常见的题型，解决此类问题的关键在于构造出一个关于欲求几何量的不等式，而这正是解决此类问题的难点，不过从例 5、例 6 两道题目可以看出，利用三线角余弦公式并结合三角函数的有界性为立体几何问题中构建不等式提供了一个很好的途径.

例 7 3 【解析】如图所示，由三线角余弦公式，易知 AC 与 BF 所成角 θ 满足 $\cos\theta=\cos\angle CAB\cdot\cos\angle FBE=\frac{\sqrt{2}}{2}\times\frac{\sqrt{2}}{2}=\frac{1}{2}$，所以 $\theta=60°$. 现过球心 O 作 $OP/\!/AC,OQ/\!/BF$，则 OP 与 OQ 所成的角为60°，从而知原题可等价转化为：过点 O 作直线 m，使得直线 m 与直线 OP,OQ 所成的角均为60°，这样的直线 m 有多少条？

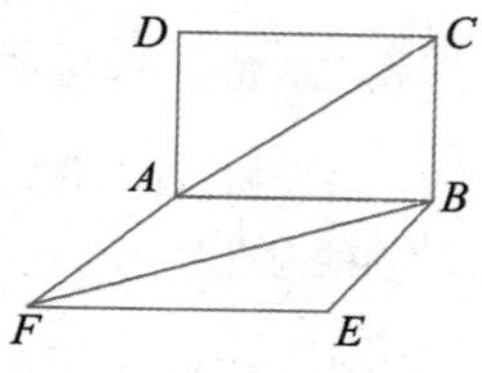

如右图所示，$\angle POQ=60°$，过直线 m 取一点 G 作 $GH\perp$ 平面 POQ 于点 H，则 H 落在 $\angle POQ$ 的角平分线上，由三线角余弦公式，知 $\cos 60°=\cos\angle GOH\cdot\cos 30°$，即 $\cos\angle GOH=\frac{\cos 60°}{\cos 30°}<1$，故知此时的直线 m 存在，且由对称性知应为两条；

又当直线 m 上的一点 G 在平面 POQ 的射影 H 落在 $\angle POQ$ 的邻补角的平分线上时，则由三线角余弦公式 $\cos 60°=\cos 60°\cdot\cos\angle GOH$，即 $\angle GOH=0°$，此时直线只存在 1 条.
故符合条件的直线共有 3 条.

例 8 4 【解析】如图，过点 P 分别作 $PA\perp\alpha$ 于点 A，$PB\perp\beta$ 于点 B.
设 $\alpha\cap\beta=l$，$l\cap$ 面 $PBA=O$，连接 OA,OB，故 $l\perp OA,l\perp OB$，
故知 $\angle AOB$ 为平面 α-l-β 的平面角，

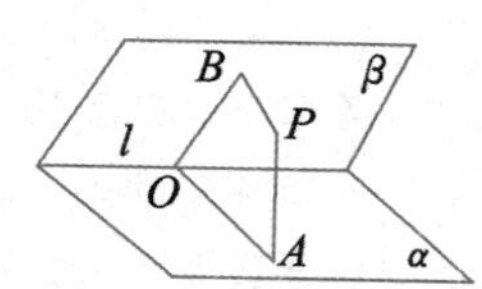

从而有 $\angle AOB=80°$，$\angle APB=100°$.
由于过点 P 的直线 l' 与平面 α,β 所成的角均为30°，
则 l' 与两平面的垂线 PA,PB 所成的角必均为60°. 这样本题就可化归为：
过点 P 的直线 l' 与 PA,PB 所成角均为60°，这样的直线共有多少条？
设直线 l' 与同 PAB 所成的角为 θ，则由三线角公式，
易知 $\cos 60°=\cos\theta\cdot\cos 40°$ 或 $\cos 60°=\cos\theta\cdot\cos 50°$，

即 $\cos\theta=\frac{\cos 60°}{\cos 50°}<1$ 或 $\cos\theta=\frac{\cos 60°}{\cos 40°}<1$，

即此时两式中的角 θ 均存在，再由对称性，知符合条件的直线共有 4 条.

例7、例8两例虽然明确告诉我们所判断的直线与已知几何元素的角度关系，但是若要直接画去确定直线存在的条数，显然是比较抽象的，难以奏效. 而利用三线角余弦公式，可将直线存在性问题转化为线面角存在性问题来进行处理，使得抽象问题具体化，易于理解.

例9 【解析】(1)由已知可得 $BF\perp PF$，$BF\perp EF$. 又 $PF\cap EF=F$，所以 $BF\perp$ 平面 PEF. 又 $BF\subset$ 平面 $ABFD$，所以平面 $PEF\perp$ 平面 $ABFD$.

(2)(**方法一**)**官方标准答案——坐标法**

作 $PH\perp EF$，垂足为 H，由(1)得 $PH\perp$ 平面 $ABFD$.

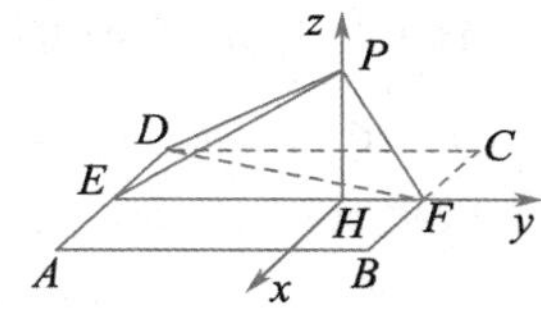

以 H 为坐标原点，$\overrightarrow{HF}$ 的方向为 y 轴正方向，$|\overrightarrow{BF}|$ 为单位长，建立如图所示的空间直角坐标系 $H\text{-}xyz$.

由(1)可得 $DE\perp PE$，又 $DP=2$，$DE=1$，

所以 $PE=\sqrt{3}$. 又因为 $PF=1$，$EF=2$，

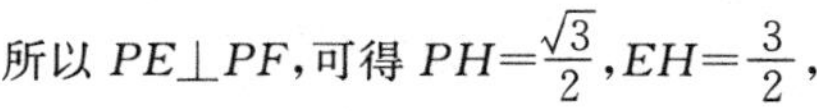

所以 $PE\perp PF$，可得 $PH=\frac{\sqrt{3}}{2}$，$EH=\frac{3}{2}$，

则 $H(0,0,0)$，$P\left(0,0,\frac{\sqrt{3}}{2}\right)$，$D\left(-1,-\frac{3}{2},0\right)$，

且 $\overrightarrow{DP}=\left(1,\frac{3}{2},\frac{\sqrt{3}}{2}\right)$，$\overrightarrow{HP}=\left(0,0,\frac{\sqrt{3}}{2}\right)$ 为平面 $ABFD$ 的法向量.

设 DP 与平面 $ABFD$ 所成的角为 θ，

则 $\sin\theta=\frac{\overrightarrow{HP}\cdot\overrightarrow{DP}}{|\overrightarrow{HP}||\overrightarrow{DP}|}=\frac{\frac{3}{4}}{\sqrt{3}}=\frac{\sqrt{3}}{4}$，

所以 DP 与平面 $ABFD$ 所成角的正弦值为 $\frac{\sqrt{3}}{4}$.

方法一采用了坐标法求解直线和平面所成的角，其基本步骤是：选择恰当的直角坐标系，把对应的直线所表示的空间向量用坐标表示，同时求解相关平面的法向量，结合空间向量的数量积的坐标运算公式，利用直线所对应的向量与平面法向量的余弦值的绝对值来确定直线与平面所成角的正弦值，即注意由 $\cos\theta=\frac{\boldsymbol{n}\cdot\overrightarrow{AB}}{|\boldsymbol{n}||\overrightarrow{AB}|}$ 得到的角 θ 是法向量 $\boldsymbol{n}$ 与斜线 AB 的夹角，不是斜线与平面所成的角. 斜线 AB 与平面所成的角为 $90°-\theta$，即 $\sin\theta=\frac{\boldsymbol{n}\cdot\overrightarrow{AB}}{|\boldsymbol{n}||\overrightarrow{AB}|}$.

(**方法二**)**等积法**

设正方形 $ABCD$ 的边长为2，由(1)可得 $DE\perp PE$. 又 $DP=2$，$DE=1$，

所以 $PE=\sqrt{3}$. 因为 $PF=1$，$EF=2$，故 $PE\perp PF$.

设点 P 到平面 $ABCD$ 的距离为 h，由 $V_{P\text{-}EFD}=V_{D\text{-}PEF}$，得

$\frac{1}{3}\times\frac{1}{2}\times2\times1\times h=\frac{1}{3}\times\frac{1}{2}\times\sqrt{3}\times1\times1$，解得 $h=\frac{\sqrt{3}}{2}$.

所以 DP 与平面 $ABFD$ 所成角的正弦值为 $\frac{h}{DP}=\frac{\frac{\sqrt{3}}{2}}{2}=\frac{\sqrt{3}}{4}$.

方法二通过空间几何的等体积策略求解点到平面的距离，结合点到平面的距离以及对应斜线段的长度即可确定直线与平面所成的角. 等积法求解直线和平面所成角是在斜线长度确定的条件下，只要确定斜线在平面外的点到平面的垂线段的长度，利用等积法来求解点到平面的距离即可达到求解直线和平面所成角的目的.

(方法三)几何法

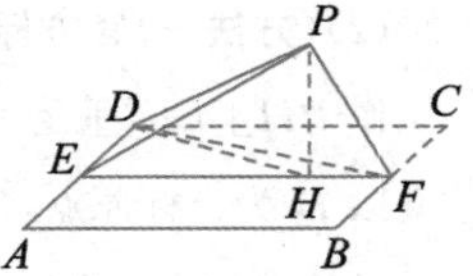

如右图所示，作 $PH\perp EF$，垂足为 H，联结 DH，由平面 $PEF\perp$ 平面 $ABFD$ 可得 $PH\perp$ 平面 $ABFD$. 根据定义，可知 $\angle PDH$ 为 DP 与平面 $ABFD$ 所成的角.

设正方形 $ABCD$ 的边长为 2，由(1)知 $DE\perp PE$.

又 $DP=2$，$DE=1$，所以 $PE=\sqrt{3}$.

又因为 $PF=1$，$EF=2$，所以 $PE\perp PF$.

在 Rt$\triangle PEF$ 中，$PH=\dfrac{PE\cdot PF}{EF}=\dfrac{\sqrt{3}}{2}$，

在 Rt$\triangle PDH$ 中，$PD=2$，$PH=\dfrac{\sqrt{3}}{2}$，可得 $\sin\angle PDH=\dfrac{\frac{\sqrt{3}}{2}}{2}=\dfrac{\sqrt{3}}{4}$.

所以 DP 与平面 $ABFD$ 所成角的正弦值为$\dfrac{\sqrt{3}}{4}$.

方法三根据直线和平面所成角的定义，过斜线上非斜足的一点作平面的垂线，得到对应的垂足，连接斜足和垂足的直线就是相关斜线在平面上对应的射影. 解决问题的关键是确定垂足，同时结合直线、平面垂直的判定与性质、直线和平面所成角的定义来分析.

平面图形的折叠可以充分展示"动态"形象，利用动与静的结合，平面与空间的交汇来设置问题，能够更深层次地考查学生的思维能力. 在解决折叠问题时，要剖析原来图形中的度量关系，随折起的角度不同所出现的线、面、体的位置等变化，并根据平面图形中的度量关系和折起的角度正确地定位作图，进行严格地定性分析，再仔细地定性证明或定量计算.

§8.5 空间中的角度(二)

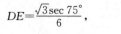

例 1 $\dfrac{3\sqrt{3}-2}{8}$ 【解析】由题意知原题为：三棱锥 D-ABC 是以 D 为顶点，$\triangle ABC$ 为底的正三棱锥，侧面与底面成75°，底面边长为 1，求相邻两侧面所成二面角的余弦值的问题.

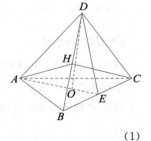

如图所示，设顶点 D 在底面$\triangle ABC$ 的射影为 O(即正三角形的中心)，E 为 BC 的中点，则 $OE\perp BC$，$DE\perp BC$，$\angle DEO=75°$，$OE=\dfrac{1}{3}AE=\dfrac{\sqrt{3}}{6}$，

$$DE=\frac{\sqrt{3}\sec 75°}{6}, \tag{1}$$

$$DB=\sqrt{BE^2+DE^2}=\sqrt{\frac{1}{4}+\frac{\sec^2 75°}{12}}. \tag{2}$$

在侧面 ABD 内作 $AH\perp BD$，垂足为 H（$\triangle ABD$ 为锐角三角形）. 由对称性，易得$CH\perp BD$，则$\angle AHC$为二面角 A-BD-C 的平面角.

在等腰三角形$\triangle AHC$中，由余弦定理，得 $\cos\angle AHC=1-\dfrac{AC^2}{2AH^2}=1-\dfrac{1}{2CH^2}$. (3)

在$\triangle DBC$中，$CH\cdot DB=BC\cdot DE$，从而可得

$$\frac{1}{2CH^2}=\frac{DB^2}{2BC^2\cdot DE^2}=\frac{DB^2}{2DE^2}. \quad (4)$$

将(1)(2)代入(4)得，$\dfrac{1}{2CH^2}=\dfrac{1}{2}+\dfrac{3}{\sec^2 75°}$，代入(3)，得

$$\cos\angle AHC=\frac{1}{2}-\frac{3}{2\sec^2 75°}=\frac{1}{2}-\frac{3}{2(1+\tan^2 75°)}=\frac{3\sqrt{3}-2}{8}.$$

例 2 【解析】(1)因为 $PA\perp$平面 $ABCD$，$BD\subset$平面 $ABCD$，所以 $BD\perp PA$.

又 $\tan\angle ABD=\dfrac{AD}{AB}=\dfrac{\sqrt{3}}{3}$，$\tan\angle BAC=\sqrt{3}$，所以$\angle ABD=30°$，$\angle BAC=60°$，

所以$\angle AEB=90°$，即 $BD\perp AC$.

又 $PA\cap AC=A$，所以 $BD\perp$平面 PAC.

(2)过点 E 作 $EF\perp PC$，垂足为 F，连接 DF.

因为 $DE\perp$平面 PAC，EF 是 DF 在平面 PAC 上的射影，由三垂线定理，知 $PC\perp DF$，所以$\angle EFD$ 是二面角 A-PC-D 的平面角.

又$\angle DAC=90°-\angle BAC=30°$，所以 $DE=AD\sin\angle DAC=1$，$AE=AB\sin\angle ABE=\sqrt{3}$. 又 $AC=4\sqrt{3}$，所以 $EC=3\sqrt{3}$，$PC=8$.

由 Rt$\triangle EFC\backsim$Rt$\triangle PAC$，得 $EF=\dfrac{PA\cdot EC}{PC}=\dfrac{3\sqrt{3}}{2}$.

在 Rt$\triangle EFD$ 中，$\tan\angle EFD=\dfrac{DE}{EF}=\dfrac{2\sqrt{3}}{9}$，所以$\angle EFD=\arctan\dfrac{2\sqrt{3}}{9}$.

所以二面角 A-PC-D 的大小为 $\arctan\dfrac{2\sqrt{3}}{9}$.

> 由二面角的一个面上的斜线(或它的射影)与二面角的棱垂直，可推出它位于二面角的另一个面上的射影(或斜线)也与二面角的棱垂直，从而确定二面角的平面角.

例 3 【解析】(1)在正六边形 $ABCDEF$ 中，$\triangle ABF$ 为等腰三角形.

因为 P 在平面ABC 内的射影为O，所以 $PO\perp$平面 ABE，所以 AO 为 PA 在平面 ABF 内的射影. 又 O 为 BF 的中点，$\triangle ABF$ 为等腰三角形，所以 $AO\perp BF$. 由三垂线定理，有 $PA\perp BF$.

(2)因为 O 为 BF 的中点，$ABCDEF$ 是正六边形，所以 A,O,D 三点共线，且 $AD\perp BF$. 因为 $PO\perp$平面 ABF，$BF\subset$平面 ABF，由三垂线定理，知 $AD\perp PB$.

过点 O 在平面 PBE 内作 $OH\perp PB$ 于 H，连接 AH，DH，则 $PB\perp$平面 AHD，

所以$\angle AHD$ 为所求二面角的平面角.

又因为正六边形 $ABCDEF$ 的边长为 1，

所以 $AO=\frac{1}{2}, DO=\frac{3}{2}, BO=\frac{\sqrt{3}}{2}$.

在$\triangle AHO$中，$OH=\frac{\sqrt{21}}{7}, \tan\angle AHO=\frac{AO}{OH}=\frac{\frac{1}{2}}{\frac{\sqrt{21}}{7}}=\frac{7}{2\sqrt{21}}$.

在$\triangle DHO$中，$\tan\angle DHO=\frac{DO}{OH}=\frac{\frac{3}{2}}{\frac{\sqrt{21}}{7}}=\frac{\sqrt{21}}{2}$.

从而，$\tan\angle AHD=\tan(\angle AHO+\angle DHO)=\frac{\frac{7}{2\sqrt{21}}+\frac{\sqrt{21}}{2}}{1-\frac{7}{2\sqrt{21}}\times\frac{\sqrt{21}}{2}}=-\frac{16\sqrt{21}}{9}$.

所以所求二面角为 $\pi-\arctan\frac{16\sqrt{21}}{9}$.

例 4 【解析】(1)如图所示，连接 BD. 由底面 $ABCD$ 是菱形且$\angle BCD=60^\circ$，知$\triangle BCD$是等边三角形. 因为 E 为 CD 的中点，所以 $BE\perp CD$. 又 $AB/\!/CD$，所以 $BE\perp AB$.

又因为 $PA\perp$平面 $ABCD$，$BE\subset$平面 $ABCD$，所以 $PA\perp BE$.

而 $PA\cap AB=A$，因此 $BE\perp$平面 PAB.

又 $BE\subset$平面 PBE，所以平面 $PBE\perp$平面 PAB.

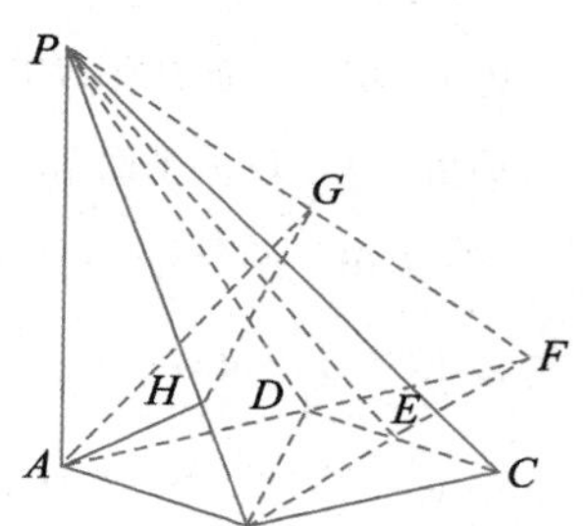

(2)延长 AD，BE 相交于点 F，连接 PF.

过点 A 作 $AH\perp PB$ 于 H，由(1)知

平面 $PBE\perp$平面 PAB，所以 $AH\perp$平面 PBE.

在 $\mathrm{Rt}\triangle ABF$ 中，因为$\angle BAF=60^\circ$，

所以 $AF=2AB=2=AP$.

在等腰 $\mathrm{Rt}\triangle PAF$ 中，取 PF 的中点 G，连接 AG，

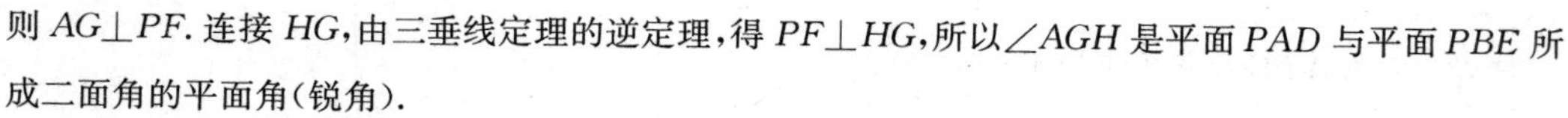
则 $AG\perp PF$. 连接 HG，由三垂线定理的逆定理，得 $PF\perp HG$，所以$\angle AGH$是平面 PAD 与平面 PBE 所成二面角的平面角(锐角).

在等腰 $\mathrm{Rt}\triangle PAF$ 中，$AG=\frac{\sqrt{2}}{2}PA=\sqrt{2}$.

在 $\mathrm{Rt}\triangle PAB$ 中，$AH=\frac{AP\cdot AB}{PB}=\frac{AP\cdot AB}{\sqrt{AP^2+AB^2}}=\frac{2}{\sqrt{5}}=\frac{2\sqrt{5}}{5}$.

所以，在 $\mathrm{Rt}\triangle AHG$ 中，$\sin\angle AGH=\frac{AH}{AG}=\frac{\frac{2\sqrt{5}}{5}}{\sqrt{2}}=\frac{\sqrt{10}}{5}$.

所以平面 PAD 和平面 PBE 所成二面角(锐角)的大小是 $\arcsin\frac{\sqrt{10}}{5}$.

例 5 【解析】(1)作 $PO\perp$平面 $ABCD$，垂足为点 O，连接 OB，OA，OD，OB 与 AD 交于 E，连接 PE. 因为 $AD\perp PB$，所以 $AD\perp OB$. 因为 $PA=PD$，所以 $OA=OD$，所以 OB 平分 AD，点 E 为 AD 的中点，所以

$PE \perp AD$. 由此可知$\angle PEB$为面PAD与面$ABCD$所成二面角的平面角，所以$\angle PEB=120°$，$\angle PEO=60°$，故易知点P到平面$ABCD$的距离为$PO=\frac{3}{2}$.

(2)由于$PB \perp AD$，$AD /\!/ BC$，所以$BC \perp PB$，设θ为所求二面角的大小，点C到平面PAB的距离等于d，则$\sin\theta=\frac{d}{|BC|}$.

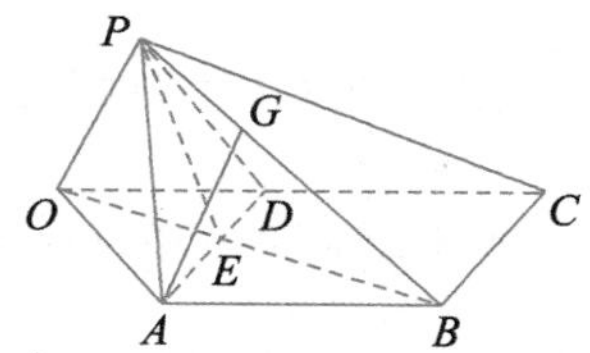

由(1)知$\angle PEB=120°$，又$EP=EB=\sqrt{3}$，由余弦定理，得$PB=3$.

又$PA=AB=2$，可得$S_{\triangle PAB}=\frac{3\sqrt{7}}{4}$.

在菱形$ABCD$中，$S_{\triangle ABC}=S_{\triangle ABD}=\frac{\sqrt{3}}{4}\cdot 2^2=\sqrt{3}$.

由$V_{C\text{-}PAB}=V_{P\text{-}ABC}$，得$S_{\triangle PAB}\cdot d=S_{\triangle ABC}\cdot |PO|$，所以$d=\frac{S_{\triangle ABC}}{S_{\triangle PAB}}\cdot |PO|=\frac{2\sqrt{21}}{7}$，

所以$\sin\theta=\frac{d}{|BC|}=\frac{\sqrt{21}}{7}$. 又$\theta$为钝角，所以$\theta=\pi-\arcsin\frac{\sqrt{21}}{7}$为所求.

> 本题将求二面角的问题转化为距离问题进行求解，是由于题目中给出的的图形不规则，造成无论采用构造二面角的平面角的方法，还是建立空间直角坐标系利用向量来解决，都不会太轻松. 而本题中采用的等体积法充分显示了其优越性. 等体积法是计算点到距离的常用方法，在此可以起到牵线搭桥的作用.

例 6 【证明】令二面角$P\text{-}AC\text{-}B$的平面角的大小为θ，令$|PA|=|PC|=2a$，则$|PB|=3a$，

易得$V_{P\text{-}ABC}=\frac{\sqrt{2}}{12}|PA||AB||PC|$.

而又由上述公式，得四面体$P\text{-}ABC$的体积为$V_{P\text{-}ABC}=\frac{2S_{\triangle PAC}\cdot S_{\triangle ABC}\sin\theta}{3|AC|}$，

即$\frac{2S_{\triangle PAC}\cdot S_{\triangle ABC}\sin\theta}{3|AC|}=\frac{\sqrt{2}}{12}|PA||AB||PC|$，化简，得$\sin\theta=\frac{\sqrt{2}|PA||PB||PC|}{3S_{\triangle PAC}S_{\triangle ABC}}$.

由$|PA|=|PC|=2a$，$\angle CPA=60°$，可以得到$|AC|=2a$，则$S_{\triangle APC}=\sqrt{3}a^2$.

在$\triangle PBC$中，$|PB|=\sqrt{3}a$，$|PC|=2a$，$\angle CPB=60°$，由余弦定理，得$|BC|=\sqrt{7}a$，

同理，$|AB|=\sqrt{7}a$，所以$S_{\triangle ABC}=\sqrt{6}a^2$. 将以上数据代入$\sin\theta=\frac{\sqrt{2}|PA||PB||PC|}{3S_{\triangle PAC}S_{\triangle ABC}}$，得$\sin\theta=1$. 故二面角$P\text{-}AC\text{-}B$为直二面角，即平面$PAC \perp$平面$ABC$. 原命题得证.

> 要想得到平面$PAC \perp$平面ABC，即二面角$P\text{-}AC\text{-}B$是直角，因为P，B分别在平面PAC和平面ABC上，且题中给出了$|PA|$，$|PB|$，$|PC|$以及角度关系，可以求出两个三角形的面积关系，以及四面体$P\text{-}ABC$的体积. 从而本题可利用上述命题关系求出二面角的大小.

例 7 【解析】(1)因为PC在平面BCD内的射影为OC，且$OC \perp BC$，由三垂线定理，可知$BC \perp PC$. 又因为$PB=AB=6$，$BC=2\sqrt{3}$，所以$PC=2\sqrt{6}$. 而$PD=2\sqrt{3}$，$DC=6$，所以$PD^2+PC^2=36=DC^2$，所以$PD \perp PC$.

(2)$\triangle PBD$ 在平面 BCD 内射影 $\triangle OBD$，且 $S_{\triangle PBD}=\frac{1}{2}\times 6\times 2\sqrt{3}=6\sqrt{3}$，

$S_{\triangle OBD}=S_{\triangle CBD}-S_{\triangle BOC}=6\sqrt{3}-\frac{1}{2}\times 2\sqrt{3}\times OC.$

设 $OC=x$，则 $OD=6-x$，因为 $BD^2-DO^2=BC^2-CO^2$，

所以 $24-x^2=12-(6-x)^2$，$x=4$，所以 $S_{\triangle BOD}=6\sqrt{3}-4\sqrt{3}=2\sqrt{3}$.

设二面角 P-DB-C 的大小 θ，则 $\cos\theta=\frac{2\sqrt{3}}{6\sqrt{3}}=\frac{1}{3}$.

所求二面角的大小为 $\arccos\frac{1}{3}$.

例 8 【解析】(1)因为 $AB=1$，$BC=2$，$\angle ABC=60°$，根据余弦定理，得 $AC=\sqrt{3}$，所以 $BC^2=AB^2+AC^2$，所以 $CA\perp AB$. 又平面 $PAB\perp$ 平面 $ABCD$，$CA\subset$ 平面 $ABCD$，平面 $PAB\cap$ 平面 $ABCD=AB$，所以 $CA\perp$ 平面 PAB. 又 $PB\subset$ 平面 PAB，所以 $AC\perp PB$.

(2)设二面角 B-PC-D 的平面角为 θ，易求 $PC=2$，$PD=\sqrt{6}$，所以

$\cos\angle BCP=\frac{2^2+2^2-1^2}{2\times 2\times 2}=\frac{7}{8}$，$\cos\angle DCP=\frac{2^2+1^2-(\sqrt{6})^2}{2\times 2\times 1}=-\frac{1}{4}$，

$\sin\angle BCP=\frac{\sqrt{15}}{8}$，$\sin\angle DCP=\frac{\sqrt{15}}{4}$，

则 $\cos\theta=\frac{\cos\angle BCD-\cos\angle BCP\cdot\cos\angle DCP}{\sin\angle BCP\cdot\sin\angle DCP}=\frac{-\frac{1}{2}-\frac{7}{8}\cdot\left(-\frac{1}{4}\right)}{\frac{\sqrt{15}}{8}\cdot\frac{\sqrt{15}}{4}}=-\frac{3}{5}$.

由于二面角 B-PC-D 为钝角，从而二面角 B-PC-D 平面角的余弦值为 $-\frac{3}{5}$.

本例的第(2)利用“空间余弦定理”，利用线线角求得二面角. 通过这种做法，可以发现在没有任何长度的情况下，仍然能够解出二面角的大小，所以这种方法是一种比较特殊的方法. 用空间余弦定理计算二面角的大小，适用于二面角不易作出的情形，关键是要找出二面角的棱所形成三面角 α,β,γ，相关的三角函数值 $\cos\alpha,\cos\beta,\cos\gamma,\sin\alpha,\sin\beta$ 可由余弦定理、特殊角的三角函数、直角三角形中的锐角三角函数等知识求出. 当 α,β 均为钝角时，在二面角反向向上可形成三面角 $\pi-\alpha,\pi-\beta,\gamma$，仍可用三面角公式计算. 避开三面角的几何限制而求二面角时，三面角的范围有所扩大，其中 $\alpha,\beta\in(0,\pi)$，$\gamma\in(0,\pi]$.

§8.6 空间中的距离

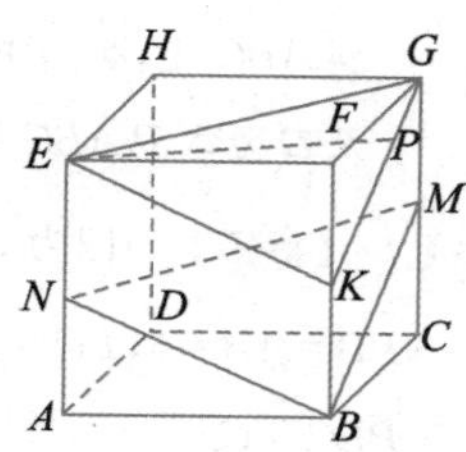

例 1 【解析】如图所示，设棱 BF 的中点为 K，则平面 KGE // 平面 BMN，因而动点 P 在侧面 $BFGC$ 上，且满足 EP // 平面 $BMN\Leftrightarrow$ 动点 P 在线段 KG 上.

如下图所示，在 $\triangle KGE$ 中，可得 $KG=KE=\frac{\sqrt{5}}{2}$，$EG=\sqrt{2}$，

所以由余弦定理的推论，可求得 $\cos\angle EKG=\frac{1}{5}$.

再由$\angle EKG$是锐角，所以$\sin\angle EKG=\frac{2\sqrt{6}}{5}$.

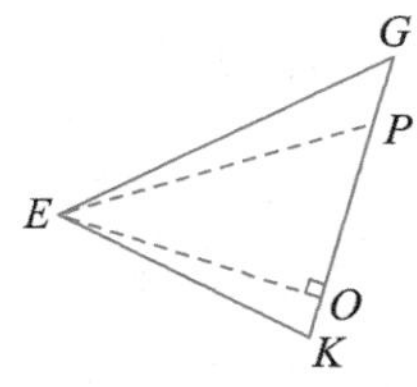

作$EO\perp KG$于点O，可得$EP_{\min}=EO=\frac{\sqrt{30}}{5}$，

$EP_{\max}=\max\{EK,EG\}=\max\left\{\frac{\sqrt{5}}{2},\sqrt{2}\right\}=\sqrt{2}$.

因而，线段EP长度的取值范围是$\left[\frac{\sqrt{30}}{5},\sqrt{2}\right]$.

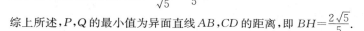

例 2 $\frac{2\sqrt{5}}{5}$ 【解析】**(方法一)构造平行平面**：如右图所示，过点B作AB的垂线，交过点C且与AB平行的直线于点E，则$AB\perp DB$，$AB\perp BE$，故$AB\perp$平面DBE.

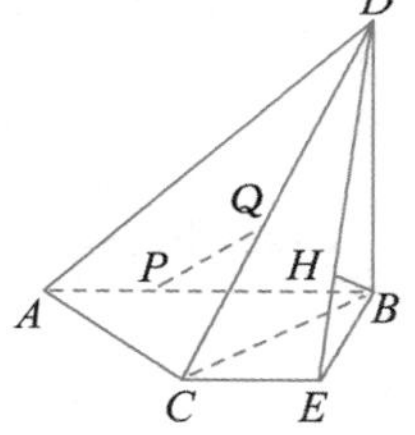

由$AB/\!/$平面CDE知，异面直线AB，CD的距离即为AB到平面CDE的距离，也即为点B到平面CDE的距离.

考虑到$DB=2$，$BE=1$，$DE=\sqrt{5}$，从而过点B作DE的垂线，垂足为H，从而点B到平面CDE的距离为$BH=\frac{2}{\sqrt{5}}=\frac{2\sqrt{5}}{5}$.

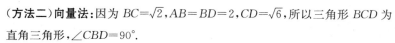

综上所述，P，Q的最小值为异面直线AB，CD的距离，即$BH=\frac{2\sqrt{5}}{5}$.

(方法二)向量法：因为$BC=\sqrt{2}$，$AB=BD=2$，$CD=\sqrt{6}$，所以三角形BCD为直角三角形，$\angle CBD=90°$.

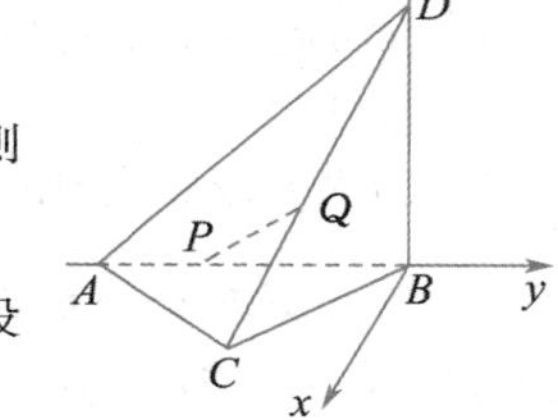

又因为$\angle ABD=90°$，所以$BD\perp$平面ABC. 如图所示，建立空间直角坐标系，则有$A(0,-2,0)$，$B(0,0,0)$，$C(1,-1,0)$，$D(0,0,2)$.

要使线段PQ最小，则直线PQ与异同直线AB，CD均垂直时，PQ最小. 设PQ的方向向量为$\boldsymbol{n}=(x,y,z)$，

则有$\begin{cases}\boldsymbol{n}\cdot\overrightarrow{AB}=(x,y,z)\cdot(0,2,0)=0,\\ \boldsymbol{n}\cdot\overrightarrow{CD}=(x,y,z)\cdot(-1,1,2)=0.\end{cases}$

不妨取$a=2$，则$b=0$，$c=1$，$\boldsymbol{n}=(2,0,1)$，

所以$|PQ|_{\min}=\frac{1}{\sqrt{5}}\overrightarrow{AD}\cdot\boldsymbol{n}=\frac{1}{\sqrt{5}}(0,2,2)\cdot(2,0,1)=\frac{2\sqrt{5}}{5}$.

(方法三)利用空间中两点的距离公式：易得$AB=BD=2$，$AC=BC=\sqrt{2}$. 由勾股定理，可得$BD\perp BC$. 又$BD\perp AB$，所以$BD\perp$平面ABC.

建立如图所示的直角坐标系，则$B(0,0,0)$，$A(0,-2,0)$，$C(1,-1,0)$，$D(0,0,2)$，故可设$P(0,t,0)$，$Q(1-s,-1+s,2s)$，$0\leqslant t\leqslant 2$，$0\leqslant s\leqslant 1$，

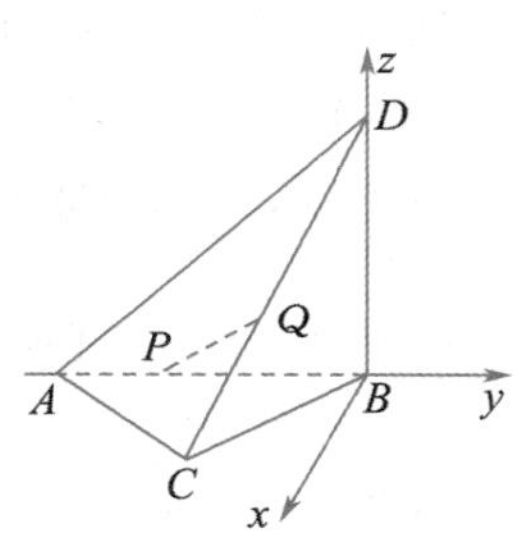

可得$|PQ|=\sqrt{(s-1)^2+4s^2+(1-s-t)^2}$

$=\sqrt{5\left(s-\frac{1}{5}\right)^2+(s+t-1)^2+\frac{4}{5}}$

$\geqslant\frac{2\sqrt{5}}{5}$.

当且仅当 $s=\frac{1}{5}, t=\frac{4}{5}$ 时等号成立.

本题通过三种方法解决，方法一通过构造平行平面，使两条异面直线之间的最短距离转化为点与平面的距离；方法二为向量法，较为机械，建立合适的空间直角坐标系，利用两条异面直线的公垂线段长即为异面直线间两点的最短距离；方法三通过建立适当的空间直角坐标系，利用空间中两点的距离公式及适当变换可得结果. 空间中两点间的距离公式如下：

空间中两点 $P_1(x_1, y_1, z_1)$ 与 $P(x_2, y_2, z_2)$ 的距离为

$$|P_1P_2|=\sqrt{(x_1-x_2)^2+(y_1-y_2)^2+(z_1-z_2)^2}.$$

例 3　C　【解析】当 $h\to+\infty$ 时，正三棱锥 $P\text{-}ABC$ 中每条侧棱趋于与平面 ABC 垂直，所以异面直线 AB 与 CP 的距离趋近于等边三角形 ABC 的边 AB 上的高 $\frac{\sqrt{3}}{2}$. 从而选 C.

例 4　$\frac{2\sqrt{6}}{3}+2$　【解析】如图，设这四个球的球心分别为 O_1, O_2, O_3, O_4，将它们两两连接，恰好组成一个正三棱锥，且棱长均为 2. 作 $O_1H\perp$ 平面 $O_2O_3O_4$，垂足为 H，则 O_1H 为棱锥的高. 连接 O_4H，则 $O_4H=\frac{2\sqrt{3}}{3}$.

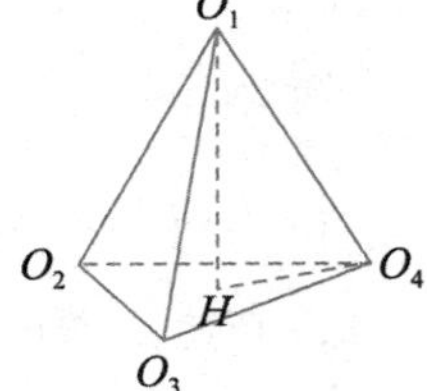

因为 $O_1H\perp$ 平面 $O_2O_3O_4$，所以 $O_1H\perp HO_4$，

即 $\angle O_1HO_4=90^\circ$，所以 $O_1H=\frac{2\sqrt{6}}{3}$.

则最上层小球最高点距离桌面的距离是 $\frac{2\sqrt{6}}{3}+2$.

例 5　【解析】**(方法一)等体积法:** 因为 $ABCD\text{-}A_1B_1C_1D_1$ 为长方体，故 $AB/\!/C_1D_1$，$AB=C_1D_1$，所以四边形 ABC_1D_1 为平行四边形，故 $BC_1/\!/AD_1$. 显然 B 不在平面 D_1AC 上，于是直线 $BC_1/\!/$平面 D_1AC.

直线 BC_1 到平面 D_1AC 的距离即为点 B 到平面 D_1AC 的距离，设为 h.

考虑三棱锥 $B\text{-}D_1AC$ 的体积，以平面 ABC 为底面，可得 $V=\frac{1}{3}\times\left(\frac{1}{2}\times1\times2\right)\times1=\frac{1}{3}$，而 $\triangle AD_1C$ 中，$AC=D_1C=\sqrt{5}$，$AD_1=\sqrt{2}$，故 $S_{\triangle AD_1C}=\frac{3}{2}$，所以 $V=\frac{1}{3}\times\frac{3}{2}\times h=\frac{1}{3}$，可得 $h=\frac{2}{3}$，即直线 BC_1 到平面 D_1AC 的距离为 $\frac{2}{3}$.

(方法二)坐标法: 由题意可得直线 BC_1 到平面 D_1AC 的距离即为点 C_1 到平面 D_1AC 的距离 h. 以点 D_1 为坐标原点，分别以射线 D_1A_1, D_1C_1, D_1D 为 x 轴、y 轴、z 轴的正半轴，建立空间直角坐标系 $D\text{-}xyz$，如图可得 $A(1,0,1)$，$C(0,2,1)$，$C_1(0,2,0)$，向量 $\overrightarrow{D_1A}=(1,0,1)$，$\overrightarrow{D_1C}=(0,2,1)$，$\overrightarrow{D_1C_1}=(0,2,0)$.

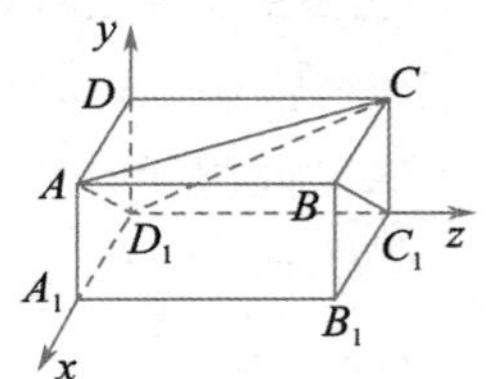

设 $\boldsymbol{n}=(x,y,z)$ 为平面 D_1AC 的法向量，则 $\begin{cases}\boldsymbol{n}\cdot\overrightarrow{D_1A}=0,\\ \boldsymbol{n}\cdot\overrightarrow{D_1C}=0,\end{cases}$ 即 $\begin{cases}x+z=0,\\ 2y+z=0.\end{cases}$ 令 $y=1$，得 $\boldsymbol{n}=(2,1,-2)$ 为平面 D_1AC 的一个法向量，于是点 C_1 到平面 D_1AC 的距离 $h=\frac{|\boldsymbol{n}\cdot\overrightarrow{D_1C_1}|}{|\boldsymbol{n}|}=\frac{2}{3}$，

即直线 BC_1 到平面 D_1AC 的距离为$\frac{2}{3}$.

本题的两种解法都首先将直线 BC_1 到平面 D_1AC 的距离转化为点 B 或点 C_1 到平面 DA_1C 的距离，这一步属于距离的转换.转换为点面距时，其中“面”显而易见，“点”应该选在直线 BC_1 上也容易理解，而选取直线 BC_1 上的哪些点，是解决本题的难点.

求解距离问题的一般步骤：(1)找出或作出有关距离的图形.(2)证明它们就是所求的距离.(3)利用平面几何和解三角形的知识在平面内计算求解.

例 6 【解析】如图所示，分别在 A_1B 与 CB_1 各取一点 E,F.过 E,F 分别作 AB，BC 的垂线，垂足分别为 G,H.不妨设 $EG>FH$，则可再过 F 作线段 EG 的垂线，垂足为 M.设 $GB=x,BH=z$.由正方体的棱长为 a，则 $EG=x,FH=a-z$，$GH^2=x^2+z^2$，

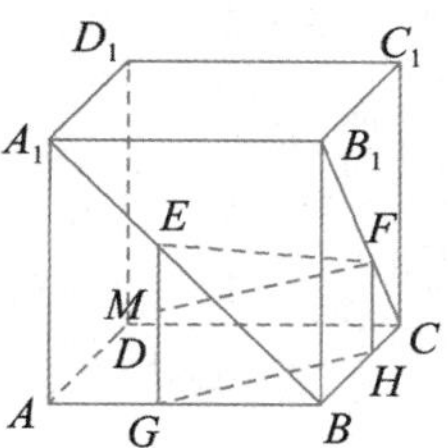

所以 $EF^2=(EG-FH)^2+GH^2=(x+z-a)^2+x^2+z^2$

$=2x^2+2z^2+a^2+2xz-2xa-2za$

$=2x^2+2x(z-a)+2z^2+a^2-2za$

$=2\left(x+\frac{z-a}{2}\right)^2+\frac{3z^2-2az+a^2}{2}$

$=2\left(x+\frac{z-a}{2}\right)^2+\frac{3}{2}\left(z-\frac{a}{3}\right)^2+\frac{a^2}{3}$

$\geqslant\frac{a^2}{3}$，

当且仅当 $z=\frac{a}{3}$，$x=\frac{a}{3}$时，EF 取得最小值$\frac{\sqrt{3}}{3}a$，所以异面直线 A_1B 与 CB_1 的距离为$\frac{\sqrt{3}}{3}a$.在 A_1B 上取点 E，使得 $BE=\frac{1}{3}A_1B$，在 CB_1 上取点 F，使 $B_1F=\frac{1}{3}CB_1$，连接 E,F，则 EF 即为异面直线 A_1B 与 CB_1 的公垂线段.

例 7 【解析】如图，设 DE,BC 的中点为 N,M，连接 EM，则 $EM/\!/BD$，从而 $BD/\!/$平面 AEM.

在平面 ABD 内，作 $AP\perp BD$，在平面 $BDEC$ 内，作 $QP\perp BD$ 交 ME 于 Q，连接 AQ.则在$\triangle APQ$ 中，AQ 边上的高就是所求的异面直线的距离.

根据已知条件，$\triangle AMN$ 是等边三角形，且 $BC/\!/DE$，$DE\perp$平面 AMN.

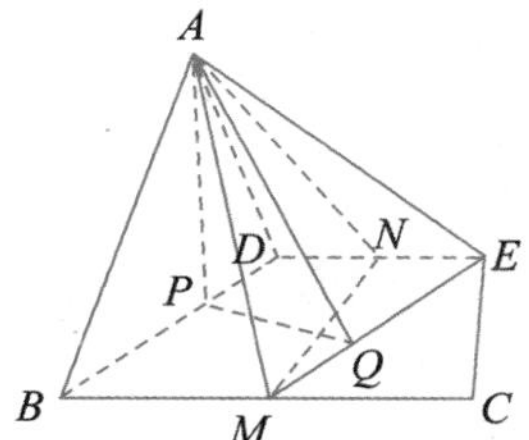

设正三角形 ABC 的边长为 $2a$，则 $AN=AM=MN=\frac{\sqrt{3}}{2}a$.

在$\triangle ABD$ 中，$DB=AD=a$，$AB=\sqrt{AM^2+BM^2}=\frac{\sqrt{7}}{2}a$，

$AP\cdot BD=AB\cdot\sqrt{BD^2-\left(\frac{1}{2}AB\right)^2}=AB\cdot\frac{3}{4}a$，$AP=\frac{3\sqrt{7}}{8}a$.

在$\triangle AME$ 中，用同样的方法计算可得 $AQ=\frac{\sqrt{39}}{8}a$.

在$\triangle APQ$ 中，可求得 $PQ=\frac{\sqrt{3}}{2}a$(BD，EM 之间的距离)，

$\cos\angle APQ=\sqrt{\frac{3}{7}}$，$\sin\angle APQ=\sqrt{\frac{4}{7}}$.

设 AQ 边上的高为 x，则 $|AQ|\cdot x=|AP|\cdot|PQ|\sin\angle APQ$，

所以 $x=\frac{3a}{\sqrt{13}}=\frac{3}{\sqrt{13}}\cdot 5\sqrt{13}=15$.

> 需要指出的是，不是在任何情况下，此法都简便易行，正如本题，如果采用体积关系来求解，会更加方便. 设三棱锥 $D\text{-}AME$ 的高为 x（即为所求），则 $x\cdot S_{\triangle AME}=|DE|\cdot S_{\triangle AMN}$，请读者不妨一试.

例 8 【解析】如图，在底面内作过点 A 作 BD 的平行线与圆 O 交于点 E，则 BD∥平面 AEC.

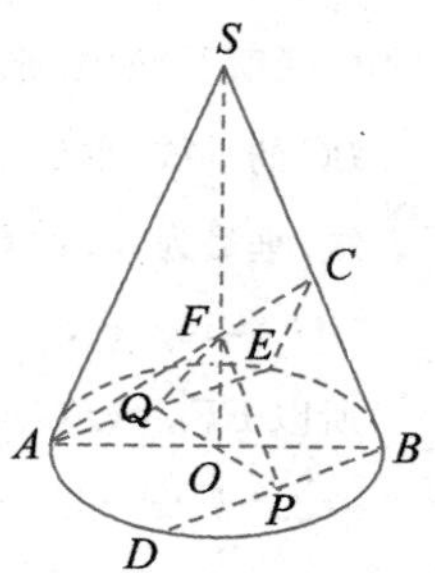

在圆 O 内作 $OP\perp BD$，PO 交 AE 于点 Q，连接 FP，FQ. 由三垂线定理，得 $FP\perp BD$，于是 $BD\perp$ 平面 PFQ.

在△PFQ 中，FQ 边上的高就是所要求的距离，设为 x，则

$|FQ|\cdot x=|FO|\cdot|PQ|$，$|PQ|=2|PO|=R$，$|FO|=\frac{1}{3}|SO|=\frac{\sqrt{3}}{3}R$，

$|FQ|=\sqrt{|FO|^2+|OQ|^2}=\frac{\sqrt{7}}{2\sqrt{3}}R$，所以 $x=\frac{2\sqrt{7}}{7}R$.

例 9 【解析】如图，沿母线 PA_0 将圆锥侧面展开为扇形 $A_0PA'_0$，如图所示，

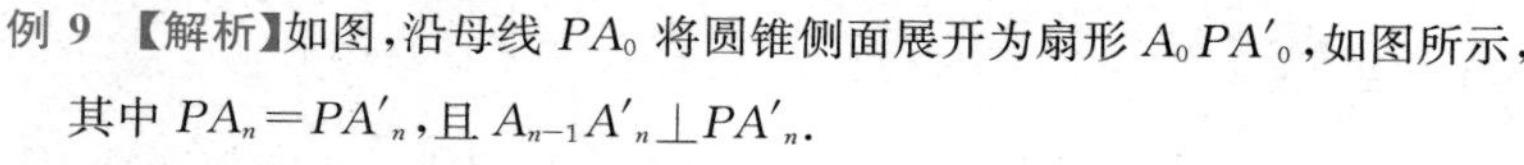

其中 $PA_n=PA'_n$，且 $A_{n-1}A'_n\perp PA'_n$.

在圆锥的轴截面中运用余弦定理，求得 $PA_0=48$，

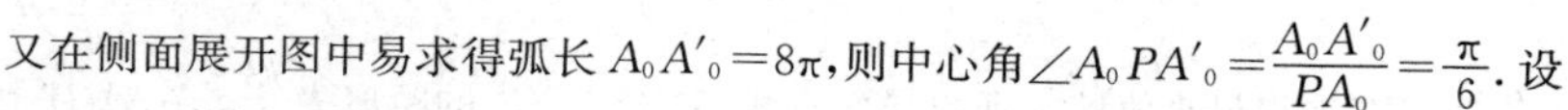
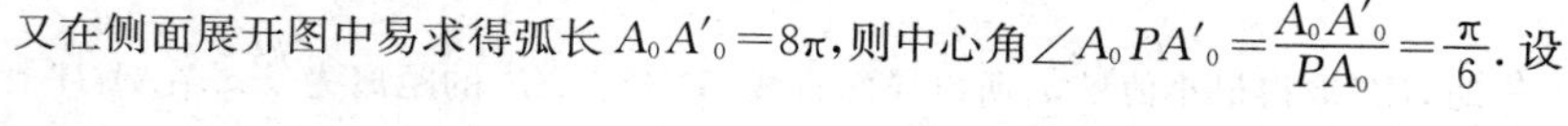

又在侧面展开图中易求得弧长 $A_0A'_0=8\pi$，则中心角 $\angle A_0PA'_0=\frac{A_0A'_0}{PA_0}=\frac{\pi}{6}$. 设 $A_{n-1}A'_n=a_n$，依题意得，$a_1=24$，且 $\frac{a_{n+1}}{a_n}=\frac{PA_n}{PA_{n-1}}=\frac{PA'_n}{PA_{n-1}}=\cos\frac{\pi}{6}=\frac{\sqrt{3}}{2}$，则 $a_1+a_2+a_3+\cdots+a_n+\cdots=\frac{24}{1-\frac{\sqrt{3}}{2}}=48(2+\sqrt{3})$. 故绳子的长度为 $48(2+\sqrt{3})$.

§8.7 空间向量

例 1 【证明】如图，因为 A,B,C,D 共面的充要条件是存在实数对 (λ,μ) 满足 $\overrightarrow{AD}=\lambda\overrightarrow{AB}+\mu\overrightarrow{AC}$，

所以 $\overrightarrow{OD}-\overrightarrow{OA}=\lambda(\overrightarrow{OB}-\overrightarrow{OA})+\mu(\overrightarrow{OC}-\overrightarrow{OA})$，

所以 $\overrightarrow{OD}=(1-\lambda-\mu)\overrightarrow{OA}+\lambda\overrightarrow{OB}+\mu\overrightarrow{OC}$.

令 $x=1-\lambda-\mu$，$y=\lambda$，$z=\mu$，

则 $\overrightarrow{OD}=x\overrightarrow{OA}+y\overrightarrow{OB}+z\overrightarrow{OC}$（其中 $x+y+z=1$）.

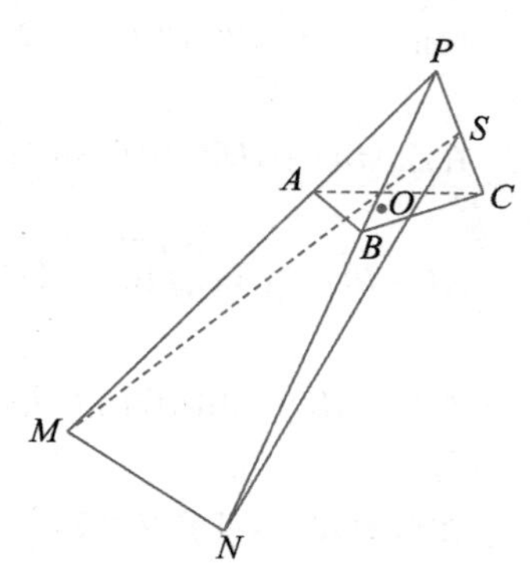

例 2 AD 【解析】考虑到 $\overrightarrow{PO}=\frac{1}{3}\overrightarrow{PA}+\frac{1}{3}\overrightarrow{PB}+\frac{1}{3}\overrightarrow{PC}$

$=\frac{PA}{3PM}\overrightarrow{PA}+\frac{PB}{3PN}\overrightarrow{PN}+\frac{PC}{3PS}\overrightarrow{PS}$，

由于 S,M,N,O 四点共面，

从而$\frac{PA}{3PM}+\frac{PB}{3PN}+\frac{PC}{3PS}=1$，

因此，$\frac{1}{PS}+\frac{1}{PM}+\frac{1}{PN}=\frac{3}{l}$.

所以选 AD.

例 3 【解析】以 A 为坐标原点，AB,AC,AA_1 所在直线分别为 x,y,z 轴，建立空间直角坐标系，则 $F(t_1,0,0)(0<t_1<1)$，$E\left(0,1,\frac{1}{2}\right)$，$G\left(\frac{1}{2},0,1\right)$，$D(0,t_2,0)(0<t_2<1)$，

所以$\overrightarrow{EF}=\left(t_1,-1,-\frac{1}{2}\right)$，$\overrightarrow{GD}=\left(-\frac{1}{2},t_2,1\right)$. 因为 $GD\perp EF$，所以 $t_1+2t_2=1$，

由此可推出 $0<t_2<\frac{1}{2}$. 又$\overrightarrow{DF}=(t_1,-t_2,0)$，

所以$|\overrightarrow{DF}|=\sqrt{t_1^2+t_2^2}=\sqrt{5t_2^2-4t_2+1}=\sqrt{5\left(t_2-\frac{2}{5}\right)^2+\frac{1}{5}}$.

从而，有$\frac{\sqrt{5}}{5}\leqslant|\overrightarrow{DF}|<1$.

例 4 C 【解析】如图所示，建立空间直角坐标系 $O\text{-}xyz$(其中 O 为棱 AB 的中点)，

可得 $A\left(-\frac{3}{2},0,0\right)$，$B\left(\frac{3}{2},0,0\right)$，$C\left(0,\frac{3\sqrt{3}}{2},0\right)$.

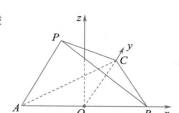

设 $P(x,y,z)(z>0)$，由题设可得

$$\begin{cases}PA^2=\left(x+\frac{3}{2}\right)^2+y^2+z^2=3^2,\\PB^2=\left(x-\frac{3}{2}\right)^2+y^2+z^2=4^2,\\PC^2=x^2+\left(y-\frac{3\sqrt{3}}{2}\right)^2+z^2=5^2,\end{cases}$$

解得$\begin{cases}x=-\frac{7}{6},\\y=-\frac{8}{9}\sqrt{3},\\z=4\sqrt{\frac{11}{27}},\end{cases}$从而四面体的体积为$\frac{1}{3}S_{\triangle ABC}\cdot z=\frac{1}{3}\times\left(\frac{1}{2}\times3\times3\times\sin60^\circ\right)\cdot4\sqrt{\frac{11}{27}}=\sqrt{11}$.

例 5 $\frac{2\sqrt{2}}{3}$ 【解析】设正方体棱长为 1，以 DA 为 x 轴，DC 为 y 轴，DD_1 为 z 轴建立空间直角坐标系，则 $E\left(1,\frac{1}{2},0\right)$，$F\left(0,1,\frac{1}{2}\right)$，$A(1,0,0)$，$C_1(0,1,1)$，所以$\overrightarrow{EF}=\left(-1,\frac{1}{2},\frac{1}{2}\right)$，$\overrightarrow{AC_1}=(-1,1,1)$，所以

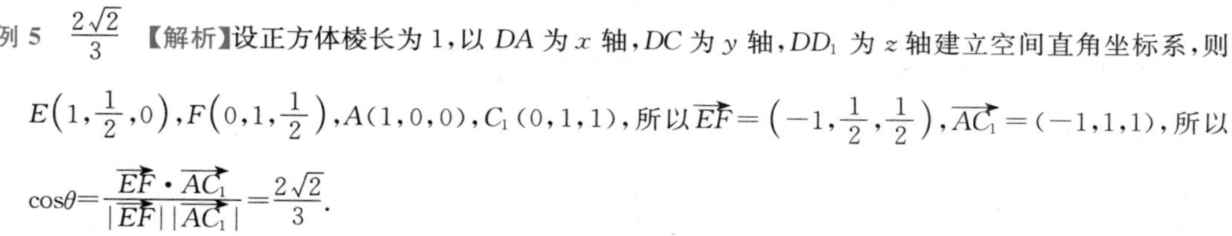

$\cos\theta=\frac{\overrightarrow{EF}\cdot\overrightarrow{AC_1}}{|\overrightarrow{EF}||\overrightarrow{AC_1}|}=\frac{2\sqrt{2}}{3}$.

例 6 【证明】设直线 a,b 的方向向量为 $\boldsymbol{a},\boldsymbol{b}$，在平面 α 内任取一组互相垂直的单位向量 $\boldsymbol{e}_1,\boldsymbol{e}_2$，则 $\boldsymbol{e}_1,\boldsymbol{e}_2,\boldsymbol{a}$ 构成了空间中一个两两垂直的基底.

由空间向量基本定理，知存在 x,y,z 使得 $\boldsymbol{b}=x\boldsymbol{e}_1+y\boldsymbol{e}_2+z\boldsymbol{a}$.

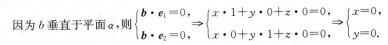

因为 b 垂直于平面 α，则 $\begin{cases}\boldsymbol{b}\cdot\boldsymbol{e}_1=0,\\ \boldsymbol{b}\cdot\boldsymbol{e}_2=0,\end{cases}\Rightarrow\begin{cases}x\cdot1+y\cdot0+z\cdot0=0,\\ x\cdot0+y\cdot1+z\cdot0=0,\end{cases}\Rightarrow\begin{cases}x=0,\\ y=0.\end{cases}$

即 $\boldsymbol{b}=z\boldsymbol{a}$，因此 $a\,//\,b$.

例 7 【解析】(1)连接 OB，可证得四边形 $OBCD$ 为菱形，$OB\,//\,DC$.

因为 $PO\perp$ 平面 $ABCD$，$OB,OD\subset$ 平面 $ABCD$，所以 $PO\perp OB$，$PO\perp OD$.

又因为 $OB\,//\,DC$，$DC\perp AD$，所以 $OB\perp AD$.

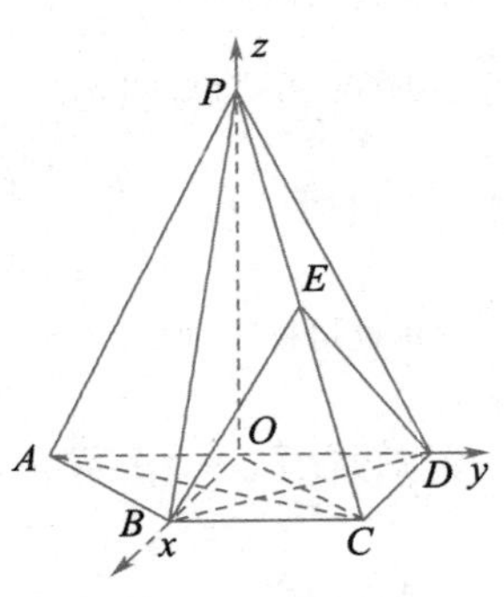

如图，以 O 为原点，以 OB,OD,OP 分别为 x 轴、y 轴、z 轴建立空间直角坐标系如图所示，

则 $A(0,-1,0)$，$B(1,0,0)$，$D(0,1,0)$，$E\left(\frac{1}{2},\frac{1}{2},1\right)$，$P(0,0,2)$，所以 $\overrightarrow{AB}=(1,1,0)$，$\overrightarrow{DE}=\left(\frac{1}{2},-\frac{1}{2},1\right)$，$\overrightarrow{AB}\cdot\overrightarrow{DE}=0$，所以 $AB\perp DE$.

(2) $\overrightarrow{AC}=(1,2,0)$，$\overrightarrow{PC}=(1,1,-2)$.

设平面 PAC 的法向量为 $\boldsymbol{n}=(x,y,z)$，

则 $\begin{cases}\boldsymbol{n}\cdot\overrightarrow{AC}=0,\\ \boldsymbol{n}\cdot\overrightarrow{PC}=0,\end{cases}\Rightarrow\begin{cases}x+2y=0,\\ x+y-2z=0.\end{cases}$

令 $x=2$，得 $\boldsymbol{n}=\left(2,-1,\frac{1}{2}\right)$.

又 $\overrightarrow{BD}\cdot\overrightarrow{PO}=0$，$\overrightarrow{BD}\cdot\overrightarrow{OC}=0$，所以平面 POC 法向量 $\overrightarrow{BD}=(-1,1,0)$，

$\cos\langle\boldsymbol{n},\overrightarrow{BD}\rangle=\frac{\boldsymbol{n}\cdot\overrightarrow{BD}}{|\boldsymbol{n}|\,|\overrightarrow{BD}|}=-\frac{\sqrt{42}}{7}$，所以二面角 A-PC-O 的余弦值为 $\frac{\sqrt{42}}{7}$.

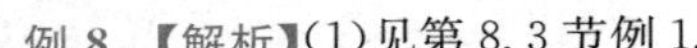
例 8 【解析】(1)见第 8.3 节例 1.

(2)如图，以点 A 为坐标原点，以 AB,AD,AS 所在直线分别为 x 轴、y 轴、z 轴，建立空间直角坐标系如图所示，则 $A(0,0,0)$，$B(0,2,0)$，$C(2,2,0)$，$D(1,0,0)$，$S(0,0,2)$. 由条件得 M 为线段 SB 靠近 B 的三等分点. 于是 $\overrightarrow{AM}=\frac{2}{3}\overrightarrow{AB}+\frac{1}{3}\overrightarrow{AS}=\left(0,\frac{4}{3},\frac{2}{3}\right)$，即 $M\left(0,\frac{4}{3},\frac{2}{3}\right)$.

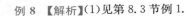

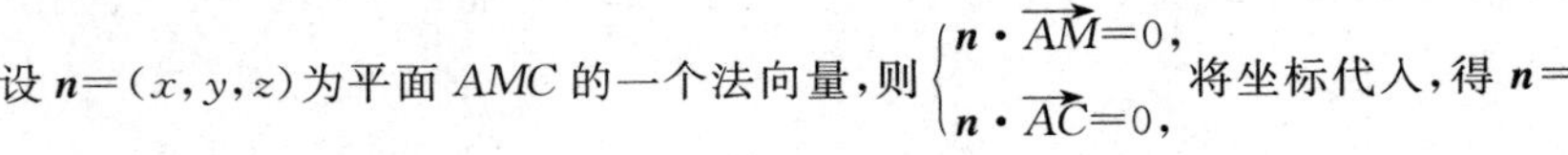
设 $\boldsymbol{n}=(x,y,z)$ 为平面 AMC 的一个法向量，则 $\begin{cases}\boldsymbol{n}\cdot\overrightarrow{AM}=0,\\ \boldsymbol{n}\cdot\overrightarrow{AC}=0,\end{cases}$ 将坐标代入，得 $\boldsymbol{n}=(-1,1,-2)$. 另外，易知平面 SAB 的一个法向量为 $\boldsymbol{m}=(1,0,0)$，

所以平面 AMC 与平面 SAB 所成的锐二面角的余弦值为 $\frac{|\boldsymbol{m}\cdot\boldsymbol{n}|}{|\boldsymbol{m}|\,|\boldsymbol{n}|}=\frac{\sqrt{6}}{6}$.

(3)设 $N(x,2x-2,0)$，其中 $1<x<2$.

由 $M\left(0,\frac{4}{3},\frac{2}{3}\right)$，所以 $\overrightarrow{MN}=\left(x,2x-\frac{10}{3},-\frac{2}{3}\right)$，

所以 $\sin\theta=\frac{|\overrightarrow{MN}\cdot\boldsymbol{m}|}{|\overrightarrow{MN}|\,|\boldsymbol{m}|}\frac{x}{\sqrt{5x^2-\frac{40}{3}x+\frac{104}{9}}}=\frac{1}{\sqrt{\frac{104}{9x^2}-\frac{40}{3x}+5}}$，

可得，当$\frac{1}{x}=-\frac{-\frac{40}{3}}{\frac{208}{9}}=\frac{15}{26}$，即$x=\frac{26}{15}$时，分母有最小值，此时$\sin\theta$有最大值.

此时$N\left(\frac{26}{15},\frac{22}{15},0\right)$，即点$N$在线段$CD$上，且$ND=\frac{11\sqrt{5}}{15}$.

例 9　B　【解析】如图所示，建立空间直角坐标系D-xyz，可得$O\left(\frac{1}{2},\frac{1}{2},0\right)$，$B_1(1,1,1)$，$M\left(\frac{1}{2},0,1\right)$，$N\left(0,1,\frac{1}{2}\right)$，

可得$\overrightarrow{MB_1}=\left(\frac{1}{2},1,0\right)$，$\overrightarrow{NB_1}=\left(1,0,\frac{1}{2}\right)$，进而求得平面$MNB_1$的一个法向量$\boldsymbol{n}=(-2,1,4)$. 由$\overrightarrow{OB_1}=\left(\frac{1}{2},\frac{1}{2},1\right)$，所以点$O$到平面$MNB_1$的距离$d=\frac{|\overrightarrow{OB_1}\cdot\boldsymbol{n}|}{|\boldsymbol{n}|}=\frac{\sqrt{21}}{6}$，可求得$MB_1=NB_1=\frac{\sqrt{5}}{2}$，$MN=\frac{\sqrt{6}}{2}$，进而可求得$S_{\triangle MNB_1}=\frac{\sqrt{21}}{8}$.

所以三棱锥O-MNB_1的体积为$\frac{1}{3}S_{\triangle MNB_1}\cdot d=\frac{1}{3}\cdot\frac{\sqrt{21}}{8}\cdot\frac{\sqrt{21}}{6}=\frac{7}{48}$.

从而选 B.

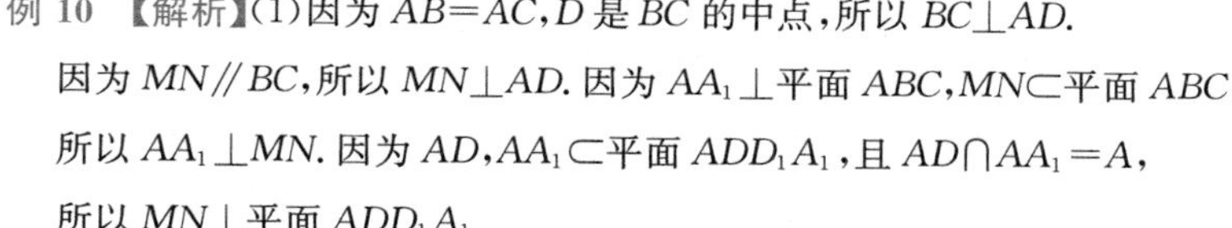
例 10　【解析】(1)因为$AB=AC$，D是BC的中点，所以$BC\perp AD$.
因为$MN/\!/BC$，所以$MN\perp AD$. 因为$AA_1\perp$平面ABC，$MN\subset$平面ABC，
所以$AA_1\perp MN$. 因为AD，$AA_1\subset$平面ADD_1A_1，且$AD\cap AA_1=A$，
所以$MN\perp$平面ADD_1A_1.

(2)**(方法一)空间向量法：**设$AA_1=1$，过A_1作$A_1E/\!/BC$，建立以A_1为坐标原点，A_1E，A_1D_1，A_1A分别为x，y，z轴建立空间直角坐标系，如图所示，则$A_1(0,0,0)$，$A(0,0,1)$，$B(\sqrt{3},1,1)$，$C(-\sqrt{3},1,1)$. 因为F为AD的中点，$MN/\!/BC$，所以M，N分别为AB，AC的中点，则$M\left(\frac{\sqrt{3}}{2},\frac{1}{2},1\right)$，$N\left(-\frac{\sqrt{3}}{2},\frac{1}{2},1\right)$，

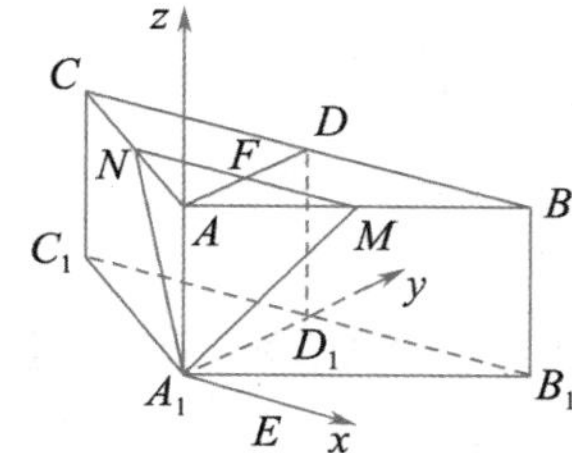

则$\overrightarrow{A_1M}=\left(\frac{\sqrt{3}}{2},\frac{1}{2},1\right)$，$\overrightarrow{A_1A}=(0,0,1)$，$\overrightarrow{NM}=(\sqrt{3},0,0)$.

设平面AA_1M的法向量$\boldsymbol{m}=(x,y,z)$，

则$\begin{cases}\boldsymbol{m}\cdot\overrightarrow{A_1M}=0,\\ \boldsymbol{m}\cdot\overrightarrow{A_1A}=0,\end{cases}$得$\begin{cases}\frac{\sqrt{3}}{2}x+\frac{1}{2}y+z=0,\\ z=0.\end{cases}$

令$x=1$，$y=-\sqrt{3}$，则$\boldsymbol{m}=(1,-\sqrt{3},0)$.

同理，设平面A_1MN的法向量$\boldsymbol{n}=(a,b,c)$，

则$\begin{cases}\boldsymbol{n}\cdot\overrightarrow{A_1M}=0,\\ \boldsymbol{n}\cdot\overrightarrow{NM}=0\end{cases}\Rightarrow\begin{cases}\frac{\sqrt{3}}{2}a+\frac{1}{2}b+c=0,\\ \sqrt{3}a=0.\end{cases}$

令$b=2$,则$c=-1$,则$\boldsymbol{n}=(0,2,-1)$,

则$\cos\langle\boldsymbol{m},\boldsymbol{n}\rangle=\frac{\boldsymbol{m}\cdot\boldsymbol{n}}{|\boldsymbol{m}||\boldsymbol{n}|}=-\frac{\sqrt{15}}{5}$.

因为二面角A-A_1M-N是锐二面角,所以二面角A-A_1M-N的余弦值为$\frac{\sqrt{15}}{5}$.

(方法二)如图,连接A_1F,过点A作$AE\perp A_1F$于点E,过点E作$EH\perp A_1M$.

由(1)知,$NM\perp AE$.又因为$AE\perp A_1F$,$A_1F\cap NM=F$,所以$AE\perp$平面A_1NM,所以$AE\perp A_1M$.

因为$A_1M\perp EH$,$A_1M\perp AE$,$EH\cap AE=E$,所以$A_1M\perp$平面AHE,

所以$AH\perp A_1M$,故$\angle AHE$为所求二面角A-A_1M-N的平面角.

设$AA_1=1$,则$AM=AN=1$,$A_1M=A_1N=\sqrt{2}$,

所以$AH=\frac{\sqrt{2}}{2}$,$A_1F=\frac{\sqrt{5}}{2}$,$AE=\frac{\sqrt{5}}{5}$,从而$\sin\angle AHE=\frac{AE}{AH}=\frac{\frac{\sqrt{5}}{5}}{\frac{\sqrt{2}}{2}}=\frac{\sqrt{10}}{5}$.

因为二面角A-A_1M-N是锐二面角,

则$\cos\angle AHE=\sqrt{1-\sin^2\angle AHE}=\frac{\sqrt{15}}{5}$.

所以二面角A-A_1M-N的余弦值为$\frac{\sqrt{15}}{5}$.

习题八

1. A 【解析】在空间直角坐标系O-xyz中,平面$x+2y+3z=1$与三个坐标轴的交点分别是$A(0,0,0)$,$B\left(0,\frac{1}{2},0\right)$,$C\left(0,0,\frac{1}{3}\right)$,因此$V=\frac{1}{6}\cdot1\cdot\frac{1}{2}\cdot\frac{1}{3}=\frac{1}{36}$.

2. B 【解析】棱长为a的正四面体的内切球半径为r,则由体积$V=4\times\frac{1}{3}rS=\frac{1}{3}\times\frac{\sqrt{6}}{3}aS$,可知$r=\frac{\sqrt{6}}{12}a$.设4个半径为1的球的球心分别为$O_1,O_2,O_3,O_4$,则正四面体$O_1O_2O_3O_4$的棱长为2,故其内切球的半径为$\frac{\sqrt{6}}{6}$.设这4个球的外切正四面体为$ABCD$,则正四面体$ABCD$的内切球半径为$1+\frac{\sqrt{6}}{6}$,故正四面体$ABCD$的棱长为$2(1+\sqrt{6})$,故答案选B.

3. D 【解析】在图A中分别连接PS,QR,易证$PS/\!/QR$,所以P,Q,R,S共面.

如图所示,在B图中过P,Q,R,S可作一个正六边形,故P,Q,R,S四点共面.

在图C中,分别连接PQ,RS,易证$PQ/\!/RS$,所以P,Q,R,S四点共面.

在图D中,由异面直线判定定理,知PS与RQ为异面直线,

所以 P,Q,R,S 四点不共面. 从而选 D.

4. D

5. A 【解析】根据三视图可以画出该几何体的直观图为如图所示的四面体$ABCD$,AB 垂直于等腰直角三角形 BCD 所在平面,将其放在正方体中,易得该鳖臑的体积 $V=\frac{1}{3}\times\frac{1}{2}\times2\times2\times2=\frac{4}{3}$.

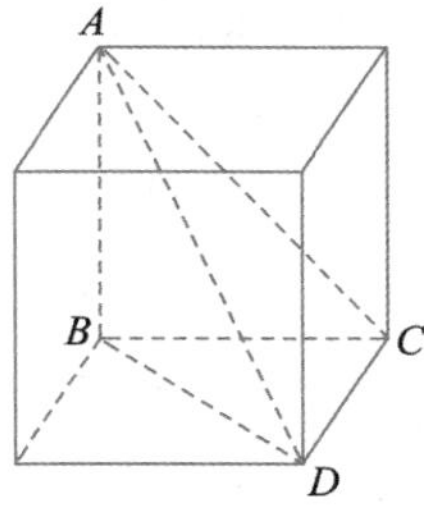

6. D **7.** A **8.** B

9. C 【解析】建立如图所示空间直角坐标系 $O\text{-}xyz$,可设$\angle MBO=\angle HOM=\theta\left(0<\theta<\frac{\pi}{2}\right)$.

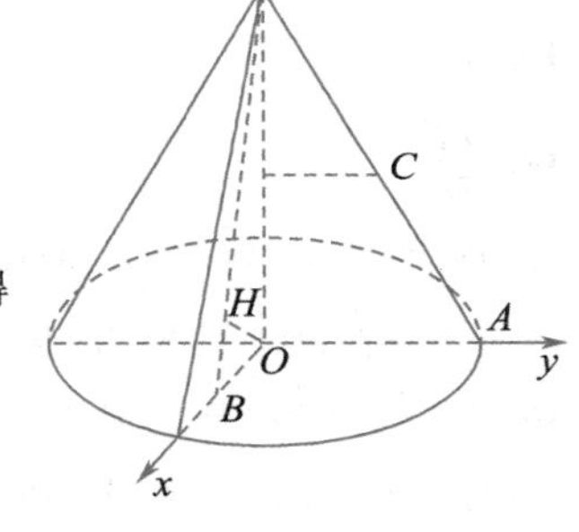

在 $\mathrm{Rt}\triangle OHM$ 中,可得 $S_{\triangle OHM}=\frac{1}{2}|OH|\cdot|HM|$

$=\frac{1}{2}\cdot2\sqrt{3}\cos\theta\cdot2\sqrt{3}\sin\theta=3\sin2\theta\leqslant3$(当且仅当 $\theta=\frac{\pi}{4}$ 时取等号)还可得

$V_{\text{四面体}OCHM}=V_{\text{三棱锥}C\text{-}OHM}=\frac{1}{3}S_{\triangle OHM}\cdot\frac{|OA|}{2}\leqslant\frac{1}{3}\cdot3\cdot\frac{2\sqrt{6}}{2}=\sqrt{6}$.

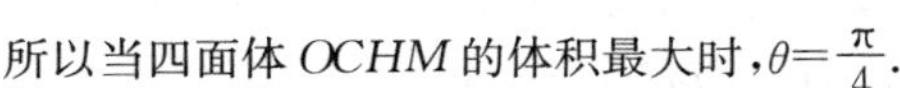

所以当四面体 $OCHM$ 的体积最大时,$\theta=\frac{\pi}{4}$.

可得$\angle MAO<\frac{\pi}{4}=\theta=\angle MBO$,因此当四面体 $OCHM$ 的体积最大时,满足题设"点 B 在底面内",所以所求$|HB|=|OH|=2\sqrt{3}\cos\frac{\pi}{4}=\sqrt{6}$.

10. C 【解析】如图,设桌面上三个球的球心分别为 O_1,O_2,O_3,所放置的小球的球心为 O,半径为 r. 由于这四个球两两外切,可得$OO_1=OO_2=OO_3=r+2017$,$O_1O_2=O_1O_3=O_2O_3=2\times2017=4034$. 在正三棱锥 $O\text{-}O_1O_2O_3$ 中,设正三角形 $O_1O_2O_3$ 的中心为 H,可得 $O_1H=\frac{4034}{\sqrt{3}}$. 再由 $\sqrt{OO_1^2-OH^2}=OH=2017-r$,可

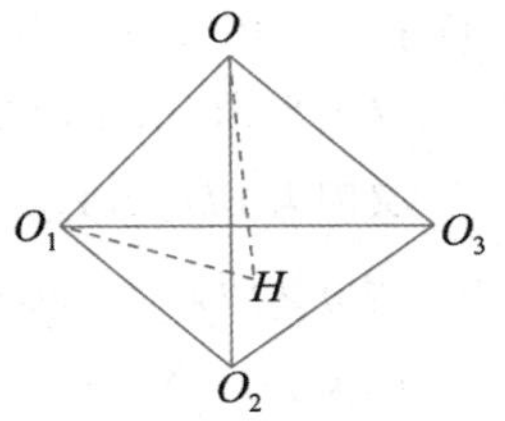

得$\sqrt{(r+2017)^2-\left(\frac{4034}{\sqrt{3}}\right)^2}=2017-r(0<r<2017)$,

两边平方后,可解得 $r=\frac{2017}{3}$.

11. C

12. B 【解析】以顶点 B_1 为原点,B_1A_1,B_1C_1,B_1B 分别为 x,y,z 轴建立空间直角坐标系. 设 $P(0,m,m)(0\leqslant m\leqslant3\sqrt{2})$,$A_1(6,0,0)$,$B(0,0,3\sqrt{2})$,

则 $A_1P+BP=\sqrt{36+2m^2}+\sqrt{m^2+(m-3\sqrt{2})^2}$

$$=\sqrt{2}\left(\sqrt{(m-0)^2+(0-3\sqrt{2})^2}+\sqrt{\left(m-\frac{3\sqrt{2}}{2}\right)^2+\left(0-\frac{3\sqrt{2}}{2}\right)^2}\right). \quad ①$$

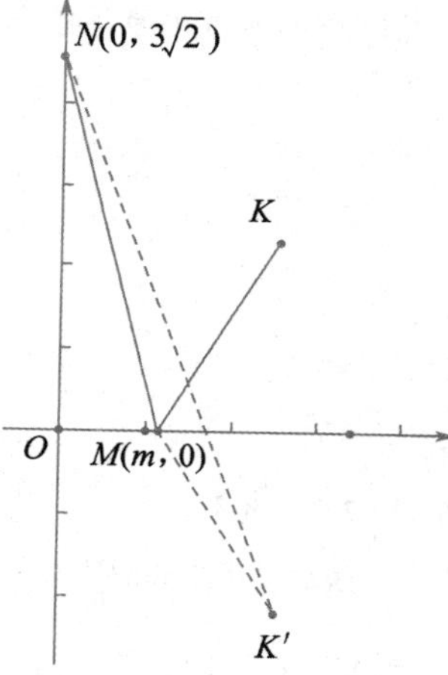

在平面直角坐标系中，点 $M(m,0)$ 到点 $N(0,3\sqrt{2})$ 的距离是 $\sqrt{(m-0)^2+(0-3\sqrt{2})^2}$，点 $M(m,0)$ 到点 $K\left(\frac{3\sqrt{2}}{2},\frac{3\sqrt{2}}{2}\right)$ 的距离是 $\sqrt{\left(m-\frac{3\sqrt{2}}{2}\right)^2+\left(0-\frac{3\sqrt{2}}{2}\right)^2}$，

如图，K' 是 K 关于 x 轴的对称点.

有 $NM+MK=NM+MK'\geqslant NK'=3\sqrt{5}$.

当 $m=\sqrt{2}$ 时取等号，得 $(A_1P+PB)_{\min}=3\sqrt{10}$.

本题背景是“将军饮马”问题，解法很多，高校大学自主招生中，以此为背景的题目较多.

13. $3\pi+4$ 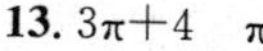 π

14. $\frac{\sqrt[3]{75}}{5}$

15. 9 【解析】一共 9 种，有两种取法：(1)例如：取四条 $AB,CD,A'D',B'C'$，相当于选两条相邻的棱一共 $4\times3=12$(种)，每种情况记两遍，再除以 2，共 6 种.(2)选取四条平行的直线共 3 种. 从而共有 9 种取法.

16. ③ 【解析】对于①，显然正确. 对于②，假设 AD 与 BC 共面，由①正确，得 AC 与 BD 共面，这与题设矛盾，故假设不成立，从而结论正确；对于③，如图所示，当 $AB=AC,DB=DC$，使二面角 A-BC-D 的大小变化时，AD 与 BC 不一定相等，故不正确；

如于④，如图所示，取 BC 的中点 E，连接 AE,DE，则由题设得 $BC\perp AE,BC\perp DE$. 根据线面垂直的判定定理，得 $BC\perp$ 平面 ADE，从而 $AD\perp BC$.

17.【解析】因为 $BS=BC,SE=EC$，所以 $SC\perp BE$.

又因为 $SC\perp DE$，所以 $SC\perp$ 平面 BDE，所以 $SC\perp BD$.

又因为 $BD\perp SA$，所以 $BD\perp$ 平面 SAC，

所以 $\angle EDC$ 为二面角 E-BD-C 的平面角. 设 $SA=a$，则 $SB=BC=\sqrt{2}a$.

因为 $BC\perp AB,SA\perp$ 平面 ABC，所以 $BC\perp SB$，所以 $SC=2a,\angle SCD=30°$，

所以 $\angle EDC=60°$，即二面角 E-BD-C 的大小为 $60°$.

18.【解析】(1)证明：如图，因为 O 为 AC 与 BD 的交点，且 $ABCD$ 为正方形，所以 O 为 BD 的中点. 又因为 E 为 PD 的中点，所以 $EO/\!/PB$. 又 $PB\subset$ 平面 PBC，$EO\not\subset$ 平面 PBC，所以 $EO/\!/$ 平面 PBC.

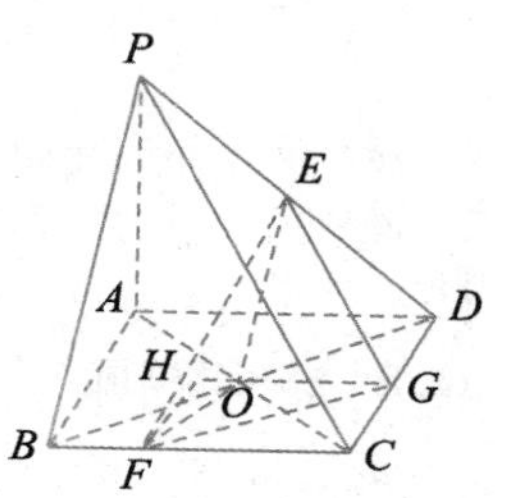

(2)因为 $AB=2,PA=4,PB=PD=2\sqrt{5}$，所以 $PA^2+AB^2=PB^2,PA^2+AD^2=PD^2$，所以 $PA\perp AB,PA\perp AD$，从而 $PA\perp$ 平面 $ABCD$. 又 E 为 PD 中点，所

以 E 到底面的距离为 $h=\frac{1}{2}PA=2$.

因为 O,G 分别为 BD,CD 的中点，所以 $OG/\!/BC,OG=\frac{1}{2}BC$.

又四边形 $ABCD$ 为正方形，所以 $OG\perp CD$. 过点 F 作 $FH\perp OG$，所以 $CFHG$ 为矩形，

所以 $FH=CG=\frac{1}{2}CD=1$，所以 $S_{\triangle OFG}=\frac{1}{2}OG\cdot FH=\frac{1}{2}\times1\times1=\frac{1}{2}$，

所以 $V_{E\text{-}OFG}=\frac{1}{3}S_{\triangle OFG}\times h=\frac{1}{3}\times\frac{1}{2}\times2=\frac{1}{3}$.

19.【解析】(1) 如图，取 BD 中点 M，连接 $A'M,MC$.

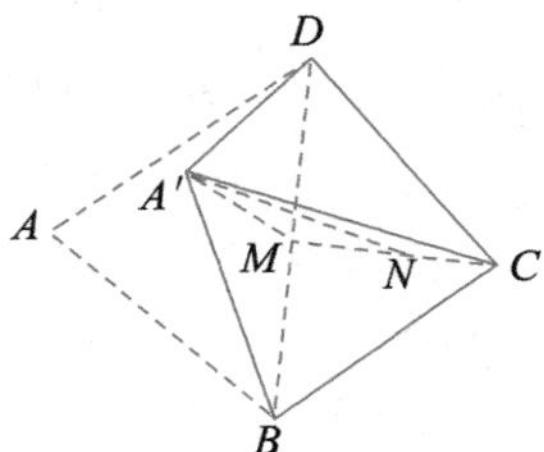

因为 $\triangle ABD$ 为等边三角形，$BD=2$，所以 $A'M\perp DB,A'M=\sqrt{3}$. 因为 $BC=CD=\sqrt{2}$，所以 $MC=1$. 当 $A'C=2$ 时，$A'M^2+MC^2=A'C^2$，所以 $A'M\perp MC$. 又 $DB\cap MC=M,DB,MC\subset$ 平面 BCD，所以 $A'M\perp$ 平面 BCD. 因为 $A'M\subset$ 平面 $A'BD$，所以平面 $A'BD\perp$ 平面 BCD.

(2) 由 (1) 知 $A'M=\sqrt{3},A'M\perp BD,CM\perp BD,CM=1,A'M\cap CM=M$，$A'M,CM\subset$ 平面 $A'MC$，所以 $BD\perp$ 平面 $A'MC$，

取 MC 的中点 N，连接 $A'N$.

因为 $A'C=\sqrt{3}$，所以 $A'N=\frac{\sqrt{11}}{2}$，所以 $S_{\triangle A'MC}=\frac{1}{2}MC\cdot A'N=\frac{1}{2}\times1\times\frac{\sqrt{11}}{2}=\frac{\sqrt{11}}{4}$，

$V_{A'\text{-}BCD}=\frac{1}{3}S_{\triangle A'MC}\cdot BD=\frac{1}{3}\times\frac{\sqrt{11}}{4}\times2=\frac{\sqrt{11}}{6}$.

20.【解析】(1) 如图，因为 $BC\perp$ 平面 PCD，所以 $BC\perp PD$. 又 $PD\perp AB,AB\cap BC=B$，所以 $PD\perp$ 平面 $ABCD$，所以 $PD\perp DC$，所以 $\triangle PDC$ 是直角三角形.

由已知 $PC=\sqrt{2},CD=1$，所以 $PD=1$.

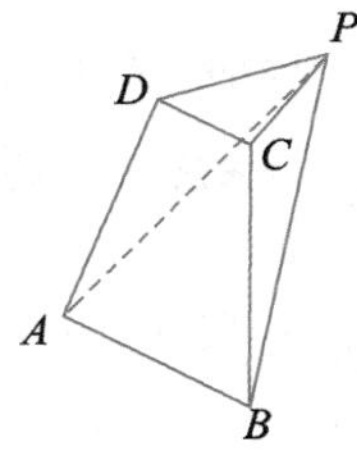

(2)(**方法一**) 因为 $BC\perp$ 平面 PCD，所以 $BC\perp CD,BC\perp PC$. 在四边形 $ABCD$ 中，由于 $AB/\!/CD,AB=2,BC=\sqrt{2},CD=1$，可以求得 $AD=\sqrt{3}$. 设 D 到平面 PAB 的距离为 d，直线 AD 到平面 PAB 的角为 θ，则 $\sin\theta=\frac{d}{AD}=\frac{d}{\sqrt{3}}$.

因为 $AB/\!/CD,CD\not\subset$ 平面 $PAB,AB\subset$ 平面 PAB，所以 $CD/\!/$ 平面 PAB，

所以 C 到平面 PAB 的距离也为 d. 在三棱锥 $B\text{-}PAC$ 中，$V_{P\text{-}ABC}=V_{C\text{-}PAB}$，

因为 $PD\perp$ 平面 $ABCD$，所以 $PD\perp AD$，所以 $PA=2$.

又 $BC=PC=\sqrt{2},BC\perp PC$，所以 $PB=2$，

所以 $V_{P\text{-}ABC}=\frac{1}{3}PD\times S_{\triangle ABC}=\frac{1}{3}\times1\times\frac{1}{2}\times2\times\sqrt{2}=\frac{\sqrt{2}}{3}$，$V_{C\text{-}PAB}=\frac{1}{3}dS_{\triangle PAB}=\frac{\sqrt{3}}{3}d$，

所以 $d=\frac{\sqrt{2}}{\sqrt{3}}$，所以 $\sin\theta=\frac{d}{AD}=\frac{d}{\sqrt{3}}=\frac{\sqrt{2}}{3}$，

即直线 AD 与平面 PAB 所成角的正弦值为 $\frac{\sqrt{2}}{3}$.

(方法二)由已知，$PD\perp$平面 $ABCD$，过点 D 作 $DE\perp AB$ 交 AB 于点 E，则 $PD\perp DE$，如图以 D 原点，DC，DP，DE 所在直线为 x，y，z 轴建立空间直角坐标系，则 $C(1,0,0)$，$A(-1,0,-\sqrt{2})$，$B(1,0,-\sqrt{2})$，$P(0,1,0)$，则 $\overrightarrow{AB}=(2,0,0)$，$\overrightarrow{AP}=(1,1,\sqrt{2})$，$\overrightarrow{DA}=(-1,0,-\sqrt{2})$. 设平面 PAB 的法向量为 $\boldsymbol{n}=(x,y,z)$，则由 $\begin{cases}\overrightarrow{AB}\cdot\boldsymbol{n}=0,\\\overrightarrow{AP}\cdot\boldsymbol{n}=0,\end{cases}\Rightarrow\begin{cases}x=0,\\x+y+\sqrt{2}z=0.\end{cases}$

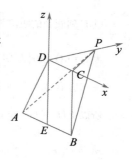

令 $z=1$，可得 $\boldsymbol{n}=(0,-\sqrt{2},1)$. 设直线 AD 与平面 PAB 所成的角为 θ，

则 $\sin\theta=\left|\dfrac{\overrightarrow{DA}\cdot\boldsymbol{n}}{|\overrightarrow{DA}||\boldsymbol{n}|}\right|=\dfrac{\sqrt{2}}{3}$，即直线 AD 与平面 PAB 所成角的正弦值为$\dfrac{\sqrt{2}}{3}$.

21.【解析】(1)**(方法一)**因为 $SA\perp$平面 $ABCD$，所以 $SA\perp CD$.

又四边形 $ABCD$ 为正方形，所以 $CD\perp AD$，

从而 $CD\perp$平面 SAD，所以 $CD\perp AM$，$SA=AD$ 且 M 为 SD 的中点，

所以 $AM\perp SD$，所以 $AM\perp$平面 SCD，所以 $SC\perp AM$.

(方法二)如图所示，建立空间直角坐标系，

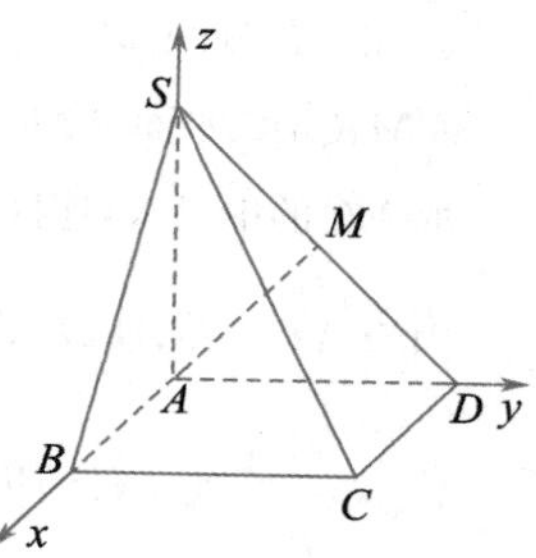

则$\overrightarrow{AM}=\left(0,\dfrac{1}{2},\dfrac{1}{2}\right)$，$\overrightarrow{SC}=(1,1,-1)$，

由$\overrightarrow{AM}\cdot\overrightarrow{SC}=0$，知 $SC\perp AM$.

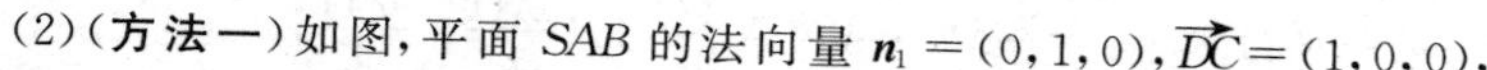

(2)**(方法一)**如图，平面 SAB 的法向量 $\boldsymbol{n}_1=(0,1,0)$，$\overrightarrow{DC}=(1,0,0)$，$\overrightarrow{SC}=(1,1,-1)$，所以平面 SCD 的法向量为$\boldsymbol{n}_2=(0,1,1)$，$\cos\langle\boldsymbol{n}_1,\boldsymbol{n}_2\rangle=\dfrac{\sqrt{2}}{2}$，从而平面 SAB 与平面 SCD 所成锐二面角的大小为$\dfrac{\pi}{4}$.

(方法二)如图，**补形法**：补全正方体，SQ 为平面 SAB 与平面 SCD 的交线. 由于 $BQ\perp SQ$，$CQ\perp SQ$，所以$\angle BQC$ 为平面 SAB 与平面 SCD 所成的锐二面角，$\angle BQC=\dfrac{\pi}{4}$.

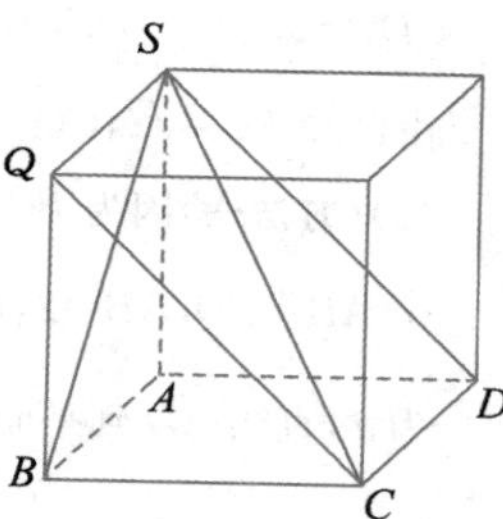

(方法三)如图，**射影面积法**：设平面 SAB 与平面 SCD 所成的锐二面角为 θ，则 $\cos\theta=\dfrac{S_{\triangle SAB}}{S_{\triangle SDC}}=\dfrac{\dfrac{1}{2}\times1\times1}{\dfrac{1}{2}\times\sqrt{2}\times1}=\dfrac{\sqrt{2}}{2}$，即 $\theta=\dfrac{\pi}{4}$.

(方法四)定义法：如图，显然 $DA\perp$平面 SAB，过点 S 作直线 $l/\!/AB$，即平面 SAB 与平面 SCD 的交线为 l，而 $SA\perp l$，所以$\angle ASD$ 为所求的角，所以平面 SAB 与平面 SCD 所成锐二面角为$\angle ASD=\dfrac{\pi}{4}$.

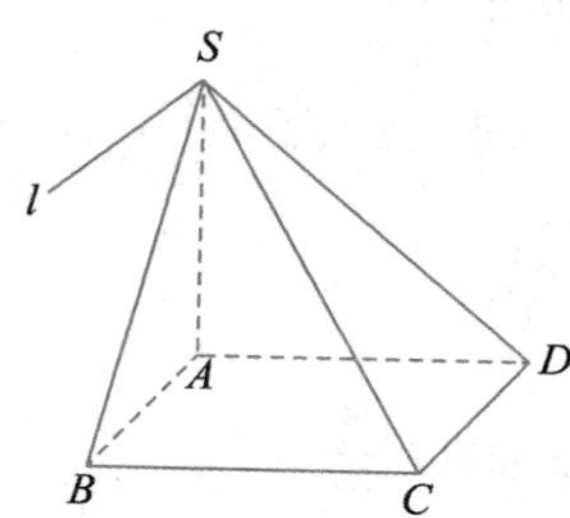

第九章　直线与圆

§9.1　坐标平面上的直线

例 1 【解析】(**方法一**)因为$\sqrt{x^2-\sqrt{2}ax+a^2}+\sqrt{x^2-\sqrt{2}bx+b^2}$

$=\sqrt{\left(x-\frac{\sqrt{2}}{2}a\right)^2+\frac{a^2}{2}}+\sqrt{\left(x-\frac{\sqrt{2}}{2}b\right)^2+\frac{b^2}{2}}$

考虑其几何意义:在平面直角坐标系 xOy 中,x 轴上一动点 $P(x,0)$ 到两动点$A\left(\frac{\sqrt{2}}{2}a,\frac{\sqrt{2}}{2}a\right)$,$B\left(\frac{\sqrt{2}}{2}b,-\frac{\sqrt{2}}{2}b\right)$的距离之和.显然$|OA|=a$,$|OB|=b$,$|AB|=\sqrt{a^2+b^2}$.

显然$|PA|+|PB|\geqslant|AB|$,结合题意,故$|PA|+|PB|=|AB|$,即点 P 在AB 上.

从而 $k_{AB}=k_{AP}$,可得$\dfrac{\frac{\sqrt{2}}{2}a+\frac{\sqrt{2}}{2}b}{\frac{\sqrt{2}}{2}a-\frac{\sqrt{2}}{2}b}=\dfrac{\frac{\sqrt{2}}{2}a}{\frac{\sqrt{2}}{2}a-x}$,解得 $x=\frac{\sqrt{2}ab}{a+b}$.

(**方法二**)三角不等式:由于$\sqrt{x^2-\sqrt{2}ax+a^2}+\sqrt{x^2-\sqrt{2}bx+b^2}$

$=\sqrt{\left(x-\frac{\sqrt{2}}{2}a\right)^2+\frac{a^2}{2}}+\sqrt{\left(x-\frac{\sqrt{2}}{2}b\right)^2+\frac{b^2}{2}}$(由三角不等式)

$\geqslant\sqrt{\left(\frac{\sqrt{2}}{2}a-\frac{\sqrt{2}}{2}b\right)^2+\left(\frac{\sqrt{2}}{2}a+\frac{\sqrt{2}}{2}b\right)^2}=\sqrt{a^2+b^2}$

当且仅当$\dfrac{x-\frac{\sqrt{2}}{2}a}{x-\frac{\sqrt{2}}{2}b}=-\dfrac{a}{b}$时等号成立,此时 $x=\frac{\sqrt{2}ab}{a+b}$.

由题意$\sqrt{x^2-\sqrt{2}ax+a^2}+\sqrt{x^2-\sqrt{2}bx+b^2}\leqslant\sqrt{a^2+b^2}$,

可得 $x=\frac{\sqrt{2}ab}{a+b}$.

(**方法三**)因为$\sqrt{x^2-\sqrt{2}ax+a^2}+\sqrt{x^2-\sqrt{2}bx+b^2}$

$=\sqrt{\left(x-\frac{\sqrt{2}}{2}a\right)^2+\frac{a^2}{2}}+\sqrt{\left(x-\frac{\sqrt{2}}{2}b\right)^2+\frac{b^2}{2}}$

考虑其几何意义:在平面直角坐标系 xOy 中,x 轴上一动点 $P(x,0)$ 到两动点$A\left(\frac{\sqrt{2}}{2}a,\frac{\sqrt{2}}{2}a\right)$,$B\left(\frac{\sqrt{2}}{2}b,\frac{\sqrt{2}}{2}b\right)$的距离之和,设 B 关于 x 轴的对称点为 B',则

原式$=\sqrt{\left(x-\frac{\sqrt{2}}{2}a\right)^2+\frac{a^2}{2}}+\sqrt{\left(x-\frac{\sqrt{2}}{2}b\right)^2+\frac{b^2}{2}}\geqslant\sqrt{a^2+b^2}$

而$\sqrt{x^2-\sqrt{2}ax+a^2}+\sqrt{x^2-\sqrt{2}bx+b^2}\leqslant\sqrt{a^2+b^2}$,所以此时 x 为直线 $B'A$ 与 x 轴交点的横坐标,则

$l_{B'A}:y=\frac{b+a}{a-b}(x-\frac{\sqrt{2}}{2}b)-\frac{\sqrt{2}}{2}b$，令 $y=0$，解得 $x=\frac{\sqrt{2}ab}{a+b}$.

从而 $x=\frac{\sqrt{2}ab}{a+b}$.

例 2　C　【解析】由 $y=\frac{4}{e^x+\sqrt{3}}$，求导，得 $y'=\frac{-4e^x}{(e^x+\sqrt{3})^2}$

由于 $y'=\frac{-4e^x}{(e^x+\sqrt{3})^2}=\frac{-4e^x}{e^{2x}+2\sqrt{3}e^x+3}=\frac{-4}{e^x+\frac{3}{e^x}+2\sqrt{3}}\geqslant-\frac{4}{2\sqrt{e^x\cdot\frac{3}{e^x}}+2\sqrt{3}}=-\frac{\sqrt{3}}{3}$

所以 $-\frac{\sqrt{3}}{3}\leqslant y'<0$，从而 $-\frac{\sqrt{3}}{3}\leqslant\tan\alpha<0$，所以 $\frac{5\pi}{6}\leqslant\alpha<\pi$. 故选 C.

例 3　【解析】由两条直线相互垂直，知它们的斜率之积是 -1，即 $\lg(ac)\cdot\lg(bc)=-1$，

即 $\lg^2c+(\lg a+\lg b)\lg c+\lg a\cdot\lg b+1=0$.

因为 $a,b,c>0$，所以上式关于 $\lg c$ 有解，

从而 $\Delta=(\lg a+\lg b)^2-4(\lg a\cdot\lg b+1)\geqslant0$，所以 $(\lg a+\lg b)^2\geqslant4$.

故 $\lg\frac{a}{b}\geqslant2$，或 $\lg\frac{a}{b}\leqslant-2$，从而 $\frac{a}{b}\geqslant100$，或 $0<\frac{a}{b}\leqslant\frac{1}{100}$.

例 4　【解析】设直线 l 的方程为 $\frac{x}{a}+\frac{y}{b}=1(a>0,b>0)$，由于点 $P(8,1)$ 在直线 l 上，所以有 $\frac{8}{a}+\frac{1}{b}=1$.

从而 $S_{\triangle AOB}=\frac{1}{2}ab=\frac{4}{\frac{8}{a}\cdot\frac{1}{b}}\geqslant\frac{4}{\left(\frac{\frac{8}{a}+\frac{1}{b}}{2}\right)^2}=16$.

当且仅当 $\frac{8}{a}=\frac{1}{b}$ 且 $\frac{8}{a}+\frac{1}{b}=1$，即 $a=16,b=2$ 时等号成立，即 $S_{\triangle AOB}$ 的最小值为 16. 此时直线 l 的方程为 $\frac{x}{16}+\frac{y}{2}=1$，即 $x+8y-16=0$.

例 5　A　【解析】由题意知方程组中的两个方程所表示的两条直线平行，所以 $a=\frac{b}{-2}\neq\frac{1}{-a-b}$. 故选 A.

例 6　C　【解析】设 $l_1:x-2y+2=0,l_2:x-2=0,l_3:x+ky=0$，如图所示，$l_1$ 与 l_2 相交于点 $A(2,2)$，显然 l_2 过坐标原点，当 $l_3\parallel l_2$ 时，符合题意，此时 $k=0$；当 $l_3\parallel l_1$ 时，符合题意，此时 $k=-2$；当 l_3 过点 $A(2,2)$ 时，符合题意，此时 $k=-1$. 当 $k\neq0,-2,-1$ 时，三条直线将平面分成 7 个部分. 故选 C.

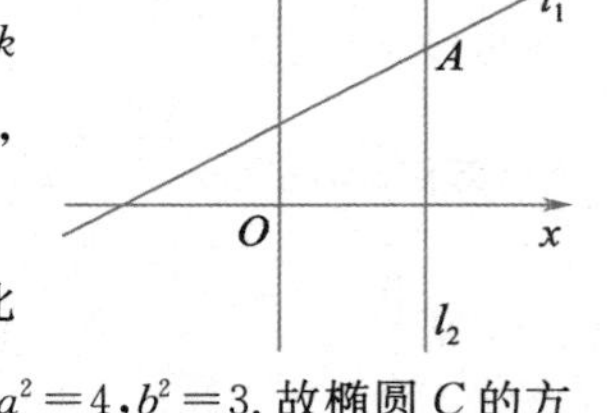

例 7　【解析】(1) 设椭圆 C 的半焦距为 c，因为 $\triangle PF_1F_2$ 是等边三角形，所以此时 P 在上顶点或下顶点处，得 $a=2c,bc=\sqrt{3}$，又由 $a^2=b^2+c^2$，解得 $c^2=1,a^2=4,b^2=3$. 故椭圆 C 的方程为 $\frac{x^2}{4}+\frac{y^2}{3}=1$.

(2) 设 $k_{OE}=k_1,k_{OD}=k_2,k_{EF_1}=k_3,k_{DF_1}=k_4$.

所以 $k_1k_2=-\frac{b^2}{a^2}=-\frac{3}{4}$（这是圆锥曲线中常用的一个结论，需要证明，可用联立法或点差法证明）.

又因为 $k_3=\frac{4}{3}k_1,k_4=\frac{4}{3}k_2$，由夹角公式，得：

$$\tan\angle OEF_1=\frac{k_3-k_1}{k_3k_1+1}=\frac{\frac{1}{3}k_1}{\frac{4}{3}k_1^2+1},$$

$$\tan\angle ODF_1=\frac{k_2-k_4}{k_2k_4+1}=\frac{-\frac{1}{3}k_2}{\frac{4}{3}k_2^2+1}=\frac{-\frac{1}{3}\left(-\frac{3}{4k_1}\right)}{\frac{4}{3}\left(-\frac{3}{4k_1}\right)^2+1}=\frac{\frac{1}{3}k_1}{\frac{4}{3}k_1^2+1}=\tan\angle OEF_1.$$

又因为$\angle OEF_1$，$\angle ODF_1$都是锐角，所以$\angle OEF_1=\angle ODF_1$.

例 8　1　【解析】由$M(-1,2)$，$N(1,4)$得直线MN的方程为$y=x+3$交x轴于点$P_0(-3,0)$. 令$P(t,0)$，则$k_{MP}=\frac{2}{-1-t}$，$k_{NP}=\frac{4}{1-t}$，设$\angle MPN=\theta$.

(1)当$t=-3$时，$\theta=0$；

(2)当$t>-3$时，直线l_{mp}的倾斜角较大，$\tan\theta=\frac{k_{MP}-k_{NP}}{1+k_{MP}k_{NP}}=\frac{2t+6}{t^2+7}$.

令$x=t+3>0$，则$\tan\theta=\frac{2t+6}{t^2+7}=\frac{2x}{x^2-6x+16}=\frac{2}{x+\frac{16}{x}-6}\leqslant\frac{2}{2\sqrt{x\cdot\frac{16}{x}}-6}=1(\tan\theta>0)$，此时$x=4$，$t=1$，

故θ的最大值为$\frac{\pi}{4}$.

(3)当$t<-3$时，直线l_{NP}的倾斜角较大，$\tan\theta=\frac{k_{NP}-k_{MP}}{1+k_{MP}\cdot k_{NP}}=-\frac{2t+6}{t^2+7}$，$x=-(t+3)>0$，则$\tan\theta=-\frac{2t+6}{t^2+7}=\frac{2x}{x^2+6x+16}=\frac{2}{x+\frac{16}{x}+6}\leqslant\frac{2}{2\sqrt{x\cdot\frac{16}{x}}+6}=\frac{1}{7}(\tan\theta>0)$，此时$x=4$，$t=-7$，$\tan\theta$的最大值为$\frac{1}{7}$.

由于$\theta\in[0,\pi)$，且$\tan\theta$在$\theta\in[0,\pi)$上单调递增，所以$\tan\theta\in[0,1]$，此时θ的最大值为$\frac{\pi}{4}$，此时$t=1$.

例 9　$7x-y-17=0$　【解析】由题意知直线AC的斜率为$k_{AC}=\frac{(-2)-4}{-5-3}=\frac{3}{4}$，直线$AB$的斜率为$k_{AB}=\frac{0-4}{6-3}=-\frac{4}{3}$，假设角$A$的平分线所在的直线方程的斜率为$k$且角平分线与$BC$交于点$D$，则由角平分线知$\angle CAD=\angle DAB$，从而可得$\frac{k_{AC}-k}{1+k_{AC}\cdot k}=\frac{k-k_{AB}}{1+k\cdot k_{AB}}$，即$\frac{\frac{3}{4}-k}{1+\frac{3}{4}k}=\frac{k+\frac{4}{3}}{1-\frac{4}{3}k}$，解得$k=7$，从而所求角$A$的平分线方程为$y-4=7(x-3)$，即$7x-y-17=0$.

例 10　【解析】由$f(x)=\left|2x-2\sqrt{4-(x-2)^2}+7\right|=\sqrt{2^2+2^2}\left|\frac{2x-2\sqrt{4-(x-2)^2}+7}{\sqrt{2^2+2^2}}\right|$，

$\left|\frac{2x-2\sqrt{4-(x-2)^2}+7}{\sqrt{2^2+2^2}}\right|$表示点$P(x,\sqrt{4-(x-2)^2})$到直线$2x-2y+7=0$的距离. 显然点$P(x,\sqrt{4-(x-2)^2})$在$(x-2)^2+y^2=4$的上半圆上.

如下图所示，过圆心A作直线$2x-2y+7=0$的垂线，交直线于点C，交圆于点E，在过圆最右端点B作

直线 $2x-2y+7=0$ 的垂线，交直线于点 D.

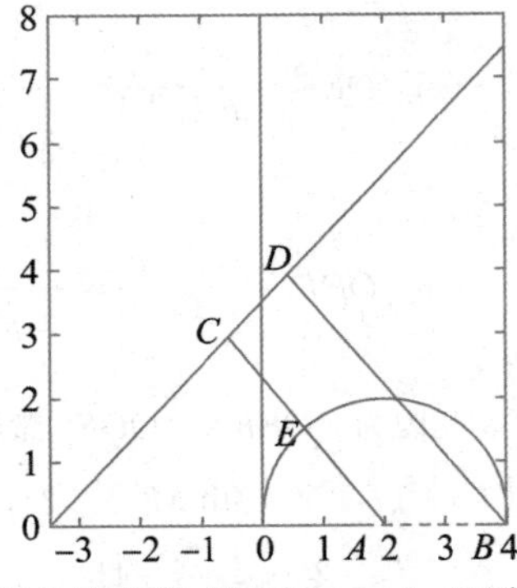

结合图象可知，AC 是点 $A(2,0)$ 到直线的距离，BD 是点 $B(4,0)$ 到直线的距离，AE 为圆的半径，$CE=AC-AE=\left|\frac{2\times2-2\times0+7}{\sqrt{2^2+2^2}}\right|-2=\frac{11\sqrt{2}-8}{4}$，$BD=\left|\frac{2\times4-2\times0+7}{\sqrt{2^2+2^2}}\right|=\frac{15\sqrt{2}}{4}$.

从而 $2\sqrt{2}CE\leqslant f(x)\leqslant2\sqrt{2}BD$，即 $11-4\sqrt{2}\leqslant f(x)\leqslant15$.

所以 $f(x)$ 的最小值为 $11-4\sqrt{2}$，最大值为 15.

例 11　$\frac{15}{4}$　【解析】AB 边的长度是一个定值 $3\sqrt{2}$，我们只需求出 AB 边上高的最小值. 设 $P(x_0,y_0)$，P 到 AB 边上的距离 $h=\frac{|x_0-y_0+3|}{\sqrt{2}}=\frac{\left|\frac{y_0^2}{2}-y_0+3\right|}{\sqrt{2}}=\frac{\frac{y_0^2}{2}-y_0+3}{\sqrt{2}}$，显然，当 $y_0=1$ 时，h 取得最小值 $\frac{5}{2\sqrt{2}}$，此时三角形的面积为 $\frac{15}{4}$.

例 12　B　【解析】易知点 P 到点 $A(0,-1)$ 的距离与到点 $C(-1,0)$ 的距离相等，故 $|PB|-|PA|=|PB|-|PC|$，而 B,C 在直线 $y=x$ 的同侧，从而 $|PB|-|PC|\leqslant|BC|=\sqrt{5}$，当且仅当点 P 是射线 BC 与直线 $y=x$ 的交点时取得.

故选 B.

例 13　【解析】点 A 与点 B 在直线 $x+y-4=0$ 的同一侧，做点 B 关于直线 $x+y-4=0$ 的对称点 $C(4,3)$，则 $|AP|+|BP|=|AP|+|PC|\geqslant|AC|=\sqrt{34}$，

当且仅当 P 为 AC 与直线 $x+y-4=0$ 的交点时取等号，故所求最小值为 $\sqrt{34}$.

§9.2　曲线与方程

例 1　C　【解析】设 $P(x,y)$，则可直接利用已知条件列出关于 x,y 的等式，化简即可.

设 $P(x,y)$，所以 $\frac{d_{P-l}}{|PA|}=\frac{|x-3|}{\sqrt{(x-1)^2+y^2}}=\frac{\sqrt{3}}{3}$

所以 $3|x-3|=\sqrt{3[(x-1)^2+y^2]}\Rightarrow3(x-3)^2=(x-1)^2+y^2$

$\Rightarrow2x^2-16x-y^2=-26\Rightarrow2(x-4)^2-y^2=6\Rightarrow\frac{(x-4)^2}{3}-\frac{y^2}{6}=1$

从而选 C.

例 2　$x^2-\frac{y^2}{3}=1(x\geqslant1)$ 或 $y=0(-1<x<2)$　【解析】通过作图可得 $\angle MBA=2\angle MAB$ 等价的条件为直线 MA，MB 的斜率的关系，设 $\angle MAB=\alpha$，则 $\angle MBA=2\alpha$，则可通过 MA，MB 的斜率关系得到动点 M 的方程.

若 M 在 x 轴上方，则 $k_{MA}=\tan\alpha$，$k_{MB}=-\tan2\alpha$，所以 $k_{MB}=-\frac{2k_{MA}}{1-k_{MA}^2}$.

因为 $k_{MA}=\frac{y}{x+1}$，$k_{MB}=\frac{y}{x-2}$ 代入可得：

$\frac{y}{x-2}=-\frac{2\cdot\frac{y}{x+1}}{1-\left(\frac{y}{x+1}\right)^2}\left(2\alpha\neq\frac{\pi}{2}\right)$,化简可得:$3x^2-y^2=3$ 即 $x^2-\frac{y^2}{3}=1$.

若 M 在 x 轴下方,则 $k_{MA}=-\tan\alpha$,$k_{MB}=\tan2\alpha$,同理可得:$x^2-\frac{y^2}{3}=1$;

当 $2\alpha=\frac{\pi}{2}$ 时,即△MAB 为等腰直角三角形,$M(2,3)$ 或 $M(2,-3)$ 满足上述方程;

所以当 x 在一、四象限时,轨迹方程为 $x^2-\frac{y^2}{3}=1(x\geqslant1)$.

当 M 在线段 AB 上时,同样满足 $\angle MBA=2\angle MAB=0$,所以线段 AB 的方程 $y=0(-1<x<2)$ 也为 M 的轨迹方程.

综上所述:M 的轨迹方程为 $x^2-\frac{y^2}{3}=1(x\geqslant1)$ 或 $y=0(-1<x<2)$.

例 3　$y=7x-17$　【解析】如图,设角 A 的平分线交 BC 于点 D,则由角平分线定理,得

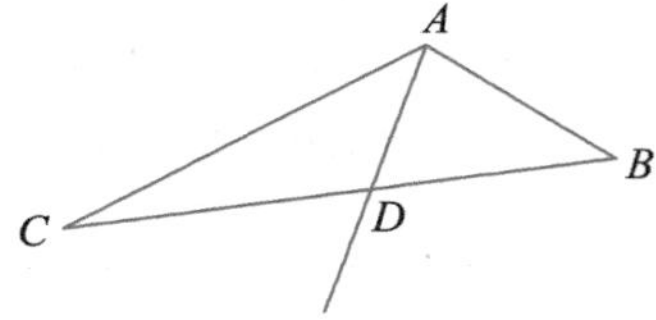

$\frac{CD}{DB}=\frac{AC}{AB}=\frac{\sqrt{8^8+6^2}}{\sqrt{3^2+4^2}}=2$,即 $\overrightarrow{CD}=\frac{2}{3}\overrightarrow{CB}$,可求得 D 点的坐标为 $\left(\frac{7}{3},-\frac{2}{3}\right)$,所以 $k_{AD}=\frac{4+\frac{2}{3}}{3-\frac{7}{3}}=7$,故直线 AD 的方程为 $y=7x-17$.

例 4　【解析】设 $M(x,y)$,$P(x_0,y_0)$,由抛物线 $y^2=4x$ 可得:$F(1,0)$,且 $y_0^2=4x_0$,故利用向量关系得到 x,y 与 x_0,y_0 的关系,从而利用代入法将 x_0,y_0 用 x,y 进行表示,代入到 $y_0^2=4x_0$ 即可.

所以 $\overrightarrow{FP}=(x_0-1,y_0)$,$\overrightarrow{FM}=(x-1,y)$

因为 $\overrightarrow{FP}=2\overrightarrow{FM}$　所以 $\begin{cases}x_0-1=2(x-1),\\y_0=2y,\end{cases}\Rightarrow\begin{cases}x_0=2x-1,\\y_0=2y.\end{cases}$　①

因为 P 在 $y^2=4x$ 上　所以 $y_0^2=4x_0$,将①代入可得 $(2y)^2=4(2x-1)$,即 $y^2=2x-1$.

例 5　A　【解析】如图所示,不妨设圆 O 是单位圆,并设 P 点坐标为 (a,b).

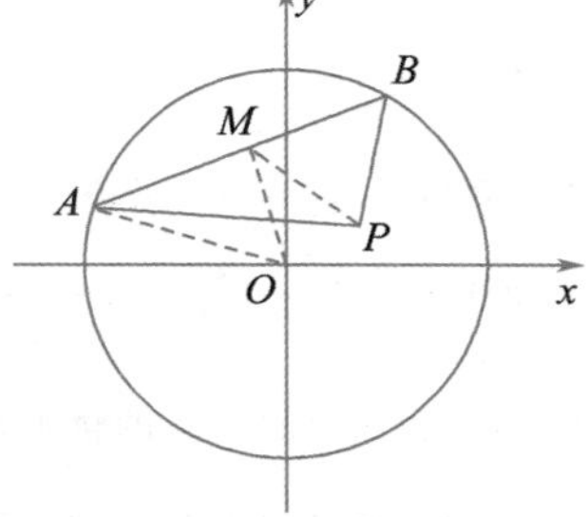

设 $M(x,y)$,连接 OA,OM,MP,则 $OM\perp AB$,

$|AM|=|PM|$,所以 $|OA|^2=|OM|^2+|AM|^2=|OM|^2+|PM|^2$

从而即得 $1=(x^2+y^2)+[(x-a)^2+(y-b)^2]$,

即 $\left(x-\frac{a}{2}\right)^2+\left(y-\frac{b}{2}\right)^2=\frac{2-a^2-b^2}{4}$,进而可得点 $M(x,y)$ 的轨迹是圆.

例 6　【解析】从运动的角度观察发现,点 M 的运动是由直线 l_1 引发的,可设出 l_1 的斜率 k 作为参数,建立动点 M 坐标 (x,y) 满足的参数方程.

设 $M(x,y)$,设直线 l_1 的方程为 $y-4=k(x-2)$,$(k\neq0)$

由 $l_1\perp l_2$ 则直线 l_2 的方程为 $y-4=-\frac{1}{k}(x-2)$

所以 l_1 与 x 轴交点 A 的坐标为 $\left(2-\frac{4}{k},0\right)$，$l_2$ 与 y 轴交点 B 的坐标为 $\left(0,4+\frac{2}{k}\right)$.

因为 M 为 AB 的中点，所以 $\begin{cases} x=\dfrac{2-\frac{4}{k}}{2}=1-\dfrac{2}{k}, \\ y=\dfrac{4+\frac{2}{k}}{2}=2+\dfrac{1}{k}, \end{cases}$（$k$ 为参数）消去 k，得 $x+2y-5=0$.

另外，当 $k=0$ 时，AB 中点为 $M(1,2)$，满足上述轨迹方程；

当 k 不存在时，AB 中点为 $M(1,2)$，也满足上述轨迹方程.

综上所述，M 的轨迹方程为 $x+2y-5=0$.

例 7 $\frac{x^2}{q^2}-\frac{y^2}{p^2-q^2}=1(x>q)$ 【解析】如图，设△ABC 与其内切圆切于 M,N,P，根据内切圆的性质，$CM=CN$，$AM=AP$，$BP=BN$，于是 $CA-CB=CM+AM-CN-NB=AP-BP=2q$，根据双曲线的定义，点 C 的轨迹是以 A,B 为焦点的双曲线，且 $a=q$，$c=p$，从而 $b^2=p^2-q^2$，于是得双曲线方程为 $\frac{x^2}{q^2}-\frac{y^2}{p^2-q^2}=1$. 根据 $CA-CB>0$，可着判断 C 在双曲线的右支上，且点 C 不在线段 AB 上，从而 $x>q$. 故所求顶点 C 的轨迹方程为 $\frac{x^2}{q^2}-\frac{y^2}{p^2-q^2}=1(x>q)$.

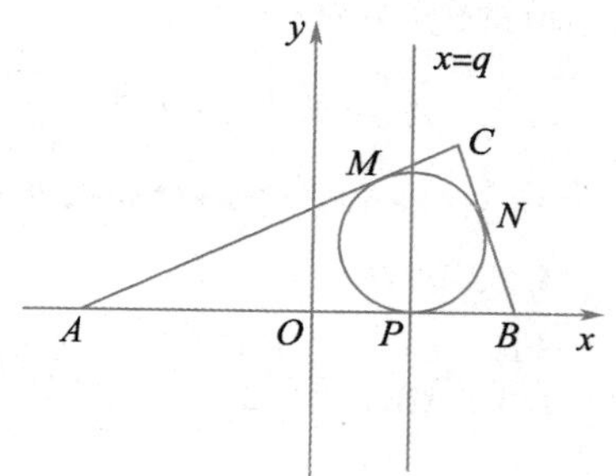

例 8 【解析】**（方法一）**令 $M(x_1,y_1)$，则 $N(x_1,-y_1)$，而 $A(-a,0)$，$B(a,0)$.

设 AM 与 NB 的交点为 $P(x,y)$，

因为 A,M,P 三点共线，所以 $\frac{y}{x+a}=\frac{y_1}{x_1+a}$；

又因为 N,B,P 三点共线，所以 $\frac{y}{x-a}=-\frac{y_1}{x_1-a}$，两式相乘，得

$\frac{y^2}{x^2-a^2}=-\frac{y_1^2}{x_1^2-a^2}$，而 $\frac{x_1^2}{a^2}+\frac{y_1^2}{b^2}=1$，即 $y_1^2=\frac{b^2(a^2-x_1^2)}{a^2}$，代入上式，得 $\frac{x^2}{x^2-a^2}=\frac{b^2}{a^2}$，即交点 P 的轨迹方程为 $\frac{x^2}{a^2}-\frac{y^2}{b^2}=1$.

（方法二）设 $M(a\cos\theta,b\sin\theta)$，则 $N(a\cos\theta,-b\sin\theta)$

所以 $\frac{y}{x+a}=\frac{b\sin\theta}{a\cos\theta+a}$，$\frac{y}{x-a}=-\frac{b\sin\theta}{a\cos\theta-a}$，两式相乘消去 θ，

即可得所求的 P 点的轨迹方程为 $\frac{x^2}{a^2}-\frac{y^2}{b^2}=1$.

本例的两种解法中，方法一利用点的坐标作为参数，方法二利用角作为参数，其实质是一样的，均是通过消参得到点 P 的轨迹方程.

例 9 【解析】设 $R(x,y)$，因为 $F(0,1)$，所以平行四边形 $AFBR$ 的中心为 $P\left(\frac{x}{2},\frac{y+1}{2}\right)$. 设 $A(x_1,y_1)$，$B(x_2,y_2)$，则有 $x_1^2=4y_1$，$x_2^2=4y_2$. 两式作差，得 $(x_1-x_2)(x_1+x_2)=4(y_1-y_2)$，从而得 $x_1+x_2=4k$，k 为直线 l 的斜率.

而 P 为 AB 的中点且直线 l 过点 $(0,-1)$，所以 $x_1+x_2=2\times\frac{x}{2}=x, k_l=\frac{\frac{y+1}{2}+1}{\frac{x}{2}}=\frac{y+3}{x}$ 代入 $x_1+x_2=4k$. 可得 $x=4\times\frac{y+3}{x}$，化简可得 $x^2=4y+12$，即 $y=\frac{x^2-12}{4}$.

由点 $P\left(\frac{x}{2},\frac{y+1}{2}\right)$ 在抛物线内，可得 $\left(\frac{x}{2}\right)^2<4\times\frac{y+1}{2}$，即 $x^2<8(y+1)$

将 $y=\frac{x^2-12}{4}$ 式代入 $x^2<8(y+1)$ 可得 $x^2<8\left(\frac{x^2-12}{4}+1\right)\Rightarrow x^2>16\Rightarrow|x|>4$

故动点 R 的轨迹方程为 $x^2=4(y+3)(|x|>4)$.

§9.3　圆

例 1　【解析】设 AB 的中点为 R，坐标为 (x,y)，则在 $\mathrm{Rt}\triangle ABP$ 中，$|AR|=|PR|$，又因为 R 是弦 AB 的中点，依垂径定理：在 $\mathrm{Rt}\triangle OAR$ 中，$|AR|^2=|AO|^2-|OR|^2=36-(x^2+y^2)$. 又 $|AR|=|PR|=\sqrt{(x-4)^2+y^2}$，

所以有 $(x-4)^2+y^2=36-(x^2+y^2)$，即 $x^2+y^2-4x-10=0$.

因此点 R 在一个圆上，而当 R 在此圆上运动时，Q 点即在所求的轨迹上运动.

设 $Q(x,y)$，$R(x_1,y_1)$，因为 R 是 PQ 的中点，所以 $x_1=\frac{x+4}{2}$，$y_1=\frac{y+0}{2}$，

代入方程 $x^2+y^2-4x-10=0$，得 $\left(\frac{x+4}{2}\right)^2+\left(\frac{y}{2}\right)^2-4\cdot\frac{x+4}{2}-10=0$.

整理得：$x^2+y^2=56$，这就是所求的轨迹方程.

例 2　$\frac{\sqrt{5}}{5}$　【解析】依题意，得 $\overrightarrow{OC}=x(1,0)+y(3,4)=(x+3y,4y)$，由 $x+y=4$，从而 $\overrightarrow{OC}=(2y+4,4y)$，则点 C 在直线 l：$2x-y-8=0$ 上运动.

设线段 AB 的中点为 Q，则点 P 在以 $Q(2,2)$ 为圆心，$\sqrt{5}$ 为半径的圆上运动.

又点 Q 到直线 l 的距离为 $d=\frac{6}{\sqrt{5}}$，则 $|\overrightarrow{PC}|_{\min}=d-\sqrt{5}=\frac{\sqrt{5}}{5}$.

例 3　【解析】圆 C 的方程可化为 $(x-2)^2+(y-1)^2=1$，所以圆心 C 的坐标为 $(2,1)$，半径为 1. 因为四边形 $PACB$ 的面积为 3，所以 $|PA|\cdot 1=3$. 在直角三角形 PAC 中，由勾股定理，可得 $|PC|^2=\sqrt{|PA|^2+|AC|^2}=\sqrt{10}$. 设 $P(a,-a-1)$，则 $\sqrt{(a-2)^2+(-a-2)^2}=\sqrt{10}$，解得 $a=-1$ 或 $a=1$.

例 4　【解析】如图，$x^2+y^2\leqslant 4x-4y-6\Leftrightarrow(x-2)^2+(y+2)^2\leqslant 2$，点 P 所构成的图形为以 $C(2,-2)$ 为圆心，$\sqrt{2}$ 为半径的圆在 $x=1$ 右侧部分的圆面，如图所示：易知 $\angle ACB=\frac{\pi}{2}$，从而所求面积 $S=\pi\times(\sqrt{2})^2-\frac{1}{4}\pi\times(\sqrt{2})^2+S_{\triangle ABC}=\frac{3}{2}\pi+1$.

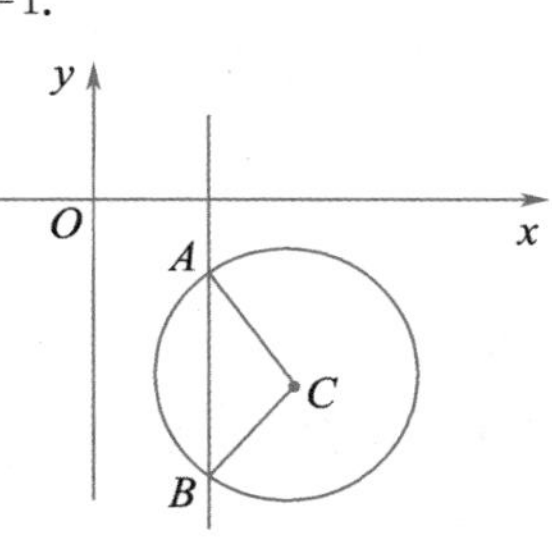

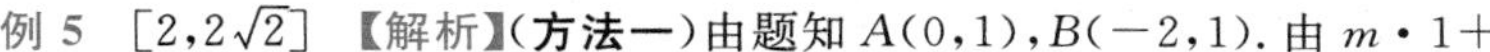
例 5　$[2,2\sqrt{2}]$　【解析】**(方法一)** 由题知 $A(0,1)$，$B(-2,1)$. 由 $m\cdot 1+$

$1\cdot(-m)=0$，可得 $l_1\perp l_2$. 所以点 P 的轨迹是以线段 AB 为直径的圆，圆心为 $(-1,1)$，半径 $r=1$，所以点 P 所满足的圆的方程为 $(x+1)^2+(y-1)^2=1$. 设 $P(-1+\cos\alpha,1+\sin\alpha)$，从而得 $(|PA|+|PB|)^2=$

$$\left[\sqrt{(-1+\cos\alpha)^2+(\sin\alpha)^2}+\sqrt{(1+\cos\alpha)^2+(\sin\alpha)^2}\right]$$

$$=(\sqrt{2-2\cos\alpha}+\sqrt{2+2\cos\alpha})^2=4\left(\left|\sin\frac{\alpha}{2}\right|+\left|\cos\frac{\alpha}{2}\right|\right)^2=4(1+|\sin\alpha|).$$

进而可得 $(|PA|+|PB|)^2$ 的取值范围是 $[4,8]$，$|PA|+|PB|$ 的取值范围是 $[2,2\sqrt{2}]$.

(方法二) 由题知 $A(0,1)$，$B(-2,1)$. 由 $m\cdot 1+1\cdot(-m)=0$，可得 $l_1\perp l_2$. 所以点 P 的轨迹是以线段 AB 为直径的圆. 可得 $|PA|^2+|PB|^2=|AB|^2=4$，所以可设 $\angle PAB=\theta$，则 $0\leqslant\theta\leqslant\frac{\pi}{2}$. 从而 $|PA|=2\cos\theta$，$|PB|=2\sin\theta$，可得

$$|PA|+|PB|=2(\cos\theta+\sin\theta)=2\sqrt{2}\sin\left(\theta+\frac{\pi}{4}\right)\left(0\leqslant\theta\leqslant\frac{\pi}{2}\right).$$

进而，可得 $|PA|+|PB|$ 的取值范围是 $[2,2\sqrt{2}]$.

例 6　36　**【解析】** 令 $t+\frac{\pi}{6}=\theta$，则 $x=3+\sin\theta$，$y=4+\cos\theta$，

因此，其轨迹是以 $(3,4)$ 为圆心，半径为 1 的圆.

故 $x^2+y^2\leqslant\left(\sqrt{(3^2+4^2)}+1\right)^2=36$. 即 x^2+y^2 的最大值为 36.

例 7　**【解析】(方法一)** 设 $A(x_1,y_1)$，$B(x_2,y_2)$，由 $\angle AOB=90^\circ$，得 $\overrightarrow{OA}\cdot\overrightarrow{OB}=0$，即 $x_1x_2+y_1y_2=0$，从而得 $\frac{1}{64}y_1^2y_2^2+y_1y_2=0$，解得 $y_1y_2=-64$.

由于切线方程为 $x_0x+y_0y=4(x_0\neq0)$，与抛物线方程联立后，消去 x，得 $x_0y^2+8y_0y-32=0$，由韦达定理，得 $y_1y_2=-\frac{32}{x_0}=-64$，解得 $x_0=\frac{1}{2}$.

(方法二) 我们可以先推导一个一般性的结论：直线 l 交抛物线 $y^2=2px$ 于 A，B 两点，若 $OA\perp OB$，则直线 l 过定点 $(2p,0)$.

证明如下：假设 $A(x_1,y_1)$，$B(x_2,y_2)$，则有 $\begin{cases}y_1^2=2px_1\\y_2^2=2px_2\end{cases}$，从而 $y_1^2y_2^2=4p^2x_1x_2$.

又由于 $OA\perp OB$，从而 $\overrightarrow{OA}\cdot\overrightarrow{OB}=0$，即 $x_1x_2+y_1y_2=0$，从而得 $4p^2x_1x_2+4p^2y_1y_2=0$，即 $y_1^2y_2^2+4p^2y_1y_2=0$，所以 $y_1y_2=-4p^2$.

假设直线 l 的方程为 $x=my+a$，联立 $y^2=2px$，整理，得 $y^2-2pmy-2pa=0$，所以 $y_1y_2=-4p^2=-2pa$，解得 $a=2p$，即直线 l 过定点 $(2p,0)$.

由上面的推论，我们可以快速得到问题的解答如下：

因为 $\angle AOB=90^\circ$，所以直线 AB 恒过定点 $(8,0)$，而切线方程为 $x_0x+y_0y=4$，从而 $8x_0=4$，解得 $x_0=\frac{1}{2}$.

例 8　B　**【解析】** 设 $A'(m,n)$，则 $\begin{cases}\dfrac{\frac{\sqrt{3}}{2}-n}{\frac{1}{2}-m}=-\dfrac{1}{k}\\[2ex]\dfrac{\frac{\sqrt{3}}{2}+n}{2}=\dfrac{k\left(\frac{1}{2}+m\right)}{2}\end{cases}$，即 $\begin{cases}\dfrac{\sqrt{3}-2n}{1-2m}=-\dfrac{1}{k}\\[2ex]\dfrac{2n+\sqrt{3}}{2m+1}=k\end{cases}$，两式相乘，得 $m^2+n^2=1$.

又$(m-2)^2+n^2=1$，得 $m=1,n=0$，所以 $k=\frac{2n+\sqrt{3}}{2m+1}=\frac{\sqrt{3}}{3}$. 故选 B.

例 9 【解析】如右图所示，可得题设即求点 A 关于 y 轴的对称点 $A'(1,-1)$到圆上一点的距离的最小值. 题设中的圆心为 $B(5,7)$，连接 $A'B$ 与该圆交于点 P，可得所求答案为$|A'P|=|A'B|-|BP|=6\sqrt{2}-1$.

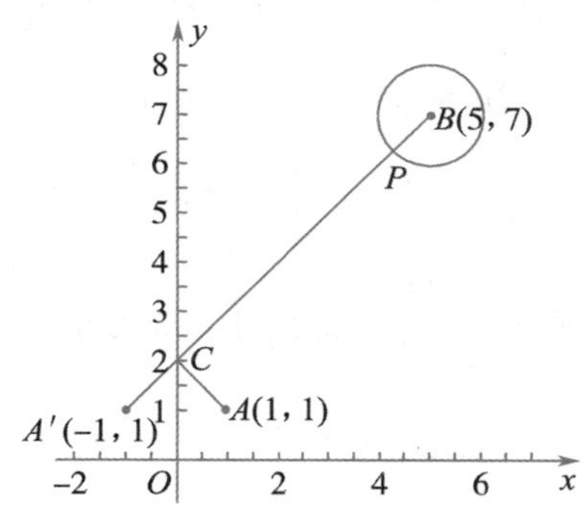

直线被圆截得的弦长的求法：

运用弦心距 d、半径 r 及弦的一半构成的直角三角形，计算弦长 $|AB|=2\sqrt{r^2-d^2}$.

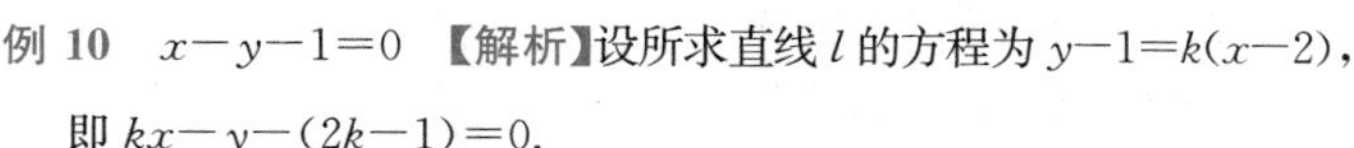

例 10　$x-y-1=0$　【解析】设所求直线 l 的方程为 $y-1=k(x-2)$，即 $kx-y-(2k-1)=0$.

由$|AB|=2\sqrt{2}$，半径 $r=2$，从而圆心 $C(1,2)$到直线 l 的距离 $d=\sqrt{2}$，

从而$\frac{|k-2-(2k-1)|}{\sqrt{k^2+1}}=\sqrt{2}$，即 $\sqrt{(k-1)^2}=0$. 解得 $k=1$.

从而所求直线 l 的方程为 $x-y-1=0$.

§9.4　线性规划

例 1　25　【解析】不等式$|x+2y|+|3x+4y|\leqslant 5$ 可化为：

$$(1)\begin{cases}x+2y\geqslant 0\\3x+4y\geqslant 0\\4x+6y\leqslant 5\end{cases};(2)\begin{cases}x+2y\geqslant 0\\3x+4y\leqslant 0\\2x+2y\geqslant -5\end{cases};(3)\begin{cases}x+2y\leqslant 0\\3x+4y\geqslant 0\\2x+2y\leqslant 5\end{cases};(4)\begin{cases}x+2y\leqslant 0\\3x+4y\leqslant 0\\4x+6y\geqslant -5\end{cases}.$$

从而，不等式所表示的平面区域如图所示：

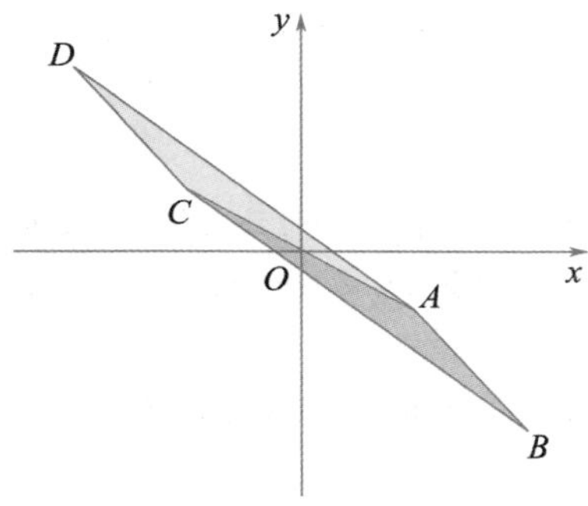

由对称性可知，该平面区域是一个平行四边形，且 $A\left(5,-\frac{5}{2}\right)$，$B\left(10,-\frac{15}{2}\right)$，$C\left(-5,\frac{5}{2}\right)$，$D\left(-10,\frac{15}{2}\right)$.

从而 $S_{\triangle AOB}=\frac{1}{2}|x_1y_2-x_2y_1|=\frac{1}{2}\left|5\times\left(-\frac{15}{2}\right)-\left(-\frac{5}{2}\right)\times 10\right|=\frac{25}{4}$.

从而所求平面区域的面积 $S=4S_{\triangle AOB}=4\times\frac{25}{4}=25$.

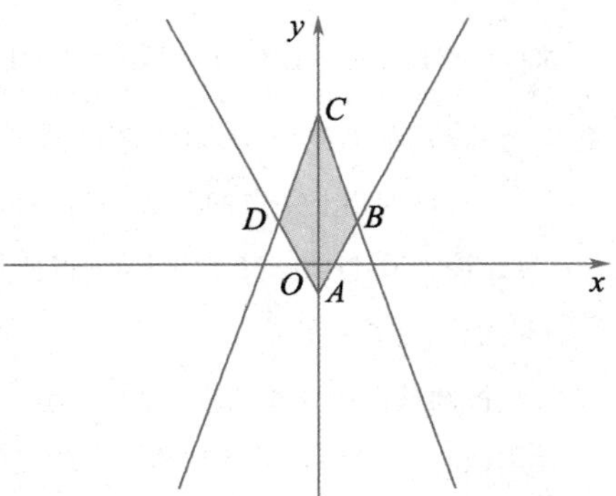

例 2　C　【解析】由题设不等式组，可得如图所示的平面区域，其中 $A(0,-1)$，$B\left(\frac{6}{5},\frac{7}{5}\right)$，$C(0,5)$，$D\left(-\frac{6}{5},\frac{7}{5}\right)$，进而可求得四边形 $ABCD$ 的面积为 $\frac{1}{2}|AC|\cdot|BD|=\frac{1}{2}(5+1)\cdot\left(\frac{6}{5}+\frac{6}{5}\right)=\frac{36}{5}$. 故选 C.

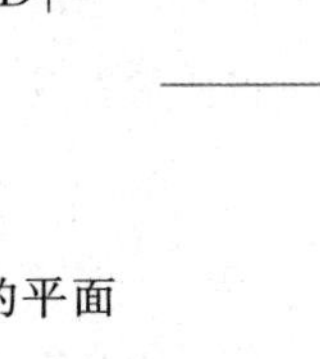

例 3　$\frac{9}{2}$　【解析】作出不等式组 $\begin{cases}x-y\leqslant 0\\x+y-3\leqslant 0\\x\geqslant 0\end{cases}$ 所表示的平面区域如图所示：

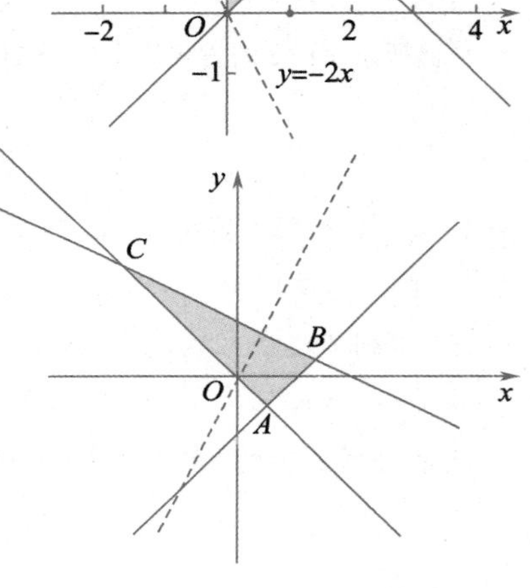

因为 $z=2x+y$ 表示直线 $l:y=-2x$ 向右上方平行移动时在 y 轴上的截距，数形结合，易知当直线 l 移动过程中经过点 A 时，截距最大，此时 $z=2x+y$ 最大.

由 $\begin{cases}x-y=0\\x+y=3\end{cases}\Rightarrow\begin{cases}x=\frac{3}{2}\\y=\frac{3}{2}\end{cases}$，即点 $A\left(\frac{3}{2},\frac{3}{2}\right)$.

此时，$z_{\max}=2\times\frac{3}{2}+\frac{3}{2}=\frac{9}{2}$，从而答案为 $\frac{9}{2}$.

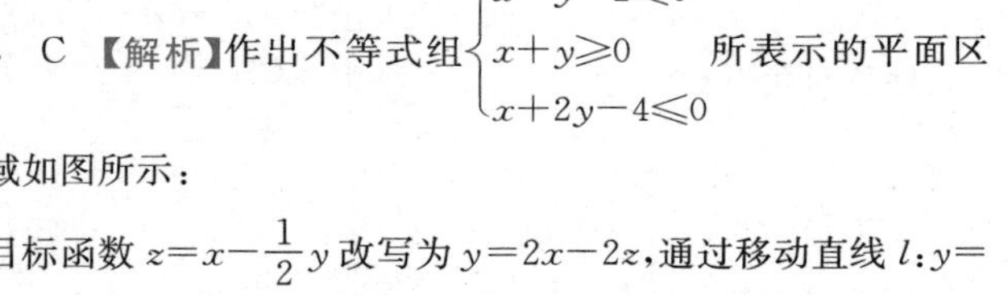

例 4　C　【解析】作出不等式组 $\begin{cases}x-y-2\leqslant 0\\x+y\geqslant 0\\x+2y-4\leqslant 0\end{cases}$ 所表示的平面区域如图所示：

目标函数 $z=x-\frac{1}{2}y$ 改写为 $y=2x-2z$，通过移动直线 $l:y=2x$ 可知，当直线 l 通过点 B 时，能使截距 $-2z$ 取得最小值，而由 $\begin{cases}x-y-2=0\\x+2y-4=0\end{cases}$，解得 $B\left(\frac{8}{3},\frac{2}{3}\right)$，此时 $z=\frac{8}{3}-\frac{1}{2}\times\frac{2}{3}=\frac{7}{3}$. 故选 C.

这类问题的解决，关键在于能够正确理解线性约束条件所表示的几何意义，并作出图形，利用简单线性规划求最优解的方法求出最优解及目标函数的最大值与最小值.

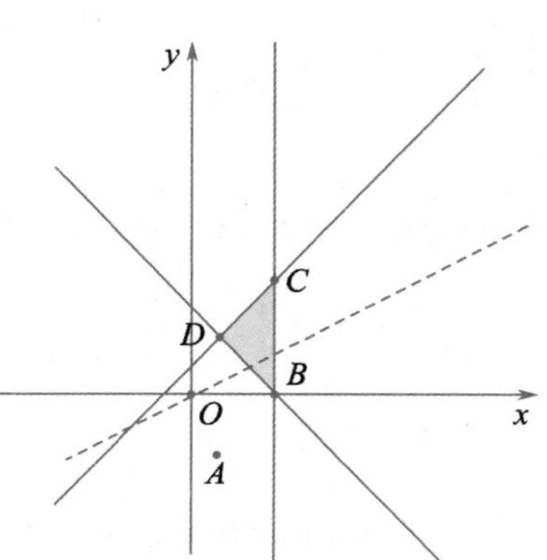

例 5　D　【解析】作出不等式组 $\begin{cases}x-y+1\geqslant 0,\\x+y-3\geqslant 0,\\x-3\leqslant 0,\end{cases}$ 所表示的平面区域如图所示：

下面我们来研究目标函数，$\overrightarrow{OM}$ 在 $\overrightarrow{OA}$ 方向上的投影记为 z，则 $z=\frac{\overrightarrow{OM}\cdot\overrightarrow{OA}}{|\overrightarrow{OA}|}=\frac{x-2y}{\sqrt{5}}$，改写目标函数为 $y=\frac{1}{2}x-\frac{\sqrt{5}}{2}z$，通过移动直线 $l:y=\frac{1}{2}x$ 可以发现当直线 l 过点 C 时，能使得截距 $-\frac{\sqrt{5}}{2}z$ 取得最大值.

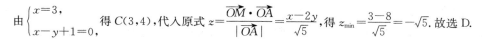

由$\begin{cases}x=3,\\x-y+1=0,\end{cases}$得 $C(3,4)$，代入原式 $z=\dfrac{\overrightarrow{OM}\cdot\overrightarrow{OA}}{|\overrightarrow{OA}|}=\dfrac{x-2y}{\sqrt{5}}$，得 $z_{\min}=\dfrac{3-8}{\sqrt{5}}=-\sqrt{5}$. 故选 D.

例 6 【解析】约束区域即为四条直线 $x+y=1$，$x-y=1$，$-x+y=1$，$-x-y=1$ 所围成的区域.

当 $a\geqslant1$ 时，如下图，设直线 l_0：$ax-y=0$，作一组平行于 l_0 的直线 $ax-y=t$，当直线位于 l_1 位置，即 l_1 过点$(-1,0)$时，t 取得最小值$-a$；当直线位于 l_2 位置，即 l_2 过点$(1,0)$时，t 取得最大值 a.

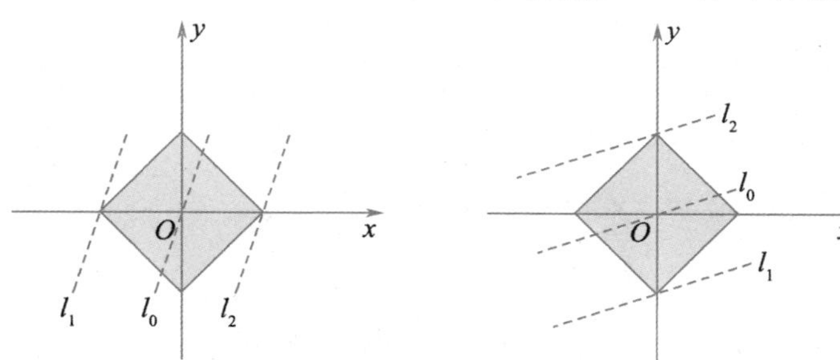

当 $0<a<1$ 时，如图所示，设直线 l_0：$ax-y=0$，作一组平行于 l_0 的直线 $ax-y=t$，当直线位于 l_1 位置，即 l_1 过点$(0,-1)$时，t 取得最大值 1；当直线位于 l_2 位置，即 l_2 过点$(0,1)$时，t 取得最小值-1.

综上所述，当 $a\geqslant1$ 时，$ax-y(a>0)$的最大值为 a，最小值为$-a$；当 $0<a<1$ 时，$ax-y(a>0)$的最大值为 1，最小值为-1.

例 7 【解析】如例 6 一样，约束区域即为四条直线 $x+y=1$，$x-y=1$，$-x+y=1$，$-x-y=1$ 所围成的区域.

而$|z-1-\mathrm{i}|$表示点$(1,1)$到该区域内一点的距离，根据点到直线的距离公式及两点间的距离公式，显然 $\sqrt{2}\leqslant|z-1-\mathrm{i}|\leqslant\sqrt{5}$. 从而所求最大值为$\sqrt{5}$.

例 8 D 【解析】作出不等式组$\begin{cases}x+2y-4\leqslant0\\x-y-1\leqslant0\\x\geqslant1\end{cases}$所表示的平面区域如右图所示：

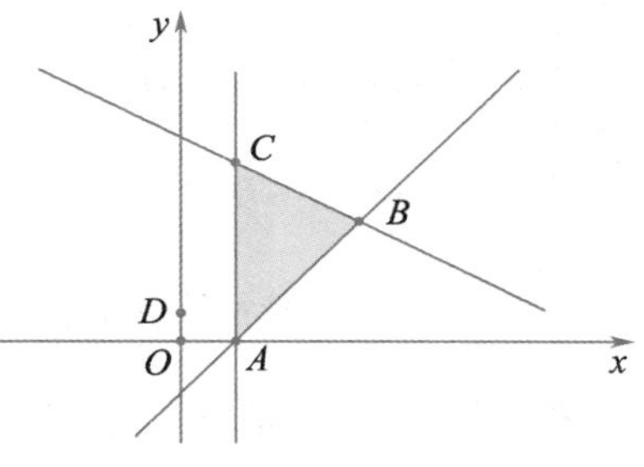

$x^2+\left(y-\dfrac{1}{2}\right)^2$ 表示可行域内的点到点 $D\left(0,\dfrac{1}{2}\right)$ 距离的平方.

点 D 到直线 $x=1$ 的距离为 1 时，有最小值 1；当 D 到 $B(2,1)$时，有最大值 $2^2+\left(\dfrac{1}{2}-1\right)^2=\dfrac{17}{4}$.

故选 D.

例 9 $\dfrac{1}{2}$ 【解析】由题设知点 A，B 在直线 $ax+by-1=0$ 的两侧，由线性规划知识"同侧同号，异侧异号"知，$(a\cdot0+b\cdot1-1)[a\cdot1+b\cdot(-1)-1]\leqslant0$，即$(b-1)(a-b-1)\leqslant0$.

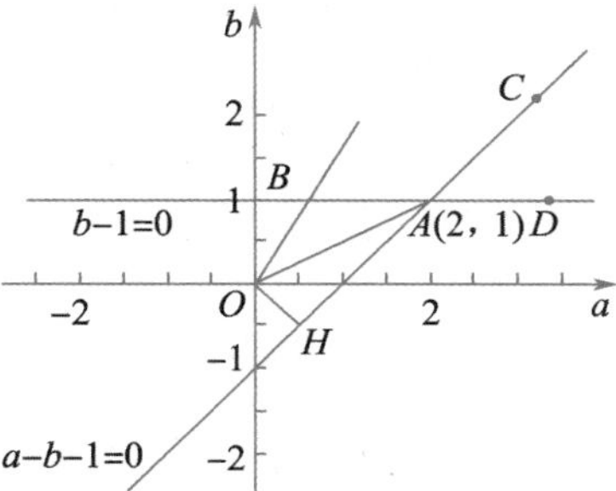

如图所示，在平面直角坐标系 aOb 中，其表示的区域是$\angle BAH$，$\angle CAD$ 的外部及其边界（记作区域 Ω）.

而 $a^2+b^2=\left[\sqrt{(a-0)^2+(b-0)^2}\right]^2$ 的几何意义是坐标原点 O 到点

$P(a,b)$距离的平方.

则由图可知,点 O 到直线 $a-b-1=0$ 的距离即为 a^2+b^2 的最小值,进而可得 a^2+b^2 的最小值为 $\left(\frac{1}{\sqrt{2}}\right)^2=\frac{1}{2}$.

例 10 $\left[\frac{69}{29},3\right]$ 【解析】根据 x,y 所满足的约束条件画出可行域,如图中阴影部分所示:

可得 $C(3,3)$,且 $A\left(\frac{5-\sqrt{21}}{2},\frac{5-\sqrt{21}}{2}\right)$,且 $x_B>3$.

设 $z=\frac{(x+2y)^2-3y^2}{x^2+y^2}=\frac{x^2+y^2+4xy}{x^2+y^2}=1+\frac{4xy}{x^2+y^2}=1+$

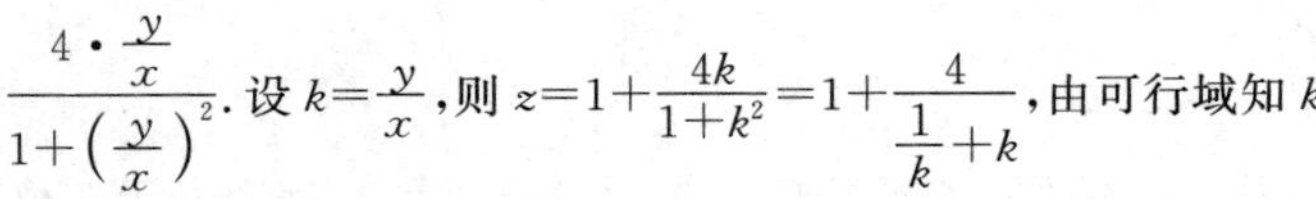

$\frac{4\cdot\frac{y}{x}}{1+\left(\frac{y}{x}\right)^2}$. 设 $k=\frac{y}{x}$,则 $z=1+\frac{4k}{1+k^2}=1+\frac{4}{\frac{1}{k}+k}$,由可行域知 k

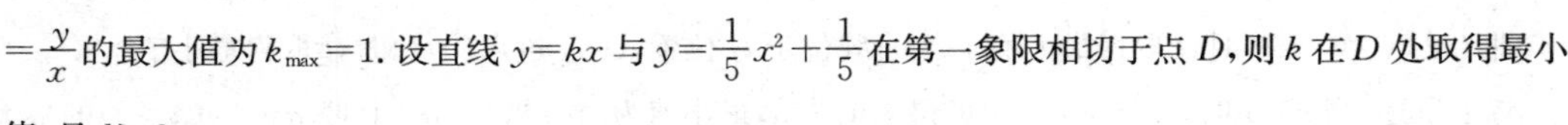

$=\frac{y}{x}$的最大值为 $k_{\max}=1$. 设直线 $y=kx$ 与 $y=\frac{1}{5}x^2+\frac{1}{5}$ 在第一象限相切于点 D,则 k 在 D 处取得最小值,且 $k>0$.

下面求 D 点坐标:

由 $\begin{cases}y=kx\\ y=\frac{1}{5}x^2+\frac{1}{5}\end{cases}$,整理,得 $x^2-5kx+1=0$.

$\Delta=25k^2-4$,令 $\Delta=0$,解得 $k=\frac{2}{5}$,或 $k=-\frac{2}{5}$(舍).

当 $k=\frac{2}{5}$ 时,解得 $x=1$,即 $D\left(1,\frac{2}{5}\right)$,故 $\frac{2}{5}\leqslant k\leqslant 1$.

设 $t=\frac{1}{k}+k\left(\frac{2}{5}\leqslant k\leqslant 1\right)$,则 t 在 $\left[\frac{2}{5},1\right]$ 上单调递减,

所以 $k=\frac{2}{5}$ 时,z 取得最小值 $\frac{69}{29}$;当 $k=1$ 时,z 取得最大值 3.

故 $\frac{(x+2y)^2-3y^2}{x^2+y^2}$ 的取值范围是 $\left[\frac{69}{29},3\right]$.

对于二元齐次分式形式的目标函数,常令 $k=\frac{y}{x}$ 进行换元,转化为一次函数求解.

例 11 $\sqrt{5}$ 【解析】一方面,我们先证明:对于曲线上任意两点 A,B,$|AB|\leqslant\sqrt{5}$. 注意到 $|AB|\leqslant|AO|+|OB|$(O 为坐标原点),所以只需证明,对于任意曲线动点 A,$|OA|\leqslant\frac{\sqrt{5}}{2}$. 记 $A(x_0,y_0)$,$|AO|=\sqrt{x_0^2+y_0^2}=\sqrt{x_0^2+1-x_0^4}=\sqrt{-\left(x_0-\frac{1}{2}\right)^2+\frac{5}{4}}\leqslant\frac{\sqrt{5}}{2}$,证毕.

另一方面,我们能找到两点 A,B 满足 $|AB|=\sqrt{5}$:$A\left(\frac{\sqrt{2}}{2},\frac{\sqrt{3}}{2}\right)$,$B\left(-\frac{\sqrt{2}}{2},-\frac{\sqrt{3}}{2}\right)$.

综上所述,曲线 $x^4+y^2=1$ 的直径为 $\sqrt{5}$.

本题看似简单，但综合考查了解题人对图象性质、函数最值、不等式放缩的感觉，实际上并不好做. 本题需要解题人观察到，曲线是关于原点中心对称的，由此猜想直径取到应当在关于原点中心对称的点对，进一步猜出答案为$\sqrt{5}$(而不是 2). 最后在证明时，一个明显的难点在于，此题的最值表达式是多变量(两个动点)，因此借助原点放缩，消去多变元的步骤，实属精彩.

习题九

1. B　**2.** D

3. D 【解析】因为圆心到 y 轴的距离为 $2a$，所以圆心在直线 $x=2a$ 或 $x=-2a$ 上，且圆心的轨迹是一个动圆截直线，所截的图象依然还是一条直线，所以圆心的轨迹为直线.

4. D 【解析】依题意可得 $F(0,1)$，$M(x,y)$，$P(x_0,y_0)$，则有$\begin{cases}x=\dfrac{x_0}{2}\\y=\dfrac{y_0+1}{2}\end{cases}\Rightarrow\begin{cases}x_0=2x\\y_0=2y-1\end{cases}$，因为 $P(x_0,y_0)$ 自身有轨迹方程，为 $x_0^2=4y_0$，将$\begin{cases}x_0=2x\\y_0=2y-1\end{cases}$代入可得关于 x,y 的方程，即 M 的轨迹方程：$(2x)^2=4(2y-1)$ 即 $x^2=2y-1$.

5. D 【解析】由题意得 $k_m=\cos\alpha>-3=k_n$，所以直线 m 与直线 n 相交，故 A、C 错误；又当 $\cos\alpha=\dfrac{1}{3}$ 时，m 和 n 垂直，故 B 错误；当 P 点是 m 和 n 的交点，n 以 P 为中心旋转后与 m 重合，故选项 D 正确. 从而选 D.

6. A 【解析】因为实数 a,b,c 成公差非 0 的等差数列，所以 $b=\dfrac{1}{2}(a+c)$，动直线 $ax+by+c=0$，即 $ax+\dfrac{a+c}{2}y+c=0$，所以 $a\left(x+\dfrac{y}{2}\right)+c\left(\dfrac{y}{2}+1\right)=0$，

从而$\begin{cases}x+\dfrac{y}{2}=0\\\dfrac{y}{2}+1=0\end{cases}$，解得 $x=1$，$y=-2$. 所以动直线 $ax+by+c=0$ 恒过点 $Q(1,-2)$.

因为过点 $P(-3,2)$ 作直线 $ax+by+c=0$ 的垂线，垂足为 M，所以 $PM\perp QM$，所以 M 点的轨迹是以 PQ 为直径的圆，圆心为 PQ 的中点 $C(-1,0)$，半径 $r=\dfrac{1}{2}|PQ|=\dfrac{1}{2}\sqrt{16+16}=2\sqrt{2}$.

因为 $N(2,3)$，所以 $|NC|=\sqrt{9+9}=3\sqrt{2}$，所以 $|MN|_{\min}=|NC|-r=3\sqrt{2}-2\sqrt{2}=\sqrt{2}$，$|MN|_{\max}=|NC|+r=3\sqrt{2}+2\sqrt{2}=5\sqrt{2}$.

所以线段 MN 长度的取值范围是$[\sqrt{2},5\sqrt{2}]$. 从而 M,N 间的距离的最大值与最小值的乘积$\sqrt{2}\times5\sqrt{2}=10$，从而选 A.

7. C 【解析】注意到 l_1 与 l_2 有一个交点，记为 A. 三条直线将平面分成六个部分，只有以下三种情况，所以 $k=-2$，或 $k=0$，或 $k=-1$. 故选 C.

8. C 【解析】圆 C 的方程可化为$(x-2)^2+(y-1)^2=1$，所以圆心 C 的坐标为$(2,1)$，半径为 1. 因为四边形

$PACB$ 的面积为 3，所以 $|PA|\cdot 1=3$，在直角三角形 PAC，由勾股定理，得 $|PC|=\sqrt{|PA|^2+|AC|^2}=\sqrt{10}$，设 $P(a,-a-1)$，则 $\sqrt{(a-2)^2+(-a-2)^2}=\sqrt{10}$，解得 $a=1$ 或 $a=-1$，从而选 C.

9. B

10. B 【解析】由于点 P、Q 关于直线 $2x+y=0$ 对称知，圆心 $\left(-\frac{k}{2},2\right)$ 在直线 $2x+y=0$ 上，从而 $k=2$，所以圆的方程 $x^2+y^2+2x-4y+3=0$，转化为标准方程为 $(x+1)^2+(y-2)^2=2$，从而知该圆的半径为 $\sqrt{2}$. 故选 B.

11. C　**12.** A　**13.** 72

14. $P(1,2)$ 【解析】由 $\begin{vmatrix} x & y-6 \\ -1 & 4 \end{vmatrix}=0$ 化简得 $y=-4x+6$.

从而可知 P 为 AB 的中垂线上一点，又点 P 在直线 $y=-4x+6$ 上，从而 P 在直线 $y=-4x+6$ 与 AB 的中垂线的交点. 而 AB 的中点为 $(3,4)$，AB 的斜率为 $\frac{3-5}{4-2}=-1$，从而知 AB 的中垂线的斜率为 1，从而中垂线方程为 $y-4=x-3$，即 $y=x+1$，联立

$\begin{cases} y=-4x+6 \\ y=x+1 \end{cases}$，解得 $\begin{cases} x=1 \\ y=2 \end{cases}$，即 $P(1,2)$.

15. $\left[-3,-\frac{4}{3}\right]$ 【提示】$m=\frac{2y+x}{y-2x}=2+\frac{5x}{y-2x}=2+\frac{5}{\frac{y}{x}-2}$，由此可知只需求 $z=\frac{y}{x}$ 的取值范围即可. 而 $z=\frac{y}{x}$ 表示约束区域内点 (x,y) 与坐标原点 $(0,0)$ 连线的斜率.

16. $\frac{3\cdot 4^{-\frac{1}{3}}-1}{2}$ 【解析】如图，点 $C\left(x,\frac{1}{\sqrt{x}}\right)$，

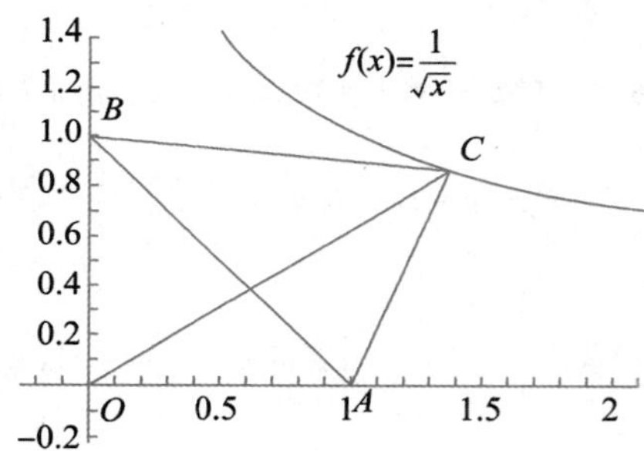

$S_{\triangle ABC}=S_{\triangle AOC}+S_{\triangle BOC}-S_{\triangle AOB}=\frac{1}{2}x+\frac{1}{2\sqrt{x}}-\frac{1}{2}$

$=\frac{1}{2}x+\frac{1}{4\sqrt{x}}+\frac{1}{4\sqrt{x}}-\frac{1}{2}\geqslant 3\ \frac{1}{\sqrt[3]{32}}-\frac{1}{2}=\frac{3\cdot 4^{-\frac{1}{3}}-1}{2}$.

17. 【解析】设 $M(x,y)$，直线 OA 的斜率为 $k\,(k\neq 0)$，则直线 OB 的斜率为 $-\frac{1}{k}$. 直线 OA 的方程为 $y=kx$，由 $\begin{cases} y=kx, \\ y^2=2px \end{cases}$ 解得

$\begin{cases} x=\frac{2p}{k^2}, \\ y=\frac{2p}{k}, \end{cases}$ 即 $A\left(\frac{2p}{k^2},\frac{2p}{k}\right)$，同理可得 $B(2pk^2,-2pk)$.

由中点坐标公式，得 $\begin{cases} x=\frac{p}{k^2}+pk^2, \\ y=\frac{p}{k}-pk, \end{cases}$ 消去 k，得 $y^2=p(x-2p)$，此即点 M 的轨迹方程.

18. 【解析】

(方法一)“几何法”

设点 M 的坐标为 (x,y)，因为点 M 是弦 BC 的中点，所以 $OM\perp BC$，

所以$|OM|^2+|MA|^2=|OA|^2$，即$(x^2+y^2)+(x-4)^2+y^2=16$，

化简得：$(x-2)^2+y^2=4$ ①

由方程①与方程$x^2+y^2=4$得两圆的交点的横坐标为1，

所以点M的轨迹方程为$(x-2)^2+y^2=4(0\leqslant x<1)$.

所以M的轨迹是以$(2,0)$为圆心，2为半径的圆在圆O内的部分.

(方法二)“参数法”

设点M的坐标为(x,y)，$B(x_1,y_1)$，$C(x_2,y_2)$直线AB的方程为$y=k(x-4)$，

由直线与圆的方程得$(1+k^2)x^2-8k^2x+16k^2-4=0$ $(*)$，

由点M为BC的中点，所以$x=\dfrac{x_1+x_2}{2}=\dfrac{4k^2}{1+k^2}$ (1)

又$OM\perp BC$，所以$k=-\dfrac{x}{y}$ (2)

由方程(1)(2)消去k得$(x-2)^2+y^2=4$，

又由方程$(*)$的$\Delta\geqslant 0$得$k^2\leqslant\dfrac{1}{3}$，所以$x<1$.

所以点M的轨迹方程为$(x-2)^2+y^2=4(0\leqslant x<1)$所以$M$的轨迹是以$(2,0)$为圆心，2为半径的圆在圆$O$内的部分.

19.【解析】设每天派出A型卡车x辆，则派出B型卡车y辆，运输队所花成本为z元，

由题意可知，$\begin{cases}x\leqslant 8\\ y\leqslant 6\\ x+y\leqslant 10\\ 16\cdot 6x+12\cdot 10y\geqslant 720\\ x,y\in\mathbf{N}\end{cases}$，整理得$\begin{cases}x\leqslant 8\\ y\leqslant 6\\ x+y\leqslant 10\\ 4x+5y\geqslant 30\\ x,y\in\mathbf{N}\end{cases}$，

目标函数$z=240x+378y$，

如图所示，为不等式组表示的可行域，

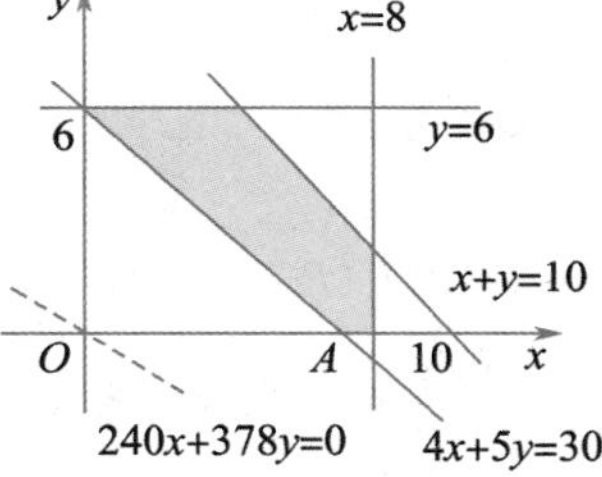

由图可知，当直线$z=240x+378y$经过点A时，z最小，解方程组$\begin{cases}4x+5y=30\\ y=0\end{cases}$，解得$\begin{cases}x=7.5\\ y=0\end{cases}$. $A(7.5,0)$，然而$x,y\in\mathbf{N}$，故点$A(7.5,0)$不是最优解.

因此在可行域的整点中，点$(8,0)$使得z取最小值，

即$z_{\min}=240\times 8+378\times 0=1920$，

故每天派出A型卡车8辆，派出B型卡车0辆，运输队所花成本最低.

20.【解析】(1)设$D\left(t,-\dfrac{1}{2}\right)$，$A(x_1,y_1)$，则$x_1^2=2y_1$.

由于$y'=x$，所以切线DA的斜率为x_1，故$\dfrac{y_1+\dfrac{1}{2}}{x_1-t}=x_1$. 整理得$2tx_1-2y_1+1=0$.

设$B(x_2,y_2)$，同理可得$2tx_2-2y_2+1=0$.

故直线 AB 的方程为 $2tx-2y+1=0$. 所以直线 AB 过定点 $\left(0,\dfrac{1}{2}\right)$.

(2)由(1)得直线 AB 的方程为 $y=tx+\dfrac{1}{2}$.

由 $\begin{cases} y=tx+\dfrac{1}{2} \\ y=\dfrac{x^2}{2} \end{cases}$, 可得 $x^2-2tx-1=0$.

于是 $x_1+x_2=2t, x_1x_2=-1, y_1+y_2=t(x_1+x_2)+1=2t^2+1$,

$|AB|=\sqrt{1+t^2}\,|x_1-x_2|=\sqrt{1+t^2}\times\sqrt{(x_1+x_2)^2-4x_1x_2}=2(t^2+1)$.

设 d_1, d_2 分别为点 D,E 到直线 AB 的距离,则 $d_1=\sqrt{t^2+1}, d_2=\dfrac{2}{\sqrt{t^2+1}}$.

因此,四边形 $ADBE$ 的面积 $S=\dfrac{1}{2}|AB|(d_1+d_2)=(t^2+3)\sqrt{t^2+1}$.

设 M 为线段 AB 的中点,则 $M\left(t,t^2+\dfrac{1}{2}\right)$.

由于 $\overrightarrow{EM}\perp\overrightarrow{AB}$, 而 $\overrightarrow{EM}=(t,t^2-2)$, $\overrightarrow{AB}$ 与向量 $(1,t)$ 平行,所以 $t+(t^2-2)t=0$.
解得 $t=0$ 或 $t=\pm1$.

当 $t=0$ 时, $S=3$; 当 $t=\pm1$ 时, $S=4\sqrt{2}$.

因此,四边形 $ADBE$ 的面积为 3 或 $4\sqrt{2}$.

21.【解析】(1)直线 AM 的方程为 $y=2x+4$, 直线 AN 的方程为 $y=-\dfrac{1}{2}x-1$. 所以圆心 O 到直线 AM 的距离 $d=\dfrac{|4|}{\sqrt{5}}$, 从而 $AM=2\sqrt{4-\dfrac{16}{5}}=\dfrac{4\sqrt{5}}{5}$.

因为 $k_{AM}\cdot k_{AN}=-1$, 所以 $AM\perp AN$. 由中位线定理,知 $AN=2d=\dfrac{8\sqrt{5}}{5}$, 所以

$S=\dfrac{1}{2}\times\dfrac{4\sqrt{5}}{5}\times\dfrac{8\sqrt{5}}{5}=\dfrac{16}{5}$.

(2)因为 $|PO|=\sqrt{(3\sqrt{3})^2+(-5)^2}=2\sqrt{13}$, $|\overrightarrow{PE}|=\sqrt{(3\sqrt{3})^2+(-5)^2-4}=4\sqrt{3}$, 所以 $\cos\angle OPE=\dfrac{4\sqrt{3}}{2\sqrt{13}}=\dfrac{2\sqrt{3}}{\sqrt{13}}$. 又因为 $\cos\angle FPE=2(\cos\angle OPE)^2-1=2\left(\dfrac{2\sqrt{3}}{\sqrt{13}}\right)^2-1=\dfrac{11}{13}$, 所以 $\overrightarrow{PE}\cdot\overrightarrow{PF}=|\overrightarrow{PE}|\,|\overrightarrow{PF}|\cos\angle FPE=(4\sqrt{3})^2\times\dfrac{11}{13}=\dfrac{528}{13}$.

22.【解析】(1)若切线的斜率不存在,则切线方程为 $x=1$;

若切线的斜率存在,设其方程为 $y-4=k(x-1)$, 即 $kx-y-k+4=0$, 从而圆心 O 到切线的距离 $d=\dfrac{|4-k|}{\sqrt{k^2+1}}=1$, 解得 $k=\dfrac{15}{8}$, 所以切线方程为 $15x-8y+17=0$.

综上所述,切线的方程为 $x=1$ 或 $15x-8y+17=0$.

(2)$M(1,4)$ 到直线 $2x-y-8=0$ 的距离 $d=\dfrac{|2-4-8|}{\sqrt{5}}=2\sqrt{5}$.

又因为圆被直线 $y=2x-8$ 截得的弦长为8,所以 $r=\sqrt{(2\sqrt{5})^2+4^2}=6$,从而圆 M 的方程为 $(x-1)^2+(y-4)^2=36$.

(3)假设存在定点 R,使得 $\frac{PQ}{PR}$ 为定值,设 $R(a,b)$,$P(x_0,y_0)$,$\frac{PQ^2}{PR^2}=\lambda$.

由于点 P 在圆 M 上,所以 $(x_0-1)^2+(y_0-4)^2=36$,即 $x_0^2+y_0^2=2x_0+8y_0+19$　　①

由于 PQ 为圆 O 的切线,所以 $OQ\perp PQ$,从而 $PQ^2=PO^2-1=x_0^2+y_0^2-1$,$PR^2=(x_0-a)^2+(y_0-b)^2$.

由 $\frac{PQ^2}{PR^2}=\lambda$,得 $x_0^2+y_0^2-1=\lambda[(x_0-a)^2+(y_0-b)^2]$　　②

联立①②,得 $2x_0+8y_0+19-1=\lambda(2x_0+8y_0+19-2ax_0-2by_0+a^2+b^2)$

整理,得 $(2-2\lambda+2a\lambda)x_0+(8-8\lambda+2b\lambda)y_0+(18-19\lambda-a^2\lambda-b^2\lambda)=0$　　③

若使③对任意 x_0,y_0 恒成立,则有

$$\begin{cases}2-2\lambda+2a\lambda=0 & (1)\\ 8-8\lambda+2b\lambda=0 & (2)\\ 18-19\lambda-a^2\lambda-b^2\lambda=0 & (3)\end{cases}$$

由(1)(2)得,$a=\frac{\lambda-1}{\lambda}$,$b=\frac{4\lambda-4}{\lambda}$,代入(3),有

$18-19\lambda-\left(\frac{\lambda-1}{\lambda}\right)^2\lambda-\left(\frac{4\lambda-4}{\lambda}\right)^2\lambda=0$,整理,得

$36\lambda^2-52\lambda+17=0$. 解得 $\lambda=\frac{1}{2}$,或 $\lambda=\frac{17}{18}$.

所以 $\begin{cases}\lambda=\frac{1}{2}\\ a=-1\\ b=-4\end{cases}$,或 $\begin{cases}\lambda=\frac{17}{18}\\ a=-\frac{1}{17}\\ b=-\frac{4}{17}\end{cases}$,故存在定点 $R(-1,-4)$,此时 $\frac{PQ}{PR}$ 为定值 $\frac{\sqrt{2}}{2}$,

或定点 $R\left(-\frac{1}{17},-\frac{4}{17}\right)$,此时 $\frac{PQ}{PR}$ 为定值 $\frac{\sqrt{34}}{6}$.

第十章　圆锥曲线

§10.1　椭　圆

例1　$\tan\frac{\theta}{2}$　【解析】由题可知椭圆 C 的标准方程为 $\frac{x^2}{\frac{1}{2}}+y^2=1$,易知 $F_1\left(0,\frac{\sqrt{2}}{2}\right)$、$F_2\left(0,-\frac{\sqrt{2}}{2}\right)$,从而 $2c=\sqrt{2}$,设 $|PF_1|=m$、$|PF_2|=n$,由余弦定理,

知 $(2c)^2=m^2+n^2-2mn\cos\theta=(m+n)^2-2mn-2mn\cos\theta$,

所以 $mn=\frac{1}{1+\cos\theta}$,从而 $S_{\triangle F_1PF_2}=\frac{1}{2}mn\sin\theta=\frac{\sin\theta}{2(1+\cos\theta)}=\frac{1}{2}\tan\frac{\theta}{2}$.

例 2 A 【解析】由椭圆的定义知，有 $|PF_1|+|PF_2|=2a=8$ ①

又因为 $\angle F_1PF_2$ 的平分线交 x 轴于点 $Q\left(\frac{1}{2},0\right)$，由角平分线的性质可知

$$\frac{|PF_1|}{|PF_2|}=\frac{|F_1Q|}{|QF_2|}=\frac{\frac{1}{2}-(-2)}{2-\frac{1}{2}}=\frac{5}{3} \quad ②$$

由①②可得 $|PF_1|=5$，$|PF_2|=3$，又 $|F_1F_2|=2c=4$，从而 $|PF_1|^2=|PF_2|^2+|F_1F_2|^2$，所以 $\angle PF_2F_1=\frac{\pi}{2}$. 从而 $\mathrm{Rt}\triangle F_1HQ\backsim\mathrm{Rt}\triangle F_1F_2P$，所以 $\frac{|QH|}{|F_2P|}=\frac{|F_1Q|}{|PF_1|}=\frac{1}{2}$，从而 $|QH|=\frac{3}{2}$，$|F_1Q|=\frac{5}{2}$，所以 $|F_1H|=\sqrt{|F_1Q|^2-|QH|^2}=2$，所以 $|PH|=|PF_1|-|F_1H|=5-2=3$. 故选 A.

例 3 C 【解析】注意到 $y^2+4x^2-1=0$ 表示焦点在 y 轴上的椭圆，$x^2+4y^2-4=0$ 表示焦点在 x 轴上的椭圆，题意为约束条件，即为如图所示阴影区域(小椭圆外，大椭圆内所夹的阴影部分)，从而所求面积为 $S=\left(2\times1-1\times\frac{1}{2}\right)\pi=\frac{3}{2}\pi$. 故选 C.

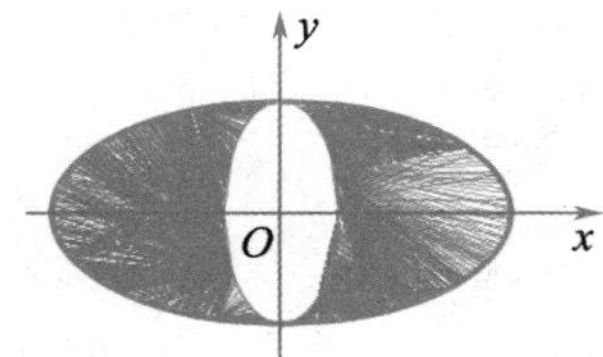

例 4 【解析】设 $P(x,y)$，不妨设 $x,y>0$，$r=1$ 是内切圆的半径，内心 $I(x_0,1)$.

$S_{\triangle PF_1F_2}=\frac{1}{2}r(|F_1F_2|+|PF_1|+|PF_2|)=\frac{1}{2}|F_1F_2|\cdot y$，解得 $y=\frac{c+a}{c}=\frac{8}{3}$.

则 $P\left(\frac{5\sqrt{5}}{3},\frac{8}{3}\right)$，则 $|PF_1|=e\left(\frac{a^2}{c}-x_P\right)=5-\sqrt{5}$，$|PF_2|=2a-|PF_1|=5+\sqrt{5}$.

记 $\angle F_1PF_2=2\alpha$，$\cos2\alpha=\frac{|PF_1|^2+|PF_2|^2-|F_1F_2|^2}{2|PF_1||PF_2|}=\frac{3}{5}$.

$\sin\alpha=\sqrt{\frac{1-\cos2\alpha}{2}}=\frac{\sqrt{5}}{5}$，从而 $|IP|=\frac{r}{\sin\alpha}=\sqrt{5}$.

例 5 D 【解析】记线段 PQ 的中点为 R，则由重心性质可得 $R\left(-\frac{\sqrt{2}}{4}a,-\frac{\sqrt{2}}{4}b\right)$，设 $P(x_1,y_1)$，$Q(x_2,y_2)$，

则有 $\begin{cases}x_1+x_2=-\frac{\sqrt{2}}{2}a\\ y_1+y_2=-\frac{\sqrt{2}}{2}b\end{cases}$，且 $\begin{cases}\frac{x_1^2}{a^2}+\frac{y_1^2}{b^2}=1\\ \frac{x_2^2}{a^2}+\frac{y_2^2}{b^2}=1\end{cases}$. 从而，有 $\frac{(x_1+x_2)(x_1-x_2)}{a^2}+\frac{(y_1+y_2)(y_1-y_2)}{b^2}=0$，即

$$\frac{-\frac{\sqrt{2}}{2}(x_1-x_2)}{a}+\frac{-\frac{\sqrt{2}}{2}(y_1-y_2)}{b}=0\text{，即}\frac{1}{a}+\frac{1}{b}\cdot\frac{y_1-y_2}{x_1-x_2}=0.$$

又因为 PQ 的斜率为 $\frac{y_1-y_2}{x_1-x_2}=-\frac{1}{2}$，所以 $\frac{1}{a}-\frac{1}{2b}=0$，即 $a=2b$.

所以 $c^2=a^2-b^2=\frac{3}{4}a^2$，所以 $e^2=\frac{3}{4}$，从而 $e=\frac{\sqrt{3}}{2}$. 故选 D.

这种问题主要是需要用到弦 PQ 的垂直平分线 l 的方程，往往是利用点差或者韦达定理产生弦 PQ 的中点坐标 R，结合弦 PQ 与它的垂直平分线 l 的斜率互为负倒数，写出弦的垂直平分线 l 的方程，然后解决相关问题. 比如：求 l 在 x 轴，y 轴上的截距的取值范围，求 l 过某定点，等等. 有时候题目的条件比较隐蔽，需要分析之后才能判定是有关弦 PQ 的中点问题. 比如：弦与某定点 D 构成以 D 为顶点的等腰三角形(即 D 在 PQ 的垂直平分线上)，曲线上存在两点 PQ 关于直线 M 对称等(如例 6).

例 6 【解析】(**方法一**)设 $P(x_1,y_1)$，$Q(x_2,y_2)$是椭圆上关于直线 $l: y=4x+m$ 对称的两点，则 $k_{PQ}=-\frac{1}{4}$，设 PQ 所在的直线方程为 $y=-\frac{1}{4}x+b$. 由$\begin{cases} y=-\frac{1}{4}x+b \\ \frac{x^2}{4}+\frac{y^2}{3}=1 \end{cases}$消去 y，得 $13x^2-8bx+16b^2-48=0$.

所以 $\Delta=(-8b)^2-4\times13\times(16b^2-48)>0$，解得 $b^2<\frac{13}{4}$.

设 PQ 的中点为 $M(x_0,y_0)$，因为 $x_1+x_2=\frac{8}{13}b$，$x_1x_2=\frac{16b^2-48}{13}$，所以 $x_0=\frac{x_1+x_2}{2}=\frac{4}{13}b$，

$y_0=-\frac{1}{4}\times\frac{4}{13}b+b=\frac{12}{13}b$.

因为点 $M\left(\frac{4}{13}b,\frac{12}{13}b\right)$在直线 $y=4x+m$ 上，所以$\frac{12}{13}b=4\times\frac{4}{13}b+m$，所以 $b=-\frac{13}{4}m$.

所以$\left(-\frac{13}{4}m\right)^2<\frac{4}{13}$，解得$-\frac{2\sqrt{13}}{13}<m<\frac{2\sqrt{13}}{13}$.

所以当$-\frac{2\sqrt{13}}{13}<m<\frac{2\sqrt{13}}{13}$时，椭圆上总有两个不同的点关于直线 $y=4x+m$ 对称.

(**方法二**)设 $P(x_1,y_1)$，$Q(x_2,y_2)$是椭圆上关于直线 $l: y=4x+m$ 对称的两点，$M(x_0,y_0)$为 PQ 的中点，则$\begin{cases} \frac{x_1^2}{4}+\frac{y_1^2}{3}=1 \\ \frac{x_2^2}{4}+\frac{y_2^2}{3}=1 \end{cases}$，所以 $3(x_1-x_2)(x_1+x_2)+4(y_1-y_2)(y_1+y_2)=0$.

因为$\frac{3x_0}{4y_0}=-\frac{y_1-y_2}{x_1-x_2}=-k_{PQ}=\frac{1}{4}$，所以 $y_0=3x_0$.

由$\begin{cases} y_0=3x_0 \\ y_0=4x_0+m \end{cases}$，得 $M(-m,-3m)$. 因为点 M 在椭圆内部，所以$\frac{(-m)^2}{4}+\frac{(-3m)^2}{3}<1$，从而$-\frac{2\sqrt{13}}{13}<m<\frac{2\sqrt{13}}{13}$. 所以当$-\frac{2\sqrt{13}}{13}<m<\frac{2\sqrt{13}}{13}$时，椭圆上总有两个不同的点关于直线 $y=4x+m$ 对称.

本例考查了直线与椭圆的位置关系，点关于直线的对称性，参数范围的求解等，关键是通过消参，找到参数 m 与中点坐标 $M(x_0,y_0)$的关系，处理参数范围的一般步骤是：

1. 设参数；2. 建立等量关系，消去多余的参数；3. 寻找不等关系，解不等式.

例 7 【解析】设 $|PF_1|=m$，$|PF_2|=n$，则由题意知 $m+n=2a$，$m^2+n^2-2mn\cos\alpha=4c^2$.

可得 $4a^2-2mn-2mn\cos\alpha=4c^2\Rightarrow mn=\frac{2a^2-2c^2}{1+\cos\alpha}$，

所以 $S_{\triangle PF_1F_2}=\frac{1}{2}|PF_1|\cdot|PF_2|\sin\alpha=\frac{b^2}{1+\cos\alpha}\sin\alpha=b^2\frac{2\sin\frac{\alpha}{2}\cos\frac{\alpha}{2}}{2\cos^2\frac{\alpha}{2}}=b^2\tan\frac{\alpha}{2}$.

例 8 【解析】假设直线 AB 的倾斜角为 θ，设直线 AB 的方程为 $x=my+2$，易知 $m=\cot\theta$.

设 $A(x_1,y_1)$，$B(x_2,y_2)$，并设 AB 的中点为 E，联立 $\begin{cases}x=my+2\\ \frac{x^2}{6}+\frac{y^2}{2}=1\end{cases}$，整理，得 $(m^2+3)y^2+4my-2=0$. 从

而 $\begin{cases}y_1+y_2=\frac{-4m}{m^2+3}\\ y_1y_2=\frac{-2}{m^2+3}\end{cases}$，所以 $x_E=\frac{x_1+x_2}{2}=m\cdot\frac{y_1+y_2}{2}+2=\frac{6}{m^2+3}$.

所以 $|AB|=\sqrt{1+m^2}|y_1-y_2|=\sqrt{1+m^2}\sqrt{(y_1+y_2)^2-4y_1y_2}=\frac{2\sqrt{6}(m^2+1)}{m^2+3}$.

由于 $\triangle ABC$ 为正三角形，所以 $EC\perp AB$，从而直线 EC 的倾斜角为 $\theta-\frac{\pi}{2}$.

所以 $|3-x_E|=|EC|\cos\left(\theta-\frac{\pi}{2}\right)$，所以 $|EC|=|3-x_E|\frac{1}{\sin\theta}=|3-x_E|\sqrt{1+\frac{1}{\cot^2\theta}}$

$=|3-x_E|\sqrt{1+\frac{1}{m^2}}=|3-\frac{6}{m^2+3}|\sqrt{1+\frac{1}{m^2}}=\frac{3(m^2+1)\sqrt{m^2+1}}{(m^2+3)|m|}$.

由 $|EC|=\frac{\sqrt{3}}{2}|AB|$，从而可得 $\frac{3(m^2+1)\sqrt{m^2+1}}{(m^2+3)|m|}=\frac{\sqrt{3}}{2}\cdot\frac{2\sqrt{6}(m^2+1)}{m^2+3}$，解得 $m^2=1$.

此时，$|AB|=\sqrt{6}$. 所以 $S_{\triangle ABC}=\frac{1}{2}|AB|\cdot|EC|=\frac{\sqrt{3}}{4}\cdot|AB|^2=\frac{3\sqrt{3}}{2}$.

例 9 【解析】点 P 处的切线方程为 $\frac{\sqrt{2}}{4}x+\frac{\sqrt{3}}{2}y=1$，从而点 B 的坐标为 $B\left(0,\frac{2\sqrt{3}}{3}\right)$.

又因为点 $C(0,1)$，所以 $S_{\triangle BCP}=\left(\frac{2\sqrt{3}}{3}-1\right)\times\frac{1}{2}\times\frac{\sqrt{2}}{2}=\frac{\sqrt{6}(2-\sqrt{3})}{12}$.

例 10 AC 【解析】设点 $P(x_P,y_P)$，$Q(x_Q,y_Q)$. 因为 $l_{MN}:\frac{x_P}{4}x+\frac{y_P}{3}y=1$，即 $3x_Px+4y_py=12$，因为 MN 为 Q 对 C_2 的切点弦，所以 $x_Qx+y_Qy=12$，即 $x_Q=3x_P$，$y_Q=4y_P$，所以 $\left(\frac{x_Q}{3}\right)^2=x_P^2$，$\left(\frac{y_Q}{4}\right)^2=y_P^2$，将其代入椭圆 C_1 的方程中，得 Q 的轨迹方程为 $\frac{x^2}{36}+\frac{y^2}{48}=1$.

因为 $\overrightarrow{OP}=(x_P,y_P)$，$\overrightarrow{OQ}=(3x_P,4y_P)$，

所以 $S_{\triangle OPQ}=\frac{1}{2}\sqrt{(x_P^2+y_P^2)(9x_P^2+16y_P^2)-(3x_P^2+4y_P^2)^2}=\frac{1}{2}\sqrt{x_P^2y_P^2}=\frac{1}{2}|x_Py_P|$.

因为 $\frac{x_P^2}{4}+\frac{y_P^2}{3}=1\geqslant2\sqrt{\frac{x_P^2y_P^2}{12}}=\frac{1}{\sqrt{3}}|x_Py_P|$，所以 $S_{\triangle OPQ}\leqslant\frac{\sqrt{3}}{2}$.

故选 AC.

例 11 【解析】(1) 因为 $\overrightarrow{AF_2}+5\overrightarrow{BF_2}=\mathbf{0}$，所以 $\overrightarrow{AF_2}=5\overrightarrow{F_2B}$，所以 $a+c=5(a-c)$，化简，得 $2a=3c$，点 $D(1,0)$ 为线段 OF_2 的中点，所以 $c=2$，从而 $a=3$，$b=\sqrt{5}$，左焦点 $F_1(-2,0)$，故椭圆 E 的方程为 $\frac{x^2}{9}+\frac{y^2}{5}=1$.

(2)存在满足条件的常数$\lambda=-\frac{4}{7}$,使得$k_1+\lambda k_2=0$恒成立.证明如下:

设$M(x_1,y_1)$,$N(x_2,y_2)$,$P(x_3,y_3)$,$Q(x_4,y_4)$,则直线MD的方程为$x=\frac{x_1-1}{y_1}y+1$,代入椭圆方程$\frac{x^2}{9}+\frac{y^2}{5}=1$,整理得$\frac{5-x_1}{y_1^2}y^2+\frac{x_1-1}{y_1}y-4=0$.则$y_1+y_3=\frac{y_1(x_1-1)}{x_1-5}$,所以$y_3=\frac{4y_1}{x_1-5}$,从而$x_3=\frac{5x_1-9}{x_1-5}$,

故点$P\left(\frac{5x_1-9}{x_1-5},\frac{4y_1}{x_1-5}\right)$,同理,点$Q\left(\frac{5x_2-9}{x_2-5},\frac{4y_2}{x_2-5}\right)$.

因为三点M,F_1,N共线,所以$\frac{y_1}{x_1+2}=\frac{y_2}{x_2+2}$,从而$x_1y_2-x_2y_1=2(y_1-y_2)$,

从而$k_2=\frac{y_3-y_4}{x_3-x_4}=\frac{\frac{4y_1}{x_1-5}-\frac{4y_2}{x_2-5}}{\frac{5x_1-9}{x_1-9}-\frac{5x_2-9}{x_2-5}}=\frac{x_1y_2-x_2y_1+5(y_1-y_2)}{4(x_1-x_2)}=\frac{7(y_1-y_2)}{4(x_1-x_2)}=\frac{7k_1}{4}$,

故$k_1-\frac{4k_2}{7}=0$,从而存在满足条件的常数$\lambda=-\frac{4}{7}$,使得$k_1+\lambda k_2=0$恒成立.

> 本例根据条件$D(1,0)$为线段OF_2的中点,且$\overrightarrow{AF_2}+5\overrightarrow{BF_2}=\mathbf{0}$,以及$a^2=b^2+c^2$,建立关于$a,b,c$的方程组,即可求解;将直线$MD$的方程与椭圆方程联立,利用韦达定理即可建立$k_1,k_2$所满足的一个关系式,从而即可探究$\lambda$的存在性.解决定值问题的一般方法有两种:一是从特殊情况入手,求出定点、定值、定线,再证明定点、定值、定线与变量无关;二是直接计算、推理,并在计算、推理的过程中消去变量,从而得到定点、定值、定线.应注意到繁难的代数运算是此类问题的特点,设而不求方法、整体思想和消元思想的运用,可有效地简化运算.

例 12 【解析】(1)设$|AF_2|=2|F_2B|=2k(k>0)$,则$|AF_1|=2a-2k$,$|F_1B|=2a-k$,在$\triangle AF_1B$中,由余弦定理得$(3k)^2=(2a-2k)^2+(2a-k)^2-2(2a-2k)(2a-k)\cdot\frac{4}{5}$,整理得$2a^2-3ka-9k^2=0$,解得$a=3k$.

所以$|AF_1|=4k$,$|F_1B|=5k$,$|AB|=3k$,所以$\angle F_1AF_2=90°$.

在$\text{Rt}\triangle AF_1F_2$中,$|AF_1|^2+|AF_2|^2=|F_1F_2|^2$,即$(4k)^2+(2k)^2=(2c)^2$,解得$c=\sqrt{5}k$.

又因为$\frac{S_{\triangle AF_1F_2}}{S_{\triangle BF_1F_2}}=\left|\frac{AF_2}{F_2B}\right|=2$,故$S_{\triangle AF_1F_2}=2S_{\triangle BF_1F_2}$,所以$S_{\triangle AF_1F_2}=\frac{1}{2}|AF_1||AF_2|=\frac{1}{2}\cdot 4k\cdot 2k=4k^2$,故$4=4k^2$,即$k=1$,$c=\sqrt{5}$,$a=3$,$b=2$,

所以椭圆C的方程为$\frac{x^2}{9}+\frac{y^2}{4}=1$.

(2)由$\begin{cases}y=k(x-1)\\ \frac{x^2}{9}+\frac{y^2}{4}=1\end{cases}$,得$(4+9k^2)x^2-18k^2x+9k^2-36=0$,

设$M(x_1,y_1)$,$N(x_2,y_2)$,则有$x_1+x_2=\frac{18k^2}{4+9k^2}$,$x_1x_2=\frac{9k^2-36}{4+9k^2}$,

$|MN|=\sqrt{1+k^2}|x_1-x_2|=\frac{24\sqrt{(1+k^2)(1+2k^2)}}{4+9k^2}$,

O 到直线 MN 的距离为 $\frac{|k|}{\sqrt{k^2+1}}$，

所以△OMN 的面积为 $S=\frac{1}{2}\cdot\frac{24\sqrt{(1+k^2)(1+2k^2)}}{4+9k^2}\cdot\frac{|k|}{\sqrt{k^2+1}}=12\sqrt{\frac{(1+2k^2)k^2}{(4+9k^2)^2}}$，

令 $4+9k^2=t$，$t\in[13,40]$，则 $S=\frac{4}{3}\sqrt{2-\frac{7}{t}-\frac{4}{t^2}}$，令 $\frac{1}{t}=m\in\left[\frac{1}{40},\frac{1}{13}\right]$，

则 $S=\frac{4}{3}\sqrt{-4m^2-7m+2}$，当 $m=\frac{1}{40}$ 时，$S_{\max}=\frac{9}{5}$；当 $m=\frac{1}{13}$ 时，$S_{\min}=\frac{12\sqrt{3}}{13}$.

所以△OMN 的面积的取值范围是 $\left[\frac{12\sqrt{3}}{13},\frac{9}{5}\right]$.

§10.2 双曲线

例 1　B 【解析】由题意知圆 $x^2+y^2=1$ 的圆心 $O(0,0)$，半径是 1；圆 $x^2+y^2-6x+7=0$ 的圆心是 $A(3,0)$，半径为 $\sqrt{2}$. 设动圆圆心为 $M(x,y)$，半径是 r. 由于动圆与两已知圆都外切，可得 $|MO|=r+1$，$|MA|=r+\sqrt{2}$，从而 $|MA|-|MO|=\sqrt{2}-1<3=|OA|$.

所以动圆的圆心 M 的轨迹是以 O，A 为焦点，实半轴长为 $\sqrt{2}-1$ 的双曲线的右支，故选 B.

例 2　$y=\pm(\sqrt{3}+1)x$　【解析】依题意，有 $MF_1=2a$，$MF_2=4a$.

设直线 l 与渐近线交于点 A，则 $AO=a$，$AF_1=b$.

作 $F_2B\perp$ 直线 l 且交直线 l 于点 B，则 AO 即为△BF_1F_2 的中位线.

故 $BF_2=2a$，$BM=2\sqrt{3}a$.

又注意到 $BF_1=2AF_1=MF_1+BM$. 则 $2b=2a+2\sqrt{3}a$，从而得 $b=(\sqrt{3}+1)a$，所以该双曲线的渐近线方程为 $y=\pm(\sqrt{3}+1)x$.

例 3　A 【解析】因为三角形 PFO 是等边三角形，则 $P\left(\frac{c}{2},\pm\frac{\sqrt{3}}{2}c\right)$，代入双曲线方程，可得 $\frac{c^2}{4a^2}-\frac{3c^2}{4b^2}=1$，又因为 $e=\frac{c}{a}$，$b^2=c^2-a^2$，所以 $\frac{e^2}{4}-\frac{3e^2}{4(e^2-1)}=1(e>1)$，解得 $e=\sqrt{3}+1$. 故选 A.

例 4　$\frac{2\sqrt{3}}{3}$　【解析】易知双曲线 $f(x)$ 的两条渐近线方程分别为 $y=0$ 和 $y=\frac{x}{\sqrt{3}}$，此时两条渐近线间的夹角为 $\frac{\pi}{3}$. 从而 $e^2=1+\tan^2\frac{\theta}{2}=1+\tan^2\frac{\pi}{6}=\frac{4}{3}$，从而 $e=\frac{2\sqrt{3}}{3}$.

例 5　A 【解析】如图，由题意知 $c^2=a^2+b^2=16+9=25$，从而 $F(5,0)$，联立 $x=5$ 与 $\frac{x^2}{16}-\frac{y^2}{9}=1$，解得 $P\left(5,\frac{9}{4}\right)$. 又双曲线的渐近线方程为 $y=\pm\frac{3}{4}x$，所以直线 PA 的方程为 $y-\frac{9}{4}=\frac{3}{4}(x-5)$，从而点 $A(2,0)$；直线 PB 的方程为 $y-\frac{9}{4}=-\frac{3}{4}(x-5)$，得点 $B(8,0)$. 所以以 OB 为直径的圆的方程为 $(x-4)^2+y^2=16$，圆心 $O'(4,0)$.

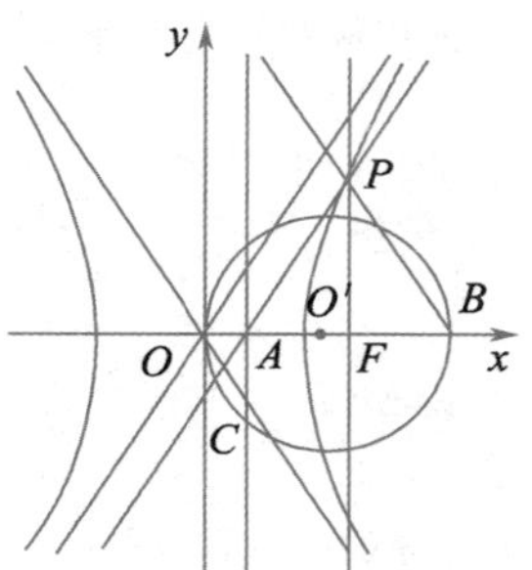

$O'A=2, O'C=4$,由勾股定理,得 $OC=\sqrt{OA^2+AC^2}=4$.

由对称性,当 P 在 x 轴下方时,同样有 $OC=4$. 故选 A.

例 6 【证明】以双曲线的中心为坐标原点,以实轴所在的直线为 x 轴建立直角坐标系,则双曲线与它的渐近线方程分别表示 $\frac{x^2}{a^2}-\frac{y^2}{b^2}=1$ 和 $\frac{x^2}{a^2}-\frac{y^2}{b^2}=0$.

设点 $A(x_1, y_1), B(x_2, y_2), C(x_3, y_3), D(x_4, y_4)$,则有

$\frac{x_1^2}{a^2}-\frac{y_1^2}{b^2}=1$, $\frac{x_2^2}{a^2}-\frac{y_2^2}{b^2}=1$,两式相减,得 $\frac{(x_1-x_2)(x_1+x_2)}{a^2}-\frac{(y_1-y_2)(y_1+y_2)}{b^2}=0$,同样,有 $\frac{(x_3-x_4)(x_3+x_4)}{a^2}-\frac{(y_3-y_4)(y_3+y_4)}{b^2}=0$.

因为 A, B, C, D 四点共线,当此直线斜率不存在或者斜率为零时,由双曲线的对称性得 $AC=BD$;

当此直线的斜率存在,设为 k 且 $k\neq0$ 时,$\frac{y_1+y_2}{x_1+x_2}=\frac{y_3+y_4}{x_3+x_4}=\frac{b^2}{a^2k}$,即 A, B 的中点与 C, D 的中点在过原点的同一条直线上,所以它们重合,从而有 $AC=BD$.

本题解决的关键在于转化 $AC=BD$ 的条件,将条件转化为 AB 的中点与 CD 的中点重合,这才是解决整个问题的关键.

例 7 D 【解析】易知过右焦点的通径长为 $\frac{2b^2}{a}$.

若 $\lambda=1$,则使得 $|AB|=2a$ 的点 A, B 只可能是双曲线的两个顶点,从而有 $\frac{2b^2}{a}>2a$,即 $b^2>a^2$,又 $c^2=a^2+b^2$,所以 $c^2>2a^2$,从而 $e^2>2$,解得 $e>\sqrt{2}$;

若 $\lambda=3$,类似于上面的分析,可得 $b^2<a^2$,解得 $1<e<\sqrt{2}$.

从而选 D.

例 8 D 【解析】设椭圆的长半轴长为 a,双曲线的实半轴长为 $a_1(a>a_1)$,半焦距为 c. 设 $|PF_1|=r_1$, $|PF_2|=r_2$, $|F_1F_2|=2c$,椭圆与双曲线的离心率分别为 e_1, e_2. 因为 $\angle F_1PF_2=\frac{\pi}{3}$,由余弦定理,可得

$$4c^2=r_1^2+r_2^2-2r_1r_2\cos\frac{\pi}{3} \quad ①$$

在椭圆中,①式化简为 $4c^2=4a^2-3r_1r_2$,即 $\frac{3r_1r_2}{4c^2}=\frac{1}{e_1^2}-1$ ②

在双曲线中,①式化简中 $4c^2=4a_1^2+r_1r_2$,即 $\frac{r_1r_2}{4c^2}=1-\frac{1}{e_2^2}$ ③

联立②③,可得 $\frac{1}{e_1^2}+\frac{3}{e_2^2}=4$.

由柯西不等式,得 $\left(1+\frac{1}{3}\right)\left(\frac{1}{e_1^2}+\frac{3}{e_2^2}\right)\geqslant\left(1\times\frac{1}{e_1}+\frac{1}{\sqrt{3}}\times\frac{\sqrt{3}}{e_2}\right)^2=\left(\frac{1}{e_1}+\frac{1}{e_2}\right)^2$,从而 $\left(\frac{1}{e_1}+\frac{1}{e_2}\right)^2\leqslant\frac{16}{3}$,当且仅当 $e_1=\frac{\sqrt{3}}{3}$, $e_2=\sqrt{3}$ 时取等号.

所以 $\frac{1}{e_1}+\frac{1}{e_2}$ 的最大值为 $\frac{4\sqrt{3}}{3}$,从而选 D.

例 9 【证明】不妨设双曲线方程为$\frac{x^2}{a^2}-\frac{y^2}{b^2}=1(a>b>0)$，焦点$F_1(-c,0)$，$F_2(c,0)$，两条渐近线方程$l_1$：$\frac{x}{a}-\frac{y}{b}=0$，$l_2$：$\frac{x}{a}+\frac{y}{b}=0$. 设切点为$(x_0,y_0)$，则有$\frac{x_0^2}{a^2}-\frac{y_0^2}{b^2}=1$　　①

切线方程为$\frac{x_0x}{a^2}-\frac{y_0y}{b^2}=1$. 设切线$l$与两条渐近线$l_1$，$l_2$以及$x$轴的交点分别为$A$，$B$，$M$，则$M(\frac{a^2}{x_0},0)$.

(1)当切点是$(a,0)$时，则$M(a,0)$，$A(a,b)$，$B(a,-b)$，此时$|AM|\cdot|BM|=b^2$，$|F_1M|\cdot|F_2M|=(c-a)(c+a)=b^2(c^2-a^2=b^2)$，于是$|AM|\cdot|BM|=|F_1M|\cdot|F_2M|$，由圆的相交弦定理的逆定理，有$F_1$，$B$，$F_2$，$A$四点共圆.

同理，当切点是$(-a,0)$时，结论成立.

(2)当切点的纵坐标不为0时，则$|F_1M|\cdot|F_2M|=(c-\frac{a^2}{x_0})(\frac{a^2}{x_0}+c)=c^2-\frac{a^4}{x_0^2}$　　②

由$\begin{cases}\frac{x_0^2}{a^2}-\frac{y_0^2}{b^2}=1\\ \frac{x}{a}-\frac{y}{b}=0\end{cases}$，得$x_A=\frac{a^2b}{bx_0-ay_0}$，同理得点$B$点的横坐标$x_B=\frac{a^2b}{bx_0+ay_0}$.

$|AM|\cdot|BM|=(1+k_{AB}^2)|x_A-x_M|\cdot|x_M-x_B|=\left(1+\frac{b^4x_0^2}{a^4y_0^2}\right)\left(\frac{a^2b}{bx_0-ay_0}-\frac{a^2}{x_0}\right)\cdot\left(\frac{a^2}{x_0}-\frac{a^2b}{bx_0+ay_0}\right)$，

结合①式化简，得

$|AM|\cdot|BM|=\frac{a^4y_0^2+b^4x_0^2}{y_0^2}\times\frac{ay_0}{(bx_0-ay_0)x_0}\times\frac{ay_0}{(bx_0+ay_0)x_0}=(a^4y_0^2+b^4x_0^2)\times\frac{a^2}{(b^2x_0^2-a^2y_0^2)x_0^2}$

$=\left[a^4\times\frac{b^2}{a^2}(x_0^2-a^2)+b^4x_0^2\right]\times\frac{a^2}{a^2y_0^2x_0^2}=a^2+b^2-\frac{a^2}{x_0^2}=c^2-\frac{a^4}{x_0^2}$　　③

由②③，得$|AM|\cdot|BM|=|F_1M|\cdot|F_2M|$.

由圆的相交弦定理的逆定理，有F_1，B，F_2，A四点共圆.

综上所述，结论成立.

例 10 【解析】设切点为P，切线与渐近线交于点A，B，要证$\triangle AOB$的面积被OP平分，只须证OP是底边AB的中线，即证P是AB的中点.

设双曲线方程是$\frac{x^2}{a^2}-\frac{y^2}{b^2}=1(a>0,b>0)$，$A(x_1,y_1)$，$B(x_2,y_2)$，过双曲线上一点$P(x_0,y_0)$的切线方程是$\frac{x_0^2k}{a^2}-\frac{y_0^2y}{b^2}=1$　　①

又双曲线的渐近线方程是$y=\pm\frac{b}{a}x$，将①式代入，整理，得

$(y_0^2a^2-x_0^2b^2)x^2+2x_0a^2b^2x-a^4b^2=0$　　②

因为A，B是双曲线的切线与渐近线的交点，所以x_1，x_2是方程②的两个根，由韦达定理，得$\frac{x_1+x_2}{2}=\frac{x_0a^2b^2}{b^2x_0^2-a^2y_0^2}=x_0$，同理得$y_0=\frac{y_1+y_2}{2}$，所以点$P(x_0,y_0)$是$AB$的中点，即$OP$平分$\triangle AOB$的面积.

三角形的面积问题是平面几何中研究的重要内容之一. 通过联想几何性质，可以减少运算量，但并不是说每道题都得去寻找和应用几何性质. 如本题，隐藏着的几何性质在解题过程中起着举足轻重的作用.

例 11 【证明】设双曲线方程是$\frac{x^2}{a^2}-\frac{y^2}{b^2}=1(a>0,b>0)$，$P(x_0,y_0)$为双曲线上任一点，则过点 P 的切线方程为 $\frac{x_0^2k}{a^2}-\frac{y_0^2y}{b^2}=1$，与渐近线 $y=\frac{b}{a}x$，$y=-\frac{b}{a}x$ 的交点分别为$A\left(\frac{a^2b}{bx_0-ay_0},\frac{ab^2}{bx_0-ay_0}\right)$，$B\left(\frac{a^2b}{bx_0+ay_0},\frac{-ab^2}{bx_0+ay_0}\right)$.

所以 $S_{\triangle AOB}=\frac{1}{2}\left|\frac{a^2b}{bx_0-ay_0}\cdot\frac{-ab^2}{bx_0+ay_0}-\frac{a^2b}{bx_0+ay_0}\cdot\frac{ab^2}{bx_0-ay_0}\right|=ab.$

因此，切线与渐近线所围成的三角形的面积等于以双曲线的两半轴长为边长的矩形的面积.

例 12 【证明】设 $A(x_1,y_1)$，$B(x_2,y_2)$，$P(x_0,y_0)$，则双曲线在 A，B 两点处的切线方程分别为 PA：$\frac{x_1x}{a^2}-\frac{y_1y}{b^2}=1$，$PB$：$\frac{x_2x}{a^2}-\frac{y_2y}{b^2}=1$，又 PA，PB 都过点 $P(x_0,y_0)$，所以$\begin{cases}\frac{x_1x_0}{a^2}-\frac{y_1y_0}{b^2}=1\\\frac{x_2x_0}{a^2}-\frac{y_2y_0}{b^2}=1\end{cases}$，所以直线 AB 的方程为$\frac{x_0x}{a^2}-\frac{y_0y}{b^2}=1$. 联立直线 AB 与双曲线的方程，消去 x，得

$(a^2y_0^2-b^2x_0^2)y^2+2a^2b^2y_0y+a^2b^4-b^4x_0^2=0$ ①

联立直线 AB 与双曲线的方程，消去 y，得

$(a^2y_0^2-b^2x_0^2)x^2+2a^2b^2x_0x-a^4b^2-a^4y_0^2=0$ ②

由①式得 $y_1y_2=\frac{a^2b^4-b^4x_0^2}{a^2y_0^2-b^2x_0^2}$，由②式得 $x_1x_2=\frac{-a^4b^2-a^4y_0^2}{a^2y_0^2-b^2x_0^2}$.

所以$\frac{y_1y_2}{x_1x_2}=\frac{a^2b^4-b^4x_0^2}{a^2y_0^2-b^2x_0^2}\cdot\frac{a^2y_0^2-b^2x_0^2}{-a^4b^2-a^4y_0^2}=\frac{a^2b^4-b^4x_0^2}{-a^4b^2-a^4y_0^2}=-\frac{b^4(a^2-x_0^2)}{a^4(b^2-y_0^2)}$.

又因为以 AB 为直径的圆 O_{AB} 的方程为

$(a^2y_0^2-b^2x_0^2)x^2+(a^2y_0^2-b^2x_0^2)y^2+2a^2b^2x_0x+2a^2b^2y_0y+a^2b^4-a^4b^2-b^4x_0^2-a^4y_0^2=0$,

因为点 P 为圆 O：$x^2+y^2=a^2-b^2$ 上任意一点，所以 $x_0^2+y_0^2=a^2-b^2$.

下面证明：点 P 在圆 O_{AB} 上.

将点 P 代入 O_{AB} 的方程，记

$f(P)=(a^2y_0^2-b^2x_0^2)x_0^2+(a^2y_0^2-b^2x_0^2)y_0^2+2a^2b^2x_0^2+2a^2b^2y_0^2+a^2b^4-a^4b^2-b^4x_0^2-a^4y_0^2$，则 $f(P)=(a^2y_0^2-b^2x_0^2)(x_0^2+y_0^2)+2a^2b^2(x_0^2+y_0^2)+a^2b^4-a^4b^2-b^4x_0^2-a^4y_0^2$，代入 $x_0^2+y_0^2=a^2-b^2$，得 $f(P)=(a^2y_0^2-b^2x_0^2)(a^2-b^2)+2a^2b^2(a^2-b^2)+a^2b^4-a^4b^2-b^4x_0^2-a^4y_0^2$，即 $f(P)=a^4y_0^2-a^4b^2+a^2b^4+b^4x_0^2-a^2b^4+a^4b^2-b^4x_0^2-a^4y_0^2=0$，所以点 P 在圆 O_{AB} 上，从而 $PA\perp PB$，结论得证.

§ 10.3 抛物线

例 1 0 条或 1 条或 2 条 【解析】根据焦点弦的性质，可知$|AB|=5+p$，通径长为 $2p$.

若 $p=5$，则满足条件的直线只有 1 条；

若 $p>5$，则满足条件的直线有 0 条；

若 $p<5$，则满足条件的直线有 2 条.

故本题答案应为：0 条或 1 条或 2 条.

例 2　D　【解析】由抛物线 C：$y^2=4x$，可知 $p=2$，焦点 $F(1,0)$. 设 $A(x_1,y_1)$，$B(x_2,y_2)$，所以 $A'(x_1,-y_1)$. 因为 $|AB|=|AF|+|BF|=x_1+x_2+p$，所以 $|A'F|+|BF|=x_1+x_2+p$.

所以 $x_1+x_2+2=8$，所以 $x_1+x_2=6$，则 $x_1\neq x_2$（若 $x_1=x_2$，则 $x_1=x_2=1$，$x_1+x_2=2\neq 6$）.

设点 $D(m,0)$，由于 D 为线段 $A'B$ 的中垂线与 x 轴的交点，所以 $|A'D|=|BD|$，即 $|A'D|^2=|BD|^2$，所以 $(x_1-m)^2+(-y_1-0)^2=(x_2-m)^2+(y_2-0)^2$，

即 $(x_1-m)^2-(x_2-m)^2+4x_1-4x_2=0$，展开，得

$(x_1-m-x_2+m)(x_1-m+x_2-m)+4(x_1-x_2)=0$，

即 $(x_1-x_2)(x_1+x_2-2m+4)=0$，

由于 $x_1\neq x_2$，所以 $x_1+x_2-2m+4=0$，从而得 $6-2m+4=0$，所以 $m=5$，即 $D(5,0)$. 故选 D.

例 3　$2\sqrt{2}$　【解析】**（方法一）**如图所示，设 $BF=t$，则 $AF=3t$，由抛物线的定义可知 $AA_1=AF=3t$，$BB_1=BF=t$，在 $\triangle BDA$ 中，$\cos\theta=\dfrac{AD}{AB}=\dfrac{3t-1}{3t+t}=\dfrac{1}{2}$，所以 $\theta=\dfrac{\pi}{3}$.

四边形 $CFAA_1$ 的面积为 $\dfrac{(p+3t)\cdot CA_1}{2}=\dfrac{(p+3t)\cdot 3t\sin\theta}{2}=12\sqrt{3}$，

即 $(p+3t)\cdot 3t=48$，且 $AA_1=p+AF\cos\theta$，得 $3t=p+\dfrac{3}{2}t$，即 $t=\dfrac{2}{3}p$，代入上式，得 $p=2\sqrt{2}$.

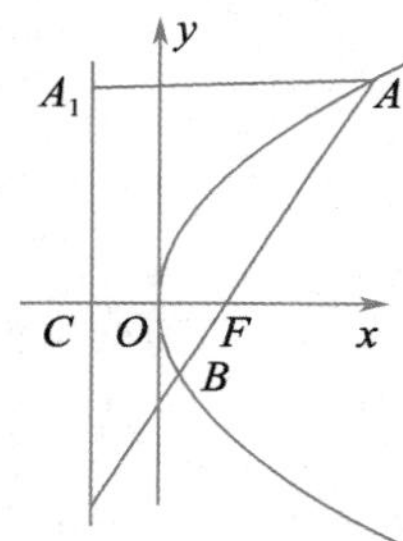

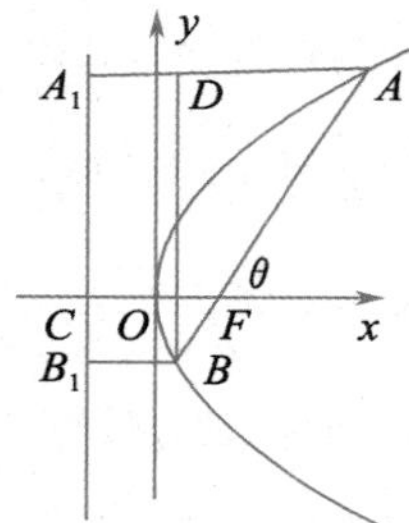

（方法二）如图所示，由题意，知 $F\left(\dfrac{p}{2},0\right)$，设 AB 所在的直线方程为 $x=my+\dfrac{p}{2}\ (m>0)$，

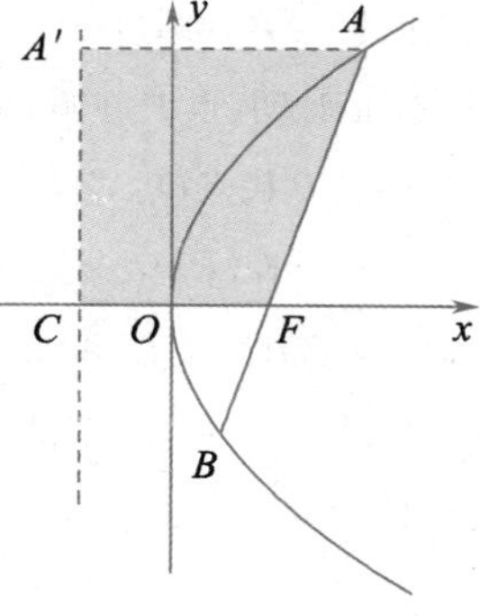

联立 $\begin{cases}y^2=2px\\ x=my+\dfrac{p}{2}\end{cases}$，得 $y^2-2pmy-p^2=0$.

由韦达定理，得 $y_A+y_B=2pm$，$y_A\cdot y_B=-p^2$.

因为 $\overrightarrow{AF}=3\overrightarrow{FB}$，所以 $y_A=-3y_B$，从而有 $\begin{cases}-2y_B=2pm\\ -3y_B^2=-p^2\end{cases}$，解得 $m^2=\dfrac{1}{3}$.

$y_A=\sqrt{3}p$，$x_A=\dfrac{3}{2}p$.

所以 $S_{CFAA'}=\dfrac{AA'+CF}{2}\cdot y_A=\dfrac{p+2p}{2}\cdot\sqrt{3}p=\dfrac{3\sqrt{3}}{2}p^2=12\sqrt{3}$，解得 $p=2\sqrt{2}$.

本题也可以用抛物线的极坐标方程解得 $AF=\frac{p}{1-\cos\theta}$，$BF=\frac{p}{1+\cos\theta}$求解.

例 4 【解析】设 $M(2pt^2,2pt)$，$M_1(2pt_1^2,2pt_1)$，$M_2(2pt_2^2,2pt_2)$. 则直线 MM_1 的方程为 $\frac{x-2pt^2}{2pt^2-2pt_1^2}=\frac{y-2pt}{2pt-2pt_1}$. 化简，得 $x-(t+t_1)y+2ptt_1=0$，将 A 点坐标代入，得

$a-(t+t_1)b+2ptt_1=0$ ①

同理，直线 MM_2 的方程为 $x-(t+t_2)y+2ptt_2=0$，将 B 点坐标代入，得

$-a+2ptt_2=0$ ②

由①②消去 t，得 $a-\frac{2ap}{b}(t_1+t_2)+2pt_1t_2=0$ ③

同理，直线 M_1M_2 的方和为 $x-(t_1+t_2)y+2pt_1t_2=0$ ④

比较③④不难发现，直线 M_1M_2 恒过一定点 $\left(a,\frac{2ap}{b}\right)$.

对于证明动直线恒过定点的问题，常用的方法是用一个或两个参数表示出直线的方程，然后令所有系数为 0，求得定点的坐标. 为了充分利用代数式的对称性，减少运算量，考虑不以 a、b 为基本量，而是以 M、M_1、M_2 的坐标作为基本量，请注意其效果.

例 5 【解析】设直线 m 的解析式为 $y=k(x+1)$，则由 $\begin{cases}y=x^2\\y=k(x+1)\end{cases}$，

得 $x^2-kx-k=0$.

要使直线 $y=k(x+1)$ 与抛物线 $y=x^2$ 有两个不同的交点，则有 $\Delta=k^2+4k>0$，解得 $k<-4$，或 $k>0$.

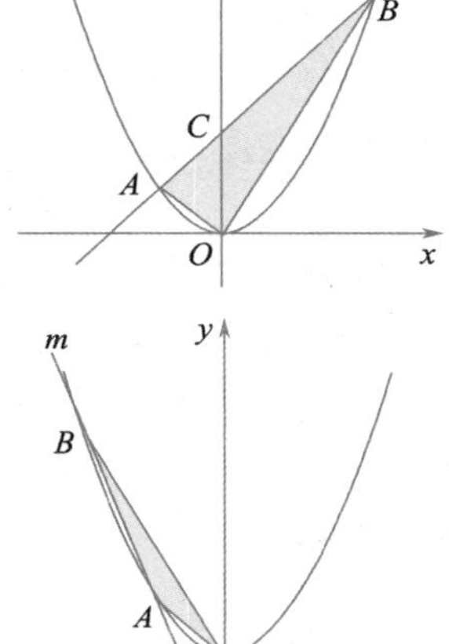

当 $k>0$ 时，如右图所示，则 $S_{\triangle AOB}=\frac{1}{2}[y_C\cdot(-x_A)+y_C\cdot x_B]=3$，

整理得 $y_C(x_B-x_A)=6$，

所以 $k(x_B-x_A)=k\sqrt{(x_A+x_B)^2-4x_Ax_B}=6$.

又因为 $x_A+x_B=k$，$x_Ax_B=-k$，所以 $k^2(k^2+4k)=36$，解得 $k\approx1.83$.

当 $k<-4$ 时，如右图所示，解得 $k\approx-4.42$.

故直线 m 的方程为 $y=1.83(x+1)$，或 $y=-4.42(x+1)$.

本题解决的关键是求出一元四次方程 $k^2(k^2+4k)=36$ 后，如何较为精确地求出斜率 k 的两个值. 实际上，在考试的过程中，很容易漏掉 k 为负值的情况，同时，有很大一部分考生想要计算出 k 的准确值，从而浪费了大量的时间和精力.

例 6 $\frac{3}{25}$ 【解析】如下图所示，$F\left(\frac{1}{2},0\right)$，设 $P(2t^2,2t)$，则 PH 所在的直线方程为 $2ty=x+2t^2(t\neq0)$.

OQ 所在的直线方程为 $y=-2tx$，PF 所在的直线方程为 $\frac{y-0}{x-\frac{1}{2}}=\frac{2t-0}{2t^2-\frac{1}{2}}$，

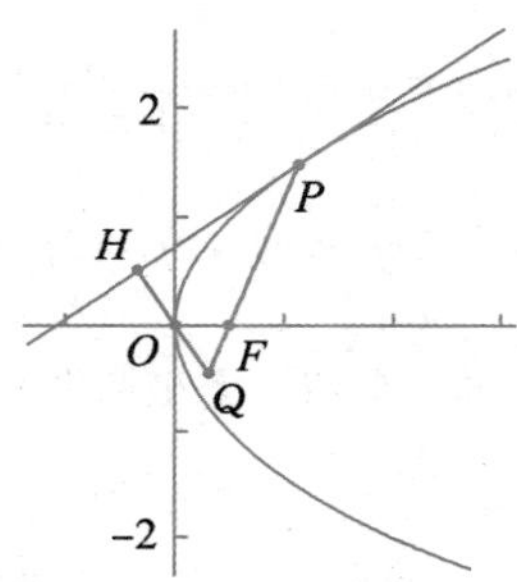

即 $y=\frac{4t}{4t^2-1}\left(x-\frac{1}{2}\right)$.

OQ 与 PF 交于点 $Q\left(\frac{1}{4t^2+1},\frac{-2t}{4t^2+1}\right)$，$|OQ|=\frac{\sqrt{1+4t^2}}{4t^2+1}=\frac{3}{5}$，解得 $t=\frac{2}{3}$. 从而$Q\left(\frac{9}{25},-\frac{12}{25}\right)$，所以 $S_{\triangle OFQ}=\frac{1}{2}\cdot\frac{1}{2}\cdot\frac{12}{25}=\frac{3}{25}$.

例 7　$A\left(\frac{1}{4},\frac{\sqrt{3}}{6}\right)$　【解析】**(方法一)**如图，作 AB 垂直于抛物线的准线，垂足为 B，则 $AB=AF$，由$\angle CAF=30°$，得$\angle BAC=30°$，所以$\angle ACF=30°$，即切线斜率为$\frac{\sqrt{3}}{3}$.

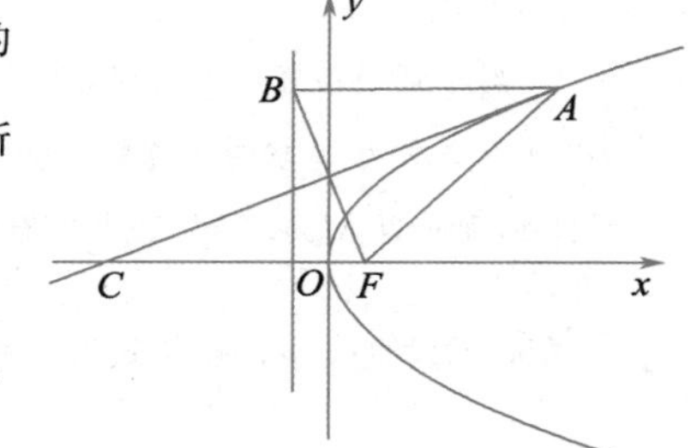

设切点坐标为 $A(3t^2,t)$，则切线方程为 $y=\frac{\sqrt{3}}{3}(x-3t^2)+t$，联立 $x=3y^2$，得$\sqrt{3}y^2-y+t-\sqrt{3}t^2=0$，

由 $\Delta=1-4\sqrt{3}(t-\sqrt{3}t^2)=0$，解得 $t=\frac{1}{2\sqrt{3}}$，所以点 $A\left(\frac{1}{4},\frac{\sqrt{3}}{6}\right)$.

(方法二)如图，设点 A 处的切线为 l，$A(3y_0^2,y_0)$，$F\left(\frac{1}{12},0\right)$.

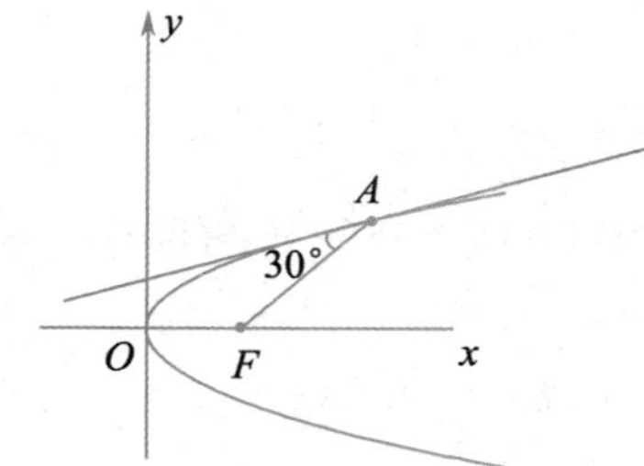

对隐函数 $y^2=\frac{1}{3}x$ 求导，得 $2y\cdot y'=\frac{1}{3}$，解得$y'=\frac{1}{6y}$.

所以切线 l 的斜率为 $k=y'|_{y_0}=\frac{1}{6y_0}$，$k_{AF}=\frac{y_0}{3y_0^2-\frac{1}{12}}=\frac{12y_0}{36y_0^2-1}$.

由夹角公式，得 $\tan30°=\frac{k_{AF}-k}{1+k_{AF}\cdot k}$，即 $1+k_{AF}\cdot k=\sqrt{3}(k_{AF}-k)$，解得 $k_{AF}=\frac{1+\sqrt{3}k}{\sqrt{3}-k}$. 即 $\frac{12y_0}{36y_0^2-1}=\frac{1+\frac{\sqrt{3}}{6y_0}}{\sqrt{3}-\frac{1}{6y_0}}=\frac{6y_0+\sqrt{3}}{6\sqrt{3}y_0-1}$，解得 $y_0=\frac{1}{2\sqrt{3}}$，$x_A=3y_0^2=\frac{1}{4}$，从而 $A\left(\frac{1}{4},\frac{\sqrt{3}}{6}\right)$.

例 8 【解析】(1)设直线 AB 的方程为 l'：$x=my+\frac{p}{2}$. 联立直线 l' 与抛物线 C 的方程，得$\begin{cases}y^2=2px\\x=my+\frac{p}{2}\end{cases}$，

整理得 $y^2-2pmy-p^2=0$.

设 $A(x_1,y_1)$，$B(x_2,y_2)$，则 $y_1y_2=-p^2$. 故 $x_1x_2=\frac{y_1^2}{2p}\cdot\frac{y_2^2}{2p}=\frac{(y_1y_2)^2}{4p^2}=\frac{p^2}{4}$.

注意到 $|FA|=x_1+\frac{p}{2}$，$|FB|=x_2+\frac{p}{2}$，

则 $\frac{1}{|FA|}+\frac{1}{|FB|}=\frac{1}{x_1+\frac{p}{2}}+\frac{1}{x_2+\frac{p}{2}}=\frac{x_1+x_2+p}{\frac{p}{2}(x_1+x_2)+\frac{p^2}{2}}=\frac{2}{p}=1$，解得 $p=2$.

即抛物线 C 的方程为 $y^2=4x$.

(2)如图，不妨设点 P 在第一象限，点 $Q(x_3,y_3)$ 在第四象限.

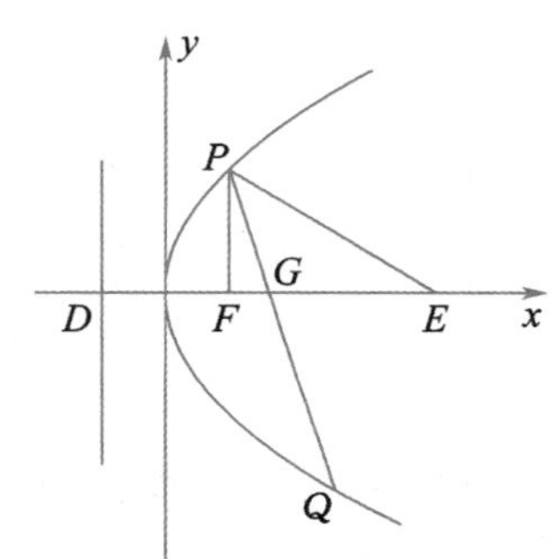

当 $y<0$ 时，由 $y^2=4x$，得 $y=-2\sqrt{x}$.

则 $y'=-x^{-\frac{1}{2}}=\frac{2}{y}$. 即抛物线 C 在点 Q 处的切线斜率为 $k=\frac{2}{y_3}$.

注意到 $PF\perp x$ 轴，则 $P(1,2)$.

设 $G(x_4,0)$，由 P,G,Q 三点共线，得 $\frac{2}{1-x_4}=\frac{y_3-2}{x_3-1}=\frac{4}{y_3+2}$.

则 $x_4=-\frac{y_3}{2}$.

设 $E(x_5,0)$，由 $|GD|=|GE|$，得 $x_5=1-y_3$，故直线 PE 的斜率 $k'=\frac{2}{1-(1-y_3)}=\frac{2}{y_3}=k$.

从而直线 l 为抛物线 C 的切线.

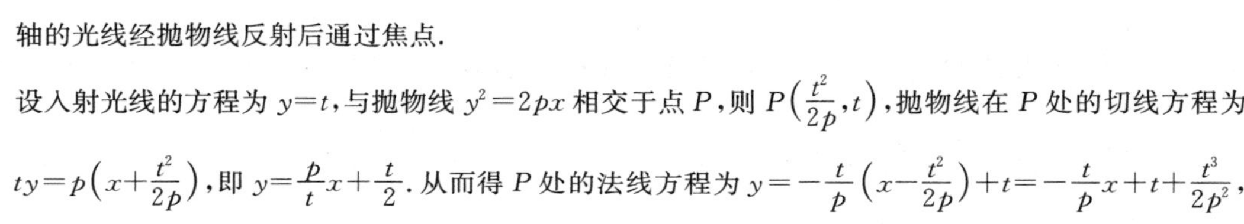

例 9 【证明】以抛物线 $y^2=2px(p>0)$ 为例，焦点 $F\left(\frac{p}{2},0\right)$. 由于光线是可逆的，故只需证明平行于对称轴的光线经抛物线反射后通过焦点.

设入射光线的方程为 $y=t$，与抛物线 $y^2=2px$ 相交于点 P，则 $P\left(\frac{t^2}{2p},t\right)$，抛物线在 P 处的切线方程为 $ty=p\left(x+\frac{t^2}{2p}\right)$，即 $y=\frac{p}{t}x+\frac{t}{2}$. 从而得 P 处的法线方程为 $y=-\frac{t}{p}\left(x-\frac{t^2}{2p}\right)+t=-\frac{t}{p}x+t+\frac{t^3}{2p^2}$，

PF 的方程为 $y=\frac{t}{\frac{t^2}{2p}-\frac{p}{2}}\left(x-\frac{p}{2}\right)=\frac{2pt}{t^2-p^2}\left(x-\frac{p}{2}\right)$.

所以入射光线、法线、PF 三条直线的方向向量分别为 $(1,0)$，$\left(1,-\frac{t}{p}\right)$，$\left(1,\frac{2pt}{t^2-p^2}\right)$.

而 $\frac{(1,0)\cdot\left(1,-\frac{t}{p}\right)}{\sqrt{1+\frac{t^2}{p^2}}}=\frac{1}{\sqrt{1+\frac{t^2}{p^2}}}$，

$$\frac{\left(1,-\frac{t}{p}\right)\left(1,\frac{2pt}{t^2-p^2}\right)}{\sqrt{1+\frac{t^2}{p^2}}\cdot\sqrt{1+\frac{4p^2t^2}{(t^2-p^2)^2}}}=\frac{1-\frac{2pt^2}{t^2-p^2}}{\sqrt{1+\frac{t^2}{p^2}}\cdot\sqrt{\frac{(t^2+p^2)^2}{(t^2-p^2)^2}}}=\frac{\frac{|t^2-p^2|}{t^2-p^2}}{\sqrt{1+\frac{t^2}{p^2}}}=\pm\frac{1}{\sqrt{1+\frac{t^2}{p^2}}}.$$

所以入射光线、PF 与法线的夹角相同，所以 PF 为反射光线.

例 10 【解析】(1)由题意知点 $A(2,1)$，对函数 $y=\frac{x^2}{4}$ 求导，得 $y'=\frac{x}{2}$，从而过点 $A(2,1)$ 的切线斜率 $k=y'|_{x=2}=1$，所以过点 $A(2,1)$ 的切线方程为 $y-1=(x-2)$，即 $x-y-1=0$.

(2)如下图所示，设 $A\left(x_0,\frac{x_0^2}{4}\right)$，则 l' 所在的直线方程为 $\frac{2x}{x_0}+y-1=0$. 联立直线 l' 与抛物线方程 $\begin{cases}\frac{2x}{x_0}+y-1=0\\x^2=4y\end{cases}$，整理得 $x_0x^2+8x-4x_0=0$. 设点 $C\left(x_1,\frac{x_1^2}{4}\right)$，$D\left(x_2,\frac{x_2^2}{4}\right)$，则 $\begin{cases}x_1+x_2=-\frac{8}{x_0}\\x_1x_2=-4\end{cases}$. 显然，$x_1>0,x_2<0$，则 $\frac{S_1}{S_2}+\frac{S_2}{S_1}=-\left(\frac{x_1}{x_2}+\frac{x_2}{x_1}\right)=-\frac{(x_1+x_2)^2-2x_1x_2}{x_1x_2}=\frac{16}{x_0^2}+2$.

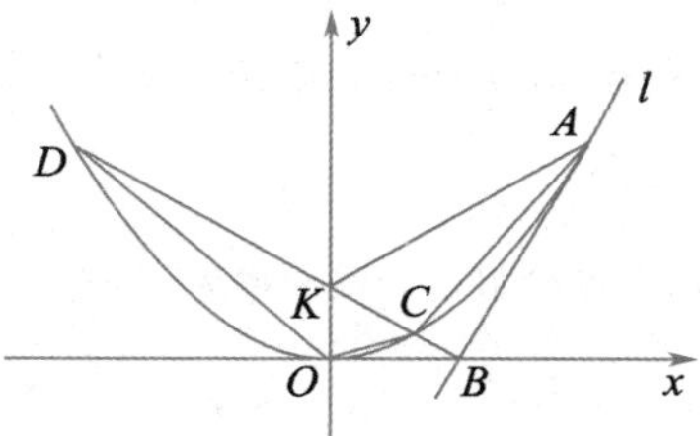

又注意到 $\frac{S_1}{S_2}>1$，则 $\frac{S_1}{S_2}=1+\frac{8}{x_0^2}+4\cdot\sqrt{\frac{4}{x_0^4}+\frac{1}{x_0^2}}=1+\frac{8+4\sqrt{x_0^2+4}}{x_0^2}=1+\frac{4}{\sqrt{x_0^2+4}-2}$.

易知 $\frac{S_3}{S_2}=\frac{x_0^2+4}{4}$，则 $\frac{S_3}{S_2}\cdot\left(\frac{S_1}{S_2}-1\right)=\frac{x_0^2+4}{4}\cdot\frac{4}{\sqrt{x_0^2+4}-2}=\sqrt{x_0^2+4}-2+\frac{4}{\sqrt{x_0^2+4}-2}+4\geqslant 8$.

当且仅当 $x_0=2\sqrt{3}$ 时，等号成立. 从而 $\frac{S_3}{S_2}\cdot\left(\frac{S_1}{S_2}-1\right)$ 的最小值为 8.

§10.4 直线与圆锥曲线

例 1 【解析】(1)对隐函数 $\frac{x^2}{4}+y^2=1$ 求导，得 $\frac{x}{2}+2y\cdot y'=0$，即 $y'=-\frac{x}{4y}$，从而在点 $\left(\frac{4}{\sqrt5},\frac{1}{\sqrt5}\right)$ 处的切线斜率为 $k=y'|_{\left(\frac{4}{\sqrt5},\frac{1}{\sqrt5}\right)}=-1$，从而所求的切线方程为 $y-\frac{1}{\sqrt5}=-\left(x-\frac{4}{\sqrt5}\right)$，即 $x+y=\sqrt5$.

(2)(**方法一**)如图，对椭圆 $C:\frac{x^2}{a^2}+\frac{y^2}{b^2}=1$ 进行等比例放大到与双曲线相切的时候，考虑切点 Q_0 处的切线情况，此时联立 $\begin{cases}\frac{x^2}{(2n)^2}+\frac{y^2}{n^2}=1\\xy=4\end{cases}$，得 $x^4-4n^2x^2+64=0$，令 $\Delta=16n^4-256=0$，得 $n^2=4$，并求得 $Q_0(2\sqrt2,\sqrt2)$，此时双曲线 $xy=4$ 在 Q_0 处的切线 l_1 的斜率为 $y'=-\frac{4}{x^2}\Big|_{x=2\sqrt2}=-\frac{1}{2}$，然后考虑原椭圆 $C:\frac{x^2}{4}+y^2=1$ 在点 P_0 处的平行于 l_1 的切线，即 $-\frac{x_0}{4y_0}=$

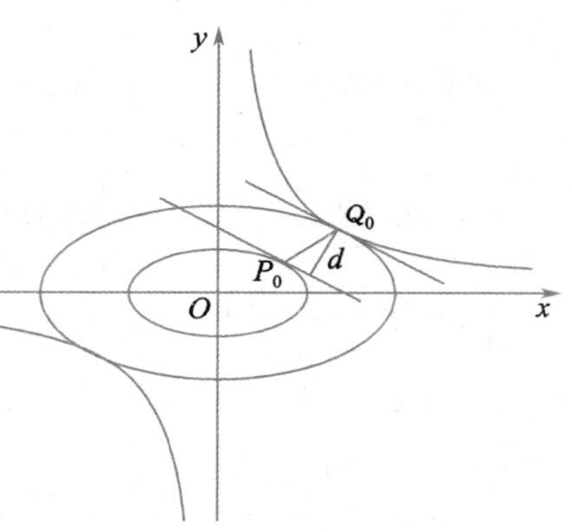

$-\frac{1}{2}$，且$\frac{x_0^2}{4}+y_0^2=1$，解得$P_0\left(\sqrt{2},\frac{\sqrt{2}}{2}\right)$，此时 P_0 处的切线方程为 $y=-\frac{1}{2}x+\sqrt{2}$，显然$|PQ|\geqslant|P_0Q_0|>d$，

因为 $d=\frac{\sqrt{2}}{\sqrt{\frac{1}{4}+1}}=\frac{2\sqrt{10}}{5}>\frac{6}{5}$，所以$|PQ|>\frac{6}{5}$.

(方法二)设 $P(x_0,y_0)$，$Q(x_1,y_1)$，则有$\frac{x_0^2}{4}+y_0^2=1$，不妨设 $x_1>0$，$y_1>0$，则 $y_1=\frac{4}{x_1}$.

从而$|PQ|=\sqrt{(x_0-x_1)^2+(y_0-y_1)^2}\geqslant\sqrt{\frac{1}{2}\left(x_1-x_0+\frac{4}{x_1}-y_0\right)^2}$(柯西不等式)

$=\sqrt{\frac{1}{2}\left(x_1+\frac{4}{x_1}-(x_0+y_0)\right)^2}$，

又 $x_1+\frac{4}{x_1}\geqslant4$(平均值不等式)，且$(x_0+y_0)^2\leqslant(4+1)\left(\frac{x_0^2}{4}+y_0^2\right)=5$(柯西不等式)

所以$|PQ|\geqslant\sqrt{\frac{1}{2}(4-\sqrt{5})^2}=\sqrt{\frac{21-8\sqrt{5}}{2}}>\frac{6}{5}$.

例 2 【解析】(1)由切线公式，有 $y-f(x_0)=f'(x_0)(x-x_0)$，由抛物线方程为$y^2=2px(p>0)$，则利用隐函数求导法则，有 $2yy'=2p$，从而 $y'=\frac{p}{y}$，所以 $f'(x_1)=\frac{p}{y_1}$，将其代回切线方程，有 $y-y_1=\frac{p}{y_1}(x-x_1)$，利用 $y_1^2=2px_1$，即得 $y_1y=p(x+x_1)$.

(2)抛物线的准线为 $x=-\frac{p}{2}$，故 $MF=x_1+\frac{p}{2}$，$NF=x_2+\frac{p}{2}$.

又由 $P(x_0,y_0)$为两条切线 $y_1y=p(x+x_1)$，$y_2y=p(x+x_2)$的交点，从而得

$y_0=\frac{p(x_1-x_2)}{y_1-y_2}=\frac{\frac{1}{2}(y_1^2-y_2^2)}{y_1-y_2}=\frac{y_1+y_2}{2}$. $x_0=\frac{y_0y_1}{p}-x_1=\frac{y_1+y_2}{2}\cdot\frac{y_1}{p}-x_1=\frac{x_1y_2-x_2y_1}{y_1-y_2}=\frac{y_1y_2}{2p}$，

故$|PF|^2=\left(x_0-\frac{p}{2}\right)^2+y_0^2=\left(\frac{y_1y_2}{2p}-\frac{p}{2}\right)^2+\left(\frac{y_1+y_2}{2}\right)^2=\frac{y_1^2+y_2^2}{4}+\frac{y_1^2y_2^2}{4p^2}+\frac{p^2}{4}$，

$|NF|\cdot|MF|=x_1x_2+\frac{p}{2}(x_1+x_2)+\frac{p^2}{4}=\frac{y_1^2y_2^2}{4p^2}+\frac{p}{2}\cdot\frac{y_1^2+y_2^2}{2p}+\frac{p^2}{4}$.

从而$|PF|^2=|MF|\cdot|NF|$.

(3)$k_{NF}=\frac{y_2}{x_2-\frac{p}{2}}$，$k_{MF}=\frac{y_1}{x_1-\frac{p}{2}}$，$k_{PF}=\frac{\frac{y_1+y_2}{2}}{\frac{y_1y_2}{2p}-\frac{p}{2}}=\frac{p(y_1+y_2)}{y_1y_2-p^2}$，

故 $\tan\angle PMF=\frac{k_{FM}-k_{FP}}{1+k_{FM}\cdot k_{FP}}=\frac{\frac{2y_1}{2x_1-p}-\frac{p(y_1+y_2)}{y_1y_2-p^2}}{1+\frac{2y_1}{2x_1-p}\cdot\frac{p(y_1+y_2)}{y_1y_2-p^2}}$

$=\frac{2y_1(y_1y_2-p^2)-p(2x_1-p)(y_1+y_2)}{(2x_1-p)(y_1y_2-p^2)+2y_p(y_1+y_2)}=\frac{p(y_2-y_1)}{p^2+y_1y_2}$.

同理计算知 $\tan\angle FPN=\frac{p(y_2-y_1)}{p^2+y_1y_2}$，结合$|PF|^2=|MF|\cdot|NF|$，知$\triangle FPM\backsim\triangle NFP$.

所以$\angle PMF=\angle FPN$.

例 3 【解析】(1)椭圆的右焦点为 $F(2,0)$,设 AB 所在的直线方程为 $y=k(x-2)(k\neq0)$,且 $A(x_1,y_1)$,$B(x_2,y_2)$,联立方程组 $\begin{cases}y=k(x-2)\\ \dfrac{x^2}{5}+y^2=1\end{cases}$,

整理得 $(5k^2+1)x^2-20k^2x+(20k^2-5)=0$. 则 $x_1+x_2=\dfrac{20k^2}{5k^2+1}$,$x_1x_2=\dfrac{20k^2-5}{5k^2+1}$,

点 N 的坐标为 $\left(\dfrac{10k^2}{5k^2+1},\dfrac{-2k}{5k^2+1}\right)$,所以 ON 所在的直线方程为 $y=-\dfrac{1}{5k}x$.

椭圆 C 在 A,B 处的切线方程分别为 $\dfrac{x_1x}{5}+y_1y=1$,$\dfrac{x_2x}{5}+y_2y=1$,联立方程组 $\begin{cases}\dfrac{x_1x}{5}+y_1y=1\\ \dfrac{x_2x}{5}+y_2y=1\end{cases}$,解得 M 点的坐标为 $\left(\dfrac{5(y_2-y_1)}{x_1y_2-x_2y_1},\dfrac{x_1-x_2}{x_1y_2-x_2y_1}\right)$,$M\left(\dfrac{5}{2},-\dfrac{1}{2k}\right)$,所以点 M 的坐标满足直线 ON 的方程 $y=-\dfrac{1}{5k}x$,故 O,M,N 三点共线.

(2)由(1)可知,$|AB|=\sqrt{1+k^2}\,|x_1-x_2|=\dfrac{2\sqrt{5}(1+k^2)}{5k^2+1}$,

$|FM|=\sqrt{1+\dfrac{1}{k^2}}\left|\dfrac{5}{2}-2\right|=\dfrac{\sqrt{1+k^2}}{2|k|}$,$|FN|=\sqrt{1+k^2}\left|\dfrac{10k^2}{5k^2+1}-2\right|=\dfrac{2\sqrt{1+k^2}}{5k^2+1}$,

所以 $\dfrac{|AB|\cdot|FM|}{|FN|}=\dfrac{\sqrt{5}}{2}\cdot\dfrac{k^2+1}{|k|}\geqslant\sqrt{5}$,当且仅当 $k=\pm1$ 时等号成立.

例 4 【解析】(1)由题可知,点 P 在椭圆的上顶点时,$S_{\triangle PAB}$ 最大,此时 $S_{\triangle PAB}=\dfrac{1}{2}\times2ab=ab=2\sqrt{3}$,所以 $\begin{cases}ab=2\sqrt{3}\\ \dfrac{c}{a}=\dfrac{1}{2}\\ a^2-b^2=c^2\end{cases}$,解得 $a=2,b=\sqrt{3},c=1$.

所以椭圆 O 的标准方程为 $\dfrac{x^2}{4}+\dfrac{y^2}{3}=1$.

(2)设过点 $B(2,0)$ 与圆 E 相切的直线方程为 $y=k(x-2)$,即 $kx-y-2k=0$,因为直线与圆 E:$x^2+(y-2)^2=r^2$ 相切,所以 $d=\dfrac{|-2-2k|}{\sqrt{k^2+1}}=r$,即 $(4-r^2)k^2+8k+4-r^2=0$.

设两切线的斜率分别为 $k_1,k_2(k_1\neq k_2)$,则 $k_1k_2=1$,设 $C(x_1,y_1)$,$D(x_2,y_2)$.

由 $\begin{cases}y=k_1(x-2)\\ \dfrac{x^2}{4}+\dfrac{y^2}{3}=1\end{cases}$,整理得 $(4k_1^2+3)x^2-16k_1^2x+16k_1^2-12=0$.

所以 $2x_1=\dfrac{16k_1^2-12}{4k_1^2+3}$,即 $x_1=\dfrac{8k_1^2-6}{4k_1^2+3}$,所以 $y_1=\dfrac{-12k_1}{4k_1^2+3}$;

同理,$x_2=\dfrac{8k_2^2-6}{4k_2^2+3}=\dfrac{8-6k_1^2}{3k_1^2+4}$,$y_2=\dfrac{-12k_2}{4k_2^2+3}=\dfrac{-12k_1}{3k_1^2+4}$;

所以 $k_{CD}=\dfrac{y_2-y_1}{x_2-x_1}=\dfrac{\dfrac{-12k_1}{3k_1^2+4}-\dfrac{-12k_1}{4k_1^2+3}}{\dfrac{8-6k_1^2}{3k_1^2+4}-\dfrac{8k_1^2-6}{4k_1^2+3}}=\dfrac{k_1}{4(k_1^2+1)}$.

所以直线 CD 的方程为 $y+\dfrac{12k_1}{4k_1^2+3}=\dfrac{k_1}{4(k_1^2+1)}\left(x-\dfrac{8k_1^2-6}{4k_1^2+3}\right)$，

整理得 $y=\dfrac{k_1}{4(k_1^2+1)}x-\dfrac{7k_1}{2(k_1^2+1)}=\dfrac{k_1}{4(k_1^2+1)}(x-14)$.

所以直线 CD 恒过定点 $(14,0)$.

§10.5 平移与旋转

例 1 D 【解析】注意到原图形可由图形 $3|x|+4|y|\leqslant 6$ 向右平移 1 个单位，再向上平移 1 个单位得到，因此只需考虑图形 $3|x|+4|y|\leqslant 6$ 所对应的区域. 这即表示中心在原点的菱形的内部(包含边界)，其面积为 $S=\dfrac{1}{2}\times 4\times 3=6$. 故选 D.

例 2 【解析】(1)将坐标轴旋转 θ 角，使得 $\begin{cases}x=x'\cos\theta-y'\sin\theta\\ y=x'\sin\theta+y'\cos\theta\end{cases}$，代入 $f(x,y)$，

得 $3(x'\cos\theta-y'\sin\theta)^2-2\sqrt{3}(x'\cos\theta-y'\sin\theta)(x'\cos\theta+y'\sin\theta)+5(x'\sin\theta+y'\cos\theta)$，

其中交叉项 $x'y'$ 的系数为 $-6\sin\theta\cos\theta-2\sqrt{3}\cos^2\theta+2\sqrt{3}\sin^2\theta+10\sin\theta\cos\theta=0$，从而 $\sin 2\theta-2\sqrt{3}\cos 2\theta=0$，

得 $\tan 2\theta=\sqrt{3}$，取 $\theta=\dfrac{\pi}{6}$，即可得 $g(x',y')=2x'^2+6y'^2$.

(2)在平面直角坐标系 $x'O'y'$ 中，令 $x'^2+y'^2=a^2$，易知 $x^2+y^2=x'^2+y'^2$[因为均为 (x,y) 到坐标原点距离的平方]，从而 $g(x',y')=\dfrac{f(x,y)}{x^2+y^2}=\dfrac{2x'^2+6y'^2}{x'^2+y'^2}=2+\dfrac{4}{a^2}y'^2$(其中 $0\leqslant y'^2\leqslant x'^2+y'^2=a^2$)，则

①当 $x'=0,y'^2=a^2$ 时，$g(x',y')$ 的最大值为 6，在直线 $x'=0$，即 $y=-\sqrt{3}x$ 上取到；

②当 $x'^2=a^2,y'=0$ 时，$g(x',y')$ 的最小值为 2，在直线 $y'=0$，即 $y=\dfrac{\sqrt{3}}{3}x$ 上取到.

例 3 $-2\sqrt{2}$ 【解析】(**方法一**)由题设可知正方形的对角线 AC 过坐标原点，所以设直线 AC 的直线方程为 $y=kx(k\neq 0)$，所以直线 BD 的直线方程为 $y=-\dfrac{1}{k}x$.

联立直线 AC 与曲线的方程 $\begin{cases}y=kx\\ y=x^3+ax\end{cases}$，整理得 $x[x^2+(a-k)]=0$，

得 $x=0$(舍)，或 $x^2=k-a(k>a)$，所以 $OA^2=x^2+y^2=(1+k^2)x^2=(1+k^2)(k-a)$，

同理可得 $OB^2=\left(1+\dfrac{1}{k^2}\right)\left(-\dfrac{1}{k}-a\right)=-\dfrac{1+k^2}{k^2}\left(\dfrac{1}{k}+a\right)$，因为 $OB^2>0$，所以 $-\dfrac{1}{k}-a>0$.

因为四边形 $ABCD$ 为正方形，所以 $OA^2=OB^2$，即 $(1+k^2)(k-a)=-\dfrac{1+k^2}{k^2}\left(\dfrac{1}{k}+a\right)$，整理得 $k^2-ak+\dfrac{1}{k^2}+\dfrac{a}{k}=0$，即 $\left(k-\dfrac{1}{k}\right)^2-a\left(k-\dfrac{1}{k}\right)+2=0$.

令 $t=k-\dfrac{1}{k}$，所以关于 t 的二次函数 $t^2-at+2=0$ 仅有一解，所以 $\Delta=a^2-8=0$，解得 $a=\pm 2\sqrt{2}$.

因为 $k>a$，$-\frac{1}{k}-a>0$，即 $-\frac{1}{k}>a$，且 $k>a$，所以 $a<0$，所以 $a=-2\sqrt{2}$.

所以二次函数 $t^2-at+2=0$ 为 $t^2+2\sqrt{2}t+2=0$，解得 $t=-\sqrt{2}$，所以 $k-\frac{1}{k}=-\sqrt{2}$，

整理得 $k^2+\sqrt{2}k-1=0$，$\Delta=2+4>0$，k 有解，所以 $a=-2\sqrt{2}$成立. 故本题答案为 $-2\sqrt{2}$.

(方法二) 设正方形的四个顶点为 A,B,C,D，那么 $ABCD$ 的中心为原点 O. 否则，由于 $y=x^3+ax$ 为奇函数，因此 A,B,C,D 关于 O 点的对称点 A',B',C',D' 也在曲线上，且 $A'B'C'D'$ 也是正立形，与题设矛盾.

设 $A(x_0,y_0)$，$B(-y_0,x_0)$，$C(-x_0,-y_0)$，$D(y_0,-x_0)$，其中 $x_0>0$，$y_0>0$.

则 $y_0=x_0^3+ax_0$ ①

$-x_0=y_0^3+ay_0$ ②

①×x_0+②×y_0，得 $x^4+y_0^4+a(x_0^2+y_0^2)=0$ ③

①×y_0+②×x_0，得 $x_0^2+y_0^2=x_0y_0(x_0^2-y_0^2)$ ④

令 $x_0=r\cos\theta$，$y_0=r\sin\theta\left(r>0,\theta\in\left(0,\frac{\pi}{2}\right)\right)$

由③④得：$a=-r^2(1-2\sin^2\theta\cos^2\theta)$，消去 r^2，得关于 $\sin2\theta$ 的方程：

$(1+a^2)(\sin^2 2\theta)^2-(4+a^2)\sin^2 2\theta+4=0$，因此$\sin^2 2\theta$ 在(0,1)内只有一个根，

所以 $\Delta=(a^2+4)^2-16(1+a^2)=a^4-8a^2=0$，得 $a=-2\sqrt{2}$(由③知 $a<0$)，$\sin2\theta=\frac{\sqrt{6}}{2}$，$\sin4\theta=\frac{2\sqrt{2}}{3}$，

$r=\sqrt{18}$. 此时正方形的边长为 $\sqrt{2}r=\sqrt[4]{72}$.

例 4 【解析】(1) 易得椭圆 C 的方程为 $\frac{x^2}{6}+\frac{y^2}{3}=1$.

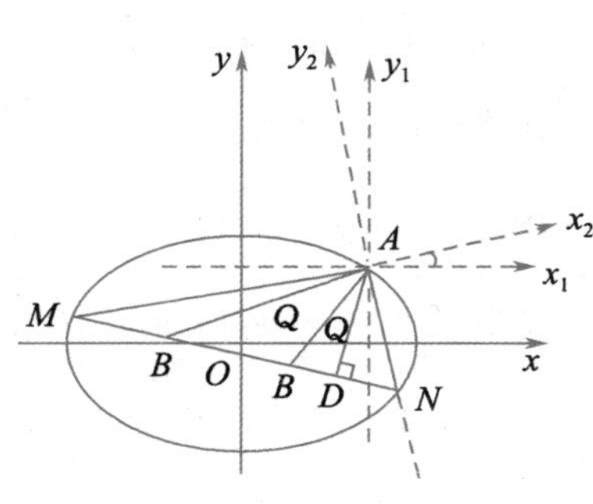

(2) 由平移公式，得 $\begin{cases}x=x_1+2\\y=y_1+1\end{cases}$，代入椭圆方程，

整理得 $x_1^2+2y_2^2+4x_1+4y_1=0$ ①

即为椭圆 C 在 x_1Ay_1 坐标系中的方程

如图，再由转轴公式 $\begin{cases}x_1=x_2\cos\theta-y_2\sin\theta\\y_1=x_2\sin\theta+y_2\cos\theta\end{cases}$，代入①式，得

$(x_2\cos\theta-y_2\sin\theta)^2+2(x_2\sin\theta+y_2\cos\theta)^2+4(x_2\cos\theta-y_2\sin\theta)+4(x_2\sin\theta+y_2\cos\theta)=0$ ②

即为椭圆 C 在 x_2Ay_2 坐标系中的方程.

令 $x_2=0$，得 $y_{N_2}=y_2=\frac{4(\sin\theta-\cos\theta)}{1+\cos^2\theta}$；令 $y_2=0$，得 $x_{M_2}=\frac{-4(\cos\theta+\sin\theta)}{1+\sin^2\theta}$.

所以在 x_2Ay_2 坐标系中，直线 MN 的方程为 $\frac{x_2}{x_{M_2}}+\frac{y_2}{x_{N_2}}=1$，即

$\frac{x_2(1+\sin^2\theta)}{-4(\cos\theta+\sin\theta)}+\frac{y_2(1+\cos^2\theta)}{4(\sin\theta-\cos\theta)}=1$ (*)

观察(*)式，易知 $\frac{1+\sin^2\theta}{3}+\frac{1+\cos^2\theta}{3}=1$，

所以$\dfrac{x_2(1+\sin^2\theta)}{-4(\cos\theta+\sin\theta)}+\dfrac{y_2(1+\cos^2\theta)}{4(\sin\theta-\cos\theta)}=\dfrac{1+\sin^2\theta}{3}+\dfrac{1+\cos^2\theta}{3}=1$ ③

分别对比等式左、右两边 $1+\sin^2\theta$ 与 $1+\cos^2\theta$ 前面的系数，只需同时满足

$\dfrac{x_2}{-4(\cos\theta+\sin\theta)}=\dfrac{1}{3}$ 与 $\dfrac{y_2}{4(\sin\theta-\cos\theta)}=\dfrac{1}{3}$ 即可满足③式，所以

$$\begin{cases}x_2=-\dfrac{4}{3}(\cos\theta+\sin\theta)\\ y_2=\dfrac{4}{3}(\sin\theta-\cos\theta)\end{cases}.$$

所以点 $B(x_2,y_2)$ 为定点，直线 MN 过定点 $B\left(-\dfrac{4}{3}(\cos\theta+\sin\theta),\dfrac{4}{3}(\sin\theta-\cos\theta)\right)$.

再利用转轴公式与平移公式，将点 B 转化为原坐标系 xOy 中的坐标.

所双 $x_1=x_2\cos\theta-y_2\sin\theta=-\dfrac{4}{3}(\cos\theta+\sin\theta)\cos\theta-\dfrac{4}{3}(\sin\theta-\cos\theta)\sin\theta$，所以 $x_1=-\dfrac{4}{3}$；

$y_1=x_2\sin\theta+y_2\cos\theta=-\dfrac{4}{3}(\cos\theta+\sin\theta)\cos\theta+\dfrac{4}{3}(\sin\theta-\cos\theta)\cos\theta=-\dfrac{4}{3}$.

又由平移公式，得$\begin{cases}x=-\dfrac{4}{3}+2=\dfrac{2}{3}\\ y=-\dfrac{4}{3}+1=-\dfrac{1}{3}\end{cases}$，所以点 B 在原坐标系 xOy 中的坐标为 $B\left(\dfrac{2}{3},-\dfrac{1}{3}\right)$.

因为 $AD\perp MN$，所以在直角三角形$\triangle ABD$ 中，动点 D 在以 AB 为直径(圆心设为 Q)的圆上，

所以 $x_Q=\dfrac{x_B+x_A}{2}=\dfrac{\dfrac{2}{3}+2}{2}=\dfrac{4}{3}$，$y_Q=\dfrac{y_B+y_A}{2}=\dfrac{-\dfrac{1}{3}+1}{2}=\dfrac{1}{3}$.

$|DQ|^2=|AQ|^2=\left(\dfrac{4}{3}-2\right)^2+\left(\dfrac{1}{3}-1\right)^2=\dfrac{8}{9}=\left(\dfrac{2\sqrt{2}}{3}\right)^2$，所以$|DQ|=\dfrac{2\sqrt{2}}{3}$.

所以存在定点 $Q\left(\dfrac{4}{3},\dfrac{1}{3}\right)$，使得$|DQ|=\dfrac{2\sqrt{2}}{3}$为定值.

先将坐标原点 O 平移到点 A，再逆时针旋转 θ，使得 MA 在 x_2Ay_2 坐标系的 x_2 轴上，则 AN 必在 x_2Ay_2 坐标系的 y_2 轴上，从而求出直线 MN 过定点 B，进而求出存在定点 Q，即 AB 的中点，使得$|DQ|$为定长.

§10.6　极坐标系与参数方程

例 1　AC　【解析】记 $P\left(\dfrac{2}{\cos\theta},\tan\theta\right)$，则 $\tan\alpha=\dfrac{\tan\theta}{2+\dfrac{2}{\cos\theta}}=\dfrac{\sin\theta}{2\cos\theta+2}$，

$\tan\beta=\dfrac{\tan\theta}{2-\dfrac{2}{\cos\theta}}=\dfrac{\sin\theta}{2\cos\theta-2}$，则 $\tan\alpha\cdot\tan\beta=-\dfrac{1}{4}$ 为定值；

$S_{\triangle PAB}=\dfrac{1}{2}\times4\times\tan\theta=2\tan\theta$，$\tan\alpha+\tan\beta=\dfrac{4\sin\theta\cos\theta}{4\cos^2\theta-4}=-\dfrac{1}{\tan\theta}$，

$\tan(\alpha+\beta)=\dfrac{\tan\alpha+\tan\beta}{1-\tan\alpha\tan\beta}=-\dfrac{4}{5\tan\theta}$，所以 $S_{\triangle PAB}\tan(\alpha+\beta)=-\dfrac{8}{5}$.

选 AC.

例 2 (1)C (2)$\frac{7}{2}$ 【解析】(1)令$\begin{cases}x=r\cos\alpha\\y=r\sin\alpha\end{cases}$$(0\leqslant r\leqslant 1)$,则

$x^2+xy-y^2=r^2(\cos^2\alpha+\cos\alpha\sin\alpha-\sin^2\alpha)=r^2\left(\cos2\alpha+\frac{1}{2}\sin2\alpha\right)=r^2\frac{\sqrt{5}}{2}\sin(2\alpha+\varphi)$(其中 $\tan\varphi=2$),

则 $x^2+xy-y^2\in\left[-\frac{\sqrt{5}}{2},\frac{\sqrt{5}}{2}\right]$,所以选 C.

(2)令$\begin{cases}x=r\cos\alpha\\y=r\sin\alpha\end{cases}$$(1\leqslant r\leqslant\sqrt{2})$,则

$x^2+xy+y^2=r^2(\cos^2\alpha+\cos\alpha\sin\alpha+\sin^2\alpha)=r^2\left(1+\frac{1}{2}\sin2\alpha\right)$,从而 x^2+xy+y^2 的最大值为 $2\cdot\left(1+\frac{1}{2}\right)=3$,最小值为 $1\cdot\left(1-\frac{1}{2}\right)=\frac{1}{2}$,所以最大值与最小值的和为 $3+\frac{1}{2}=\frac{7}{2}$.

例 3 12 【解析】如右图所示,设 $A(5\cos\alpha,4\sin\alpha)$,题设中圆的圆心是 $C(6,0)$,可得 $|CA|^2=(5\cos\alpha-6)^2+(4\sin\alpha-0)^2$

$=9\cos^2\alpha-60\cos\alpha+52=9\left(\cos\alpha-\frac{10}{3}\right)^2-48$,

所以当且仅当 $\cos\alpha=-1$,即点 A 是题设中椭圆的左端点 $D(-5,0)$时,$|CA|_{\max}=11$.

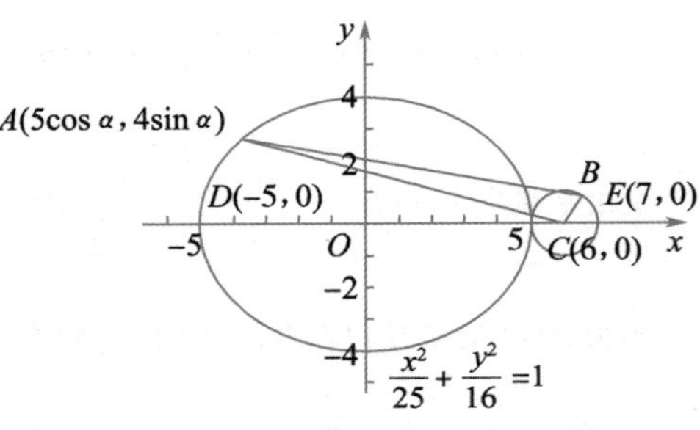

所以$|AB|\leqslant|AC|+|CB|=|AC|+1\leqslant12$,进而可得当且仅当点 A 与点 D 重合且点 B 与点 $E(7,0)$重合时,$|AB|_{\max}=12$.

例 4 A 【解析】不妨设 $b\geqslant a$,令$\begin{cases}a=\cos\theta\\b=\sin\theta\end{cases}$,由于 $b\geqslant a$,从而$\frac{\pi}{4}\leqslant\theta\leqslant\frac{5\pi}{4}$. 从而则 $ab+\max\{a,b\}=ab+b=\cos\theta\sin\theta+\sin\theta=\frac{1}{2}\sin2\theta+\sin\theta\left(\frac{\pi}{4}\leqslant\theta\leqslant\frac{5\pi}{4}\right)$.

令 $f(\theta)=\frac{1}{2}\sin2\theta+\sin\theta\left(\frac{\pi}{4}\leqslant\theta\leqslant\frac{5\pi}{4}\right)$,求导,得 $f'(\theta)=\cos2\theta+\cos\theta$,令 $f'(\theta)=0$,即 $2\cos^2\theta+\cos\theta-1=0$,解得$(2\cos\theta-1)(\cos\theta+1)=0$,从而 $\cos\theta=\frac{1}{2}$或 $\cos\theta=-1$.

从而 $\theta=\frac{\pi}{3}$,或 $\theta=\pi$.

当 $\theta\in\left(\frac{\pi}{4},\frac{\pi}{3}\right)$时,$f'(\theta)>0$,$f(\theta)$单调递增;

当 $\theta\in\left(\frac{\pi}{3},\pi\right)$时,$f'(\theta)<0$,$f(\theta)$单调递减;

当 $\theta\in\left(\pi,\frac{5\pi}{4}\right)$时,$f'(\theta)<0$,$f(\theta)$单调递减.

从而 $f(\theta)_{\max}=f\left(\frac{\pi}{3}\right)=\frac{3\sqrt{3}}{4}$.

故选 A.

例 5　$\cos\theta=\frac{1}{2}$和$\frac{1}{3}$的两条直线　【解析】$5\rho\cos\theta=4\rho+3\rho\cos2\theta$，得 $5\cos\theta=4+3(2\cos^2\theta-1)$，即 $6\cos^2\theta-5\cos\theta+1=0$，解得 $\cos\theta=\frac{1}{2}$，或者 $\cos\theta=\frac{1}{3}$，故所得两条直线.

例 6　$4+2\sqrt{2}$　【解析】在平面直角坐标系 xOy 中，曲线 C：$x^2+y^2-6x-8y+16=0$，即 C：$(x-3)^2+(y-4)^2=3^2$，其圆心是 $O_1(3,4)$，半径是 $r_1=3$；

曲线 D：$x^2+y^2-2x-4y+4=0$，即 D：$(x-1)^2+(y-2)^2=1^2$，其圆心是 $O_2(1,2)$，半径是 $r_2=1$.

由 $|O_1O_2|=\sqrt{(3-1)^2+(4-2)^2}=2\sqrt{2}$，$r_1+r_2=4$，$r_1-r_2=2$，可得 $r_1-r_2<|O_1O_2|<r_1+r_2$，所以所求答案是 $r_1+|O_1O_2|+r_2=4+2\sqrt{2}$.

例 7　【解析】(1)由$\frac{x^2}{4}+\frac{y^2}{3}=1$，得曲线 C 的参数方程为$\begin{cases}x=2\cos\alpha\\y=\sqrt{3}\sin\alpha\end{cases}$（$\alpha$ 为参数）.

由 $\rho\sin\left(x-\frac{\pi}{4}\right)=\frac{\sqrt{2}}{2}\rho(\sin\theta-\cos\theta)=-\sqrt{2}$，得直线 l 的直角坐标方程为 $x-y-2=0$.

(2)在 $x-y-2=0$ 中，分别令 $y=0$ 和 $x=0$ 可得：$A(2,0)$，$B(0,-2)$，$|AB|=2\sqrt{2}$.

设曲线 C 上点 $P(2\cos\alpha,\sqrt{3}\sin\alpha)$，则点 P 到 l 距离为

$$d=\frac{|2\cos\alpha-\sqrt{3}\sin\alpha-2|}{\sqrt{2}}=\frac{|\sqrt{3}\sin\alpha-2\cos\alpha+2|}{\sqrt{2}}=\frac{|\sqrt{7}\sin(\alpha-\varphi)+2|}{\sqrt{2}}$$

其中 $\cos\varphi=\frac{\sqrt{3}}{\sqrt{7}}$，$\sin\varphi=\frac{2}{\sqrt{7}}$.

当 $\sin(\alpha-\varphi)=1$，$d_{\max}=\frac{\sqrt{7}+2}{\sqrt{2}}$，所以△$PAB$ 面积的最大值为$\frac{1}{2}\times2\sqrt{2}\times\frac{\sqrt{7}+2}{\sqrt{2}}=\sqrt{7}+2$.

例 8　【解析】当向量$\overrightarrow{PO}$(其中 O 为原点)绕 P 点顺时针旋转 $90°$，得$\overrightarrow{PM}$.

设 $OP=\rho$，$\angle POx=\alpha$，则 $P(\rho\cos\alpha,\rho\sin\alpha)$，$M\left[\sqrt{2}\rho\cos\left(\alpha+\frac{\pi}{4}\right),\sqrt{2}\rho\sin\left(\alpha+\frac{\pi}{4}\right)\right]$，而点 P 为 QM 的中点，所以 $Q(\rho\cos\alpha+\rho\sin\alpha,\rho\sin\alpha-\rho\cos\alpha)$，

令$\begin{cases}x=\rho\cos\alpha+\rho\sin\alpha\\y=\rho\sin\alpha-\rho\cos\alpha\end{cases}$，从而$\begin{cases}\rho\cos\alpha=\frac{x-y}{2}\\\rho\sin\alpha=\frac{x+y}{2}\end{cases}$，则$\left(\frac{x-y}{2}-2\right)^2+\left(\frac{x+y}{2}-1\right)^2=1$，

化简得 $(x-3)^2+(y+1)^2=2$.

例 9　【证明】以 F 为极点，Fx 为极轴建立极坐标系，则椭圆的极坐标方程为 $\rho=\frac{ep}{1-e\cos\theta}$，其中$e=\frac{c}{a}$，$p=\frac{b^2}{c}$. 由于 AB，CD 过点 F，且 $AB\perp CD$.

不妨设 $A(\rho_1,\theta)$，$B(\rho_2,\pi+\theta)$，$C\left(\rho_3,\frac{\pi}{2}+\theta\right)$，$D\left(\rho_4,\frac{3\pi}{2}+\theta\right)$. 所以 $|AB|=\rho_1+\rho_2=\frac{ep}{1-e\cos\theta}+\frac{ep}{1+e\cos\theta}=\frac{2ep}{1-e^2\cos^2\theta}$.

同理，$|CD|=\dfrac{2ep}{1-e^2\cos^2\left(\theta+\frac{\pi}{2}\right)}=\dfrac{2ep}{1-e^2\sin^2\theta}$.

所以$\dfrac{1}{|AB|}+\dfrac{1}{|CD|}=\dfrac{(1-e^2\cos^2\theta)+(1-e^2\sin^2\theta)}{2ep}=\dfrac{2-e^2}{2ep}=\dfrac{2-\frac{c^2}{a^2}}{2\cdot\frac{c}{a}\cdot\frac{b^2}{c}}=\dfrac{2a^2-c^2}{2ab^2}=\dfrac{a^2+b^2}{2ab^2}$，为定值.

例 10 【解析】不妨以左焦点为极点，长轴所在直线为极轴建立极坐标系，$\rho=\dfrac{ep}{1-e\cos\theta}$，其中 $e=\dfrac{\sqrt{a^2-b^2}}{a}$，$p=\dfrac{b^2}{\sqrt{a^2-b^2}}$.

$A(\rho_1,\theta)\left(\theta\in\left[0,\frac{\pi}{2}\right]\right)$，$B(\rho_2,\pi+\theta)$，$C\left(\rho_3,\frac{\pi}{2}+\theta\right)$，$D\left(\rho_4,\frac{3\pi}{2}+\theta\right)$.

$|AB|=\rho_1+\rho_2=\dfrac{ep}{1-e\cos\theta}+\dfrac{ep}{1+\cos\theta}=\dfrac{2ep}{1-e^2\cos^2\theta}$.

同理，$|CD|=\dfrac{2ep}{1-e^2\cos^2\left(\theta+\frac{\pi}{2}\right)}=\dfrac{2ep}{1-e^2\sin^2\theta}$. 由$|AB|=|CD|$，解得 $\theta=\frac{\pi}{4}$.

又 $AB\perp CD$，$|AC|=\sqrt{\rho_1^2+\rho_3^2}=\dfrac{ep\sqrt{2+e^2+2e(\sin\theta-\cos\theta)}}{(1-e\cos\theta)(1+e\sin\theta)}$，

$|BC|=\sqrt{\rho_2^2+\rho_3^2}=\dfrac{ep\sqrt{2+e^2+2e(\sin\theta+\cos\theta)}}{(1+e\cos\theta)(1+e\sin\theta)}$，

$|BD|=\sqrt{\rho_2^2+\rho_4^2}=\dfrac{ep\sqrt{2+e^2+2e(\cos\theta-\sin\theta)}}{(1+e\cos\theta)(1-e\sin\theta)}$，

$|DA|=\sqrt{\rho_1^2+\rho_4^2}=\dfrac{ep\sqrt{2+e^2-2e(\cos\theta+\sin\theta)}}{(1-e\cos\theta)(1-e\sin\theta)}$.

由 $\theta=\frac{\pi}{4}$，所以$|AB|\cdot|CD|=\dfrac{4e^2p^2}{\left(1-\frac{1}{2}e^2\right)^2}$.

$$|AC|\cdot|BD|+|BC|\cdot|AD|=\frac{e^2p^2\sqrt{(2+e^2)^2}}{\left(1-\frac{1}{2}e^2\right)^2}+\frac{e^2p^2\sqrt{(2+e^2)^2-8e^2}}{\left(1-\frac{1}{2}e^2\right)^2}$$

$$=\frac{e^2p^2(2+e^2)}{\left(1-\frac{1}{2}e^2\right)^2}+\frac{e^2p^2(2-e^2)}{\left(1-\frac{1}{2}e^2\right)^2}=\frac{4e^2p^2}{\left(1-\frac{1}{2}e^2\right)^2}.$$

由 $\theta=\frac{\pi}{4}$，知$|AB|\cdot|CD|=|AC|\cdot|BD|+|BC|\cdot|AD|$.

由托勒密定理，知 A,B,C,D 四点共圆当且仅当$|AB|\cdot|CD|=|AC|\cdot|BD|+|BC|\cdot|AD|$.

则 A,B,C,D 四点共圆当且仅当$|AB|=|CD|$.

习题十

1. A 【解析】如下图所示，可不妨设圆 O 是单位圆，$P(a,b)(a^2+b^2<1)$. 设 $M(x,y)$，连接 OA,OM,MP. 可得 $OM\perp AB$，$|AM|=|PM|$，所以$|OA|^2=|OM|^2+|AM|^2=|OM|^2+|PM|^2$，$1=(x^2+y^2)+[(x-a)^2+(y-b)^2]$，即$\left(x-\frac{a}{2}\right)^2+\left(y-\frac{b}{2}\right)=\dfrac{2-a^2-b^2}{4}$. 进而可得点 $M(x,y)$的轨迹是圆.

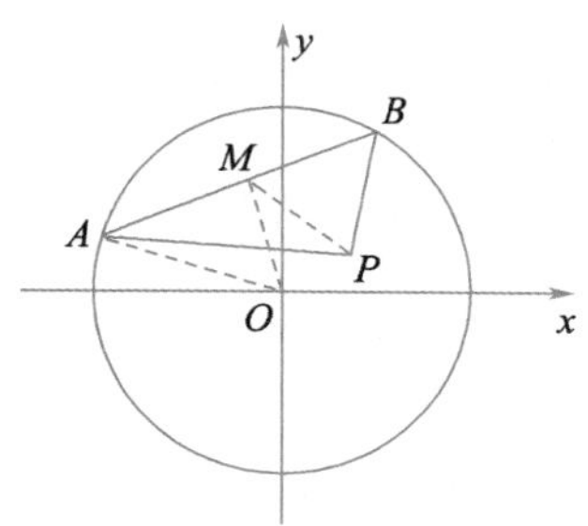

2. B 【解析】因为两圆有公共点(3,4),所以这两圆内切、外切或相交.

若两圆内切,则它们有唯一公切线,不满足题意.

若两圆外切,如图所示,可设这两圆的圆心分别是 O_1,O_2,则坐标原点 O 及点(3,4),O_1,O_2 共线,且该直线的方程是 $y=\frac{4}{3}x$,由公式 $\tan2\alpha=\frac{2\tan\alpha}{1-\tan^2\alpha}$,还可以求得另一条切线方程是 $y=-\frac{24}{7}x$.

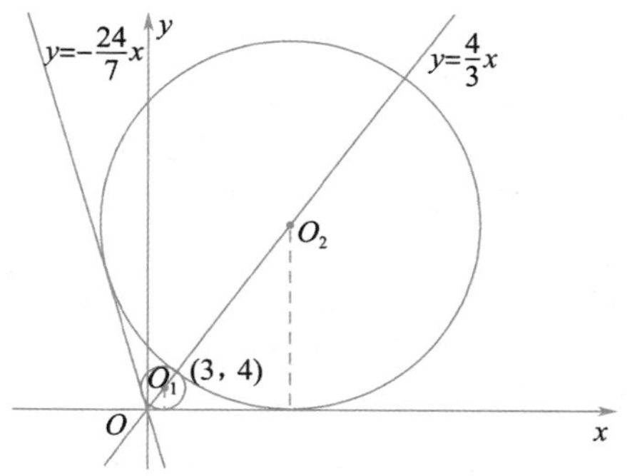

可设 $O_1(3a,4a)$,$O_2(3b,4b)(0<a<b)$,由两圆均与 x 轴相切,可得这两圆的半径分别是 $4a$,$4b$,再由题设可得 $4a\cdot4b=80$,$ab=5$.

由两圆外切,可得圆心距等于半径之和,即 $\sqrt{(3b-3a)^2+(4b-4a)^2}=4a+4b$,$b=9a$. 进而可求得圆 O_2 的方程是$(x-9\sqrt{5})^2+(y-12\sqrt{5})^2=720$,但它不过点(3,4),说明此种情形也不满足题意;所以两圆相交且一个交点(3,4),如图所示,可设这两圆的圆心分别是 O_1,O_2,则坐标原点 O 及圆心 O_1,O_2 共线,可设该直线的方程是 $y=kx$,因为两圆上的点均不可能在 x 轴的下方,所以 $k>0$.

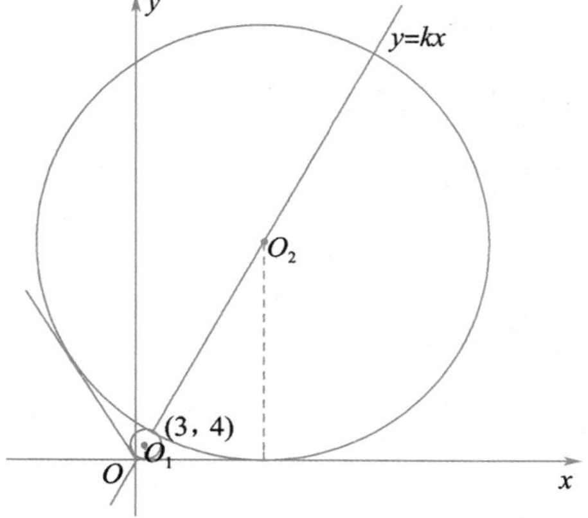

还可设 $O_1(a,ka)$,$O_2(b,kb)(0<a<b)$,由两圆与 x 轴相切,可得这两个圆的半径分别为

$\sqrt{(3-a)^2+(4-ka)^2}=ka$, (*)

$\sqrt{(3-b)^2+(4-kb)^2}=kb$.

把它们两边平方相减,可得 $a+b=8k+6$,$b=8k+6-a$.

两由两圆的半径之积为 80,可得 $ka\cdot kb=80$,所以 $k^2a(8k+6-a)=80$,$k^2(8ka+6a-a^2)=80$.

把(∗)式两边平方后,可得 $8ka+6a-a^2=25$,所以 $25k^2=80(k>0)$,得 $k=\frac{4}{\sqrt{5}}$.

再由公式 $\tan 2\alpha=\frac{2\tan\alpha}{1-\tan^2\alpha}$,可求得另一条切线的斜率是 $-\frac{8}{11}\sqrt{5}$. 故选 B.

3. B 【解析】设 $a=4k,b=\sqrt{7}k(k>0)$,$F_1(-3k,0)$,$F_2(3k,0)$,得椭圆 $C_1:\frac{x^2}{16k^2}+\frac{y^2}{7k^2}=1$.

不妨设点 P 在第一象限,解方程组 $\begin{cases}\frac{x^2}{16k^2}+\frac{y^2}{7k^2}=1\\ y=\frac{d}{c}x\end{cases}(x>0)$,可得 $P\left(\frac{4\sqrt{7}kc}{\sqrt{7c^2+16d^2}},\frac{4\sqrt{7}kd}{\sqrt{7c^2+16d^2}}\right)$.

还可得,$k_{PF_1}\cdot k_{PF_2}=\dfrac{\frac{4\sqrt{7}kd}{\sqrt{7c^2+16d^2}}}{\frac{4\sqrt{7}kc}{\sqrt{7c^2+16d^2}}+3k}\cdot\dfrac{\frac{4\sqrt{7}kd}{\sqrt{7c^2+16d^2}}}{\frac{4\sqrt{7}kc}{\sqrt{7c^2+16d^2}}-3k}=\dfrac{\frac{4\sqrt{7}d}{\sqrt{7c^2+16d^2}}}{\frac{4\sqrt{7}c}{\sqrt{7c^2+16d^2}}+3}\cdot\dfrac{\frac{4\sqrt{7}d}{\sqrt{7c^2+16d^2}}}{\frac{4\sqrt{7}c}{\sqrt{7c^2+16d^2}}-3}$

$=\dfrac{112d^2}{(4\sqrt{7}c+3\sqrt{7c^2+16d^2})(4\sqrt{7}c-3\sqrt{7c^2+16d^2})}=\dfrac{112d^2}{49c^2-144d^2}=-1$.

$\frac{d^2}{c^2}=\frac{49}{32}$,所以双曲线 C_2 的离心率是 $\sqrt{1+\frac{d^2}{c^2}}$,即 $\frac{9}{8}\sqrt{2}$. 故选 B.

4. D 【解析】设切点为 $P(a\cos\theta,b\sin\theta)$,则椭圆在 P 处的切线方程为 $\frac{\cos\theta}{a}x+\frac{\sin\theta}{b}y=1$.

令 $x=0$,得 $y=\frac{b}{\sin\theta}$;令 $y=0$,得 $x=\frac{a}{\cos\theta}$.

$|AB|^2=\left(\frac{a}{\cos\theta}\right)^2+\left(\frac{b}{\sin\theta}\right)^2=\left(\frac{a^2}{\cos^2\theta}+\frac{b^2}{\sin^2\theta}\right)(\cos^2\theta+\sin^2\theta)\geqslant(a+b)^2$(柯西不等式)

当 $|AB|\geqslant a+b$,当且仅当 $\tan^2\theta=\frac{b}{a}$ 时等号成立,即 $|AB|_{\min}=a+b$.

因为 AB 的最小值为 $3b$,所以 $a+b=3b$,即 $a=2b$.

所以 $e=\frac{c}{a}=\sqrt{\frac{a^2-b^2}{a^2}}=\sqrt{1-\left(\frac{b}{a}\right)^2}=\frac{\sqrt{3}}{2}$. 故选 D.

5. BC 【解析】通过解方程组,可求得 $A\left(\sqrt{2},\frac{\sqrt{2}}{2}\right)$,$B\left(-\sqrt{2},-\frac{\sqrt{2}}{2}\right)$,$C\left(-\sqrt{2},\frac{\sqrt{2}}{2}\right)$,$D\left(\sqrt{2},-\frac{\sqrt{2}}{2}\right)$.

设 $P(x_0,y_0)$,可得 $\frac{x_0^2}{4}+y_0^2=1$. 还可求得直线 PA:$y-\frac{\sqrt{2}}{2}=\dfrac{y_0-\frac{\sqrt{2}}{2}}{x_0-\sqrt{2}}(x-\sqrt{2})$,进而可求得 PA 与直线 $l_2:y=-\frac{1}{2}x$ 的交点 M 的横坐标 $x_M=\dfrac{-\sqrt{2}x_0+2\sqrt{2}y_0}{x_0+2y_0-2\sqrt{2}}$.

再求得直线 PB:$y+\frac{\sqrt{2}}{2}=\dfrac{y_0+\frac{\sqrt{2}}{2}}{x_0+\sqrt{2}}(x+\sqrt{2})$,进而可求直线 PB 与直线 $l_2:y=-\frac{1}{2}x$ 的交点 N 的横坐标 $x_N=\dfrac{\sqrt{2}x_0-2\sqrt{2}y_0}{x_0+2y_0+2\sqrt{2}}$.

由弦长公式,可得 $|OM|\cdot|ON|=\sqrt{1+\left(-\frac{1}{2}\right)^2}|x_M|\cdot\sqrt{1+\left(-\frac{1}{2}\right)^2}|x_N|=\frac{5}{4}|x_Mx_N|=$

$\frac{5}{2}\left(由\frac{x_0^2}{4}+y_0^2=1\right)$. 又因为 $|OA|^2=|OB|^2=|OC|^2=|OD|^2=(\sqrt{2})^2+\left(\frac{\sqrt{2}}{2}\right)^2=\frac{5}{2}$,所以 $|OM|\cdot|ON|=|OA|^2=|OB|^2=|OC|^2=|OD|^2$.

因而,在椭圆 E 上有且仅有 4 个不同的点 Q,使得 $|OQ|^2=|OM|\cdot|ON|$ $\left[因为圆 x^2+y^2=\left(\frac{5}{2}\right)^2 与椭圆 E 最多有四个公共点\right]$,从而选项 A 错误,选项 B 正确.

若在椭圆 E 上的点 Q 使得 $\triangle NOQ\backsim\triangle QMO$,则 $\frac{|OQ|}{|OM|}=\frac{|ON|}{|OQ|}$,即 $|OQ|^2=|OM|\cdot|ON|$,所以 $Q\in\{A,B,C,D\}$. 若 $Q\in\{C,D\}$,则四点 O,M,N,Q 共线,不存与 $\triangle NOQ$ 与 $\triangle QMO$,所以 $Q\in\{A,B\}$,进而可得在椭圆 E 上有且只有 2 个不同的点 Q(即点 A,B),使得 $\triangle NOQ\backsim\triangle QMO$,从而选项 C 正确,选项 D 错误.

6. C 【解析】分别记 $\boldsymbol{a}=\overrightarrow{OA},\boldsymbol{b}=\overrightarrow{OB},\boldsymbol{c}=\overrightarrow{OC},\lambda\boldsymbol{a}=\overrightarrow{OA'}$.

设线段 AB 的中点为 D,由极化恒等式,得 $-\frac{15}{4}=(\boldsymbol{c}-\boldsymbol{a})\cdot(\boldsymbol{c}-\boldsymbol{b})=\overrightarrow{CA}\cdot\overrightarrow{CB}=(\overrightarrow{CD}-\overrightarrow{AD})\cdot(\overrightarrow{CD}+\overrightarrow{AD})=|\overrightarrow{CD}|-|\overrightarrow{AD}|^2=|\overrightarrow{CD}|^2-4$,从而得 $|\overrightarrow{CD}|=\frac{1}{2}$. 即点 C 是以点 D 为圆心,$\frac{1}{2}$ 为半径的圆周上的动点,则

$|\boldsymbol{c}-\lambda\boldsymbol{a}|_{\min}=|\overrightarrow{A'C}|_{\min}=|\overrightarrow{AD}|\sin\frac{\pi}{6}-\frac{1}{2}=\frac{1}{2}$. 故选 C.

7. A 【解析】如图所示,设点 $A(2\cos\theta,2\sin\theta)$,则直线 BC 的方程为 $\cos\theta\cdot x+2\sin\theta\cdot y=1$.

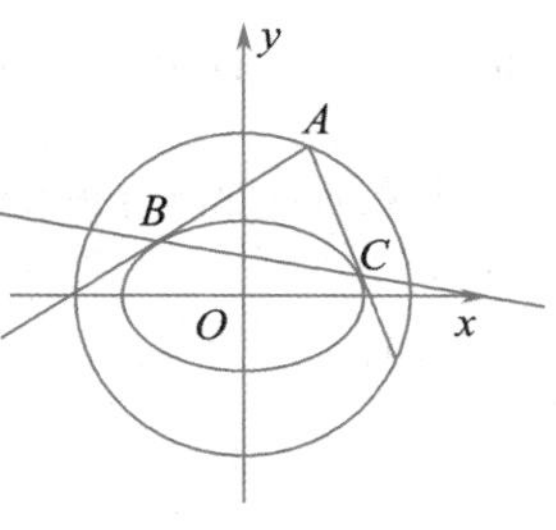

由于椭圆 $\frac{x^2}{a^2}+\frac{y^2}{b^2}=1$ 在点 $(a\cos\theta,b\sin\theta)$ 处的切线方程为 $\frac{\cos\theta\cdot x}{a}+\frac{\sin\theta\cdot y}{b}=1$,则 $a=1,b=\frac{1}{2}$. 由此,$\cos\theta\cdot x+2\sin\theta\cdot y=1$ 为椭圆 $x^2+4y^2=1$ 的切线系方程.

由椭圆的面积可得 $\pi ab=\frac{\pi}{2}$,从而选 A.

8. AC 【解析】我们研究一般情形,如图所示,设椭圆的方程是 $\frac{x^2}{a^2}+\frac{y^2}{b}=1(a>b>0)$,其右准线 $l:x=\frac{a^2}{c}$,可设直线 l 上的点 $P\left(\frac{a^2}{c},t\right)$. 可得切点弦 AB 所在的直线方程为 $\frac{\frac{a^2}{c}x}{a^2}+\frac{ty}{b^2}=1$,即 $\frac{x}{c}+\frac{ty}{b^2}=1$,它过椭圆的右焦点 $F'(c,0)$,进而可得 $\triangle FAB$ 的周长为定值 $4a$,得选项 C 正确. 联立直线 AB 与椭圆的方程,得

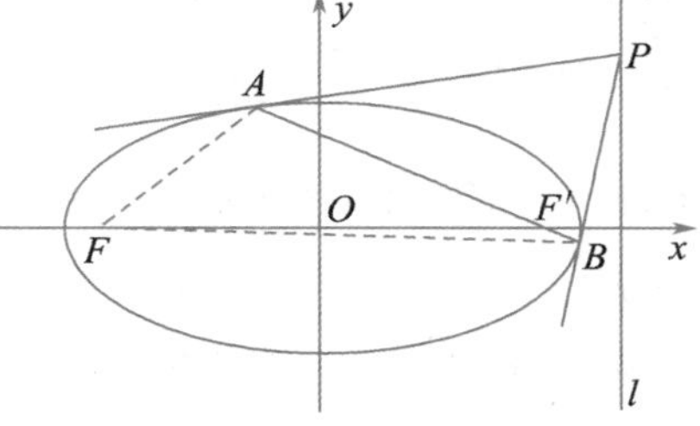

$$\begin{cases}\frac{x}{c}+\frac{ty}{b^2}=1\\\frac{x^2}{a^2}+\frac{y^2}{b^2}=1\end{cases}$$,整理得 $(a^2b^2+c^2t^2)y^2-2b^2c^2ty-b^6=0,\Delta=4a^2b^4(b^4+c^2t^2)$.

所以 $S_{\triangle FAB}=\frac{1}{2}\cdot 2c|y_A-y_B|=c|y_A-y_B|=c\cdot\frac{\sqrt{\Delta}}{a^2b^2+c^2t^2}=\frac{2ab^2c\sqrt{b^4+c^2t^2}}{a^2b^2+c^2t^2}$.

当 $t=0$ 时,可得 $S_{\triangle FAB}=\frac{2b^2c}{a}$;

当 $t=a$ 时,可得 $S_{\triangle FAB}=\frac{2b^2c}{a^3}\sqrt{b^4+a^2c^2}$.

可用分析法证得$\frac{2b^2c}{a}>\frac{2b^2c}{a^3}\sqrt{b^4+a^2c^2}$,所以 $S_{\triangle FAB}$不是定值,选项 D 错误;

因为椭圆的通径是最短的焦点弦,所以$|AB|$的最小值为$\frac{2b^2}{a}$$\left(\text{对于原题有}\frac{2b^2}{a}=1\right)$,因而选项 A 正确,选项 B 错误.

9. C 【解析】由题意可得双曲线 $C_1:\left(\frac{k_1}{4}\right)^2(x-2)^2-(y-2)^2=4\left(\frac{k_1}{4}\right)^2-4$,再由题设可得 $\frac{k_1}{4}=\frac{1}{k_2}(k_2>2)$,所以得双曲线 $C_1:\frac{(y-2)^2}{1^2}-\frac{(x-2)^2}{k_2^2}=4-\frac{4}{k_2^2}\left(4-\frac{4}{k_2^2}>0\right)$,可得离心率为$\sqrt{k_2^2+1}$.

类似可得双曲线 $C_2:\frac{(x-2)^2}{\left(\frac{1}{k_2}\right)^2}-\frac{(y-2)^2}{1^2}=4k_2^2-4(4k_2^2-4>0)$,可得其离心率为$\frac{\sqrt{\left(\frac{1}{k_2}\right)^2+1^2}}{\frac{1}{k_2}}=\sqrt{k_2^2+1}$. 所以双曲线 C_1,C_2 的离心率的比值是 1,从而选 C.

10. B 【解析】设 $M(x_0,y_0)$,则 $1=\frac{x_0^2}{9}+\frac{y_0^2}{4}\geqslant 2\sqrt{\frac{x_0^2}{9}\cdot\frac{y_0^2}{4}}=\frac{|x_0y_0|}{3}$,进而得$|x_0y_0|\leqslant 3$. 因为 M,A,O,B 四点共圆,且该圆的方程为$\left(x-\frac{x_0}{2}\right)^2+\left(y-\frac{y_0}{2}\right)^2=\left(\frac{1}{2}\sqrt{x_0^2+y_0^2}\right)^2$,所以点 A,B 的坐标必满足方程组
$\begin{cases}\left(x-\frac{x_0}{2}\right)^2+\left(y-\frac{y_0}{2}\right)^2=\left(\frac{1}{2}\sqrt{x_0^2+y_0^2}\right)^2\\ x^2+y^2=2\end{cases}$,所以 $x_0x+y_0y=2$ 即为直线 l 的方程,得 $P\left(\frac{2}{x_0},0\right)$, $Q\left(0,\frac{2}{y_0}\right)$,所以 $S_{\triangle POQ}=\frac{1}{2}\left|\frac{2}{x_0}\cdot\frac{2}{y_0}\right|=\frac{2}{|x_0y_0|}\geqslant\frac{2}{3}$. 故选 B.

11. B 【解析】联立直线与椭圆的方程,化简可得 $241x^2+150mx+25m^2-400=0$,则$|AB|=\sqrt{10}|x_1-x_2|=\sqrt{10}\times\frac{40\sqrt{241-m^2}}{241}$,$d=\frac{|m|}{\sqrt{10}}$,从而 $S=\frac{1}{2}|AB|\cdot d=\frac{20}{241}\sqrt{m^2(241-m^2)}\leqslant 10$. 故选 B.

12. B 【解析】如右图所示,作 $PH\perp x$ 轴于点 H,可设 $P(-m,n)$, $H(-m,0)(m>0,n>0,mn=2\sqrt{2})$,可得 $PH\perp$坐标平面的下半平面,从而 $PH\perp HQ$,由基本不等式,可得

$|PQ|^2=|PH|^2+|HQ|^2=n^2+(4m^2+n^2)$

$=4m^2+2n^2=4m^2+2\left(\frac{2\sqrt{2}}{m}\right)^2\geqslant 16$.

当且仅当点 P 的坐标为$(-\sqrt{2},2)$时,$|PQ|$取得最小值 4. 故选 B.

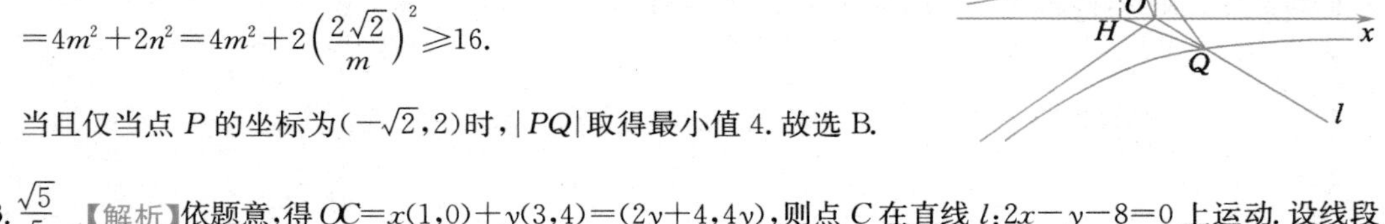

13. $\frac{\sqrt{5}}{5}$ 【解析】依题意,得 $\overrightarrow{OC}=x(1,0)+y(3,4)=(2y+4,4y)$,则点 C 在直线 $l:2x-y-8=0$ 上运动. 设线段

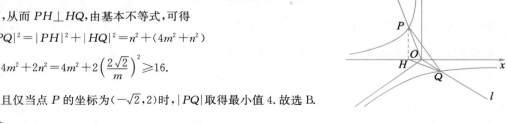

AB 的中点为 Q,则点 P 在以(2,2)为圆心,$\sqrt{5}$为半径的圆周上运动.

又点 Q 到直线 l 的距离 $d=\frac{6}{\sqrt{5}}$. 则 $|\overrightarrow{PC}|_{\min}=d-\sqrt{5}=\frac{\sqrt{5}}{5}$.

14. 8 【解析】设 $a=2\cos\alpha$, $b=\sqrt{3}\sin\alpha$,则 $2a+3b+4=4\cos\alpha+3\sqrt{3}\sin\alpha+4=\sqrt{43}\sin(\alpha+\varphi)+4\in[4-\sqrt{43},4+\sqrt{43}]$,从而 $2a+3b+4$ 的最大值与最小值的和为 8.

15. $y=-\frac{1}{4}$ 【解析】设切点为(m,m^2),得切线方程为 $y=2mx-m^2$,然后我们考虑 $Q(x,y)$和$F\left(0,\frac{1}{4}\right)$的连线的中垂线是切线,得到两个方程:

①斜率$\frac{y-\frac{1}{4}}{z}=-\frac{1}{2m}$;②中点在切线上,即$\frac{1}{2}\left(y+\frac{1}{4}\right)=2m\frac{x}{2}-m^2$.

两式联立,消去 m,得$\frac{y}{2}+\frac{1}{8}=-\frac{x^2}{2y-\frac{1}{2}}-\frac{x^2}{\left(2y-\frac{1}{2}\right)^2}$,化简得$(4y+1)(4y-1)=-16x^2(4y+1)$,解得 $y=-\frac{1}{4}$.

本题是利用参数法求轨迹的经典例题,从解题思路上来讲,想到此解法不算困难,但此题的运算量并不小,能在有限的考试时间内计算出正确的答案并非易事.

16. $\sqrt{3}+1$ 【解析】设直线方程为 $y=k(x+c)$, $A(x_1,y_1)$, $B(x_2,y_2)$,联立直线与圆的方程,得$(k^2+1)x^2+2ck^2x+k^2c^2-\frac{c^2}{2}=0$,所以 $x_1+x_2=\frac{-2k^2c}{1+k^2}$, $x_1x_2=\frac{2c^2k^2-c^2}{2(1+k^2)}$.

所以 $y_1y_2=k^2(x_1+c)(x_2+c)=\frac{c^2k^2}{2(1+k^2)}$. 因为$\angle AOB=90°$,所以$\overrightarrow{OA}\cdot\overrightarrow{OB}=0$,即 $x_1x_2+y_1y_2=\frac{c^2(2k^2-1)}{2(1+k^2)}+\frac{c^2k^2}{2(1+k^2)}=0$,所以 $k=\pm\frac{\sqrt{3}}{3}$. 设 $k=\frac{\sqrt{3}}{3}$,双曲线的右焦点为 F_1,作 $OD\perp FT$ 于点 D,因为 $k=\frac{\sqrt{3}}{3}$,所以$\angle AFO=30°$. 在 Rt$\triangle OFD$ 中,$OF=c$,所以 $OD=\frac{c}{2}$,$FD=\frac{\sqrt{3}}{2}c$;因为 $FA=BT$,所以 D 为 FT 的中点,所以 $FT=\sqrt{3}c$,又因为 O 为 FF_1 的中点,所以 OD 为$\triangle FTF_1$ 的中位线,所以 $TF_1=c$. 由双曲线的定义可知 $FT-TF_1=2a$,即$\sqrt{3}c-c=2a$,所以离心率 $e=\sqrt{3}+1$.

17. 【解析】(1)设所求椭圆方程为$\frac{y^2}{a^2}+\frac{x^2}{b^2}=1(a>b>0)$,由题意,得$\begin{cases}\sqrt{a^2-b^2}=1\\ \frac{a}{b}=t\end{cases}$,解得$\begin{cases}a=\frac{t}{\sqrt{t^2-1}}\\ b=\frac{1}{\sqrt{t^2-1}}\end{cases}$,所以椭圆的方程为 $t^2(t^2-1)x^2+(t^2-1)y^2=t^2$.

(2)设点 $P(x,y)$, $Q(x_1,y_1)$,解方程组$\begin{cases}t^2(t^2-1)x_1^2+(t^2-1)y_1^2=t^2\\ y_1=tx_1\end{cases}$,得

$\begin{cases}x_1=\frac{1}{\sqrt{2(t^2-1)}}\\ y_1=\frac{t}{\sqrt{2(t^2-1)}}\end{cases}$. 由$\frac{|OP|}{|OQ|}=t\sqrt{t^2-1}$与$\frac{|OP|}{|OQ|}=\frac{|x|}{|x_1|}$,得$\begin{cases}x=\frac{t}{\sqrt{2}}\\ y=\frac{t^2}{\sqrt{2}}\end{cases}$,或$\begin{cases}x=-\frac{t}{\sqrt{2}}\\ y=-\frac{t^2}{\sqrt{2}}\end{cases}$(其中$t>1$),消去 t,得

点 P 的轨迹方程为 $x^2=\frac{\sqrt{2}}{2}y\left(x>\frac{\sqrt{2}}{2}\right)$ 和 $x^2=-\frac{\sqrt{2}}{2}y\left(x<-\frac{\sqrt{2}}{2}\right)$. 其轨迹为抛物线 $x^2=\frac{\sqrt{2}}{2}y$ 在直线 $x=\frac{\sqrt{2}}{2}$ 的右侧部分和抛物线 $x^2=-\frac{\sqrt{2}}{2}y$ 在直线 $x=-\frac{\sqrt{2}}{2}$ 的左侧部分.

18.【解析】(1)曲线 C_2 的普通方程为 $x^2+\frac{y^2}{4}=1$.

(2)由曲线 C_1 的参数方程为 $\begin{cases}x=2+\frac{4k}{1+k^2}\\ y=\frac{2(1-k^2)}{1+k^2}\end{cases}$ (k 为参数),得曲线 C_1 的普通方程为 $(x-2)^2+y^2=4$,它是一个以 $C(2,0)$ 为圆心,半径等于 2 的圆.

曲线 C_2 的极坐标方程为 $\rho=\frac{2}{\sqrt{3+\cos2\theta-\sin^2\theta}}$. 所以 $\rho^2(3+\cos2\theta-\sin^2\theta)=4$,可得 $4x^2+y^2=4$,则曲线 C_2 的参数方程为 $\begin{cases}x=\cos\beta\\ y=2\sin\beta\end{cases}$ (β 为参数).

因为 A 是曲线 C_1 上的点,B 是曲线 C_2 上的点,所以 $|AB|_{\max}=|BC|_{\max}+2$.

设点 $B(\cos\beta,2\sin\beta)$,则

$|BC|=\sqrt{(\cos\beta-2)^2+4\sin^2\beta}=\sqrt{-3\cos^2\beta-4\cos\beta+8}=\sqrt{-3\left(\cos\beta+\frac{2}{3}\right)^2+\frac{28}{3}}$.

当 $\cos\beta=-\frac{2}{3}$ 时,$|BC|_{\max}=\sqrt{\frac{28}{3}}=\frac{2\sqrt{21}}{3}$,

所以 $|AB|_{\max}=\frac{2\sqrt{21}}{3}+2$.

19.【解析】(1)设 $A(x_1,y_1)$,$B(x_2,y_2)$,中点 $N(x_0,y_0)$,因为 $|\overrightarrow{AF}|$,4,$|\overrightarrow{BF}|$ 成等差数列,所以 $|\overrightarrow{AF}|+|\overrightarrow{BF}|=8$.

由 $\begin{cases}x_1^2=2py_1\\ x_2^2=2py_2\end{cases}$ 与 $y=x+1$ 联立,得 $1=\frac{x_1+x_2}{2p}=\frac{x_0}{p}$,且 $|AF|+|BF|=y_1+y_2+p=2y_0+p=8$,

所以 $x_0=p$,$y_0=4-\frac{p}{2}$,所以 $4-\frac{p}{2}=p+1$,所以 $p=2$,得 $x^2=4y$.

(2)由题意可得,$AM=3MB$,所以 $x_1=-3x_2$,由 $\begin{cases}x^2=2py\\ y=x+1\end{cases}$,得 $x^2-2px-2p=0$,则 $\Delta=4p^2+8p>0$,所以 $x_1+x_2=2p$,$x_1x_2=-2p$,解得 $2p=\frac{4}{3}$.

所以 $|AB|=\sqrt{2[(x_1+x_2)^2-4x_1x_2]}=\sqrt{2\left(\frac{16}{9}+\frac{16}{3}\right)}=\frac{8\sqrt{2}}{3}$. F 到直线 l 的距离 $d=\frac{\left|\frac{p}{2}-1\right|}{\sqrt{2}}=\frac{\sqrt{2}}{3}$.

所以 $S_{\triangle AFB}=\frac{1}{2}\cdot\frac{\sqrt{2}}{3}\cdot\frac{8\sqrt{2}}{3}=\frac{8}{9}\left(x_1=2,S_{\triangle AFM}=\frac{1}{2}\cdot2\cdot\frac{2}{3}=\frac{2}{3}\right.$,所以 $S_{\triangle AFB}=\left.\frac{2}{3}\left(1+\frac{1}{3}\right)=\frac{8}{9}\right)$.

20.【解析】(1)设 $|AF_2|=2|F_2B|=2k(k>0)$,则 $|AF_1|=2a-2k$,$|F_1B|=2a-k$,在 $\triangle AF_1B$ 中,由余弦定

理，得$(3k)^2=(2a-2k)^2+(2a-k)^2-2(2a-2k)(2a-k)\frac{4}{5}$，整理得$2a^2-3ak-9k^2=0$，解得$a=3k$. 所以$|AF_1|=4k$，$|F_1B|=5k$，$|AB|=3k$，所以$\angle F_1AF_2=90^\circ$，在$\mathrm{Rt}\triangle F_1AF_2$中，$|AF_1|^2+|AF_2|^2=|F_1F_2|^2$，即$(4k)^2+(2k)^2=(2c)^2$，解得$c=\sqrt{5}k$.

又因为$\frac{S_{\triangle F_1AF_2}}{S_{\triangle BF_1F_2}}=\frac{|AF_2|}{|F_2B|}=2$，故$S_{\triangle F_1AF_2}=2S_{BF_1F_2}$，$S_{\triangle F_1AF_2}=\frac{1}{2}|AF_1||AF_2|=\frac{1}{2}\times 4k\times 2k=4k^2$，

故$4=4k^2$，即$k=1$，$c=\sqrt{5}$，$a=3$，$b=2$，所以椭圆C的方程是$\frac{x^2}{9}+\frac{y^2}{4}=1$.

(2)由$\begin{cases} y=k(x-1) \\ \frac{x^2}{9}+\frac{y^2}{4}=1 \end{cases}$，得$(4+9k^2)x^2-18k^2x+9k^2-36=0$. 设$M(x_1,y_1)$，$N(x_2,y_2)$，则有$x_1+x_2=\frac{18k^2}{4+9k^2}$，$x_1x_2=\frac{9k^2-36}{4+9k^2}$，$y_1+y_2=k(x_1+x_2-2)=\frac{-8k}{4+9k^2}$，所以线段$MN$的中点坐标为$\left(\frac{9k^2}{4+9k^2},\frac{-4k}{4+9k^2}\right)$. 则线段$MN$的垂直平分线的方程为$y-\frac{-4k}{4+9k^2}=-\frac{1}{k}\left(x-\frac{9k^2}{4+9k^2}\right)$，令$x=0$，得$y=\frac{5k}{4+9k^2}$，于是线段$MN$的垂直平分线与$y$轴的交点$Q\left(0,\frac{5k}{4+9k^2}\right)$，又点$P(0,-k)$，所以$|PQ|=\left|k+\frac{5k}{4+9k^2}\right|=\left|\frac{9k(1+k^2)}{4+9k^2}\right|$.

又$|MN|=\sqrt{1+k^2}|x_1-x_2|=\frac{24\sqrt{(1+k^2)(1+2k^2)}}{4+9k^2}$，于是

$\frac{|MN|}{|PQ|}=\left|\frac{8\sqrt{1+2k^2}}{3k\sqrt{1+k^2}}\right|=\left|\frac{8}{3}\sqrt{\frac{1+2k}{k^2+k^4}}\right|=\frac{8}{3}\sqrt{\frac{(1+k^2)+k^2}{k^2(k^2+1)}}=\frac{8}{3}\sqrt{\frac{1}{k^2}+\frac{1}{k^2+1}}$，

因为$k\in[1,2]$，所以$\frac{1}{k^2}+\frac{1}{1+k^2}\in\left[\frac{9}{20},\frac{3}{2}\right]$，故$\frac{|MN|}{|PQ|}$的取值范围是$\left[\frac{4\sqrt{5}}{5},\frac{4\sqrt{6}}{3}\right]$.

21.【解析】(1)根据题意，有$e=\frac{c}{a}=3$，$\frac{|-bc|}{\sqrt{a^2+b^2}}=2\sqrt{2}$，且$a^2+b^2=c^2$，可得$b=2\sqrt{2}$，$a=1$，$c=3$. 于是双曲线$C$的方程为$x^2-\frac{y^2}{8}=1$.

(2)易知直线AB与x轴不重合，设直线AB的方程为$x=my+2$.

联立方程$\begin{cases} x^2-\frac{y^2}{8}=1 \\ x=my+2 \end{cases}$，可得$(8m^2-1)y^2+32my+24=0$.

上述方程式的判别式$\Delta=32(8m^2+3)>0$，以及$8m^2-1\neq 0$(否则直线l不能与双曲线有两个交点).

设$A(x_1,y_1)$，$B(x_2,y_2)$，则$y_1+y_2=-\frac{32m}{8m^2-1}$，$y_1y_2=\frac{24}{8m^2-1}$.

从而$x_1x_2=(my_1+2)(my_2+2)=m^2y_1y_2+2m(y_1+y_2)+4=-\frac{8m^2+4}{8m^2-1}$.

由以AB为直径的圆过原点O，知$x_1x_2+y_1y_2=0$，结合$8m^2-1\neq 0$，可知$8m^2+4=24$，$m=\pm\frac{\sqrt{10}}{2}$.

因为抛物线$x^2=4y$的准线方程为$y=-1$，且圆E的圆心即AB中点的纵坐标为

$\frac{y_1+y_2}{2}=-\frac{16m}{8m^2-1}=\pm\frac{8\sqrt{10}}{19}$.

于是可得圆 E 的圆心到抛物线 $x^2=4y$ 的准线的距离为 $\frac{8\sqrt{10}}{19}+1$ 或 $\frac{8\sqrt{10}}{19}-1$.

22.【解析】(1)如图，由已知可知直线 AB 的斜率必存在，设直线 AB 的斜率为 $k(k\neq0)$，抛物线 $y^2=4x$ 的焦点为 $F(1,0)$，则 $l_{AB}:y=k(x-1)$.

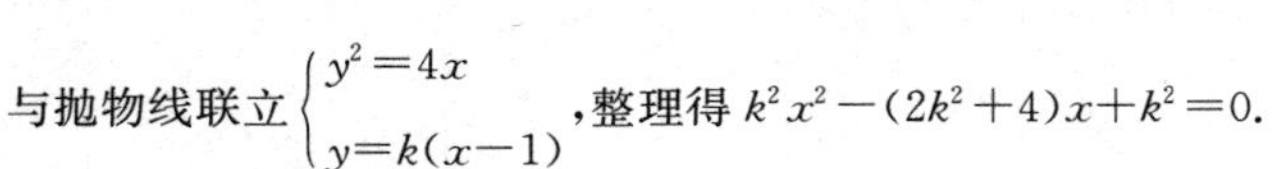

与抛物线联立 $\begin{cases}y^2=4x\\y=k(x-1)\end{cases}$，整理得 $k^2x^2-(2k^2+4)x+k^2=0$.

设 $A(x_1,y_1)$，$B(x_2,y_2)$，则 $x_1+x_2=\frac{2k^2+4}{k^2}$，$x_1x_2=1$.

$|AB|=x_1+x_2+2=4+\frac{4}{k^2}$，同理 $|CD|=4+4k^2$，则四边形 $ACBD$ 的面积为 $S=\frac{1}{2}|AB|\cdot|CD|=\frac{1}{2}\cdot\left(4+\frac{4}{k^2}\right)\cdot4(1+k^2)=8(2+k^2+\frac{1}{k^2})\geqslant8(2+2)=32$，

当且仅当 $k=\pm1$ 时，四边形 $ACBD$ 的面积取最小值 32.

(2)设点 $A(t_1^2,2t_1)(t_1>0)$，$B(t_2^2,2t_2)(t_2<0)$，$C(t_3^2,2t_3)(t_3>0)$，$D(t_4^2,2t_4)(t_4<0)$，则 $k_{AB}=\frac{2}{t_1+t_2}$，$k_{CD}=\frac{2}{t_3+t_4}$. 则 $k_{AF}=\frac{2t_1}{t_1^2-1}$，考虑到点 A,F,B 三点共线，则 $k_{AB}=k_{AF}$，从而 $\frac{2}{t_1+t_2}=\frac{2t_1}{t_1^2-1}$，得 $t_1t_2=-1$.

同理，$t_3t_4=-1$.

由 $AB\perp CD$，得 $k_{AB}\cdot k_{CD}=\frac{2}{t_1+t_2}\cdot\frac{2}{t_3+t_4}=-1$，故 $(t_1+t_2)(t_3+t_4)=-4$.

由于直线 CD：$y=\frac{2}{t_3+t_4}(x-1)$，则点 $N\left(-1,\frac{-4}{t_3+t_4}\right)$. 由于 $\frac{-4}{t_3+t_4}=t_1+t_2$，故 $N(-1,t_1+t_2)$.

由于 $k_{AN}=\frac{2t_1-(t_1+t_2)}{t_1^2+1}=\frac{t_1-t_2}{t_1^2+1}=\frac{t_1+\frac{1}{t_1}}{t_1^2+1}=\frac{1}{t_1}$，得直线 AN 的方程为 $y=\frac{1}{t_1}(x-t_1^2)+2t_1$，即 $y=\frac{1}{t_1}x+t_1$，

故点 Q 的横坐标为 $x_Q=-t_1^2$. 由此 $|FQ|=1+t_1^2$.

又 $|y_A-y_B|=|2t_1-2t_2|=\left|2t_1+\frac{2}{t_1}\right|=\frac{2(t_1^2+1)}{t_1}$，得

$S_{\triangle AQB}=\frac{1}{2}|FQ||y_A-y_B|=\frac{1+t_1^2}{2}\times\frac{2(t_1^2+1)}{t_1}=\frac{(t_1^2+1)^2}{t_1}=\frac{t_1^4+2t_1^2+1}{t_1}=t_1^3+2t_1+\frac{1}{t_1}(t_1>0)$.

令 $f(t_1)=t_1^3+2t_1+\frac{1}{t_1}(t_1>0)$，则 $f'(t_1)=3t_1^2+2-\frac{1}{t_1^2}=\frac{3t_1^4+2t_1^2-1}{t_1^2}=\frac{(3t_1^2-1)(t_1^2+1)}{t_1^2}$，可知 $f(t_1)$ 在 $\left(\frac{\sqrt{3}}{3},+\infty\right)$ 上单调递增，在 $(0,\frac{\sqrt{3}}{3})$ 上单调递减，所以当且仅当 $t_1=\frac{\sqrt{3}}{3}$ 时，$\triangle AQB$ 面积的最小值为 $\frac{16\sqrt{3}}{9}$.

第十一章　排列组合与二项式定理

§11.1　两个计数原理

例 1　11　【解析】设取出的球中有 x,y,z 个红球、黑球、白球，且 $x\in\{0,1,2\}$，$y\in\{0,1,2,3\}$，$z\in\{0,1,2,3,4,5\}$，$x+y+z=6$.

(1)当 $x=0$ 时，$y+z=6$，则有(1,5)，(2,4)，(3,3)共 3 种取法；

(2)当 $x=1$ 时，$y+z=5$，则有(0,5)，(1,4)，(2,3)，(3,2)共 4 种取法；

(3)当 $x=2$ 时，$y+z=4$，则有(0,4)，(1,3)，(2,2)，(3,1)共 4 种取法.

从而由分类加法计数原理，共有 $3+4+4=11$ 种不同的取法.

设取出的球中有 x,y,z 个红球，黑球，白球，则本题考虑的是对应方程 $x+y+z=6(x\leqslant 2,y\leqslant 3,z\leqslant 5)$ 的非负整数解的个数. 取法个数是多项式

$(1+x+x^2)(1+x+x^2+x^3)(1+x+x^2+x^3+x^4+x^5)$展开式中 x^6 的系数. 即

$(1+2x+3x^2+3x^3+2x^4+x^5)(1+x+x^2+x^3+x^4+x^5)$中 x^6 的系数，易知 x^6 的系数是 $2+3+3+2+1=11$，即 11 种不同的取法.

一般地，若 n 个元素可分成 k 个组，同一组中元素彼此相同，不同组间的元素不相同. 设 k 个组的元素个数依次为 $n_1,n_2,\cdots,n_k(n_1+n_2+\cdots+n_k=n)$，并记从这 n 个元素中每次取 r 个的不同取法的总数为 $a_r(0\leqslant r\leqslant n)$，则数列 $a_0,a_1,\cdots,a_n$ 的生成函数是$(1+x+\cdots+x^{n_1})(1+x+\cdots+x^{n_2})\cdots(1+x+\cdots+x^{n_k})$，即 a_r 是上式的展开式中 x^r 的系数.

在初等数学中生成函数的手段不多，较基本的方法是应用多项式以及单位根的某些性质构造生成函数. 我们将在本书的 14.4 节对生成函数作一些简单的介绍.

例 2　B　【解析】因为 2021 年是北京大学建校 123 周年，$2021-123=1898$ 年，所以可设之后的每一年为$(1898+n)$年. 若满足建校 n 周年的正整数 n 能整除对应年份，即 n 能整除 $1898+n$.

设 $a=\frac{1898+n}{n}=1+\frac{1898}{n}$. 考虑 1898 的公因数为(1，1898)，(1898，1)，(2，949)，(949，2)，(146，13)，(13，146)，(26，73)，(73，26)共有 8 个，即 a 有 8 个正整数解，所以 n 的个数为 8. 故选 B.

例 3　$2n^2+2n+1$　【解析】当 $x=-n$ 时，$y=0$；

当 $x=-n+1$ 时，y 可以取 $0,\pm 1$；

当 $x=-n+2$ 时，y 可以取 $0,\pm 1,\pm 2$；

…………

当 $x=0$ 时，y 可以取 $0,\pm 1,\pm 2,\cdots,\pm n$；

当 $x=1$ 时，y 可以取 $0,\pm 1,\pm 2,\cdots,\pm(n-1)$；

…………

当 $x=n$ 时，$y=0$.

由分类加法计数原理，知满足条件的整数对有：

$[1+3+5+\cdots(2n-1)]\times 2+2n+1=2n^2+2n+1$.

例 4 【解析】(1)将所考虑的四面体记作 $ABCD$.

若四个顶点均在平面 α 的一侧,则这四个顶点必位于一个与平面 α 平行的平面内,不符合条件.

只考虑以下两种情形:

(i)平面 α 的一侧有三个顶点,另一侧有一个顶点.

不妨设点 A,B,C 在平面 α 的一侧,点 D 在另一侧.则 A,B,C 三点所确定的平面平行于平面 α.由点 D 作平面 ABC 的垂线 DD_1,D_1 为垂足.则中位面 α 必为经过 DD_1 的中点且与 DD_1 垂直(存在且唯一).

类似可得分别平行于四面体其他三个面的中位面.

这种类型的中位面共有 4 个.

(ii)平面 α 的两侧各有两个顶点,不妨设 A、B 在平面 α 的一侧,点 C、D 在另一侧,显然 $AB/\!/\alpha$,$CD/\!/\alpha$.

易知,AB 与 CD 为异面直线,中位面 α 必为经过它们公垂线中点且平行于它们的平面(存在且唯一).

由于四面体的 6 条棱可按异面关系分为 3 组,于是这种类型的中位面共有 3 个.

综上所述,由分类加法计数原理知共有 $4+3=7$ 个互不相同的中位面.

(2)由于平行六面体任意五个顶点不共面,于是平行六面体的八个顶点分布在平面 α 两侧的情形:8−0、7−1、6−2、5−3 不符合条件.只需考虑八个顶点在平面 α 两侧各四个点情形.此时,平面 α 一侧的 4 个顶点必位于一个与平面 α 平行的平面上.

将所考虑的平行六面体记作 $ABCD\text{-}A_1B_1C_1D_1$.

由于平面 $ABCD/\!/$平面 $A_1B_1C_1D_1$,则经过这两个面的任意一条公垂线中点且与这两个面平行的平面,到这两个面的距离相等.从而,该平面即为平行六面体的一个中位面(存在且唯一),类似可得其余的两个中位面.

所以,平行六面体有 3 个互不相同的"中位面".

(3)由(2)知每个平行六面体均有三个中位面,它们分别平行于平行六面体的三组相对面.对于每个平行六面体,它的三个中位面是唯一确定的,且交于一点(中心 O).反之,一旦给定了三个交于一点的中位面,则平行六面体的三组相对面便完全确定了.再结合所给定的至少四个顶点,平行六面体便可唯一确定下来.

由(1)知对于所给出的空间四点,共可确定七个互不相同的中位面.从中任取三个有 C_7^3 种,但并不是所有这些"中位面三元组"均能确定出平行六面体.事实上,能够作出平行六面体的三个中位面的平面必须交于同一点,因此,必须排除那些不交于同一点的三元组.

易知,凡是平行于同一条直线的三个平面均不可能交于同一点.事实上,它们形成三棱柱的三个侧面.

容易看出,在四面体 $ABCD$ 的七个中位面中,平行于棱 AB 的恰有三个:与异面直线 AB,CD 平行的中位面,平行于平面 ABC 的中位面,平行于平面 ABD 的中位面.

由此可知与四面体 $ABCD$ 的六条棱中的每条棱平行的中位面均各有三个,这六组中位面三元组不能确定平行六面体,除此之外的其余三元组中的三个中位面均能交于同一点.

综上,一共可以确定出 $C_7^3-6=29$ 个互不相同的平行六面体.

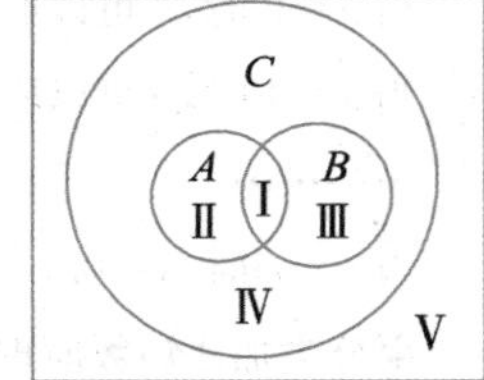

例 5 D 【解析】由题意,本题等价于将 1、2、…、2020 这 2020 个数填入如图所示的五个互不相交的区域中,则由分步乘法计数原理,知共有 5^{2020} 种填法,即有序集合组(A,B,C)的个数为 5^{2020}.故选 D.

例 6　9　【解析】如图，在正方体 $ABCD\text{-}EFGH$ 中选出 4 条两两不相交的棱，所以必有一组棱在一正方形且平行.

如在正方形 $ABFE$ 内：

(1)选 AB,EF，另两个棱可以选 DC,HG，也可以选 DH,CG；

(2)选 AE,BF，另两个棱可以选 DC,HG，也可以选 DH,CG.

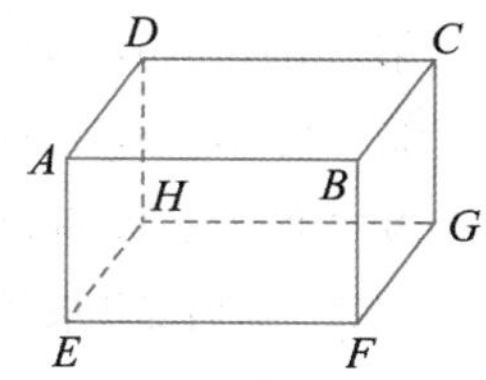

因为先选正方形 $ABFE$ 与先选正方形 $DCGH$ 是一样的，共有六个正方形，且一个正方形选出 4 组，又因为 4 条相互平行的棱在计算中被相邻面重复计算，而总共有 3 组 4 条相互平行的棱，所以共有 $4\times6\div2-3=9$ 种.

例 7　B　【解析】由 $x+f(x)+xf(x)=x+(x+1)f(x)$，可得

(1)当 $x=-1$ 时，$x+(x+1)f(x)=x$ 是奇数，所以 $f(-1)=2,3,4,5,6$ 均满足题设条件，共有 5 种可能；

(2)当 $x=1$ 时，$x+(x+1)f(x)=1+2f(x)$ 是奇数，所以 $f(1)=2,3,4,5,6$ 均满足题设条件，共有 5 种可能；

(3)当 $x=0$ 时，$x+(x+1)f(x)=f(0)$ 是奇数，所以 $f(0)=3,5$，共有 2 种可能.

由分步乘法计数原理，可得所求的答案是 $5\times5\times2=50$.

例 8　C　【解析】分为两步进行：

先从 6 名男员工 4 名女员工中各取出 1 人组成一组，有 6×4 种取法；

再从剩余的 5 名男员工 3 名女员工中再各取 1 人组成一组，有 5×3 种取法.

从而由分步乘法计数原理并排除重复情况，所有的组合方法有 $6\times4\times5\times3\div2=180$ 种.

§11.2　排列与组合

例 1　1128　【解析】若甲、丙两人安排在第一、二天时，则甲只能安排在第二天，丙安排在第一天，从而有 $A_5^5=120$ 种安排方案；

若甲、丙两人安排在第二、三天时，则甲、丙两人有 A_2^2 种安排方案，其余人员有 A_5^5 种安排方案，从而有 $A_2^2A_5^5=240$ 种安排方案；

当甲、丙两人安排在第三、四天时，甲、丙两人有 A_2^2 种安排方案，由于乙不能安排在第二天，则乙只能从第一、五、六、七天中选一天安排乙，从而有 4 种安排方案，其余人员有 A_4^4 种安排方案，从而有 $A_2^2\times4\times A_4^4=192$ 种安排方案；

同理，当甲、丙两安排在第四、五两天，第五、六两天，第六、七两天的安排方案均为 $A_2^2\times4\times A_4^4=192$ 种.

所以总的安排方案有 $120+240+192\times4=1128$ 种.

例 2　2040200　【解析】设从集合 $\{1,2,3,\cdots,2021\}$ 中任选的三个数为 a,b,c，且有 $a+c=2b$，显然 $2b$ 为偶数，故 a 与 c 必定同为奇数或同为偶数，且当 a,c 选定后，b 的值也随之确定，故可按 a,c 同为奇数或同为偶数进行分类.

又因为集合 $\{1,2,3,\cdots,2021\}$ 中有 1010 个偶数，1011 个奇数，当 a,c 同为偶数时有 A_{1010}^2 种选法，当 a,c 同为奇数时，有 A_{1011}^2 种选法.

由分类加法计数原理，知选出的三个数构成等差数列的个数为 $A_{1010}^2+A_{1011}^2=2040200$.

例 3　11420　【解析】将这 60 个数分成三组：

第一组：1,4,7,10,13,16,19,22,25,28,31,34,37,40,43,46,49,52,55,58；

第二组：2,5,8,11,14,17,20,23,26,29,32,35,38,41,44,47,50,53,56,59；

第三组：3,6,9,12,15,18,21,24,27,30,33,36,39,42,45,48,51,54,57,60.

其中第一组的数除以 3 余 1，第二组的数除以 3 余 2，第三组的数能被 3 整除.

在每一组内部任取 3 个数，则所取的三个数之和能被 3 整除，取法有 $3\times C_{20}^{3}=3420$ 种；

在每一组各取一个数，则所取的三个数之和也能被 3 整除，取法有 $20^3=8000$ 种.

从而不同的取法有 $3420+8000=11420$ 种.

例 4　120　【解析】第一步，将 3 个 2 填入方格表中，一共有 $3\times2\times1=6$ 种填法；

第二步，从剩下的 6 个格子中选出 3 个填入 3 个 1，共有 $C_6^3=20$ 种填法；

第三步，将剩下的 3 个 3 填入方格表中，共 1 种填法.

由分步乘法计数原理，总的填法共 120 种.

例 5　70　【解析】将集合 A 划分为 $A_1=\{1,4,7\}$，$A_2=\{2,5,8\}$，$A_3=\{3,6\}$.

于是使得 $S(A)$ 能够被 3 整除的非空集合 A 的个数有：

$[(C_3^0+C_3^3)^2+(C_3^1)^2+(C_3^2)^2]\cdot2^2-1=87$.

接下来考虑 $S(A)$ 能被 15 整数的非空集合 A 的个数，此时 $S(A)=15$ 或者 30.

(1)当 $S(A)=15$ 时，此时按最大元素分别为 8,7,6,5 分类，分别有 5,4,3,1 个；

(2)当 $S(A)=30$ 时，此时只需考虑 $S(A)=6$ 的情形，共 4 个.

综上所述，符合条件的非空集合 A 的个数为 $87-13-4=70$ 个.

例 6　A　【解析】若从集合 $\{1,2,3,4,5,6,7,8\}$ 中选出三个数 $a,b,c(a<b<c)$，则 $a,b+1,c+2$ 就是符合题意的一组数；反之，若从集合 A 中取出三个元素 $a,b+1,c+2(a<b<c)$，则 a,b,c 就是集合 $\{1,2,3,4,5,6,7,8\}$ 中的三个两两互异的元素，因此 $C_8^3=56$ 即为所求.

例 7　310　【解析】如图，设 5 个点为 a,b,c,d,e，其中 b,c,d,e 四个点共有 $C_4^2=6$ 条连线，

(1)点 a 可以向这 6 条线作 6 条垂线，一共有 $5\times6=30$ 条直线，此时垂线的交点个数至多为 $C_{30}^2=435$ 个；

(2)点 a 可以向 b,c,d,e 四个点的 6 条连线作垂线，有 $C_6^2=15$ 个点，所以共有 $5\times15=75$ 个；

(3)点 c,d,e 向点 a,b 作垂线，可作 3 条，这三条互相平行，没有交点，此时有 $C_3^2=3$，共有 $C_5^2\cdot C_3^2=30$ 个；

(4)五个点中任意三个构成三角形，三角形的高交于一点（三条垂线只有一个交点），此时有 $C_5^2C_3^2-C_5^3=20$ 个.

综上，这些垂线的交点至多有 $435-75-30-20=310$ 个.

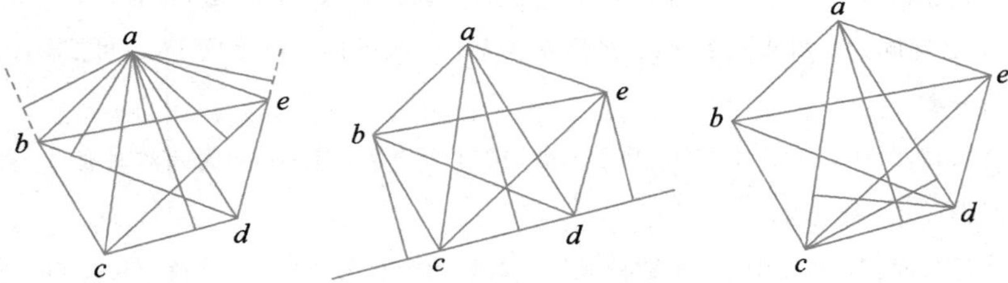

例 8　B 【解析】不同的安排一共分为两类：

第一类：安排 2 名男记者的任务为“负重扛机”，则不同的安排方法数为 $C_3^2A_3^3=3\times3\times2=18$ 种；

第二类：安排 1 名男记者的任务为“负重扛机”，则不同的安排方法数为 $C_3^1C_4^2A_3^3=3\times6\times6=108$ 种.

由分类加法计数原理，不同的安排方法一共有 $18+108=126$ 种，从而选 B.

例 9　2092278988800 【解析】采用插空法，先排甲校的 8 人共 A_8^8 种不同的排法，再将乙校插入，共有 A_9^4 种方法，再将丙校 4 人插入，共有 A_{13}^4 种方法，从而共有 $A_8^8A_9^4A_{13}^4=2092278988800$ 种不同的排法.

例 10　D 【解析】若 $N(a_1,a_2,a_3,a_4)=1$，则 a_1,a_2,a_3,a_4 的排列个数为 4.

若 $N(a_1,a_2,a_3,a_4)=2$，则 a_1,a_2,a_3,a_4 的排列个数为 $C_4^2\left(\frac{C_4^2C_2^2}{A_2^2}\cdot A_2^2+2C_4^1\right)=84$：先从 1，2，3，4 中选出 2 个数字有 C_4^2 种选法，若选出的 2 个数字各用 2 次，可得 $\frac{C_4^2C_2^2}{A_2^2}\cdot A_2^2$ 种排列方法（选把 4 个位置分成 2+2 的两组，再把这 2 个数字放进这 2 组中去）；若选出的 2 个数字分别用 1 次和 3 次，可得 $2C_4^1$ 中排列方法. 由分步乘法计数原理，可得此时的排列个数为 $C_4^2\left(\frac{C_4^2C_2^2}{A_2^2}\cdot A_2^2+2C_4^1\right)=84$ 种；

若 $N(a_1,a_2,a_3,a_4)=3$，则 a_1,a_2,a_3,a_4 的排列个数为 $C_4^1C_4^2A_3^2=144$：先从 1，2，3，4 中选出 1 个数字，有 C_4^1 种选法；让这个数字使用 2 次，应放在 4 个位置中的某 2 个位置上，有 C_4^2 种放法；从剩余的 3 个数中按一定的顺序选出 2 个放在剩下的 2 个位置上，有 A_3^2 种放法. 由分步乘法计数原理，可得此时的排列个数为 $C_4^1C_4^2A_3^2=144$.

若 $N(a_1,a_2,a_3,a_4)=4$，则 a_1,a_2,a_3,a_4 的排列个数为 $A_4^4=24$ 种.

从而所求的平均数为 $\frac{4\cdot1+84\cdot2+144\cdot3+24\cdot4}{256}=\frac{175}{64}$，从而选 D.

例 11　3^{2018} 【解析】当 $2^k\leqslant n\leqslant2^{k+1}-1$，则 $n=1\times2^k+b_1\times2^{k-1}+b_2\times2^{k-2}+\cdots+b_{k-1}\times2^1+b_k\times2^0$，其中 $b_i(i=1,2,\cdots,k)$ 中 k 个数都为 0 或 1.

b_i 个中有 0 个为 0 时，共有 C_k^0 个，即有 C_k^0 个 a_n 的值为 0；

b_i 个中有 1 个为 0 时，共有 C_k^1 个，即有 C_k^1 个 a_n 的值为 1；

b_i 个中有 2 个为 0 时，共有 C_k^2 个，即有 C_k^2 个 a_n 的值为 2；

…………

b_i 个中有 $k-1$ 个为 0 时，共有 C_k^{k-1} 个，即有 C_k^{k-1} 个 a_n 的值为 $k-1$；

b_i 个中有 k 个为 0 时，共有 C_k^k 个，即有 C_k^k 个 a_n 的值为 k.

所以 $f(2^k)+f(2^k+1)+f(2^k+2)+\cdots f(2^{k+1}-1)$

$=C_k^0\times2^0+C_k^1\times2^1+C_k^2\times2^2+\cdots+C_k^{k-1}\times2^{k-1}+C_k^k\times2^k=3^k$，

所以 $f(2^{2018})+f(2^{2018}+1)+f(2^{2018}+2)+\cdots+f(2^{2019}-1)=3^{2018}$.

例 12　A 【解析】(**方法一**)考虑问题的反面，只需计算出有两个数相邻和三个数相邻的情况，简单枚举知道只有两个数相邻有 $2015\times2+2014\times2015$（这里 2015×2 表示 a,b 相邻并且取 1，2 或 2017，2018 时，余下的 c 有 2015 种取法；而 2014×2015 表示 a,b 相邻并且取其他数时，余下的 c 有 2014 种取法）种取法；三个数相邻有 2016 种取法.

所以，共有 $C_{2018}^3-2015\times2-2014\times2015-2016=C_{2016}^3$. 故选 A.

(方法二)构造映射 $\varphi:(x,y,z)\to(x,y+1,z+2)(x\leqslant y\leqslant z)$.

将$\{1,2,3,\cdots,2016\}$两两不同的三个数映射到$\{1,2,3,\cdots,2018\}$中不相邻的三个数,并且可以验证这个映射是可逆的,所以答案为 C_{2016}^{3}.

构造对应关系计数,这个题目本身就是一个非常重要的结论,请记住答案与方法二.

§11.3 二项式定理

例 1 【解析】由题意可知 $S(x)=C_{2019}^{1}x\cdot(-\sqrt{2})^{2018}+C_{2019}^{3}x^{3}\cdot(-\sqrt{2})^{2016}+\cdots+C_{2019}^{2019}x^{2019}\cdot(-\sqrt{2})^{0}$,则 $S(\sqrt{2})=(\sqrt{2})^{2019}(C_{2019}^{1}+C_{2019}^{3}+\cdots+C_{2019}^{2019})$.

在二项展开式$(a+b)^{2019}=C_{2019}^{0}a^{2019}+C_{2019}^{1}a^{2018}b^{1}+C_{2019}^{2}a^{2017}b^{2}+\cdots+C_{2019}^{2019}b^{2019}$中,令 $a=1,b=1$,得 $2^{2019}=C_{2019}^{0}+C_{2019}^{1}+C_{2019}^{2}+C_{2019}^{3}\cdots+C_{2019}^{2019}$ ①

再令 $a=1,b=-1$,得

$0=C_{2019}^{0}-C_{2019}^{1}+C_{2019}^{2}-C_{2019}^{3}+\cdots-C_{2019}^{2019}$ ②

①-②,得 $2^{2019}=2(C_{2019}^{1}+C_{2019}^{3}+\cdots+C_{2019}^{2019})$,从而 $C_{2019}^{1}+C_{2019}^{3}+\cdots+C_{2019}^{2019}=2^{2018}$.

从而 $S(\sqrt{2})=(\sqrt{2})^{2019}(C_{2019}^{1}+C_{2019}^{3}+\cdots+C_{2019}^{2019})=2^{\frac{6055}{2}}$.

例 2 D 【解析】**(方法一)**令 $S=C_{2018}^{0}+3C_{2018}^{1}+5C_{2018}^{2}+\cdots+4037C_{2018}^{2018}$,由组合数的性质 $C_{n}^{n-r}=C_{n}^{r}$,可知 $S=4037C_{2018}^{2018}+4035C_{2018}^{2017}+4033C_{2018}^{2016}+\cdots+C_{2018}^{0}$

$=4037C_{2018}^{0}+4035C_{2018}^{1}+4033C_{2018}^{2}+\cdots+C_{2018}^{2018}$

从而 $2S=4038(C_{2018}^{0}+C_{2018}^{1}+C_{2018}^{2}+\cdots+C_{2018}^{2018})$,所以 $S=2019(C_{2018}^{0}+C_{2018}^{1}+C_{2018}^{2}+\cdots+C_{2018}^{2018})$.

在二项展开式$(a+b)^{2018}=C_{2018}^{0}a^{2018}+C_{2018}^{1}a^{2018}b^{1}+C_{2018}^{2}a^{2016}b^{2}+\cdots+C_{2018}^{2018}b^{2018}$中,令 $a=1,b=1$,从而得 $C_{2018}^{0}+C_{2018}^{1}+C_{2018}^{2}+\cdots+C_{2018}^{2018}=2^{2018}$.

所以 $S=2019\cdot 2^{2018}$. 故选 D.

(方法二)根据题意,知 $\sum\limits_{k=0}^{n}(2k+1)C_{n}^{k}=2\sum\limits_{k=0}^{n}kC_{n}^{k}+\sum\limits_{k=0}^{n}C_{n}^{k}$

$=2\sum\limits_{k=1}^{n}nC_{n-1}^{k-1}+\sum\limits_{k=0}^{n}C_{n}^{k}=2n\sum\limits_{k=1}^{n}C_{n-1}^{k-1}+\sum\limits_{k=0}^{n}C_{n}^{k}$,所以

$C_{2018}^{0}+3C_{2018}^{1}+5C_{2018}^{2}+\cdots+4037C_{2018}^{2018}=\sum\limits_{k=0}^{2018}(2k+1)C_{2018}^{k}=2\times2018\sum\limits_{k=1}^{2018}C_{2017}^{k-1}+\sum\limits_{k=0}^{2018}C_{2018}^{k}=4036\times2^{2017}+2^{2018}=2019\times2^{2018}$.

(方法三)根据题意$(1+x)^{2018}=\sum\limits_{k=0}^{2018}C_{2018}^{k}x^{k}$,两边求导得 $2018(1+x)^{2017}=\sum\limits_{k=0}^{2018}kC_{2018}^{k}x^{k-1}$.

令 $x=1$,得 $\sum\limits_{k=0}^{2018}kC_{2018}^{k}=2018\times2017$,以下同方法二.

本题想要求 $\sum\limits_{k=0}^{2018}(2k+1)C_{2018}^{k}$,只需求出 $\sum\limits_{k=0}^{2018}kC_{2018}^{k}$. 我们借助组合数的常用性质 $kC_{n}^{k}=nC_{n-1}^{k-1}$,可以顺利解决.

例 3 -81 【解析】我们只需考虑 $P\left(x+\dfrac{1}{x}-1\right)^{5}$ 的展开式 x^{-2}项的系数与常数项.

一方面，P 的常数项为$(-1)^5+C_5^1C_4^1(-1)^3+C_5^2C_3^2(-1)=-51$.

另一方面，P 的 x^{-2} 项的系数为 $C_5^2(-1)^3+C_5^1C_4^1(-1)=-30$.

从而原式展开式中的常数项为$(-51)+(-30)=-81$.

例 4　12600　【解析】$\left(x^2+\frac{1}{x}+y^3+\frac{1}{y}\right)^{10}=\sum\limits_{i=0}^{10}C_{10}^i\left(x^2+\frac{1}{x}\right)\left(y^3+\frac{1}{y}\right)^{10-i}$

$=\sum\limits_{i=0}^{10}C_{10}^i\left[\sum\limits_{k=0}^{i}C_i^kx^{3k-i}\right]\left[\sum\limits_{j=0}^{10-i}C_{10-i}^jy^{4j+i-10}\right]$,

则有$\begin{cases}3k-i=0\\4j+i-10=0\end{cases}\Rightarrow\begin{cases}k=\frac{i}{3}\\j=\frac{10-i}{4}\end{cases}$，从而得 $i=0,3,6,9$.

当 $i=0$ 时，解得 $j=\frac{5}{2}\notin\mathbf{Z}$，不合题意；

当 $i=3$ 时，解得 $j=\frac{7}{4}\notin\mathbf{Z}$，不合题意；

当 $i=6$ 时，解得 $j=1,k=2$，符合题意，此时常数项为 $C_{10}^6C_6^2C_4^1=12600$；

当 $i=9$ 时，解得 $j=\frac{1}{4}\notin\mathbf{Z}$，不合题意.

从而可知所求常数项为 12600.

例 5　2^{1008}　【解析】观察$(1+\mathrm{i})^{2016}$的二项展开式(其中 i 是虚数单位)：

$(1+\mathrm{i})^{2016}=C_{2016}^0\mathrm{i}^0+C_{2016}^1\mathrm{i}^1+C_{2016}^2\mathrm{i}^2+C_{2016}^3\mathrm{i}^3+C_{2016}^4\mathrm{i}^4+\cdots+C_{2016}^{2016}\mathrm{i}^{2016}$

$=\sum\limits_{k=0}^{1008}(-1)^kC_{2016}^{2k}+\mathrm{i}(C_{2016}^1-C_{2016}^3+\cdots-C_{2016}^{2015})=\sum\limits_{k=0}^{1008}(-1)^kC_{2016}^{2k}$　　(＊)

另一方面，有$(1+\mathrm{i})^{2016}=\left[\sqrt{2}\left(\cos\frac{\pi}{4}+\mathrm{i}\sin\frac{\pi}{4}\right)\right]^{2016}=2^{1008}(\cos504\pi+\mathrm{i}\sin504\pi)$

$=2^{1008}$.

所以 $\sum\limits_{k=0}^{1008}(-1)^kC_{2016}^{2k}=2^{1008}$.

例 6　【解析】先证一个引理：$C_n^0+C_n^2+C_n^4+\cdots=C_n^1+C_n^3+C_n^5+\cdots=2^{n-1}$.

证明：在二项展开式$(a+b)^n=C_n^0a^n+C_n^1a^{n-1}b^1+C_n^2a^{n-2}b^2+\cdots+C_n^ra^{n-r}b^r+\cdots+C_n^nb^n$ 中，令 $a=b=1$，得

$2^n=C_n^0+C_n^1+C_n^2+\cdots+C_n^n$　　①

再令 $a=1,b=-1$，得 $0=C_n^0-C_n^1+C_n^2-\cdots+(-1)^nC_n^n$　　②

由①+②式，得 $2(C_n^0+C_n^2+C_n^4+\cdots)=2^n$，代入①式，从而得 $C_n^1+C_n^3+C_n^5+\cdots=2^{n-1}$.

从而 $C_n^0+C_n^2+C_n^4+\cdots=C_n^1+C_n^3+C_n^5+\cdots=2^{n-1}$. 回到原题：

$(1-a)^n+(1+a)^n=2(C_n^0+C_n^2a^2+C_n^4a^2+\cdots)<2(C_n^0+C_n^2+C_n^4+\cdots)=2\cdot2^{n-1}=2^n$.

例 7　【证明】**(方法一)** 由二项式定理，有

$(\sqrt{2}-1)^p=C_p^0(\sqrt{2})^p-C_p^1(\sqrt{2})^{p-1}+C_p^2(\sqrt{2})^{p-2}-\cdots(-1)^pC_p^p$

$=(C_p^0(\sqrt{2})^p+C_p^2(\sqrt{2})^{p-2}+\cdots)-(C_p^1(\sqrt{2})^{p-1}+C_p^3(\sqrt{2})^{p-3}+\cdots)$

$=\sqrt{2}(C_p^0(\sqrt{2})^{p-1}+C_p^2(\sqrt{2})^{p-3}+\cdots)-(C_p^1(\sqrt{2})^{p-1}+C_p^3(\sqrt{2})^{p-3}+\cdots)$

$$(\sqrt{2}+1)^p=C_p^0(\sqrt{2})^p+C_p^1(\sqrt{2})^{p-1}+C_p^2(\sqrt{2})^{p-2}+\cdots+C_p^p$$
$$=(C_p^0(\sqrt{2})^p+C_p^2(\sqrt{2})^{p-2}+\cdots)+(C_p^1(\sqrt{2})^{p-1}+C_p^3(\sqrt{2})^{p-3}+\cdots)$$
$$=\sqrt{2}(C_p^0(\sqrt{2})^{p-1}+C_p^2(\sqrt{2})^{p-3}+\cdots)+(C_p^1(\sqrt{2})^{p-1}+C_p^3(\sqrt{2})^{p-3}+\cdots)$$

所以$\sqrt{2}(C_p^0(\sqrt{2})^{p-1}+C_p^2(\sqrt{2})^{p-3}+\cdots)=\dfrac{(\sqrt{2}-1)^p+(\sqrt{2}+1)^p}{2}$,

$(C_p^1(\sqrt{2})^{p-1}+C_p^3(\sqrt{2})^{p-3}+\cdots)=\dfrac{(\sqrt{2}+1)^p-(\sqrt{2}-1)^p}{2}$.

而$\left(\dfrac{(\sqrt{2}-1)^p+(\sqrt{2}+1)^p}{2}\right)^2-\left(\dfrac{(\sqrt{2}+1)^p-(\sqrt{2}-1)^p}{2}\right)^2$

$=\dfrac{(\sqrt{2}-1)^p(\sqrt{2}+1)^p}{2}-\dfrac{-(\sqrt{2}+1)^p(\sqrt{2}-1)^p}{2}=1.$

令$s=\left(\dfrac{(\sqrt{2}+1)^p-(\sqrt{2}-1)^p}{2}\right)^2$,则$\left(\dfrac{(\sqrt{2}-1)^p+(\sqrt{2}+1)^p}{2}\right)^2=s+1$,且显然$s\in\mathbf{N}^*$.

从而$(\sqrt{2}+1)^p=\sqrt{s+1}+\sqrt{s}$,$(\sqrt{2}-1)^p=\sqrt{s+1}-\sqrt{s}$,从而问题得证.

> 解决本题最简单的方法是考虑$(\sqrt{2}-1)^p$的对偶形式$(\sqrt{2}+1)^p$:
>
> 由二项式定理,如果$(\sqrt{2}-1)^p=\sqrt{a}-\sqrt{b}$,则必有$(\sqrt{2}+1)^p=\sqrt{a}+\sqrt{b}$,其中$a,b\in\mathbf{N}^*$.
>
> 因此必会有$(\sqrt{a}+\sqrt{b})(\sqrt{a}-\sqrt{b})=(\sqrt{2}+1)^p(\sqrt{2}-1)^p=1$.因此$a=b+1$,从而问题得证.
>
> 当然,本题也可以使用数学归纳法证明.

(方法二)令$(\sqrt{2}+1)^p=x_p\sqrt{2}+y_p$(其中$x_p,y_p\in\mathbf{N}^*$),则$(\sqrt{2}-1)^p=x_p\sqrt{2}-y_p$.

$1=(\sqrt{2}+1)^p(\sqrt{2}-1)^p=(x_p\sqrt{2}+y_p)(x_p\sqrt{2}-y_p)=2x_p^2-y_p^2$,从而$2x_p^2=y_p^2+1$,从而$x_p\sqrt{2}=\sqrt{y_p^2+1}$,

所以$(\sqrt{2}-1)^p=x_p\sqrt{2}-y_p=\sqrt{y_p^2+1}-\sqrt{y_p^2}$.从而命题得证.

> 本题是一道古老的数学竞赛试题,其姊妹题曾出现在2010年清华大学夏令营与2012年北约联考的试题中:
>
> 求证:对任意正整数n,$(1+\sqrt{2})^n$必可表示成$\sqrt{s}+\sqrt{s-1}(s\in\mathbf{N}^*)$的形式(例如$(1+\sqrt{2})^n=\sqrt{9}+\sqrt{8}$).

例8　21　【解析】$3^{2016}=9^{1008}=(10-1)^{1008}=C_{1008}^0\cdot10^{1008}-C_{1008}^1 10^{1007}+C_{1008}^2 10^{1006}-\cdots-C_{1008}^{1005}10^3+C_{1008}^{1006}10^2-C_{1008}^{1007}10+C_{1008}^{1008}$,显然,只需考虑最后三项,计算可得$C_{1008}^{1006}10^2-C_{1008}^{1007}10+C_{1008}^{1008}=50742721$,故$3^{2016}$除以100的余数是21.

习题十一

1. D　【解析】设小明答对x道题,答错a道题,不答为$25-a-x$题,得$4x+25-a-x>80$,$3x-a>55$,则由a为正数知,x至少为19,要使其接近90分,则$4x+25-a-x<90$,即$3x-a<65$.由a为非负数,则x最大能取22,得$22\times4=88$(分),则$25-22=3$(题),即"答错+未答"为3题,则此时不答为1题,从而得分为$88+1=89$分,且只有这一种情况.若为88分,则有多种情况:答对为22题答错3题,或答对21题不答4题等.同理,81、82、83分也有多种情况,故得分为89分时才可以算出,故选D.

2. D　【解析】**(方法一)**如图所示,先从集合N的6个元素中按一定顺序选出3个分别放入$A\cap B$,$B\cap C$,C

$\cap A$ 中，有 $A_6^3=120$ 种方法；而剩下的 3 个元素都可任意放到图中①②③④中，可分下面四类：

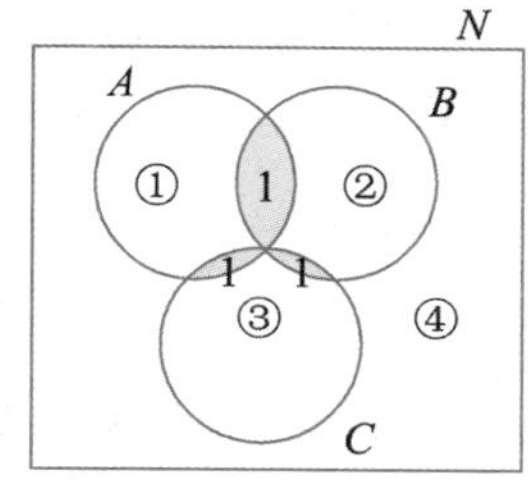

(1)①②③中共放 0 个，即均放到④中，有 1 种方法；

(2)①②③中共放 1 个，剩下的都放到④中，有 $C_3^1C_3^1=9$ 种方法；

(3)①②③中共放 2 个，剩下的都放到④中，有 $C_3^2(C_3^1+A_3^2)=27$ 种方法；

(4)①②③中共放 3 个，剩下的都放到④中，有 $C_3^1+C_3^2C_3^1C_2^2A_2^2+A_3^3=27$ 种方法.

因而所求答案是 $120(1+9+27+27)=7680$.

(方法二)如图所示，先从集合 N 的 6 个元素中按一定顺序选出 3 个分别放入 $A\cap B,B\cap C,C\cap A$ 中，有 $A_6^3=120$ 种方法；而剩下的每个元素都可任意放到图中①②③④中，均有 4 种放法，故所求的答案是 $A_6^3\cdot 4^3=7680$.

3. B 【解析】**(方法一)**依题意，任意 20 人的钱数之和不小于 75 元，即存在 4 人的钱数之和不小于 15 元. 又注意到任意 5 人的钱数之和不超过 25 元，则钱数最多的人有 $25-15=10$ 元$\left(其余人均有\frac{15}{4}元\right)$.

(方法二)设钱数最多的人有 y 元，其余的人均有 x 元，则

$\begin{cases}24x+y=100\\4x+y=25\end{cases}$，解得$\begin{cases}x=\frac{15}{4}\\y=10\end{cases}$，即钱数最多的人有 10 元，其余人均有$\frac{15}{4}$元.

4. A 【解析】其中包含的一组数必然为(1,2,7,8),(1,3,6,8),(1,4,6,7),(1,4,5,8)中的某一组，因此排 a_1,a_3,a_5,a_7 有 $4A_4^4$ 种排法，接下来排 a_2,a_4,a_6,a_8 有 A_4^4 种排法；但排好的 a_1,a_3,a_5,a_7 与排好的 a_2,a_4,a_6,a_8 还可交换位置，所以所求答案是 $4A_4^4\cdot A_4^4\cdot 2=4608$.

5. C 【解析】$C_6^2C_4^2A_2^2=180$.

6. B 【解析】头的排法为 A_4^4 种，身的排法为 A_4^4 种，脚的排法为 A_4^4 种，尾的排法为 A_4^4 种，由于只考虑组合数而不考虑 4 副完整拼图的顺序，从而总的拼法为$\frac{(A_4^4)^4}{A_4^4}=(A_4^4)^3=13824$ 种；同理至少有一副拼图同色的拼法为$C_4^1\times\frac{(A_3^3)^3}{A_3^3}=864$ 种；至少有两副拼图同色的拼法为 $C_4^2\times\frac{(A_2^2)^4}{A_2^2}=48$ 种；至少有三副拼图同色的拼法为 $C_4^3\times\frac{(A_1^1)^4}{A_1^1}=4$ 种；全部拼图同色的拼法为 $C_4^4=1$ 种. 从而由容斥原理，每一副拼图都不完全同色的拼法为 $13824-864+48-4+1=13005$ 种. 从而选 B.

7. D 【解析】首先选择一国进行二轮投资，有 3 种情况，再考虑 c 档投资是否在二次投资里，二次投资共有 ab,ac,ad,bc,bd,cc,cd,dd 八种情况，分类讨论可算出共有 246 种情况，故选 D.

8. D 【解析】可能出现的结果有两种情形：

第一种情形，两个骰子出现相同的点数，有 C_{12}^1 种可能情况；

第二种情形，两个骰子出现不同的点数，有 C_{12}^2 种可能情况.

综上，可能出现的结果种数是 $C_{12}^1+C_{12}^2=78$.

9. D 【解析】若 $N(a_1,a_2,a_3,a_4)=1$，则 a_1,a_2,a_3,a_4 的排列的个数为 4；

若 $N(a_1,a_2,a_3,a_4)=2$，先从 1、2、3、4 中选出 2 个数字，有 C_4^2 种选法：

(1)若选出的 2 个数字各用 2 次，可得有$\frac{C_4^2C_2^2}{A_2^2}A_2^2$ 种排列方法(先把 4 个位置分成 2+2 两组，再把这 2 个

数字放到这 2 个组中去)；

(2)若选出的 2 个数字分别用 1 次和 3 次，可得 $2C_4^1$ 种排列方法.

由分步乘法计数原理，知此时排列的个数为 $C_4^2\left(\dfrac{C_4^2C_2^2 2}{A_2^2}\cdot A_2^2+2C_4^1\right)=84$.

若 $N(a_1,a_2,a_3,a_4)=3$，先从 1、2、3、4 中选 1 个数字，有 C_4^1 种选法，让这个数字使用 2 次，应放在 4 个位置中的某 2 个位置上，有 C_4^2 种放法；从剩余的 3 个数字中按一定的顺序选出 2 个放在剩下的 2 个位置上，有 A_3^2 种放法. 由分步乘法计数原理，可得此时的排列个数为 $C_4^1C_4^2A_3^2=144$.

若 $N(a_1,a_2,a_3,a_4)=4$，a_1,a_2,a_3,a_4 的排列的个数为 24.

因而所求平均值为 $\dfrac{4\times1+84\times2+144\times3+24\times4}{256}=\dfrac{175}{64}$.

10. A 【解析】设满足题意的数列为 $\{a_n\}(n\in\mathbf{N}^*)$，则对任意 $n\in\mathbf{N}^*$，有 $a_n+a_{n+1}+a_{n+2}+a_{n+3}=30$. 故 $a_n=a_{n+4}(n\in\mathbf{N}^*)$，即数列 $\{a_n\}$ 同时以 4 和 14 为周期，从而数列 $\{a_n\}$ 以 2 为周期，又 $a_1+a_2=15$，则 a_1 有 $1,2,3,\cdots,14$ 共 14 种取法. 即满足题意的数列共有 14 个.

11. A 【解析】如图所示，在圆周上以 $A_1,A_2,\cdots,A_{10}$ 为端点的平行弦只有下面两类，共 10 组：

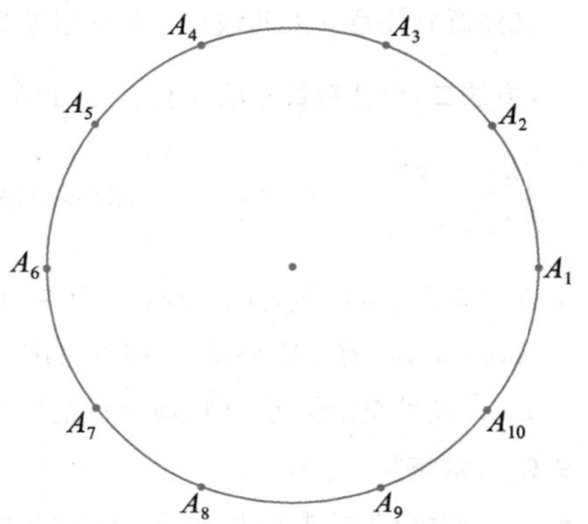

(1)①$A_1A_2/\!/A_{10}A_3/\!/A_9A_4/\!/A_8A_5/\!/A_7A_6$；

②$A_1A_4/\!/A_2A_3/\!/A_{10}A_5/\!/A_9A_6/\!/A_8A_7$；

③$A_1A_6/\!/A_2A_5/\!/A_3A_4/\!/A_{10}A_7/\!/A_9A_8$；

④$A_1A_8/\!/A_2A_7/\!/A_3A_6/\!/A_4A_5/\!/A_{10}A_9$；

⑤$A_1A_{10}/\!/A_2A_9/\!/A_3A_8/\!/A_4A_7/\!/A_5A_6$.

对于①，可得有一组对边平行的四边形有 $C_5^2=10$ 种情形，其中是平行四边形(当然圆内接平行四边形是矩形)的有 2

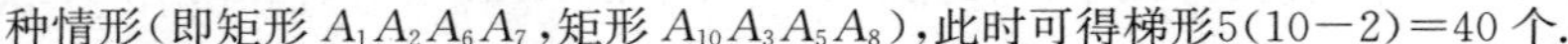
种情形(即矩形 $A_1A_2A_6A_7$，矩形 $A_{10}A_3A_5A_8$)，此时可得梯形 $5(10-2)=40$ 个.

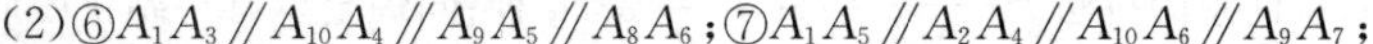
(2)⑥$A_1A_3/\!/A_{10}A_4/\!/A_9A_5/\!/A_8A_6$；⑦$A_1A_5/\!/A_2A_4/\!/A_{10}A_6/\!/A_9A_7$；

⑧$A_1A_7/\!/A_2A_6/\!/A_3A_5/\!/A_{10}A_8$；⑨$A_1A_9/\!/A_2A_8/\!/A_3A_7/\!/A_4A_6$；

⑩$A_2A_{10}/\!/A_3A_9/\!/A_4A_8/\!/A_5A_7$.

对于⑥，可得有一组对边平行的四边形有 $C_4^2=6$ 种情形，其中是平行四边形的有 2 种情形(即矩形 $A_1A_3A_6A_8$，矩形 $A_{10}A_4A_5A_9$)，此时可得梯形 $5(6-2)=20$ 个.

综上所述，可得所求答案是 $40+20=60$，故选 A.

12. AD 【解析】当 $A=\{25,24,23,21,18,12\}$ 时，可得 A 的所有子集中元素之和(共有 $C_6^1+C_6^2+C_6^3+C_6^4+C_6^5+C_6^6=2^6-1=63$ 个)两两不等，所以 $\mathrm{Card}(A)\geqslant6$.

当集合 A 中的元素个数是 7 时，可得集合 A 的 1、2、3、4、5 元的子集的个数之和是 $C_7^1+C_7^2+C_7^3+C_7^4+C_7^5=2^7-C_7^0-C_7^6-C_7^7=119$，且 A 的所有这些子集中元素之和的最小值不小于 1，最大值是 $21+22+23+24+25=115$，因而有"元素之和相等"的情形.

当集合 A 中的元素个数大于 7 时，也有"元素之和相等"的情形.

所以 $\mathrm{Card}(A)<7$. 因而 $\mathrm{Card}(A)$ 的最大值为 6.

当 $A=\{1,2,4,8,16\}$ 时，满足"A 的所有子集中元素之和两两不等"，但 $1+\dfrac{1}{2}+\dfrac{1}{4}+\dfrac{1}{8}+\dfrac{1}{16}=\dfrac{31}{16}>$

$\frac{3}{2}$,所以 C 错误;

若 $A=\{a_1,a_2,a_3,a_4,a_5\}$,可不妨设 $1\leqslant a_1<a_2<a_3<a_4<a_5$.

当 $a_1=1$ 时,若 $a_2=2$,可得 $a_3\geqslant4,a_4\geqslant7,a_5\geqslant10$,所以 $\sum\limits_{i=1}^{5}\frac{1}{a_i}\leqslant1+\frac{1}{2}+\frac{1}{4}+\frac{1}{7}+\frac{1}{10}<2$.

当 $a_1=1$ 时,若 $a_2\geqslant3$,可得 $a_3\geqslant5,a_4\geqslant7,a_5\geqslant10$,所以 $\sum\limits_{i=1}^{5}\frac{1}{a_i}\leqslant1+\left(\frac{1}{3}+\frac{1}{9}\right)+\left(\frac{1}{5}+\frac{1}{7}\right)<1+\frac{1}{2}+\frac{1}{2}=2$.

当 $a_1\geqslant2$ 时,可得 $\sum\limits_{i=1}^{5}\frac{1}{a_i}\leqslant\frac{1}{2}+\frac{1}{3}+\frac{1}{4}+\frac{1}{5}+\frac{1}{6}<\frac{1}{2}+\frac{4}{3}=\frac{11}{6}<2$.

综上可知,D 正确.

13. 174 【解析】找异面直线需要构造四面体,每个四面体有 3 对异面直线,所以立方体的 8 个顶点任意两个顶点的连线中,构造异面直线的对数为 $3\times(C_8^4-6-6)=174$ 对.

14. 9 【解析】如右图,在正方体 $ABCD$-$EFGH$ 中,选出 4 条两两不相交的棱,必有一组在一个正方形内且平行. 如正方形 $ABFE$.

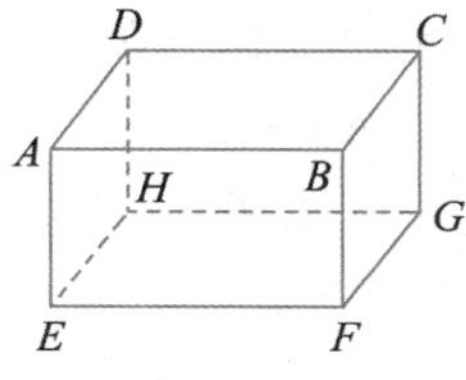

(1)选 AB,EF,则可以 $DC,HG;DH,CG$;

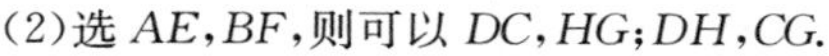

(2)选 AE,BF,则可以 $DC,HG;DH,CG$.

因为若选正方形 $ABFE$ 与选正方形 $DCGH$ 是一样的,且有六个正方形,且一个正方形可以选出 4 组,所以共有 $4\times6\div2=12$ 种,又因为 4 条相互平行的棱在计算中被相邻面重复计算,而总共有 3 组 4 条相互平行的棱,共有 $12-3=9$ 种选法.

15. 210 【解析】设取出的 6 个球中红球 x 个,黑球 y 个,白球 z 个,所以$\begin{cases}x+y+z=6\\x\leqslant2\\y\leqslant3\\z\leqslant5\end{cases}$,可得 (x,y,z) 有 $(2,0,4),(2,1,3),(2,2,2),(2,3,1),(1,0,5),(1,1,4),(1,2,3),(1,3,2),(0,1,5),(0,2,4),(0,3,3)$,所以不同的取法数有 $C_2^2C_5^4+C_2^2C_3^1C_5^3+C_2^2C_3^2C_5^2+C_2^2C_3^3C_5^1+C_2^1C_3^0C_5^5+C_2^1C_3^1C_5^4+C_2^1C_3^2C_5^3+C_2^1C_3^3C_5^2+C_3^1C_5^5+C_3^2C_5^4+C_3^3C_5^3=210$.

16. $8x^6$ 【解析】依题意得 $2^n=256$,所以 $n=8$. 在 $\left(ax+\frac{b}{x}\right)^n$ 的展开式中,令 $x=1$,则有 $(a+b)^8=256$,所以 $a+b=2$,又因为 $\left(ax+\frac{b}{x}\right)^n$ 的通项公式为 $T_{r+1}=C_8^r(ax)^{8-r}\left(\frac{b}{x}\right)^r=C_8^ra^{8-r}b^rx^{8-2r}$,令 $8-2r=0$,得 $r=4$,所以得到 $C_8^4a^4b^4=70$,解得 $ab=1$ 或 $ab=-1$(舍). 当 $ab=1$ 时,由 $a+b=2$,得 $a=b=1$,所以 $8-2r=6$,解得 $r=1$,故 $T_2=C_8^1x^6=8x^6$.

18.【解析】**(方法一)**不难根据题干性质推出,左上角四个格子是 1—4,右下角的格子是 9,接下来将5—8填入两个 1×2 的小矩形,答案是 $C_4^2=6$ 种.

(方法二)1,2,9 这三个数字的位置是确定的,如下图:

1	2	
3	4	
		9

将 5,6,7,8 这四个数字填入剩下的四个方格内,经枚举可得如下六种情况:

1	2	7
3	4	8
5	6	9

1	2	6
3	4	8
5	7	9

1	2	5
3	4	6
7	8	9

1	2	5
3	4	7
6	8	9

1	2	6
3	4	7
5	8	9

1	2	5
3	4	8
6	7	9

18.【解析】首先在上端第一行中任选两格染黑,有 C_4^2 种方法,下面分两种情形将已染黑的格子所在的两列完成染色:

(1)若两个格子染在同一行,有 C_3^1 种方法,剩余需染的 4 个格子仅有一种方法,则此类有 $C_4^2C_3^1\times1=18$ 种方法.

(2)若两个格子染在不同行,有 $C_3^1\times C_2^1$ 种染法,剩余要染的 4 个中符合要求的有 2 种,则此类有 $C_4^2C_3^1C_2^1\times2=72$ 种方法.

综上可知,共有 $18+72=90$ 种方法.

19.【解析】任意 $f:A\to B$ 的映射,有序数对 (x,x) 都是"好对",这样的共有 15 对;

$x\neq y$ 时,若 (x,y) 是"好对",则 (y,x) 也是"好对". 转化为求使 $f(x)=f(y)(x\neq y)$ 的数组 $\{x,y\}$ 的最小个数.

把 B 中元素 1,2,3,4,5 的原象集分别记为 M_1,M_2,M_3,M_4,M_5(相似于问题:有 15 封信投入这 5 个信箱).

有一种情形:$\text{Card}(M_1)=\text{Card}(M_2)=\text{Card}(M_3)=\text{Card}(M_4)=\text{Card}(M_5)=3$,此时共有 $5C_3^2=15$ 组"好对"数组,下面证明这是最小的.

若 $M_i(i=1,2,3,4,5)$ 元素个数为 4 或 5,不妨设 $\text{Card}(M_1)=4$ 或 5.

当 $\text{Card}(M_1)=4$,一定存在另一个集合元素个数为 0,1,2,不妨设是 M_2,其余集合不动,将 M_1 中调整一个元素给 M_2,$\text{Card}(M_2)=2$,调整前 M_1,M_2 的"好对"数组的个数为 $C_4^2+1=7$,调整后 M_1,M_2 的"好对"数组的个数为 $2C_3^2=6$;

$\text{Card}(M_2)=0,1$ 时,调整后 M_1,M_2 的"好对"数组的个数明显减少.

当 $\text{Card}(M_1)=5$,一定存在另一个集合元素个数为 0,1,2,不妨设是 M_2,其余集合不动,将 M_1 中调整一个元素给 M_2,"好对"数组的个数减少;再由 4 个元素调整下去.

若 $M_i(i=1,2,3,4,5)$ 中元素个数有小于 3 的集合,则一定存在另外的集合元素个数大于 3.

这就证明 $\text{Card}(M_1)=\text{Card}(M_2)=\text{Card}(M_3)=\text{Card}(M_4)=\text{Card}(M_5)=3$,"好对"数最小,最小为 $15+2\times5C_3^2=45$.

本题的解法源于 15 封信投入 5 个信箱的问题.

第十二章　概率与统计

§12.1　频率与概率

例 1　$\frac{193}{512}$　【解析】将一枚质地均匀的硬币抛掷 10 次，共出现 2^{10} 种结果.

其中正面向上的次数为 6 的情况有 C_{10}^{6}；正面向上次数为 7 的情况有 C_{10}^{7}；正面向上次数为 8 的情况为 C_{10}^{8}；正面向上次数为 9 的情况为 C_{10}^{9}；正面向上次数为 10 的情况有 C_{10}^{10}.

从而正面向上的情况数为 $C_{10}^{6}+C_{10}^{7}+C_{10}^{8}+C_{10}^{9}+C_{10}^{10}$.

由古典概型，知所求概率为 $p=\frac{C_{10}^{6}+C_{10}^{7}+C_{10}^{8}+C_{10}^{9}+C_{10}^{10}}{2^{10}}=\frac{193}{512}$.

例 2　$\frac{9}{10}$　【解析】从 5 个函数中任意取 3 个，不同的取法有 C_5^3 种. 其中既有奇函数又有偶函数的情况有两种：

(1)2 个奇函数与 1 个偶函数，有 $C_3^2C_2^1$ 种取法；

(2)1 个奇函数与 2 个偶函数，有 $C_3^2C_2^2$ 种取法.

从而既有奇函数又有偶函数的取法有 $C_3^2C_2^1+C_3^1C_2^2$ 种.

由古典概型概率公式，知所求概率为 $p=\frac{C_3^2C_2^1+C_3^1C_2^2}{C_5^3}=\frac{9}{10}$.

本题也可以考虑其反面情况，只需去掉均为奇函数的情况，其概率为 $p=1-\frac{C_3^3}{C_5^3}=\frac{9}{10}$.

例 3　$\frac{1}{9}$　【解析】**(方法一)** 根据点 $A(x,y)$，$B(y,x)$ 关于直线 $y=x$ 对称，设异于原点的点 C 在直线 $y=x$ 上.

由 $\angle AOB=2\arctan\frac{1}{3}$，$\angle AOC=\arctan\frac{1}{3}$，即 $\tan\angle AOC=\frac{1}{3}$.

设直线 OA 的斜率为 k，根据夹角公式，得 $\left|\frac{k-1}{1+k}\right|=\frac{1}{3}$，解得 $k=\frac{1}{2}$，或 $k=2$.

从而满足条件点的有 $A(1,2)$，或 $A(2,4)$，或 $A(3,6)$，或 $A(4,8)$；

或 $A(2,1)$，或 $A(4,2)$，或 $A(6,3)$，或 $A(8,4)$，共 8 种情况.

而 $x,y\in\{1,2,3,4,5,6,7,8,9\}$，$x\neq y$，所以数对 (x,y) 共有 $9\times8=72$ 种情况.

由古典概型概率公式，知所求概率为 $\frac{8}{72}=\frac{1}{9}$.

(方法二) 而 $x,y\in\{1,2,3,4,5,6,7,8,9\}$，$x\neq y$，所以数对 (x,y) 共有 $9\times8=72$ 种情况.

因为 $\angle AOB=2\arctan\frac{1}{3}$，所以 $\tan\angle AOB=\frac{\frac{2}{3}}{1-\left(\frac{1}{3}\right)^2}=\frac{3}{4}$，所以 $\cos\angle AOB=\frac{4}{5}$.

又连接原点 O 和 $A(x,y)$，$B(y,x)$ 两点，得 $\overrightarrow{OA}=(x,y)$，$\overrightarrow{OB}=(y,x)$，

则 $\cos\angle AOB=\frac{\overrightarrow{OA}\cdot\overrightarrow{OB}}{|\overrightarrow{OA}||\overrightarrow{OB}|}=\frac{2xy}{x^2+y^2}=\frac{4}{5}$，即 $(2x-y)(x-2y)=0$，从而得 $y=2x$ 或 $y=\frac{1}{2}x$，所以满足

$\angle AOB=2\arctan\frac{1}{3}$的数对有(1,2),(2,4),(3,6),(4,8),(8,4),(6,3),(4,2),(2,1)共8个.

由古典概型概率公式,知所求概率为$\frac{8}{72}=\frac{1}{9}$.

例4 C 【解析】设$n=\overline{abcde}$,因为$n\equiv a+\overline{bc}+\overline{de}\equiv 0(\mathrm{mod}99)$,所以$a+\overline{bc}+\overline{de}=99$.

(1)若$a+c+e=9,b+d=9$

假设a,c,e中含0,则剩下的两个数构造的集合有$\{1,8\},\{2,7\},\{3,6\},\{4,5\}$四种情况,此时$b,d$剩下三种情况,根据分步乘法计数原理,有12种情况.又因为$\overline{de}$能被4整除,故e为偶数有2种情况,此时d,b被唯一确定,a,c有A_2^2种情况,故符合条件的排列有$12\times2\times2=48$种.

若a,c,e中不含0,则$\{a,c,e\}=\{1,2,6\},\{1,3,5\},\{2,3,4\}$,由于$e$为偶数,所以$\{a,c,e\}$不可能为$\{1,3,5\}$.

若$\{a,c,e\}=\{1,2,6\}$,则$\{b,d\}=\{4,5\},\{0,9\}$,符合条件的排列有8种;

若$\{a,c,e\}=\{2,3,4\}$,则$\{b,d\}=\{1,8\},\{0,9\}$,符合条件的排列有8种.

(2)若$a+c+e=19,b+d=8$,则枚举五类组合如下:

$\{a,c,e\}=\{2,8,9\},\{b,d\}=\{1,7\},\{3,5\}$,符合条件的排列有8种;

$\{a,c,e\}=\{3,7,9\},\{b,d\}=\{2,6\},\{0,8\}$,符合条件的排列有0种;

$\{a,c,e\}=\{4,6,9\},\{b,d\}=\{1,7\},\{3,5\},\{0,8\}$,符合条件的排列有12种;

$\{a,c,e\}=\{4,7,8\},\{b,d\}=\{2,6\},\{3,5\}$,符合条件的排列有8种;

$\{a,c,e\}=\{5,6,8\},\{b,d\}=\{1,7\}$,符合条件的排列有4种.

综上,共有96种情况.

故所求的概率为$\frac{96}{A_{10}^5}=\frac{1}{315}$.故选C.

例5 A 【解析】(1)设$a_1<a_2<\cdots<a_5$取自$1,2,\cdots,20$.

若$a_1,a_2,\cdots,a_5$互不相邻,则$1\leqslant a_1<a_2-1<a_3-2<a_4-3<a_5-4\leqslant 16$.

由此知$1,2,\cdots,20$中等可能地任取出五个互不相邻的数的选法与从$1,2,\cdots\cdots,16$中取出五个不同的数选法相同,即C_{16}^5种.于是,所求的概率为$1-\frac{C_{16}^5}{C_{20}^5}=\frac{232}{323}$.

(2)不妨设这15人的序号依次为$1,2,\cdots,15$,所以全部的取法有C_{15}^4种.

由于直接计算比较复杂,这里我们介绍一种简单的方法.首先介绍一个结论:

从$\{1,2,\cdots,n\}$中选出k个数并使他们两两不相邻,总的取法有C_{n-k+1}^k种.

为证明这个结论,我们只需构造一个一一映射,假如$(a_1,a_2,\cdots,a_k)(a_1<a_2<\cdots<a_k)$为满足要求的一组数,构造$\varphi:(a_1,a_2,a_3,\cdots a_k)\to(a_1,a_2-1,a_3-2,\cdots,a_k-k+1)$是$\{1,2,3,\cdots,n-k+1\}$中任取的一组数(可以相同)可以验证$\varphi$是个双射,这样,我们就证明了结论.

回到原题,考虑是否取1,可分为两种情况:

①取1,接下只需要在$\{3,\cdots,14\}$中取3个元素两两不相邻,根据结论有C_{10}^3种取法;

②不取1,接下来在$\{2,3,\cdots,15\}$中取4个元素两两不相邻,根据结论有C_{11}^4种取法.

所以所求概率为$\frac{C_{10}^3+C_{11}^4}{C_{15}^4}=\frac{30}{91}$,从而选A.

例 6 $\frac{19}{55}$ 【解析】按 mod3 进行分类，将集合分为以下三类：

①$A_1=\{1,4,7,10\}$；②$A_2=\{2,5,8,11\}$；③$A_0=\{3,6,9,12\}$.

任取三个数，若使其和是 3 的倍数，则取法有以下两种：

(1)3 个数均取自同一个集合，共有 $3C_4^3=12$ 种不同的取法

(2)3 个数分别取自三个不同的集合，即一个集合中取一个数，则有 $C_4^1C_4^1C_4^1=64$ 种不同的取法.

从而，从集合$\{1,2,3,\cdots,12\}$中任取 3 个数，其和能被 3 整除的取法共为 $64+12=76$ 种不同的取法.

而从集合$\{1,2,3,\cdots,12\}$中任取 3 个数的取法有 $C_{12}^3=220$ 种.

从而所求概率为$\frac{76}{220}=\frac{19}{55}$.

例 7 A 【解析】如图可知，游客处于蓝色弧线处可以看到两侧面，由于 $AO=200$，$OH=100$，得 $AC=100(\sqrt{3}-1)$，$AB=100(\sqrt{6}-\sqrt{2})$，

所以 $\cos\alpha=\frac{40000+40000-10000(8-4\sqrt{3})}{2\times200\times200}=\frac{\sqrt{3}}{2}$，得$\alpha=\frac{\pi}{6}$.

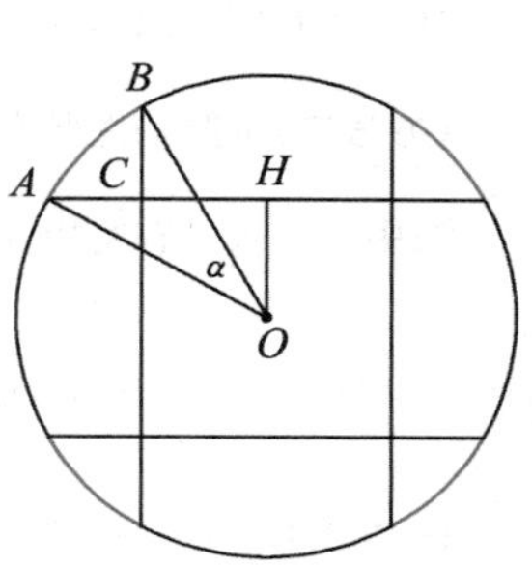

所以游客可以同时看见金字塔两个侧面的概率为$\frac{4\alpha}{2\pi}=\frac{1}{3}$. 选 A.

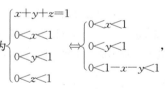

例 8 C 【解析】因为 $AB^2+BC^2=AC^2$，所以$\triangle ABC$ 是$\angle B$ 为直角的直角三角形，根据几何概型概率公式，可得 M 到 A,B,C 的距离都不小于 2 千米的概率为 $1-\frac{\frac{1}{2}\times\pi\times2^2}{\frac{1}{2}\times5\times12}=1-\frac{\pi}{15}$. 故选 C.

例 9 $\frac{1}{4}$ 【解析】设截得的三段长分别为 x,y,z，则 $x+y+z=1$，可行域为$\begin{cases}x+y+z=1\\0<x<1\\0<y<1\\0<z<1\end{cases}\Leftrightarrow\begin{cases}0<x<1\\0<y<1\\0<1-x-y<1\end{cases}$，

如右图所示，可行域面积为 $S_{\triangle OAB}=\frac{1}{2}$.

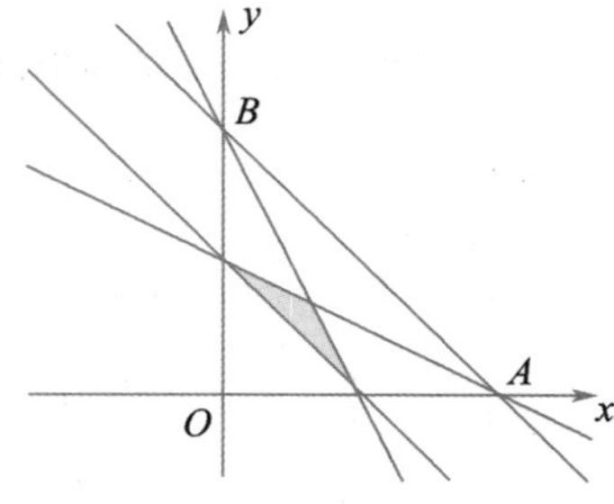

再考虑构成三角形的条件，不妨假设三边中 z 最大，则构成三角形约束条件为

$\begin{cases}x+y>z=1-x-y\\z=1-x-y\geqslant x\\z=1-x-y\geqslant y\end{cases}$，可行域如图所示，阴影面积 $S'=\frac{1}{24}$.

再考虑到三边中 x 最大或 y 最大的概率与 z 最大的概率相同，故所求构成三角形的概率为 $P=3\cdot\frac{S'}{S_{\triangle OAB}}=\frac{1}{4}$.

§12.2 概率的加法公式与乘法公式

例 1 A 【解析】记 $A_i(i=1,2,3,4)$为第 i 次投篮投进，且各次投篮相互独立.

投篮次数为 4，则第 3 次与第 4 次投篮必须投进，且第 2 次投篮不进，停止投篮为事件 $A_1\overline{A_2}A_3A_4+\overline{A_1}\,\overline{A_2}A_3A_4$，所以投篮结束时，投篮次数为 4 的概率为

$$P(A_1\overline{A_2}A_3A_4+\overline{A_1}\,\overline{A_2}A_3A_4)=P(A_1\overline{A_2}A_3A_4)+P(\overline{A_1}\,\overline{A_2}A_3A_4)=\frac{2}{3}\times\frac{1}{3}\times\frac{2}{3}\times\frac{2}{3}+\frac{1}{3}\times\frac{1}{3}\times\frac{2}{3}\times\frac{2}{3}$$

$$=\frac{4}{27}.$$

从而选 A.

例 2 【解析】**(方法一)**按照公式计算. 设事件 A 为“甲未中奖”，事件 B 为“乙中奖”，可得：$P(A)=\frac{5}{6}$，事件 AB 为“甲未中奖且乙中奖”，则 $P(AB)=\frac{C_5^1\cdot C_1^1}{A_6^2}=\frac{1}{6}$. 所以 $P(B|A)=\frac{P(AB)}{P(A)}=\frac{1}{5}$.

(方法二)按照条件概率的实际意义：考虑甲在抽取彩票后没有中奖，则留给乙的情况是剩下的五张彩票中有一张是有奖的，所以乙中奖的概率为 $P=\frac{1}{5}$.

例 3 AD 【解析】$P(\overline{A}|B)=P(\overline{A}|\overline{B})\Leftrightarrow\frac{P(\overline{A}B)}{P(B)}=\frac{P(\overline{A}\overline{B})}{P(\overline{B})}\Leftrightarrow\frac{P(\overline{A}B)}{P(B)}=\frac{P(\overline{A})-P(\overline{A}B)}{1-P(B)}$

$\Leftrightarrow P(\overline{A}B)-P(\overline{A}B)P(B)=P(\overline{A})P(B)-P(\overline{A}B)P(B)$

$\Leftrightarrow P(\overline{A}B)=P(\overline{A})P(B)\Leftrightarrow P(B)-P(AB)=[1-P(A)]P(B)$

$\Leftrightarrow P(AB)=P(A)P(B)$.

故选 AD.

本题只需严格按定义进行验证，其中 B、C 的反例可以利用韦氏图给出.

例 4 【解析】(1) 总分能不能在某个时刻达到 2，只取决于前两次投掷. 枚举所有情况的结果：

(正，正)，(正，反)，(反、正)，(反，反)，

共有 4 种不同的结果，其中只有(正，反)的情况不能满足，故所求概率为

$p=1-\frac{1}{4}=\frac{3}{4}$.

(2) ①考虑 $p_n(n\geqslant2)$ 的递推：$1-p_n$ 代表分取不到 n，它只可能是从 $n-1$ 分直接变化到 $n+1$ 分，即 $\frac{1}{2}p_{n-1}$.

②由 $1-p_n=\frac{1}{2}p_{n-1}(n\geqslant2)$，得到 $p_n-\frac{2}{3}=\left(-\frac{1}{2}\right)\left(p_{n-1}-\frac{2}{3}\right)$，

于是 $p_n-\frac{2}{3}=\left(-\frac{1}{2}\right)^{n-1}\left(p_1-\frac{2}{3}\right)=\left(-\frac{1}{2}\right)^n\times\frac{1}{3}$，

从而 $p_n=\frac{2}{3}+\frac{1}{3}\cdot\left(-\frac{1}{2}\right)^n(n\geqslant1)$.

概率的递推问题历来是清华大学强基计划考试的重点. 此题的模型很像著名的“爬楼梯问题”(每次爬 1 级或 2 级楼梯)，熟悉“爬楼梯问题”的同学，很快就可以想清楚什么情况下总分无法达到 n. 本题难度不大.

例 5 A 【解析】我们先解决该题的一般情形：

包含甲在内的 $m(m\geqslant 2)$ 个人互相传球，球首先由甲手中传出，每次传球都不能传给自己，第 $n(n\in\mathbf{N}^*)$ 次仍传给甲，共有多少种传法？第 n 次传球传给甲的概率是多少？

设第 n 次传给甲的传法有 a_n 种，第 n 次不传给甲的传法有 b_n 种，则可得 $a_1=0,b_1=m-1,a_2=m-1$.

a_{n+1} 表示传球 $n+1$ 次，第 $n+1$ 次传给甲的传法种数，可以分为两步：第一次传前 n 次，第 n 次不传给甲，共有 b_n 种传法；第二步传第 $n+1$ 次，传给甲，只有 1 种传法，所以 $a_{n+1}=b_n\times 1=b_n$.

可得 a_n+b_n 表示传球 n 次的所有传法的种数，而每次都有 $m-1$ 种传法，所以 $a_n+b_n=(m-1)^n$，从而 $a_n+a_{n+1}=(m-1)^n$.

设 $c_n=\dfrac{a_n}{(m-1)^n}(n\in\mathbf{N}^*)$，可得 $c_n(m-1)^n+c_{n+1}(m-1)^{n+1}=(m-1)^n$，从而 $c_{n+1}=\dfrac{1}{1-m}c_n+\dfrac{1}{m-1}$，

$c_{n+1}-\dfrac{1}{m}=\dfrac{1}{1-m}\left(c_n-\dfrac{1}{m}\right)$.

又 $c_1=\dfrac{a_1}{m-1}=0,c_1-\dfrac{1}{m}=-\dfrac{1}{m}$，可得 $c_n-\dfrac{1}{m}=-\dfrac{1}{m}\left(\dfrac{1}{1-m}\right)^{n-1}$，从而 $c_n=\dfrac{1}{m}-\dfrac{1}{m}\left(\dfrac{1}{1-m}\right)^{n-1}(n\in\mathbf{N}^*)$，因而 $a_n=c_n(m-1)^n=\dfrac{(m-1)^n}{m}+\dfrac{m-1}{m}(-1)^n(n\in\mathbf{N}^*)$.

实际上，$c_n=\dfrac{a_n}{(m-1)^n}=\dfrac{1}{m}\left[1-\left(\dfrac{1}{1-m}\right)^{n-1}\right](n\in\mathbf{N}^*)$ 的意义就是第 n 次传给甲的概率.

回到本题，令 $n=m=4$，可求得答案为 $c_4=\dfrac{1}{4}\left[1-\left(\dfrac{1}{1-4}\right)^3\right]=\dfrac{7}{27}$.

例 6　AD　【解析】若该同学的前 100 次投篮中仅仅是第 2，3，4，…，86 次投中，则满足题设条件 $r_1=0,r_{100}=0.85$，且 $r_2=\dfrac{1}{2},r_3=\dfrac{2}{3},r_4=\dfrac{3}{4},\cdots,r_{86}=\dfrac{85}{86},r_{87}=\dfrac{85}{87},r_{88}=\dfrac{85}{88},\cdots,r_{100}=\dfrac{85}{100}=0.85$，因而 $r_1<0.6$，$r_2<0.6,0.6<r_3<0.7,r_k>0.7(k=4,5,6,\cdots,100)$ 从而选项 B，C 错误；

若不存在 n，使得 $r_n=0.5$，由 $r_1=0,r_{100}=0.85$，可得 $\exists k,r_k<0.5<r_{k+1}$.

若 $k=2m(m\in\mathbf{N}^*)$，由 $r_k=r_{2m}<0.5=\dfrac{m}{2m}$，可得 $r_{2m}\leqslant\dfrac{m-1}{2m}$，再投一次球，可得

$r_{k+1}=r_{2m+1}\leqslant\dfrac{(m-1)+1}{2m+1}=\dfrac{m}{2m+1}<0.5$，与 $0.5<r_{k+1}$ 矛盾；

若 $k=2m+1(m\in\mathbf{N}^*)$，由 $r_k=r_{2m+1}<0.5=\dfrac{m+0.5}{2m+1}$，可得

$r_{2m+1}\leqslant\dfrac{m}{2m+1}$，再投一次球，可得 $r_{k+1}=r_{2m+2}\leqslant\dfrac{m+1}{(2m+1)+1}=\dfrac{1}{2}=0.5$，也与 $0.5<r_{k+1}$ 矛盾；

综上所述，可得 A 正确.

若不存在 n，使得 $r_n=0.8$，由 $r_1=0,r_{100}=0.85$，可得 $\exists k,r_k<0.8<r_{k+1}$.

若 $k=5m(m\in\mathbf{N}^*)$，由 $r_k=r_{5m}<0.8=\dfrac{4m}{5m}$，可得 $r_{5m}\leqslant\dfrac{4m-1}{5m}$，再投一次球，可得

$r_{k+1}=r_{5m+1}\leqslant\dfrac{(4m-1)+1}{5m+1}=\dfrac{4m}{5m+1}<\dfrac{4}{5}=0.8$，与 $0.8<r_{k+1}$ 矛盾；

若 $k=5m+1(m\in\mathbf{N}^*)$，由 $r_k=r_{5m+1}<0.8=\dfrac{4m+0.8}{5m+1}$，可得 $r_{5m+1}\leqslant\dfrac{4m}{5m+1}$，再投一次球，可得

$r_{k+2}=r_{5m+1}\leqslant\dfrac{4m+1}{(5m+1)+1}=\dfrac{4m+1}{5m+2}<\dfrac{4}{5}=0.8$，与 $0.8<r_{k+1}$ 矛盾；

若 $k=5m+2(m\in\mathbf{N}^*)$，由 $r_k=r_{5m+2}<0.8=\dfrac{4m+1.6}{5m+2}$，可得 $r_{5m+2}\leqslant\dfrac{4m+1}{5m+2}$，再投一次球，可得

$r_{k+3}=r_{5m+1}\leqslant\dfrac{(4m+1)+1}{(5m+2)+1}=\dfrac{4m+2}{5m+3}<\dfrac{4}{5}=0.8$，与 $0.8<r_{k+1}$ 矛盾；

若 $k=5m+3(m\in\mathbf{N}^*)$，由 $r_k=r_{5m+3}<0.8=\dfrac{4m+2.4}{5m+3}$，可得 $r_{5m+3}\leqslant\dfrac{4m+2}{5m+3}$，再投一次球，可得

$r_{k+4}=r_{5m+1}\leqslant\dfrac{(4m+2)+1}{(5m+3)+1}=\dfrac{4m+3}{5m+4}<\dfrac{4}{5}=0.8$，与 $0.8<r_{k+1}$ 矛盾；

若 $k=5m+4(m\in\mathbf{N}^*)$，由 $r_k=r_{5m+4}<0.8=\dfrac{4m+3.2}{5m+4}$，可得 $r_{5m+4}\leqslant\dfrac{4m+3}{5m+4}$，再投一次球，可得

$r_{k+5}=r_{5m+1}\leqslant\dfrac{(4m+3)+1}{(5m+4)+1}=\dfrac{4m+4}{5m+5}\leqslant\dfrac{4}{5}=0.8$，与 $0.8<r_{k+1}$ 矛盾.

综上所述，可知选项 AD 正确.

例 7　B 【解析】当 $k=1$ 时，可得 $p_1=\dfrac{1}{6}$；

当 $k=2$ 时，由隔板法可知使得前 2 次的点数之和为 6 的情形有 C_5^1 种情形，因而 $p_2=\dfrac{C_5^1}{6^2}$；

当 $k=3$ 时，由隔板法可知使得前 2 次的点数之和为 6 的情形有 C_5^2 种情形，因而 $p_3=\dfrac{C_5^2}{6^3}$；

…………

进而可得题设中的 $p=p_1+p_2+\cdots+p_6=\dfrac{C_5^0}{6}+\dfrac{C_5^1}{6^2}+\dfrac{C_5^2}{6^3}+\dfrac{C_5^3}{6^4}+\dfrac{C_5^4}{6^5}+\dfrac{C_5^5}{6^6}$，从而可得

$p>\dfrac{1}{6}+\dfrac{5}{36}=\dfrac{11}{36}>\dfrac{9}{36}=0.25$.

$p=\dfrac{1}{6}\left(1+\dfrac{1}{6}\right)^5=\dfrac{7^5}{6^6}$.

因为 $\dfrac{1}{p}=\dfrac{6^6}{7^5}=\dfrac{36}{7}\left(1-\dfrac{1}{7}\right)^4>\dfrac{36}{7}\times\dfrac{3}{7}=\dfrac{108}{49}>2$ $\left[\text{由伯努利不等式可得}\left(1-\dfrac{1}{7}\right)^4>\dfrac{3}{7}\right]$，由数列 $\left\{\left(1+\dfrac{1}{n}\right)^n\right\}$ 单调递增且有上界 e，也可得 $7p=\left(1+\dfrac{1}{6}\right)^6<\mathrm{e}<3.5$，从而 $p<\dfrac{1}{2}$.

所以 $p\in(0.25,0.5)$. 故选 B.

§12.3　期望与方差

例 1　B 【解析】由题意知 $P(Y=0)=\dfrac{1}{2^3}+\dfrac{1}{2^6}+\dfrac{1}{2^9}+\cdots+\dfrac{1}{2^{3k}}+\cdots=\dfrac{\frac{1}{2^3}}{1-\frac{1}{2^3}}=\dfrac{1}{7}$，

$P(Y=1)=\dfrac{1}{2}+\dfrac{1}{2^4}+\dfrac{1}{2^7}+\cdots+\dfrac{1}{2^{3k+1}}+\cdots=\dfrac{\frac{1}{2}}{1-\frac{1}{2^3}}=\dfrac{4}{7}$，$P(Y=2)=\dfrac{1}{2^2}+\dfrac{1}{2^5}+\dfrac{1}{2^8}+\cdots+\dfrac{1}{2^{3k+2}}+\cdots=$

$\dfrac{\frac{1}{2^2}}{1-\frac{1}{2^3}}=\dfrac{2}{7}$，

从而 $E(Y)=0\times\frac{1}{7}+1\times\frac{4}{7}+2\times\frac{2}{7}=\frac{8}{7}$. 故选 B.

例 2　C　【解析】随机变量 ξ_1 的所有可能取值为 0,1,其中 $P(\xi_1=0)=\frac{2}{3}\times\frac{1}{2}=\frac{1}{3}$,$P(\xi_1=1)=\frac{1}{3}\times1+\frac{2}{3}\times\frac{1}{2}=\frac{2}{3}$,故 $E(\xi_1)=\frac{2}{3}$,$D(\xi_1)=\frac{2}{3}-\frac{4}{9}=\frac{2}{9}$. 随机变量 ξ_2 的所有可能取值为 0,1,$P(\xi_2=0)=\frac{2}{3}\times\frac{1}{2}+\frac{1}{3}\times1=\frac{2}{3}$,$P(\xi_2=1)=\frac{2}{3}\times\frac{1}{2}=\frac{1}{3}$,故 $E(\xi_2)=\frac{1}{3}$,$D(\xi_2)=\frac{1}{3}-\frac{1}{9}=\frac{2}{9}$. 随机变量 ξ_3 的所有可能的取值为 0,1. 当 $\xi_3=0$ 时,丙盒中无红球或有一个红球,无红球的概率为 $\frac{1}{3}\times\frac{2}{3}=\frac{2}{9}$,有一个红球的概率为 $\frac{2}{3}\times\frac{2}{3}+\frac{1}{3}\times\frac{1}{3}=\frac{5}{9}$,故 $P(\xi_3=0)=\frac{2}{9}\times1+\frac{5}{9}\times\frac{1}{2}=\frac{1}{2}$,$P(\xi_3=1)=1-\frac{1}{2}=\frac{1}{2}$,故 $E(\xi_3)=\frac{1}{2}$,$D(\xi_3)=\frac{1}{2}-\frac{1}{4}=\frac{1}{4}$.

综上可得,$E(\xi_1)>E(\xi_3)>E(\xi_2)$,$D(\xi_1)=D(\xi_2)<D(\xi_3)$,故选 C.

本题从期望的本质,即平均数的角度理解. 第 1 次从甲盒中拿出了 $\frac{2}{3}$ 个红球,$\frac{1}{3}$ 个蓝球,从乙盒中拿出 $\frac{1}{3}$ 个红球,$\frac{2}{3}$ 个蓝球,所以丙盒有 1 个红球 1 个蓝球.

所以 ξ_1 的分布列为

ξ_1	1	0
P	$\frac{2}{3}$	$\frac{1}{3}$

本题还可以利用极端想象法,基于甲盒中红球多,蓝球少这一本质特征,不妨设甲盒中 3 红,乙盒中 3 蓝,其实质不变,可直接得到答案 C.

例 3　C　【解析】由题意可得 $\begin{cases}b^2=4ac\\a+b+c=1\end{cases}$,从而 $b^2=4c(1-b-c)$,进而得 $(b+2c)^2=4c$.

注意到 $E(X)=b+2c$,$E(X^2)=b+4c$,则

$D(X)=E(X^2)-E^2(X)=(b+4c)-(b+2c)^2=(b+4c)-4c=b$.

由基本不等式,得 $ac\leqslant\frac{(a+c)^2}{4}$,从而 $0\leqslant b\leqslant\frac{1}{2}$.

从而 $D(X)$ 的最大值为 $\frac{1}{2}$. 当且仅当 $2a=2c=b=\frac{1}{2}$ 时等号成立.

故选 C.

例 4　C　【解析】依题意可得 $E(\xi)=2xy$,

$D(\xi)=(x-2xy)^2\cdot y+(y-2xy)^2\cdot x=(1-2y)^2x^2y+(1-2x)^2y^2x=[(1-2y)^2x+(1-2x)^2y]yx$

因为 $x+y=1$,所以 $2xy\leqslant\frac{(x+y)^2}{2}=\frac{1}{2}$,即 $E(\xi)\leqslant\frac{1}{2}$,故 A,B 错误;

所以 $D(\xi)=[(2x-1)^2x+(1-2x)^2y]yx=(1-2x)^2(x+y)yx=(1-2x)^2yx$.

因为 $0<x<1$,所以 $-1<2x-1<1$,所以 $0<(2x-1)^2<1$,所以 $D(\xi)<yx$,即 $D(\xi)<\frac{1}{2}E(\xi)$,故 C 正

确；$D(\xi)=(1-2x)^2yx<yx\leqslant\frac{(x+y)^2}{4}=\frac{1}{4}$，故D错误.

从而选C.

例5 【解析】(1)设事件 A_i 为"甲盒中取出 i 个红球"，事件 B_j 为"乙盒中取出 j 个红球"，则 $P(A_i)=\frac{C_2^iC_3^{2-i}}{C_5^2}$，$P(B_j)=\frac{C_3^jC_3^{2-j}}{C_6^2}$.

设事件 C 为"4个球中恰有1个红球"，

所以 $P(C)=P(A_0B_1)+P(A_1B_0)=\frac{C_2^0C_3^2}{C_5^2}\cdot\frac{C_3^1C_3^1}{C_6^2}+\frac{C_2^1C_3^1}{C_5^2}\cdot\frac{C_3^0C_3^2}{C_6^2}=\frac{3}{10}\times\frac{9}{15}+\frac{6}{10}\times\frac{3}{15}=\frac{3}{10}$.

(2)ξ 可取的值为0,1,2,3,4.

所以 $P(\xi=0)=P(A_0B_0)=\frac{C_2^0C_3^2}{C_5^2}\cdot\frac{C_3^0C_3^2}{C_6^2}=\frac{3}{50}$；

$P(\xi=1)=P(C)=\frac{3}{10}$；

$P(\xi=2)=P(A_0B_2)+P(A_1B_1)+P(A_2B_0)=\frac{C_2^0C_3^2}{C_5^2}\cdot\frac{C_3^2C_3^0}{C_6^2}+\frac{C_2^1C_3^1}{C_5^2}\cdot\frac{C_3^1C_3^1}{C_6^2}+\frac{C_2^2C_3^0}{C_5^2}\cdot\frac{C_3^0C_3^2}{C_6^2}=\frac{11}{25}$；

$P(\xi=3)=P(A_1B_2)+P(A_2B_1)=\frac{C_2^1C_3^1}{C_5^2}\cdot\frac{C_3^2C_3^0}{C_6^2}+\frac{C_2^2C_3^0}{C_5^2}\cdot\frac{C_3^1C_3^1}{C_6^2}=\frac{9}{50}$；

$P(\xi=4)=P(A_2B_2)=\frac{C_2^2C_3^0}{C_5^2}\cdot\frac{C_3^2C_3^0}{C_6^2}=\frac{1}{50}$.

所以 ξ 的分布列如下表：

ξ	0	1	2	3	4
P	$\frac{3}{50}$	$\frac{3}{10}$	$\frac{11}{25}$	$\frac{9}{50}$	$\frac{1}{50}$

所以 $E\xi=0\times\frac{3}{50}+1\times\frac{3}{10}+2\times\frac{11}{25}+3\times\frac{9}{50}+4\times\frac{1}{50}=\frac{9}{5}$.

例6 【解析】(1)甲是无放回地抽取，甲至多抽到一个黑球，基本事件{没有抽到黑球，抽到一个黑球}，所以 $P\{$没有抽到黑球$\}=\frac{C_7^4}{C_{10}^4}=\frac{35}{210}=\frac{1}{6}$，$P\{$抽到一个黑球$\}=\frac{C_7^3C_3^1}{C_{10}^4}=\frac{105}{210}=\frac{1}{2}$，所以甲至多抽到一个黑球的概率为 $\frac{1}{6}+\frac{1}{2}=\frac{2}{3}$.

(2)(**方法一**)乙是有放回地抽取，抽到白球得10分，抽到黑球得20分，所以抽取4次{4个白球，3个白球1个黑球，2个白球2个黑球，1个白球3个黑球，4个黑球}，对应 X 取值有{40,50,60,70,80}：而每次抽到白球、黑球的概率分别是 $\frac{7}{10}$，$\frac{3}{10}$，设4次取球取得黑球次数为 r，则 r 的可能取值为0,1,2,3,4.

所以 $P(X=40+10r)=C_4^r\left(\frac{7}{10}\right)^{4-r}\left(\frac{3}{10}\right)^r$，即可得分布列如下表：

X	40	50	60	70	80
P	$\frac{2401}{10000}$	$\frac{4116}{10000}$	$\frac{2646}{10000}$	$\frac{756}{10000}$	$\frac{81}{10000}$

所以 $E(X)=40\times\frac{2401}{10000}+50\times\frac{4116}{10000}+60\times\frac{2646}{10000}+70\times\frac{756}{10000}+80\times\frac{81}{10000}=52.$

(方法二)设 4 次取球取得黑球数为 Y，则 $X=40+10Y$，且 $Y\sim B\left(4,\frac{3}{10}\right)$，

$E(X)=40+10E(Y)=40+10\times4\times\frac{3}{10}=52.$

例 7 【解析】(1)设 X 表示学生打电话所需的时间，用频率估计概率，得 X 的分布列如下：

X	1	2	3	4	5
P	0.2	0.4	0.25	0.1	0.05

A 表示事件"第四个学生恰好等待 5 分钟开始打电话"，则事件 A 对应两种情形：

①前三位同学打电话所花时间为 1 分钟，1 分钟，3 分钟(不计顺序)；

②前三位同学打电话所花时间为 1 分钟，2 分钟，2 分钟(不计顺序).

所以 $P(A)=C_3^1\times0.2^2\times0.25+C_3^1\times0.4^2\times0.2=0.03+0.096=0.126.$

所以，估计第四个学生恰好等待 5 分钟开始打电话的概率是 0.126.

(2)Y 所有可能的取值为 0，1，2，3.

$Y=0$ 对应第一个学生打电话所需的时间超过 3 分钟，所以 $P(Y=0)=P(X=4)+P(X=5)=0.1+0.05=0.15$；

$Y=1$ 对应三种情形：

①第一个学生打电话所需的时间为 1 分钟且第二个学生打电话所需的时间超过 2 分钟；

②第一个学生打电话所需的时间为 2 分钟且第二个学生打电话所需的时间超过 1 分钟；

③第一个学生打电话所需的时间为 3 分钟.

所以 $P(Y=1)=0.2\times(1-0.2-0.4)+0.4\times(1-0.2)+0.25=0.08+0.32+0.25=0.65.$

$Y=2$ 对应两种情形：

①前两个学生打电话所需的时间都为 1 分钟且第三个学生打电话所需的时间超过 1 分钟；

②前两个学生打电话所需的时间为 1 分钟和 2 分钟(不计顺序).

所以 $P(Y=2)=0.2\times0.2\times(1-0.2)+C_2^1\times0.2\times0.4=0.032+0.16=0.192.$

$Y=3$ 对应前三个学生打电话所需的时间都为 1 分钟，所以 $P(Y=3)=0.2^3=0.008.$

从而可得 Y 的分布列如下表：

Y	0	1	2	3
P	0.15	0.65	0.192	0.008

所以 $E(Y)=0\times0.15+1\times0.65+2\times0.192+3\times0.008=1.058.$

例 8 【解析】(1)依题意，$(0.005+a+b+0.035+0.028)\times10=1$，故 $a+b=0.032$，而 $a-b=0.016$，联立两式解得 $a=0.024,b=0.008$；

所求平均数为 $55\times0.05+65\times0.24+75\times0.35+85\times0.28+95\times0.08$

$=2.75+15.6+26.25+23.8+7.6=76.$

(2)(i)因为一款游戏初测被认定需要改进的概率为 $C_3^2p^2(1-p)+C_3^3p^3$，一款游戏二测被认定需要改进的概率为 $C_3^1p(1-p)^2[1-(1-p)^2]$，所以某款游戏被认定需要改进的概率为

$C_3^2p^2(1-p)+C_3^3p^3+C_3^1p(1-p)^2[1-(1-p)^2]$

$=3p^2(1-p)+p^3+3p(1-p)^2[1-(1-p)^2]$

$=-3p^5+12p^4-17p^3+9p^2$

(ii)设每款游戏的评测费用为 X 元，则 X 的可能取值为 900，1500；

$P(X=1500)=C_3^1p(1-p)^2$，$P(X=900)=1-C_3^1p(1-p)^2$，故

$E(X)=900\times[1-C_3^1p(1-p)^2]+1500\times C_3^1p(1-p)^2=900+1800p(1-p)^2$.

令 $g(p)=p(1-p)^2$，$p\in(0,1)$. $g'(p)=(1-p)^2-2p(1-p)=(3p-1)(p-1)$.

当 $p\in\left(0,\frac{1}{3}\right)$时，$g'(p)>0$，$g(p)$在$\left(0,\frac{1}{3}\right)$上单调递增；

当 $p\in\left(\frac{1}{3},1\right)$时，$g'(p)<0$，$g(p)$在$\left(\frac{1}{3},1\right)$上单调递减.

所以 $g(p)$的最大值为 $g\left(\frac{1}{3}\right)=\frac{4}{27}$.

所以实施该方案，最高费用为 $50+600\times\left(900+1800\times\frac{4}{27}\right)\times10^{-4}=50+54+16=120>110$.

故所需的最高费用将超过预算.

§12.4 抽样与估计

例 1 23 【解析】由已知在全校学生中随机抽取 1 名，抽到高二年级男生的概率是 0.18，即$\frac{x}{1500}=0.18$，解得 $x=270$，从而可知高一与高二共有 $195+245+330+210=1040$ 人，从而高三共有学生 $1500-1040=460$ 人. 从而应从高三抽取$\frac{460}{1500}\times75=23$ 人.

在分层随机抽样的过程中，为了保证每个个体被抽到的可能性是相同的，这就要求各层所抽取的个体数与该层所包含的个体数之比等于样本容量与总体容量之比.

例 2 C 【解析】由饼状图可以看出，年龄在 40～50 岁之间的人数所占比例为 $1-44\%-20\%=36\%$，从而抽取比例为 36%，从而所应抽取的数为 $36\%\times25=9$ 人. 故选 C.

例 3 BCD 【解析】由折线图可知，每年的 8 月份后月接待游客量减少，从而 A 错误；年接待游客量呈逐年增加的趋势，从而 B 正确；各年的月接待量高峰期在 7 月份与 8 月份，C 正确；各年 1 月至 6 月相对于 7 月至 12 月的波动较小，D 正确. 从而选 BCD.

扇形图主要用于直观描述各类数据占总数的比例，条形图和直方图主要用于直观描述不同类别或分组数据的频数和频率，条形图适用于描述离散型数据，直方图适用于描述连续型数据. 折线图主要用于描述数据随时间的变化趋势.

例 4 【解析】(1)“送达时间”的平均数为：$\frac{28+29+32+34+34+35+36+38+41+43}{10}=35$(分钟)，方差为：$\frac{7^2+6^2+3^2+1^2+1^2+0^2+1^2+3^2+6^2+8^2}{10}=20.6$.

(2)由茎叶图得，$A=6$，$B=4$，$C=0.6$，$D=0.4$.

(3)X 的可能取值为 0,1,2,3.

$P(X=0)=C_3^0\times0.6^0\times0.4^3=0.064$,$P(X=1)=C_3^1\times0.6^1\times0.4^2=0.288$,

$P(X=2)=C_3^2\times0.6^2\times0.4^1=0.432$,$P(X=3)=C_3^3\times0.6^3\times0.4^0=0.216$.

所以随机变量 X 的分布列为:

X	0	1	2	3
P	0.064	0.288	0.432	0.216

因为 X 服从二项分布 $B(3,0.6)$,所以 $E(X)=3\times0.6=1.8$.

例 5 【解析】(1)甲解密成功所需时间的中位数为 47,

所以 $0.01\times5+0.014\times5+b\times5+0.034\times5+0.04\times(47-45)=0.5$,解得 $b=0.026$.

所以 $0.04\times3+0.032\times5+a\times5+0.010\times10=0.5$,解得 $a=0.024$.

甲在 1 分钟内解密成功的频率是 $f=1-0.01\times10=0.9$.

(2)①由题意及(1)可知第一个出场选手解密成功的概率为 $P_1=0.9$;第二个出场选手解密成功的概率为 $P_2=0.9\times\frac{9}{10}+\frac{1}{10}\times1=0.91$,第三个出场选手解密成功的概率为 $P_3=0.9\times\left(\frac{9}{10}\right)^2+\frac{1}{10}\times2=0.929$,所以该团队挑战成功的概率为

$P=0.9+0.1\times0.91+0.1\times0.09\times0.929=0.999361$.

或令"该团队挑战成功"的事件为 A,"挑战不成功"的事件为 $\bar{A}$,则 $P(\bar{A})=(1-0.9)(1-0.91)(1-0.929)=0.1\times0.09\times0.071=0.000639$,所以该团队挑战成功的概率为 $P(A)=1-P(\bar{A})=1-0.000639=0.999361$.

②由①可知按 P_i 从小到大的顺序的概率分别为 P_1,P_2,P_3,根据题意知 X 的取值为 1,2,3.

则 $P(X=1)=0.9$,$P(X=2)=(1-0.9)\times0.91=0.091$,

$P(X=3)=(1-0.9)(1-0.91)=0.1\times0.09=0.009$.

所以所需派出的人员数目 X 的分布列为:

X	1	2	3
P	0.9	0.091	0.009

$E(X)=1\times0.9+2\times0.091+3\times0.009=1.109$.

例 6 AD 【解析】由散点图可知两变量间是相关关系,而非函数关系,所以 A 正确;利用概率知识进行预测,得到的结论具有一定的随机性,所以 D 正确. 从而本题选 AD.

例 7 B 【解析】由散点图可知,散点图图象的增长趋势对应指数函数模型,从而选 B.

例 8 【解析】(1)作为列联表如下(单位:人)

	超过 1 小时	不超过 1 小时	合计
男	22	8	30
女	14	16	30
合计	36	24	60

则 $K^2=\frac{60\,(22\times16-14\times8)^2}{36\times24\times30\times30}=\frac{40}{9}\approx4.44$,则 $K^2>3.841$,

所以有 95%的把握认为该校学生一周参与志愿服务活动时间超过 1 小时与性别有关.

(2)根据以上数据,学生一周参与志愿服务活动时间超过 1 小时的概率为 $p=\frac{36}{60}=\frac{3}{5}$,故估计这 10 名学生中一周参与志愿服务活动时间超过 1 小时的人数为 $\frac{3}{5}\times10=6$(人).

例 9 【解析】(1)由题意可知 $\frac{20+a}{160}=\frac{c}{160}=\frac{1}{4}$,$a+b+c=120$,解得 $a=20$,$b=60$,$c=40$.

(2)由题意可得 2×2 列联表:

	非常受激励	很受激励	合计
男	20	60	80
女	20	40	60
合计	40	100	140

所以 $K^2=\frac{140\times(20\times40-20\times60)^2}{40\times100\times80\times60}\approx1.17\leqslant3.841$.

所以没有充分的理由认为"受激励"程度与性别有关.

例 10 【解析】(1)2×2 列联表如下

	年龄低于 50 周岁的人数	年龄不低于 50 周岁的人数	合计
支持	40	20	60
不支持	20	20	40
合计	60	40	100

$K^2=\frac{100\times(40\times20-20\times20)^2}{60\times40\times60\times40}\approx2.778<3.841$,

所以没有 95%的把握认为以 50 周岁为分界点对"新农村建设"政策的支持度有差异.

(2)由题可知,ξ 所有可能取值有 0,1,2,3,4,且观众支持"新农村建设"的概率为 $\frac{60}{100}=\frac{3}{5}$,因此

$\xi\sim B\left(4,\frac{3}{5}\right)$,$P(\xi=0)=C_4^0\left(\frac{2}{5}\right)^4=\frac{16}{625}$,$P(\xi=1)=C_4^1\left(\frac{3}{5}\right)^1\left(\frac{2}{5}\right)^3=\frac{96}{625}$,

$P(\xi=2)=C_4^2\left(\frac{3}{5}\right)^2\left(\frac{2}{5}\right)^2=\frac{216}{625}$,$P(\xi=3)=C_4^3\left(\frac{3}{5}\right)^3\left(\frac{2}{5}\right)^1=\frac{216}{625}$,$P(\xi=4)=C_4^4\left(\frac{3}{5}\right)^4=\frac{81}{625}$.

所以 ξ 的分布列是

ξ	0	1	2	3	4
P	$\frac{16}{625}$	$\frac{96}{625}$	$\frac{216}{625}$	$\frac{216}{625}$	$\frac{81}{625}$

所以 ξ 的数学期望为 $E(\xi)=4\times\frac{3}{5}=\frac{12}{5}$.

习题十二

1. C 【解析】由加法原理和乘法原理,$P=1-\frac{C_{10}^5}{10^5}=0.6976$,因而答案选 C.

2. C 【解析】(**方法一**)设正方形的边长为 2,则这两个半圆的并集所在区域的面积为 $\pi\cdot1^2-2\times\left(\frac{\pi}{4}-\frac{1}{2}\right)=\frac{\pi}{2}+1$,所以该小球落入这两个半圆的并集区域内的概率为$\frac{\frac{\pi}{2}+1}{4}=\frac{\pi+2}{8}$,选 C.

(**方法二**)设正方形的边长为 2,过点 O 作 OF 垂直于 AB,OE 垂直于 AD,则这两个半圆的并集所在区域的面积为 $1^2+2\times\frac{\pi}{4}\times1^2=1+\frac{\pi}{2}$,所以该小球落入这两个半圆的并集区域内的概率为$\frac{\frac{\pi}{2}+1}{4}=\frac{\pi+2}{8}$,选 C.

3. D 【解析】设 $OA=2$,则 $AB=2\sqrt{2}$,$S_{\triangle AOB}=\frac{1}{2}\times2\times2=2$;以 AB 中点为圆心的半圆的面积为$\frac{1}{2}\times\pi\times(\sqrt{2})^2=\pi$,以 O 为圆心的大圆面积的四分之一为$\frac{1}{4}\times\pi\times2^2=\pi$,以 AB 为弦的大圆的劣弧所对弓形的面积为 $\pi-2$,黑色月牙部分的面积为 $\pi-(\pi-2)=2$,所以图Ⅲ部分的面积为 $\pi-2$. 设整个图形的面积为 S,则 $p_1=\frac{2}{S}$,$p_2=\frac{2}{S}$,$p_3=\frac{\pi-2}{S}$. 所以 $p_1=p_2>p_3$,选 D.

4. C 【解析】$E(\xi)=1\times\frac{1}{3}+2\times\frac{1}{2}+3\times\frac{1}{6}=\frac{11}{6}$,

$D(\xi)=\left(1-\frac{11}{6}\right)^2\times\frac{1}{3}+\left(2-\frac{11}{6}\right)^2\times\frac{1}{2}+\left(3-\frac{11}{6}\right)^2\times\frac{1}{6}=\frac{17}{36}$;

$E(\eta)=1\times\frac{1}{6}+2\times\frac{1}{2}+3\times\frac{1}{3}=\frac{13}{6}$,

$D(\eta)=\left(1-\frac{13}{6}\right)^2\times\frac{1}{6}+\left(2-\frac{13}{6}\right)^2\times\frac{1}{2}+\left(3-\frac{13}{6}\right)^2\times\frac{1}{3}=\frac{17}{36}$.

所以 $E\xi<E\eta$,$D\xi=D\eta$,选 C.

5. BC 【解析】由题设可得 $B\subseteq A$,$A\cup B=A$,$\bar{A}\subseteq\bar{B}$,$A\cap\bar{B}=\varnothing$,进而可得选项 BC 正确,AD 错误.

6. D 【解析】设第一个、第二个正四面体的底面数字分别是 x,y,可得两底面数字之和的情形如下表所示:

x	y	$x+y$			
1	1	2	3	4	5
2	2	3	4	5	6
3	3	4	5	6	7
4	4	5	6	7	8

若 $2\mid(x+y)$,则(x,y)共有 8 种情形;若 $5\mid(x+y)$,则(x,y)共有 4 种情形. 且 $2\mid(x+y)$与 $5\mid(x+y)$不可能同时成立,且 $2\mid(x+y)$与 $5\mid(x+y)$均不成立的情形共有 4 种.

"3 次所得数字之积能被 10 整除"共包含下列三类情形:

(1)有两个和能被 2 整除,另一个和能被 5 整除,共 $C_3^1\times8^2\times4$;

(2)有两个和能被 5 整除,另一个和能被 2 整除,共 $C_3^1\times4^2\times8$;

(3)有一个和能被 2 整除,一个和能被 5 整除,第三个和既不能被 2 整除,也不能被 5 整除,共有 $A_3^3\times8\times4\times4$. 可得三类情形的和是 $4^3\times30$.

又因为"共投掷 3 次"的情形是$(4\times4)^3$,所以所求概率是$\frac{4^3\times30}{(4\times4)^3}=\frac{15}{32}$. 故选 D.

7. A 【解析】9 个人站成一排,从中任选 3 人,共有 $C_9^3=84$ 种,这 3 人中任意 2 人都不相邻,共有 $C_7^3=35$

种，故所求概率为$\frac{35}{84}=\frac{5}{12}$. 故选 A.

8. A 【解析】把红、黄、蓝、绿分别记为 1、2、3、4，则将 4 个数字组合成一种投影效果的所有总数为 $4^4=256$ 种；而其中相邻词组颜色不同的所有总数有 $4\times3\times3\times3$ 种，所以相邻的词组的颜色不同投影效果组合的概率是 $P=\frac{27}{64}$，故选 A.

9. B

10. C 【解析】设盒子中的红、白、蓝、绿球的个数分别是正整数 a,b,c,d，由题设可得 $p_1=\frac{C_a^4}{C_{a+b+c+d}^4}$，$p_2=\frac{C_a^3C_b^1}{C_{a+b+c+d}^4}$，$p_3=\frac{C_a^2C_b^1C_c^1}{C_{a+b+c+d}^4}$，$p_4=\frac{C_a^1C_b^1C_c^1C_d^1}{C_{a+b+c+d}^4}$. 由 $p_1=p_2=p_3=p_4$，可得

$C_a^4=C_a^3C_b^1=C_a^2C_b^1C_c^1=C_a^1C_b^1C_c^1C_d^1$，从而得$\begin{cases}a=4b+3\\a=3c+2\\a=2d+1\end{cases}$，即 $a+1=4(b+1)=3(c+1)=2(d+1)$ ①

所以 $a+1$ 是 2、3、4 的公倍数，即 12 的倍数.

由①还可得 $a+b+c+d$ 取最小值$\Leftrightarrow a$ 最小值$\Leftrightarrow a+1$ 取最小值$\Leftrightarrow a+1=12\Leftrightarrow a=11$.

从而 $a=11,b=2,c=3,d=5$. 所以这个盒子中玻璃球的个数为 $a+b+c+d$ 的最小值为 $11+2+3+5=21$. 故选 C.

11. BC 【解析】因为随机变量 ξ，服从正态分布 $N(2,\sigma^2)$，$P(\xi<4)=0.84$，所以 $P(2<\xi<4)=P(\xi<4)-0.5=0.84-0.5=0.34\neq0.16$，选项 A 错误；

因为 $y=Ce^{kx}$，所以 $\ln y=\ln(Ce^{kx})$，即 $\ln y=kx+\ln C$. 因为 $z=0.3x+4$，所以 $k=0.3$，$C=e^4$，即选项 B 正确；

因为 $y=a+bx$ 经过$(\bar{x},\bar{y})$，所以 $3=a+b$，又 $b=2$，解得 $a=1$，选项 C 正确；

因为样本数据 $x_1,x_2,\cdots,x_{10}$ 的方差为 2，所以数据 $2x_1-1,2x_2-1,\cdots,2x_{10}-1$ 的方差为 $2^2\times2=8$，选项 D 错误. 故选 BC.

12. B 【解析】任意三个点连接其中两点，

(1)如果两个点的连线在直径上，则与第三个点构成的三角形是直角三角形，因为直径平分圆，其概率为$\frac{1}{2}$；

(2)如果两点的连线不在直径上，则与第三个点构成的三角形要么是锐角三角形要么是钝角三角形，所以成钝角三角形和成锐角三角形的概率相同，均为$\frac{1}{4}$.

从而选 B.

13. $\frac{193}{512}$ 【解析】正面向上次数多的概率为$\frac{C_{10}^6+C_{10}^7+C_{10}^8+C_{10}^9+C_{10}^{10}}{2^{10}}=\frac{193}{512}$.

14. $\frac{11}{21}$ 【解析】**(方法一)**问题可视为：从 9 个标为对应数码的球中，取出 4 个，放入标有 a,b,c,d 的 4 个盒子中，一共有 A_9^4 种可能. 共有三种情况：

(1)全是偶数，其可能数为 $A_4^4=24$ 种；(2)2 个偶数 2 个奇数，其可能数是 $C_5^2C_4^2A_4^4=1440$ 种；(3)全是奇数，其可能数为 $A_5^4=120$ 种.

从而所求概率为$\frac{24+120+1440}{9\times8\times7\times6}=\frac{11}{21}$.

(方法二)$a+b$和$c+d$同时为奇数,有$C_5^1C_4^1A_2^2C_4^1C_3^1A_2^2=960$种;

$a+b$和$c+d$同为偶数,有$A_5^2(A_3^2+A_4^2)+A_4^2(A_2^2+A_5^2)=624$种.

从而所求概率为$\frac{960+624}{9\times8\times7\times6}=\frac{11}{21}$.

15. $\frac{4}{9}$ 【解析】因为每张"猪年画"的投放方法有3种,所以4张不同的"猪年画"投放的方法总数为$3^4=81$,又由于每个箱子不空,其组合为2、1、1型,所以投放方法有$C_4^2A_3^3=36$,得$P=\frac{36}{81}=\frac{4}{9}$.

16. $\frac{4}{75}$ 【解析】由题意知正方体6个面的中心构成一个正八面体,这个八面体是两个正四棱锥结合在一起,中间的正方形有两对边平行,上、下两个正四棱锥有四对侧棱平行,其所求的概率$P=\frac{4\times3}{C_6^2C_6^2}=\frac{4}{75}$.

17.【解析】甲从集合{1,2,3,4,5,6,7,8,9}中任取的三个不同元素按降序排列得到的三位数共有$C_9^3=84$种情况;乙从集合{1,2,3,4,5,6,7,8}中任取三个不同的元素按降序排列得到的三位数共为$C_8^3=56$种情况,所以三位数a,b进行比较,可得84×56种情况.

乙取得的三位数甲都能取到,若乙取得的数为123,这在甲中是取得的最小的三位数,则在甲取得的数中,除了123外,其他的数都比123大,共有$84-1=83$种情况,当乙取到其他数时,同理分析,则可以得到在所有的比较中,$a>b$的情况共有$83+82+81+\cdots+29+28$种,所以$a>b$的概率为:

$\frac{83+82+81+\cdots+29+28}{84\times56}=\frac{(28+83)\times56}{2\times84\times56}=\frac{37}{56}$.

18.【解析】该试验所有可能的结果为

	1	2	3	4	5	6
1	(1,1)	(1,2)	(1,3)	(1,4)	(1,5)	(1,6)
2	(2,1)	(2,2)	(2,3)	(2,4)	(2,5)	(2,6)
3	(3,1)	(3,2)	(3,3)	(3,4)	(3,5)	(3,6)
4	(4,1)	(4,2)	(4,3)	(4,4)	(4,5)	(4,6)
5	(5,1)	(5,2)	(5,3)	(5,4)	(5,5)	(5,6)
6	(6,1)	(6,2)	(6.3)	(6,4)	(6,5)	(6,6)

由上表可知其基本事件的总为36.

(1)记事件A为"点数之和是6",则事件A所包含的基本事件有(1,5),(2,4),(3,3),(4,2),(5,1)共5个,所以$P(A)=\frac{5}{36}$.

(2)记事件B为"两数之积不是4的倍数",则B的对立事件$\bar{B}$所包含的基本事件的有(1,4),(2,2),(2,4),(2,6),(3,4),(4,1),(4,2),(4,3),(4,4),(4,5),(4,6),(5,4),(6,2),(6,4),(6,6)共15种情况,从而$P(B)=1-P(\bar{B})=1-\frac{15}{36}=\frac{7}{12}$.

19.【解析】(1)选科方案中有两门理科的情况有:物化历,物化政,物化地,物生历,物生政,物生地,化生历,化生政,化生地;

选科方案中三门都是理科的情况有:物化生;

因此，至少选择两门理科学科的选科方案有 10 种.

(2)选科方案的情况数为 $C_6^3=20$ 种，其中包括物理，但不包括历史的情况有：物化生，物化政，物化地，物生政，物生地，物政地，共 6 种情况.

从而，所求概率为 $P=\frac{6}{20}=0.3$.

20.【解析】(1)2×2 列联表如下表：

	年龄低于 50 周岁的人数	年龄不低于 50 周岁的人数	合计
支持	40	20	60
不支持	20	20	40
合计	60	40	100

$K^2=\frac{100\times(40\times20-20\times20)^2}{60\times40\times60\times40}\approx2.778<3.841$，所以没有 95% 的把握认为以 50 周岁为分界点对“新农村建设”政策的支持度有差异.

(2)记年龄在[70,80]内的 5 名被调查人分别为 a_1,a_2,a_3,b_1,b_2，从中任选两人，情况有 $C_5^2=10$ 种，恰有一人支持的情况有 $2\times3=6$ 种. 记事件 M 为“选出两人恰有一人支持新农村建设”，则 $P(M)=\frac{6}{10}=\frac{3}{5}$.

21.【解析】(1)补充完整的 2×2 列联表如下：

	优秀	不优秀	合计
甲班	20	25	45
乙班	5	40	45
合计	25	65	90

$K^2=\frac{90\times(20\times40-25\times5)^2}{25\times65\times45\times45}=\frac{162}{13}\approx12.46>10.828$

故在犯错误的概率不超过[0.001]的前提下，认为成绩与班级有关.

(2)甲班 45 人，按照分层抽样的方法随机抽取 9 人，其中优秀 4 人，不优秀 5 人，故 X 所有可能的取值为 0,1,2.

$P(X=0)=\frac{C_4^0C_5^2}{C_9^2}=\frac{5}{18}$，$P(X=1)=\frac{C_4^1C_5^1}{C_9^2}=\frac{5}{9}$，$P(X=2)=\frac{C_4^2C_5^0}{C_9^2}=\frac{1}{6}$.

故 X 的分布列为

X	0	1	2
P	$\frac{5}{18}$	$\frac{5}{9}$	$\frac{1}{6}$

数学期望为 $E(X)=0\times\frac{5}{18}+1\times\frac{5}{9}+2\times\frac{1}{6}=\frac{8}{9}$.

22.【解析】(1)调整前 y 关于 x 的表达式为 $y=\begin{cases}0, x\leqslant3500\\(x-3500)\times0.03, 3500<x\leqslant5000\\45+(x-5000)\times0.1, 5000<x\leqslant8000\end{cases}$，调整后 y 关于 x

的表达式为 $y=\begin{cases}0, x\leqslant 5000 \\ (x-5000)\times 0.03, 5000<x\leqslant 8000\end{cases}$.

(2)①由频数分布表可知从[3000,5000)及[5000,7000)的人群中按分层抽样抽取 7 人,其中[3000,5000)的人中占 3 人,[5000,7000)的人中占 4 人.再从这 7 人中选 4 人,故 Z 的取值可能为 0、2、4.

$P(Z=0)=P(a=2,b=2)=\dfrac{C_3^2C_4^2}{C_7^4}=\dfrac{18}{35}$,

$P(Z=2)=P(a=1,b=3)+P(a=3,b=1)=\dfrac{C_3^1C_4^3+C_3^3C_4^1}{C_7^4}=\dfrac{16}{35}$,

$P(Z=4)=P(a=0,b=4)=\dfrac{C_3^0C_4^4}{C_7^4}=\dfrac{1}{35}$.

故 Z 的分布列为:

Z	0	2	4
P	$\dfrac{18}{35}$	$\dfrac{16}{35}$	$\dfrac{1}{35}$

所以 $E(Z)=0\times\dfrac{18}{35}+2\times\dfrac{16}{35}+4\times\dfrac{1}{35}=\dfrac{36}{35}$.

②由于小李的工资、薪金等收入为 7500 元,按调整前起征点应纳个税为 $1500\times3\%+2500\times10\%=295$ 元.

按调整后起征点应纳个税 $2500\times3\%=75$ 元,比较两个纳税方案,按调整后起征点应纳个税少交 220 元,即个人实际收入增加了 220 元.

故小李的每月实际收入增加了 220 元.

第十三章　平面几何

§13.1　相似与全等

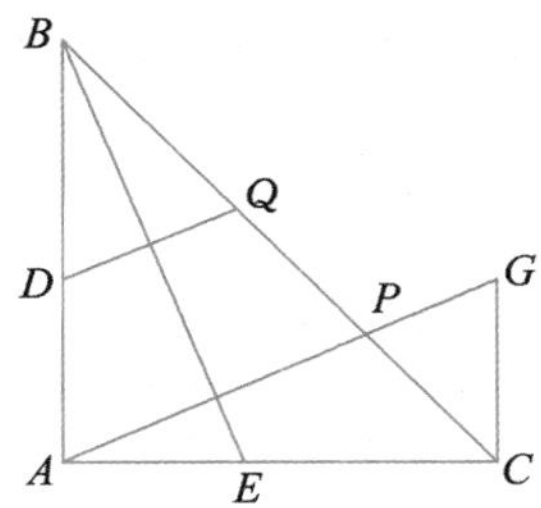

例 1　【证明】**(方法一)**如图所示,因为$\triangle ABC$是等腰直角三角形,$\angle BAE=90°$,$AB=AC$,$AP\perp BE$,所以$\angle GAC=\angle ABE$,$\angle ACG=\angle BAE$,所以$\triangle ABE\cong\triangle ACG$,所以$CG=AE=AD$,$DQ\perp BE$,$AP\perp BE$,所以$DQ/\!/AP$,$\dfrac{AD}{AB}=\dfrac{PQ}{BP}$. 因为$CG/\!/AB$,所以$\dfrac{CG}{AB}=\dfrac{CP}{BP}$. 所以$CP=PQ$.

(方法二)设$AB=AC=1$,$AD=AE=x$.

首先确定点 P 的位置,如右图所示,作 $PH\perp AC$ 于点 H.

由 $BE\perp AP$,可知$\triangle BAE\backsim\triangle AHP$,所以$\dfrac{PH}{AH}=\dfrac{AE}{AB}=x$,又 $PH=CH$,故可得 $PH=CH=\dfrac{x}{x+1}$,则$\dfrac{PC}{PB}=\dfrac{CH}{AH}=x$.

另一方面,由于 $DQ/\!/AP$,可知$\dfrac{PQ}{PB}=\dfrac{AD}{AB}=x$,故 $CP=PQ$.

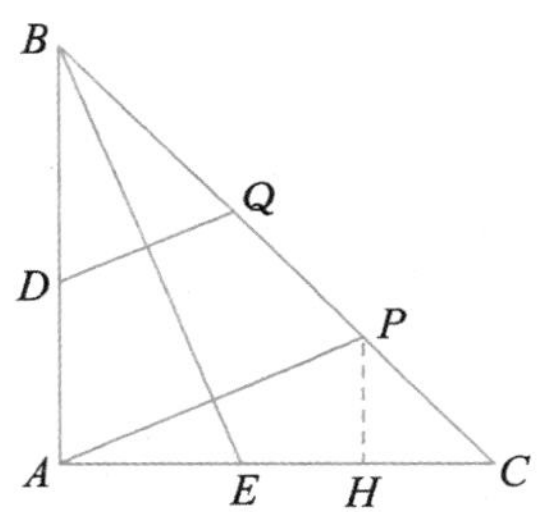

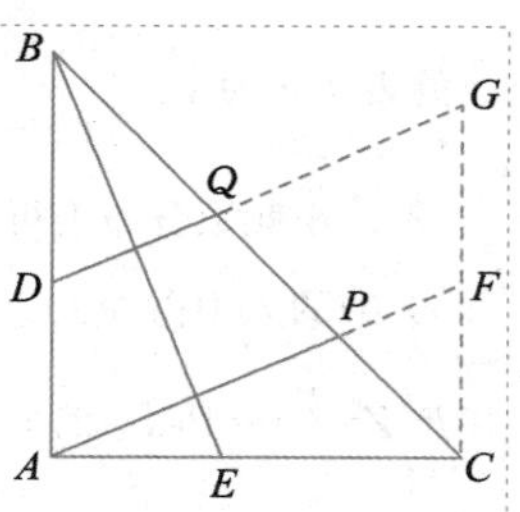

本题方法二采用了"算两次"的方法进行计算，这种方法在强基计划的考试中经常用到．除此之外，我们也可以过点 C 作 AB 的平行线，延长 DQ，AP 与其相交于点 G，F．

不难证明四边形 $DAFG$ 是平行四边形，故 $FG=AD$．不难证明 $\triangle ACF\cong\triangle BAE$，故 $CF=AE$，推知 $CF=FG$，进而由平行关系得 $CP=PQ$．

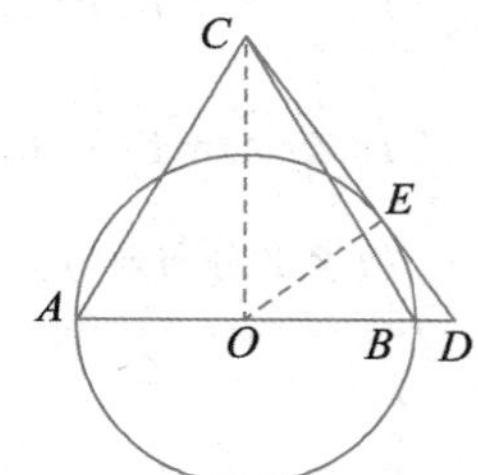

例 2　C　【解析】如图，取 AB 为中点为 O，切线 CD 与 $\odot O$ 交于点 E，连接 OC，OE，则 $OE\perp CD$，$OC\perp AB$，且 $OC=\dfrac{\sqrt{3}}{2}$，$OE=\dfrac{1}{2}$，$CE=\dfrac{\sqrt{2}}{2}$．

由 $\triangle ODC\backsim\triangle EOC$，得 $\dfrac{CE}{OC}=\dfrac{OC}{CD}$，从而 $OC^2=CE\times CD$，故 $CD=\dfrac{3\sqrt{2}}{4}$．

所以 $OD=\sqrt{\dfrac{9}{8}-\dfrac{3}{4}}=\dfrac{\sqrt{6}}{4}$，$BD=\dfrac{\sqrt{6}-2}{4}$．

从而 $S_{\triangle BCD}=\dfrac{1}{2}\times BD\times OC=\dfrac{1}{2}\times\dfrac{\sqrt{6}-2}{4}\times\dfrac{\sqrt{3}}{2}=\dfrac{3\sqrt{2}-2\sqrt{3}}{16}$．故选 C．

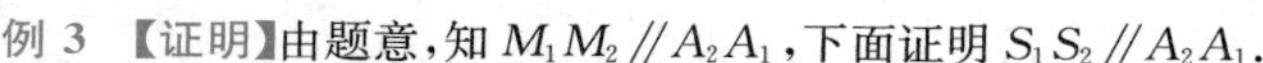

例 3　【证明】由题意，知 $M_1M_2\parallel A_2A_1$，下面证明 $S_1S_2\parallel A_2A_1$．

由 T_1 和 S_1，T_2 和 T_3 分别关于直线 A_1I 对称，有 $\overset{\frown}{T_1T_2}=\overset{\frown}{T_3S_1}$．

同理，有 $\overset{\frown}{T_1T_2}=\overset{\frown}{T_3S_2}$．故有 $\overset{\frown}{T_3S_1}=\overset{\frown}{T_3S_2}$，即 T_3 是等腰 $\triangle T_3S_1S_2$ 的顶点，从而 $T_3I\perp S_1S_2$，从而 $S_1S_2\parallel A_2A_1$．

同理，$S_2S_3\parallel A_3A_2$，$S_3S_1\parallel A_1A_3$．

又 $M_1M_2\parallel A_2A_1$，$M_2M_3\parallel A_3A_2$，$M_3M_1\parallel A_1A_3$，于是 $\triangle M_1M_2M_3$ 和 $\triangle S_1S_2S_3$ 的对应边两两平行，故这两个三角形或全等或位似．

由于 $\triangle S_1S_2S_3$ 内接于 $\triangle ABC$ 的内切圆，而 $\triangle M_1M_2M_3$ 内接于 $\triangle ABC$ 的九点圆，且 $\triangle A_1A_2A_3$ 不是正三角形，故其内切圆与九点圆不重合，所以 $\triangle S_1S_2S_3$ 与 $\triangle M_1M_2M_3$ 位似，这就证明了 M_1S_1，M_2S_2，M_3S_3 共点(于位似中心)．

例 4　B　【解析】**(方法一)** 如图所示，连接 PC，设 $S_{\triangle APD}=x$，从而 $\dfrac{AD}{DC}=\dfrac{1}{2}$，所以 $S_{\triangle PDC}=2S_{\triangle APD}=2x$；

结合 $\dfrac{BE}{EC}=\dfrac{2}{1}$，得 $S_{\triangle APB}=\dfrac{BE}{EC}S_{\triangle APC}=6x$，

所以 $S_{\triangle BDC}=\dfrac{DC}{AD}S_{\triangle ABD}=14x$；

所以 $S_{\triangle ABC}=S_{\triangle ADB}+S_{\triangle BDC}=21x=1$，解得 $x=\dfrac{1}{21}$，

这样，$S_{四边形PDCE}=6x=\dfrac{2}{7}$．

(方法二) 依题意，有 $\overrightarrow{AE}=\dfrac{2}{3}\overrightarrow{AC}+\dfrac{1}{3}\overrightarrow{AB}$，再根据 A，P，E 三点共线，可设

$\overrightarrow{AP}=\dfrac{2}{3}t\overrightarrow{AC}+\dfrac{1}{3}t\overrightarrow{AB}=2t\overrightarrow{AD}+\dfrac{1}{3}t\overrightarrow{AB}$，从而 B，P，D 共线，可设 $2t+\dfrac{1}{3}t=1$，解得 $t=\dfrac{3}{7}$，所以 $\dfrac{AP}{AE}=\dfrac{3}{7}$，故 $\dfrac{S_{\triangle APD}}{S_{\triangle AEC}}=\dfrac{AP\cdot AD}{AE\cdot AC}=\dfrac{3\times1}{7\times3}=\dfrac{1}{7}$，所以 $S_{四边形PDCE}=\dfrac{6}{7}S_{\triangle AEC}==\dfrac{6}{7}\times\dfrac{1}{3}=\dfrac{2}{7}$．

例 5　ABCD　【解析】如图所示,以$\frac{\overrightarrow{PA}}{|\overrightarrow{PA}|}$,$\frac{\overrightarrow{PB}}{|\overrightarrow{PB}|}$为邻边的平行四边形是菱形,

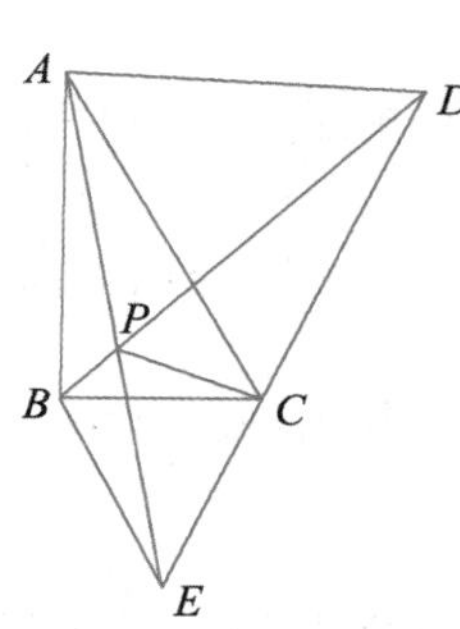

$\frac{\overrightarrow{PC}}{|\overrightarrow{PC}|}=-\left(\frac{\overrightarrow{PA}}{|\overrightarrow{PA}|}+\frac{\overrightarrow{PB}}{|\overrightarrow{PB}|}\right)$,而 PC 所在直线平分$\angle APB$,因此$\angle APC=\angle BPC$. 同理可得$\angle APB=\angle BPC$.

于是$\angle APB=\angle BPC=\angle CPA=\frac{2}{3}\pi$,作正$\triangle ACD$ 和正$\triangle BCE$,易证 AE 与 BD 的交点即为 P 点,且 E,C,D 三点共线,且$\angle BCD=\angle BPC=\frac{2}{3}\pi$,

有$\triangle BPC\backsim\triangle BCD$,因而$\frac{BP}{CP}=\frac{BC}{CD}=\frac{BC}{CA}=\frac{1}{2}$,即 $PC=2PB$.

同理,$\frac{AP}{CP}=\frac{AC}{CE}=\frac{AC}{CB}=2$,可得 $PA=2PC$.

§13.2　三角形

例 1　C　【解析】设 $AB=2a,BC=2b,CA=2c$. 如图所示,三条中线长分别为 $AE=6,BF=9,CD=12$. 由平行四边形恒等式,得

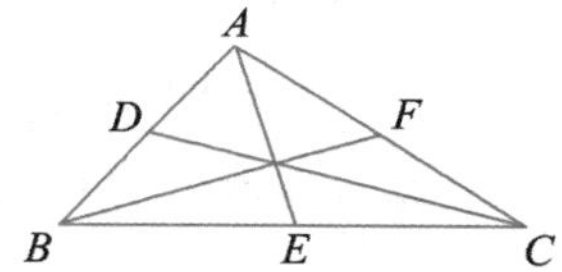

$$\begin{cases}4^2+6^2=2(4^2+a^2)\\6^2+8^2=2(2^2+b^2)\\4^2+8^2=2(3^2+c^2)\end{cases},解得\begin{cases}a=\sqrt{10}\\b=\sqrt{46}.\\c=\sqrt{31}\end{cases}$$

所以$\triangle ABC$ 最长边与最短边的和为 $2(a+b)=2(\sqrt{10}+\sqrt{46})\in(19,20)$. 故选 C.

例 2　$\frac{4}{3}$　【解析】**(方法一)**如图所示,延长 AD 至 F,使得 $DF=AD$,设 AD 交 BE 于点 G,则有 $BF/\!/AE$.

易知,$S_{\triangle ABC}=2S_{\triangle ADB}=\frac{2}{3}S_{四边形ABFE}$

$=\frac{2}{3}\times\frac{1}{2}\times AF\times BE\times\sin\langle\overrightarrow{AF},\overrightarrow{BE}\rangle\leqslant\frac{1}{3}\times2\times2=\frac{4}{3}$.

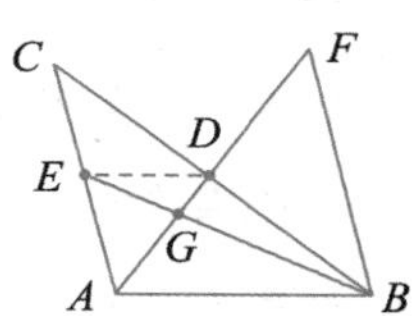

(方法二)连接 DE,则 $DE/\!/AB$,则

$S_{\triangle ABC}=\frac{4}{3}S_{梯形ABDE}=\frac{4}{3}\times\frac{1}{2}\times BE\times AD\times\sin\langle\overrightarrow{AD},\overrightarrow{BE}\rangle\leqslant\frac{2}{3}\times2\times1=\frac{4}{3}$.

> 本题直接求 $S_{\triangle ABC}$ 不易,将 $S_{\triangle ABC}$ 转化为四边形的面积最值问题. 而题设条件 BE 与 AD 为两条相交的线段,以其为对角线的四边形恰好为所需的.

例 3　$\frac{\sqrt{6}-\sqrt{2}}{8}$　【解析】因为$\frac{CE}{CD}=\frac{\sin(75°-18°)}{\sin18°}$,且 $\sin75°=\frac{\sqrt{6}+\sqrt{2}}{4}$,$\cos75°=\frac{\sqrt{6}-\sqrt{2}}{4}$.

令 $\theta=18°$,下面计算 $\sin\theta$ 与 $\cos\theta$ 的值:

因为 $3\theta+2\theta=90°$,所以 $\sin3\theta=\cos2\theta$,则 $3\sin\theta-4\sin^3\theta=1-2\sin^2\theta$,

则$(\sin\theta-1)(4\sin^2\theta+2\sin\theta-1)=0$,解得 $\sin\theta=\frac{\sqrt{5}-1}{4}$,$\cos\theta=\frac{\sqrt{10+2\sqrt{5}}}{4}$.

从而可得$\frac{CE}{CD}=\frac{(\sqrt{6}+\sqrt{2})\sqrt{10+2\sqrt{5}}}{4(\sqrt{5}-1)}-\frac{\sqrt{6}-\sqrt{2}}{4}$.

则$\dfrac{CE}{BD}=\dfrac{(\sqrt{6}+\sqrt{2})\sqrt{10+2\sqrt{5}}}{8(\sqrt{5}-1)}-\dfrac{\sqrt{6}-\sqrt{2}}{8}$.

例 4 【证明】如图所示，由 $MN/\!/AD$，得$\dfrac{BN}{AB}=\dfrac{BM}{BD}$.

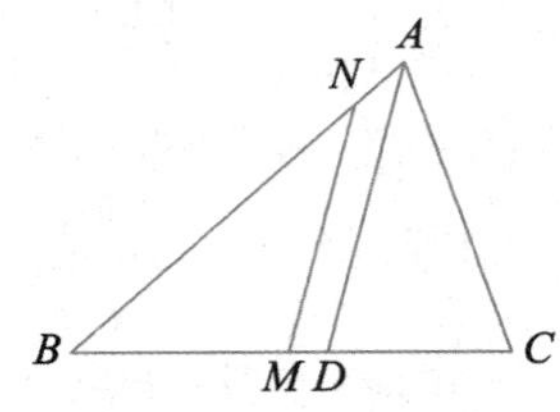

又 AD 为角平分线，故$\dfrac{BD}{CD}=\dfrac{AB}{AC}$，进而 $BD=\dfrac{AB}{AB+AC}\cdot BC$，

所以 $BN=\dfrac{BM}{BD}\cdot AB=\dfrac{\frac{1}{2}BC}{\frac{AB\cdot BC}{AB+AC}}\cdot AB=\dfrac{1}{2}(AB+AC)$.

例 5 【解析】首先，容易证明$\dfrac{S_{\triangle PBC}}{S_{\triangle ABC}}=\dfrac{PD}{AD}$；

同理，$\dfrac{S_{\triangle PCA}}{S_{\triangle ABC}}=\dfrac{PE}{BE}$，$\dfrac{S_{\triangle PAB}}{S_{\triangle ABC}}=\dfrac{PF}{CF}$.

所以，$\dfrac{PD}{AD}+\dfrac{PE}{BE}+\dfrac{PF}{CF}=\dfrac{S_{\triangle PBC}+S_{\triangle PCA}+S_{\triangle PAB}}{S_{\triangle ABC}}=1$.

本例的结论很重要，在处理三角形内三条线交于一点的问题时，常常可以使用这一结论.

例 6 A 【解析】不妨设$\triangle AOB$，$\triangle BOC$，$\triangle COD$，$\triangle DOA$ 的周长为 $2x$，那么乘以各自的半径再除以 2，有 $S_{\triangle AOB}=3x$，$S_{\triangle BOC}=4x$，$S_{\triangle COD}=6x$.

再设$|OA|=3p$，$|OB|=2q$，则$|OC|=4p$，$|OD|=3q$，$\dfrac{S_{\triangle AOD}}{S_{\triangle BOC}}=\dfrac{|OA|\cdot|OD|}{|OB|\cdot|OC|}=\dfrac{9}{8}$，即 $S_{\triangle AOD}=\dfrac{9x}{2}$.

故$\triangle DOA$ 的内切圆半径为$\dfrac{9}{2}$.

例 7 【证明】如图，连接 IF，由 $IF\perp AB$，$PQ/\!/AB$，知 $IF\perp PQ$，所以 F 是圆 I 中$\overset{\frown}{PQ}$的中点，DF 平分$\angle PDQ$，所以 D,I_1F 三点共线.

同理，D,I_2,E 三点共线.

连接 DF,DE,PF,PE，因为$\angle AFP=\angle ADF$，所以$\triangle AFP\backsim\triangle ADF$.

所以$\dfrac{FP}{DF}=\dfrac{AP}{AF}$. 同理可得$\dfrac{EP}{DE}=\dfrac{AP}{AE}$.

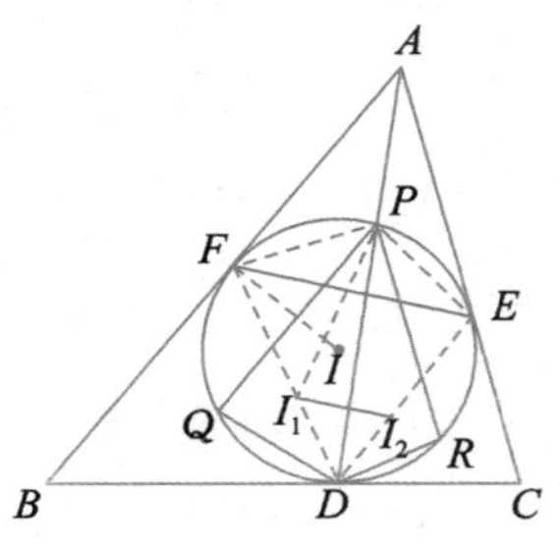

又 $AE=AF$，因此，由上式可知$\dfrac{FP}{DF}=\dfrac{EP}{DE}$.

因为$\angle I_1DP=\angle FDQ=\angle FPQ$，$\angle I_1PD=\angle I_1PD$，

所以$\angle FI_1P=\angle I_1DP+\angle I_1PD=\angle FPQ+\angle I_1PQ=\angle FPI_1$.

因此 $EP=FI_1$. 同理，$EP=EI_2$.

结合$\dfrac{FP}{DF}=\dfrac{EP}{DE}$，得$\dfrac{FI_1}{FD}=\dfrac{EI_2}{ED}$.

所以 $I_1I_2/\!/EF$.

本题也可以由 I_1 是 $\triangle DPQ$ 的内心，且 F 是 DI_1 与 $\triangle DPQ$ 外接圆 I 的交点，以及“鸡爪定理”可得 $FP=FI_1$.

例 8　A　【解析】如图，注意到 $\angle ABC=\dfrac{1}{2}\angle AMD=\angle DMN$.

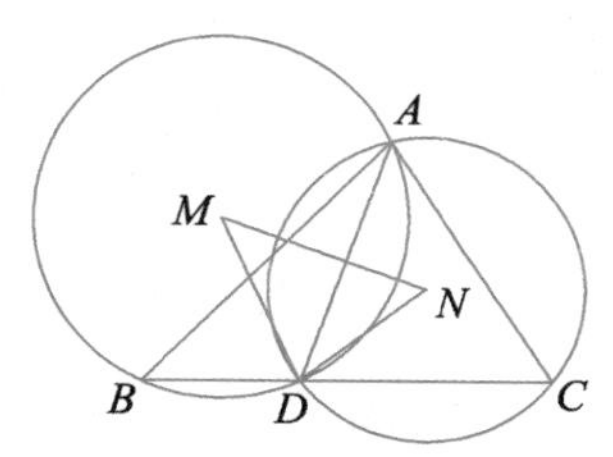

以及 $\angle ACB=\dfrac{1}{2}\angle AND=DNM$. 则 $\triangle DMN\backsim\triangle ABC$.

故 $\dfrac{S_{\triangle MND}}{S_{\triangle ABC}}=\dfrac{DN^2}{AC^2}\geqslant\dfrac{DN^2}{(2DN)^2}=\dfrac{1}{4}$.

当且仅当 $AC=2DN$，即 $AD\perp BC$ 时取等号.

即 $S_{\triangle MND}$ 的最小值为 $\dfrac{1}{4}$.

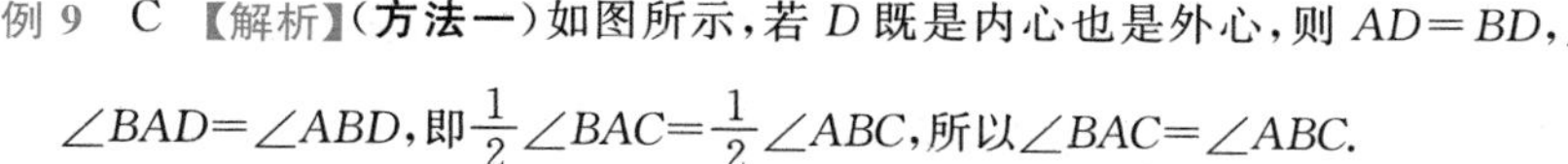

例 9　C　【解析】**(方法一)** 如图所示，若 D 既是内心也是外心，则 $AD=BD$，所以 $\angle BAD=\angle ABD$，即 $\dfrac{1}{2}\angle BAC=\dfrac{1}{2}\angle ABC$，所以 $\angle BAC=\angle ABC$.

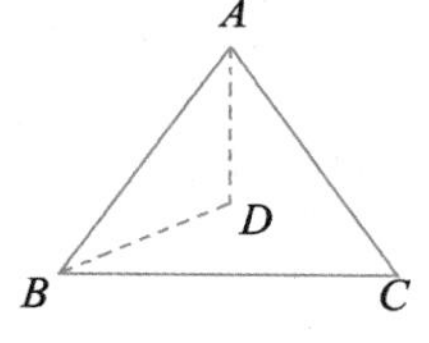

同理，$\angle BAC=\angle ABC=\angle BCA$，则 $\triangle ABC$ 是正三角形.

若 $\triangle ABC$ 为正三角形，则有 $\triangle ABC$ 的内心与外心重合.

所以 p 是 q 的充要条件. 故选 C.

(方法二) 一方面，若 $\triangle ABC$ 的内心与外心重合.

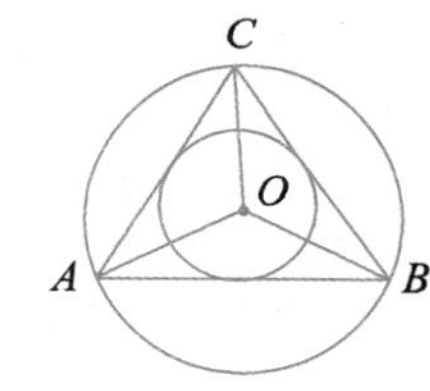

如图，由 O 为外心，知 $\angle OAB=\angle OBA$.

又由 O 为内心，知 $\angle OAB=\angle OAC$.

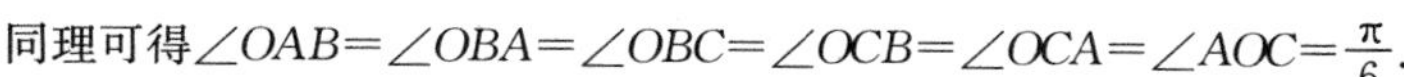

同理可得 $\angle OAB=\angle OBA=\angle OBC=\angle OCB=\angle OCA=\angle AOC=\dfrac{\pi}{6}$.

故 $\triangle ABC$ 是正三角形.

另一方面，若 $\triangle ABC$ 是正三角形，显然有其内心与外心重合.

所以 p 是 q 的充要条件. 故选 C.

(方法三) 利用奔驰定理：

由 O 为 $\triangle ABC$ 内心，得 $a\cdot\overrightarrow{OA}+b\cdot\overrightarrow{OB}+c\cdot\overrightarrow{OC}=\mathbf{0}$；

又由 O 为 $\triangle ABC$ 外心，得 $\sin2\angle A\cdot\overrightarrow{OA}+\sin2\angle B\cdot\overrightarrow{OB}+\sin2\angle C\cdot\overrightarrow{OC}=\mathbf{0}$.

所以 $\dfrac{\sin2\angle A}{a}=\dfrac{\sin2\angle B}{b}=\dfrac{\sin2\angle C}{c}$，

所以 $\dfrac{2\sin\angle A\cos\angle A}{a}=\dfrac{2\sin\angle B\cos\angle B}{b}=\dfrac{2\sin\angle C\cos\angle C}{c}$，

所以 $\cos\angle A=\cos\angle B=\cos\angle C$，得 $\angle A=\angle B=\angle C$，即 $\triangle ABC$ 是正三角形

另一方面，若 $\triangle ABC$ 是正三角形，显然有其内心与外心重合.

所以 p 是 q 的充要条件. 故选 C.

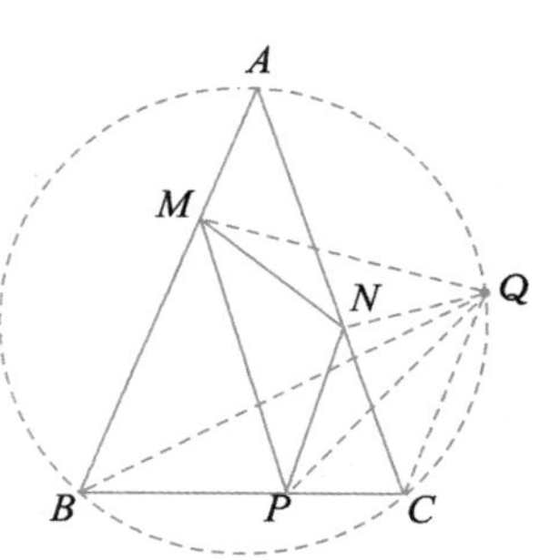

例 10　【证明】如图，连接 QM,QN,QB,QC,QP，因为 $PM/\!/CA$，所以 $\angle BPM=\angle C$，又因为 $\angle B=\angle C$，所以 $\angle BPM=\angle B$，所以 $MB=MP$，即 $\triangle MBP$ 是等腰三角形.

又因为点 P,Q 关于直线 MN 对称，所以 $MB=MP=MQ$.

同理，$NP=NQ=NC$，即点 M 是$\triangle BPQ$ 的外心，点 N 是$\triangle CPQ$ 的外心. 所以$\angle PQC=\frac{1}{2}\angle PNC=\frac{1}{2}\angle BAC$，得$\angle BQC=\angle BQP+\angle PQC=\angle BAC$，所以 Q,A,B,C 四点共圆，即点 Q 在$\triangle ABC$ 的外接圆上.

§13.3 平面几何中的著名定理

例 1 A 【解析】如图所示，设 BE 交 AD 于点 H. 对$\triangle BEF$ 及截线 DGH 运用梅涅劳斯定理，得$\frac{BH}{HE}\cdot\frac{EG}{GF}\cdot\frac{FD}{DB}=1$，于是有$\frac{BH}{HE}=\frac{3}{2}$.

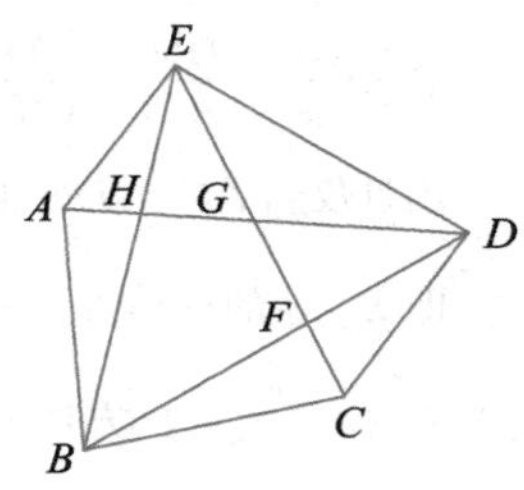

对$\triangle BDH$ 及截线 EFG 运用梅涅劳斯定理，可得$\frac{BF}{FD}\cdot\frac{DG}{GH}\cdot\frac{HE}{EB}=1$，

于是有$\frac{DG}{GH}=2$.

因而有$\frac{S_{\triangle CFD}}{S_{\triangle ABE}}=\frac{S_{\triangle CFD}}{S_{\triangle GED}}\cdot\frac{S_{\triangle GED}}{S_{\triangle AEH}}\cdot\frac{S_{\triangle AEH}}{S_{\triangle ABE}}=\frac{CF}{GE}\cdot\frac{GD}{AH}\cdot\frac{EH}{BE}=\frac{8}{15}$. 故选 A.

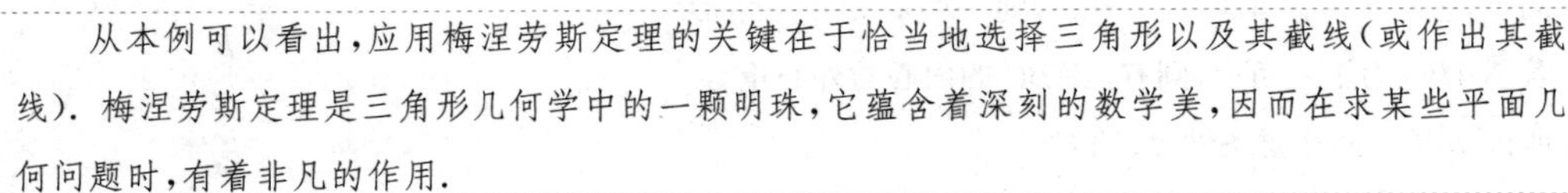

从本例可以看出，应用梅涅劳斯定理的关键在于恰当地选择三角形以及其截线（或作出其截线）. 梅涅劳斯定理是三角形几何学中的一颗明珠，它蕴含着深刻的数学美，因而在求某些平面几何问题时，有着非凡的作用.

例 2 【解析】因为$\triangle AEJ$ 被直线 CID 所截，根据梅涅劳斯定理，得

$\frac{AC}{CE}\cdot\frac{ED}{DJ}\cdot\frac{JI}{IA}=1$，从而$\frac{IJ}{IA}=\frac{CE}{AC}\cdot\frac{DJ}{ED}$ ①

又因为$\triangle AEI$ 被直线 CKB 所截，根据梅涅劳斯定理，得

$\frac{AC}{CE}\cdot\frac{EB}{BI}\cdot\frac{IK}{KA}=1$，从而$\frac{IK}{KA}=\frac{CE}{AC}\cdot\frac{BI}{EB}$ ②

如图，过点 B 作 AK 的平行线与直线 ED 交于点 F.

因为$\angle FBC=\angle AKC=\angle ABC+\angle BAK>\angle ABC$，所以点 F 在 ED 的延长线上，从而有

$\frac{EI}{BI}=\frac{EJ}{JF}<\frac{EJ}{JD}$，从而$\frac{EB}{BI}<\frac{ED}{JD}$，进而得$\frac{BI}{EB}>\frac{DJ}{ED}$.

结合①②式，可得$\frac{IK}{KA}>\frac{IJ}{IA}$，从而$\frac{AI}{AK}<\frac{AJ}{AI}$.

因此 $AJ\cdot AK>AI^2$.

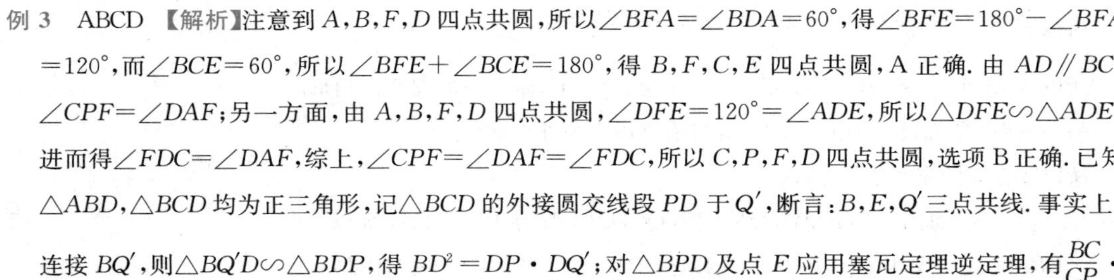

例 3 ABCD 【解析】注意到 A,B,F,D 四点共圆，所以$\angle BFA=\angle BDA=60°$，得$\angle BFE=180°-\angle BFA=120°$，而$\angle BCE=60°$，所以$\angle BFE+\angle BCE=180°$，得 B,F,C,E 四点共圆，A 正确. 由 $AD/\!/BC$，$\angle CPF=\angle DAF$；另一方面，由 A,B,F,D 四点共圆，$\angle DFE=120°=\angle ADE$，所以$\triangle DFE\backsim\triangle ADE$，进而得$\angle FDC=\angle DAF$，综上，$\angle CPF=\angle DAF=\angle FDC$，所以 C,P,F,D 四点共圆，选项 B 正确. 已知$\triangle ABD$，$\triangle BCD$ 均为正三角形，记$\triangle BCD$ 的外接圆交线段 PD 于 Q'，断言：B,E,Q' 三点共线. 事实上，连接 BQ'，则$\triangle BQ'D\backsim\triangle BDP$，得 $BD^2=DP\cdot DQ'$；对$\triangle BPD$ 及点 E 应用塞瓦定理逆定理，有$\frac{BC}{CP}\cdot\frac{PQ'}{Q'D}\cdot\frac{DG}{GB}=\frac{BC}{CP}\cdot\frac{PQ'}{Q'D}\cdot\frac{DA}{PB}=\frac{BC}{BP}\cdot\frac{PQ'}{PC}\cdot\frac{DA}{Q'D}=\frac{BC}{BP}\cdot\frac{PB}{PD}\cdot\frac{DA}{Q'D}=\frac{BC}{PD}\cdot\frac{DA}{Q'D}=\frac{DB^2}{PD\cdot Q'D}=1$，所以 B，

E,Q'共线，从而Q与Q'重合，所以B,C,Q,D四点共圆，选项C正确；因为A,B,F,D四点共圆，所以$\angle AFD=\angle ABD=60°$，又因为$B,C,D,Q$四点共圆，所以$\angle BQD=60°$，所以$\angle AFD=\angle BQD$，得$E,F,D,Q$四点共圆，选项D正确. 故选ABCD.

例4 $\frac{24\sqrt{3}}{11}$ 【解析】（**方法一**）由角平分线定理，得$\frac{AB}{AC}=\frac{BD}{DC}$，得$BD=\frac{21}{11}$，$CD=\frac{56}{11}$.

由斯特瓦尔特定理，可知

$AD^2=AB\cdot AC-BD\cdot DC=3\times 8-\frac{21}{11}\times\frac{56}{11}=\frac{1728}{121}$.

所以$AD=\frac{24\sqrt{3}}{11}$.

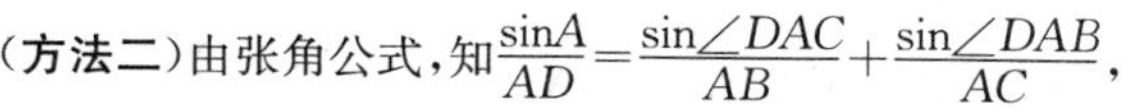

（**方法二**）由张角公式，知$\frac{\sin A}{AD}=\frac{\sin\angle DAC}{AB}+\frac{\sin\angle DAB}{AC}$，

所以$AD=2\cos\frac{A}{2}\cdot\frac{AB\cdot AC}{AB+AC}$.

又$\cos A=\frac{3^2+8^2-7^2}{2\times 3\times 8}=\frac{1}{2}$，解得$AD=\frac{24\sqrt{3}}{11}$.

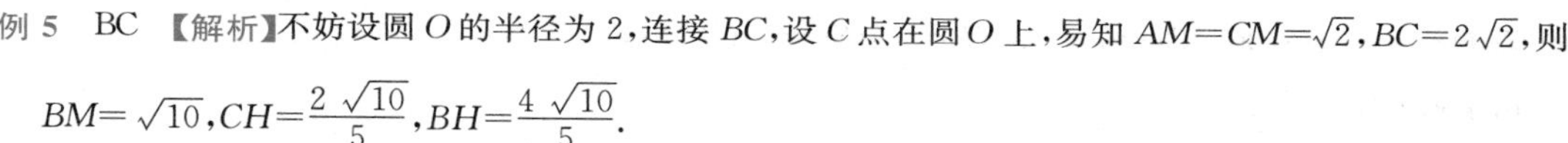

例5 BC 【解析】不妨设圆O的半径为2，连接BC，设C点在圆O上，易知$AM=CM=\sqrt{2}$，$BC=2\sqrt{2}$，则$BM=\sqrt{10}$，$CH=\frac{2\sqrt{10}}{5}$，$BH=\frac{4\sqrt{10}}{5}$.

在$\triangle ABM$与$\triangle OBH$中，由余弦定理知

$\cos\angle ABM=\frac{AB^2+BM^2-AM^2}{2AB\cdot BM}=\frac{OB^2+BH^2-OH^2}{2OB\cdot BH}$，代入数据，得

$\frac{16+10-2}{8\sqrt{10}}=\frac{4+\frac{32}{5}-OH^2}{\frac{16\sqrt{10}}{5}}$，解得$OH=\frac{2\sqrt{5}}{5}$，$AM\neq 2OH$，从而选项A错误；

在$\triangle AHC$中，由推论1中线长公式，可知$AH^2+CH^2=\frac{1}{2}AC^2+2MH^2$，即$AH^2+\frac{8}{5}=4+\frac{4}{5}$，

解得$AH=\frac{4\sqrt{5}}{5}$，则$AH=2OH$，选项B正确；

由以上数据有$\frac{BO}{BM}=\frac{BH}{BA}=\frac{OH}{MA}=\frac{\sqrt{10}}{5}$，所以$\triangle BOH\backsim\triangle BMA$，选项C正确；

$OH=\frac{2\sqrt{5}}{5}\neq 2\frac{\sqrt{10}}{5}=CH$，选项D错误. 故选BC.

例6 $9\sqrt{3}$ 【解析】设$AB=x$，$BC=y$，由于$\angle ABD=\angle CBD=\angle ACD=\angle DAC=30°$，可设$AD=DC=t$，$AC=\sqrt{3}t$.

由托勒密定理，知$x+y=6\sqrt{3}$.

$S_{四边形ABCD}=S_{\triangle BAD}+S_{\triangle BCD}=\frac{1}{2}\times 6x\times\sin 30°+\frac{1}{2}\times 6y\times\sin 30°$

$=\frac{1}{4}\times 6(x+y)=9\sqrt{3}$.

本题可以取特殊值，取 BD 为直径即可求得面积为 $9\sqrt{3}$.

例 7 D 【解析】由于 $\angle ABD=\angle DBC$，于是 $AD=DC$，记 $AD=x$，由托勒密定理，得 $AB\cdot CD+BC\cdot AD=AC\cdot BD$，代入 AB,BC,BD 的值，整理可得 $AC=x$，于是 $\triangle ACD$ 为圆内接正三角形，由余弦定理，得 $AC=\sqrt{AB^2+BC^2-2AB\cdot BC\cos 120^\circ}=\sqrt{7}$. 故选 D.

例 8 【解析】**(方法一)** 如图所示，连接 AC,BD.

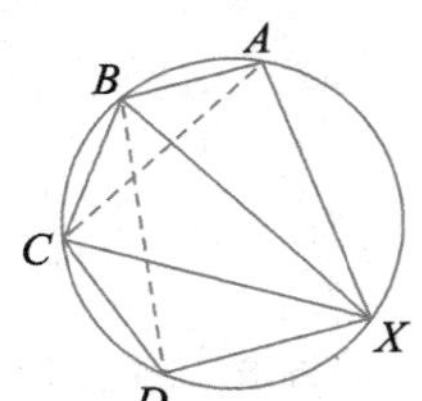

由题意易知，$AB=BC=CD$，$AC=BD$.

设 $AB=BC=CD=m$，$AC=BD=n$，$DX=d$.

在四边形 $BCDX$ 中，由托勒密定理，得 $BD\cdot CX=BC\cdot DX+CD\cdot BX$，

即 $n\cdot c=m\cdot d+m\cdot b$，即 $n\cdot c=m(b+d)$　　(1)

又在四边形 $ABCX$ 中，由托勒密定理，得 $AC\cdot BX=AB\cdot CX+BC\cdot AX$，

即 $n\cdot b=m\cdot c+m\cdot a$，即 $n\cdot b=m(a+c)$　　(2)

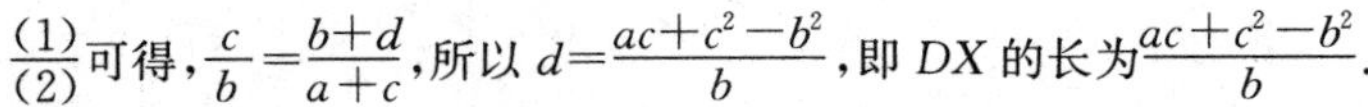

$\dfrac{(1)}{(2)}$ 可得，$\dfrac{c}{b}=\dfrac{b+d}{a+c}$，所以 $d=\dfrac{ac+c^2-b^2}{b}$，即 DX 的长为 $\dfrac{ac+c^2-b^2}{b}$.

(方法二) 因为 $\angle AXB=\angle BXC=\angle CXD$，所以 $AB=BC=CD$.

设 $DX=d$，$AB=BC=CD=m$，$\angle AXB=\angle BXC=\angle CXD=\theta$，

由余弦定理，可得：

$a^2+b^2-2ab\cos\theta=m^2$　　①

$b^2+c^2-2bc\cos\theta=m^2$　　②

$c^2+d^2-2cd\cos\theta=m^2$　　③

由①②两式，可得 $a^2-c^2=2b(a-c)\cos\theta$　　④

由②③两式，可得 $b^2-d^2=2c(b-d)\cos\theta$　　⑤

(1)若 $a=c$，易知此时 BX 为该圆的直径，$\cos\theta=\dfrac{a}{b}$　　⑥

又 $0<\theta<\dfrac{\pi}{4}$，所以 $m^2=b^2-a^2$　　⑦

其中 $\cos\theta=\dfrac{a}{b}\in\left(\dfrac{\sqrt{2}}{2},1\right)$.

将⑥⑦两式代入③式，可得 $d=\dfrac{2a^2-b^2}{b}$，或 $d=b$，

经检验，此时 $d=\dfrac{2a^2-b^2}{b}$.

(2)若 $b=d$，仿照(1)，可得 $d=b$，且 $d^2=b^2=\dfrac{ac+c^2}{2}$.

(3)若 $a\neq c$ 且 $b\neq d$，由④式可得 $\cos\theta=\dfrac{a+c}{2b}$，由⑤式可得 $\cos\theta=\dfrac{b+d}{2c}$，所以 $\dfrac{a+c}{2b}=\dfrac{b+d}{2c}$，解得 $d=\dfrac{ac+c^2-b^2}{b}$.

经检验，当 $a=c$ 或 $b=d$ 时，$d=\dfrac{ac+c^2-b^2}{b}$ 也成立.

综上所述，DX 的长为$\frac{ac+c^2-b^2}{b}$.

§13.4 圆与根轴

例 1 ABCD 【解析】根据弦切角定理和圆周角定理，可得$\angle CMB=\angle MAB=\angle MNB$，$\angle CNB=\angle BMN=\angle BAN=\angle AMQ$.

在$\triangle CBM$和$\triangle CMA$中，$\angle CMB=\angle CAM$，$\angle MCB=\angle ACM$，得$\triangle CBM\backsim\triangle CMA$，故 A 正确；

在$\triangle AQM$和$\triangle NBM$中，$\angle AMQ=\angle NMB$，$\angle MAQ=\angle NMB$，得$\triangle AQM\backsim\triangle NBM$，故 B 正确；

在$\triangle MAN$ 和$\triangle MQB$ 中，$\angle ANM=\angle QBM$，$\angle ANM=\angle AMQ+\angle QMN$，$\angle QMB=\angle BMN+\angle QMN$，因为$\angle BMN=\angle AMQ$，$\angle AMN=\angle QMB$，得$\triangle MAN\backsim\triangle MQB$，故 C 正确；

因为$\triangle MAN\backsim\triangle MQB$，所以$\frac{AN}{MN}=\frac{QB}{BM}$，因为$\frac{BN}{AN}=\frac{NC}{AC}=\frac{MC}{AC}=\frac{BM}{AM}$，得 $AN\cdot BM=AM\cdot BN$，得 $AM\cdot BN=MN\cdot QB$，所以$\frac{AM}{MN}=\frac{QB}{BN}$，得$\triangle MAN\backsim\triangle BQN$，故 D 正确.

故本题正确的答案为 ABCD.

例 2 【证明】如图，延长 AF 至点 G，使得 $AG=BD$. 连接 CG，DG，因为 $AC=BC$，$\angle DBC=\angle GAC$，$AG=BD$.

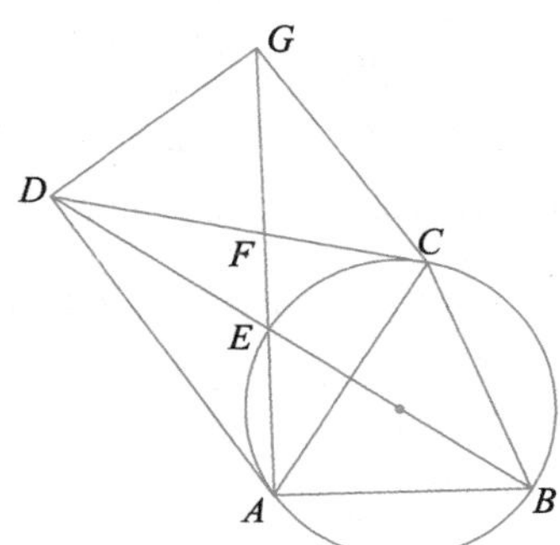

所以$\triangle ACG\cong\triangle BCD$ ①

得 $CG=CD=AD$ ②

设$\angle CAB=\angle 1$，$\angle ABC=\angle 2$，$\angle ACB=\angle 3$，$\angle GCD=\angle 4$，$\angle DCA=\angle 5$，$\angle DAC=\angle 6$，$\angle ADC=\angle 7$.

由弦切角定理，得$\angle 5=\angle 2=\angle 1=\angle 6$，因此$\angle 3=\angle 7$.

由①知$\angle GCA=\angle DCB$，所以$\angle 3=\angle 4$. 因此$\angle 4=\angle 7$，$AD\parallel CG$ ③

由②③知，四边形 $ACGD$ 是平行四边形，故 F 是 CD 的中点.

例 3 【证明】取 BC 边的中点 N，则 D,M,Q,N 共线，且 $MN\parallel AB$.

由弦切角定理，知$\angle DAM=\angle CBA=CNM$. 又$\angle AMD=\angle NMC$，故$\triangle AMD\backsim\triangle NMC$.

因此，$\frac{NM}{NC}=\frac{AM}{AD}$. ①

由已知条件，A,D,P,Q 四点共圆，故$\angle APQ=\angle ADQ=\angle ADM=ACB$，因此 $PQ\parallel BC$.

于是$\dfrac{NQ}{NM}=\dfrac{CP}{CM}$ ②

结合①②以及$AD=AE$,可得$\dfrac{NQ}{NC}=\dfrac{NQ}{NM}\cdot\dfrac{NM}{NC}=\dfrac{CP}{CM}\cdot\dfrac{AM}{AD}=\dfrac{CP}{AD}=\dfrac{CP}{AE}$,即有$\dfrac{NQ}{NC}=\dfrac{CP}{AE}$ ③

由弦切角定理,可知$\angle BAE=\angle BCA=\angle BCP$. 又$A,P,B,E$四点共圆,故$\angle BEA=\angle BPC$.

因此,$\triangle BAE\backsim\triangle BCP$. 于是$\dfrac{CP}{AE}=\dfrac{BC}{BA}$,结合③,可得$\dfrac{NQ}{NC}=\dfrac{BC}{BA}$.

又$MN/\!/AB$,故$\angle CNQ=\angle ABC$. 所以$\triangle CNQ\backsim\triangle ABC$.

从而$\angle NCQ=\angle BAC$,即$\angle BCQ=\angle BAC$.

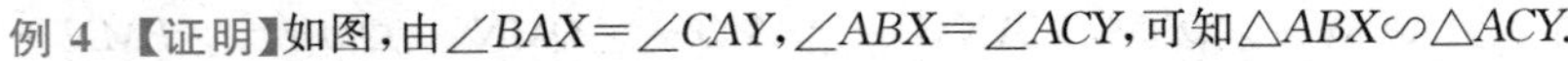

例 4 【证明】如图,由$\angle BAX=\angle CAY$,$\angle ABX=\angle ACY$,可知$\triangle ABX\backsim\triangle ACY$.

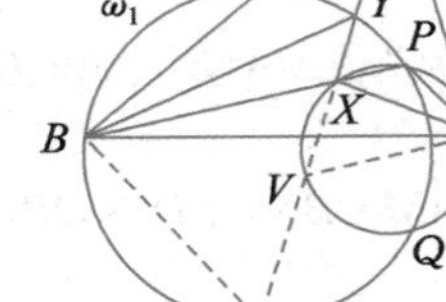

所以$\dfrac{AB}{AC}=\dfrac{AX}{AY}$.  ①

延长AX,分别交圆ω_1,ω_2于点U,V,

则$\angle AUB=\angle YUB=\angle YPB=\angle YPX=\angle XVC=\angle AVC$,

于是$\triangle ABU\backsim\triangle ACV$. 所以$\dfrac{AB}{AC}=\dfrac{AU}{AV}$. ②

由①②可得$\dfrac{AX}{AY}=\dfrac{AU}{AV}$,即$AU\cdot AY=AV\cdot AX$.

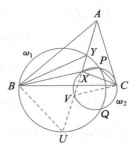

上述等式两端分别为点A到圆ω_1,ω_2的幂,这意味着A在圆ω_1,ω_2的根轴(即直线PQ)上,换而言之,A,P,Q三点共线.

例 5 【证明】如图,设$\triangle ABC$的内心为I,射线CI与AB交于点L,与$\triangle ABC$的外接圆交于点M. 则由内心的性质,知$\angle AIB=90^\circ+\dfrac{1}{2}\angle ACB=\angle ADB$,所以$A,I,D,B$四点共圆,记该圆为$\tau$($I,D$重合时不影响该圆). 易知,$M$为圆$\tau$的圆心.

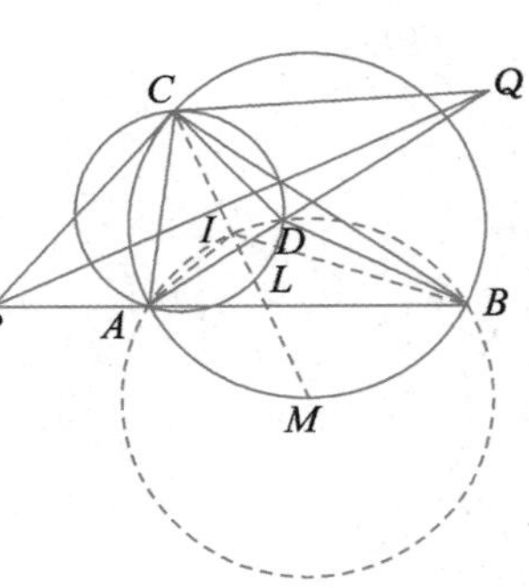

由圆幂定理,知$PC^2=PA\cdot PB$,$QC^2=QA\cdot QD$.

故点P,Q到圆C和圆τ的幂相等,于是P,Q为两圆根轴. 从而$PQ\perp CL$.

又$\angle PCL=\angle PCA+\dfrac{1}{2}\angle ACB=\angle CAB+\dfrac{1}{2}\angle ACB=\angle CLP$,故$PL=PC$.

从而直线PQ平分$\angle BPC$.

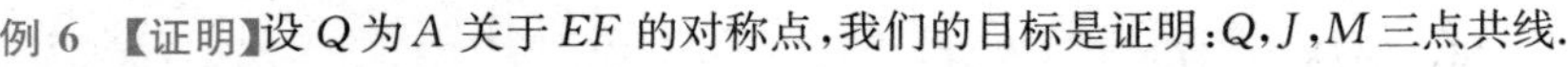

例 6 【证明】设Q为A关于EF的对称点,我们的目标是证明:Q,J,M三点共线.

结论 1 J,L,M,K四点共圆.

结论 1 的证明:设LM,JK,AD交于点U. 由于AD是$\triangle ADE$外接圆与$\triangle ADF$外接圆的根轴,因此U到两圆的幂相等,故$UJ\cdot UK=UM\cdot UL$,因此J,L,M,K四点共圆.

结论 2 $\angle ADC=45^\circ$.

结论 2 的证明:由结论 1 及A,J,D,K,E共轴,A,L,D,F共圆,我们有

$\angle JDA=\angle JKA=\angle JKM=\angle JLM=\angle ALM=\angle ADM$ ①

且$\angle FDJ=180^\circ-\angle JDE=\angle JAE=\angle BFE$,

$\angle CDM=90^\circ-\angle FDA=\angle FAM-90^\circ=\angle FAC-90^\circ=90^\circ-\angle FEC=\angle BFE$.

因此，$\angle FDJ=\angle CDM$. ②

由①+②可知：$\angle FDA=\angle CDA=\frac{90^\circ}{2}=45^\circ$.

结论 3　Q,J,M 三点共线.

结论 3 的证明：在$\triangle ADJ$，$\triangle JDT$ 中用正弦定理，有$\frac{AJ}{JT}=\frac{AD}{DT}\cdot\frac{\sin\angle ADJ}{\sin\angle JTD}$.

同理可得$\frac{AM}{MC}=\frac{AD}{DC}\cdot\frac{\sin\angle ADM}{\sin\angle MDC}$.

又由结论 2 中证明过的$\angle FDJ=\angle CDM$，$\angle JDA=\angle ADM$，得$\frac{AJ}{JT}\cdot\frac{MC}{AM}=\frac{DC}{DT}$.

另一方面，注意到$\angle QDT=45^\circ$，因此 DQ 是$\triangle CDT$ 的外角平分线，得$\frac{DC}{DT}=\frac{QC}{QT}$，故$\frac{AJ}{JT}\cdot\frac{MC}{AM}\cdot\frac{QT}{CQ}=1$.

由梅涅劳斯定理知，Q,J,M 三点共线.

与结论 3 同理可得 Q,L,K 三点共线. 因此，JM 与 KL 交于圆 ω 上的点 Q.

例 7　【证明】如图，设 FE 与圆 BCF 再次交于点 L，设圆 ω 分别与 AC,AB 切于点 V,W.

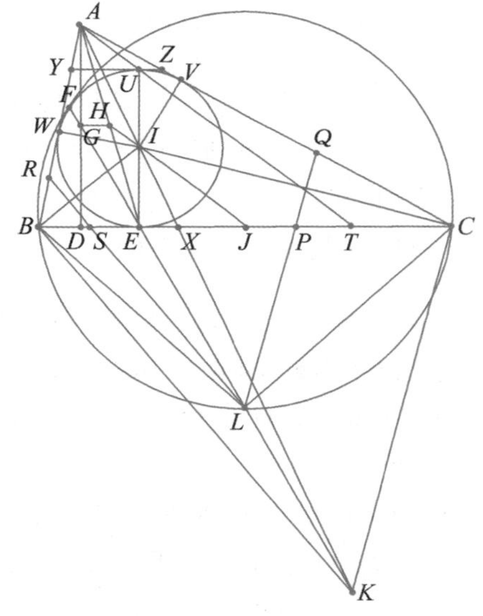

取线段 CE,CV,BW,BE 中点为 P,Q,R,S.

取$\triangle ABC$ 的 A—旁心为点 K. 设 AIK 交 BC 于点 X. 由 ω 与圆 BCF 关于 F 位似，知 F 为$\overset{\frown}{BC}$的中点，则$\overset{\frown}{LB}^2=\overset{\frown}{LC}^2=LE\cdot LF$，故 L 为点圆 B，点圆 C，圆 ω 的根心.

又显然 PQ 为点圆 C 与圆 ω 的根轴，RS 为点圆 B 与圆 ω 的根轴，所以 PQ,RS 均经过点 L. 易知 $RS\perp BI$，而 $BK\perp BI$，故 $LS/\!/KB$，同理有 $LP/\!/KC$，所以$\triangle LSP$ 与$\triangle KBC$ 位似，易知其位似中心为点 E，故 E,L,K 三点共线，则有 F,G,E,L,K 五点共线.

又熟知 A,X,I,K 为调和点列，所以 EA,EX,EI,EK 为调和线束，也即 DA,ED,DI,DG 为调和线束. 又 $EI/\!/BC$，所以 H 亦为 AE 中点.

再取 EI 与圆 ω 再次交于点 U，连接 AU 并延长交 BC 于点 T，过 U 作 ω 的切线交 AB 于 Y，交 AC 于 Z. 易知$\triangle AYZ$ 与$\triangle ABC$ 位似，而 U,T 为位似对应点，因为 U 为$\triangle AYZ$ 中 A—旁节圆切点，所以 T 为$\triangle ABC$ 中 A—旁切圆切点.

又因为 H,I 分别为 EA,EU 的中点，所以 J 为 ET 的中点.

又熟知 $BE=CT$，所以 J 为线段 BC 的中点.

例 8　【证明】如图，作$\angle BDS$ 的平分线交 BJ 于点 P，以 P 为圆心，点 P 到直线 BC 的距离为半径作$\odot P$，则$\odot P$ 与直线 AB,BD,DS 均相切，过 A 作$\odot P$ 的异于直线 AB 的切线，交直线 DS 于 S'，则$\odot P$ 与四边形 $ABDS'$的各边所在直线均相切，由“切线长相等”可得 $AB+BD=AS'+DS'$，又已知 $AD+DS=AE=AF=AB+BD$，因此 $AS+DS=AS'+DS'$，故 $SS'=|AS-AS'|$，由“三角形两边之差小于第三边”可知 S'与 S 重合，所以$\odot P$ 与四边形 $ABDS$ 的各边所在的直线都相切.

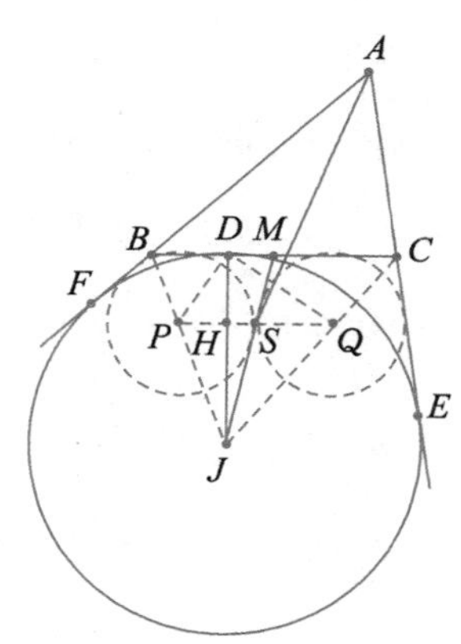

作$\angle CDS$的平分线交CJ于点Q，以Q为圆心，点Q到直线BC的距离为半径作$\odot Q$. 类似地，可证$\odot Q$与四边形$ACDS$的各边所在直线都相切. 从而AS，DS都与$\odot P$、$\odot Q$相切，故S是$\odot P$和$\odot Q$的内位似中心. 故S，P，Q三点共线.

下面证明$PQ/\!/BC$. 用反证法.

假设直线PQ与直线BC相交于点T，因为DP，DQ分别平分$\angle ADT$或$\angle SDT$的邻补角，所以DP，DQ，DS，DT是调和线束，该线束与直线PQ截得的四点P，Q，S，T是调和点列，故JP，JS，JT是调和线束，该线束再与直线BC截得的四点B，C，M，T是调和点列，但M是BC的中点，矛盾.

所以$PQ/\!/BC$.

设PQ与JD相交于点H. 由DP，DQ分别平分$\angle BDS$及其邻补角，得$DT\perp DQ$. 再结合$PQ/\!/BC$，得$PQ\perp DH$.

所以$\dfrac{MS}{SJ}=\dfrac{DH}{HJ}=\dfrac{\sqrt{PH\cdot QH}}{HJ}=\sqrt{\dfrac{PH}{HJ}}\cdot\sqrt{\dfrac{QH}{HJ}}=\sqrt{\dfrac{BD}{JD}}\cdot\sqrt{\dfrac{CD}{JD}}=\dfrac{\sqrt{BD\cdot CD}}{JD}$.

例 9 【证明】因为四边形$AFOE$有内切圆，所以$AF+OE=AE+OF$，$BF+CF=BE+CE$，所以$AB-OB$

$=AF+FB-BE+OE=(AF+OE)+(FB-BE)$

$=(AE+OF)+(CE-CF)=AC-CO$，

即$\dfrac{OA+OB-AB}{2}=\dfrac{OA+OC-AC}{2}$，$\dfrac{BO+BC-CO}{2}=\dfrac{AB+BC-AC}{2}$.

所以$\triangle AOB$与$\triangle OAC$内切圆与OA切于同一点，记为K_A，$\triangle AOB$与$\triangle ABC$内切圆与BC切于同一点，记为X，类似地有X_B，K_C，Y，Z.

记$\triangle OAB$，$\triangle OBC$，$\triangle OCA$的内心分别为J_C，J_A，J_B(如下图)，同上讨论有上述三个三角形的内切圆两两相切.

下面说明：BC，I_BI_C，K_BK_C三线共点.

易知IX，OD，I_BI_C三线共点，记所共点为L，记K_BK_C，I_BI_C与BC分别交于U，V，则易知$BXCU$，I_BLI_CV均为调和点列. 因为BI_B，XL，CI_C三线共点I，所以I，U，V三点共线，于是U，V为BC上同一点，即三点共线.

记I_B与AD，BD分别切于点P，Q，因为

$PX=BX-BP=\dfrac{AB+BC-AC}{2}-\dfrac{BD+AB-AD}{2}=\dfrac{CD+AD-AC}{2}$，

$QK_A=AQ-AK_A=\dfrac{AD+AB-BD}{2}-\dfrac{AO+AB-BO}{2}=\dfrac{OD+OB-BD}{2}$.

而$CD+AD-AC=CD+AO+OD-AC=CD+BO-BC+OD=OD+OB-BD$，所以$PX=QK_A$，所以$I_BK_A=I_BX$. 同理，$I_CK_A=I_CX$. 于是$X$与$K_A$关于$I_BI_C$对称.

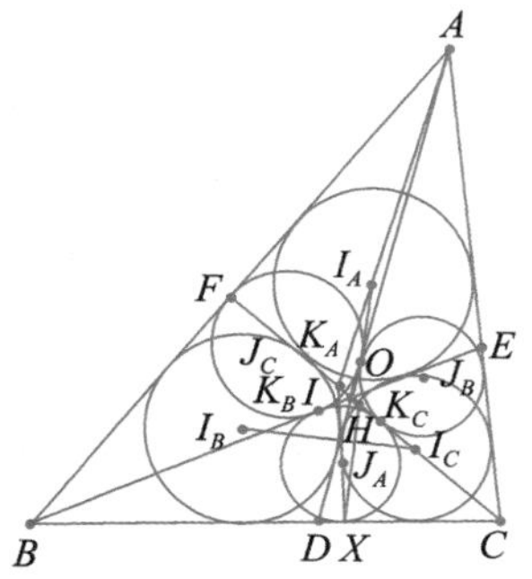

下面证明：I_A，K_A，X 三线共点．由梅涅劳斯定理，只需证明$\dfrac{AI_A}{I_AI}\cdot\dfrac{IX}{XL}\cdot\dfrac{LK_A}{K_AA}=1$．

由对称性，有 $LK_A=XL$，于是只需证明$\dfrac{AI_A}{I_AI}=\dfrac{K_AA}{XI}=\dfrac{AY}{IY}$，于是只需证明 YI_A 平分 IY_A．

由相切性，显然成立．所以有 $I_AK_A\perp I_BI_C$，即 I_AK_A 过点 H，同理 I_BK_B 过点 H，I_CK_C 过点 H．

由 BC，I_BI_C，K_BK_C 三线共点，结合笛沙格定理有$\triangle BI_BK_B$ 与$\triangle CI_CK_C$ 对应交点共线，即 I，O，H 共线．

§13.5　四点共圆

例 1　$\dfrac{13}{3}$　【解析】由 $PA\cdot PD=PB\cdot PC$，可知$\dfrac{PA}{PC}=\dfrac{PB}{PD}=\dfrac{AB}{CD}$.

而 $AB=1$，$CD=2$，可得 $PC=2PA$，$PD=2PB$，

则$\begin{cases}PB+5=2PA\\PA+4=2PB\end{cases}$，解得 $PA=\dfrac{14}{3}$，$PB=\dfrac{13}{3}$.

例 2　C　【解析】由$\angle BAC=\angle BDC$ 知 A，B，C，D 四点共圆，所以$\angle DAC=\angle DBC$，反之亦成立，从而为充要条件．故选 C.

例 3　【证明】如图，易知 A，B，D，F 四点共圆，且 AB 为直径．连接 FD，BF，AF，ED，因为 $BC\perp AB$，F 为 EC 的中点，所以$\angle FCB=\angle FBC=\angle BAF=\angle BDF$.

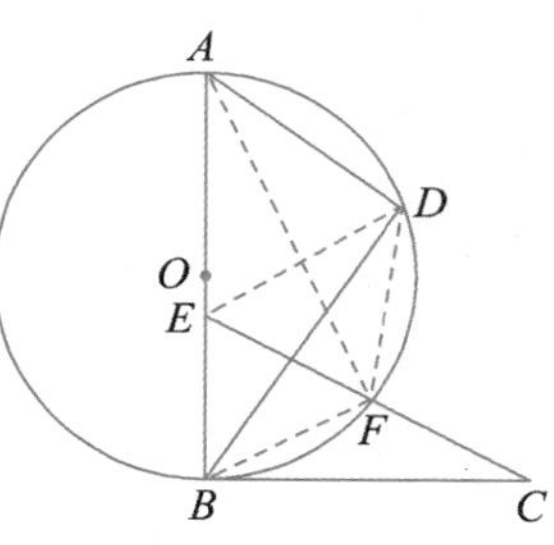

因为 $BD=BC$，所以$\angle FDC=\angle FCD$，即 $FD=FC$.

因为 $EF=FC$，所以 $FD=FC=EF$，所以$\angle EDC=90°$.

由$\angle ADB=90°$，知$\angle ADE=\angle BDC$. 又$\angle EAD=\angle DBC$，所以$\angle DEA=\angle BCD=\angle BDC=\angle ADE$，所以 $AE=AD$.

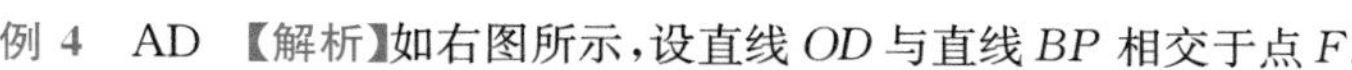
例 4　AD　【解析】如右图所示，设直线 OD 与直线 BP 相交于点 F.

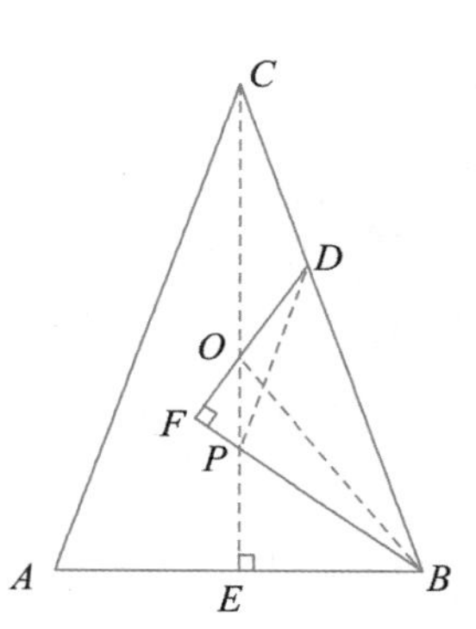

作 $CE\perp AB$ 于点 E，由 $BC=AC$，可知 C，O，P，E 四点共线．

因为 $OD\perp BP$，$CE\perp AB$，所以$\angle FOP=\angle PBE$.

因为 BP 平分$\angle ABC$，得$\angle PBD=\angle PBE=\angle FOP$，所以 B，D，O，P 四点共圆，从而选项 A 正确；

若 $OD/\!/AC$，由 $AC\perp BP$，可得$\triangle ABC$ 为等边三角形，与条件不符，因而选项 B 错误；

若 $OD /\!/ AB$，则 $AB \perp BP$，与条件不符，因而选项 C 错误；

因为 B,D,O,P 四点共圆，所以 $\angle OPD=\angle OBD=\angle OCB=\angle OCA$，因而 $PD /\!/ AC$，选项 D 正确.

故本题正确选项为 AD.

例 5 【证明】如图，取 $\triangle BCD$ 的内心 P 和 $\overset{\frown}{BC}$ 的中点 Q，则 D,P,Q,J_1 四点共线. 由鸡爪定理，可得 $QP=QI_1=QJ_1$. 从而 $\angle PI_1J_1=90°$.

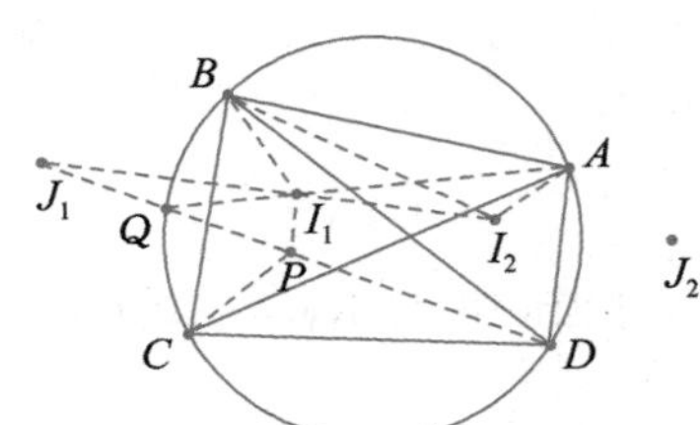

由 $\angle BI_1A=90°+\dfrac{1}{2}\angle BCA=90°+\dfrac{1}{2}\angle BDA=\angle BI_2A$，可得 A,B,I_1,I_2 四点共圆.

所以 $\angle BI_1I_2=180°-\angle BAI_2=180°-\dfrac{1}{2}\angle BAD$.

同理，可得 $\angle BI_1P=180°-\dfrac{1}{2}\angle BCD$.

所以 $\angle PI_1I_2=360°-\angle BI_1I_2-\angle BI_1P=90°$，于是 J_1,I_1,I_2 三点共线.

同理，I_1,I_2,J_2 三点共线，从而 I_1,I_2,J_1,J_2 四点共线.

例 6 【证明】取 M 为 $\overset{\frown}{BC}$（不含 A,D）的中点，则 A,I,M 三点共线，D,J,M 三点共线.

如图，取 P 为 $\triangle MIJ$ 的外接圆与圆 Γ 的第二个交点，下面证明点 P 满足条件.

事实上，$\angle BPJ=\angle MPJ-BPM=\angle MIK-\angle BAM=\angle AKJ$，

故 B,P,J,K 四点共圆.

类似地，$\angle CPI=\angle CPM-MPI=180°-\angle CDM-\angle MJI=\angle MJL-\angle CDM=\angle DLI$.

故 C,P,I,L 四点共圆.

例 7 【证明】（**方法一**）如图所示，延长 CB,NQ 交于点 F，由题意知 $AD\perp BC$，PR 平分 $\angle MPN$，$PR\perp BC$，且 $\triangle ABC \backsim \triangle PNC \backsim \triangle PMB$，

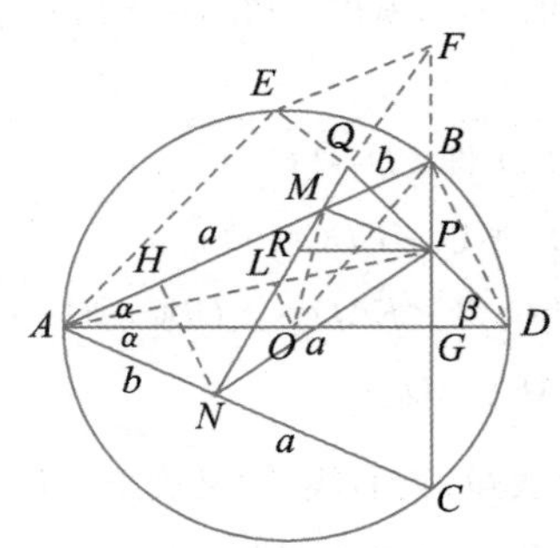

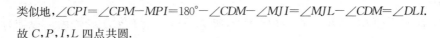

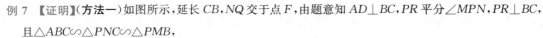

得 $\dfrac{PM}{PN}=\dfrac{PM}{NC}=\dfrac{FP}{FC}=\dfrac{MB}{NP}=\dfrac{PB}{FP}$，故 $FB\cdot FC=FP^2$.

设平行四边形 $AMPN$ 对角线交于点 L，O 为圆心，连接 ON,OM,OB,OL，则 $OA=OB$，$AN=BM$，$\angle OBM=\angle OAN$，$\triangle OAN\cong\triangle OBM$，所以 $OM=ON$. 由 L 为 MN 中点，知 $OL\perp MN$，因为 $OL /\!/ DP$，所以 $DP\perp MN$.

所以 $FP^2=FQ\cdot FR=FB\cdot FC$，从而 B,Q,R,C 四点共圆.

(**方法二**)设 $AD\cap BC=G$,延长 DP 交圆 E,记$\angle BAC=2\alpha$,$\angle ADP=2\beta$,$AM=PN=a$,$AN=MB=b$,则 $BG=(a+b)\sin\alpha$,$BP=2b\sin\alpha$,$GP=BG-BP=(a-b)\sin\alpha$,$GD=AD-AG=(a+b)\left(\frac{1}{\cos\alpha}-\cos\alpha\right)=\frac{(a+b)\sin^2\alpha}{\cos\alpha}$,

所以 $\tan\beta=\frac{GP}{GD}=\frac{a-b}{a+b}\cot\alpha$,

$\tan\angle BAE=\tan(90^\circ-\alpha-\beta)=\cot(\alpha+\beta)=\frac{1-\tan\alpha\tan\beta}{\tan\alpha+\tan\beta}=\frac{1-\frac{a-b}{a+b}}{\tan\alpha+\frac{a-b}{a+b}\cot\alpha}=\frac{b\sin2\alpha}{a-b\cos2\alpha}$,由 $\tan\angle AMN=\frac{HN}{HM}=\frac{b\sin2\alpha}{a-b\cos2\alpha}$,得 $\tan\angle BAE=\tan\angle AMN$,所以$\angle BAE=\angle AMN$,$MN/\!/AE$,由 $AE\perp ED$ 知 $NQ\perp ED$,故 $FP^2=FQ\cdot FR=FB\cdot FC$,从而 B,Q,R,C 四点共圆.

(**方法三**)连接 EF,则$\frac{b}{a}=\frac{FP}{FC}\Leftrightarrow\frac{b}{a-b}=\frac{FP}{FC-FP}=\frac{FP}{PC}=\frac{FP}{BG+GP}=\frac{FP}{2a\sin\alpha}$,

$FP=\frac{2ab\sin\alpha}{a-b}$,设 R 到 PM,PN 的距离为 r,则 $r(a+b)=ab\sin2\alpha$,$r=\frac{ab\sin2\alpha}{a+b}$,$PR=\frac{r}{\sin\alpha}=\frac{2ab\cos\alpha}{a+b}$,所以 $\tan\angle FRP=\frac{FP}{PR}=\frac{a+b}{a-b}\tan\alpha=\cot\beta=\tan\angle FPQ$,所以$\angle FRP=\angle FPQ$,又 $PF\perp PR$,所以 $PQ\perp RF$,$FP^2=FQ\cdot FR=FB\cdot FC$,从而 B,Q,R,C 四点共圆.

例 8 【证明】如图所示,设点 X 为 AB 的中点,$\odot I$ 切 BC 于点 Y,从而 MY,DX,BI 共点于 E.

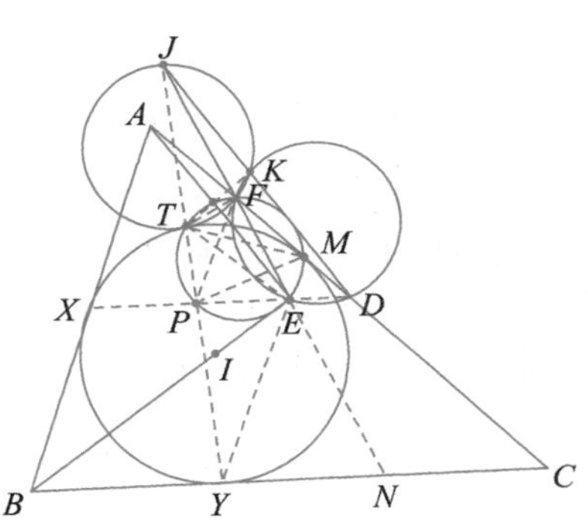

设$\odot(MEF)$交$\odot(JKF)$于点 T,JT 交 DX 于点 P. 由$\angle JTF=\angle FKD=\angle FEP$,得 T,F,E,P 四点共圆,即点 P 是$\odot(MEF)$与 DX 的交点.

设$\odot(MEF)$交$\odot I$ 于点 T',YT'交 DX 于点 P'. 由$\angle T'MY=180^\circ-\angle YMC-\angle T'MF$,注意到$\angle YMC=\angle MYC$,$\angle T'MF=\angle T'YM$,则有$\angle T'MY=180^\circ-\angle PYC=\angle YPE$,于是 P,T',M,E 四点共圆,即点 P'是$\odot(MEF)$与 DX 的交点,于是 P 与 P'重合.

另一方面,延长 JE 交 BC 于点 N. 由$\angle T'PF=\angle T'MF=\angle T'YM$ 知 $PF/\!/YE$,且易得$\triangle FPE\backsim\triangle EYN$. 由 $JD/\!/AE$,有$\frac{JF}{JE}=\frac{DF}{DA}=\frac{DF}{DC}=\frac{EF}{EN}=\frac{PF}{YE}$,结合 $PF/\!/YE$,有 J,P,Y 三点共线,于是 T'与 T 重合.

注意到$\angle FTM=\angle FEM=\angle JEM=\angle TJF+TYE$,知$\odot(JFK)$与$\odot I$ 相切于点 T.

综上知,命题得证.

例 9 【证明】不妨设双曲线方程为$\frac{x^2}{a^2}-\frac{y^2}{b^2}=1(a>0,b>0)$,两个焦点为 $F_1(-c,0)$,$F_2(c,0)$.

则它的两渐近线方程为 $l_1:\frac{x}{a}-\frac{y}{b}=0$,$l_2:\frac{x}{a}+\frac{y}{b}=0$.

设切点坐标为(x_0,y_0),则$\frac{x_0^2}{a^2}-\frac{y_0^2}{b^2}=1$ ①

设切线 l 的方程为 $\frac{x_0x}{a^2}-\frac{y_0y}{b^2}=1$，并设切线 l 与两条渐近线 l_1,l_2 以及 x 轴的交点分别为 A,B,M.

则 $M\left(\frac{a^2}{x_0},0\right)$.

(1)当切点是 $(a,0)$ 时，则 $M(a,0),A(a,b),B(a,-b)$，此时有 $|AM|\cdot|BM|=b^2$，$|F_1M|\cdot|F_2M|=(c-a)(c+a)=b^2$，于是 $|AM|\cdot|BM|=|F_1M|\cdot|F_2M|$，由圆的相交弦定理的逆定理，有 F_1,B,F_2,A 四点共圆.

同理，切点是 $(-a,0)$ 时，结论也成立.

(2)当切点的纵坐标不是 0 时，则 $|F_1M|\cdot|F_2M|=\left(c-\frac{a^2}{x_0}\right)\left(\frac{a^2}{x_0}+c\right)=c^2-\frac{a^4}{x_0^2}$ ②

所以 $\begin{cases}\frac{x_0x}{a^2}-\frac{y_0y}{b^2}=1\\ \frac{x}{a}-\frac{y}{b}=0\end{cases}$，解得 $x_A=\frac{a^2b}{bx_0-ay_0}$，同理可得 $x_B=\frac{a^2b}{bx_0+ay_0}$.

$$|AM|\cdot|BM|=(1+k_{AB}^2)|x_A-x_M|\cdot|x_M-x_B|=\left(1+\frac{b^4x_0^2}{a^4y_0^2}\right)\left(\frac{a^2b}{bx_0-ay_0}-\frac{a^2}{x_0}\right)\left(\frac{a^2}{x_0}-\frac{a^2b}{bx_0+ay_0}\right),$$

结合①式化简，得 $|AM|\cdot|BM|=\frac{a^4y_0^2+b^4x_0^2}{y_0^2}\times\frac{ay_0}{(bx_0-ay_0)x_0}\times\frac{ay_0}{x_0(bx_0+ay_0)}$

$$=(a^4y_0^2+b^4x_0^2)\times\frac{a^2}{(b^2x_0^2-a^2y_0^2)x_0^2}=\left(a^4\times\frac{b^2}{a^2}(x_0^2-a^2)+b^4x_0^2\right)\times\frac{a^2}{a^2b^2x_0^2}=a^2+b^2-\frac{a^4}{x_0^2}=c^2-\frac{a^4}{x_0^2} \quad ③$$

由②③得，$|F_1M|\cdot|F_2M|=|AM|\cdot|BM|$，由圆的相交弦定理的逆定理，有 F_1,B,F_2,A 四点共圆.

综上所述，所证结论成立.

通过上面展示的几道例题的解题过程，我们可以看出：要想证四点共圆，首先要顺次连接四点得到一个四边形，然后再根据图形的特点选择证明方法. 另外，对于基本图形在能做到见图知性，只有熟练地掌握了基本图形的基本性质，解题时才能做到灵活运用、得心应手.

例 10 【证明】如图，连接 PQ,QL,LM,MP，则知 $LM\underline{\mathbin{/\!/}}\frac{1}{2}BA\underline{\mathbin{/\!/}}QP$，即知 $LMPQ$ 为平行四边形.

又 $LQ/\!/CH\perp BP/\!/LM$，知四边形 $LMPQ$ 为矩形. 从而 L,M,P,Q 四点共圆，且圆心 V 为 PL 与 QM 的交点.

同理，四边形 $MNQR$ 为矩形，从而 L,M,N,P,Q,R 六点共圆，且 PL,QM,NR 均为这个圆的直径. 由 $\angle PDL=\angle QEM=\angle RFN=90°$，知 D,E,F 三点也在这个圆上，故 $D,E,F,L,M,N.\ P,Q,R$ 九点共圆.

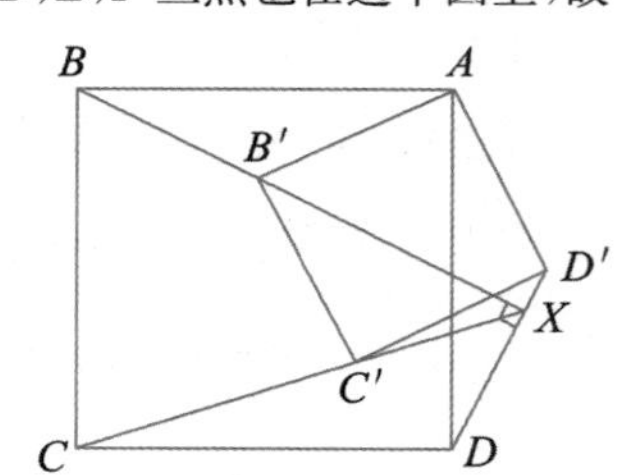

例 11 【证明】将正方形 $ABCD$ 与 $A'B'C'D'$ 绕 A（逆时针）旋转90°时，B 成为 D，B' 成为 D'，从而存在 $BB'\perp DD'$.

设 BB' 与 DD' 的交点为 X，则 X 在正方形 $ABCD$ 中，也在正方形 $A'B'C'D'$ 的外接圆上，所以 $\angle C'XB=\angle C'AB'=45°$，$\angle CXB=\angle CAB=45°$，从而 C,C',X 共线，即 BB',CC',DD' 共点.

习题十三

1. D 【解析】如图，分别过 A 和 D 作 BC 的垂线，垂足设为 H 和 I，则 $AH=GO=DI$，又因为 $GO=OE=OF$，所以 $AH=OE$，$DI=OF$，根据 $S_{\triangle AOB}=\frac{1}{2}BO\cdot AH=\frac{1}{2}AB\cdot EO$，知 $AB=BO$. 同理，$CD=CO$，故 $|AB|+|CD|-|BC|=0$.

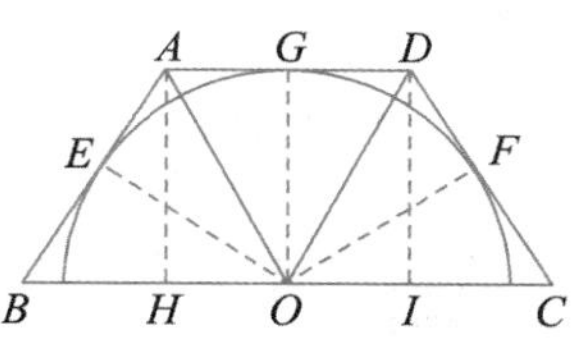

2. A 【解析】一方面，易知存在 $2n(n\geqslant 2)$ 边形可以分成有限个平行四边形（同一个方向叠加即可）；另一方面，考虑 $2n+1$ 边形的内角和为 $(2n-1)\pi$，若最后分成 K 个平行四边形有 M 个内点，则 $(2n-1)\pi+M\cdot\pi=K\cdot\pi$，显然无解，故选 A.

3. A 【解析】如图，依题意，有 $\angle KDB=\angle ADB=\angle KBD$，则 $KB=KD$.

又 $OB=OD$，则 $\angle KOD=90^\circ$. 作 $CE\perp OD$ 交 OD 于点 E.

注意到 $CO=CD$，则 E 为 OD 的中点，

从而 $BK:CK=BO:OE=2:1$. 故选 A.

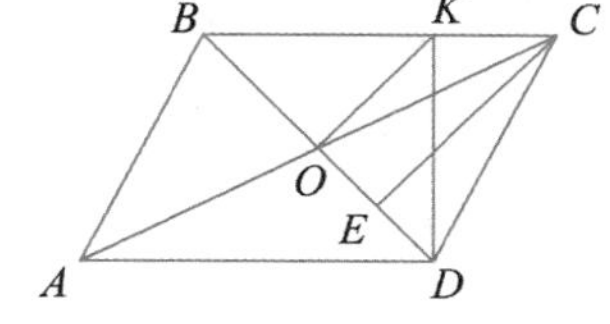

本题也可以由特殊情形猜答案，比如考虑四边形 $ABCD$ 为矩形且 $\angle ACB=30^\circ$ 的情形，易知 A 正确.

4. C 【解析】如图，延长 BA，CD 交于点 E，则 $\angle E=180^\circ-30^\circ-60^\circ=90^\circ$.

因为 $BC=8$，$\angle BCD=60^\circ$，所以 $CE=\frac{1}{2}BC=4$，$BE=\sqrt{8^2-4^2}=4\sqrt{3}$.

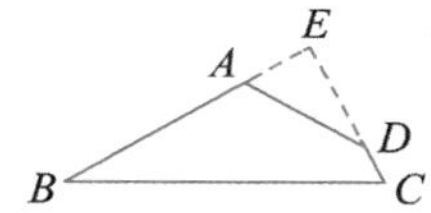

$S_{\triangle BCE}=\frac{1}{2}\times 4\times 4\sqrt{3}=8\sqrt{3}$. 则 $S_{\triangle ADE}=S_{\triangle BCE}-S_{四边形ABCD}=8\sqrt{3}-\frac{13\sqrt{3}}{2}=\frac{3}{2}\sqrt{3}$.

$DE=CE-CD=3$，$AE=\frac{2S_{\triangle ADE}}{DE}=\frac{2\cdot\frac{3}{2}\sqrt{3}}{3}=\sqrt{3}$，$AB=BE-AE=4\sqrt{3}-\sqrt{3}=3\sqrt{3}$，选 C.

5. D 【解析】设正九边形的外接圆半径为 r，则 $2r\sin 20^\circ=1$.

如图所示，正九边形的一条最长对角线为 AF，一条最短对角线为 AH.

$AF-AH=2r\sin 80^\circ-2r\sin 40^\circ=2r(\sin 80^\circ-\sin 40^\circ)$

$=2r\times 2\sin 20^\circ\cos 60^\circ=2r\sin 20^\circ=1$.

即正九边形的最长对角线与最短对角线的差为 1.

从而选 D.

注：正九边形的最长对角线与最短对角线之差等于其边长.

6. A 【解析】为了方便，我们直接记 $\triangle A_nB_nC_n$ 三个内角为 A_n，B_n，C_n，则三角形 $\triangle A_nB_nC_n$ 的内切圆的圆心 I_n 为 $\triangle A_{n+1}B_{n+1}C_{n+1}$ 外接圆的圆心，于是有

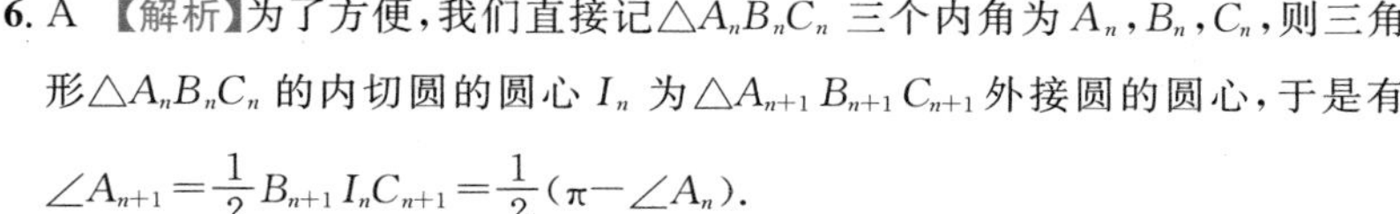

$\angle A_{n+1}=\frac{1}{2}B_{n+1}I_nC_{n+1}=\frac{1}{2}(\pi-\angle A_n)$.

于是有 $\angle A_{n+1}-\frac{\pi}{3}=-\frac{1}{2}\left(\angle A_n-\frac{\pi}{3}\right)$. 所以 $\angle A_n=\left(\angle A_0-\frac{\pi}{3}\right)\cdot\left(-\frac{1}{2}\right)^n+\frac{\pi}{3}(n\in\mathbf{N})$，所以当 $n\to+\infty$ 时，$\angle A_n\to\frac{\pi}{3}$；同理，当 $n\to+\infty$ 时，$\angle B_n\to\frac{\pi}{3}$，$\angle C_n\to\frac{\pi}{3}$，所以 $\triangle A_nB_nC_n$ 的极限

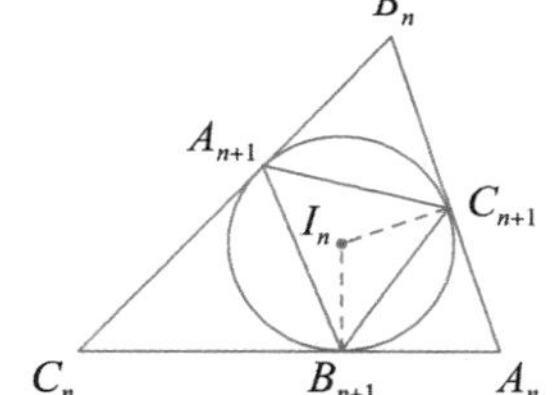
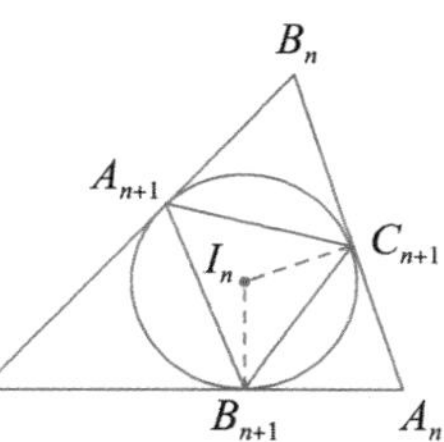

情形为等边三角形，也可以直接由$2\angle A_{n+1}+\angle A_n=\pi$，得到$\angle A_{n+1}=\dfrac{\angle B_n+\angle C_n}{2}$，从而得到这些三角形的极限情况是三个内角都相等. 故选 A.

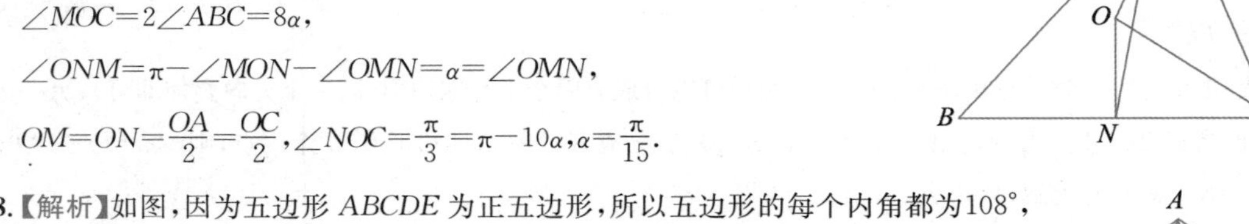

7. $\dfrac{\pi}{15}$ 【解析】如图，设$\angle OMN=\alpha$，则$\angle ABC=4\alpha$，$\angle ACB=6\alpha$，连接 OC，

则$\angle NOC=\angle BAC=\pi-10\alpha$，

$\angle MOC=2\angle ABC=8\alpha$，

$\angle ONM=\pi-\angle MON-\angle OMN=\alpha=\angle OMN$，

$OM=ON=\dfrac{OA}{2}=\dfrac{OC}{2}$，$\angle NOC=\dfrac{\pi}{3}=\pi-10\alpha$，$\alpha=\dfrac{\pi}{15}$.

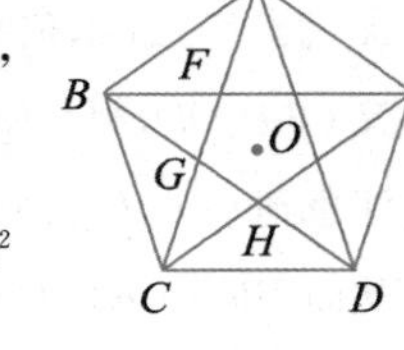

8.【解析】如图，因为五边形 $ABCDE$ 为正五边形，所以五边形的每个内角都为$108°$，得$\angle BAG=\angle ABF=FBG=36°$，所以$\angle ABG=\angle AGB=\angle BGF=\angle BFG=72°$，得$\triangle ABG\backsim\triangle BGF$.

设对角线围成的正五边形的边长 $FG=x$，则 $BG=1-x$，从而有$\dfrac{x}{1-x}=\dfrac{1-x}{1}$，即 $x^2-3x+1=0$，解得 $x=\dfrac{3-\sqrt{5}}{2}$，或 $x=\dfrac{3+\sqrt{5}}{2}$（舍去）. 所以 $AF=CG=1-FG=\dfrac{\sqrt{5}-1}{2}$.

所以对角线 $AC=\dfrac{1+\sqrt{5}}{2}$.

9.【解析】$S_{\triangle BDF}=\dfrac{DF}{DE}S_{\triangle BDE}=zS_{\triangle BDE}$，$S_{\triangle BDE}=\dfrac{BD}{AB}S_{\triangle ABE}=(1-x)S_{\triangle ABE}$，$S_{\triangle ABE}=\dfrac{AE}{AC}S_{\triangle ABC}=yS_{\triangle ABC}$，所以$S_{\triangle BDF}=(1-x)yzS_{\triangle ABC}=2(1-x)yz$.

将 $y+z-x=1$ 变形为 $y+z=x+1$，暂时将 x 看成是常数，欲使 yz 取得最大值，必须有 $y=z=\dfrac{x+1}{2}$，于是 $S_{\triangle BDF}=\dfrac{1}{2}(1-x)(x+1)^2$，解此一元函数的极值问题，知当 $x=\dfrac{1}{3}$ 时取得极大值$\dfrac{16}{27}$.

10.【解析】(1)在$\triangle ABC$ 中，根据塞瓦定理，因为 AD,BE,CF 三线交于一点 H，所以$\dfrac{AF}{FB}\cdot\dfrac{BD}{DC}\cdot\dfrac{CE}{EA}=1$. 根据梅涅劳斯定理，因为直线 $F(E)G$ 与$\triangle ABC$ 的三边分别交于 F,G,E，所以$\dfrac{AF}{FB}\cdot\dfrac{BG}{GC}\cdot\dfrac{CE}{EA}=1$. 因此，$\dfrac{BD}{DC}=\dfrac{BG}{GC}$.

(2)因为$\dfrac{BD}{DC}=\dfrac{BG-2OD}{GC-2OC}$，所以$\dfrac{BD}{DC}=\dfrac{OD}{OC}$. 连接 OP，由$\dfrac{BD}{DC}=\dfrac{BG}{GC}$，得$\dfrac{OB-OD}{OD-OC}=\dfrac{OB+OD}{OD+OC}$，即$\dfrac{OD}{OC}=\dfrac{OB}{OD}$，从而$\dfrac{OP}{OC}=\dfrac{OB}{OP}$.

而$\angle COP=\angle POB$，所以$\triangle COP\backsim\triangle POB$. 因此，$\dfrac{PB}{PC}=\dfrac{OP}{OC}=\dfrac{OD}{OC}=\dfrac{BD}{DC}$，命题得证.

11.【解析】设 M 为 BC 中点，过点 E,F 的切线 l_E,l_F 分别交 BC 于 N,K，设 $EN\cap AM=P$，$FK\cap AM=P'$，只要证点 P,P' 重合；$\triangle ABM$，$\triangle ACM$ 分别被直线 FK,EN 所截，由梅涅劳斯定理，得$\dfrac{MK}{KB}\cdot\dfrac{BF}{FA}\cdot\dfrac{AP'}{P'M}=1$，$\dfrac{MN}{NC}\cdot\dfrac{CE}{EA}\cdot\dfrac{AP}{PM}=1$，要证$\dfrac{AP'}{P'M}=\dfrac{AP}{PM}$，只要证$\dfrac{MK}{KB}\cdot\dfrac{BF}{FA}=\dfrac{MN}{NC}\cdot\dfrac{CE}{EA}$ ①

如图,设圆心为O,连接DE,DF,ON,OK,因为KD,KF为$\odot O$的切线,所以OK是DF的中垂线,又$AF\perp DF$,则$OK/\!/AB$,即OK是$\triangle DAB$的中位线,K是BD的中点,同理N是CD的中点,所以$KN=\frac{1}{2}BC=MB=MC$,

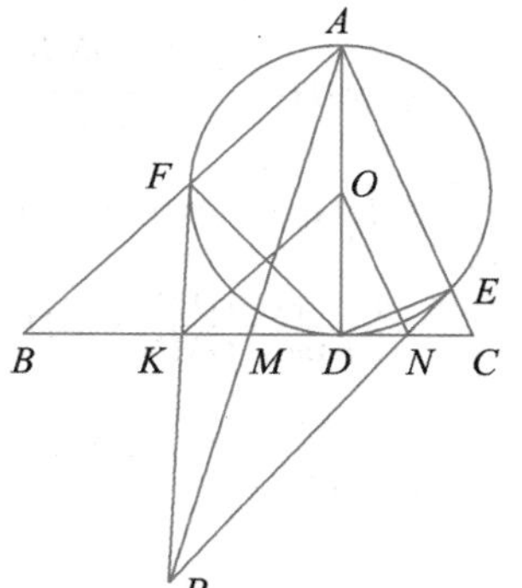

因此$MK=CN=ND$,于是$\frac{MK}{KB}=\frac{ND}{DK}=\frac{CD}{BD},\frac{MN}{NC}=\frac{DK}{ND}=\frac{BD}{CD}$ ②

又在直角$\triangle ADB,\triangle ADC$中,由$DF\perp AB,DE\perp AC$,

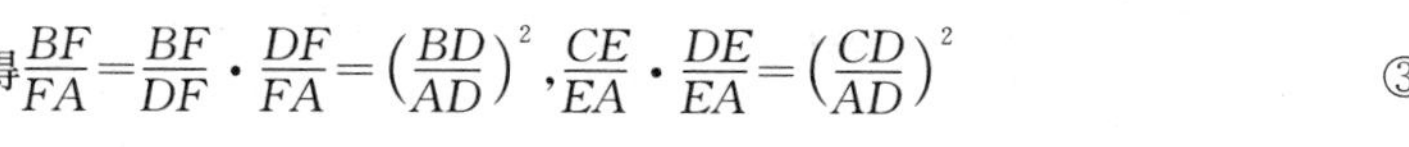

得$\frac{BF}{FA}=\frac{BF}{DF}\cdot\frac{DF}{FA}=\left(\frac{BD}{AD}\right)^2,\frac{CE}{EA}\cdot\frac{DE}{EA}=\left(\frac{CD}{AD}\right)^2$ ③

根据②③可知,①式成立,因此结论得证.

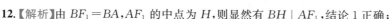

12.【解析】由$BF_1=BA,AF_1$的中点为H,则显然有$BH\perp AF_1$,结论1正确;

作$\angle F_1BF_2$的平分线交F_1F_2于点C,则有$BH\perp BC$,由角平分线的性质有$\frac{CF_1}{BF_1}=\frac{CF_2}{BF_2}=e$,设椭圆$\frac{x^2}{a^2}+\frac{y^2}{b^2}=1(a>b>0)$,$B(x_0,y_0)$,可得$BF_1=ex_0+a$,所以$CF_1=e^2x_0+c$,所以$C(e^2x_0,0)$,可得$k_{BC}=\frac{a^2y_0}{b^2x_0}$,则$k_{BH}=-\frac{b^2x_0}{a^2y_0}$,可得$BH:\frac{x_0x}{a^2}+\frac{y_0y}{b^2}=1$为椭圆的切线,故结论2正确.

13.【解析】记$\triangle ABC$的外接圆为ω.因为$\angle API=\angle AQI=90^\circ$,故$A,P,I,Q$四点共圆.

因此$\angle BPQ=\angle BPI+IPQ=90^\circ+\angle IAQ=90^\circ+\frac{1}{2}\angle BAC=\angle BIC$.

又由B,I,P,X四点共圆,知$\angle BPX=\angle BIX$,故$\angle BIX+\angle BIC=\angle BPX+\angle BPQ=180^\circ$,因此$C,I,X$三点共线.

由B,I,P,X共圆可知$\angle BXI=\angle BPI=90^\circ$,故$BX\perp IX$,即$BX\perp CX$.因此$\angle BAC=\angle BXC=90^\circ$.

于是四边形$APIQ$是正方形,PQ垂直平分线段AI.

设Y'是$\overset{\frown}{AC}$的中点,则可知$Y'A=Y'I$,因此Y'是AI的中垂线PQ与圆ω的交点.又直线PQ与圆ω相交于X,Y两点,且Y'显然不同于X,故Y'与Y重合,因此Y是$\overset{\frown}{AC}$的中点.于是B,I,Y三点共线.

因此,$\angle IYC=\angle BYC=\angle BAC=90^\circ=\angle IQC$,进而$C,I,Q,Y$四点共圆.

14.【解析】如图,取两圆的圆心分别为N,M,连接MN,过M作$ME\perp AB$于点E,过N作$NF\perp AB$于点F,过M作$MG\perp FN$于点G.设$EF=x$,则$FG=EM=AE=\frac{7}{3}$,$FN=BF=\frac{28}{3}$,$MN=\frac{7}{3}+\frac{28}{3}=\frac{35}{3}$,所以$GN=FN-FG=7$,$MN=\frac{35}{3}$,$MG\perp FN$,所以$MG=\frac{28}{3}$,从而$\tan\angle NMG=\frac{3}{4}$.

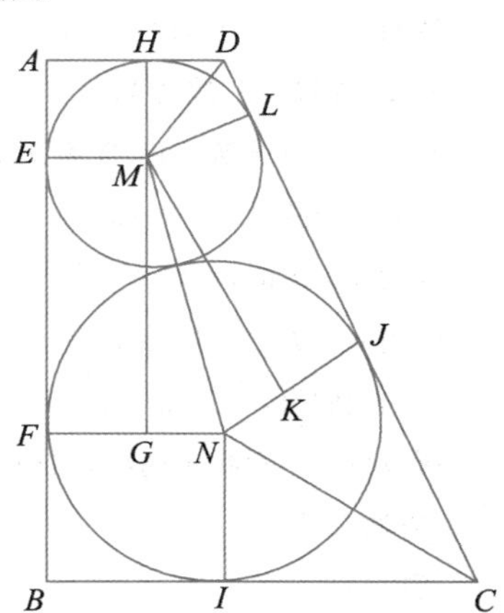

过M作$MH\perp AD$于点H,过点N作$NI\perp BC$于I,连接MD,CN,过N作$NJ\perp CD$于点J,过M作$MK\perp NJ$于点K.$ML\perp CD$于点L.

$$\angle DMH=\frac{\frac{\pi}{2}-\angle GMK}{2}=\frac{\pi}{4}-\angle GMN,$$

$$DH=\tan\angle DMH\cdot MH=\tan\left(\frac{\pi}{4}-\angle GMN\right)\cdot MH$$

$$=\frac{1-\tan\angle GMN}{1+\tan\angle GMN}\cdot MH=\frac{1}{7}\times\frac{7}{3}=\frac{1}{3}.$$

$$\angle INC=\frac{\frac{3\pi}{2}-\angle GNK}{2}=\frac{\frac{3\pi}{2}-(\pi-\angle GMK)}{2}=\frac{\pi}{4}+\angle GMN.$$

$$\tan\angle INC=\tan\left(\frac{\pi}{4}+\angle GMN\right)=\frac{1}{\tan\left(\frac{\pi}{4}-\angle GMN\right)}=7,$$

$$IC=\tan\angle INC\cdot NI=7\times\frac{28}{3}=\frac{196}{3}.$$

所以 $AD=DH+AH=\frac{8}{3}$，$BC=BI+IC=\frac{224}{3}$，

$AB=AE+EF+BF=21$，

故 $S_{\text{梯形}ABCD}=\frac{1}{2}\left(\frac{8}{3}+\frac{224}{3}\right)\times21=812.$

第十四章　初等数论

§14.1　整　数

例 1　B　【解析】依题意，有 $\frac{n+(2021-123)}{n}=1+\frac{1898}{n}\in\mathbf{N}^+$.

注意到 $1898=2\times13\times73$，从而可知 1898 共有 $2^3=8$ 个正因数，即 n 共有 8 种取法，从而选 B.

例 2　B　【解析】易知 $ab+2a-b=n$，又 a,b 均为 n 的正因子，则 $a|b,b|2a$. 即 $b=a$，或 $b=2a$.

从而 $n=a(a+1)$，或 $n=2a^2$. 依次检验，可知 $n=2\times2020^{2020}$ 符合题意，此时 $a=2020^{1010}$，

$b=2\times2020^{1010}$. 故选 B.

例 3　【解析】**(方法一)** 首先易知 $(x+y)\nmid xy$，

当 $n=2$ 时，$x^2+y^2=(x+y)^2-2xy$，所以 $(x+y)\mid x^2+y^2$；

假设 $n\leqslant2k$ 时，有 $(x+y)\nmid x^n+y^n$，

则当 $n=2k+2$ 时，由 $x^{2k+2}+y^{2k+2}=(x^{2k}+y^{2k})(x^2+y^2)-x^2y^2(x^{2k-2}+y^{2k-2})$，

由归纳假设，可知 $(x+y)\nmid x^{2k+2}+y^{2k+2}$，

所以可知不存在正偶数 n，使得 $(x+y)\mid x^n+y^n$.

(方法二) 因为 $x^{2k+2}+y^{2k+2}=(x^{2k+1}+y^{2k+1})(x+y)-xy(x^{2k}+y^{2k})$.

所以 $(x+y)\mid x^{2k+2}+y^{2k+2}\Leftrightarrow(x+y)\mid x^{2k}+y^{2k}$.

故若存在正偶数 n，使得 $(x+y)\mid x^n+y^n$，则 $(x+y)\mid x^2+y^2$.

而 $(x+y)^2=x^2+y^2-2xy$，所以 $(x+y)\mid 2xy$.

设 $2xy=t(x+y)=tx+ty(t\in\mathbf{Z}^{+})$，所以 $x(2y-t)=ty$，即 $x\mid ty$，则 $x\mid t$. 同理，$y\mid t$.

设 $t=rxy$，所以 $2=r(x+y)$，矛盾. 所以 $(x+y)\nmid 2xy$，故 $(x+y)\nmid xy$.

综上可知，不存在 $n=2k$，使得 $(x+y)\mid x^n+y^n$.

例 4 【解析】由题意可设 $a=x^2,b=x^3,c=y^4,d=y^5$，从而 $y^4-x^2=77$，因式分解，得 $(y^2-x)(y^2+x)=77$，从而 $y^2-x=7,y^2+x=11$，解得 $x=2,y=3$.

因此，$d-b=y^5-x^3=235$.

例 5 A 【解析】考虑到 $x^2+x+1=x(x+1)+1$，显然 $x(x+1)$ 为相邻的整数积，为偶数，从而 x^2+x+1 与 y^2+y+1 都是奇数. 从而 $(x^2+x+1)+(y^2+y+1)\equiv 0(\bmod 2)$，$(x^2+x+1)^2+(y^2+y+1)^2$ 被 4 除的余数为 2，与任何平方数被 4 除的余数只有可能是 0 或 1 矛盾，从而 $(x^2+x+1)^2+(y^2+y+1)^2$ 不可能为完全平方数. 故满足条件的数对 (x,y) 的个数为 0 个. 故选 A.

例 6 CD 【解析】当 $x=y=4$ 时，$x^2+5y=y^2+5x=36$，故 C 正确；

当 $x=y=2$ 时，$x^2+6y=y^2+6x=16$，故 D 正确.

对于 $k=2$，不妨设 $y\leqslant x$，则 $x^2<x^2+2y\leqslant x^2+2x<(x+1)^2$，则 x^2+2y 不可能为完全平方数；

对于 $k=4$，不妨设 $y\leqslant x$，则 $x^2<x^2+4y\leqslant x^2+4x<(x+2)^2$，所以 $x^2+4y=(x+1)^2$，即 $4y=2x+1$，这样就出现了偶数等于奇数的情形，矛盾！

故选 CD.

例 7 C 【解析】首先，验证当 $n\leqslant 4$ 时，可得 $(2,3)$，$(3,4)$ 符合条件；

当 $n\geqslant 5$ 时，$n^3<n^3+2n^2+8n-5=(n+1)^3-(n-2)(n-3)<(n+1)^3$，故不存在自然数组 (n,a) 满足条件，故选 C.

例 8 A 【解析】设 $4^n+2021=x^2(x\in\mathbf{N}^{*})$，则 $(x-2^n)(x+2^n)=2021$.

注意到 $2021=1\times 2021=43\times 47$，从而 $(x-2^n,x+2^n)=(1,2021)$，或 $(43,47)$.

经检验知，当且仅当 $(x,n)=(45,1)$ 时满足题意. 故选 A.

例 9 【解析】直接运用开平方的竖式算法，如右图所示：

于是 $\sqrt{11}\approx 3.317$，则 $a=3,b=1,c=7$，

所以 $a+b+c=11$.

这种开平方的竖式算法流程出自我们古代数学名著《九章算术》(大约成书于公元前 1 世纪)，其关键点是在被开方数的小数点前后按每两位数分节做竖式除法，第 2 次以后确定除数的依据是逆用公式：$(a\times 10+b)^2-a^2=(a\times 20+b)b$. 从这里看，其实这个方法涉及到迭代的思想，学习高数后自然会明白其中更深层次的奥秘.

	3. 3 1 6 6
3	11.00000000
	9
3·20+3=63	200
	189
33·20+1=661	1100
	661
331·20+6=6626	43900
	39756
3316·20+6=66326	414400
	397956
	16444

例 10 60585 【解析】当 $m^2<n<\left(m+\frac{1}{2}\right)^2$，则 $m^2+1\leqslant n\leqslant m^2+m$，且 $\sqrt{n}=m$，

又 $44^2+44=1980<2024$，

当 $\left(m+\frac{1}{2}\right)^2<n<(m+1)^2$，则 $m^2+m+1\leqslant n\leqslant m^2+2m$，且 $\sqrt{n}=m+1$，

又$44^2+2\times44=2024$.

所以 $S_{2024}=\sum\limits_{k=1}^{44}k+\sum\limits_{k=1}^{44}k^2+\sum\limits_{k=1}^{44}k(k+1)=60720$,

从而有 $S_{2021}=S_{2024}-a_{2022}-a_{2023}-a_{2024}=60720-3\times45=60585$.

例 11 【解析】我们可以证明一个更加一般地情形：

若一个 $2n$ 位数可以写成两个 n 位数的乘积，则称为 A 型，否则称为 B 型. 事实上，我们不妨先考虑 n $=$，根据个位数乘法运算，容易发现 B 型数多(27 个).

易知 A 型数与 B 型数的总数即为 $2n$ 位数的个数($10^{2n}-10^{2n-1}=9\times10^{2n-1}$个)，所以 n 位数的个数共有 $9\times10^{n-1}$个，考虑(x,y)是两个 n 位数，满足 $x\leqslant y$，则这样的数组一共有 $1+2+\cdots+9\times10^{n-1}=\frac{1}{2}(9\times10^{n-1})(9\times10^{n-1}+1)<(5\times10^{n-1})(9\times10^{n-1})=4.5\times10^{2n-1}$.

于是 $z=xy$ 的可能值的个数 $M<4.5\times10^{2n-1}$，于是 A 型数的个数$<M<4.5\times10^{2n-1}$，从而可知 B 型数的个数$>4.5\times10^{2n-1}>A$ 型数的个数.

例 12 C 【解析】由题设，可设 $p^2(p+7)=a^2(a\in\mathbf{N}^*)$，因而 $p\mid a$，可设 $a=pb(b\in\mathbf{N}^*)$，得 $p+7=b^2(b\in\mathbf{N}^*)$，由于 p 是不大于 100 的素数，可得 $9\leqslant b^2\leqslant106$，$3\leqslant b\leqslant10$，因而 $p+7=b^2=9,16,25,36,49,81$ 或 100. 从而 $p=2,9,18,29,42,57,64$，或 93. 再由 p 是素数，可得 $p=2$ 或 29. 故选 C.

§14.2 数论函数

例 1 $\{x\in\mathbf{Z}\mid x\equiv0,1,2,3(\bmod 6)\}$ 【解析】由于 $x=[x]+\{x\}$. 下面我们分类讨论：

(1)当 $0\leqslant\{x\}<\frac{1}{3}$时，$[x]+[2x]+[3x]=6[x]$；

(2)当$\frac{1}{3}\leqslant\{x\}<\frac{1}{2}$时，$[x]+[2x]+[3x]=6[x]+1$；

(3)当$\frac{1}{2}\leqslant\{x\}<\frac{2}{3}$时，$[x]+[2x]+[3x]=6[x]+2$；

(4)当$\frac{2}{3}\leqslant x<1$ 时，$[x]+[2x]+[3x]=6[x]+3$.

综上所述，$f(x)$的值域为$\{x\in\mathbf{Z}\mid x\equiv0,1,2,3(\bmod 6)\}$.

例 2 AC 【解析】当 $x>0$ 时，易知 $x<[x]+1$，$\frac{1}{x}<\left[\frac{1}{x}\right]+1$，则 $f(x)<1$，无解；

当$-1<x<0$ 时，$f(x)=\dfrac{\frac{1}{x}+x}{\left[\frac{1}{x}\right]+1}$，易知 $x\in\left(-\frac{1}{k},-\frac{1}{k+1}\right](k\in\mathbf{N}^*)$，有$\left[\frac{1}{x}\right]+1=-k$,

则有 $f(x)=-\dfrac{x+\frac{1}{x}}{k}\in\left[1+\frac{1}{k^2},1+\frac{k+2}{k(k+1)}\right]$，考虑到$\frac{1}{k^2}<\frac{1}{3}\leqslant\frac{k+2}{k(k+1)}$，解得$\sqrt{3}<k\leqslant1+\sqrt{7}$,

所以 $k=2$ 或 3.

当 $k=2$ 时，$f(x)=-\dfrac{x+\frac{1}{x}}{2}$，令 $f(x)=\frac{4}{3}$，解得 $x=\frac{\sqrt{7}-4}{3}$，又 $f(x)=f\left(\frac{1}{x}\right)$，则可知 $x<-1$ 时，有一

解为 $x=-\frac{\sqrt{7}+4}{3}$；

当 $k=3$ 时，$f(x)=-\frac{x+\frac{1}{x}}{3}$，令 $f(x)=\frac{4}{3}$，解得 $x=\sqrt{3}-2$，又 $f(x)=f\left(\frac{1}{x}\right)$，则可知 $x<-1$ 时，有一解为 $x=-\sqrt{3}-2$；

同理，当 $f(x)=\frac{8}{5}$，可解得 $x=\frac{-8\pm\sqrt{39}}{5}$.

故本题选 AC.

例 3 【解析】当 $0<x<1$ 时，有 $f(x)\leqslant 0$，则 $[f(x)+|f(x)|-2]=-2$，所以 $g[f(x)]=\frac{f(x)+[f(x)]+4}{4}<1$，只需 $f(x)+[f(x)]>-4$，解得 $\frac{1}{4}<x<1$.

当 $x\in[2^k,2^{k+1})(k\in\mathbf{N})$，有 $f(x)\in[k,k+1)$，$2f(x)-2\in[2k-2,2k)$，$[f(x)]=k$.

(1)若 $2f(x)-2\in[2k-2,2k-1)$，有 $[2f(x)-2]=2k-2$，则 $g[f(x)]=\frac{f(x)-k+4}{4}\geqslant 1$，不符合题意；

(2)若 $2f(x)-2\in[2k-1,2k)$，有 $[2f(x)-2]=2k-1$，则 $g[f(x)]=\frac{f(x)-k+3}{4}\in\left[\frac{3}{4},1\right)$，符合题意，此时 $x\in[2^{k+\frac{1}{2}},2^{k+1})$.

综上所述，$x\in\left(\frac{1}{4},1\right)\cup[2^{k+\frac{1}{2}},2^{k+1})(k\in\mathbf{N})$.

例 4 C 【解析】由 $2^3\equiv 1(\bmod 7)$，可知 $2^i \bmod 7$ 是三循环的，$2^{3k}\equiv 1(\bmod 7)$，$2^{3k+1}\equiv 2(\bmod 7)$，$2^{3k+2}\equiv 4(\bmod 7)$（其中 $k\in\mathbf{N}$）.

$$Y=\sum_{i=0}^{2021}\left[\frac{2^i}{7}\right]=\sum_{i=0}^{2021}\frac{2^i}{7}-\frac{2022}{3}\left(\frac{1}{7}+\frac{2}{7}+\frac{4}{7}\right)=\frac{2^{2022}-1}{7}-674$$

$$=\frac{(2^3-1)(1+2^3+2^6+\cdots+2^{2019})}{7}-674=1+2^3+2^6+\cdots+2^{2019}-674.$$

结合 $8^{4k}\equiv 6(\bmod 10)$，$8^{4k+1}\equiv 8(\bmod 10)$，$8^{4k+2}\equiv 4(\bmod 10)$，$8^{4k+3}\equiv 2(\bmod 10)$（其中 $k\in\mathbf{N}$），可知

$Y\equiv 1+168(8+4+2+6)+8-674\equiv 5(\bmod 10)$.

故选 C.

例 5 【解析】注意到 $x,y>N$. 否则，$\frac{1}{x}$ 或 $\frac{1}{y}$ 大于 $\frac{1}{N}$. 则 $\frac{1}{x}+\frac{1}{y}=\frac{1}{N}$，则 $y=\frac{N^2}{x-N}+N$.

这样，N^2 的每个正因子 d 都唯一对应着一组解 $(x,y)=\left(d+N,\frac{N^2}{d}+N\right)$.

令 $N=p_1^{\alpha_1}p_2^{\alpha_2}\cdots p_n^{\alpha_n}$，$N^2=p_1^{2\alpha_1}p_2^{2\alpha_2}\cdots p_n^{2\alpha_n}$.

由题意知，$(2\alpha_1+1)(2\alpha_2+1)\cdots(2\alpha_n+1)=2021$.

因为 2021 的正因子都模 4 余 1，所以 α_i 必为偶数.

所以 N 是完全平方数.

例 6 112 【解析】设集合 $\Omega=\left\{r\,\middle|\, r=\frac{p}{q},p,q\in\mathbf{N}^*,(p,q)=1,pq\mid 3600\right\}$.

考虑 Ω 的任一元素 r 的最简分数形式 $\frac{p}{q}$，因为 3600 的标准分解为 $2^4\times 3^2\times 5^2$，可设 $p=2^A\times 3^B\times 5^C$，

$q=2^a\times3^b\times5^c$，其中 $\min\{A,a\}=\min\{B,b\}=\min\{C,c\}=0$，且 $A+a\leqslant4$，$B+b\leqslant2$，$C+c\leqslant2$.

这样的数对(A,a)共有 9 种取法，数对(B,b)共有 5 种取法，数对(C,c)共有 5 种取法，所以 Ω 的元素个数 $\mathrm{Card}(\Omega)=9\times5\times5=225$.

满足条件的有理数的全体为 $\Omega\cap(0,1)$. 注意到，$r\in\Omega$ 当且仅当$\frac{1}{r}\in\Omega$，特别地，$1\in\Omega$. 因此，$\Omega/\{1\}$中的元素可按乘积为 1 配成$\frac{1}{2}[\mathrm{Card}(\Omega)-1]=112$ 对，每对中恰有一数属于$(0,1)$，即恰有一数满足条件.

从而所求有理数 r 的个数为 112.

例 7　7　【解析】$2^{2020}=4\times2^{2018}=4\times(3p+1)=12p+4$，$p$ 为正整数，

$3^{2021}=3\times3^{2020}=3\times(8+1)^{1010}=3\times(4q+1)=12q+3$，$q$ 为正整数.

因此，$n=7$.

例 8　C　【解析】由于任意两个因数的乘积都不是平方数，可得任意两个因数素因数分解式中至少有一个素因数的指数的奇偶性是不同的.

因为$(2019\times2020)^{2021}=(2^2\times3\times5\times101\times673)^{2021}$，所以可以选取的素因数为 2，3，5，101，673，共计 5 个.

5 个素因数的不同奇偶组合共有 $2^5=32$ 个，故选 C.

例 9　【证明】用反证法. 假设 $p=4k+1$ 是 a^2+b^2 的质因子，由于$(a,b)=1$ 知 a,b 不能同时被 p 整除；

若 a,b 中恰好有一个能被 p 整除，不妨设 $p|a$，由 $p|(a^2+b^2)$，知 $p|b^2$，进而 $p|b$，矛盾. 故 a,b 都不能被 p 整除，从而$(a,p)=(b,p)=1$.

由费马小定理，知 $p|(a^{p-1}-1)$，$p|(b^{p-1}-1)$，从而 $p|(a^{p-1}-b^{p-1})=(a^{4k-2}-b^{4k-2})$

（因为 p 是奇数，由 $p\nmid b$ 得 $p\nmid 2b^{4k-2}$）

得 $p\nmid[(a^{4k-2}-b^{4k-2})+2b^{4k-2}]=[(a^2)^{2k-1}+(b^2)^{2k-1}]=(a^2+b^2)(a^{4k-4}+a^{4k-6}b^2+\cdots+b^{4k-4})$.

从而 $p\nmid(a^2+b^2)$，矛盾.

例 10　【证明】因为 $240=2^4\times3\times5$，且 $p^4-1=(p-1)(p+1)(p^2+1)$.

(1)由于素数 $p\geqslant7$，知 $p-1,p+1,p^2+1$ 均为偶数；又 $p-1$ 与 $p+1$ 是连续的偶数，所以 $p-1$ 与 $p+1$ 中恰好有一个是 4 的倍数，进而 $2^4|(p^4-1)$；

(2)因为$(3,p)=1$，由费马小定理，得 $p^2\equiv1(\mathrm{mod}3)$，所以 $3|(p^2-1)$，从而 $3|(p^4-1)$；

(3)因为$(5,p)=1$，由费马小定理，得 $p^4\equiv1(\mathrm{mod}5)$，所以 $5|(p^4-1)$；

又因为 2^4，3，5 两两互质，所以 $240=2^4\times3\times5|(p^4-1)$.

§14.3　同　余

例 1　$\frac{19}{55}$　【解析】按 mod3 进行分类，将集合分为以下三类：

①$A_1=\{1,4,7,10\}$；②$A_2=\{2,5,8,11\}$；③$A_0=\{3,6,9,12\}$.

任取三个数，若使其和是 3 的倍数，则取法有以下两种：

(1)3 个数均取自同一个集合，共有 $3C_4^3=12$ 种不同的取法

(2)3 个数分别取自三个不同的集合，即一个集合中取一个数，则有 $C_4^1C_4^1C_4^1=64$ 种不同的取法.

从而,从集合$\{1,2,3,\cdots,12\}$中任取3个数,其和能被3整除的取法共为$64+12=76$种不同的取法.

而从集合$\{1,2,3,\cdots,12\}$中任取3个数的取法有$C_{12}^3=220$种.

故所求概率为$\frac{76}{220}=\frac{19}{55}$.

例2 C 【解析】因为$n\times n!=(n+1)!-n!$,所以$1\times1!+2\times2!+\cdots+672\times672!=673!-1$,而$2019=3\times673$,所以$673!-1\equiv-1\equiv2018(\mathrm{mod}2019)$,选C.

例3 A 【解析】由二项展开式,知

$2019^{2020}\equiv19^{2020}\equiv(20-1)^{2020}\equiv C_{2020}^1\times20\times(-1)^{2019}+(-1)^{2020}\equiv1(\mathrm{mod}100)$.

即2019^{2020}在十进制下的末两位数字是01.故选A.

例4 1 【解析】$2021^2\equiv11(\mathrm{mod}19)$,则$2021^{2022}\equiv11^{1011}(\mathrm{mod}19)$.

$1011=3\times337$,$11^3\equiv1(\mathrm{mod}19)$,则$11^{1011}\equiv1(\mathrm{mod}19)$,所以$n=1$.

例5 4 【解析】易知,当$n\geqslant3$时,$n!\equiv0(\mathrm{mod}3)$,记$S_n=1!+2!+\cdots+n!$,则$S_1\equiv1(\mathrm{mod}3)$,$S_2\equiv1+2\equiv0(\mathrm{mod}3)$,$S_n\equiv0(\mathrm{mod}3)(n\geqslant3)$;

易知,当$n\geqslant6$时,$n!\equiv0(\mathrm{mod}9)$,则$S_1\equiv1(\mathrm{mod}9)$,$S_2\equiv3(\mathrm{mod}9)$,$S_3\equiv0(\mathrm{mod}9)$,$S_5\equiv6+120\equiv0(\mathrm{mod}9)S_n\equiv0(\mathrm{mod}9)(n\geqslant6)$;

易知,当$n\geqslant9$时,$n!\equiv0(\mathrm{mod}27)$,则$S_1\equiv1(\mathrm{mod}27)$,$S_2\equiv3(\mathrm{mod}27)$,$S_3\equiv3+6\equiv9(\mathrm{mod}27)$,$S_4\equiv9+24\equiv6(\mathrm{mod}27)$,$S_5\equiv6+120\equiv18(\mathrm{mod}27)$,$S_6\equiv18+720\equiv9(\mathrm{mod}27)$,$S_7\equiv9+720\times7\equiv0(\mathrm{mod}27)$,$S_8\equiv720\times7\times8\equiv9(\mathrm{mod}27)$,$S_n\equiv9(\mathrm{mod}27)(n\geqslant9)$.

因为对任意$n\neq7$,S_n都不是27的倍数,$S_7=5913=3^4\times73$,则m的最大值是4.

注意:模运算时,要注意合理应用$A\cdot B\equiv[(A\mathrm{mod}p)\cdot(B\mathrm{mod}p)](\mathrm{mod}p)$来减少运算量.

例6 【解析】十进位制数$x=\overline{a_na_{n-1}\cdots a_1a_0}$,$a_0,a_1,\cdots,a_n\in\{0,1,2,\cdots,9\}$,$a_n\neq0$,$n\in\mathbf{N}$,有$x=a_0+a_1\times10^1+\cdots+a_{n-1}\times10^{n-1}+a_n\times10^n\equiv a_0+a_1+\cdots+a_{n-1}+a_n(\mathrm{mod}9)$,于是$a\equiv b\equiv c\equiv d(\mathrm{mod}9)$ ①

由于$4444\equiv7(\mathrm{mod}9)$及$4444^{4444}\equiv7^{4444}\equiv(7^3)^{1481}\times7\equiv1^{1481}\times7\equiv7(\mathrm{mod}9)$,

结合①,所以有$a\equiv b\equiv c\equiv d\equiv7(\mathrm{mod}9)$ ②

如果非负整数$d\leqslant15$,结合②,则$d=7$.

下面证明$d\leqslant15$.

$\lg1000^{4444}<\lg a<\lg10000^{4444}$,$3\times4444<\lg a<4\times4444=17776$,

所以$b<9\times(17776+1)=159993$,若$b$是6位数,则$c\leqslant1+4+4\times9=41$,

若b的位数小于6,则$c\leqslant5\times9=45$,综合得$c\leqslant45$.

c至多两位数,所以$d\leqslant3+9=12$,或$d\leqslant9$,综合得$d\leqslant12$.

于是$d=7$.

例7 【解析】**(方法一)**依题意$n^3\equiv888(\mathrm{mod}1000)$,故$n$的末位数字为2,设$n=10k+2(k\in\mathbf{N}^*)$,而$(10k+2)^3=1000k^3+600k^2+120k+8$,则$600k^2+120k\equiv880(\mathrm{mod}1000)$,

故$60k^2+12k\equiv88(\mathrm{mod}100)$,则$15k^2+3k\equiv22(\mathrm{mod}25)$,即$15k^2+3k\equiv-3(\mathrm{mod}25)$,于是$25|(5k^2+k+1)$,所以$5|(k+1)$.

设$k=5m+4(m\in\mathbf{N}^*)$,则$25|[5(5m+4)^2+(5m+4)+1]$,得$5|(m+2)$,所以$m=5r+3(r\in\mathbf{N}^*)$,则n

$=250r+192$,故 n 的最小值为 192.

(方法二)由条件,知 $n^3\equiv888(1000)$,故 $n^3\equiv888(\bmod 8)$,$n^3\equiv125(\bmod 125)$,由前者可知 n 为偶数,设 $n=2m$,则 $m^3\equiv111(\bmod 125)$,因此 $m^3\equiv111\equiv1(\bmod 5)$.

注意到当 $m\equiv0,1,2,3,4(\bmod 5)$时,对应的 $m^3\equiv0,1,3,2,4(\bmod 5)$,由 $m^3\equiv1(\bmod 5)$,知 $m\equiv1(\bmod 5)$,可设 $m=5k+1$,这时 $m^3=(5k+1)^3=125k^3+75k^2+15k+1\equiv111(\bmod 125)$,故 $75k^2+15k\equiv110(\bmod 125)$,从而 $15k^2+3k\equiv22(\bmod 25)$,即有 $15k^2+3k+3\equiv0(\bmod 25)$,故 $5k^2+k+1\equiv0(\bmod 25)$,这要求 $5k^2+k+1\equiv0(\bmod 5)$,故 $5|k+1$.

可设 $k+1=5l$,从而得 $5k^2+k+1=5(5l-1)^2+5l=125l^2-50l+5(l+1)\equiv0(\bmod 25)$,故 $5|l+1$.

可设 $l+1=5r$,

因此,$n=2m=10k+2=10(5l-1)+2=50l-8=50(5r-1)-8=250r-58$.

结合 n 为正整数,可知 $n\geqslant250-58=192$.

又 $192^3=7077888$ 符合要求,故满足条件的最小正整数为 192.

例 8 【证明】若 n 为正整数,则有 $x^n-y^n=(x-y)(x^{n-1}+x^{n-2}y+\cdots+xy^{n-2}+y^{n-1})$.

当 n 为偶数时,令 $x=2$,$y=1$,从而可得 $2^n-1=2^{n-1}+2^{n-2}+\cdots+2+1$.

由于 n 为偶数,所以 $2|n$,但 $2\nmid2^{n-1}+2^{n-2}+\cdots+2+1$,从而 $n\nmid2^n-1$.

若 n 是奇数,假设 $n|(2^n-1)$,令 p 为 n 的最小质因子,则$(n,p-1)=1$.

同于 $p|(2^n-1)$,由费马小定理,得 $p|(2^{p-1}-1)$. 又由于 $p|(2^n-1)$,从而得 p 整除$(2^n-1,2^{p-1}-1)=2^1-1=1$,矛盾.

所以不存在自然数 $n\geqslant2$,使得 $n|2^n-1$.

§14.4 多项式

例 1 【解析】由于 $f(x)|f(x^2)$,可知 $f(x)=x^2+ax+b$ 是 $f(x^2)$的一个因式.

设 $f(x^2)=(x^2+ax+b)(x^2+px+r)$,展开得

$f(x^2)=x^4+(a+p)x^3+(b+ap+r)x^2+(bp+ar)x+br$.

而 $f(x^2)=x^4+ax^2+b$,对比两式的系数,可知

$$\begin{cases}a+p=0 & (1)\\ b+ap+r=a & (2)\\ bp+ar=0 & (3)\\ br=b & (4)\end{cases}$$

由(1)知 $a=-p$,代入(3),得 $ar-ab=0$,即 $a(r-b)=0$.

①若 $a=0$,则 $p=-a=0$,代入(2)式,得 $b+r=0$,所以 $r=-b$,

代入(4)式,得 $-b^2=b$,从而 $b=0$,或 $b=-1$.

若 $b=0$ 时,此时 $f(x)=x^2$;若 $b=-1$,此时,$f(x)=x^2-1$.

②若 $a\neq0$,则 $r=b$,代入(4)式,得 $b^2=b$,从而 $b=0$,或 $b=1$.

若 $b=0$,代入(2),得 $-a^2=a$,解得 $a=-1$,或 $a=0$(舍),此时 $f(x)=x^2-x$;

若 $b=1$,则 $r=1$,代入(2)式,得 $2-a^2=a$,即 $a^2+a-2=0$,解得 $a=1$,或 $a=-2$,此时 $f(x)=x^2+x+$

1,或 $f(x)=x^2-2x+1$.

综上所述,$f(x)=x^2$,或 $f(x)=x^2-x$,或 $f(x)=x^2-1$,或 $f(x)=x^2+x+1$,或$f(x)=x^2-2x+1$.

例 2 D 【解析】如果 $f(x)$是实数常函数,可设 $f(x)=k$(其中 $k\in\mathbf{R}$),由题意可得 $k=k^4$,解得 $k=0$,或 $k=1$. 从而可得 $f(x)=0$,或 $f(x)=1$.

若 $f(x)$不是实数常函数,则可设 $f(x)=a_nx^n+a_{n-1}x^{n-1}+\cdots+a_1x+a_0$(其中 $n>0,a_i\in\mathbf{Q},i=0,1,2,\cdots,n,a_n\neq0$),由题设 $f[f(x)]=f^4(x)$,得

$a_n(a_nx^n+a_{n-1}x^{n-1}+\cdots+a_1x+a_0)^n+a_{n-1}(a_nx^n+a_{n-1}x^{n-1}+\cdots+a_1x+a_0)^{n-1}+\cdots+a_1(a_nx^n+a_{n-1}x^{n-1}+\cdots+a_1x+a_0)+a_0=(a_nx^n+a_{n-1}x^{n-1}+\cdots+a_1x+a_0)^4$,

比较等式两边的首项,可得$\begin{cases}a_n^{n+1}=a_n^4\\n^2=4n\end{cases}$,解得$\begin{cases}a_n=1\\n=4\end{cases}$.

因而可设 $f(x)=x^4+bx^3+cx^2+dx+e$(其中 $b,c,d,e\in\mathbf{R}$),再由 $f[f(x)]=f^4(x)$,得

$(x^4+bx^3+cx^2+dx+e)^4+b(x^4+bx^3+cx^2+dx+e)^3+c(x^4+bx^3+cx^2+dx+e)^2$

$+d(x^4+bx^3+cx^2+dx+e)+e=(x^4+bx^3+cx^2+dx+e)^4$,

即 $b(x^4+bx^3+cx^2+dx+e)^3+c(x^4+bx^3+cx^2+dx+e)^2+d(x^4+bx^3+cx^2+dx+e)+e=0$,

比较该等式两边 x^{12} 的系数,得 $b=0$,

所以 $c(x^4+bx^3+cx^2+dx+e)^2+d(x^4+bx^3+cx^2+dx+e)+e=0$,

再比较该等式两边 x^8 的系数,得 $c=0$,所以 $d(x^4+bx^3+cx^2+dx+e)+e=0$,再比较等式两边 x^4 的系数,得 $d=0$,进而又可得 $e=0$. 所以 $f(x)=x^4$.

检验可知 $f(x)=x^4$ 符合题设要求.

从而满足题设条件的函数 $f(x)$有且仅有 3 个:$f(x)=0$,或 $f(x)=1$,或 $f(x)=x^4$.

故选 D.

待定系数法,一种求未知数的方法.将一个多项式表示成另一种含有待定系数的新的形式,这样就得到一个恒等式.然后根据恒等式的性质得出系数应满足的方程或方程组,其后通过解方程或方程组便可求出待定的系数,或找出某些系数所满足的关系式,这种解决问题的方法叫作待定系数法.在利用待定系数法解决多项式问题时,往往设某一多项式的全部或部分系数为未知数,利用当两个多项式为值等式时,同类项系数相等的原理确定这些系数,从而得到待求的值.

例 3 【解析】假设存在满足题意的多项式 $P(x)$. 记 $Q(x)=P(1+x)-1$,则 $Q(x)$为整系数多项式,且满足 $Q(\sqrt[3]{3})=\sqrt[3]{3}$,$Q(\sqrt{3})=6+\sqrt{3}$.

故 $Q(x)-x$ 存在无理根$\sqrt[3]{3}$,即$(x^3-3)\mid Q(x)-x$,所以存在整系数多项式 $R(x)$,使得 $Q(x)-x=(x^3-3)R(x)$ ①

从而存在整数 a,b,使得 $R(\sqrt{3})=a+b\sqrt{3}$.

在①中令 $x=\sqrt{3}$,从而 $6=(3\sqrt{3}-3)(a+b\sqrt{3})=(9b-3a)+(3a-3b)\sqrt{3}$.

所以$\begin{cases}9b-3a=6\\3a-3b=0\end{cases}$,解得 $a=b=1$. 从而 $Q(x)-x=(x^3-3)(1+x)=x^4+x^3-2x-3$.

从而 $P(x)=Q(x-1)+1=(x-1)^4+(x-1)^3-2(x-1)-3+1=x^4-3x^3+3x^2-3x$.

例 4 A 【解析】设 $P(n)=a_nx^n+a_{n-1}x^{n-1}+\cdots+a_1x+a_0$,因为 $P(0)$ 和 $P(1)$ 均为奇数,则 a_0 为奇数,$a_n+a_{n-1}+\cdots+a_1$ 为偶数.

假设 $P(n)$ 有整数根,设 $P(x_0)=0$,则 $x_0\mid a_0$,所以 x_0 为奇数.

(1)当 $a_1,a_2,\cdots,a_n$ 全是偶数时,易知此时 $P(x_0)$ 为奇数;

(2)当 $a_1,a_2,\cdots,a_n$ 中有奇数时,由于 $a_n+a_{n-1}+\cdots+a_1$ 为偶数,所以奇数必定会成对出现,则此时 $P(x_0)$ 仍为奇数.

综上所述,$P(n)$ 无整数根. 故选 A.

例 5 B 【解析】因为 $f(x)=x^5+px+q$ 具有有理根,则有理根必小于 0.

设 $x_0=-\frac{m}{n}$,且 $(m,n)=1$,则 $-\frac{m^5}{n^5}-p\frac{m}{n}+q=0$,从而 $qn^5=m^5+pmn^4$,显然 $n\mid m$,因为 $(m,n)=1$,则 $n=1$,所以 $q=m^5+mp$.

因为 $q=m^5+mp\leqslant 100$,故 $1\leqslant m\leqslant 2$.

当 $m=1$ 时,$q=1+p\leqslant 100$,所以 $1\leqslant p\leqslant 99$,共 99 组;

当 $m=2$ 时,$q=32+2p\leqslant 100$,所以 $1\leqslant p\leqslant 34$,共 34 组.

综上所述,满足条件的 (p,q) 共有 133 组,选 B.

例 6 B 【解析】函数 $f(x)$ 与 $x-1$ 的多项式相关,可设 $f(x)=1+(x-1)+\frac{(x-1)^2}{2!}+\frac{(x-1)^3}{3!}$. 则 $f(x)$ 的常数项为 $\frac{1}{3}$. 设多项式 $f(x)=a_nx^n+a_{n-1}x^{n-1}+\cdots+a_1x+a_0$,则

$f(1)=a_n+a_{n-1}+\cdots+a_1+a_0$,$f'(1)=n\cdot a_n+(n-1)\cdot a_{n-1}+\cdots+2\cdot a_2+1\cdot a_1$,

$f''(1)=n(n-1)a_n+(n-1)(n-2)a_{n-1}+\cdots+3\cdot 2\cdot a_3+2\cdot 1\cdot a_2$,

$f'''(1)=n(n-1)(n-2)a_n+(n-1)(n-2)(n-3)+\cdots+3\cdot 2\cdot 1\cdot a_3$,

从而 $a_0=(n-1)a_n+(n-2)a_{n-1}+\cdots+1\cdot a_2$,$a_1=n(n-2)a_n+(n-1)(n-3)a_{n-1}+\cdots+3\cdot 1\cdot a_3$,

$a_2=\frac{1}{2}[n(n-1)(n-3)a_n+(n-1)(n-2)(n-4)a_{n-1}+\cdots+4\cdot 3\cdot 1\cdot a_4]$.

进一步,可得 $a_0=a_2+2a_3+[(n-1)a_n+(n-2)a_{n-1}+\cdots+3\cdot a_4]$

$=2a_3+\sum\limits_{k=4}^{n}\frac{(k-1)^2(k-2)}{2}a_k$.

由于 $\frac{3(k-1)^2(k-2)}{2}\geqslant k(k-1)(k-2)$,可得 $k\geqslant 3$.

因而 $a_0\geqslant\frac{1}{3}\cdot f'''(1)=\frac{1}{3}$.

综上所述,$f(x)$ 的常数项的最小值为 $\frac{1}{3}$.

例 7 【解析】因式分解,得 $f_n(x)=x^{n+1}-2x^n+3x^{n-1}-2x^{n-2}+3x-3$

$=(x-1)(x^n-x^{n-1}+2x^{n-2}+3)$,记函数 $g_n(x)=x^n-x^{n-1}+2x^{n-2}+3=x^{n-2}(x^2-x+2)+3$.

则当 n 为偶数时,$g_n(x)>0$,故 $a_n=1$;

当 n 为奇数时，$g'_n(x)=x^{n-3}[nx^2-(n-1)x+2(n-2)]$，此时 $n\geqslant5$，

所以 $nx^2-(n-1)x+2(n-2)>0$，故 $g'_n(x)=x^{n-3}[nx^2-(n-1)x+2(n-2)]\geqslant0$，所以 $g_n(x)$ 在 $(-\infty,+\infty)$ 上严格递增，又因为 $\lim\limits_{n\to+\infty}g_n(x)=+\infty$，$\lim\limits_{n\to-\infty}g_n(x)=-\infty$，且 $g_n(1)=5>0$，因此 $a_n=2$.

综上所述，$\max\{a_4,a_5,a_6,\cdots,a_{2021}\}=2$.

例 8 【解析】记 $F(z)=z^9+2z^5-8z^3+3z+1$. 取 $f(z)=z^9$，$g(z)=2z^5-8z^3+3z+1$，则当 $|z|=2$ 时，$|g(z)|\leqslant2|z|^5+8|z|^3+3|z|+1=135<512=|z|^9=|f(z)|$，故 $F(z)$ 在 $\{z\mid|z|<2\}$ 内的零点数与 z^9 相等，等于 9.

再取 $f(z)=-8z^3$，$g(z)=z^9+2z^5+3z+1$，则当 $|z|=1$ 时，

$|g(z)|\leqslant|z|^9+2|z|^5+3|z|+7<8=|-8z^3|=|f(z)|$，所以 $F(z)$ 在 $\{z\mid|z|<1\}$ 的零点数与 $-8z^3$ 相等，等于 3. 并且 $|z|=1$ 时，$F(z)\neq0$，所以多项式 $z^9+2z^5-8z^3+3z+1$ 在 $\{z\mid1<|z|<2\}$ 上的零点个数为 $9-3=6$.

例 9 【解析】(1) 用数学归纳法；$\cos\theta=\cos\theta$，$\cos2\theta=2\cos^2\theta-1$.

假设当 $n=k,k+1$ 时结论成立，

则 $n=k+2$ 时，$\cos[(n+2)\theta]=2\cos\theta[\cos(k+1)\theta]-\cos(k\theta)$，

所以 $n=k+2$ 时命题也成立，且最高次项系数为 2^{n-1}（背景：切比雪夫多项式）

(2) $p(x)$ 为 n 次多项式，至多 n 个解，$\cos n\theta=0$ 的充要条件是 $n\theta=k\pi+\frac{\pi}{2}$，

所以 $\theta=\frac{\pi}{2n},\frac{3\pi}{2n},\cdots,\frac{(2n-1)\pi}{2n}$ 均为 $\cos n\theta=0$ 的解，且互不相同.

所以 $p(x)=2^{n-1}\left(x-\cos\frac{\pi}{2n}\right)\left(x-\cos\frac{3\pi}{2n}\right)\cdots\left(x-\cos\frac{(2n-1)\pi}{2n}\right)$.

例 10 【证明】我们首先证明两个引理：

引理 1：若 $F(x)=e^{-x}f(x)$ 有两个根 a 与 b，其中 $f(x)$ 为实系数多项式，且 $a<b$，则存在 $c\in(a,b)$，使得 c 是导函数 $F'(x)$ 的根.

证明：若 $F'(x)$ 在区间 (a,b) 有正有负，则由零点存在性定理，知结论成立；

若不然，$F(x)$ 在区间 (a,b) 恒正或恒负，则 $f(x)$ 在区间 (a,b) 上单调，这与 $F(a)=F(b)=0$ 矛盾.

引理 2：设 a 是实系数多项式 $f(x)$ 的 k 重根，$k\geqslant2$，则 a 也是其导函数 $f'(x)$ 的 $k-1$ 重根.

证明：不妨设 $f(x)=(x-a)^kg(x)$，其中 $g(x)$ 为不以 a 为根的多项式，则

$f'(x)=k(x-a)^{k-1}g(x)+(x-a)^kg'(x)=(x-a)^{k-1}[kg(x)+(x-a)g'(x)]$

$=(x-a)^{k-1}h(x)$.

由于 $h(a)=kg(a)\neq0$，所以 a 是 $f'(x)$ 的 $k-1$ 重根.

回到原题：

由题意不妨设 $a_1,a_2,\cdots,a_s$ 为 $f(x)$ 互不相等的单根，$b_1,b_2,\cdots,b_t$ 为 $f(x)$ 互不相等的重根（重根分别为 $\beta_1,\beta_2,\cdots,\beta_t$），则

$f(x)=A(x-a_1)(x-a_2)\cdots(x-a_s)(x-b_1)^{\beta_1}(x-b_2)^{\beta_2}\cdots(x-b_t)^{\beta_t}$，

其中 $s+\beta_1+\beta_2+\cdots+\beta_t=n$.

令 $F(x)=\mathrm{e}^{-x}f(x)$，$F'(x)=-\mathrm{e}^{-x}[f(x)-f'(x)]=-\mathrm{e}^{-x}g(x)$，则

$f(x)=0\Leftrightarrow F(x)=0$，$g(x)=0\Leftrightarrow F'(x)=0$.

从而由引理 1 知 $g(x)$ 在任意 $f(x)$ 的两个相邻根之间存在一个实根，共有 $s+t-1$ 个，记作 $c_i(1\leqslant i\leqslant s+t-1)$；另一方面，由引理 2 知 $b_1,b_2,\cdots,b_t$ 也是 $f'(x)$ 的根，且重根数分别为 $\beta_1-1,\beta_2-1,\cdots,\beta_t-1$.

于是可设 $f'(x)=(x-b_1)^{\beta_1-1}(x-b_2)^{\beta_2-1}\cdots(x-b_t)^{\beta_t-1}h(x)$，从而有 $b_1,b_2\cdots,b_t$ 也是 $g(x)=f(x)-f'(x)$ 的根，且重根个数分别为 $\beta_1-1,\beta_2-1,\cdots,\beta_t-1$.

于是，有 $g(x)=g_1(x)\left[\prod\limits_{i=1}^{s+t-1}(x-c_i)\right]\left[\prod\limits_{i=1}^{t}(x-b_i)^{\beta_i-1}\right]=g_1(x)g_2(x)$.

注意到 $\deg g(x)=n$，且 $\deg g_2(x)=(s+t-1)+\sum\limits_{i=1}^{t}(\beta_i-1)=n-1$，从而 $\deg g_1(x)=1$.

[$p(x)$ 是多项式，$\deg p(x)$ 表示这个多项式的次数，也就是多项式最高次项的次数]

故 $g_1(x)$ 存在实根，记为 c_{s+t}，故 $g(x)=B\left[\prod\limits_{i=1}^{s+t}(x-c_i)\right]\left[\prod\limits_{i=1}^{t}(x-b_i)^{\beta_i-1}\right]$.

这足以说明 $g(x)$ 的 n 个根也是实根.

§14.5 不定方程

例 1 【解析】先求 $37x+107y=1$ 的一组特解，为此对 37，107 运用辗转相除法：

$107=2\times37+33$，$37=1\times33+4$，$33=4\times8+1$.

将上述过程回填，得：

$1=33-8\times4=37-4+8\times4=37-9\times4=37-9\times(37-33)=9\times33-8\times37=9(107-2\times37)-8\times37$
$=9\times107-26\times37=37\times(-26)+107\times9$.

由此可知，$x_1=-26$，$y_1=9$ 是方程 $37x+107y=1$ 的一组特解，于是 $x_0=25\times(-26)=-650$，$y_0=25\times9=225$ 是方程 $37x+107y=25$ 的一组特解，因此原方程的一切整数解为 $\begin{cases}x=-650+107t\\y=225-37t\end{cases}$.

例 2 【解析】用原方程中的最小系数 7 去除方程的各项，并移项得：$x=\dfrac{213-19y}{7}=30-2y+\dfrac{3-5y}{7}$，

因为 x,y 是整数，故 $\dfrac{3-5y}{7}=u$ 也一定是整数，于是有 $5y+7u=3$，再用 5 去除等式的两边，得 $y=\dfrac{3-7u}{5}$
$=-u+\dfrac{3-2u}{5}$，令 $v=\dfrac{3-2u}{5}$ 为整数，由此得 $2u+5v=3$.

经观察得 $u=-1$，$v=1$ 是最后一个方程的一组解，依次回代，可求得原方程的一组特解：$x_0=25$，$y_0=2$，所以原方程的一切整数解为：$\begin{cases}x=25-19t\\y=2+7t\end{cases}$.

例 3 3080 【解析】由 $2021\equiv5(\bmod 9)$，可知 $y=9w+8(w\in\mathbf{N})$，所以 $2x+4w+z=221$，又 $221\equiv1(\bmod 2)$，可知 $z=2s+1(s\in\mathbf{N})$，所以 $x+2w+s=110$，则有 $x+s$ 为偶数.

(1)若 $x=2p+1$，$s=2q+1(p,q\in\mathbf{N}^*)$，则有 $p+w+q=54$，共有 C_{56}^{2} 组解；

(2)若 $x=2r$，$s=2t(r\in\mathbf{N}^*,t\in\mathbf{N})$，则有 $r+w+t=55$，共有 C_{56}^{2} 组解.

从而共有 $2C_{56}^{2}=3080$ 组解.

1. 解二元一次不定方程通常先判定方程有无解. 若有解，可先求 $ax+by=c$ 一个特解，从而写出通解. 当不定方程系数不大时，有时可以通过观察法求得其解，即引入变量，逐渐减小系数，直到容易得其特解为止；

2. 解 n 元一次不定方程 $a_1x_1+a_2x_2+\cdots+a_nx_n=c$ 时，可先顺次求出 $(a_1,a_2)=d_2$，$(d_2,a_3)=d_3$，……，$(d_{n-1},a_n)=d_n$. 若 $d_n\nmid c$，则方程无解；若 $d_n\mid c$，则方程有解，作方程组：

$$\begin{cases}a_1x_1+a_2x_2=d_2t_2\\ d_2t_2+a_3x_3=d_3t_3\\ \cdots\cdots\cdots\cdots\\ d_{n-2}t_{n-2}+a_{n-1}x_{n-1}=d_{n-1}t_{n-1}\\ d_{n-1}t_{n-1}+a_nx_n=c\end{cases}$$

求出最后一个方程的一切解，然后把 t_{n-1} 的每一个值代入倒数第二个方程，求出它的一切解，这样下去即可得方程的一切解.

3. m 个 n 元一次不定方程组成的方程组，其中 $m<n$，可以消去 $m-1$ 个未知数，从而消去了 $m-1$ 个不定方程，将方程组转化为一个 $n-m+1$ 元的一次不定方程.

例 4　D 【解析】由于 $a=1-bc$，所以 $b+c(1-bc)=1$，即 $b+c-bc^2=1$，整理得 $b(c^2-1)=c-1$. 所以 $c-1=0$，或 $b(c+1)=1$.

(1)若 $c=1$，则 $a=1-b$，又 $c+ba=1$，从而 $ba=0$，所以 $\begin{cases}a=1\\b=0\end{cases}$，或 $\begin{cases}a=0\\b=1\end{cases}$；

(2)若 $b(c+1)=1$，则 $bc=1-b$，所以 $a=1-(1-b)$，从而可得 $a=b$.

从而又 $c+ba=1$，从而可得 $c+\dfrac{1}{(c+1)^2}=1$，即 $\dfrac{1}{(c+1)^2}=1-c$，

进而可得 $1=(1-c^2)(1+c)=1+c-c^2-c^3$，所以 $c(1-c-c^2)=0$.

从而 $c=0$，或 $1-c-c^2=0$.

①若 $c=0$，则可得 $b=a=1$；

②若 $1-c-c^2=0$，解得 $c=\dfrac{-1\pm\sqrt{5}}{2}$，进而得 $a=b=\dfrac{-1+\sqrt{5}}{2}$.

所以 (a,b,c) 有 $(1,0,1)$，$(0,1,1)$，$\left(\dfrac{-1+\sqrt{5}}{2},\dfrac{-1+\sqrt{5}}{2},\dfrac{-1+\sqrt{5}}{2}\right)$，$\left(\dfrac{-1-\sqrt{5}}{2},\dfrac{-1-\sqrt{5}}{2},\dfrac{-1-\sqrt{5}}{2}\right)$，$(1,1,0)$ 共 5 组. 故选 D.

例 5　0 【解析】由题意可知 $y^2-x^2=x+1>1$，从而 $y>x$.

又 $x(x+1)=y^2-1=(y-1)(y+1)$，从而可以推出 $y-1<x$，所以 $x<y<x+1$，此时 y 无正整数解，所以方程 $x(x+1)+1=y^2$ 的正整数解有 0 个.

例 6　AD 【解析】由题意可知 x,y,z 均为正实数.

若 $x>y$，则 $\frac{1}{3}x^2+x+1>\frac{1}{3}y^2+y+1$，因而 $z>x$，利用 $\frac{1}{3}z^2+z+1>\frac{1}{3}y^2+y+1$，因而 $y>x$，故假设不成立.

若 $x<y$，同理可导出矛盾. 因而 $x=y=z$，

从而不等式组可转化为方程$\frac{1}{9}x^3-\frac{1}{3}x^2-x=1$，

可得$3\cdot\left(\frac{x}{3}\right)^3=3\cdot\left(\frac{x}{3}\right)^2+3\cdot\frac{x}{3}+1=\left(\frac{x}{3}+1\right)^3-\left(\frac{x}{3}\right)^3$，解得$x=\frac{3}{\sqrt[3]{4}-1}$.

因而x,y,z为相等的无理数. 故选 AD.

例 7　85　【解析】显然$x_1=x_2=\cdots=x_7=0$是满足条件的一组解，且只要$x_1,x_2,\cdots,x_7$中有 0，则其余的数必须为 0. 下面只需考虑$x_1,x_2,\cdots,x_7$均不为零的情况.

不妨设$0<x_1\leqslant x_2\leqslant\cdots\leqslant x_7$. 则$x_1x_2\cdots x_7=x_1+x_2+\cdots+x_7\leqslant 7x_7$，所以$x_1x_2\cdots x_6\leqslant 7$.

此时显然有$x_1=x_2=x_3=x_4=1$(否则$x_4x_5x_6\geqslant 2^3=8>7$，矛盾).

于是命题等价于$x_5x_6x_7=4+x_5+x_6+x_7$，且由$x_5x_6\leqslant 7$，可得$x_5\leqslant 2$.

(1)若$x_5=1$，则$x_6x_7=5+x_6+x_7$，$(x_6-1)(x_7-1)=6=1\times 6=2\times 3$，

满足条件的解有$(x_6,x_7)=(2,7),(3,4)$.

(2)若$x_5=2$，则$x_6=2$，或 3.

若$x_6=2$，则$4x_7=8+x_7$(舍)；

若$x_6=3$，则$6x_7=9+x_7$(舍).

故此类情形无解.

综上所述，$(x_1,x_2,x_3,x_4,x_5,x_6,x_7)=(0,0,0,0,0,0,0)$，或$(1,1,1,1,1,2,7)$，或$(1,1,1,1,1,3,4)$.

考虑其轮换性，故共有$7\times 6\times 2+1=85$组解.

例 8　【解析】因为$2^{24}+2^{24}=2^{25}$，所以$(2^8)^3+(2^6)^4=(2^5)^5$，即三元数组$(2^8,2^6,2^5)$是原方程的一组解. 其次不难验证，如果(x_0,y_0,z_0)是原方程的正整数解，那么$(k^{20}x_0,k^{15}y_0,k^{12}z_0)$(其中$k$是任意正整数)，是该方程的解，所以原方程的正整数解(x,y,z)有无穷多组.

例 9　【解析】因为$(m,n)=10!$，$[m,n]=50!$，$m=10!\ m_1$，$n=10!\ n_1$，则$(m_1,n_1)=1$.

$50!=[m,n]=(m,n)m_1\cdot n_1$，则$m_1\cdot n_1=\frac{[m,n]}{(m,n)}=\frac{50!}{10!}=50\times 49\times\cdots\times 11$.

因为$\frac{50!}{10!}=2^{\alpha_1}\cdot 3^{\alpha_2}\cdot 5^{\alpha_3}\cdot 7^{\alpha_4}\cdot 11^{\alpha_5}\cdot 13^{\alpha_6}\cdot 17^{\alpha_7}\cdot 19^{\alpha_8}\cdot 23^{\alpha_9}\cdot 29^{\alpha_{10}}\cdot 31^{\alpha_{11}}\cdot 37^{\alpha_{12}}\cdot 41^{\alpha_{13}}\cdot 43^{\alpha_{14}}\cdot 47^{\alpha_{15}}$.

m_1的配对种数为$\underbrace{2\times 2\times\cdots\times 2}_{15个2}=2^{15}$个，从而$(m_1,n_1)$的组数有$2^{15}$对，进而可得$(m,n)$的对数为$2^{15}$对.

例 10　【证明】我们断言当$a>n$时，方程$x_1^2+x_2^2+\cdots+x_n^2=ax_1x_2\cdots x_n$只有零解. 用反证法证明之.

假设$a>n$，且$(x_1,x_2,\cdots,x_n)$是非零解，则$x_1^2+x_2^2+\cdots+x_n^2>0$，故每个$x_i$都不等于零，且有$|x_1|^2+|x_2|^2+\cdots+|x_n|^2=x_1^2+x_2^2+\cdots+x_n^2=ax_1x_2\cdots x_n=a|x_1||x_2|\cdots|x_n|$. 这表明原方程有正整数解$(|x_1|,|x_2|,\cdots,|x_n|)$.

考虑该方程的最小正整数解，即便得$x_1+x_2+\cdots+x_n$最小的正整数解. 不妨设$x_1\leqslant x_2\leqslant\cdots\leqslant x_n$. 考虑关于$t$的二次方程$t^2-(ax_1x_2\cdots x_{n-1})x+(x_1^2+x_2^2+\cdots+x_{n-1}^2)=0$，

记上式左边的函数为$f(t)$. 显然$t=x_n$是它的解，设另一个解为y.

注意到$f(x_{n-1})=x_{n-1}^2-(ax_1x_2\cdots x_{n-2})x_{n-1}^2+(x_1^2+x_2^2+\cdots+x_{n-1}^2)\leqslant(n-a)x_{n-1}^2<0$.

这说明x_{n-1}严格介于$f(t)$的两根之间. 由已知$x_{n-1}\leqslant x_n$，则$y<x_{n-1}<x_n$.

由韦达定理，有$\begin{cases}x_n+y=ax_1x_2\cdots x_{n-1}\\x_n\cdot y=x_1^2+x_2^2+\cdots+x_{n-1}^2\end{cases}$.

前一个代数式表示 $y\in\mathbf{Z}$，后一个代数式表明 $y>0$，即 y 为正整数.

这样，y 是严格小于 x_n 的正整数，从而找到了题设方程的更小的正整数解$(x_1,x_2,\cdots,x_{n-1},y)$，矛盾！

1. 因式分解法是不定方程中最基本的方法，其理论基础是整数的唯一分解定理. 分解法作为解题的一种手段，没有固定的程序可循，在具体的例子中才能有深刻的体会；

2. 同余法主要用于证明方程无解或导出有解的必要条件，为进一步求解或求证作准备. 同余的关键是选择适当的模，它需要经过多次尝试；

3. 不等式估计法主要针对方程有整数解，则必然有实数解，当方程的实数解为一个有界集，则着眼于一个有限范围内的整数解至多有有限个，逐一检验，求出全部解；若方程的实数解是无界的，则着眼于整数，利用整数的各种性质产生适用的不等式；

4. 无限递降法论证的核心是设法构造出方程的新解，使得它比已选择的解“严格地小”，由此产生矛盾.

例 11　B　【解析】$4xy-19x-93y=0$，即 $16xy-4\times19x-4\times93y=0$，

即 $4x(4y-19)-4y\times93+93\times19=3\times31\times19$，即$(4x-93)(4y-19)=3\times31\times19$.

因为 $4x-93\equiv3(\mathrm{mod}4)$，$4y-19\equiv1(\mathrm{mod}4)$，$3\times19\times31=a\times b$，其中有序正整数对$(a,b)$共有 8 组.

若 $a\equiv3(\mathrm{mod}4)$，$b\equiv1(\mathrm{mod}4)$，则 $4x-93=a$，$4y-19=b$；

若 $a\equiv1(\mathrm{mod}4)$，$b\equiv3(\mathrm{mod}4)$，则 $4x-93=-a$，$4y-19=-b$.

因此，共有 8 组解. 故选 B.

例 12　【证明】容易看出，$\begin{cases}x_1=1\\y_1=0\end{cases}$，$\begin{cases}x_2=2\\y_2=1\end{cases}$，$\begin{cases}x_3=7\\y_3=4\end{cases}$都是方程的根. 下面证明对满足$\begin{cases}x_1=1\\y_1=0\end{cases}$，$\begin{cases}x_{n+1}=x_n+3y_n\\y_{n+1}=x_n+2y_n\end{cases}$的数列$\{x_n\}$，$\{y_n\}$均为方程的根.

假设 $n=k$ 时结论成立，即有 $x_k^2-3y_k^2=1$.

则当 $n=k+1$ 时，$x_{k+1}^2-3y_{k+1}^2=(2x_k+3y_k)^2-3(x_k+2y_k)^2=x_k^2-3y_k^2=1$.

即完成归纳假设.

容易看出，当 $n>1$ 时，$\{x_n\}$，$\{y_n\}$均为严格递增的正整数数列，故原方程有无穷多组正整数解.

习题十四

1. D　【解析】不妨设 $x\leqslant y$，则$\frac{2}{x}\geqslant\frac{2}{y}$，所以$\frac{4}{x}\geqslant\frac{2}{x}+\frac{2}{y}>1$，所以 $x<4$.

当 $x=3$ 时，$\frac{2}{y}>1-\frac{2}{3}=\frac{1}{3}$，$y<6$，又因为 $y\geqslant3$，所以 $y=3,4,5$；

根据对称性得，满足条件的正整数解分别为$(3,3)$，$(3,4)$，$(3,5)$，$(4,3)$，$(5,3)$共 5 对，从而选 D.

2. A　【解析】首先，任何一个奇数的平方 mod4 同余 1，如$(2k+1)^2=4k^2+4k+1\equiv1(\mathrm{mod}4)$. 任何一个偶数的平方 mod4 同余 0，如$(2k)^2=4k^2\equiv0(\mathrm{mod}4)$.

这说明完全平方数 mod4 同余 0 或 1.

注意到 $x^2+x=x(x+1)$ 为偶数，设 $x(x+1)=2m, y(y+1)=2n$，

则 $(2m+1)^2+(2n+1)^2=4m^2+4m+1+4n^2+4n+1=4(m^2+m+n^2+n)+2\equiv2(\bmod 4)$.

由上述性质可知，$(x^2+x+1)^2+(y^2+y+1)^2$ 不是完全平方数，从而选 A.

3. D 【解析】取 $p=q=r=3$，选项 A 错误. 取 $p=2,q=5,r=7$，选项 BC 错误. 下证选项 D 正确：不妨设 $p\leqslant q\leqslant r, \dfrac{pqr}{p+q+r}=k, k\in\mathbf{N}^*$.

若 $k=1$，则 $p+q+\mathrm{r}=pqr$，而 $p+q+r\leqslant 3r$，可得 $pq\leqslant 3$，这与 p,q,r 均为素数矛盾，故 $k\geqslant 2$. 因为 $k(p+q+r)=pqr$，而 $p+q+r>r$，故 $p+q+r=pq$，或 qr，或 pr，可得 $k=r$ 或 q 或 p，k 为素数.

4. B 【解析】若 $n=3k, k\in\mathbf{N}$ 时，则 $2^n=2^{3k}=(2^3)^k=8^k\equiv1(\bmod 7)$，即 $7\mid(2^n-1)$；

若 $n=3k+1, k\in\mathbf{N}$ 时，则 $2^n=2\times2^{3k}=2\times(2^3)^k=2\times8^k\equiv2(\bmod 7)$；

若 $n=3k+2, k\in\mathbf{N}$ 时，则 $2^n=2^2\times2^{3k}=2^2\times(2^3)^k=2^2\times8^k\equiv4(\bmod 7)$.

从而选 B.

5. C 【解析】根据 $2C_n^k=C_n^{k-1}+C_n^{k+1}$，可得 $4k^2-4nk+n^2-n-2=0$，解得 $k=\dfrac{n\pm\sqrt{n+2}}{2}$. 因而 $n+2$ 是完全平方数. 计算得 5～2022 的完全平方数共 42 个. 故选 C.

6. A 【解析】在 100！的质因数分解中，

2 的因子有 $\left[\dfrac{100}{2}\right]+\left[\dfrac{100}{2^2}\right]+\left[\dfrac{100}{2^3}\right]+\left[\dfrac{100}{2^4}\right]+\left[\dfrac{100}{2^5}\right]+\left[\dfrac{100}{2^6}\right]=50+25+12+6+3+1=97$ 个；

3 的因子有 $\left[\dfrac{100}{3}\right]+\left[\dfrac{100}{3^2}\right]+\left[\dfrac{100}{3^3}\right]+\left[\dfrac{100}{3^4}\right]=33+11+3+1=48$ 个；

所以 100！$=2^{97}\times3^{48}\times P=12^{48}\times2P$，其中 2 不整除 P，且 3 不整除 P，因而 $M=2P$，故选 A.

7. A 【解析】不妨设符合要求的一排素数依次是 $x_1,x_2,x_3,x_4,x_5,x_6,x_7$，则有 $x_1+x_2+x_3>100, x_4+x_5+x_6>100, x_7\geqslant2$. 因为 $\sum\limits_{i=1}^{7}x_i>100+100+2=202$，故首先排除 CD 选项；注意到 AB 选项均为偶数，故这 7 个素数中必含有 2.

若 $x_4=2$，注意到 $x_1+x_2+x_3$ 必为奇数，假设 $x_1+x_2+x_3=101$，由于 2 是最小的素数，即 $x_4<x_1$，则 $x_2+x_3+x_4\leqslant100$，矛盾. 所以 $x_1+x_2+x_3\geqslant103$；同理 $x_5+x_6+x_7\geqslant103$，此时 $\sum\limits_{i=1}^{7}x_i\geqslant208$；

若 $x_4\neq2$，由对称性，不妨设 x_1,x_2,x_3 中某个等于 2. 则 $x_1+x_2+x_3\geqslant102$；

若 $x_4=3$，必有 $x_5+x_6+x_7\geqslant103$，否则 $x_5+x_6+x_7\leqslant101$ 时会导致 $x_4+x_5+x_6\leqslant100$ 产生矛盾，故此时 $\sum\limits_{i=1}^{7}x_i\geqslant102+3+103=208$，若 $x_4\geqslant5$，此时 $x_5+x_6+x_7\geqslant101$，$\sum\limits_{i=1}^{7}x_i\geqslant102+5+101=208$.

综上所述，$\sum\limits_{i=1}^{7}x_i\geqslant208$. 构造一个符合要求的排列：2,11,89,5,19,79,3，其和为 208.

8. B 【解析】首先注意到若 d 是 n 的因子，则 $\dfrac{n}{d}$ 也是 n 的因子，本题的关键是运用 d 和 $\dfrac{n}{d}$ 的对应关系. 设 n 的素因子分解为 $p_1^{\alpha_1}p_2^{\alpha_2}\cdots p_n^{\alpha_n}$，那么结合 d 和 $\dfrac{n}{d}$ 的对应关系以及因子总数为 $(\alpha_1+1)(\alpha_2+1)\cdots(\alpha_n+1)$，所以因子的乘积为 $n^{\frac{(\alpha_1+1)(\alpha_2+1)\cdots(\alpha_n+1)}{2}}$，这样就有 $(\alpha_1+1)=6$ 或 $(\alpha_1+1)(\alpha_2+1)=6$，所以我们得

到 n 必须形如 p^5 或 p^2q(其中 p,q 是不同的素数). 下面需要对 100 以内的素数进行枚举,枚举结果如下:

(1)对于 p^5 型的素数,p 只能取 2,3,5;

(2)对于 p^2q 型的素数,p 取 2 时,q 有 24 个取值;p 取 3 时,q 有 13 个取值;p 取 5 时,q 有 5 个取值;p 取 7 时,q 有 3 个取值;p 取 11 时,q 有 2 个取值;p 取 13 时,q 有 1 个取值.

综上所述,共有 51 种可能.

9. CD 【解析】对于 A,若一边长为 1,则三边长必有 $1,a,a$,由海伦公式

$S=\frac{1}{2}\sqrt{\frac{2a+1}{2}\cdot\frac{2a-1}{2}\cdot\frac{1}{2}\cdot\frac{1}{2}}=\frac{1}{8}\sqrt{(2a-1)(2a+1)}$,因为 $(2a-1)(2a+1)\equiv-1(\mathrm{mod}4)$ 不是平方数,所以上式不能为有理数,从而 A 错误;

对于 B,若一边长为 2,则三边长必为 $2,a,a$,或 $2,a,a+1$,由海伦公式 $S=\frac{1}{2}\sqrt{a(a+1)}$ 或 $S=\frac{1}{8}\sqrt{3(2a+3)(2a-1)}$. 因为 $a(a+1)\in(a^2,(a+1)^2)$,$3(2a+3)(2a-1)\equiv-1(\mathrm{mod}4)$,所以上面两式均不能是有理数,B 错误;

对于 C,三边长 3,4,5 显然满足题设要求;

对于 D,三边长 20,99,101 为直角三角形,满足要求.

10. CD 【解析】我们知道,若 $n^2<x<(n+1)^2$,则 x 不可能是完全平方数,若 $n^2<x<(n+2)^2$ 且 x 是完全平方数的话,则 $x=(n+1)^2$.

对于选项 A,不妨设 $x>y$,则 $(x+1)^2>x^2+2x>x^2+2y>x^2$,故 x^2+2y 不可能为完全平方数;

对于选项 B,不妨设 $x>y$,则 $(x+2)^2>x^2+4x>x^2+4y>x^2$,若要使 x^2+4y 为完全平方数,则必须有 $x^2+4y=(x+1)^2$,从而 $4y=2x+1$,而这是不可能的;

对于选项 C,不妨设 $x>y$,则 $(x+3)^2>x^2+5x>x^2+5y>x^2$,若使 x^2+5y 为完全平方数,则必须有 $x^2+5y=(x+1)^2$ 或 $(x+2)^2$.

若 $x^2+5y=(x+1)^2$,则 $5y=2x+1$,从而 $x=\frac{5y-1}{2}$,所以有 $(x+7)^2>y^2+5x=y^2+5\cdot\frac{5y-1}{2}>y^2$.

令 $y^2+5x=y^2+5\cdot\frac{5y-1}{2}=(y+6)^2$,解得 $y=77$,$x=192$.

验证 $\begin{cases}192^2+5\times77=193^2\\77^2+5\times192=83^2\end{cases}$,符合题意.

对于选项 D,不妨设 $x>y$,则 $(x+3)^2>x^2+6x>x^2+6y>x^2$,若使 x^2+6y 是完全平方数,则 $x^2+6y=(x+1)^2$ 或 $(x+2)^2$.

若 $x^2+6y=(x+1)^2$,则 $6y=2x+1$,这是不可能的;

若 $x^2+6y=(x+2)^2$,则 $6y=4x+4$,从而 $(y+5)^2>y^2+6x>y^2+6\cdot\frac{6y-4}{4}>y^2$,

令 $y^2+6x=y^2+6\cdot\frac{6y-4}{4}=(y+4)^2$,解得 $y=22$,$x=32$.

验证 $\begin{cases}22^2+6\times32=26^2\\32^2+6\times22=34^2\end{cases}$,符合题意.

故本题选 CD.

11. BD 【解析】设 $z=a+bi$,因为 $z^2-z=a^2-a-b^2+(2ab-b)i=a(a-1)-b^2+(2ab-b)i$,$a(a-1)$能被 2 整除,当 b 为奇数时,$a(a-1)-b^2$ 不能被 2 整除,排除 A;因为 $z^3-z=a^3-a-3ab^2+(3a^2b-b^3-b)i$,由费马小定理,得 a^3-a 能被 3 整除,故 B 正确;z^4-z 实部为 $a^4-6a^2b^2+b^4-a$,当 a,b 为奇数时,$a^4-6a^2b^2+b^4-a$ 也为奇数,故不能被 4 整除,排除 C;z^5-z 的实部为 $a^5-a-10a^3b^2+5ab^4$,由费马小定理,知 a^5-a 能被 5 整除,故 $a^5-a-10a^3b^2+5ab^4$ 也能被 5 整除,故 D 正确. 从而选 BD.

12. C 【解析】先证一个引理:任何十进制的整数同它数字的和对模 9 是同余的.

证明:以 $d_1,d_2,d_3,\cdots$表示 n 的个位数,十位数,百位数,…,则

$n=d_1+10d_2+100d_3+\cdots+10^nd_{n+1}=d_1+d_2+9d_2+d_3+99d_3+\cdots+d_{n+1}+(10^k-1)d_{n+1}\equiv d_1+d_2+d_3+\cdots+d_{n+1}(\mathrm{mod}9)$. 证毕.

回到原题;将4444^{4444}记为 x,由引理可知 $4444\equiv16\equiv7(\mathrm{mod}9)$,故$4444^3\equiv7^3\equiv1(\mathrm{mod}9)$.

又因为 $4444=3\times1481+1$,故 $x=4444^{4444}=4444^{3\times1481}+4444\equiv1\times7\equiv7(\mathrm{mod}9)$.

这告诉我们 $x\equiv A\equiv B\equiv B$ 的各位数字之和$\equiv7(\mathrm{mod}9)$.

另一方面,$\lg x=4444\lg4444<4444\lg10^4=4444\times4$,即 $\lg x<17776$.

若一个整数的常用对数小于 C,则该整数最多有 C 位数字,故 x 最多有 17776 位数字,即使它们全都是 9,x 的数字之和最多是 $9\times17776=159984$,所以 $A\leqslant159984$.

在所有小于或等于 159984 的自然数中,其数字的和为最大者是 99999,故得 $B\leqslant45$;又在小于或等于 45 的诸自然数中,39 有最大数字和,即 12. 故 B 的数字和小于或等于 12.

但不超过 12 且对模 9 与 7 同余的唯一自然数是 7,从而本题答案为 7.

13. 【解析】看到三次方,常想到因式分解 $a^3+b^3+c^3-3abc=(a+b+c)(a^2+b^2+c^2-ab-bc-ca)$.

记$-33=t$,则 $m^3+n^3+99mn-33^3=0$,从而 $m^3+n^3+t^3-3mnt=0$,则 $m+n+t=0$,或 $m^2+n^2+t^2-mn-nt-tm=0$.

(1)若 $m+n+t=0$,则 $m+n=-t=33$,当 m 分解取 $1,2,\cdots,32$ 时,n 分解取 $32,31,\cdots,1$,共有 32 组;

(2)若 $m^2+n^2+t^2-mn-nt-tm=0$,则$(m-n)^2+(n-t)^2+(t-m)^2=0$,所以 $m=n=t<0$,矛盾.

综上所述,共有 32 组.

14. 528 【解析】在 520 以内共有不重复的平方数 22 个,6 个立方数,而$23^2=529$,所以第 500 个数是 528.

15. 12 【解析】令 $a=3x>100,b=3y>100(a,b\in\mathbf{N})$

原方程转化为$(a-100)(b-100)=2^4\times5^4$ ①

先解 $a<b$:由于 $3|a,3|b$,且 $100\equiv1(\mathrm{mod}3)$,$2^4\times5^4$ 中找模 3 余 2 的约数:

$a-100=2$ 时满足 $b-100=2^3\times5^4\equiv2(\mathrm{mod}3)$;

$a-100=5,8,20,50,80$ 时满足,同时 b 也满足,$a<b$ 时,$a-100=1,4,10,16,25,40,100$ 都不符合,$a<b$ 时,有 6 组解;$a>b$ 时,也有 6 组解;$a=b$ 时无解.

故(x,y)共有 12 组.

16. $6p^4+2$ 【解析】由题意可得$(x+y)(x-y)=4p^2$,由于 p 为素数,$x+y$ 与 $x-y$ 同为偶数,且 $x+y>x-y$,因而$\begin{cases}x+y=2p^2\\x-y=2\end{cases}$,解得$\begin{cases}x=p^2+1\\y=p^2-1\end{cases}$,

整理得 $x^3-y^3=(x-y)[(x+y)^2-xy]=3(2p^4+1)=6p^4+2$.

17.【解析】当 $k^3\leqslant n<(k+1)^3$，有 $[\sqrt[3]{n}]=k$，又 $12^3<2021<13^3$，所以 $M=\sum_{k=1}^{11}k[(k+1)^3-k^3]+12\times(2021-12^3+1)=18180$.

18.【解析】假设存在满足题设条件的多项式 $P(x)$. 记 $Q(x)=P(1+x)-1$，则 $Q(x)$ 是整系数多项式，且满足 $Q(\sqrt[3]{2})=\sqrt[3]{2}$，$Q(\sqrt{5})=1+3\sqrt{5}$.

故 $Q(x)-x$ 存在无理根 $\sqrt[3]{2}$，即 $(x^3-2)\mid[Q(x)-x]$，于是存在整系数多项式 $R(x)$，使得 $Q(x)-x=(x^3-2)R(x)$　　①

从而存在整数 a,b，使 $R(\sqrt{5})=a+b\sqrt{5}$.

在①式中令 $x=\sqrt{5}$，则有 $1+2\sqrt{5}=(5\sqrt{5}-2)(a+b\sqrt{5})=25b-2a+(5a-2b)\sqrt{5}$，从而可得

$\begin{cases}1=25b-2a\\2=5a-2b\end{cases}$，而此方程组无整数解.

所以不存在满足题意的整系数多项式 $P(x)$.

19.【解析】解这类指数型不定方程的常规方法是取模，取的模一般与底数有关.

$5^y\cdot7^z+1$ 为偶数，所以 $x\geqslant1$.

如果 $y\neq0$，则 $5\mid(2^x-1)$，x 是 4 的倍数，但这时 2^x-1 被 3 整除，与题意不符，所以 $y=0$.

故原方程转化为 $2^x-1=y^z$.

当 $x=1$ 时，$z=0$；当 $x=2$ 时，无解；当 $x=3$ 时，$z=1$.

当 $x\geqslant4$ 时，$7^z\equiv-1(\bmod 16)$. 但 $7^1\equiv7(\bmod 16)$，$7^2\equiv1(\bmod 16)$，所以 $7^z\equiv-1(\bmod 16)$.

所以原不定方程的解为 $(x,y,z)=(1,0,0),(3,0,1)$.

20.【证明】不妨设 $a>b$，由 $\cos\theta=\dfrac{a^2-b^2}{a^2+b^2}$. 设 $a_1=a$，$b_1=b$.

下面证明对于任意的 n，均存在正整数 a_n,b_n，使得 $\sin n\theta=\dfrac{2a_nb_n}{(a^2+b^2)^n}$，$\cos n\theta=\dfrac{a_n^2-b_n^2}{(a^2+b^2)^n}$，且 a_n,b_n 满足 $a_n^2+b_n^2=(a^2+b^2)^n$.

当 $n=1$ 时，结论显然成立.

假设 $n=k$ 时结论成立，则 $n=k+1$ 时，

$\sin(k+1)\theta=\sin(k\theta+\theta)=\sin k\theta\cos\theta+\cos k\theta\sin\theta$

$=\dfrac{2a_kb_k}{(a^2+b^2)^k}\cdot\dfrac{a^2-b^2}{a^2+b^2}+\dfrac{a_k^2-b_k^2}{(a^2+b^2)^k}\cdot\dfrac{2ab}{a^2+b^2}=\dfrac{2(a_ka-b_kb)(a_kb+b_ka)}{(a^2+b^2)^{k+1}}$，

$\cos(k+1)\theta=\cos(k\theta+\theta)=\cos k\theta\cos\theta-\sin k\theta\sin\theta$

$=\dfrac{a_k^2-b_k^2}{(a^2+b^2)^k}\cdot\dfrac{a^2-b^2}{a^2+b^2}-\dfrac{2a_kb_k}{(a^2+b^2)^k}\cdot\dfrac{2ab}{a^2+b^2}=\dfrac{(a_ka-b_kb)^2-(a_kb+b_ka)}{(a^2+b^2)^{k+1}}$.

只需令 $a_{k+1}=a_ka-b_kb$，$b_{k+1}=a_kb+b_ka$，易知 $a_{k+1}^2+b_{k+1}^2=(a^2+b^2)^{k+1}$.

据此完成归纳假设，结论成立.

显然对于任意正整数 n，$A_n=(a^2+b^2)^n\sin n\theta$ 为整数.

21.【证明】(反证法)假设 p 不整除 abc，则 $p\nmid a, p\nmid b, p\nmid c$. 由二次剩余类的欧拉准则：若 $x\nmid p$，则 $x^{\frac{p-1}{2}}\equiv\begin{cases}1(\bmod p), \exists y \text{ 使得 } y^2\equiv x(\bmod p)\\ -1(\bmod p), \exists y \text{ 使得 } y^2\equiv x(\bmod p)\end{cases}$，得到在模 p 的意义下，有 $a^{\frac{p-1}{2}}+b^{\frac{p-1}{2}}+c^{\frac{p-1}{2}}\in\{-3,-1,1,3\}$. 而 $p>3$，显然有 $p\nmid(a^{\frac{p-1}{2}}+b^{\frac{p-1}{2}}+c^{\frac{p-1}{2}})$，与假设矛盾.

故 $p|abc$.

22.【解析】$m^4+2nm^3-6m^2+2n+m+24=0$ 可得 $2n(m^3+1)=6(m^2-4)-m(m^3+1)$，从而 $n=\frac{3(m^2-4)}{m^3+1}-\frac{m}{2}$. 所以 m 为偶数.

当 $m=2$ 时，$n=-1$；当 $m=0$ 时，$n=-12$；当 $m=-2$ 时，$n=1$.

下面讨论 $m>2$ 与 $m<-2$ 的情形：

(1)当 $m>2$ 时，则 $3(m^2-4)>0, m^3+1>0$，令 $f(x)=x^3+1-3(x^2-4)(x>2)$，则 $f'(x)=3x^2-6x=3x(x-2)$，因为 $x>2$，所以 $f'(x)>0$，$f(x)$ 单调递增，而 $f(2)=9$，则有 $x^3+1>3(x^2-4)$，即 $\frac{3(x^2)}{x^3+1}<1$，所以 $\frac{3(m^2-4)}{m^3+1}$ 不是整数.

从而 $m>2$ 时，不存在满足题意的整数对.

(2)当 $m<-2$ 时，有 $m^3+1<0, 3(m^2-4)>0$.

令 $g(x)=-x^3-1-3(x^2-4)(x<-2)$，则 $g'(x)=-3x^2-6x=-3x(x+2)$.

由于 $x<-2$，所以 $g'(x)<0$，$g(x)$ 单调递减. 而 $g(-2)=7>0$，所以 $-x^3-1>3(x^2-4)$，即 $\frac{3(x^2-4)}{x^2+1}>-1$. 所以 $m<-2$ 时，$\frac{3(m^2-4)}{m^3+1}$ 不是整数，即 $m<-2$ 时，不存在满足题意的整数对.

综上所述，所有的整数对 (m,n) 为 $(2,-1),(0,-12),(-2,1)$.

第十五章　组合数学

§15.1　逻辑推理

例 1　D 【解析】如果甲做对了，则乙、丙做错了，从而知甲说错了，乙、丙两人没有说错，故假设不成立；

如果乙做对了，则甲、丙做错了，从而知甲没有说错，乙说错了，丙没有说错，故假设不成立；

如果丙做对了，则甲、乙做错了，则甲没有说错，乙、丙两人说错了，故假设不成立.

故本题答案选 D.

例 2　A 【解析】由丙的年龄和从事 B 工作人的年龄不同，从事 B 工作人的年龄比甲的年龄小，可知乙从事 B 工作，进而乙比甲的年龄小，又因为乙的年龄比从事 C 工作人的年龄大，所以甲的职业不可能为 C，从而甲从事 A 工作，丙从事 C 工作，所以甲、乙、丙的职业分别是 A、B、C. 故选 A.

例 3　C 【解析】根据题意，列表如下：

	国家					
	英国	法国	意大利	巴西	西班牙	德国
甲	√	√	×	×	×	√
乙	×	√	×	×	×	√
丙	√	√	√	×	√	√

由于恰好有两人正确，一人错误，易知甲、丙说的正确，乙说的错误，从而冠军为英国. 故选 C.

本题也可以采用假设法解决：假设选项 A 正确，则乙和丙都错误，不符合题意；若 B 选项正确，则甲、乙、丙三人都正确，不符合题意；若 D 选项正确，则甲、乙两人都错，不符合题意. 故选 C.

例 4　CD　【解析】依题意列出可能的排列表如下：

四层	小李	《三国演义》	《三国演义》
三层	小孙	《红楼梦》	《红楼梦》
二层	小赵	《水浒传》	《西游记》
一层	小钱	《西游记》	《水浒传》

由上表可知选项 CD 正确.

例 5　【证明】将每个人用一个点表示，如果两人认识就在相应的两个点之间连一条红色线段，否则就连一条蓝色线段. 本题即是要证明在所得的图中存在两个同色的三角形.

设这六个点为 A,B,C,D,E,F. 我们先证明存在一个同色的三角形：

考虑由 A 点引出的五条线段 AB,AC,AD,AE,AF，其中必然有三条被染成了相同的颜色，不妨设 AB,AC,AD 同为红色. 再考虑 $\triangle BCD$ 的三边：若其中有一条是红色，则存在一个红色三角形；若这三条都不是红色，则存在一个蓝色三角形.

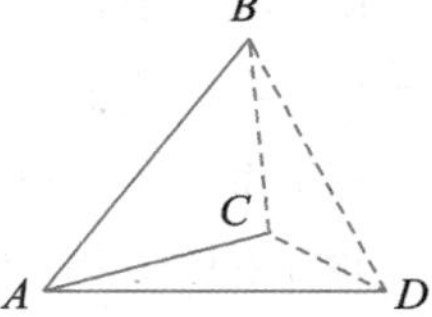

下面再来证明有两个同色三角形：不妨设 $\triangle ABC$ 的三条边都是红色的. 若 $\triangle DEF$ 也是三边同为红色的，则显然就有两个同色三角形；若 $\triangle DEF$ 三边中有一条边为蓝色，设其为 DE，再考虑 DA,DB,DC 三条线段：若其中有两条为红色，则显然有一个红色三角形；若其中有两条是蓝色的，则设其为 DA,DB. 此时在 EA,EB 中若有一边为蓝色，则存在一个蓝色三角形；而若两边都是红色，则又存在一个红色三角形. 故不论如何涂色，总可以找到两个同色的三角形.

本题还可以继续推广为：任意的 9 个人，必存在 3 个人相互认识或 4 个人相互不认识.

证明如下：如图所示，用实线表示认识关系，用虚线表示不认识关系. 任取一点 A，则

(1)若 A 认识的人数大于 3，则当 B,C,D,E 四点中存在一条实线相连时，即必有 3 人相互认识，命题成立；当 B,C,D,E 四点中不存在实线相连时，则表示 B,C,D,E 相互不认识，则命题也成立；

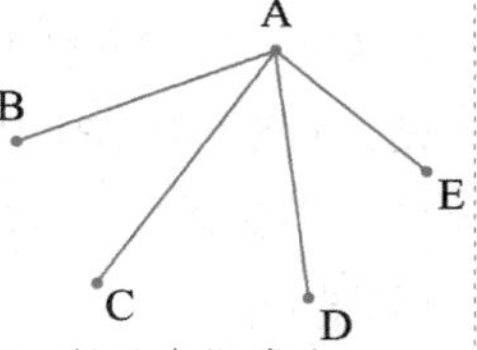

(2)若 A 认识的人数不大于 3 时，则从 A 不认识的人中取 6 人出来，由例 4 可知，这 6 人中有 3 人相互认识或不认识，考虑到 A 与这 6 人都不认识，所以命题成立.

综上所述，任意 9 人中，必存在 3 个人相互认识或 4 个人相互不认识.

例 6　ACD　【解析】(1)所有分数之和为 $4\times(4+3+2+1)=40$，甲乙总分之和为 $14+13=27$，所以第三名和第四名的总分之和为 13，第四名的分数要比第三名的分数低，从而第四名的分数不会超过 6 分，故 C 选项正确. 第四名至少获得 4 分，故 A 正确；

(2)所有项目的第一名和第二名分数之和为 $4\times(4+3)=28$，只比甲乙两人总分数高 1 分，说明只有一种情况，甲乙两人包揽所有项目的第一名，总共拿到 3 个第二名和 1 个和三名，从而 B 选项错误；

(3)D 选项正确的一种情形如下表：

	Ⅰ	Ⅱ	Ⅲ	Ⅳ
甲	4	4	4	2
乙	3	3	3	4
丙	2	2	2	1
丁	1	1	1	3

故本题答案为 ACD.

例 7　310　【解析】设 A,B,C,D,E 为平面上的五点，其中任意四点间两两连线的条数为 $C_4^2=6$，从其中一点可引六条垂线，五点可引 30 条垂线，最多有 $C_{30}^2=435$ 个交点，需排除三种情形：

(1)由其中三点向另外两点的连线作垂线时，得到的 3 条垂线互相平行，且无公共点，共 $C_5^2C_3^2=30$ 个；

(2)五个点中的三点构成一个三角形，三角形的三条高共点，因而共有 $C_5^3(C_3^2-1)=20$ 个；

(3)从一点引出六条垂线的交点只有一个，因而共 $5C_6^2=75$ 个.

所以所有这些垂线的交点(不包括已知的五个点)个数至多有 $435-75-30-20=310$ 个.

例 8　【解析】若有限条抛物线及其内部能覆盖整个坐标平面，则这有限条抛物线及其内部便可以覆盖坐标平面上的所有直线. 因此，我们可以考虑坐标平面上直线与抛物线的位置关系. 若直线与抛物线的对称轴不平行，则直线与抛物线的位置关系有如下三种情形：

(1)直线与抛物线有两个交点：此时抛物线及其内部只能覆盖该直线上的一段线段；

(2)直线与抛物线只有一个切点：此时抛物线及其内部只能覆盖该直线上的一个点；

(3)直线与抛物线没有公共点：此时抛物线及其内部不能覆盖该直线上的任何一点.

因此，用有限条抛物线及其内部不能覆盖与这有限多条抛物线的对称轴均不平行的直线，而这样的直线是存在的.

假设平面内有 n 条抛物线，则抛物线的对称轴也有 n 条，而平面中有无穷多条直线，从而可知平面中至少存在一条直线与这 n 条对称轴都相交. 也就是说，用有限多条抛物线及其内部不能覆盖平面中的这条直线，当然更不能覆盖整个平面.

例 9　【解析】从简单情形入手，先考虑平面上符合条件的 5 个点的情形.

设 5 个点为 P_1、P_2、P_3、P_4、P_5，它们在平面上的分布可分为三种不同的类型：

(1)5 个点中 P_1、P_2、P_3 连成一个三角形，另外两点 P_4、P_5 在 $\triangle P_1P_2P_3$ 的内部(如图 1).

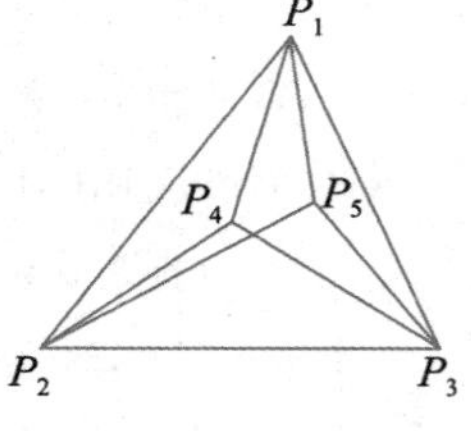

图 1

连接 P_1P_4、P_2P_4、P_3P_4，可得以 P_4 为顶点的 3 个三角形，它们在顶点 P_4 处 3 个角的和为$360°$，故知其中至少有两个角不是锐角，从而以 P_4 为顶点的三个三角形中至少有两个非锐角三角形.

同理,以 P_5 为顶点三角形中至少有两个非锐角三角形.

(2)5 个点中四个点 P_1、P_2、P_3、P_4 连成一个凸四边形,另一点 P_5 在四边形的内部(如图 2).

显然以 P_1、P_2、P_3、P_4 为顶点的 4 个三角形中至少存在一个非锐角三角形;以 P_5 为顶点的 6 个三角形中至少有 3 个非锐角三角形. 可见,在此种情况下,至少存在 4 个以此五点为顶点的非锐角三角形.

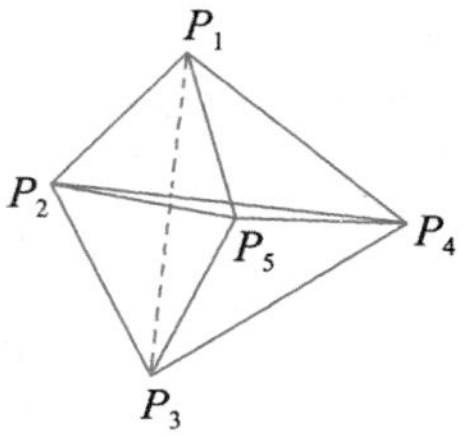

图 2

(3)5 个点 P_1、P_2、P_3、P_4、P_5 连成一个凸五边形(如图 3).

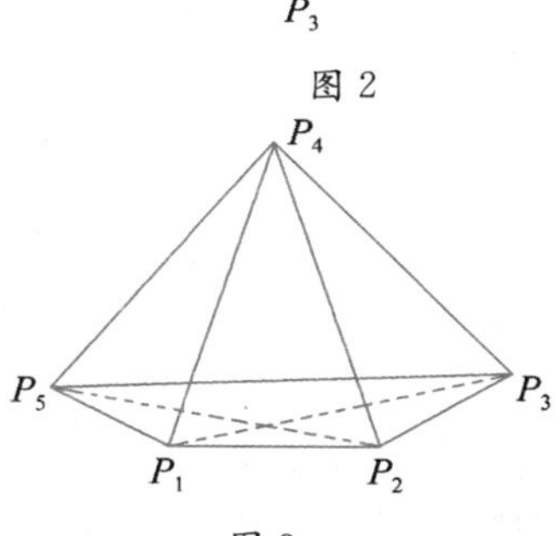

图 3

以五边形相邻两边构成的 5 个三角形中至少有 2 个非锐角三角形.

若 5 个三角形中有三个为非锐角三角形,则命题显然成立;

现设仅 2 个为非锐角三角形,不妨设为$\triangle P_1P_2P_5$ 与$\triangle P_1P_2P_3$,则有$\angle P_5P_1P_2+\angle P_1P_2P_3>270°$. 若$\angle P_5P_1P_3$ 与$\angle P_5P_2P_3$ 均为锐角,则$\angle P_3P_1P_2+\angle P_5P_2P_1>90°$,因而$\angle P_2P_5P_3+\angle P_5P_3P_1>90°$. 在四边形 $P_1P_2P_3P_5$ 中,由于$\angle P_5P_1P_2+\angle P_1P_2P_3>270°$,因而$\angle P_1P_5P_3+\angle P_5P_3P_2<90°$,这与$\angle P_2P_5P_3+\angle P_5P_3P_1>90°$矛盾.

可见,$\angle P_5P_1P_2$ 与$\angle P_5P_2P_3$ 不都是锐角. 这说明了以 P_1、P_2、P_3、P_4、P_5 为顶点的三角形中至少有三个为非锐角三角形.

这样,我们便得到一个较为简单的命题:

平面上给出的 5 个点中,任何 3 点都不共线,则至少存在 3 个以这些点为顶点的非锐角三角形.

下面我们以这个命题为基础,证明原命题:

100 个点中共有 C_{100}^5 个不同的 5 点组,每个 5 点组中都至少有 3 个非锐角三角形. 但每个非锐角三角形的 3 个顶点都可归属 C_{97}^2 个不同的 5 点组,所以最多可能被重复计算了 C_{97}^2 次. 因此,以这 100 个点为顶点的三角形中,至少有$\frac{3C_{100}^5}{C_{97}^2}$个非锐角三角形. 而$\frac{3C_{100}^5}{C_{100}^3}=\frac{3}{10}$,从而可知非锐角三角形的数量占三角形总数的 30%. 故其中锐角三角形所占的比例不会超过 70%.

例 10 【解析】易求得每两个集合都恰好有一个公共元素. 下面用反证法证明:所有的集合都相交于同一个元素.

假设所有集合不都相交于同一元素,取出集合 A_1,它与其余 1990 个集合均相交,而 $1990\div45>44$,故在它的元素中存在一个元素 a,是它和其他 45 个集合所公有的. 不妨设它与集合 $A_2,A_3,\cdots,A_{46}$ 所公有,但它与集合 $A_2,A_3,\cdots,A_{46}$ 都有一个公共元素,这样一来,集合 B 就含有至少 46 个元素,与题设条件矛盾.

综上所述,这 1991 个集合的并集共含有 $44\times1991+1=87605$ 个元素.

例 11 【证明】我们证明:每 5 条线段分成的若干条小线段中,即可找到三条构成三角形.

将所有的小线段的长度排序为 $x_1<x_2<\cdots<x_n\leqslant1$,其中 $n\geqslant5$.

我们证明其中必有三个可以作为某个三角形的三边长.

若不然，则 $1\geqslant x_n>x_{n-1}+x_{n-2}>2x_{n-2}$，

即 $x_{n-2}<\frac{1}{2}x_n\leqslant\frac{1}{2}$；

同样地，有 $x_{n-3}<\frac{1}{2}x_{n-1}\leqslant\frac{1}{2}$，

$x_{n-4}<\frac{1}{2}x_{n-2}\leqslant\frac{1}{4}$，

$x_{n-5}<\frac{1}{2}x_{n-3}\leqslant\frac{1}{4}$，

$x_{n-6}<\frac{1}{2}x_{n-4}\leqslant\frac{1}{8}$，

$x_{n-7}<\frac{1}{2}x_{n-5}\leqslant\frac{1}{8}$，

……

于是 $x_1+x_2+\cdots+x_n<1\times2+\frac{1}{2}\times2+\frac{1}{4}\times2+\frac{1}{8}\times2+\cdots<4$，与 $x_1+x_2+\cdots+x_n=5$ 矛盾.

例 12 【证明】若存在 n_0 最左边 4 位为 2020，且 $k|n_0$.

则令 $n=10^t n_0(t,n_0\in\mathbf{N}^*)$，有 $k|n$，且 n 有无穷多个. 下只需证 n_0 存在即可.

设 $[\lg k]+1=m$，设 $N_1=2020\times10^{m+2}$，$N_2=2021\times10^{m+2}$，

则 $\frac{N_2-N_1}{k}=\frac{10^{m+2}}{k}>10$，所以一定存在 $n_0\in(N_1,N_2)$，使得 $k|n_0$.

从而命题得证.

§15.2 存在性问题

例 1 【解析】显然 $n\geqslant2018$. 当 $n\leqslant4031$ 时，任取彼此是朋友的三人 x,y,z，设 S_x,S_y,S_z 分别为 x,y,z 的朋友集合，

记 $S_{xy}=S_x\cap S_y$，$S_{xz}=S_x\cap S_z$，$S_{yz}=S_y\cap S_z$，$S_{xyz}=S_x\cap S_y\cap S_z$.

由于 $|S_{xy}|,|S_{yz}|\geqslant2016$，故 $S_{xyz}=S_{xy}\cap S_{yz}$ 不是空集.

设 $\omega\in S_{xyz}$，同上定义 $S_{x\omega},S_{y\omega},S_{z\omega},S_{xy\omega},S_{yz\omega},S_{xz\omega},S_{xyz\omega}$.

若 $S_{xyz\omega}$ 为空集，则 $S_{xyz},S_{xy\omega},S_{xz\omega},S_{yz\omega}$ 两两的交集为空集，

从而有 $|S_{xy}|\geqslant|S_{xyz}|+|S_{xy\omega}|,\cdots$，进而有 $\sum\limits_{i,j}|S_{ij}|\geqslant3\sum\limits_{i,j,k}|S_{ijk}|$.

根据容斥原理，$n\geqslant|\bigcup\limits_{i,j}S_{ij}|=\sum\limits_{i,j}|S_{ij}|-2\sum\limits_{i,j,k}|S_{ijk}|\geqslant\frac{1}{3}\sum\limits_{i,j}|S_{ij}|=4032$，矛盾！因此，存在 $u\in S_{xyz}$，x,y,z,ω,u 彼此是朋友.

当 $n\geqslant4032$ 时，设 $V_1=\{1,2,\cdots,1008\}$，$V_2=\{1009,1010,\cdots,2016\}$，$V_3=\{2017,2018,\cdots,3024\}$，$V_4=\{3025,3026,\cdots,4032\}$，规定 i 与 j 是朋友，当且仅当 i,j 不在同一个 V_k 中. 在这种情形下，任意两人都有至少 2016 位共同的朋友，并且任意 5 人中必存在两人不是朋友. 矛盾.

综上，所求 $n=2018,2019,\cdots,4031$.

例 2 【证明】在这几个圆盘中，必有一个半径最大(若有多个，则从中任选一个)，设该圆盘为 C_1，把圆盘

C_1 以及与它有公共点的所有圆盘去掉，同样在剩下的圆盘中必有一个半径最大的圆盘(若有多个，从中任选一个)，记该圆盘为 C_2，把圆盘 C_2 以及与它有公共点的所有圆盘去掉，再考虑剩下圆盘中半径最大的圆盘，按照这种方式进行下去，最后一定可以得到 k 个两两不相交的圆盘.

将圆盘 C_i 的半径扩大三倍得到圆盘 $C_i'(i=1,2,\cdots,k)$，则圆盘 C_i'能覆盖住圆盘 C_i 以及所有与 C_i 有公共点的圆盘，故圆盘 $C_i'(i=1,2,\cdots,k)$能覆盖住原来的 n 个圆盘，而这 n 个圆盘能覆盖住原来的凸多边形.

例 3 【证明】(**方法一**)设顺时针的速度为$+1$，设所有蚂蚁运动的距离(顺时针为正，逆时针为负)之和为 l，由于 2019 是奇数，所以速度之和始终恒定且不为 0，l 与时间成正比，那么时间足够充分之后，必有一只蚂蚁的距离大于 2 倍的周长.

注意到任意两只蚂蚁运动的距离差不超过周长，所以只要有一只蚂蚁跑完 2 圈，那么其他蚂蚁必然跑了一圈，所以当时间足够充分后，每只蚂蚁运动的距离都大于周长.

(**方法二**)设顺时针的速度为$+1$，逆时针的速度为-1，我们把所有蚂蚁的速度之和定义为合速度.

由题意，两只蚂蚁相撞后立即原速反向，所以合速度的大小与正负(方向)始终不变.

再注意到 2019 是奇数，所以合速度不为 0.

我们注意到 2019 只蚂蚁的排序始终不变(两只相撞就反向，所以相对顺序不会改变)，于是合速度始终朝着一个方向，于是所有蚂蚁的位移之和趋向于无穷大，这里位移理解为矢量，顺时针为正，逆时针为负，所以必有一只蚂蚁的位移趋向于无穷大，那么这只蚂蚁一定可以跑完整个圆周.

结合所有蚂蚁的位置排序不发生改变，那么这只跑完圆周的蚂蚁不会超过它前面的那只蚂蚁(顺着运动方向的第一只蚂蚁)，所以前面的蚂蚁也能跑完一圈，反复下去，所有蚂蚁都能跑完一圈.

例 4 【解析】如图，将整个棋盘的每一格都分别染上红、白、黑三种颜色，这种染色方式将棋盘按颜色分成了三个部分. 按照游戏规则，每走一步，有两部分中的棋子数各减少了一个，而第三部分的棋子数增加了一个. 这表明每走一步，每个部分的棋子数的奇偶性都要改变.

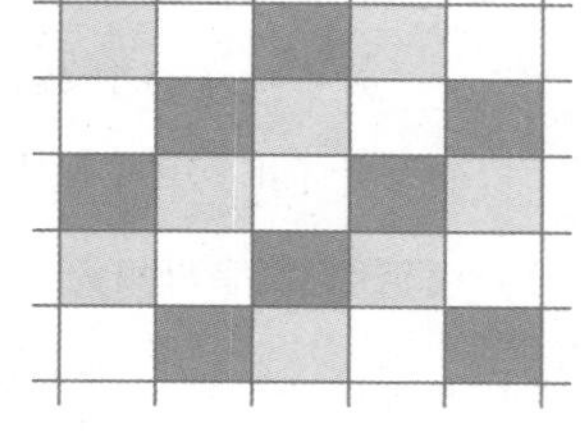

因为一开始时，81 个棋子摆成一个 9×9 的正方形，显然三个部分的棋子数是相同的，故每走一步，三部分中的棋子数的奇偶性是一致的.

如果在走了若干步以后，棋盘上恰好剩下一枚棋子，则两部分上的棋子数为偶数，而另一部分的棋子数为奇数，这种结局是不可能的，即不存在一种走法，使棋盘上最后恰好剩下一枚棋子.

例 5 【解析】答案是否定的，即存在一种染色方式，对任意不平行于坐标轴的好直线，其中只有有限种颜色.

设 $T=\{(x,y)\mid x,y\in\mathbf{Z},|y|\geqslant x^2$ 或 $|x|\geqslant y^2\}$. 对于 T 中整点，将其染成两两不同的颜色. 不在 T 中的整点，染成同一种颜色.

可以发现对任意平行于坐标轴的好直线，其上只有有限个点不在 T 中，故其上整点有无穷个颜色. 对任意不平行于坐标轴的直线 $l:y=kx+b(k\neq0)$，$l\cap T$ 中的点(x,y)一定满足

$$kx+b\geqslant x^2,-(kx+b)\geqslant x^2,x\geqslant(kx+b)^2,-x\geqslant(kx+b)^2$$

这四个不等式之一. 由于 $k\neq0$，故这四个关于 x 的不等式，每一个的解集要么是有限闭区间(左右端点允许重合)，要么是空集. 故存在一个正数 M，只要 $|x|>M$，就有$(x,kx+b)\notin l\cap T$. 由于整数的离散性，

知 $l\cap T$ 是有限集. 所以 l 上整点中有有限种颜色.

> 这个题也可以把整点改成有理数点或者所有点,只要把实数平面按照($[x]$,$[y]$)的值分成不同的方格即可. 此外,这个题的本质就是要构造这个集合 T,任何平行于坐标轴的好直线与 T 有无穷个交点,任何不平行于坐标轴的直线和 T 有有限个交点. 这也可以通过归纳构造完成.

例 6　D　【证明】注意到 1 不在任一集合之中,故选项 AB 错误;

对于 C 选项,我们构造 $A=\{n!+n|n\in\mathbf{N}^*\}$,$B=\mathbf{N}^*\backslash A$,$A$ 中没有等差数列是因为 A 中数的大小差异非常大,$a_i+a_k=2a_j$ 根本就不可能成立,B 中没有无穷等差数列,等价于:对任意正整数 a,b,存在无穷多个 n,使得 $ax+b=n!+n$ 有解(即 $ax+b$ 的等差数列会有无穷项不在 B 中). 事实上,对于所有满足 $n>a$ 且 $n\equiv b(\mathrm{mod}a)$ 的 n,该方程都有解. 故 C 正确.

对于选项 D,$\mathbf{N}^*$ 中形成等比数列可以唯一地用一个正整数数对(a,q)来表示,其中 a 为数列的首项,q 为数列的公比,反之每一对(a,q)也唯一地表示一个无穷等比数列. 正整数数对(a,q)可以排列如下:$(1,2)$,$(1,3)$,$(2,2)$,$(1,4)$,$(2,3)$,$(3,2)$,…. 将这些数对所对应的无穷等比数列依次记为 s_1,s_2,…,s_k,…. 先在 s_1 中任取一个数 a_1,在 s_2 中取数 a_2,使得 $a_2>a_1$;在 s_3 中取 a_3,使得 $a_3=\frac{a_2^2}{a_1}$;在 s_4 取数 a_4,使得 $a_4>\frac{a_3^2}{a_1}$,……,一般地,在 s_k 中取数 a_k,使得 $a_k>\frac{a_{k-1}^2}{a_1}$,……,如此得到正整数 $a_1,a_2,\cdots,a_k,\cdots$,由这些组成集合 A,并令 $B=\mathbf{N}^*|A$,可以证明上述构造的 A 和 B 满足题设条件,即满足①A 中不存在三个成等比数列的数,且满足②B 中不存在无穷的等比数列. 首先 $\mathbf{N}^*$ 中每一个无穷等比数列中至少有一项在 A 中,所以 B 中不存在无穷等比数列. 再证 A 中不存在三数成等比数列. 任取 $a_m,a_n,a_r\in A$,不妨设$m<n<r$,则 $a_m<a_n<a_r$ 不成等比数列,所以 A 不存在三个等比数列的数.

> 对于选项 D,的确难以构造,我们可以给出这样的解释:所有的无穷等比数列是可数个,从每一个无穷等比数列中取出可数项,它们不构成任何等比数列,即为 A,余下为 B,满足要求.

例 7　【证明】设字母集为 A,长度为 n 的可用单词所构成的集合为 G_n,其元素个数为 g_n,约定$g_0=1$(空单词是可用的). 记 $c=\frac{k+\sqrt{k^2-4k}}{2}$,我们来证明 $g_n\geqslant cg_{n-1}$,由此即可得 $g_n\geqslant c^n$. 用数学归纳法证明之.

显然有 $g_1\geqslant k-1>c$.

假设 $n<m$ 时,都有 $g_n\geqslant cg_{n-1}$,来考虑 $n=m(m\geqslant 2)$的情形:

令 $X=\{wa\mid w\in G_{m-1},a\in A\}$. 如果 X 中的成员 wa 不可用,则其中有连续的一段为 T 中某个单词,由于 w 可用,w 中不含连续一段 T 中的单词,所以一定是 wa 中以 a 结尾的连续一段是 T 中的某个单词,即 wa 形如 $wa=vt(t\in T,v\in G_{m-|t|})$,这里$|t|$表示单词 t 的长度.

这样,集合 $Y=X\backslash(\bigcup\limits_{t\in T,|t|\leqslant m}\{vt|v\in G_{m-|t|}\})$包含在 G_m 中.

由此可得 $g_m\geqslant|X|-\sum\limits_{t\in T,|t|\leqslant m}\{vt|v\in G_{m-|t|}\}=g_m\cdot k-\sum\limits_{t\in T,|t|\leqslant m}g_{m-|t|}$.

由条件 T 中的单词长度两两不同,可进一步得到

$$g_m\geqslant g_{m-1}\cdot k-(g_{m-1}+\cdots+g_0). \qquad (*)$$

利用归纳假设,对每个 $i\leqslant m-1$,有 $g_{m-1}\geqslant c^{m-1-i}g_i$,即有 $g_i\leqslant\frac{1}{c^{m-1-i}}g_{m-1}$,代入($*$)式可得 $g_m\geqslant g_{m-1}$

$$\left[k-\left(1+\frac{1}{c}+\cdots+\frac{1}{c^{m-1}}\right)\right]\geqslant g_{m-1}\cdot\left(k-\frac{1}{1-\frac{1}{c}}\right)=c\cdot g_{m-1}.$$

最后注意到 $c=\frac{k+\sqrt{k^2-4k}}{2}$ 满足 $k=\frac{c^2}{c-1}$，则有 $k-\frac{1}{1-\frac{1}{c}}=c$.

这样，就完成了整个归纳证明过程.

例 8 【证明】20 名同学可以组成 C_{20}^3 个"三同学组"，而每一组至少祝福一人，故被祝福的同学至少有 C_{20}^3 人次.

设 A 为受到祝福最多的同学，他被 m 个人祝福过，则 $m\geqslant\frac{C_{20}^3}{20}=57$.

若在这 m 个"三同学组"中，其中含有 k 个同学，则这 k 个同学共可以组成 C_k^3 个"三同学组"，因此 $C_k^3\geqslant m\geqslant57$. 注意到，当 $k\geqslant3$ 时，C_k^3 单调递增，又因为 $C_8^3=56<57<C_9^3=84$，故 $k\geqslant9$.

例 9 【证明】设小正方形为 $A_1,A_2,\cdots,A_9$，并用 $|A_i|$ 表示 A_i 的面积($i=1,2,\cdots,9$).

因为 $\sum\limits_{i=1}^{9}|A_i|=\frac{9}{5}>1$，故必有两个小正方形的面积是重叠的.

若对任意 $1\leqslant i<j\leqslant9$，$|A_i\cap A_j|<\frac{1}{45}$，

则 $A_1,A_2,\cdots,A_9$ 覆盖面积为 $\left|\bigcup\limits_{i=1}^{9}A_i\right|\geqslant\sum\limits_{i=1}^{9}|A_i|-\sum\limits_{i=1}^{9}|A_i\cap A_j|>9\times\frac{1}{5}-C_9^2\times\frac{1}{45}=1$.

这与 $A_1,A_2,\cdots,A_9$ 都在面积为 1 的图形内，应有 $\left|\bigcup\limits_{i=1}^{9}A_i\right|\leqslant1$ 矛盾，

故存在 $1\leqslant i<j\leqslant9$，使得两个小正方形 A_i 与 A_j 重叠的面积 $|A_i\cap A_j|\geqslant\frac{1}{45}$.

图形重叠原理：把面积分别为 $S_1,S_2,\cdots,S_n$ 的 n 个平面图形 $A_1,A_2,\cdots,A_n$ 以任意方式放入一个面积为 S 的平面图形 A 内.

(1)若 $S_1+S_2+\cdots+S_n>S$，则存在两个平面图形 A_i 与 A_j($1\leqslant i<j\leqslant n$)有公共内点；

(2)若 $S_1+S_2+\cdots+S_n<S$，则 A 内必存在一点不属于 $A_1,A_2,\cdots,A_n$ 中的任何一个.

例 10 9 【解析】构造是容易的，取 $A_i=\{i\}$($i=1,2,\cdots,9$)即可.

用 0,1 表示集合中元素是否在子集中，如 $A_1=\{1,3,4,5,9\}$，则记 $a_1=(1,0,1,1,1,0,0,0,1)$，那么 $a_i\cdot a_j=|A_i\cap A_j|$.

显然，如果当 $n\geqslant10$ 时，必然存在 m 个向量线性相关，不妨设

$\lambda_1\boldsymbol{a}_1+\lambda_2\boldsymbol{a}_2+\cdots+\lambda_m\boldsymbol{a}_m=(0,0,\cdots,0)$，其中 $\lambda_i\in\mathbf{Z}$($i=1,2,\cdots,m$)，$\lambda_1=1$.

此时，考虑 $\boldsymbol{a}_1\cdot(\lambda_1\boldsymbol{a}_1+\lambda_2\boldsymbol{a}_2+\cdots+\lambda_m\boldsymbol{a}_m)$，

根据题意有 $\boldsymbol{a}_1\cdot\boldsymbol{a}_i$ 为奇数，而 $\boldsymbol{a}_1\cdot\boldsymbol{a}_i$($i=2,3,\cdots,m$)为偶数，这样就推出了矛盾.

因此，所求 n 的最大值为 9.

按照本例的方法，可以得出 n 元集合至多有 n 个包含奇数个元素的子集，使得这些子集中任意两个的交集均包含偶数个元素.

例 11 【解析】设 k 有个子集满足题中条件(1)和(2)，并设 i 属于这 k 个子集中的 x_i 个集合，$i=1,2,\cdots,$

10. 若 $i\in A_j$，$i\in A_k$，$j\neq k$，则称 i 为一个重复数对.

于是由数 i 导致的重复数对有 $C_{x_i}^2$ 个. 由 S 中的 10 个元素所导致的重复数对的总数为 $C_{x_1}^2+C_{x_2}^2+\cdots+C_{x_{10}}^2$，$x_1+x_2+\cdots+x_{10}=5k$.

另一方面，每两个子集间至多有两个重复数对，所以 k 个子集之间至多有 $2C_k^2$ 个重复数对.

因而有 $C_{x_1}^2+C_{x_2}^2+\cdots+C_{x_{10}}^2\leqslant 2C_k^2$ ①

由柯西不等式有

$$C_{x_1}^2+C_{x_2}^2+\cdots+C_{x_{10}}^2=\frac{1}{2}[x_1(x_1-1)+x_2(x_2-1)+\cdots+x_{10}(x_{10}-1)]$$

$$=\frac{1}{2}(x_1^2+x_2^2+\cdots+x_{10}^2)-\frac{1}{2}(x_1+x_2+\cdots+x_{10})=\frac{1}{2}(x_2^1+x_2^2+\cdots x_{10}^2)-\frac{5}{2}k$$

$$\geqslant\frac{1}{20}(5k)^2-\frac{5}{2}k=\frac{5}{4}k(k-2) \quad ②$$

由①和②得到 $\frac{5}{4}(k-2)\leqslant k-1$ ③

由③解得 $k\leqslant 6$. 这表明至多有 6 个子集.

例 12 【证明】若对前若干个正整数分别染色，使得无法从中选出三个不同色的正整数构成等差数列，则称这种染色方法为好染色法.

我们首先证明：对 $\forall m\in\mathbf{Z}^+$，有 $f(2m)\leqslant f(m)+1$，$f(2m+1)\leqslant f(m)+1$.

设 $t\in\{0,1\}$，用 $f(2m+1)$ 种颜色对前 $2m+t$ 个正整数染色，可得到一种好染色法，再从中删去数 $m+1$，$m+2$，$\cdots$，$2m+t$ 后，将会得到对前 m 个正整数的一种好染色法，且 $f(2m+a)-1\leqslant f(m)$. 否则，至少有两种不同的颜色，他们只对 $m+1$，$m+2$，$\cdots$，$m+a$ 中的某一些数进行染色. 分别从这两种颜色的数中取最小的数，设为 $m+x$，$m+y(1\leqslant x<y\leqslant m+a)$，考虑数 $m+2x-y$，根据 $m+2x-y\geqslant m+2-(m+a)=2-a\geqslant 1$，$m+2x-y<m+x$ 以及 $m+x$，$m+y$ 的最小性可知 $m+2x-y$ 所染的颜色与数 $m+x$，$m+y$ 的颜色不同，而 $m+2x-y$，$m+x$，$m+y$ 构成等差数列，矛盾！

接下来证明：对 $\forall m\in\mathbf{Z}^+$，有 $f(3m)\geqslant f(m)+1$，$f(3m+k)\geqslant f(m+1)+1(k\in\{1,2\})$

首先证明 $f(3m)\geqslant f(m)+1$. 用 $f(m)$ 种颜色对前 m 个正整数染色，可得一种好染色法，再对其每一个数 $a\in\{1,2,\cdots,m\}$，用 $3a$ 替换 a 且颜色不变，最后对所有 $b\leqslant 3m$ 且不能被 3 整除的正整数 b 用第 $f(m)+1$ 种颜色对其染色，这样得到了一种用 $f(m)+1$ 种颜色对前 $3m$ 个正整数染色的好染色法，因此 $f(3m)\geqslant f(m)+1$.

接下来证明，$f(3m+k)\geqslant f(m+1)+1(k\in\{1,2\})$. 用 $f(m+1)$ 种颜色对前 $m+1$ 个正整数染色，可得到一种好染色法，再对其中每一个数 $a\in\{1,2,\cdots,m+1\}$，用 $3a-3+k$ 代替且颜色不变，最后对所有 $b'\leqslant 3m+k$，且与 k 模 3 不同余的正整数 b' 用第 $f(m+1)+1$ 种颜色对其染色，这样得到了一种用 $f(m+1)+1$ 种颜色对前 $3m+k$ 个正整数染色的好染色法，因此 $f(3m+k)\geqslant f(m+1)+1$.

最后，对 n 用数学归纳法证明：$\log_3 n\leqslant f(n)\leqslant 1+\log_2 n$ ①

易知 $f(1)=1$，$f(2)=2$，$f(3)=2$ 满足①式；

假设对 $r<n$，均有 $\log_3 r\leqslant f(r)\leqslant 1+\log_3 r$.

则由上述证明可知 $f(n)\leqslant f\left(\left[\frac{n}{2}\right]\right)+1\leqslant 2+\log_2\left[\frac{n}{2}\right]\leqslant 2+\log_2\frac{n}{2}=1+\log_2 n$，

$$f(n)\geqslant f\left(\left[\frac{n+2}{3}\right]\right)+1\geqslant 1+\log_3\left[\frac{n+2}{3}\right]\geqslant 1+\log_3\frac{n}{3}=\log_3 n,$$

故对 $r=n$ 时，也有$\log_3 n\leqslant f(n)\leqslant 1+\log_2 n$，证毕.

§15.3 组合构造

例 1 【解析】先给出一些简单的观察：

(1)1 的上一个数必是 2,2 的上一个数必是 3 或 4,但 3 的上一个数是 4. 如果让自己拿到 4,说出因子 1,从而让对手得到 3,对手只能说因子 1,从而让自己得到 2,获得胜利；

(2)(**奇数⇒偶数**)如果一个人拿奇数,因为奇数的真因子都是奇数,从而得到的新数一定是偶数；

(3)(**偶数⇒奇数**)如果一个人拿偶数,如果说出真因子 1,必定得到奇数. 事实上,记偶数为 $2^n p_1 p_2\cdots p_k$，这里 p_i 都是奇素数(可以相同),任取一个奇因子都能得到奇数；

(4)(**偶数⇒偶数**)如果一个人拿偶数 $N(N>2)$,2 是 N 的真因子,则得到的新数可以为 $N-2$；

(5)根据(2)(3)(4),一个人可以一直拿偶数,并让对手拿到奇数.

下面给出一个乙必胜的策略:甲说出任意一个 2019 的真因子之后,乙都能得到偶数,乙说出这个偶数的任意奇因子之后,甲得到奇数……这样下去,甲一直都是奇数,乙一直都是偶数,于是乙必胜.

例 2 【解析】考虑信息的出口和入口.

对于每个人而言,要想让别人知道自己的短信内容至少要发一条短信传递自己的信息,一共 n 个同学,这就需要发 n 条. 这 n 条短信最多可以让 2 个人得到全部信息,剩下的 $n-2$ 个人想得到全部信息就至少还要额外收到一条短信获取所有信息,因此至少还需要 $n-2$ 条短信,所以总共至少要发 $2n-2$ 条短信.

可以这样实现:先将所有人的信息汇集到一个人那里,这样需要 $n-1$ 条短信,然后这个人给其余的每个人发一条短信,这样大家就都知道了所有的信息.

例 3 D 【解析】若三个平面法向量共面(记平面为 β),则只有一个与它们都垂直的平面满足要求. 这是因为 α 的法向量在 β 上的投影必须在这三个平面法向量两两形成的角的角平分线上,因此投影只能是零向量,也就是 α 的法向量需要与 β 的法向量垂直；

若三个平面法向量不共面,则任意两个法向量所在基线均有两个角分面,我们考虑第一个平面和第二个平面的两个角分面,以及第二个平面和第三个平面的两个角分面,一共可以产生四条交线,这四条交线即为第四个平面法向量的基线.

极特殊的情况,前三个平面如果两两垂直,即可以考虑空间直角坐标系中 xOy, yOz, zOx,与它们三个夹角一样的第四个平面法向量的方向,即为每个卦限的中分线,一共四条,对应四个平面. 从而,满足题意的 α 共有 1 个或 4 个,选 D.

例 4 【解析】当 $n=3$ 时有无穷多个,事实上取 $S=\{0,x,3\}\left(0<x<\frac{3}{2}\right)$即符合要求,以下设$n\geqslant 4$.

首先,我们可知:设 A 是有限实数集,则 $|A+A|\geqslant 2|A|-1$,当且仅当 A 中元素构成一等差数列时等号成立.

我们在此基础上归纳证明：

若 n 元有限实数集 A 满足 $|A+A|=2n$，则 A 中元素是某个等差数列的连续 $n-1$ 项再加上相隔的一项，即为 $a+d,a+2d,\cdots,a+(n-1)d,a+(n+1)d$，或 $a+d,a+2d,\cdots,a+(n-1)d,a-d$ 的形式($d>0$).

设 $A=\{a_1,a_2,\cdots,a_n\}$，其中 $a_1<a_2<\cdots<a_n$.

当 $n=4$ 时，若 $A_1=\{a_1,a_2,a_3\}$ 是三项等差数列，则由 a_4+a_4,a_4+a_3 不同于 A_1+A_1 中各元知 a_4+a_2，a_4+a_1 中恰有一项与 A_1+A_1 中元素相同.

若为前者，则 $a_4+a_2=2a_3$，此时给出矛盾；

若为后者，则 $a_4+a_1=2a_3$ 或 $a_4+a_1=a_2+a_3$，第一种情况给出结论，第二种情况给出矛盾.

若 A_1 不为三项等差数列，则有 $a_4+a_2=2a_3$，此时类似讨论 a_1 的情况，即证.

假设 n 时结论成立，来看 $n+1$ 的情形.

若 $A_1=\{a_1,a_2,\cdots,a_n\}$ 是 n 项等差数列，类似 $n=4$ 讨论可证；否则必定有 $|A_1+A_1|=2n$(由 $a_{n+1}+a_{n+1}$，$a_{n+1}+a_n$ 不同于 A_1+A_1 中的各元)，此时由归纳假设知 A_1 必有 $a+d,a+2d,\cdots,a+(n-1)d,a+(n+1)d$ 或 $a_1+d,a+2d,\cdots,a+(n-1)d,a-d$的形式($d>0$).

若为前者，则 $a_{n-1}+a_{n+1}=2a_n$，$a_{n+1}=a+(n+3)d$，这时 $a_{n+1}+a_{n-2}=2a+(2n+1)d$ 是一个不属于 A_1+A_1 也不为 $a_{n+1}+a_{n+1}$，$a_{n+1}+a_n$ 的元素，矛盾；

若为后者，容易证明结论成立.

命题对 $n+1$ 成立，由归纳法原理知命题成立.

由上述结论易知 $n\geqslant 4$ 时 S 只有 $\{0,1,\cdots,n-2,n\}$ 和 $\{0,2,3,\cdots,n\}$ 两种可能，故此时好的 n 元好子集有 2 个.

> 这个问题是很典型的加性组合中的逆问题(给出集合的性质要求确定其结构)，这类问题一般需要对元素的性质(大小、个数等)进行透彻的分析. 这个问题不需要太多的知识，但要求具有比较高的分析问题的能力，同时有一定的背景. 关于集合中包含等并数列的问题，我们有如下的定理：
>
> 定理：设有限 $n(n\geqslant 3)$ 元整数集 A 满足 $|A+A|=2n-1+a\leqslant 3n-4$，则 A 包含一个 $n+a$ 项等差数列.

例 5 【证明】一种很自然的想法是：如果 $n\times n$ 方格表可以分割成若干个互补重叠的 2×2 正方形，则结论显然成立，此时表中所有数之和为 0，当然不大于 n.

由此可见，当 n 为偶数时，结论成立.

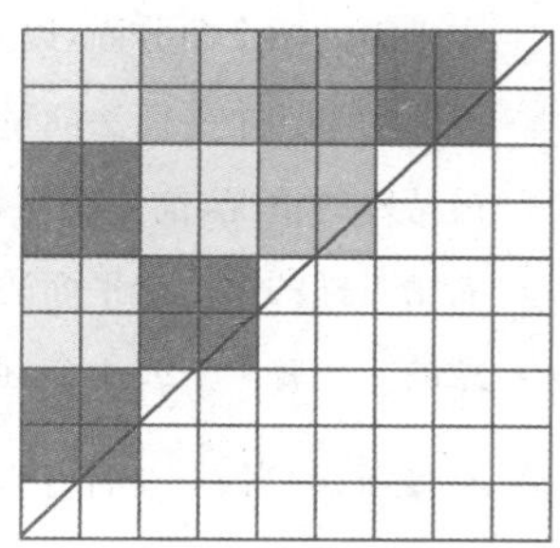

当 n 为奇数时，尽管 $n\times n$ 方格表不可以分割成若干个互补重叠的 2×2 正方形，但可以分割出尽可能多的互补重叠的 2×2 正方形. 由对称性，考察棋盘主对角线上方的部分，可按右图所示方式进行分割注意在上述分割中，只有少数几个格“越界”(有属于对角线下方的部分). 由对称性，棋盘主对角线下方的部分也按右图所示的方式进行类似分割，这只需将图形作关于对角线的对称图形即可.

于是，从上至下，从左到右划分为若干个 2×2 正方形，使任何两个正方形不相交，每个正方形都在对角线的上方，或至多有一个格与对角线相交，且对角线上方的每一个格都恰属于一个正方形.

将这些正方形的集合记为 A，设 A 关于对角线对称的集合记为 B.

显然，其对角线上的格或者既属于 A 又属于 B，这些格的集合为 $A\cap B$；

或者既不属于 A 又不属于 B，这些格的集合为$\overline{A\cup B}$. 用 $S(X)$ 表示集合 X 中各格内各数的和，则

$S=S(A\cup B)+S(\overline{A\cup B})=S(A)+S(B)-S(A\cap B)+S(\overline{A\cup B})=S(\overline{A\cup B})-S(A\cap B)$.

其中注意 $S(A)=S(B)=0$(被分为若干个 2×2 正方形)，

但由$(\overline{A\cup B})\cup(A\cap B)=\{$对角线上的格$\}$，

知$|S(\overline{A\cup B})|+|S(A\cap B)|\leqslant n$，所以有

$$S=S(\overline{A\cup B})-S(A\cap B)\leqslant|S(\overline{A\cup B})|+|S(A\cap B)|\leqslant n$$

命题获证.

本题也可以采用下列方法证明：设 n 为奇数，对 n 进行归纳. 设结论对小于 n 的自然数成立，考察 $n\times n$ 棋盘，将其划分一个$(n-2)\times(n-2)$棋盘 A，一个 $2\times(n-1)$ 棋盘 B，一个$(n-1)\times2$ 棋盘 C. 如图所示. 将图中两个格记为 a,b，所填的数也用这些字母表示，那么有 $S=S(A)+S(B)+S(C)-a+b$. 由归纳假设，$S(A)\leqslant n-2$，而 $S(B)=S(C)=0$，所以 $S=S(A)-a+b\leqslant n-2+|a|+|b|\leqslant n-2+2=n$，结论成立.

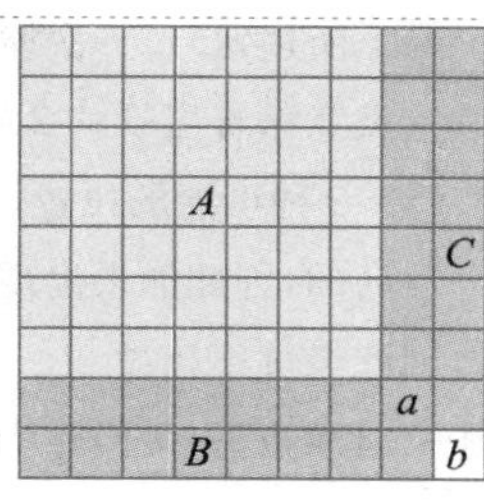

例 6 【证明】首先证明：可经过有限步操作使所有的糖果集中到两个或三个盘子里.

事实上，若放糖的盘子不少于三个，任取其中三个盘子，分别记为 A,B,C，并设 A,B,C 中分别为 a,b,c $(0<a\leqslant b\leqslant c)$粒糖.

于是，可进行如下操作 a 次：$(a,b,c)\to(a-1,b-1,c+2)\to\cdots\to(0,b-a,c+2a)$，即放有糖的盘子的总数减少一个($a\neq b$ 时)或两个($a=b$ 时).

因此，如此继续下去，总可以将糖集中在两个或三个盘子中.

其次，不妨设所有的糖集中在盘子 A,B,C 中，每个盘子中放糖数分别为 $a,b,c(a\geqslant b\geqslant c\geqslant0)$，另取一个空盘 D(因为 $n\geqslant4$，至少有四个盘子)，上述状态简记为(a,b,c,D).

若 a,b,c 有两个相等，则由上述证明可经过有限步将糖集中到一个盘子中，故只需考虑 $a>b>c\geqslant0$ 的情形. 又分为下列两种情形：

(1)若 $a=c+2$，则 $b=c+1$. 因为 $a+b+c=3c+3\geqslant4$，所以 $c\geqslant1$. 于是，可按下列步骤操作，经过有限步将所有糖集中到一个盘子中：

$$(c+2,c+1,c,0)\to(c+1,c,c,2)\to(c,c+2,c,1)\to(c-1,c+2,c+2,0)\to\cdots\xrightarrow{c+2\text{ 步}}(3c+3,0,0,0).$$

(2)若 $a>c+2$，则先作如下操作一次：$(a,b,c)\to(a-1,b-1,c+2)$.

因为 $a>b>c$ 及 $a>c+2$，所以 $a-1>b-1\geqslant c,a-1\geqslant(c+3)-1\geqslant c+2$.

故经过调整后，三个盘子中所放糖量的最大数减少 1，而最小数不减少.

从而，经过有限次调整可归结为有两个盘子中的糖数相等或为前述情形(1).

于是，由前面证明可知经过有限步操作可将糖集合中到一个盘子中.

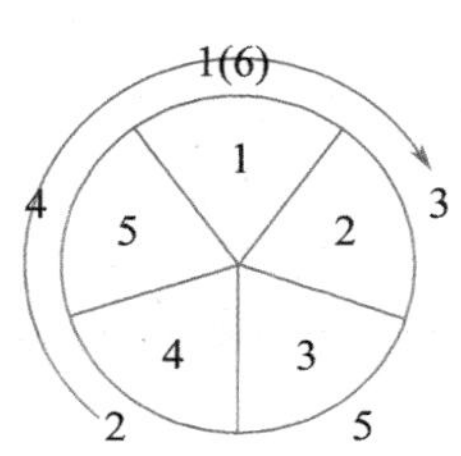

例 7 【证明】我们证明一个等价的命题，将每次操作改为先从上往下取后一半的数出来，然后与前一半交叉放置(类似于洗扑克牌)，如初始顺序为 123456，操作

后依次得到 142536，154326，135246，123456. 将纸牌按顺时针摆放，使得第一张牌和最后一张牌（它们始终为 1 和 $2n$）重合，将第一张牌的位置记为 1，顺时针旋转将其他牌的位置依次记为 $2,3,\cdots,2n-1$. 定义纸牌 m 顺时针旋转到纸牌 n 时旋转的步数为纸牌 m 到 n 的距离，记为 $d(m\to n)$，如图中 $d(2\to3)=3$.

下面证明经过 k 次操作（$k\in\mathbf{N}^*$）后 $d(1\to2)=d(2\to3)=\cdots=d(2n-1,2n)$，用数学归纳法.

当 $k=1$ 时，有 $d(1\to2)=d(2\to3)=\cdots=d(2n-1,2n)=1$，命题成立.

设当 $k=p$ 时，有 $d(1\to2)=d(2\to3)=\cdots=d(2n-1,2n)=q$.

不难计算，经过操作后位置 x 的纸牌将会移动到位置 $f(x)=(2x-1)\%(2n-1)$，（其中 $t\%s$ 表示 t 模 s 的余数）. 因此原来距离为 q 的纸牌在操作后距离为 $(2q)\%(2n-1)$.

因此经过 $p+1$ 次操作后，仍然有 $d(1\to2)=d(2\to3)=\cdots=d(2n-1,2n)$.

综上所述，经过 k 次操作（$k\in\mathbf{N}^*$）后，$d(1\to2)=d(2\to3)=\cdots=d(2n-1,2n)$.

这就意味着当纸牌 2 的位置确定时，其他所有纸牌的位置都可以依靠该性质确定. 而纸牌 2 至多只有 $2n-2$ 种可能的位置，并且纸牌 2 的所在的位置不可能出现不包含位置 2 的循环. 这是因为操作是可以反向的，因此如果出现不包含位置 2 的循环，那么可以断定最初的状态纸牌 2 所在的位置不可能为 2. 因此经过不超过 $2n-2$ 次操作后，纸牌 2 必然回到位置 2，原命题得证.

例 8 【解析】先一般化为下述问题：设 $n\geqslant3$，从 $A=(a_1,a_2,\cdots,a_n)$，$B=(b_1,b_2,\cdots,b_n)$，$C=(c_1,c_2,\cdots,c_n)$，$D=(d_1,d_2,\cdots,d_n)$ 这四个数列中选取 n 个项，且满足：

(1)$1,2,\cdots,n$ 每个下标都出现；

(2)下标相邻的任两项不在同一个数列中（下标 n 与 1 视为相邻），其选取方法数记为 x_n，今确定 x_n 的表达式：

将一个圆盘分成 n 个扇形格，顺次编号为 $1,2,\cdots,n$，并将数列 A,B,C,D 各染一种颜色，对于任一个选项方案，如果下标为 i 的项取自某颜色数列，则将第 i 号扇形格染上该颜色.

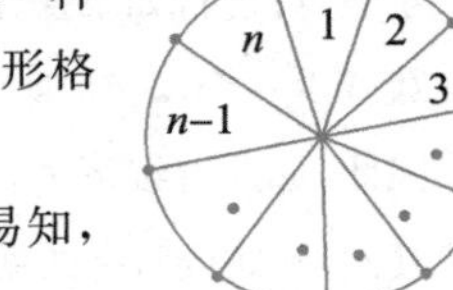

于是 x_n 就成为将圆盘的 n 个扇形格染四色，使相邻格不同色的染色方法数，易知，

$x_1=4,x_2=12,x_n+x_{n-1}=4\cdot3^{n-1}(n\geqslant3)$，　　①

将①写作 $(-1)^nx_n-(-1)^{n-1}x_{n-1}=-4\cdot(-3)^{n-1}$

因此 $(-1)^{n-1}x_{n-1}-(-1)^{n-2}x_{n-2}=-4\cdot(-3)^{n-2}$；

…………

$(-1)^3x_3-(-1)^2x_2=-4\cdot(-3)^2$；

$(-1)^2x_2=-4\cdot(-3)$.

相加得，$(-1)^nx_n=(-3)^n+3$，于是 $x_n=3^n+3\cdot(-1)^n(n\geqslant2)$.

因此 $x_{13}=3^{13}-3$. 这就是所求的取牌方法数.

例 9 【解析】将各分点顺次编号为 $1,2,\cdots,24$，再按点间所夹弧长为 3 或 8 的情形，列出一张 3×8 数表：

1	4	7	10	13	16	19	22
9	12	15	18	21	24	3	6
17	20	23	2	5	8	11	14

表中同行相邻两点间所夹弧长为 3（首尾两数属于相邻情况），同一列的三点之中任两点间所夹弧长为 8. 今要所取的数满足要求，必须每列恰取一数，且相邻两列所取的数不同行（第一列与第八列视为相邻）.

一般化，考虑 $3\times n$ 的数表 $\begin{matrix} a_1 & a_2 & a_3 & \cdots & a_n \\ b_1 & b_2 & b_3 & \cdots & b_n \\ c_1 & c_2 & c_3 & \cdots & c_n \end{matrix}$，从中选取 n 个数，使每列恰取一数，且相邻两列所取的数不同行（第一列与第 n 列视为相邻）. 不同的取法种数记为 x_n，将第一、二、三行的数 $\{a_k\}$，$\{b_k\}$，$\{c_k\}$ 分别染红、黄、蓝三色；

作一个圆盘，并将其分成 n 个扇形小格，顺时针编号为 $1,2,\cdots,n$；作如下映射，若表中第 i 列所选出的为某色的数，则将圆盘第 i 号格染上该颜色，易知这种对应是一一的，于是问题转化为，求用三色分别染圆盘的 n 个扇形格，使邻格不同色的方法数 x_n.

易知 $x_1=3$，$x_2=x_3=6$，当 $n\geqslant 3$，$x_n+x_{n-1}=3\cdot 2^{n-1}$.

即 $(-1)^n x_n-(-1)^{n-1}x_{n-1}=-3\cdot(-2)^{n-1}$，令 $y_n=(-1)^n x_n$，有

$y_n-y_{n-1}=-3\cdot(-2)^{n-1}$，

$y_{n-1}-y_{n-2}=-3\cdot(-2)^{n-2}$，

…………

$y_3-y_2=-3\cdot(-2)^2$，

$y_2=-3\cdot(-2)^1$.

相加得，$y_n=(-2)^n+2$，$n\geqslant 2$. 所以 $x_n=2^n+2(-1)^n$，$n\geqslant 2$.

当 $n=8$，便得本题答案为 $x_8=2^8+2=258$.

例 10 【解析】对于正整数 m，假设所有长度为 m 的等价类构成的集合为 A_m，设 $|A_m|=t_m$，设 X_i 为所有 i 开头的长度为 $m+1$ 序列的等价类构成的集合（$1\leqslant i\leqslant n$）.

对任意两个长度为 m 序列 $a=(a_1,a_2,\cdots,a_m)$，$b=(b_1,b_2,\cdots,b_m)$. 若有 a 与 b 等价，则一定有 $(i,a_1,a_2,\cdots,a_m)$ 与 $(i,b_1,b_2,\cdots,b_m)$ 等价；若 $(i,a_1,a_2,\cdots,a_m)$ 与 $(i,b_1,b_2,\cdots,b_m)$ 等价，我们下面证明 a 与 b 等价.

考虑将 $(i,a_1,a_2,\cdots,a_m)$ 操作到 $(i,b_1,b_2,\cdots,b_m)$ 的操作过程，记作 F. 在 F 中去掉所有交换 i 的操作变为操作过程 F'. 由于交换 i 和其他元素不改变除 i 以外的相对顺序. 故对序列 $(i,a_1,a_2,\cdots,a_m)$ 按 F' 操作可始终固定 i 不动得到 $(i,b_1,b_2,\cdots,b_m)$，这告诉我们 a 与 b 等价.

所以两个 $i(1\leqslant i\leqslant n)$ 开头的长度为 $m+1$ 的序列等价，当且仅当去掉开头得到的两个长度为 m 的序列等价. 由此我们可用去掉第一个元素的方法得到从 X_i 到 A_m 的双射.

至此，我们证明了 $|X_i|=t_m$. 下面来计算 $|X_i\cap X_j|(i\neq j)$.

对 $i\neq j$，如果 X_i 中某个元素的代表元 $c=(c_1,c_2,\cdots,c_{m+1})$ 与 X_j 中某个元素的代表元 $d=(d_1,d_2,\cdots,d_{m+1})$ 等价.

考虑 d_1 在 $c=(c_1,c_2,\cdots,c_{m+1})$ 中的初始位置，它在 c_1 的后方，经操作后，它变到 c_1 的前方. 由离散介值原理知存在一次操作交换 c_1 与 d_1，则有 i,j 在 T 中相连.

同理可知，若 d_1 在 c 中的对应项是 $c_p(p\geqslant 2)$，c_1 在 d 中的对应项是 $d_q(q\geqslant 2)$，则 d_1 与 $c_1,c_2,\cdots,c_{p-1}$ 均有边相连，c_1 与 $d_1,d_2,\cdots,d_{q-1}$ 均有边相连. 所以可以进行操作，把 $(c_1,c_2,\cdots,c_{m+1})$ 变成 $(c_1,d_1,c_2,\cdots,c_{p-1},c_{p+1},\cdots,c_{m+1})$.

同理可将 $(d_1,d_2,\cdots,d_{m+1})$ 变成 $(d_1,c_1,d_2,\cdots,d_{q-1},d_{q+1},\cdots,d_{m+1})$，再交换 c_1 与 d_1，可知 $(c_1,d_1,c_2,\cdots,c_{p-1},c_{p+1},\cdots,c_{m+1})$ 与 $(d_1,c_1,d_2,\cdots,d_{q-1},d_{q+1},\cdots,d_{m+1})$ 等价. 只要 $m\geqslant 2$，就可再去掉开头的两位 c_1，

d_1,可知$(c_2,\cdots,c_{p-1},c_{p+1},\cdots,c_{m+1})$与$(d_2,\cdots,d_{q-1},d_{q+1},\cdots,d_{m+1})$等价.

而对于在 T 中有边的 i,j,可以在 A_{m-1} 任意一个等价类的元素前面分别添加 i,j 和 j,i,可分别得到开头为 i,j 的两个序列,且它们等价.由此得到 $X_i\cap X_j$ 到 A_{m-1} 的一个双射.

至此,我们证明了:若 $m\geqslant 2,i\neq j$,若 i,j 在 T 中相连,则 $|X_i\cap X_j|=t_{m-1}$,若 i,j 不在 T 相连,则 $|X_i\cap X_j|=0$.

对于 $m\geqslant 2$,由于 T 是树,T 中不存在 3 点两两相连,即 $\forall\, 1\leqslant i<j<k\leqslant n$,有 $|X_i\cap X_j\cap X_k|=0$.由容斥原理,结合树有 $n-1$ 条边,

$$t_{m+1}=\left|\bigcup_{i=1}^{n}X_i\right|=\sum_{i=1}^{n}|X_i|-\sum_{1\leqslant i<j\leqslant n}|X_i\cap X_j|=nt_m-(n-1)t_{m-1}.$$

而 $t_1=n,t_2=n^2-n+1$,由递推式可求得 $f(T)=t_k=\begin{cases}k+1, & 若\ n=2,\\ \dfrac{(n-1)^{k+1}-1}{n-2}, & 若\ n\geqslant 3.\end{cases}$

> 本题通过递推和对应来处理,我们先刻画了 i 开头的两个序列等价的充要条件是去掉第一位等价.再证明了,对 $i\neq j$,i 开头的序列和 j 开头的序列等价,当且仅当这两个序列都出现了 i,j,且 i,j 在树中连边,且去掉这两个序列中所对应的 i,j 后,剩下 $k-2$ 位仍然等价.可以这样做下去,比如对互不相等的 i_1,i_2,i_3,有 i_1 开头,i_2 开头,i_3 开头的三个序列等价,当且仅当这三个序列都出现了 i_1,i_2,i_3,且 i_1,i_2,i_3 在树中两两连边,且去掉这两个序列中所对的 i_1,i_2,i_3 后,剩下 $k-3$ 位仍然等价.对于一般的图 T,也可以一直做下去,最后利用容斥原理算出答案.

例 11 【解析】小红同学至多摆出$\left[\dfrac{m}{2}\right]\cdot\left[\dfrac{n}{2}\right]$个图形.

一方面,先证明至多摆出$\left[\dfrac{m}{2}\right]\cdot\left[\dfrac{n}{2}\right]$个图形.将点阵的点视为图中的点,将火柴的头与尾所在的点连成一条边,形成图 G.则每个图形即图 G 的一个连通分支.根据题意,每个点都会被一根火柴的头所覆盖,即连通分支每个顶点都有一条专属的边与之对应,故连通分支的边数不小于顶点数,故每个连通分支必包含一个圈.因此图形总数不超过不相交的圆的总数 k,下面证明 $k\leqslant\left[\dfrac{m}{2}\right]\cdot\left[\dfrac{n}{2}\right]$.

我们称每个圈最上面和最下面的不交横线为好横线,最左边与最右边的不交竖线为好竖线,显然每条好横(竖)线均至少占据两个顶点.

(1)当 m,n 中至少有一个数为偶数,不妨设 m 为偶数,因为每一行有 n 个顶点,故至多产生 $m\cdot\left[\dfrac{n}{2}\right]$条好横线,而 k 个不交圈至少有 $2k$ 条好横线,所以 $2k\leqslant m\cdot\left[\dfrac{n}{2}\right]$,即 $k\leqslant\dfrac{m}{2}\cdot\left[\dfrac{n}{2}\right]=\left[\dfrac{m}{2}\right]\cdot\left[\dfrac{n}{2}\right]$.

(2)当 m,n 均为奇数时,设 $m=2a+1,n=2b+1$,则每行至多产生 b 条好横线,故至多产生 $(2a+1)b$ 条好横线.注意到每列有奇数个点,故要么有奇数(至少是 3)个点落在一个圈中,则此圈中间的行一定会有两个点,相当于浪费一条好横线;要么这一列有一个点不在任何一个圈中,则此点与其左右相邻的点都不会相连用为好横线,也浪费一条好横线.故至少浪费了 b 条好横线,于是 $2k\leqslant(2a+1)b-b$,即 $k\leqslant ab=\left[\dfrac{m}{2}\right]\cdot\left[\dfrac{n}{2}\right]$.

另一方面,给出构造:

(1)当 m,n 均为偶数时.

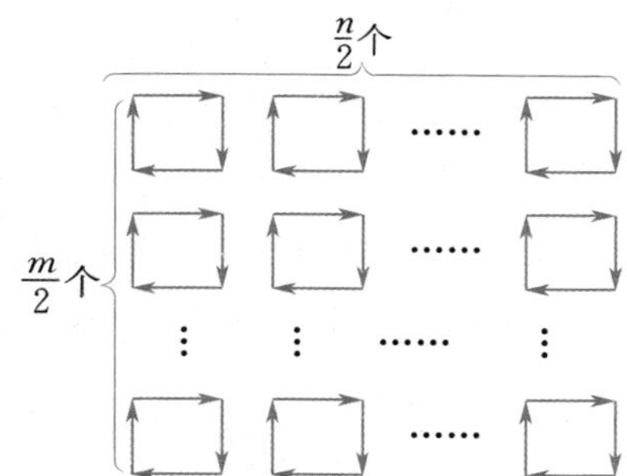

(2)m 为偶数，n 为奇数时.

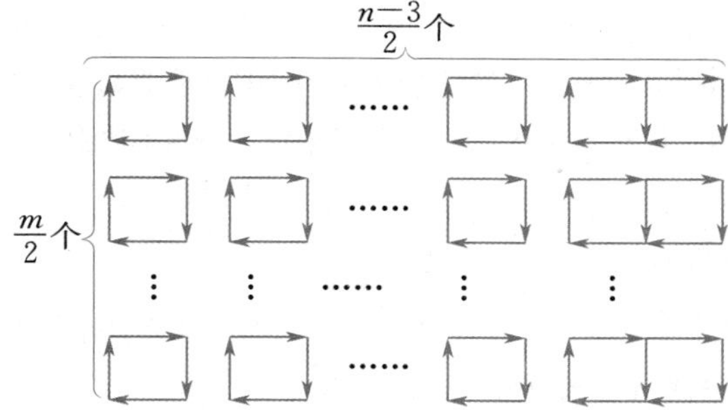

(3)当 m 为奇数，n 为偶数时.

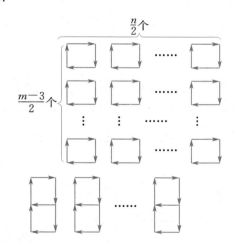

$\frac{n}{2}$个

$\frac{m-3}{2}$个

(4)当 m，n 均为奇数时.

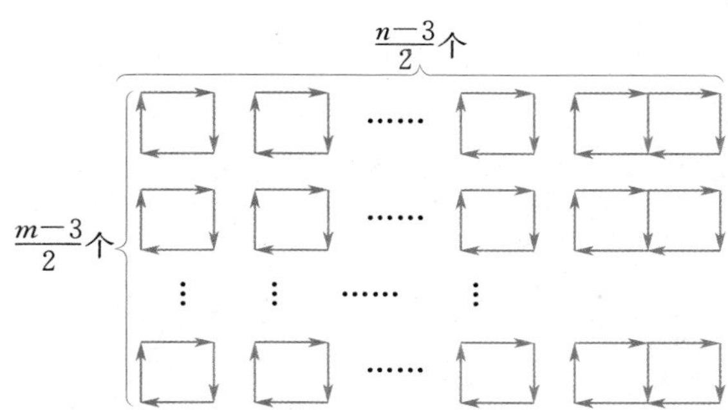

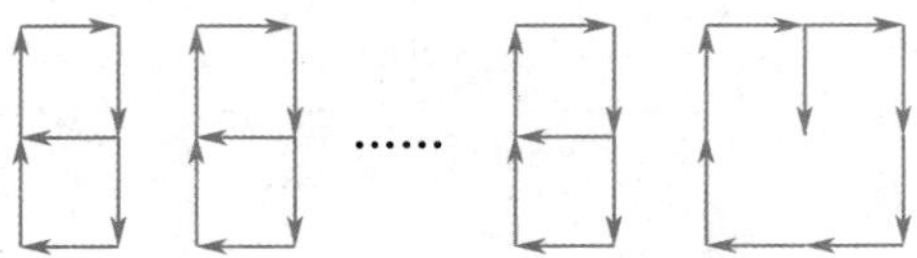

本题的难点在于正确理解题意，然后发现每个图形即是一个连通分支，且边数恰好等于顶点数，故每个图形都有一个圈，于是容易给出构造，证明只需关注每个圈最外围的好线.

§15.4 组合计数

例 1 【解析】设第二组的多边形的集合为 S，第一组的多边形的集合为 S'. 对应法则是：将 S 中任一多边形补上一个顶点 A_1，得到一个新多边形，下面证明：$f:S\to S'$ 是 S 到 S' 的单射而非满射.

显然，S 中两个不同的多边形分别补上顶点 A_1 后得到的两个新多边形是 S' 中不同的两个多边形. 反过来，S' 中含有顶点 A_1 的三角形去掉顶点 A_1 后却得不到 S 中的多边形，故 $f:S\to S'$ 是 S 到 S' 的单射而非满射.

由对应原理知 $|S|<|S'|$，即第一组中的多边形多一些.

本题关键是构造一个单而不满的映射. 比较或证明一些探究个数的严格不等式时，往往借助于构造一个单而不满的映射来处理.

例 2 【解析】本题结论提示我们要构造一个 m 倍映射以达到证题目的.

证明：不妨设以 $4k+3$ 边形的顶点为顶点的三角形与四边形中，包含点 P 的三角形个数与四边形个数分别为 y,x.

当 $k=0$ 时，显然有 $x=0$，故下设 $k\geqslant 1$.

对于每个包含点 P 的三角形，有 C_{4k}^1 个四边形包含它，而对每个包含点 P 的四边形，以它的四个顶点为顶点的三角形中应有两个包含点 P，这样就构造了从包含点 P 的四边形组成的集合到包含点 P 的三角形组成的集合的一个映射，易见此映射是一个倍数为 $\frac{4k}{2}$ 的倍数映射. 所以 $x=y\cdot\frac{4k}{2}=2ky$，为 2 的倍数.

解答涉及与倍数有关的计数问题时，常常需要构造一个倍数映射.

例 3 【解析】将 $\{1,2,\cdots,n\}$ 的所有排列集合记为 S，则显然 $|S|=n!$.

设 $S_j=\{(i_1,i_2,\cdots,i_n)\mid(i_1,i_2,\cdots,i_n)\in S 且 i_j=j\}(j=1,2,\cdots,n)$，则 $D_n=|\overline{S_1}\cap\overline{S_2}\cap\cdots\cap\overline{S_n}|$.

易知，$|S_i|=(n-1)!\ (1\leqslant i\leqslant n)$，$|S_i\cap S_j|=(n-2)!\ (1\leqslant i<j\leqslant n)$，……

$|S_{i_1}\cap S_{i_2}\cap\cdots\cap S_{i_k}|=(n-k)!\ (1\leqslant i_1<i_2<\cdots<i_k\leqslant n)$，……，$|S_1\cap S_2\cap\cdots\cap S_n|=0!=1$.

由筛法公式，得

$D_n=|\overline{S_1}\cap\overline{S_2}\cap\cdots\cap\overline{S_n}|=|S|-\sum\limits_{1\leqslant i\leqslant n}|S_i|+\sum\limits_{1\leqslant i_1<i_2\leqslant n}|S_{i_1}\cap S_{i_2}|-\cdots+(-1)^k\sum\limits_{1\leqslant i_1<i_2<\cdots<i_k\leqslant n}|S_{i_1}\cap S_{i_2}\cap\cdots\cap S_{i_k}|+\cdots+(-1)^n|S_1\cap S_2\cap\cdots\cap S_n|$.

$=n!-C_n^1(n-1)!+C_n^2(n-2)!-C_n^3(n-3)!+\cdots+(-1)^nC_n^n0!$

$=n!\left(1-\frac{1}{1!}+\frac{1}{2!}-\frac{1}{3!}+\cdots+(-1)^n\frac{1}{n!}\right)$.

本例又通常称为乱序排列问题，所谓乱序排列就是将 n 个不同的元素重新排列，使每个元素都不在原来的位置上. 更为直观的说法叫作伯努力一欧拉装错信封问题：有 n 封不同的信和 n 个配套的写有收信人地址的信封，现将 n 封信一对一地套入 n 个信封中去，结果发现没有一封信套对（即每封信都没有按地址套入其应套入的信封），问有多少种不同的套法？

例 4 【解析】这是一个相邻禁位环状排列问题，令 S 表示由 8 个小孩子组成的所有环状排列的集合，则 $|S|=7!$.

如果 $j(j+1)$ 出现在 S 的其个排列中，就说该排列具有性质 $P_j(j=1,2,\cdots,8)$，当 $j=8$ 时，令 P_8 表示 81 出现在 S 的某个排列中.

令 S_j 表示 S 中具有性质 P_j 的排列的集合，则 $|P_j|=6!$ $(j=1,2,\cdots,8)$.

对于任意自然数 $k(1\leqslant k\leqslant 7)$ 都有 $|S_{i_1}\cap S_{i_2}\cap\cdots\cap S_{i_k}|=(8-k-1)!$（其中 $i_1,i_2,\cdots,i_k$ 是从 $1,2,\cdots 8$ 中任取 k 个数字的一个组合）. $|S_1\cap S_2\cap\cdots\cap S_8|=1$.

由容斥原理，得所求的排列数为

$N=7!-C_8^1 6!+C_8^2 5!-C_8^3 4!+C_8^4 3!-C_8^5 2!+C_8^6 1-C_8^7 0!+C_8^8 1=1625$.

本题可以推广到 n 个人的情况：有 n 个人围圆桌而坐，如果让他们交换座位，使得每一个人前面的都不是原来在他前面的人，则不同的坐法总数是

$$N=(n-1)!+\sum_{i=0}^{n}(-1)^i C_n^i(n-1-i)!+(-1)^n C_n^n\cdot 1.$$

请同学们自行完成！

例 5 【证明】从一个已知点 A 出发的 5 条线段被染成红、蓝两种颜色，由抽屉原理知其中必有 $\left[\frac{5-1}{2}\right]+1=3$ 条线段同色，不妨设它们是 AB、AC、AD，并且同为红色. 考察 $\triangle BCD$，若其中有一条边是红色，例如 BD 为红色，则 ΔABD 的三边都是红色，结论成立，否则 ΔBCD 的三边都是蓝色，结论也成立.

这道例题就是有名的 Ramsey 定理，如果我们用点来表示人，并且两个人互相认识时对应的连线染红色，不认识时对应的连线染蓝色，那么这个定理就成了第 15.1 节的例题：试证任何 6 人中必有 3 人认识或不认识.

例 6 【证明】从正 n 边形中的顶点中取了 k 个点，则这 k 个点确定了 C_k^2 条直线.

另一方面，将正 n 边形的 n 个顶点两两相连，恰好确定了 n 个互不平行的方向. 这可以证明如下：

在角坐标系中，考虑内接于单位圆的正 n 边形，其顶点为 $P_k(\cos k\theta,\sin k\theta)$，这里 $\theta=\frac{2\pi}{n}$，$k=0,1,2,\cdots,n-1$. 任意两点 P_k，P_l 连线的斜率为 $\cot\frac{k+l}{n}\pi(0\leqslant k,l\leqslant n-1,k\neq l)$. 由于余弦切函数是周期为 π 的函数，故对于 $0\leqslant k,l\leqslant n-1,k\neq l,\cot\frac{k+l}{n}\pi$ 恰好有 n 个不同的值（包括为无穷大的情形）.

因此只需要 $C_k^2>n$ 即 $k\geqslant\left[\frac{1+\sqrt{8n+1}}{2}\right]+1$，则 k 个顶点的两两连线中必有两条直线平行.

也有类似的重叠原理，它们与抽屉原理一样，内容浅显明了，困难在于灵活应用这些原理，以便于解决问题. 下面再举一例说明重叠原理的应用.

例 7 【证明】将所有的已知圆(垂直)投影到正方形的一条边 AB 上. 注意,周长为 l 的圆周,其投影是长为 $\frac{l}{\pi}$ 的线段. 因上,所有已知圆周的投影长度之和等于 $\frac{10}{\pi}$. 由于 $\frac{10}{\pi}>3=3AB$ 所以由重叠原理知,线段 AB 上必有一点 X 至少被四条投影覆盖(即至少有四条投影线段有公共点). 因此,过点 X 且垂直于 AB 的直线,至少有四个与已知圆有交点.

本题的证法值得注意,论证的手法是:应用投影将(二维平面上的一个)"整体"(圆周)转化为(一维直线上的一个)"局部"(线段);再由"局部"中的信息(各投影线段的重叠),推断出"整体"具有某种性质,即再从"局部"回到"整体". 数学中有各种意义的"整体"和"局部",并且有多种由"局部"把握"整体"的方法. 投影是一种几何方法,借助它,可将高维的问题转化为低维问题来加以处理.

例 8 【证明】$\{C_n^k\}$,$\{C_m^k\}$的生成函数分别为 $(1+x)^n$ 和 $(1+x)^m$. 而 $\sum\limits_{k=0}^{q}C_n^kC_m^{q-k}$ 是这两个母函数 $(1+x)^n(1+x)^m=(1+x)^{m+n}$ 中 x^q 项的系数,又由于 $(1+x)^{m+n}$ 中 x^q 的系数为 C_{m+n}^q,因此命题成立.

构造母函数法,是证明组合问题重要方法之一,但如何找到母函数,是需要长时间的体验的.

例 9 【证明】必要性:构造母函数 $f(x)=x^{a_1}+x^{a_2}+\cdots+x^{a_n}$,$g(x)=x^{b_1}+x^{b_2}+\cdots+x^{b_n}$.

所以 $f^2(x)-f(x^2)=2\sum\limits_{1\leqslant i<j\leqslant n}x^{a_i+a_j}$,$g^2(x)-g(x^2)=2\sum\limits_{1\leqslant i<j\leqslant n}x^{b_i+b_j}$.

所以 $f^2(x)-f(x^2)=g^2(x)-g(x^2)$,即 $f^2(x)-g^2(x)=f(x^2)-g(x^2)$.

因为 $f(1)-g(1)=0$,所以 $(x-1)\mid(f(x)-g(x))$.

所以存在 $h\in\mathbf{N}^*$,使得 $(x-1)^hP(x)=f(x)-g(x)(P(x)\neq0)$,

所以 $f^2(x)-g^2(x)=(x^2-1)^hP(x^2)$,

所以 $[f(x)+g(x)](x-1)^hP(x)=(x^2-1)^hP(x^2)$,

所以 $f(x)+g(x)=\frac{(x+1)^hP(x^2)}{P(x)}$.

令 $x=1$,则 $2n=2^h$,所以,$n=2^{h-1}$,即 n 是 2 的幂次.

充分性:直接构造如下:$\{a_1,a_2,\cdots,a_n\}$ 中取 C_{k+1}^{2l} 个 $2l\left(\text{其中 } l=0,1,\cdots\left[\frac{k+1}{2}\right]\right)$,$\{b_1,b_2,\cdots,b_n\}$ 中取 C_{k+1}^{2l+1} 个 $2l+1\left(\text{其中 } l=0,1,\cdots\left[\frac{k}{2}\right]\right)$,则这两个集合满足要求.

$\{a_1,a_n,\cdots,a_n\}$ 中取 C_{k+1}^{2l} 个 $2l$,其中 $l=0,1,\cdots,C_{k+1}^{2l+1}$,$\{b_1,b_2,\cdots,b_n\}$ 中取 C_{k+1}^{2l+1} 个 $2l+1$,其中 $l=0.1,\cdots,\left[\frac{k}{2}\right]$,则这两个集合满足要求.

运用母函数处理集合问题是常见的方法,尤其注意这种集合中出现在指数上而不是系数上的母函数的方法.

例 10 【解析】对于 $n\in\{1,2,\cdots,2004\}$,用 a_n 表示分值之和为 n 的牌组的数目,则 a_n 等于函数 $f(x)=(1+x^{2^0})^2\cdot(1+x^{2^1})^3\cdot\cdots\cdot(1+x^{2^{10}})^3$ 的展开式中 x^n 的系数(约定 $|x|<1$),由于 $f(x)=\frac{1}{1+x}[(1+x^{2^0})(1+x^{2^1})\cdot\cdots\cdot(1+x^{2^{10}})]^3=\frac{1}{(1+x)(1-x)^3}(1-x^{2^{11}})^3=\frac{1}{(1-x^2)(1-x)^2}(1-x^{2^{11}})^3$.

而 $n \leqslant 2004 < 2^{11}$，所以 a_n 等于 $\frac{1}{(1-x^2)(1-x)^2}$ 的展开式中 x^n 的系数，

又由于 $\frac{1}{(1-x^2)(1-x)^2}=\frac{1}{1-x^2}\cdot\frac{1}{(1-x)^2}=(1+x^2+x^4+\cdots+x^{2k}+\cdots)\cdot[1+2x+3x^2+\cdots+(2k+1)x^{2k}+\cdots]$，所以 x^{2k} 在展开式中的系数为 $a_{2k}=1+3+5+\cdots+(2k+1)=(k+1)^2(k=1,2,\cdots)$，从而所求的“好牌”组的个数为 $a_{2004}=1003^2=1006009$.

例 11 【证明】若 $n=1$，则 $d=1$ 是 n 仅有的一个因数，因 $\mu(1)=1$，故原式成立；

若 $n>1$ 时，则 $n=p_1^{l_1}\cdot p_2^{l_2}\cdot\cdots\cdot p_r^{l_r}$，令 $n^*=p_1p_2\cdots p_r$，显然 n^* 的每个因数都是 n 的因数.

若 n 的某个因数 d 不是 n^* 的因数，则 d 作质因数分解时，必有某个因子的次数大于等于 2，所以 $\mu(d)=0$. 因此

$$\sum_{d|n}\mu(d)=\sum_{d|n^*}\mu(d)=1+\sum_{1\leqslant k\leqslant r}\sum_{1\leqslant i_1<\cdots<i_k\leqslant r}\mu(p_{i_1}\cdots p_{i_k})=\sum_{1\leqslant k\leqslant r}\sum_{1\leqslant i_1<\cdots<i_k\leqslant r}(-1)^k$$
$$=\sum_{1\leqslant k\leqslant r}(-1)^kC_r^k=(1-1)^r=0.$$

本例也可以用容斥原理来加以证明，请读者思考.

例 12 【证明】对 n 的每个因数 d，$\frac{n}{d}$ 是自然数，于是有 $f\left(\frac{n}{d}\right)=\sum_{d'\left|\frac{n}{d}\right.}g(d')$，所以

$$\sum_{d|n}\mu(d)f\left(\frac{n}{d}\right)=\sum_{d|n}\mu(d)\Big(\sum_{d'\left|\frac{n}{d}\right.}g(d')\Big)=\sum_{d|n}\sum_{d'\left|\frac{n}{d}\right.}\mu(d)g(d')$$
$$=\sum_{d'|n}\sum_{d\left|\frac{n}{d'}\right.}\mu(d)g(d')=\sum_{d'|n}g(d')\Big(\sum_{d\left|\frac{n}{d'}\right.}\mu(d)\Big)$$

由例 11 知，$\sum_{d\left|\frac{n}{d'}\right.}\mu(d)=\begin{cases}1,\left(\frac{n}{d'}=1\right),\\0,\left(\frac{n}{d'}>1\right),\end{cases}$ 将其代入上式，得

$$\sum_{d|n}\mu(d)f\left(\frac{n}{d}\right)=\sum_{d'|n}g(d')\Big(\sum_{d\left|\frac{n}{d'}\right.}\mu(d)\Big)=g(n).$$

同理，若结论成立，将其代入原式的右端，即可得左端.

2023年北京大学强基计划测试数学试题

（注：原题均为选择题）

1. 定义有理复数为实部和虚部均为有理数的复数，无理复数为实部和虚部为无理数的复数，半有理复数为实部和虚部一个是有理数一个是无理数的复数. 已知在复平面内三角形的三个顶点对应的复数均为半有理复数，则三角形的重心对应的复数是（　　）

A. 只能是有理复数或半有理复数

B. 只能是无理复数或半有理复数

C. 只能是半有理复数

D. 以上选项均不对

2. 方程 $1+\cos x+\mathrm{i}\sin x-\cos 2x-\mathrm{i}\sin 2x+\cos 3x+\mathrm{i}\sin 3x=0$（其中 i 为虚数单位）在 $[0,2\pi]$ 上解的个数为__________.

3. 数列 $\{a_n\}$ 满足：$a_1=\frac{5}{2}$，$a_{n+1}=a_n^2-2$，则 $[a_{2023}]$ 除以 7 的余数为（　　）

A. 1　　　　B. 2　　　　C. 4　　　　D. 以上选项均不对

4. 50 支队伍进行排球单循环比赛，胜一局积 1 分，负一局积 0 分，且任取 27 支队伍都能找到一个全部战胜其余 26 支队伍和一支全部负于其余 26 支队伍的，则这 50 支队伍最少共有（　　）种不同的积分

A. 50　　　　B. 45　　　　C. 27　　　　D. 以上选项均不对

5. 函数 $f(x)=\min\{\sin x,\cos x,-\frac{1}{\pi}x+1\}$ 在 $[0,\pi]$ 上的最大值是________.

6. 已知 x,y,z 均为正整数，且 $\frac{x(y+1)}{x-1}$，$\frac{y(z+1)}{y-1}$，$\frac{z(x+1)}{z-1}$ 均为正整数，则 xyz 的最大值与最小值之和为________.

7. 方程 $24x^5-15x^4+40x^3-30x^2+120x+1=0$ 的实数根的个数为________个.

8. 已知集合 $S=\{(-1,0),(1,0),(0,1),(0,-1)\}$，甲虫第一天在原点 $O(0,0)$，第 $n+1$ 天从第 n 天的位置出发沿向量 $\frac{1}{4^n}v$ 移动，其中 $v\in S$，用 S_n 表示第 n 天甲虫可能在多少个不同的位置上，则 $S_{2023}=$____________.

9. 一个三角形一条高长度为 2，另一条高长度为 4，则这个三角形的内切圆的半径的取值范围是____________.

10. 集合 $U=\{1,2,3,\cdots,10\}$，则 U 的元素两两互素的三元子集的个数有________个.

11. 三个互不相同的正整的最大公约数是 20，最小公倍数为 20000，那么这样的不同的正整数组共有________个.

12. 集合 $U=\{1,2,3,\cdots,366\}$，则 U 的互为相交，且各元素之和为 17 的倍数的二元子集最多有________个.

13. 已知点 $C\in\{(x,y)\mid x^2+y^2=1,y\geqslant 0\}$，$A(-1,0)$，$B(1,0)$，延长 AC 至 D，使得 $|CD|=3|BC|$，那么点 D 到点 $E(4,5)$ 的距离的最小值和最大值之积为________.

14. 由 $\left[\dfrac{1^2}{2023}\right],\left[\dfrac{2^2}{2023}\right],\cdots,\left[\dfrac{2023^2}{2023}\right]$ 构成的集合共有________个元素.

15. 已知正整数数列 a,b,c,d 严格递增，且 $a+b+c+d$ 为 101 的倍数，$d\leqslant 101$，则这样的数组 (a,b,c,d) 共有________个.

16. 方程 $x[x]=6$ 共有________个解.

17. $R(n)$ 表示正整数 n 除以 2，3，4，5，6，7，8，9，20 的余数之和，则满足 $R(n)=R(n+1)$ 的两位数 n 的个数为________.

18. 已知 $a<b<c<d$，且 x,y,z,t 是 a,b,c,d 的一个排列，则 $(x-y)^2+(y-z)^2+(z-t)^2+(t-x)^2$ 得到的不同数共有________个.

19. 已知正整数 $x_1<x_2<\cdots<x_9$，且 $x_1+x_2+\cdots+x_9=220$，则在 $x_1+x_2+\cdots+x_5$ 取到最大值的情况下，x_9-x_1 的最小值是________.

20. 十边形内任意三条对角线都不会在其内部相交于同一个点，问这个十边形所有的对角线可以把这个十边形划分为________个区域.

2023 年北京大学强基计划测试数学试题

答案及解析

1. D　**解析**：构造即可，重心为有理复数的例子：$1+\sqrt{2}i$，$2+\sqrt{2}i$，$3-2\sqrt{2}i$；重心为无理复数的例子：$1+\sqrt{2}i$，$2+\sqrt{3}i$，$\sqrt{5}+i$；重心为半有理复数的例子：$\sqrt{2}+i$，$-\sqrt{2}+i$，$1+\sqrt{3}i$，故选 D.

2. 0　**解析**：记 $z=\cos\theta+i\sin\theta$，则方程变为 $z^3-z^2+z+1=0$，考虑 $f(x)=x^3-x^2+x+1$，求导可知 $f(x)$ 单调递增，由 $f(-1)=-2<0$，$f(1)=2>0$，由零点存在性定理，知 $\exists x_0\in(-1,1)$，使得 $f(x_0)=0$，则 $f(x)=(x-x_0)\left(x^2+ax-\dfrac{1}{x_0}\right)$. 设 ω 为方程的一个虚根，则 $\bar{\omega}$ 为方程的另外一个虚根，且 $|\omega|^2=\omega\bar{\omega}=\dfrac{-1}{x_0^2}>1$，所以 $x^3-x^2+x+1=0$ 没有模长为 1 的根. 从而方程在 $[0,2\pi]$ 上解的个数为 0.

3. B　**解析**：设数列 $\{b_n\}$ 满足 $b_1=2$，$b_{n+1}=b_n^2$，则 $a_n=b_n+\dfrac{1}{b_n}$，进而有 $a_n=2^{n-1}+\dfrac{1}{2^{n-1}}$，所以 $[a_{2023}]\equiv 2^{2^{2023}}=2\cdot 8^{\frac{2022-1}{3}}\equiv 2(\mathrm{mod}7)$，从而选 B.

4. A　**解析**：（方法一）我们可以取出 24 支不同的队内全胜的队伍 $A_1,A_2,\cdots,A_{24}$，方法如下：

在 50 支队伍中任取 27 支队伍，因为任取 27 支队伍都能找到一个全部战胜其余 26 支队伍的，所以在所取出的 27 支队伍中，必有一个队伍全部战胜其余的 26 支队伍，记作 A_1，我们先将 A_1 选出；在余下 49 支队伍中再任取 27 支队伍，同理，选出 $A_2,\cdots$，依此类推，直到最后剩下 27 支队伍选出 A_{24}. 这样，我们就选出 24 支不同的队内全胜的队伍 $A_1,A_2,\cdots,A_{24}$.

下面我们证明 $A_1,A_2,\cdots,A_{24}$ 的胜负关系是严格的，不存在 A_1 胜 A_2，A_2 胜 $A_3,\cdots,A_k$ 胜 A_1 的环形胜负关系，证明如下：

我们选出 A_1 所在的一个全胜组合 $\{A_1,B_2,B_3,\cdots,B_{27}\}$，将 $B_2,B_3,\cdots,B_k$ 替换为 $A_2,A_3,\cdots,A_k$ 形成一个新的组合 $\{A_1,A_2,\cdots,A_k,B_{k+1},\cdots,B_{27}\}$，组合中不存在全胜的队伍. 若 $1\leqslant i<j\leqslant 24$，则一定有 A_j 战胜 A_i，依然考虑组合 $\{A_1,B_2,B_3,\cdots,B_{27}\}$，通过 A_2 代替 $B_2,B_3,\cdots,B_{27}$ 中任意元素可以分析 A_2 战胜 $B_2,B_3,\cdots,B_{27}$ 所有人，所以这个 24 支全胜队伍的积分各不相同，为 $49,48,\cdots,26$.

同理，通过全败队伍可以分析后24扣得分分别为0，1，…，23，剩下的两个队伍积分介于24和25之间，且总分之和为49，只能为24分与25分. 从而共有50种不同的积分，选A.

（方法二）我们先证明必有全胜者，否则设最多胜场者为A，其胜场a有平均值原点有$25\leqslant a\leqslant 48$，则必有一个人打败了$A$，称之为$B$，我们再找25个被$A$的打败的队伍，考虑这27支队伍，容易发现$A$及被$A$打败的队伍当不了全胜者，则$B$必为全胜者；由于被$A$打败的队伍是任选的，此时被$A$打败的队伍全部被$B$打败，则$B$打败的队伍比$A$还多，这与$A$的胜场最多矛盾！

于是，我们证明了必有全胜的队伍，称为A；类似地，我们也可以证明必有全败者，称为a. 由于A和a与其他队伍胜负关系是唯一确定的，我们可以将A与a划去，再用类似的方法证明在剩下的48支队伍中，有全胜队伍和全败队伍，再划去，依次类推，最后整体和积分为0，1，2，…，49是唯一确定的. 所以共有50种不同的积分，选A.

5. $\frac{\sqrt{2}}{2}$ **解析**：在$[0,\pi]$上，$g(x)=\min\{\sin x,\cos x\}\leqslant\frac{\sqrt{2}}{2}$，等号当且仅当$x=\frac{\pi}{4}$处取得. 而$\frac{\sqrt{2}}{2}<-\frac{1}{\pi}\times\frac{\pi}{4}+1=\frac{3}{4}$，从而$f(x)$在$[0,\pi]$上的最大值是$\frac{\sqrt{2}}{2}$.

6. 701 **解析**：由题意，$(x-1)\mid(y+1)$，$(y-1)\mid(z+1)$，$(z-1)\mid(x+1)$.

易知当$x=y=z=2$时，xyz取得最小值为8.

若x,y,z中存在相等的数，不妨设$x=y$，则$(x-1)\mid(x+1)$，得$x=2$，或$x=3$，代入得$(x,y,z)=\{(2,2,2),(2,2,4),(3,3,3),(3,3,5)\}$.

若x,y,z两两不同，不妨设z为三个数中最大的数，则$z\geqslant 4$，此时$x+1<z+1<2z-2$，只能$z-1=x+1$，得$x=z=-2$，且$(z-3)\mid(y+1)$，$(y-1)\mid z+1$；

若$y+1\geqslant 2(z-3)$，此时$z+1>y+1\geqslant 2(z-3)$，得$z<7$，分别代入$z=4,5,6$，可得$(x,y,z)=(5,3,7)$.

若$y+1<2(z-3)$，此时只能$y+1=z-3$，即$y=z-4$，得$(z-5)\mid z+1$，进而$(z-5)\mid 6$，从而得$(x,y,z)\in\{(4,2,6),(5,3,7),(6,4,8),(9,7,11)\}$.

根据轮换对称性，解仍然包括上述所有轮换结果，综上xyz最大值为$9\times 7\times 11=693$，则最大值与最小值的和为$693+8=701$.

7. 1 **解析**：记$f(x)=24x^5-15x^4+40x^3-30x^2+120x+1$，求导，得

$$f'(x)=60(2x^4-x^3+2x^2-x+2)=60\left[\frac{7}{4}x^4+\left(\frac{1}{2}x-1\right)^2x^2+\left(x-\frac{1}{2}\right)^2+\frac{7}{4}\right]>0,$$

所以$f(x)$单调递增，又因为$x\to-\infty$，$f(x)\to-\infty$；当$x\to+\infty$，$f(x)\to+\infty$，由零点存在性定理，知$f(x)$有且只有一个实数根.

8.4^{2023}　**解析**:注意步数中最大的一个比其余加起来还要大,这说明不可能有回去的情形发生,故有4^{2023}种.

9.$\left(\frac{2}{3},1\right)$　**解析**:设三角形的三边长分别为a,b,c,内切圆的半径为r,设BC边上的高为2,AC边上的高为4,则由等面积法知$2S=2a=4b=r(a+b+c)$,由$a=2b$,所以$r=\frac{4b}{a+b+c}=\frac{4b}{3b+c}$,注意到$b<c<3b$,所以$r\in\left(\frac{2}{3},1\right)$.

10.42　**解析**:首先考虑包含1的情形,逐个枚举个数从2,3,…,9共有$4+5+3+4+1+3+1+1=22$个.再考虑不包含1的情形:

考虑以下抽屉$\{2,4,8\}$,$\{3,6,9\}$,$\{5,10\}$,$\{7\}$,显然同一抽屉中的数是相互不互质的;

(1)若在$\{2,4,8\}$中选一个数,则只能在$\{3,5,7\}$或$\{9,5,7\}$中选两个数,则有$3\times5=15$种;

(2)若不选$\{2,4,8\}$中的数,从$\{3,6,9\}$,$\{5,10\}$,$\{7\}$中各取一个数,再去掉$\{6,10\}$,则有$3\times2-1=5$种.

综上,共有$22+15+5=42$个满足条件的三元子集.

11.52　**解析**:由算术基本定理,设三个数分别为$20\times2^{x_1}\times5^{y_1}$,$20\times2^{x_2}\times5^{y_2}$,$20\times2^{x_3}\times5^{y_3}$,其中$x_k,y_k\in\{0,1,2,3\}(k=1,2,3)$,

则$\min\{x_1,x_2,x_3\}=\min\{y_1,y_2,y_3\}=0$,$\max\{x_1,x_2,x_3\}=\max\{y_1,y_2,y_3\}=3$.

不考虑三个数的顺序,符合题意的正整数组有$(2\times3+2\times6)^2-2\times3\times2=312$.

所以不同的正整数的组数为$\frac{312}{6}=52$.

12.179　**解析**:$366=17\times21+9$,按照模17的余数分类:

(1)余数为0的共21个;(2)余数为1~9的每组22个;(3)余数10~16的每组21个.

配对后共$21\times7+22+10=179$.

13.$2(\sqrt{170}-\sqrt{85})$　**解析**:设$C(\cos\theta,\sin\theta)(\theta\in[0,\pi])$,此时$t=|BC|=2\sin\frac{\theta}{2}$,则

$\begin{cases}x_D=\cos\theta+6\sin\frac{\theta}{2}\cos\frac{\theta}{2}=3\sin\theta+\cos\theta,\\ y_D=\sin\theta+6\sin\frac{\theta}{2}\sin\frac{\theta}{2}=\sin\theta-3\cos\theta+3,\end{cases}$所以$D$的轨迹方程为$x^2+(y-2)^2=10$,

其中$y\geqslant0,x\geqslant-1,DE\geqslant2\sqrt{5}-\sqrt{10}$,$DE$的最大值在$D$位于$(-1,6)$和$(1,0)$中间,为$\sqrt{34}$,所以所求最大值与最小值的乘积为$\sqrt{34}(2\sqrt{5}-\sqrt{10})=2(\sqrt{170}-\sqrt{85})$.

14.1518　**解析**:考虑两个数间的距离$d_n=\frac{(n+1)^2-n^2}{2023}$,分为两类情况:

(1)当 $n\leqslant 1011$ 时，$d_n\leqslant 1$，每次增长可能连续跳过两个整点，所以在 $[a_{1011}]=505$ 前的每个整点都被跳过，包括 0，共 506 个；

(2)当 $n\geqslant 1012$ 时，$d_n>1$，每次必到新的整点，所以会产生新的整点，共 1012 个.

综上所述，共有 $506+1012=1518$ 个元素.

15. 40425　**解析**：构造函数

$$f(x)=\sum_{1\leqslant a<b<c<d\leqslant 101}(1+x^a)(1+x^b)(1+x^c)(1+x^d)=a_0+a_1x+a_2x^2+\cdots+a_{398}x^{398},$$

其所有 101 倍次数的系数之和 $S=\sum_{\substack{0\leqslant k\leqslant 398\\101|k}}a_k=\mathrm{C}_{101}^4+\mathrm{C}_{100}^3X_1+\mathrm{C}_{99}^2X_2+\mathrm{C}_{98}^1X_3+X_4$，

其中 X_k 代表 k 个两两不同不超过 101 和为 101 的倍数的组合数，如 $X_1=1$，$X_2=50$.

设 $\omega=e^{\frac{2\pi i}{101}}$，即 ω 为 101 次单位根，则 $1+\omega^k(k=1,2,\cdots,101)$ 为 $(x-1)^{101}-1=0$ 的 101 个复数根，结合 101 为质数，由韦达定理，可得 $f(\omega^k)=\begin{cases}\mathrm{C}_{101}^4, k=1,2,\cdots,100,\\2^4\mathrm{C}_{101}^4, k=101,\end{cases}$ 所以

$101S=\sum\limits_{k=1}^{101}f(\omega^k)=116\mathrm{C}_{101}^4$，综上 $98X_3+X_4=\dfrac{15}{101}\mathrm{C}_{101}^4-\mathrm{C}_{100}^3-50\mathrm{C}_{99}^2=202125$.

另外构造函数 $g(x)=\sum\limits_{1\leqslant b<c<d\leqslant 101}(1+x^b)(1+x^c)(1+x^d)=b_0+b_1x+b_2x^2+\cdots+b_{300}x^{300}$，

其所有 101 倍次数的系数之和 $T=\sum_{\substack{0\leqslant k\leqslant 300\\101|k}}b_k=\mathrm{C}_{101}^3+\mathrm{C}_{100}^2X_1+\mathrm{C}_{99}^1X_2+X_3$，

同样地，$g(\omega^k)=\begin{cases}\mathrm{C}_{103}^3, k=1,2,\cdots,100,\\8\mathrm{C}_{101}^4, k=101,\end{cases}$ 所以 $101T=\sum\limits_{k=1}^{101}g(\omega^k)=108\mathrm{C}_{101}^3$，

所以 $X_3=\dfrac{7}{101}\mathrm{C}_{101}^3-\mathrm{C}_{100}^2-50\mathrm{C}_{99}^1=1650$，所以 $X_4=202125-98X_3=40425$.

16. 0　**解析**：显然 $x\neq 0$，若 $x>0$，得 $x(x-1)<6\leqslant x^2$，得 $x\in[\sqrt{6},3)$，所以 $[x]=2$，无解；

若 $x<0$，得到 $x^2\leqslant 6<x(x-1)$，得到 $x\in[-\sqrt{6},-2)$，所以 $[x]=-3$，无解.

17. 2　**解析**：注意到每当 n 增加 1 时，余数会先加 1，若达不到除数，保持不变；若达到除数，减去除数后归零，于是我们知道被减除数之和为 9.

(1)当被减除数为 2,3,4 时，此时 $6|n+1$，则至少再减去 6，矛盾；

(2)当被减除数为 2,7 时，此时 $n+1=14,98$，满足要求；

(3)当被减除数为 3,6 时，此时 $6|n+1$，得 $2|n+1$，则至少再减去 2，矛盾；

(4)当被减除数为 4,5 时，此时 $4|n+1$，得 $2|n+1$，则至少再减去 2，矛盾.

综上可知，共有 2 个.

18. 3　**解析**：根据轮换性，可有 a,d 相邻与 a,d 不相邻两种情况：

(1)若 a,d 相邻,不妨设 $x=a,t=d$,则有$(b-a)^2+(c-b)^2+(d-c)^2+(d-a)^2$ 与 $(c-a)^2+(c-b)^2+(d-b)^2+(d-a)^2$ 两种不同的结果;

(2)若 a,d 不相邻,不妨设 $x=a,z=d$,则有$(b-a)^2+(d-b)^2+(c-a)^2+(d-c)^2$ 一种结果.

从而共有 3 种不同的数.

19.9 **解析**:一方面,$20+21+22+23+24+26+27+28+29=220$,即 S_5 可以取到 $20+21+22+23+24=110$,此时 $x_9-x_1=9$;

假设 $S_5\geqslant 111$,则 $111\leqslant x_1+x_2+x_3+x_4+x_5\leqslant (x_5-4)+(x_5-3)+(x_5-2)+(x_5-1)+x_5=5x_5-10$,得 $x_5\geqslant \frac{121}{5}$,从而 $x_5\geqslant 25$.

另一方面,$109\geqslant x_6+x_7+x_8+x_9\geqslant 4x_6+6$,得 $x_6\leqslant \frac{103}{4}$,从而 $x_6\leqslant 25$,矛盾.

所以 x_5 的最大值为 110. 此时 $4x_6+6\leqslant 110$,得 $x_6\leqslant 26$,进而可得 $x_9\geqslant 10-(3x_6+3)\geqslant 29$.

又 $5x_1+10\leqslant 110$,得 $x_1\leqslant 20$,所以 $x_9-x_1\geqslant 9$.

20.246 【解析】设分成区域的个数为 F,其相当于某个具有 $F+1$ 面的多面体投在其中一个面所在面的投影,根据平面欧拉公式 $V+F-E=1$,知其中 $V=10+C_{10}^4=220$,从而 $E=10+10\times(1\times 7+1)+(2\times 6+1)+(3\times 5+1)+5(4\times 4+1)=465$,从而 $F=246$.

2023年清华大学
强基计划测试数学试题(部分)

(注:原题共25道不定项选择题,满分100分)

1. 有六面旗,其中两面蓝旗,两面红旗,两面黄旗,除颜色外完全相同,从这些旗子中取出若干面(至少一面),从上到下悬挂在同一个旗杆上,可以组成一个信号序列,则不同的信号序列共有________种.

2. 已知$a,x,k\in\mathbf{R}$,$f(x)=\ln(x+a)-kax$对任意的实数a均有零点,则k的最大值为________.

3. 盒子里共有11个黑球,9个红球,现依次逐一取出,取到盒子中剩下都是同一种颜色的球时就结束,则最后剩下的球是红球的概率为________.

4. 三个复数的模分别为$1,5,5\sqrt{2}$,且这三个复数的实部与虚部均为整数,则这三个复数的乘积可能的取值有________个.

5. 已知椭圆$C\dfrac{x^2}{4}+\dfrac{y^2}{3}=\lambda(\lambda>1)$,$F$为椭圆$C$的左焦点,$A,B$为椭圆$C$上的两点,且$|FA|=5$,$|FB|=8$,则直线$AB$的斜率$k$的取值范围是________.

6. 已知数列$\{a_n\}$满足:$a_1=\dfrac{3}{2}$,$a_{n+1}=x^{a_n}$,则使得该数列$\{a_n\}$有极限的x的最大值为________.

7. 已知$x,y,z\in\mathbf{R}$,集合$A=\{x^2,1+2x^2,xy+yz+zx\}$,$B=\{1,y^2,2+3z^2\}$,使得$A=B$的实数$(x,y,z)$有________组.

8. 关于x的方程$\dfrac{4}{x+1}+\dfrac{9}{x+2}+\dfrac{16}{x+3}=(4x+5)(2-x)$的正实数根有________个.

9. 设整数m,n满足$1<m<n<30$,将$m+n$结果告诉甲,mn的结果告诉乙.甲、乙对话如下:

   甲:我不知道m,n是多少,但我确信乙也不知道;

   乙:一开始我们不知道m,n是多少,但一听你这样说,我现在知道了;

   甲:现在我也知道了.

   根据上述信息,可以推断出m和n的值为________.

10. p,q都是质数,满足p整除$7q+1$,7整除$7p+1$,那么满足条件的有序数对(p,q)的数

目为(　　)

A. 2　　　　B. 4　　　　C. 6　　　　D. 8

11. 正整数 a,b,c,x,y,z 满足:$ax=b+c,by=c+a,cz=a+b$,则 xyz 的可能值有(　　)

A. 0 个　　　　B. 3 个　　　　C. 4 个　　　　D. 无穷多个

12. 设△ABC 的三个内角为 A,B,C,若$\sin^2 A+\sin^2 B+\sin^2 C=2$,则 $\cos A+\cos B+2\cos C$ 的最大值为________.

13. 设 $a\geqslant 1,b\geqslant 0,c\geqslant 0$,且$(a+c)(b^2+ac)=4a$,则 $b+c$ 的最大值为________.

14. 若不等式 $0\leqslant ax^3+bx^2+4a\leqslant 4x^2$ 对任意 $x\in[1,4]$均成立,则 $6a+b$ 的最大值与最小值分别为________.

15. 在平面直角坐标系中,已知点 $A(1,0),B(-2,-1)$,若坐标轴上的点 P 使得△ABP 是等腰三角形,则这样的点 P 共有________个.

附:以下为网传清华强基试题,暂不能确定真伪,先收录,有兴趣的同学可自行解决:

1. 已知数列$\{a_n\}$满足 $a_1=\dfrac{3}{2},a_{n+1}=\dfrac{5a_n+a}{a_n+3}(n=1,2,3,\cdots)$,则(　　)

A. 不存在常数 a,使得$\{a_n\}$为递增数列

B. 不存在常数 a,使得$\{a_n\}$为递减数列

C. 存在常数 a,使得$\{a_n\}$为常数列

D. 存在常数 a,使得$\{a_n\}$为非常数的周期数列

2. 已知点 $M(8,1)$,过点 $N(1,0)$的直线上有一个动点 P,则$|PN|+2|PM|$的最小值为________.

3. 已知 $\alpha,\beta,\gamma\in\mathbf{R}$,设函数 $f(\alpha,\beta,\gamma)=\dfrac{1}{\sqrt{|\sin(\alpha+\beta)\sin(\alpha-\beta)|}}+\dfrac{1}{\sqrt{|\sin(\beta+\gamma)\sin(\beta-\gamma)|}}+\dfrac{1}{\sqrt{|\sin(\gamma+\alpha)\sin(\gamma-\alpha)|}}$则 $f(x,y,z)$的最小值为________.

4. 已知 A,B 均为整数,定义 $a_n=A\times 9^n+Bn-3$. 设 $d(A,B)$是 $a_1,a_2,\cdots$的最大公约数,则 $\max\limits_{A,B\in\mathbf{Z}}\{d(A,B)\}=$________.

5. 若有界数列$\{a_n\}$满足;$\forall n\in\mathbf{N}^*$,总有 $a_n+a_{n+2}<2a_{n+1}$,则(　　)

A. $\{a_n\}$单调递增

B. $\{a_n\}$存在极限

C. 存在 $k\in\mathbf{N}^*$,使得 $a_k>0$

D. $\{a_n\}$可能存在最大值

2023 年清华大学
强基计划测试数学试题(部分)
答案及解析

1. 270　**解析**:记 T_i 表示由 i 面旗子构成的信号数,则 $T_1=3$;

T_2 分为两种情况:

(1)若两面颜色相同的旗子,则有 C_3^1 个信号序列;

(2)若两面旗子的颜色不同,则有 $C_3^2A_2^2=6$ 个信号序列.

从而 $T_2=3+6=9$;

T_3 也分为两种情况:

(1)若三面旗子的颜色均不相同,则有 A_3^3 个信号序列;

(2)若三面旗子有两面颜色相同,另一面颜色不同,有 $C_3^1C_2^1\dfrac{A_3^3}{A_2^2}=18$ 个信号序列.

从而 $T_3=6+18=24$;

T_4 也分为两种情况:

(1)若仅有两种旗子构成,则有 $C_3^2\dfrac{A_4^4}{A_2^2A_2^2}=18$ 种信号序列;

(2)若由 3 种颜色的旗子构成,则有 $C_3^1\dfrac{A_4^4}{A_2^2}=36$ 种信号序列.

从而,$T_4=18+36=54$.

T_5 必定由三种颜色的旗子构成,从而有 $C_3^1\dfrac{A_5^5}{A_2^2A_2^2A_1^1}=90$ 种信号序列,从而 $T_5=90$;

T_6 必定 6 面旗子全部用上,有 $\dfrac{A_6^6}{A_2^2A_2^2A_2^2}=90$ 种信号序列,从而 $T_6=90$.

从而不同的信号序列共有 $T_1+T_2+T_3+T_4+T_5+T_6=3+9+24+54+90+90=270$.

2. $\dfrac{2}{e}$　**解析**:$f'(x)=\dfrac{1}{x+a}-ka(x>-a)$,

(1)当 $ka\leqslant 0$ 时,$f'(x)>0$,$f(x)$ 在 $(-a,+\infty)$ 上单调递增,$f(x)$ 有零点;

(2)当 $ka>0$ 时,$f(x)$ 在 $\left(-a,\dfrac{1}{ka}-a\right)$ 上单调递增,在 $\left(\dfrac{1}{ka}-a,+\infty\right)$ 上单调递减,又 $x\to -a$ 时,$f(x)\to-\infty$;$x\to+\infty$ 时,$f(x)\to-\infty$;所以只要 $f\left(\dfrac{1}{ka}-a\right)\geqslant 0$ 恒成立,则 $f(x)$

恒有零点，即$-\ln(ka)-1+ka^2\geqslant 0$恒成立.

由于要求k的最大值，不妨设$k>0,a>0,g(a)=-\ln ka-1+ka^2$，

则$g'(a)=-\frac{k}{a}+2ka=\frac{2ka^2-k}{a}$，所以只要$g(a)_{min}=g\left(\frac{1}{\sqrt{2k}}\right)\leqslant 0$，即$-\ln\sqrt{\frac{k}{2}}-\frac{1}{2}\leqslant 0$，得$k\leqslant\frac{2}{\mathrm{e}}$，所以$k$的最大值为$\frac{2}{\mathrm{e}}$.

3. $\frac{9}{20}$　**解析**：方法一

分别考虑只剩下黑球和只剩下红球的情况：

(1)若只剩下黑球，进一步考虑最终剩下的黑球的个数，可得$\mathrm{C}_{18}^{8}+\mathrm{C}_{17}^{8}+\cdots+\mathrm{C}_{8}^{8}=\mathrm{C}_{19}^{9}$种可能；

(2)若只剩下红球，进一步考虑最终剩下的黑球的个数，可得$\mathrm{C}_{18}^{10}+\mathrm{C}_{17}^{10}+\cdots+\mathrm{C}_{10}^{10}=\mathrm{C}_{19}^{11}$种可能.

因此，最后剩下球是红球的概率为$P=\frac{\mathrm{C}_{19}^{11}}{\mathrm{C}_{19}^{11}+\mathrm{C}_{19}^{9}}=\frac{9}{20}$.

方法二

不妨考虑一般情形：n个黑球和m个红球.

假设当前状态是拿了x个黑球和y个红球，其概率为$p=\frac{\mathrm{C}_{x+y}^{x}n^xm^y}{(n+m)^{x+y}}=\frac{\mathrm{C}_{x+y}^{x}\mathrm{C}_{n+m-x-y}^{n-x}}{\mathrm{C}_{n+m}^{n}}$，结束状态即$x=n$，我们枚举剩余的红球数目. 注意到最后取的球必须是黑球，此时上式的系数应更正为C_{x+y-1}^{x-1}，剩下红球的概率$p=\frac{1}{\mathrm{C}_{m+n}^{n}}\sum_{i=1}^{m}\mathrm{C}_{n+m-i-1}^{n-1}$（剩余$i$个红球，$x=n,y=m-i$）$=\frac{\mathrm{C}_{n+m-1}^{n}}{\mathrm{C}_{n+m}^{n}}=\frac{n}{n+m}$，令$n=11,m=9$，即得$p=\frac{9}{20}$.

注：本题与2023年TCAC第13题做法一致.

4. 20　**解析**：由于$|z_1|=1,|z_2|=5,|z_3|=5\sqrt{2}$，因此$|z_1z_2z_3|=25\sqrt{2}$为定值，那么乘积的变化由辐角决定，为讨论方便，设$z_i(i=1,2,3)$的辐角为$\theta_i(i=1,2,3)$. 由题意，知$\theta_1\in\left\{0,\frac{\pi}{2},\pi,\frac{3\pi}{2}\right\}$，$\theta_2\in\left\{0,\frac{\pi}{2},\frac{3\pi}{2},\arctan\frac{3}{4},\arctan\frac{4}{3},\cdots\right\}$（“…”表示后两个角旋转$\frac{\pi}{2}$的整数倍）；$\theta_3\in\left\{\frac{\pi}{4},\arctan\frac{1}{7},\arctan 7,\cdots\right\}$（“…”表示后两个角旋转$\frac{\pi}{2}$的整数倍）；

因为$\theta_1+\theta_2+\theta_3$共有20种可能的辐角，从而这三个复数的乘积可能的取值有20个.

5. $\left[-\frac{\sqrt{133}}{6},\frac{\sqrt{133}}{6}\right]$　**解析**：设$A(x_1,y_1),B(x_2,y_2)$，则$|FA|=a+ex_1=2\sqrt{\lambda}+\frac{1}{2}x_1=5$，$x_1=10-4\sqrt{\lambda}$；$|FB|=a+ex_2=2\sqrt{\lambda}+\frac{1}{2}x_2=8$，所以$x_2=16-4\sqrt{\lambda}$. 所以$y_1^2=-9\lambda+$

$60\sqrt{\lambda}-75$，$y_2^2=-9\lambda+96\sqrt{\lambda}-192$，由 $y_1^2\geqslant 0$，$y_2^2\geqslant 0$．得 $\begin{cases}3\lambda^2-20\sqrt{\lambda}+25\leqslant 0,\\3\lambda^2-32\sqrt{\lambda}+64\lambda\leqslant 0,\end{cases}$ 得

$\begin{cases}\frac{5}{3}\leqslant\sqrt{\lambda}\leqslant 5,\\\frac{8}{3}\leqslant\sqrt{\lambda}\leqslant 8,\end{cases}$ 从而 $\frac{8}{3}\leqslant\sqrt{\lambda}\leqslant 5$，即 $\frac{64}{9}\leqslant\lambda\leqslant 25$．由 $x_2-x_1=6$，所以只需求 y_2-y_1 的取值范围．

由 $y_1=\pm\sqrt{-9\lambda+60\sqrt{\lambda}-75}$，$y_2=\pm\sqrt{-9\lambda+96\sqrt{\lambda}-192}$，

所以 $|y_2-y_1|=\sqrt{-9\lambda+96\sqrt{\lambda}-192}+\sqrt{-9\lambda+60\sqrt{\lambda}-75}$，

或 $|y_2-y_1|=\sqrt{-9\lambda+96\sqrt{\lambda}-192}-\sqrt{-9\lambda+60\sqrt{\lambda}-75}$．

令 $f(\lambda)=\sqrt{-9\lambda+96\sqrt{\lambda}-192}+\sqrt{-9\lambda+60\sqrt{\lambda}-75}$，令 $f'(\lambda)=0$，得 $\lambda=\frac{25600}{1521}$．

当 $\lambda\in\left(\frac{64}{9},\frac{25600}{1521}\right)$ 时，$f'(\lambda)>0$，$f(\lambda)$ 单调递增；

当 $\lambda\in\left(\frac{25600}{1521},25\right)$ 时，$f'(\lambda)<0$，$f(\lambda)$ 单调递减．

所以 $\sqrt{21}\leqslant f(\lambda)\leqslant\sqrt{133}$．

再令 $g(\lambda)=\sqrt{-9\lambda+96\sqrt{\lambda}-192}-\sqrt{-9\lambda+60\sqrt{\lambda}-75}$，由 $g'(\lambda)>0$，$g(\lambda)$ 单调递增，从而 $-\sqrt{21}\leqslant g(\lambda)\leqslant 3\sqrt{7}$，从而 $0\leqslant|y_2-y_1|\leqslant\sqrt{133}$，所以 $-\sqrt{133}\leqslant y_2-y_1\leqslant\sqrt{133}$．

从而 AB 的斜率 $k=\frac{y_2-y_1}{x_2-x_1}\in\left[-\frac{\sqrt{133}}{6},\frac{\sqrt{133}}{6}\right]$．

6．$e^{\frac{1}{e}}$　**解析**：设数列 $\{a_n\}$ 的极根为 m，则先对递推式两边取以 e 为底的对数，可得 $\ln a_{n+1}=a_n\cdot\ln x$，从而 $\ln m=m\lim\limits_{n\to+\infty}x$，即 $\ln x=\frac{\ln m}{m}$．令 $g(x)=\frac{\ln x}{x}$，得 $g'(x)=\frac{1-\ln x}{x^2}$，从而 $0<x<e$，$g'(x)>0$，$g(x)$ 单调递增，当 $x>e$，$g'(x)<0$，$g(x)$ 单调递减，从而 $g(x)_{\max}=g(e)=\frac{1}{e}$，从而 $\ln x\leqslant\frac{1}{e}$，得 $x\leqslant e^{\frac{1}{e}}$．

7．4　**解析**：由题意分情形讨论：

(1)当 $1+2z^2=1$ 时，$z=0$，此时 $A=\{x^2,1,xy\}$，$B=\{1,y^2,2\}$，易得 $x=\pm\sqrt{2}$，$y=0$ 满足题意；

(2)当 $x^2=1$，即 $x=\pm 1$ 时，$A=\{1,1+2z^2,\pm(y+z)+yz\}$，$B=\{1,y^2,2+3z^2\}$，于是只能是 $1+2z^2=y^2$，$\pm(y+z)+yz=2+3z^2$．注意到 $y^2+z^2+1=1+2z^2+z^2+1=2+3z^2=\pm(y+z)+yz$，移项整理，得 $(y-z)^2+(y\mp 1)^2+(z\mp 1)^2=0$，解得 $y=z=x=\pm 1$，不

符合题意,舍去;

(3)当 $xy+yz+zx=1$ 时,$x^2=2+3z^2$,$y^2=1+2z^2$,则 $x^2+1=3(1+z^2)$,$y^2+1=2(1+z^2)$.

故 $x^2+xy+yz+zx=3(z^2+xy+yz+zx)$,$y^2+xy+yz+zx=2(z^2+xy+yz+zx)$,

即 $(x+y)(x+z)=3(x+z)(y+z)$,$(y+x)(y+z)=2(x+z)(y+z)$.

易知 $x+y$,$x+z$,$y+z$ 均不为零,故可设 $x+y=6k$,$x+z=3k$,$y+z=2k$.

解得 $x=\frac{7}{2}k$,$y=\frac{5}{2}k$,$z=-\frac{1}{2}k$,代入 $xy+yz+zx=1$,得 $k=\pm\frac{2\sqrt{23}}{23}$.

此时 $x=\frac{7\sqrt{23}}{23}$,$y=\frac{5\sqrt{23}}{23}$,$z=-\frac{\sqrt{23}}{23}$,或 $x=-\frac{7\sqrt{23}}{23}$,$y=-\frac{5\sqrt{23}}{23}$,$z=\frac{\sqrt{23}}{23}$.

综上,$(x,y,z)=(\sqrt{2},0,0)$,$(-\sqrt{2},0,0)$,$\left(\frac{7\sqrt{23}}{23},\frac{5\sqrt{23}}{23},-\frac{\sqrt{23}}{23}\right)$,$\left(-\frac{7\sqrt{23}}{23},-\frac{5\sqrt{23}}{23},\frac{\sqrt{23}}{23}\right)$,共4组.

8.2 **解析:**设 $f(x)=\frac{4}{x+1}+\frac{9}{x+2}+\frac{16}{x+3}$,$g(x)=(4x+5)(2-x)$,$h(x)=f(x)-g(x)$,则当 $x>0$ 时,显然 $f(x)$ 单调递减,$g(x)$ 是一个开口向下的二次函数,由图象可知最多有两个不同的交点;另一方面,注意到 $h(1)=0$,这说明 1 是方程的一根,且 $h\left(\frac{3}{5}\right)\approx 0.04598>0$,$h\left(\frac{7}{10}\right)\approx -0.1294<0$,由零点存在性定理,知在 $\left(\frac{3}{5},\frac{7}{10}\right)$ 内存在另一个根,因此共有 2 个正实数根.

9.4,13 **解析:**我们将说话依次编号为甲 1,乙 1,甲 2.设 $m+n=S$,$mn=P$.

由甲 1,可知乙不知道这两个数,所以 S 不可能是两个质数相加而得,所以和 S 为 $A=\{11,17,23,27,29,35,37\}$ 中的元素之一.

假设 $S=11$,$S=2+9=3+8=4+7=5+6$,如果乙拿到 18,则 $18=2\times9=3\times6$,只有 $2+9$ 落在集合 A,所以乙可以说出乙 1,但此时甲能否说出甲 2? 若乙拿到 24,$24=4\times6=3\times8=2\times12$,乙同样可以说出乙,因为至少有两种情况乙都可以说出乙 1,所以甲就无法断言甲 2,所以和 S 不是 11;

假设 $S=17$,$17=2+15=3+14=4+13=5+12=6+11=7+10=8+9$,很明显,由于乙拿到 4×13 可以断言乙 1,则其他情况,乙都无法断言乙 1,所以和为 17;

假设 $S=23$,$23=2+21=3+20=4+19=5+18=6+17=7+16=8+15=9+14=10+13=11+12$,先考虑含有 2 的 n 次幂或都含有较大质数的那些组,如果乙到 4×19 或 7×16 都可以断言乙 1,所以和不是 23;

假设 $S=27$,如果乙拿到 8×19 或 4×23 都可以断言乙 1,所以和不是 27;

假设 $S=29$,如果乙拿到 13×16 或 7×22 都可以断言乙1,所以和不是29;

假设 $S=35$,如果乙拿到 16×19 或 4×31 都可以断言乙1,所以和不是35;

假设 $S=37$,如果乙拿到 8×29 或 11×26 都可以断言乙1,所以和不是37.

综上所述,所给出的 m,n 的值为4和13.

10.C **解析**:显然当 $p=q$ 时,无解;

不妨设 $p>q,7q+1=mp$,则 $7q+1\leqslant7(p-1)+1<7p$,即 $m<7$.

当 $m=6$ 时,$7q+1=6p$,则 $7p+1=7\cdot\frac{7q+1}{6}+1=\frac{49}{6}q+\frac{13}{6}=8q+\frac{1}{6}q+\frac{13}{6}$,因此 q 整除 $\frac{1}{6}q+\frac{13}{6}$,则 $\frac{1}{6}q+\frac{13}{6}\geqslant q$,整理得 $q\leqslant\frac{13}{5}$,则 $q=2$,但 $p=\frac{5}{2}$ 不是整数.

当 $m=5$ 时,$7q+1=5p$,则 $7p+1=7\cdot\frac{7q+1}{5}+1=\frac{49}{5}q+\frac{12}{5}=9q+\frac{4}{5}q+\frac{12}{5}$,因此 q 整除 $\frac{4}{5}q+\frac{12}{5}$:设 $\frac{4}{5}q+\frac{12}{5}=kq$,当 $k=1$ 时,$q=12$ 不是质数;当 $k=2$ 时,$q=2$,此时 $p=3$,符合题意;当 $k\geqslant3$ 时,无质数解.

当 $m=4$ 时,$7q+1=4p$,则 $7p+1=4q$,则 $7p+1=7\cdot\frac{7q+1}{4}+1=\frac{49}{4}q+\frac{11}{4}=12q+\frac{1}{4}q+\frac{11}{4}$,因此 q 整除 $\frac{1}{4}q+\frac{11}{4}$,则 $\frac{1}{4}q+\frac{11}{4}\geqslant q$,整理得 $q\leqslant\frac{11}{3}$,当 $q=2,3$ 时,对应的 p 均不是质数.

当 $m=3$ 时,$7q+1=3p$,$7p+1=7\cdot\frac{7q+1}{3}+1=\frac{49}{3}q+\frac{10}{3}=16q+\frac{1}{q}+\frac{10}{3}$,因此 q 整除 $\frac{1}{3}q+\frac{10}{3}$,则 $\frac{1}{3}q+\frac{10}{3}\geqslant q$,整理,得 $q\leqslant5$,当 $q=3,5$ 时对应的 p 均不是质数,当 $q=2$ 时,$p=5$ 符合题意.

当 $m=2$ 时,$7q+1=2p$,则 $7p+1=7\cdot\frac{7q+1}{2}+1=\frac{49}{2}q+\frac{9}{2}=24q+\frac{1}{2}q+\frac{9}{2}$,因此 q 整除 $\frac{1}{2}q+\frac{9}{2}$,不妨设 $\frac{1}{2}q+\frac{9}{2}=kq$,当 $k=1$ 时,$q=9$ 不是质数;当 $k=2$ 时,$q=3$,此时 $p=11$ 符合题意;当 $k\geqslant3$ 时,易验证对应的 q 不是质数.

综上所述,满足题意的 $(p,q)=(3,2),(5,2),(11,3)$ 共三对.交换顺序后还有三对,所以共有6对.

11.B **解析**:不妨设 $a\leqslant b\leqslant c$,则 $cz=a+b\leqslant2c$,即 $z\leqslant2$,从而 $z=2$ 或 $z=1$.

当 $z=2$ 时,只可能是 $a=b=c$,此时 $x=y=z=2$,即 $xyz=8$.

当 $z=1$ 时,有 $c=a+b$,则 $by=2a+b$,即 $b(y-1)=2a\leqslant2b$,则 $y=3$ 或 $y=2$.

(1)当 $y=3$ 时,$c=2a=2b$,此时 $x=y=3$,即 $xyz=9$;

(2)当 $y=2$ 时，$b=2a, c=3a$，解得 $x=5$，即 $xyz=10$.

综上可知 xyz 的可能值有 3 种.

12.$\sqrt{5}$ **解析**：$\sin^2A+\sin^2B+\sin^2C=2$ 可得 $\cos^2A+\cos^2B=\sin^2C$，再由 $\cos^2A+\cos^2B=\sin^2(A+B)=(\sin A\cos B+\sin B\cos A)^2$

$=\sin^2A\cos^2B+\sin^2B\cos^2A+2\sin A\cos A\sin B\cos B$

因而有 $\cos A, \cos B, \cos C$ 之一为 0，即 A,B,C 之一为 $90°$，则 $\triangle ABC$ 为直角三角形；

(1)若 $A=90°$(或 $B=90°$)，则 $\cos A+\cos B+2\cos C=\cos B+2\sin B=\sqrt{5}\sin(B+\varphi)$，其中 $\varphi=\arctan\frac{1}{2}$，当 $B=\arctan 2$ 时，$\cos A+\cos B+2\cos C$ 取得最大值 $\sqrt{5}$；

(2)若 $C=90°$，$\cos A+\cos B+2\cos C=\cos A+\sin A\leqslant\sqrt{2}$.

综上可知，$\cos A+\cos B+2\cos C$ 取得最大值 $\sqrt{5}$.

13.2 **解析**：由 $4a=(a+c)(b^2+ac)=a(b^2+c^2)+c(a^2+b^2)\geqslant a(b^2+c^2)+2abc=a(b+c)^2$，从而 $b+c\leqslant 2$. 当 $0<a=b<2, c=2-a$ 时，等号成立. 故 $b+c$ 的最大值为 2.

14.$[-4,8]$ **解析**：当 $x\in[1,4]$ 时，$0\leqslant ax^3+bx^2+4a\leqslant 4x^2$ 恒成立等价于 $0\leqslant ax+\frac{4a}{x}+b\leqslant 4$ 恒成立，因为 $y=x+\frac{4}{x}$ 在 $[1,2)$ 上单调递减，在 $(2,4]$ 上单调递增，所以 $\left(x+\frac{4}{x}\right)_{\min}=4$，$\left(x+\frac{4}{x}\right)_{\max}=5$；

当 $a=0$ 时，$ax+\frac{4a}{x}+b=b\in[0,4]$，所以 $6a+b\in[0,4]$；

当 $a>0$ 时，$ax+\frac{4a}{x}+b\in[4a+b,5a+b]$，$0\leqslant 4a+b<5a+b\leqslant 4$，由此可得可行域如下图阴影部分所示：

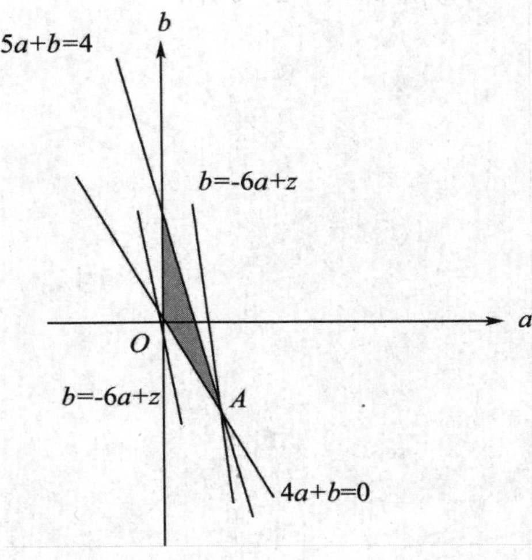

令 $z=6a+b$,则 z 的范围即为 $b=-6a+z$ 在 y 轴截距的取值范围;由图形可知:当 $b=-6a+z$ 经过原点 O 时,$z_{min}=0$;当 $b=-6a+z$ 过点 A 时,z 取最大值,由 $\begin{cases}5a+b=4,\\4a+b=0,\end{cases}$ 得 $\begin{cases}a=4,\\b=-16,\end{cases}$

所以 $z_{\max}=24-16=8$,所以 $6a-b\in(0,8]$;

当 $a<0$ 时,$ax+\frac{4a}{x}+b\in[5a+b,4a+b]$,

$0\leqslant 5a+b<4a+b\leqslant 4$,由此可得可行域如右图阴影部分所示:

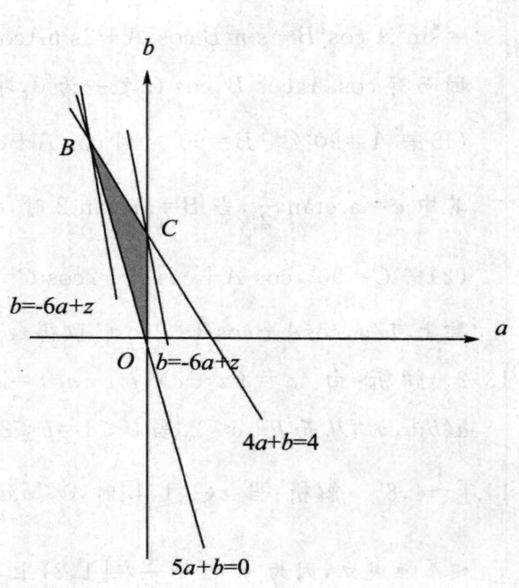

当 $b=-6a+z$ 过点 B 时,z 取最小值;当 $b=-6a+z$ 过点 $C(0,4)$ 时,z 取最大值;

由 $\begin{cases}5a+b=0,\\4a+b=4,\end{cases}$ 得 $\begin{cases}a=-4,\\b=20,\end{cases}$

所以 $z_{\min}=-24+20=-4$,

所以 $6a+b\in[-4,4)$.

综上可知,$6a+b$ 的取值范围是 $[-4,8]$.

15.9 **解析**:当 $\triangle ABP$ 是等腰三角形时,分为三种情况:

(1)当 $AB=BP$ 时,以点 B 为圆心,AB 的长为半径作圆,与 y 轴有两个交点,与 x 轴有一个异于点 A 的交点,此时符合题意的三角形有 3 个;

(2)当 $AB=AP$ 时,以点 A 为圆心,AB 的长为半径作圆,则与坐标轴有 4 个交点,此时有 4 个等腰三角形;

(3)当 $AP=BP$ 时,作线段 AB 的垂直平分线,与坐标轴有两个交点符合题意.

从而满足条件的等腰三角形有 $3+4+2=9$ 个.

ISBN 978-7-209-13774-4

定价:98.00元(全两册)